U0965422

普通高等教育"十一五"国家级规划教材

普通高等教育农业农村部"十四五"规划教材

普通高等教育"十四五"规划教材

农业微生物学及实验教程

第3版

袁红莉　杨金水　主编
王贺祥　主审

中国农业大学出版社
·北京·

内 容 简 介

本书由中国农业大学、四川农业大学、河南农业大学、内蒙古农业大学、山西农业大学和北京农学院的一线微生物学教师共同完成。全书分14章。内容包括微生物的形态、营养、代谢、生长与环境条件、遗传、突变和诱变育种、生态、在物质循环中的作用、分类、应用及微生物相关实验。本版是2009年出版的《农业微生物学及实验教程》的全面修订和更新。在保持内容基础性、系统性、先进性、前沿性与可读性的前提下，对内容进行了更新、充实和凝练，并补充了微生物在农业应用方面的最新研究进展和成果。

本书可供农林院校和综合型院校生命科学相关专业本科生、研究生学习使用，也可作为农林科技者和相关研究人员的参考书。

图书在版编目(CIP)数据

农业微生物学及实验教程/袁红莉，杨金水主编. —3版. —北京：中国农业大学出版社，2020.10(2025.5重印)

ISBN 978-7-5655-2448-6

Ⅰ.①农…　Ⅱ.①袁…②杨…　Ⅲ.①农业科学-微生物学-实验-教材　Ⅳ.①S182-33

中国版本图书馆CIP数据核字(2020)第213782号

书　　名　农业微生物学及实验教程　第3版

作　　者　袁红莉　杨金水　主编

策　　划　田树君　　**责任编辑**　田树君

封面设计　郑　川　李尘工作室

出版发行　中国农业大学出版社

社　　址　北京市海淀区圆明园西路2号　　**邮政编码**　100193

电　　话　发行部 010-62733489，1190　　读者服务部 010-62732336

编辑部 010-62732617，2618　　出　版　部 010-62733440

网　　址　http://www.caupress.cn　　**E-mail**　cbsszs@cau.edu.cn

经　　销　新华书店

印　　刷　运河(唐山)印务有限公司

版　　次　2021年2月第3版　　2025年5月第4次印刷

规　　格　787×1092　16开本　23印张　570千字

定　　价　68.00元

第3版编审人员

主　　编　袁红莉　杨金水

副 主 编　陈文峰　陈　强　徐淑霞

编写人员　（按姓氏拼音排序）

陈　强　四川农业大学
陈三凤　中国农业大学
陈文峰　中国农业大学
栗　丽　山西农业大学
宋　渊　中国农业大学
田杰生　中国农业大学
王风芹　河南农业大学
徐淑霞　河南农业大学
杨金水　中国农业大学
余秀梅　四川农业大学
袁红莉　中国农业大学
张国庆　北京农学院
张继冉　河南农业大学
郑红丽　内蒙古农业大学

主　　审　王贺祥

第2版编审人员

主　　编　袁红莉　王贺祥

副 主 编　李　颖　宋　渊　吴　坤

编写人员　（按姓氏拼音排序）

陈三凤（中国农业大学）
陈文峰（中国农业大学）
方　祥（华南农业大学）
胡　俊（内蒙古农业大学）
李　颖（中国农业大学）
廖德聪（四川农业大学）
戚元成（河南农业大学）
宋　渊（中国农业大学）
田杰生（中国农业大学）
田树君（中国农业大学）
王贺祥（中国农业大学）
吴　坤（河南农业大学）
袁红莉（中国农业大学）
张　伟（河北农业大学）

审　　稿　陈文新

第3版前言

农业微生物学是微生物学的一个重要分支学科，也是最活跃的微生物研究领域之一，主要研究微生物在农业中的应用和与之相关的理论。党的二十大报告强调："教育、科技、人才是全面建设社会主义现代化国家的基础性、战略性支撑。""十三五"农业科技发展规划提出我国农业发展要坚持绿色发展理念，推动生物技术等在良种培育、高效生产、食品安全、资源化利用等领域的广泛应用。因此，有必要对农业微生物学的教学内容进行更新和充实。通过本课程的学习，要掌握微生物学的基本知识及基本实验操作技术，并了解微生物在农业中的应用。

本书的编者都是各高等农业院校农业微生物学的主讲教师，本版教材是中国农业大学、四川农业大学、河南农业大学、内蒙古农业大学等于2003年合编的第1版《农业微生物学》、2009年出版的第2版《农业微生物学及实验教程》的最新修订版本。经过十多年的发展和传承，本书得到了国内农业院校和农林科技工作者的认可。在本次修订过程中，根据教材的使用情况，邀请山西农业大学、北京农学院参与了本版教材的撰写。

本版教材在保持上一版的编写宗旨、风格和特色的基础上，更着重强调基础性、系统性、先进性、前沿性与可读性的高度统一。为体现微生物在农业领域的重要性，对上一版中的相应基础内容进行了全面更新、充实和认真删选及高度凝练，在不扩大篇幅的基础上，提高了信息量，增加了章节思考题和关键词索引，并补充了微生物在农业应用方面的最新研究进展和成果，以激发学生的兴趣和拓展学生的综合能力，并便于学生通过关键词索引快速找到相关内容。各院校可根据自己的需要和学时，有针对性地进行学习。

各章节的编写分工分别如下：

第一章　袁红莉

第二章　栗丽

第三章　田杰生

第四章　陈文峰

第五章　徐淑霞

第六章　杨金水

第七章　陈强

第八章　陈三凤

第九章　王风芹

第十章　余秀梅

第十一章　张继冉

第十二章　陈强　宋渊　杨金水　袁红莉　张国庆

第十三章　陈文峰　田杰生

第十四章　郑红丽　徐淑霞

附录　张国庆

本书的编写得到了中国农业大学生物学院"'双一流'建设学院与学科自主项目"的资助，在此表示感谢。由于编者水平有限，本书难免会有不妥之处，敬请读者批评指正。

编者

2020年6月

第 2 版前言

微生物学是生物学的基础学科。以微生物为研究材料获得了生物学的许多重大发现。微生物学是一门基础学科。通过本课程的学习,可对微生物学有一个全面的了解,掌握农业微生物学的基本知识,并对实验操作技术进行基本的训练。本书作者都是各农业高等院校微生物学的主讲教师。在教材编写过程中,我们尽可能参考了国内外的最新进展,围绕微生物形态、生理、遗传、生态和分类,对微生物学的基本理论和基础知识做了比较系统的阐述,力求概念准确,叙述简明,而且兼顾了微生物学的系统性,特别是加强了微生物在农业上应用的内容。各院校可根据自己的需要和学时,选择性地讲授部分章节。

参加本书编写的单位有中国农业大学、河南农业大学、四川农业大学、河北农业大学、华南农业大学和内蒙古农业大学。各章的作者分别是:第一章,王贺祥;第二章,戚元成;第三章,李颖;第四章,田杰生;第五章,胡俊;第六章,张伟;第七章,廖德聪;第八章,陈三凤;第九章,方祥;第十章,袁红莉;第十一章,吴坤;第十二章,田树君、宋渊、陈文峰、王贺祥;第十三章,陈文峰、李颖;第十四章及附录,宋渊、袁红莉。

本书的编写得到了科技部"十一五"支撑项目"生物质高效降解专用微生物筛选与构建技术研究(2006BAD07A01)"的支持,在此表示致谢。由于作者水平有限,本书难免会有不妥之处,敬请读者随时向我们提出宝贵意见。

编　者

2008.7

目　　录

第一章

绪　论

第一节　微生物

一、微生物的特点及其在生物界中的地位

微生物(microorganism)并非生物分类学上的单位,而是一切微小生物的总称。微生物个体微小,肉眼看不见或看不清楚,细胞大小以微米(μm)或纳米(nm)计量,需借助光学或电子显微镜观察。微生物包括细胞型和非细胞型两大类。细胞型微生物又根据是否具有真正的细胞核划分为原核微生物和真核微生物,原核微生物包括细菌、古菌、支原体、立克次氏体、衣原体等;真核微生物包括真菌、藻类以及原生动物等。非细胞型微生物没有细胞结构,包括病毒、类病毒、卫星病毒、朊病毒等。部分微生物生活史中的某个阶段能形成比较大型的组织,如大型真菌的子实体和菌核等。微生物有着植物、动物共同的特点:①绝大多数微生物的基本组成单位是细胞;②主要化学组分相同,如蛋白质、核酸、多糖和脂类等大分子;③新陈代谢等基本生理活动相似;④遗传机制受基因控制;⑤具有繁殖能力。

随着人类对生物起源的不断认识,自然界生物分类的研究也在发展之中,形成了不同的分类系统,如当代生物分类系统中的六界系统将生物分为动物界、植物界、真菌界、原生生物界(原生动物、单细胞藻类)、原核生物界和病毒界。六界系统中,前五界是 Whittaker 于 1969 年提出的,后面增加了 1 个病毒界。微生物学研究的对象分布在真菌界、原生生物界、原核生物界和病毒界。

20 世纪 60 年代末开始,Woese 采用寡核苷酸编目法比较各类生物的 rRNA 基因特征序列,并通过序列分析构建不同的系统发育树,现代生物分类学将所有生物划分为 3 个域(domain)或原界(urkingdom),即细菌域(bacteria)、古菌域(archaea)及真核生物域(eukarya)。微生物包括全部细菌域和古菌域、真核生物域中的真菌、单细胞藻类和原生动物,以及非细胞生物病毒。这三个域有共同的祖先。值得强调的是,细菌域和古菌域虽然同属于原核生物,但古菌和真核生物的关系比它与细菌的关系更近。

如前面所述,微生物不是生物分类系统中的某个单　类群,而是微小生物的总称。除具有植物、动物共同的特点外,微生物还具有以下显著特点:①个体微小,肉眼看不见或看不清。需要借助光学显微镜或电子显微镜才能看到。由于体积小,细胞比表面积相对就大,有利于细胞内外营养物质吸收、代谢废物排泄、环境信息交流等;②生长繁殖快。在实验室条件下多数细菌几十分钟至几小时就可以繁殖一代。如大肠杆菌平均 20 min 就能繁殖一代;③代谢类型

多，微生物既有光能营养型，也有化能营养型。加之它们繁殖快、细胞比表面积大，使其具有旺盛的代谢活性，是自然界物质循环的强大推动者；④容易发生变异。这有利于遗传改造为人类谋福利，但病原菌的抗药性变异为疾病的治疗带来不利；⑤数量多。如每克土壤含有几亿至几十亿个，微生物是土壤中物质循环的主要推动力，是土壤生命力的体现；⑥在自然界分布广泛。土壤、水体、大气、动植物体中都有丰富的微生物，甚至在高等生物不能生存的某些极端环境下也有微生物存在。

二、微生物与人类的关系

微生物与人类关系十分密切，在医学、农业、工业、环境、食品及生物技术等方面都有重要应用。微生物给人类带来的利益不仅仅是享受，而且涉及人类的生存。在与我们日常生活相关的许多重要产品的生产中，微生物所起的作用是不可替代的，如面包、啤酒、白酒、酸奶、抗生素、维生素、疫苗等。微生物还是地球的清洁工，没有微生物，地球上的物质无法实现循环。有益微生物在人类社会发展中的重要作用是显而易见的。微生物生产已经与动物生产、植物生产并列为生物产业的三大支柱。

微生物是一把锋利的双刃剑，在给人类带来巨大利益的同时，也带来严重的破坏，如人类、动物及植物的多种病害都是由微生物引发的。人类历史上曾多次遭受严重的瘟疫流行，如鼠疫(黑死病)、天花、麻风和肺结核等疾病的大流行，现在仍有艾滋病、SARS及新冠肺炎等新的传染病在出现或流行。公元6世纪鼠疫在地球上第一次大流行时，危及土耳其、埃及、意大利、阿富汗等国家和地区，死亡人数约1亿；14世纪第二次流行时，导致欧洲死亡约2 500万人，亚洲死亡4 000万人，其中我国死亡1 300万人；19世纪末20世纪初的第三次鼠疫流行，发生在中国香港和印度北部地区，死亡人数约100万。这3次鼠疫流行造成的死亡人数比第二次世界大战造成的死亡(约1.1亿人)还多。植物病原微生物对农作物的危害同样惊人，1843—1847年发生在欧洲的马铃薯晚疫病大流行，毁灭了5/6的马铃薯，个别地方甚至颗粒无收，当时爱尔兰的800万人中，有近100万人直接饿死或间接病死，并有164万人逃往北美谋生。

第二节　微生物学

一、微生物学及其研究内容

微生物学是研究微生物生命活动规律及其应用的学科。其研究领域十分广阔，涉及微生物的形态结构、生理生化、遗传变异以及进化、分类和生态等多个领域。它的基本内容包括：①微生物细胞的结构和功能，阐明细胞的构建及其能量、物质、信息的转化规律；②微生物的多样性及其进化，认识自然界微生物的种类，以及它们之间的相似性和区别；③微生物的生态学规律，了解微生物之间以及它们同环境之间的相互作用；④微生物同人类的关系，包括微生物在工农业生产和医药卫生以及环境保护中的作用。微生物学的研究任务是：通过研究微生物的形态及生命活动规律，实现利用有益微生物、防治有害微生物来为人类造福。

19世纪是微生物学奠定基础和开始发展的时期，发现了许多类型的微生物和它们的生态活动。自 20 世纪开始，微生物学进入了快速发展的新阶段。青霉素的发现及对人类疾病的研究，促进了医学微生物和免疫学的发展，微生物在农业中的应用使农业微生物学、植物病理学和兽医微生物学成为重要的应用学科。对微生物细胞结构和酶及其功能的研究发展了微生物生理学，对微生物遗传变异的研究产生了微生物遗传学，对微生物和环境因子相互关系的研究产生了微生物生态学。随着微生物学的不断发展，形成了基础微生物学和应用微生物学，又可分为许多不同的分支学科，并还在不断地形成新的学科和研究领域。

二、微生物学主要分支学科简介

(一)微生物分类学

微生物分类学主要探索微生物之间的亲缘关系，把多种多样的物种归纳为互相联系的不同类群。由于微生物个体小，结构简单，易受外界条件的影响而发生变异，加之微生物之间的关系极为复杂，这些都给微生物的系统分类带来困难。近年来，随着科学技术的不断发展，特别是分子生物学的迅速发展，新方法和新技术越来越多地被用于微生物分类，使微生物分类学能更真实地反映微生物的自然进化和亲缘关系。

(二)医学微生物学

医学微生物学通常是指研究人类病原体的学科。广义的医学微生物学还包括研究动物病原体和植物病原体的分支学科，它们通常被称为兽医微生物学和植物病理学。医学微生物学也研究疾病的预防和控制。预防医学包括抗生作用、化学治疗、免疫、流行病学和诊断方法等几个方面。随着我们对医学微生物学这个领域的研究，各种微生物在引起疾病方面的作用将变得更加明了。

(三)水生微生物学

水生微生物学主要研究海洋、海湾和淡水中微生物的种类、数量及变化规律。水生微生物区系是水中生物食物链的一个必不可少的组成部分，蕴藏着重要的微生物资源，这种研究开辟了微生物应用于医药、食品及环境保护的有效途径。

(四)食品微生物学

许多有益的微生物被食品工业用于生产诸如面包、酸奶、腐乳、调味品、饮料等多种重要产品。人类食品也同样是微生物的培养基，被食品传播的疾病包括传染病和食物中毒。许多不同的微生物都能引起食物传染病，其中沙门氏菌是最常见的种类，引起食物中毒的微生物包括葡萄球菌和梭状芽孢杆菌。对用于生产食品的原料进行检查，严格执行食品安全卫生法，便可大大减少因食物传染的疾病和降低食物中毒的风险。

(五)工业微生物学

医药、食品添加剂、酒类、酶制剂以及有机酸是进行微生物商品化生产的几种代表。将细菌、酵母菌、丝状真菌进行发酵培养，利用它们有益的生物化学反应可以生产出多种多样有价值的微生物发酵产品。微生物在工业生产中的应用,大大促进了新型生产工艺和新产业的形成。

(六)土壤微生物学

土壤中微生物极为丰富。据计算,每667 m^2 肥沃土壤的30 cm表层土中含有约75 kg细菌,并含有约同等数量的真菌和原生动物。实际上,土壤中微生物的数量是土壤肥力的重要指标之一;土壤微生物活性是土壤生命力的体现。固氮微生物能够将空气中的氮气转化为含氮化合物,供植物合成蛋白质之需,从而改善土壤肥力。它们也能够将土壤中多种不能被植物直接吸收利用的物质转化为易于被吸收的物质,这是一个由多种微生物参加的非常复杂的过程。

(七)农业微生物学

农业微生物学主要研究微生物在农业中的应用和与之相关的理论探索。与农业微生物学相关的应用微生物学分支学科包括土壤微生物学、食品微生物学、植物病理学、兽医微生物学、发酵微生物学以及基础微生物学科中的微生物分类学、微生物生理学、微生物遗传学、微生物生态学及分子微生物学等学科。详细内容在本书中都有论述。

第三节　微生物学的发展

一、微生物学的早期发展

人类自远古以来就知道利用微生物进行农产品加工,如酿酒、制醋、做酱菜等,却不知道有微生物的存在,微生物的发现归功于显微镜的发明。1676年荷兰人列文虎克(Antony van Leeuwenhoek, 1632—1723)用他自制的简单显微镜首先发现了一个神奇的微小生物世界以后,他连续七八年从各种地方取样观察并描述了这个微小世界。列文虎克一生共制成约400架显微镜,能放大270～300倍。利用这些工具,列文虎克观察了许多不同的物质,包括雨水、污水、血液、体液、辣椒水、腐败物质、有机物质水浸液、酒、醋、黄油、牙垢等,描述了原生动物、细菌、酵母菌和微藻等的形态和活动方式。在微生物学的发展史上,他的发现具有划时代的意义。但在列文虎克之后的200年间微生物的研究工作进展缓慢,这一方面是因为没有更精密的显微镜出现,另一方面是人们还未曾将微生物与其作用联系起来。直到1861年Louis Pasteur的工作,微生物才开始受到重视。

法国人巴斯德(Louis Pasteur, 1822—1895)将微生物研究推向了生理学阶段,他被尊为微生物生理学奠基人。他在微生物学上的贡献不仅限于理论方面,而且在实用方面也为人类造福。巴斯德的主要贡献之一是他的曲颈瓶实验否定了统治长久的自然发生学说。巴斯德设计的曲颈瓶是一个玻璃烧瓶带有一个弯曲的长颈,将瓶中水浸液煮沸后,瓶口虽然开放,液体可保持不腐败。若将长颈打破,则瓶内进入微生物而腐败。他由此证明了有机质的腐败和发酵都是由微生物引起的,而微生物广泛存在于空气、泥土以及各种基物上。彻底否定了自然发生学说,使人们对疾病和某些自然现象开始有了正确的认识。巴斯德的主要贡献之二是他对发酵的研究,证实发酵是由微生物引起的。巴斯德所工作的法国Lille大学位于盛产葡萄酒和啤酒的城市，当时这些酒类的腐败变质问题干扰着葡萄酒和啤酒的生产。他的研究证明了糖在不同微生物的作用下可以转变成酒精，或者转变成乳酸和其他产物。不同微生物所要求的条件不同，发酵过程不同，因而产物也不同。他研究丁酸发酵时发现这是在没有氧气的条件下进行的，并证明酵母菌的发酵作用也是在缺氧条件下进行的，因此提出发酵作用不需要氧参加。他在这方面的大量工作为微生物生理学打下了重要基础。在研究各种物质发酵的同时，为防止产品腐败提出了一种可以杀灭不需要的微生物的方法，这就是著名的巴斯德消毒法。主要采用 50～60℃的温度处理产品一定时间，则可以达到防腐的目的，同时不影响酒的风味。直到今天巴斯德的方法在乳制品和酒制品等食品工业上仍被采用，但在设备上和方法上都有所改进，具体消毒条件为 63℃/30 min 或 71℃/15 s。此外，巴斯德完善了预防种痘法，奠定了免疫学的基础和促进了医学微生物的发展。真纳(Edward Jenner)当时虽已发明种痘法可预防天花，但他没能了解这个免疫过程的基本机制，因此，这个发现没能获得继续发展。巴斯德研究了鸡霍乱，发现钝化病原体能诱发免疫性以预防鸡霍乱病，其后他又研究了炭疽病和狂犬病，均证实其免疫学说，发明了接种减毒细菌来预防霍乱及牛羊炭疽病，并首次制成了狂犬病疫苗。预防接种法的发现和完善给人类带来了无穷的幸福。

德国的柯赫(Robert Koch，1843—1910)在细菌研究方面，特别是在病原细菌研究方面做出了卓越的贡献，他和巴斯德被公认为是微生物学的两位奠基人。柯赫 1866 年毕业于古汀根大学的医学院，1872 年担任东普鲁士一个小镇的地方医生，在研究当地的一种流行病害(炭疽病)时，证明其病原是一种杆菌。这是人类第一次科学地证明某种特异性的微生物是某种特异性病害的病原体。由于这项发现，他在 1880 年被聘请任职于柏林的皇家卫生局。1885 年他担任柏林大学卫生研究所所长。在此期间，他做过几次远游，去印度研究霍乱病，证明其病原体是霍乱弧菌，人们吞食带有这类细菌的食物或饮水，将发生病害。在旅行中，他发现鼠疫和疟疾的病原体。1891 年他辞去卫生研究所所长职务，担任传染病研究所所长直至退休。

柯赫毕生的研究成果极为丰硕，主要可归纳为建立了微生物学研究基本技术和证实了病害的病原菌学说。在微生物学的研究和进展中，技术始终是个重要问题，由于微生物个体小，肉眼不可见，在自然界中许多种类混栖等特点，所以常规研究动物、植物的方法不适用。当时，人类疾病的威胁也迫切需要解决病害发生源的问题，柯赫根据自己的工作经验总结出一套规律，成功地证实了细菌与病害的关系，这就是 1884 年发表的著名的指导病原菌研究的科赫法则(Koch's postulates)。科赫法则包括：①在任何病体中都能发现同一种致病的微生物，并诱发一定的症状；②必须能从病体中分离到这种微生物，并得到纯培养；③用纯培养菌接种正常、健康和敏感的动物可以发生相同的症状；④从这个人工接种发病的动物体内可以重新分离出这种微生物。实践证明科赫法则对大多数病原菌是适用的。尽管在以后的研究中对这个法则有丰富和修正，至今这个法则仍是行之有效地确定未知病原菌的常规方法，在医学微生物学和农业微生物学研究中起着重要作用。

在培养微生物方面，柯赫的助手做出了重要的贡献，Petri 设计出玻璃培养皿，称为 Petri 皿。这种平皿既便于容纳培养基，也便于观察细菌等微生物的菌落，同时它还可以达到通气而不易污染的目的。至今，这种培养皿仍是微生物学中广泛使用的器皿之一。另一项为培养基凝固剂的发现。培养基成分中的凝固剂最初用明胶，但明胶在 28℃以上就会溶化，因此对于培养人类病原菌(最适温度为 35～37℃)极不合适。此外，还有一些细菌可以分解明胶，使它失去作为培养基支撑物的作用。柯赫的另一名助手 Hesse 在其妻子的启发下，将做果冻用的琼脂作为固体培养基的凝固剂,由此发明了微生物固体培养技术。

早期微生物学的发展速度比较缓慢,主要是受到了研究方法的限制,但无论如何,初期的工作打开了微生物世界的大门,奠定了微生物形态学、生理学、分类学以及医学微生物等多方面的基础。

二、近代微生物学的发展

19 世纪后期到 20 世纪初期是微生物学全面发展的时期,微生物显微术、灭菌方法、加压灭菌器、革兰氏染色及纯培养等研究技术手段日益成熟与完善。其中,拜耶林克(Martinus Beijerinck, 1851—1931)和维诺格拉德斯基(Sergei Winogradsky, 1856—1953)在 19 世纪后期至 20 世纪上半叶进行了卓越的研究工作。拜耶林克提出了加富培养概念,利用选择性培养基从土壤、水体中获得了许多细菌的纯培养,包括根瘤菌、好氧固氮菌和乳酸菌等。维诺格拉德斯基毕生倡导土壤微生物学研究的生态学观点和原位研究技术,是土壤微生物学的主要奠基者。维诺格拉德斯基指出研究土壤微生物的活动应该研究土壤的物理和化学性质,他开展了氮素和硫素的转化研究,所设计的原位研究技术,有的至今仍被采用。

自 20 世纪开始,微生物学进入一个新的阶段,微生物生态学的研究逐渐加强,与其他学科的关系日趋密切,微生物学的内容更为丰富。微生物学沿着两个方向发展,即应用微生物和基础微生物。在应用方面,对人类疾病和躯体防御技能的研究,促进了医学微生物学和免疫学的发展。青霉素的发现(Fleming,1928)促进了抗生素的出现,这是微生物在工业和医药领域应用的重要基础。微生物在农业中的应用使农业微生物学成为重要的应用学科。微生物应用成果的不断涌现,促进了基础研究的深入。微生物分类系统在 20 世纪中叶出现,对微生物细胞结构及功能的研究发展了微生物生理学和生物化学。1900—1950 年间,微生物学和生物化学的联系越来越密切。一方面,生物化学的许多研究成果,如分离有机辅酶(Harden 和 Young, 1904)、发现磷酯化作用(Harden 和 Young,1905;Lohman,1929;Lundsgard,1930 等)、细胞色素(Keilin,1925)、高能键(Lipmann,1941)等均促进了微生物生理学的进展。另一方面,通过系统研究微生物的代谢机制,也促进了生物化学的发展。实际上,许多生物化学机制的发现是以微生物作为研究材料发现的。Neuberg(1911)及其后的科学家研究酵母酒精发酵的异化途径,最终完善了 Gay-Lussac 在 1810 年提出的酵母酒精发酵的化学反应过程,同时也了解了许多其他发酵如柠檬酸、醋酸、乳酸、丁酸等的代谢途径,以及其中酶的作用和能量的转变。许多微生物,尤其是酵母菌、大肠杆菌、梭菌和链孢霉被广泛用作研究生物化学的材料。在研究蛋白质合成中,许多工作是用大肠杆菌进行的(Monod, 1952; Cohen, 1954; Pardee, 1955);在酶、维生素和生长素等研究领域,微生物也占有相当重要的地位。

三、现代微生物学的发展

微生物学在分子水平上的发展起始于分子遗传学的研究。1941 年 Beadle 和 Tatum 用脉孢菌分离到几个营养缺陷突变体,其研究结果提出了“一个基因一个酶”的学说,使细胞遗传学进入了生化遗传学阶段。重要的成就包括 Avery 等 1944 年研究细菌的转化因子时发现了 DNA 的作用,揭示了基因的化学特性,证实了遗传的物质基础。1953 年 Watson 和 Crick 发现DNA双螺旋结构，大大促进了分子遗传学的发展。DNA碱基组成的三联密码、DNA序列分析、复制机制、分子杂交、蛋白质合成以及提取技术等各方面均以惊人的速度前进。大肠杆菌乳糖操纵子的工作建立了研究微生物代谢调控的基础。分子遗传学理论的进展，使科学家们有可能利用分子遗传学的技术，将某一特定的基因结合于某一生物细胞达到创造新种和治疗疾病的目的。1973年首次将两个不同的质粒DNA体外重组并转化大肠杆菌成功，1978年将人胰岛素A链和B链基因转入大肠杆菌并得到表达，使高等生物的遗传信息能在原核生物细胞中表达，为人工合成胰岛素创造了条件。

自1995年完成流感嗜血杆菌(*Haemophilus influenzae*)全基因组序列测定以来，已有超过3万种微生物的全基因组被测序。许多致病菌全基因组序列测定为揭示其致病机理和研制特异性新药或疫苗奠定了基础。例如，在所有已完成全基因组测序的病原菌中，梅毒螺旋体(*Treponema pallidum*)是应用传统微生物学方法最难研究的一种病原菌。由于"它非常清楚如何躲避免疫系统"，到目前为止还没有疫苗出现，梅毒螺旋体全基因组序列的完成，对研制疫苗并最终战胜这一疾病是非常重要的。幽门螺杆菌(*Helicobacter pylori*)是引起胃溃疡和胃癌的病原菌，结核分枝杆菌(*Mycobacterium tuberculosis*)是结核病的病原菌，它们全基因组序列的完成，有助于发现新的策略并战胜它们。

酿酒酵母(*Saccharomyces cerevisiae*)基因组计划的完成，不仅对生物技术和食品工业产生有利的影响，在医学领域也具有重要意义，这是由于在酵母基因组中发现了许多与人类基因同源的基因。如酵母11号染色体上有两个基因分别与人类肾上腺脑白质营养不良症决定基因和人类着色性干皮病基因同源。Bassett等指出，目前基因库中大约有15%的人类全长cDNA序列在酵母中有同源的基因，研究这些基因在酵母中的生理功能，将有助于了解这些疾病的发病机理。

微生物基因组的研究为生命科学开辟了新的研究领域，如生物信息学、比较基因组学等，也带来了新的工作方法和思路。如果能得到足够大的致病菌基因组数据库，通过比较基因组就可以弄清是否存在某些控制病原物以人为寄主的专一性基因，而这些基因的蛋白质产物可能是非常好的疫苗或药物靶位点。通过比较微生物的基因组，人们还可以很容易得出哪些基因是某些特定功能所必需的，从而进一步了解微生物与环境的统一、微生物的分化发育等，同时也为研究生命的起源、进化和细菌系统发育学带来契机。而比较基因组学要依赖于生物信息学的发展，才能找到一种有助于基因组比较的方法，从而了解整个基因组所蕴含的全部信息。

第四节 微生物学的发展趋势

越来越多微生物的基因组测序被完成，微生物后基因组研究将全面展开。随着生物信息学的日益发展，与工农业生产和生态环境密切相关的微生物组学、转录组学、代谢组学和蛋白质组学将更普遍地得到应用。

由微生物引起的新疾病还会产生，一些流行过的疾病可能还会暴发。微生物侵染与某些慢性病的关系，微生物间的互相作用，寄主与病原菌的互相作用都将是研究重点。病原菌的耐药性，特别是对多种药物的耐药性将使疾病更难以治疗，研制新的药物和疫苗将是控制疾病蔓延的有效途径。

微生物在工业和环境控制方面的作用将越来越重要,如食品和酶制剂的生产、污染物的生物降解、植物病虫害的生物防治等。微生物的多样性特别值得关注,据估计已培养的微生物种类不足地球上微生物总量的1%,研究新的培养方法,特别是对极端环境微生物的开发利用将使人类受益无限。

微生物基因组学的深入研究将揭示基因与细胞结构的关系以及生命活动所必需的基因数量等生物学难题。微生物的共生现象和生态学研究将改善和提高植物、家畜及人类的生存环境和健康水平。

微生物是研究细胞发育、信号传递和环境应答等生物学基本功能最适宜的实验材料,即这些生物学难题的突破很可能发生在以微生物为实验材料的研究中。

微生物组(microbiome)是指一个特定环境或者生态体系中全部微生物及其遗传信息的总和。生活在一定环境空间的微生物,相互影响并彼此平衡,微生物之间能够互相协作,使得它们在生态系统中更加稳定、更加有效发挥作用,并赋予微生物组(群)具有超越单个微生物的更强大的功能。近年来,科学家们越来越认识到微生物组研究的重要性,认为其孕育着解决人类面临的包括健康、环境等诸多问题的新路径。肠道微生物更被称为"人类第二基因组",已经发现与糖尿病、肝病、肥胖症、精神疾病等具有相关性。在环境污染物的降解研究中,如对于多环芳香烃的生物降解,研究者已筛选出多个单独降解多环芳香烃的微生物菌株,相比单一菌株降解,将这些降解微生物组成菌群,其降解效率和微生物系统的稳定性和适应能力都大大提高。土壤微生物组的研究和改良土壤质量的微生物组技术的应用,将为我国"化肥农药双减"行动的实施,继而提高我国农产品的产量和品质做出重要贡献。

思考题

1. 什么是微生物?微生物有什么特点?
2. 什么是三域学说?
3. 微生物学的研究内容有哪些?
4. 巴斯德对微生物学的建立和发展有哪些主要贡献?
5. 什么是科赫法则?
6. 研究微生物的重要性有哪些?
7. 什么是巴斯德消毒法?
8. 简述微生物在现代农业发展中的作用。
9. 什么是微生物组?
10. 简述微生物组在环境保护中的作用。

第二章
原核微生物

原核微生物(prokaryotes)是指一类没有典型细胞核结构的原始单细胞微生物,其细胞核外无核膜包裹(故称原核),不含组蛋白,细胞内不含由细胞膜包裹的细胞器,是目前已知的结构最简单并能独立生活的一类细胞型生物。原核微生物种类繁多,主要包括细菌域(bacteria)和古菌域(archaea)。细菌域主要有细菌、放线菌、蓝细菌、立克次氏体、支原体、衣原体、螺旋体和黏细菌等。本章主要介绍原核微生物(包括细菌和古菌)的细胞形态、细胞结构、菌落特征及繁殖方式等。

第一节　细　菌

细菌(bacteria)是一类结构简单、细胞壁坚韧、种类繁多、多以二分裂方式繁殖和水生性较强的原核生物,与人类生产和生活关系密切。

一、细菌的形态

细菌是单细胞原核微生物,在一定环境条件下具有相对稳定的形态结构,常见的有球状、杆状和螺旋状 3 种基本形态,分别称为球菌(coccus)、杆菌(bacillus)和螺旋菌(spirilla)。

(一)球菌

球菌单独存在时其外形多呈圆球形或椭球形,直径 0.5～1 μm。根据其细胞分裂的方向、数目以及排列方式的不同,主要分为以下几种类型(图 2-1)。

(1)单球菌(cocci)　细胞在一个平面上进行分裂,分裂后菌体全部散开,单独存在,如尿素小球菌(*Micrococcus ureae*)。

(2)双球菌(diplococci)　细胞在一个平面上分裂一次后,两个细胞不分开,成对排列,如肺炎双球菌(*Diplococcus pneumoniae*)。

(3)链球菌(streptococci)　细胞在一个平面上多次分裂后不分开,呈链状排列,如乳酸链球菌(*Streptococcus lactis*)。

(4)四联球菌(tetrads)　细胞在两个相互垂直的平面上各分裂一次,四个新细胞排列在一起呈田字,如四联微球菌(*Micrococcus tetragenus*)。

(5)八叠球菌(sarcinae)　细胞在三个相互垂直的平面上各分裂一次,八个新细胞排列在一起呈立方体状,如尿素八叠球菌(*Sarcina ureae*)。

(6)葡萄球菌(staphylococci)　细胞在不规则平面上进行多次分裂,新细胞排列无一定规则,呈葡萄状,如金黄色葡萄球菌(*Staphylococcus aureus*)。

(二)杆菌

杆菌是外形呈杆状的细菌,其细胞外形较球菌复杂。杆菌形态多样,其大小、长短、粗细不一。有的菌体较长,呈棒杆状或长杆状,如枯草芽孢杆菌(*Bacillus subtilis*);有的菌体较短,呈短杆或球杆状,如甲烷短杆菌属(*Methanobrevibacter*)。有的菌体两端稍尖,呈梭状或梭杆状,如梭状芽孢杆菌(*Bacillus fusiformis*);有的两端平截,呈竹节状,如炭疽芽孢杆菌(*Bacillus anthracis*);有的呈分枝状或叉状,如双歧杆菌属(*Bifidobacterium*);还有的呈弯月状,如脱硫弧菌属(*Desulfovibrio*)等。多数杆菌常按一个平面分裂,分裂后散开,单个存在,少数分裂后连接成链状。另外,杆菌的细胞排列方式多样,有成对的双杆菌,成链状的链杆菌,还有栅状、"八"字状以及由鞘衣包裹在一起的丝状等。杆菌的形状和排列方式在细菌分类鉴定中具有一定意义。杆菌的分裂及排列方式如图 2-2 所示。

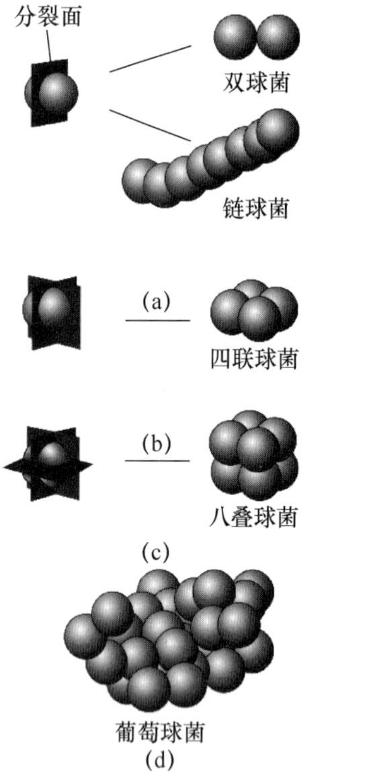

图 2-1　球菌的分裂及排列方式模型图

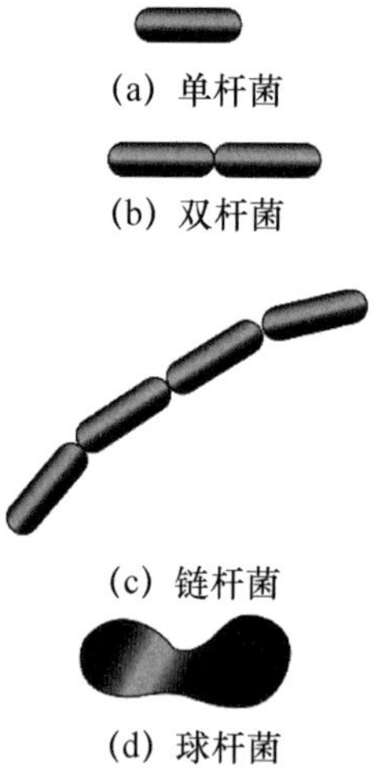

图 2-2　杆菌的形态模式图

(三)螺旋菌

螺旋菌的菌体呈螺旋状,一般长 5～50 μm,宽 0.5～5 μm。根据螺旋圈数的不同分为以下几种类型。

(1)弧菌(vibrio)　螺旋不足一环,呈香蕉状或逗点状,如霍乱弧菌(*Vibrio cholerae*)。

(2)螺菌(spirillum) 螺旋为 2～6 环的小型、坚硬的螺旋状细菌，如小螺菌(*Spirillum minor*)。

(3)螺旋体(spirochaeta) 螺旋大于 6 环、菌体细长而柔软的螺旋状细菌，如梅毒密螺旋体(*Treponema pallidum*)，属螺旋体纲，介于细菌与原生动物之间。

除了上述 3 种基本形态，还有少数特殊形状的细菌，如梨状、丝状、三角形、圆盘形、星状和矩形等(图 2-3)。

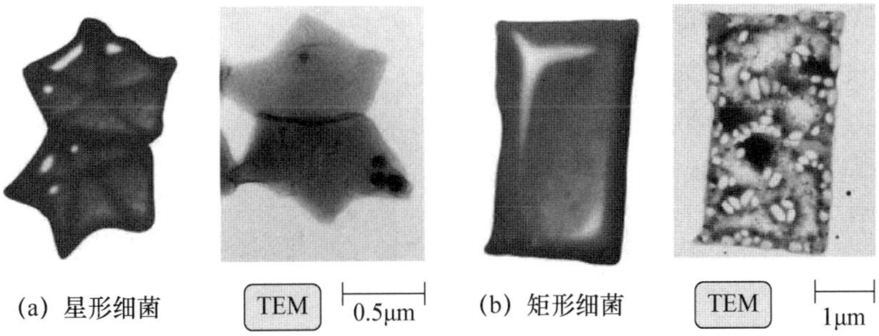

(a)斯特拉(*Stella*)；(b)卤虫属嗜盐古菌(*Haloarcula*)

图 2-3 星形细菌(a)和矩形细菌(b)(Tortora G J, et al, 2019)

细菌的形态由遗传决定，大多数细菌能够保持单一的形态。但环境条件改变，如培养温度、培养时间以及培养基中物质组成和浓度等发生变化，也会引起细菌形态的改变。一般而言，细菌处于幼龄期或者在生长条件适宜时，菌体表现出自身的特定形态；当培养时间过长或培养条件不适宜，生长环境中有药物、抗生素等存在时，细胞形态往往表现异常(细胞膨大或呈梨形、丝状等不规则形态)，若将其重新转移到适合的新鲜培养基中，细胞可恢复正常形态。此外，还有一些细菌在遗传上可表现为多种形态，如根瘤菌(*Rhizobium*)和棒状杆菌(*Corynebacterium*)。

二、细菌的大小

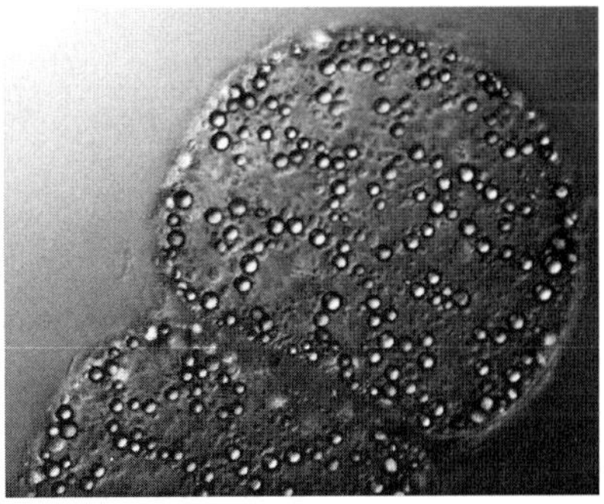

图 2-4 世界上最大的已知细菌——纳米比亚嗜硫珠菌
(Willey J. M. et al., 2017)

细菌细胞的大小可用测微尺在显微镜下进行测量，一般以微米(μm，即 10^{-6} m)为度量单位，其亚细胞构造则以纳米(nm，即 10^{-9} m)为度量单位。细菌的大小随种类不同而有差异(表 2-1)，即使同种细菌，其大小也会因菌龄或环境因素的影响而不同。在表示细菌细胞大小时，球菌以其直径表示，一般球菌直径在 0.5～1 μm；杆菌和螺旋菌以宽×长表示，杆菌宽度一般在 0.4～2.0 μm，长度为宽度的一倍到几倍，如大肠杆菌(*Escherichia coli*)为 0.5 μm×(1～3)μm；螺旋菌长度则是指弯曲菌体两端点的直线距离，而不是真正长度。绝大多数细菌个体很小，但近年来发现了一些大型细菌，如费氏刺尾鱼菌(*Epulopiscium fishelsoni*)，其细胞长度可达 200～500 μm，体积约为 *E. coli* 细胞的 10^6 倍；纳米比亚嗜硫珠菌(*Thiomargarita namibiensis*)，细胞呈球状，直径为 100～300 μm，最大可达 750 μm，肉眼可见，是迄今为止最大的细菌(图 2-4)。

细菌大小常以其平均值或代表性数值表示。需要注意的是,影响细菌形态的因素也会影响其大小。一般幼龄细胞或对数期细胞形态稳定,衰老的细胞常出现形态异常。另外,在干燥和固定时,由于细胞收缩,也会影响其大小的测定。

表 2-1 不同形态的细菌细胞大小比较

形状	菌名	大小或直径/μm
球状	乳酸链球菌(*Streptococcus lactis*)	0.5～1
	化脓链球菌(*Streptococcus pyogenes*)	0.6～1
	亮白微球菌(*Micrococcus candidus*)	0.5～0.7
	金黄色葡萄球菌(*Staphylococcus aureus*)	0.8～1
	纳米比亚嗜硫珠菌(*Thiomargarita namibiensis*)	100～750
杆状	大肠埃希氏杆菌(*Escherichia coli*)	(0.4～0.7)×(1～3)
	费氏刺尾鱼菌(*Epulopiscium fishelsoni*)	80×(200～500)
	枯草芽孢杆菌(*Bacillus subtilis*)	(0.8～1.2)×(1.5～4)
	炭疽芽孢杆菌(*Bacillus anthracis*)	(1～1.3)×(3～10)
	巨大芽孢杆菌(*Bacillus megaterium*)	(0.9～1.7)×(2.4～5)
	普通变形杆菌(*Proteus vulgaris*)	(0.5～1)×(1～3)
	伤寒沙门氏菌(*Salmonella typhi*)	(0.6～0.7)×(2～3)
	嗜酸乳杆菌(*Lactobacterium acidophilus*)	(0.6～0.9)×(1.5～6)
螺旋状	霍乱弧菌(*Vibrio cholerae*)	(0.3～0.6)×(1～3)
	迂回螺菌(*Spirillum volutans*)	(1.5～2)×(10～20)

引自杨汝德(2015)。

三、细菌的细胞结构

细菌细胞的结构包括基本结构和特殊结构(图2-5)。基本结构是所有细菌都具有的,包括细胞壁(cell wall)、细胞膜(cell membrane)、细胞质(cytoplasm)和核区(nuclear region)等;在细胞质中含有原核(nucleoid)、间体(mesosome)、核糖体(ribosome)以及内含物等。细菌的特殊结构是指部分细菌所具有的或在特殊条件下形成的结构,如糖被(glycocalyx)、S层(S layer)、鞭毛(flagellum)、菌毛(fimbria)和芽孢(spore)等。

(一)细胞壁

细胞壁是位于细胞最外面的一层坚韧厚实的外被,无色透明,具有一定的弹性,主要为肽聚糖,其组成成分较复杂,并随细菌类型不同而异。通过适当染色或质壁分离(plasmolysis)可在光学显微镜下看到;也可用电子显微镜直接观察细菌的超薄切片,以证实其存在。

细胞壁的厚度因菌种不同而有差异,一般在10～80 nm,其质量占菌体干重的10%～25%。细胞壁的主要功能有:①固定细胞外形,如用溶菌酶或其他方法去除细胞壁后,细菌会

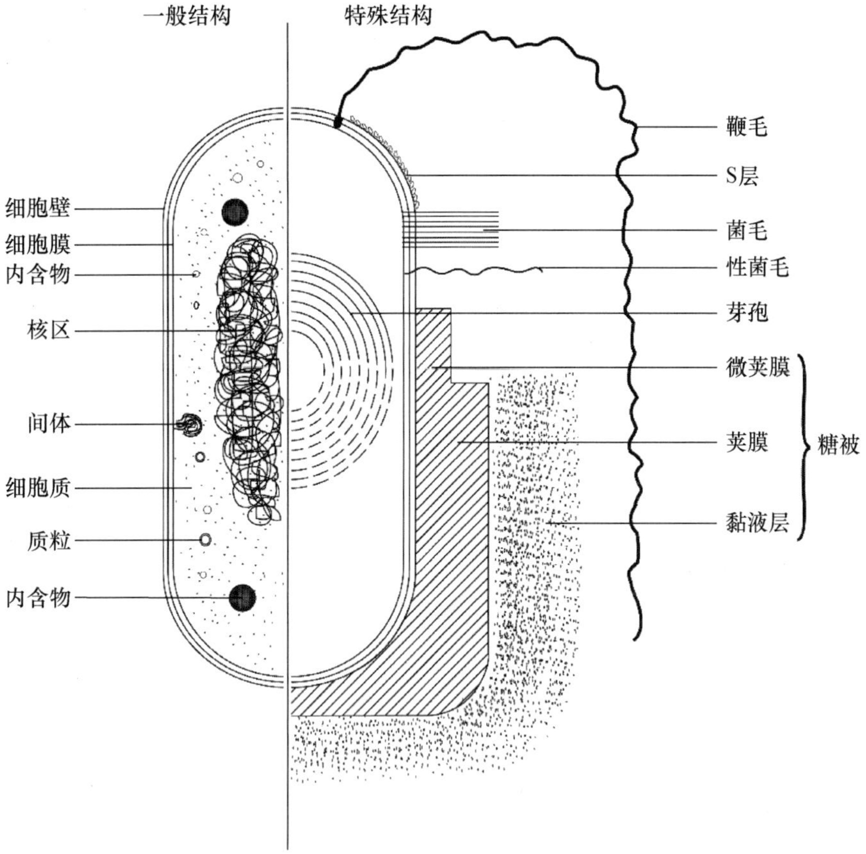

图 2-5 细菌的细胞结构模式图(一般结构和特殊结构)

变成圆形而失去原有的形状;②提高机械强度,使其免受渗透压等外力的损伤,如革兰氏阳性菌可抵御 15～25 个大气压(1 atm＝101.325 kPa)的渗透压,革兰氏阴性菌则可抵御 5～10 个大气压的渗透压;③为细胞的生长、分裂和鞭毛运动所必需,鞭毛是某些细菌的运动器官,其着生点位于细胞膜上,穿过细胞壁伸展到菌体细胞外,如失去细胞壁,这些细菌则不能运动;④阻拦大分子有害物质(某些抗生素和水解酶)进入细胞。细胞壁上有许多小孔,允许水和直径小于 1 nm 的小分子物质自由通过,大分子物质则不能通过;⑤赋予细菌特定的抗原性以及对抗生素和噬菌体的敏感性。细胞壁上分布着许多抗原决定簇,与细菌的抗原性有关,同时与细菌的致病性和对噬菌体的敏感性密切相关。

细菌细胞微小且透明,一般需要经过染色后才能在显微镜下观察其大小和形态结构。通常用美蓝或 TTC(氯化三苯基四氮唑)对活菌进行染色。死菌的染色主要有正染色和负染色两种。正染色包括简单染色和复杂染色(如革兰氏染色和芽孢染色),负染色主要是对细菌的荚膜进行染色。

1. 细菌的革兰氏染色

革兰氏染色法(Gram staining)是由丹麦微生物学家 C. Gram 于 1884 年创建的一种简便的染色方法,通过这种方法可以把几乎所有细菌分为革兰氏阳性细菌(Gram positive bacteria,简称 G^+)和革兰氏阴性细菌(Gram negative bacteria,简称 G^-)两大类。其主要步骤为:首先将细菌用草酸铵结晶紫进行初染,然后用碘液媒染,再用 95%的乙醇脱色,最后用番红或沙黄等进行复染。经过以上几个步骤后，最终被染成蓝紫色的一类称为革兰氏阳性细菌，被染成红色的一类称为革兰氏阴性细菌。革兰氏染色反应的结果主要是由于这两类细菌的细胞壁结构和成分不同而造成的(图 2-6)。

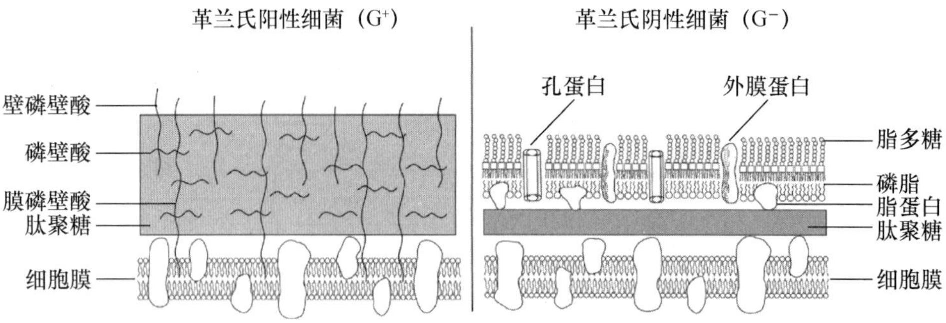

图 2-6　G^+ 与 G^- 细菌细胞壁结构的比较

2. 革兰氏阳性细菌的细胞壁

革兰氏阳性细菌的细胞壁厚 20～80 nm，主要成分是肽聚糖，有 15～50 层，每层厚度约 1 nm，占细胞壁干重的 50%～80%。肽聚糖(peptidoglycan)又称胞壁质(murein)，主要是由 *N*-乙酰葡萄糖胺(*N*-acetylglucosamine，简写 G)和 *N*-乙酰胞壁酸(*N*-acetylmuramic acid，简写 M)以及短肽聚合而成的大分子化合物(图 2-7)。G^+ 细菌的肽聚糖单体主要由 3 部分组成：①双糖单位：由一个 *N*-乙酰葡萄糖胺通过 β-1,4-糖苷键与另一个 *N*-乙酰胞壁酸相连；②四肽尾(即四肽侧链，tetrapeptide side chain)：是由 4 个氨基酸分子按 *L* 型与 *D* 型交替方式连接而成，其中 2 种 *D* 型氨基酸一般仅在细菌细胞壁上见到；③肽桥(或肽间桥，peptide inter-bridge)：它起着连接前后 2 个四肽尾分子的“桥梁”作用。以金黄色葡萄球菌(*S. aureus*)为例，连接在 *N*-乙酰胞壁酸上的四肽侧链的典型组成为 *L*-丙氨酸-*D*-谷氨酸-*L*-赖氨酸-*D*-丙氨酸(*L*-Ala→*D*-Glu→*L*-Lys→*D*-Ala)，相邻四肽通过肽间桥交联，交联度达 75%，组成三维立体框架，结构坚固致密(图 2-8)。肽间桥的氨基酸组成因菌种而异。G^+ 细菌和 G^- 细菌肽聚糖的肽间桥有 4 种类型，见表 2-2。

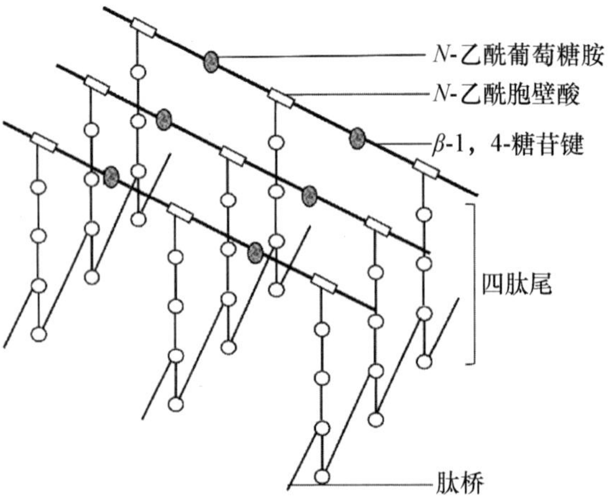

图 2-7　G^+ 细菌肽聚糖的立体结构(片段)(周德庆，2011)

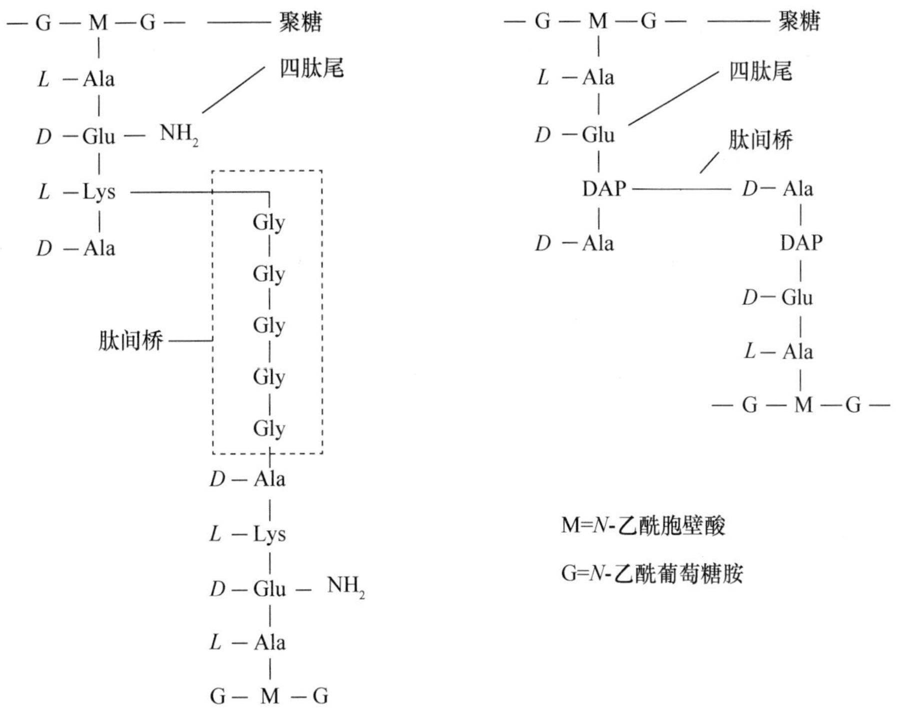

左为金黄色葡萄球菌(*S. aureus*);右为大肠杆菌(*E. coli*)

图 2-8 G^+ 细菌与 G^- 细菌细胞壁肽聚糖短肽的连接方式(杨汝德,2015)

表 2-2 肽聚糖分子中的 4 种主要短肽(肽桥)类型

类型	甲肽尾上连接点	肽间桥	乙肽尾上连接点	实例
Ⅰ	第四氨基酸	—CO·NH—	第三氨基酸	*E. coli*(G^-)
Ⅱ	第四氨基酸	$—(Gly)_5—$	第三氨基酸	*S. aureus*(G^+)
Ⅲ	第四氨基酸	$—(肽尾)_{1\sim2}—$	第三氨基酸	*M. luteus*(G^+)
Ⅳ	第四氨基酸	—*D*-Lys—	第二氨基酸	*C. poinsettiae*(G^+)

注:*E. coli*:大肠杆菌;*S. aureus*:金黄色葡萄球菌;*M. luteus*:藤黄微球菌;*C. poinsettiae*:星星木棒杆菌(周德庆,2011)。

肽聚糖是细菌细胞壁的主要成分,凡能破坏肽聚糖结构或抑制其生物合成的物质均能损伤细胞壁,导致细胞死亡,具有抑菌或杀菌作用。如溶菌酶是 *N*-乙酰胞壁酸酶,能够切断 *N*-乙酰葡萄糖胺与 *N*-乙酰胞壁酸间的 β-1,4-糖苷键,从而破坏肽聚糖骨架,引起细菌细胞裂解;青霉素抑制转肽酶活性,能干扰肽间桥与相邻肽聚糖骨架链四肽侧位上第 4 位的 *D*-丙氨酸之间的链接,抑制肽桥的形成,使细菌细胞不能合成完整的细胞壁,从而导致细菌死亡。人和动物的细胞没有细胞壁,也无肽聚糖,因此,其对溶菌酶和青霉素都不敏感。

磷壁酸(teichoic acid),又称垣酸,为 G^+ 细菌细胞壁所特有,是结合在 G^+ 细菌细胞壁上的一种酸性多糖,主要成分为甘油磷酸或核糖醇磷酸,占细胞壁干重的 20%~40%。磷壁酸长链嵌在肽聚糖中,根据结合部位不同,可分为以下 2 种。

(1)壁磷壁酸(wall teichoic acid) 不深入质膜,长链一端通过磷酸二酯键与肽聚糖上 *N*-乙酰胞壁酸共价结合,另一端游离伸出细胞壁外。其含量会随培养基成分不同而改变,可用稀酸或稀碱溶液提取,大多为核糖醇型,少数为甘油型。

(2)膜磷壁酸(membrane teichoic acid)　也称脂磷壁酸(lipoteichoic acid),甘油磷酸链分子通过共价键与细胞膜外层的糖脂结合,穿过肽聚糖层到达细胞壁表面,其含量与培养条件关系不大,可用热水或45%热酚提取。

磷壁酸的主要生理功能有:①带有大量负电荷,可与环境中的 Mg^{2+}、Ca^{2+} 等阳离子结合,提高细胞膜上一些合成酶的活力;②调节细胞内自溶素(autolysin)的活力,防止细胞因自溶而死亡;③可作为噬菌体的特异性吸附受体;④G^+ 细菌特异的表面抗原,增强某些致病菌(如A族链球菌)对宿主细胞的粘连,避免被白细胞吞噬,并有抗补体的作用,因而还可用于菌种鉴定。

3. 革兰氏阴性细菌的细胞壁

G^- 细菌细胞壁的厚度较 G^+ 细菌的细胞壁薄,为10~15 nm,其肽聚糖层很薄,只有1~3层,含量仅占细胞壁干重的10%~20%。以大肠杆菌(*E. coli*)为典型代表(图2-9),其肽聚糖四肽尾的第三个氨基酸被内消旋二氨基庚二酸(m-DAP)所代替,m-DAP是一种仅存在于原核生物细胞壁上的特殊氨基酸;肽聚糖单体间仅通过前一个四肽尾的第4个氨基酸(*D*-Ala)的羧基与后一个四肽尾的第3个氨基酸(m-DAP)的氨基直接相连,交联程度较低,为25%,整体结构较为疏松,故机械强度较 G^+ 细菌弱(图2-9)。

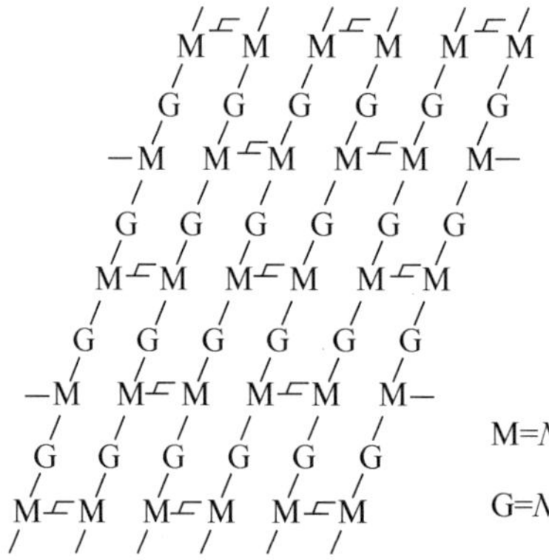

图2-9　大肠杆菌(*E. coli*)细胞壁肽聚糖结构图(部分)(周德庆,2011)

与 G^+ 细菌相比,G^- 细菌细胞壁层次较多,成分和结构较复杂,在肽聚糖层外面还有一层外壁层,又称外膜(outer membrane),具有控制细胞透性、提高 Mg^{2+} 浓度、决定细胞壁抗原多样性等作用,其化学成分为脂多糖、磷脂和若干种外膜蛋白,因含脂多糖,也称脂多糖层(lipopolysaccharide layer, LPS layer),为 G^- 细菌细胞壁所特有。

(1)脂多糖(lipopolysaccharide, LPS)　是 G^- 细菌细胞壁特有的成分,位于细胞壁最外层,厚8~10 nm,结构较为复杂,由类脂A、核心多糖(core polysaccharide)和O-特异侧链(O-specific side chain,或称O-多糖或O-抗原)组成。脂多糖的功能主要有:①脂多糖中的类脂A是构成 G^- 细菌致病物质——内毒素的物质基础;②脂多糖的负电荷较强,能吸附 Ca^{2+}、Mg^{2+} 等阳离子,以提高这些离子在细胞表面的浓度;③脂多糖结构的多变性,决定 G^- 细菌细胞壁抗原决定簇的多样性;④某些噬菌体在细胞表面的吸附受体;⑤选择性吸收小分子营养物质,阻止溶菌酶、抗生素、染料等物质进入细胞,起保护作用。

(2)外膜蛋白(outer membrane proteins)　是指嵌合在LPS和磷脂层外膜上的20余种蛋白质,其中,脂蛋白具有使外膜层与内壁肽聚糖层紧密连接的功能;孔蛋白(porin)则是一类中间有孔道、可控制某些物质(如抗生素等)进入外膜的三聚体跨膜蛋白,是多种小分子物质进入细胞的通道,有特异性与非特异性两种。

(3)周质空间(periplasmic space) 是 G^- 细菌外膜与细胞膜间的狭窄胶质空间(12～15 nm),其中存在着多种周质蛋白,包括水解酶类、合成酶类和运输蛋白等。

由于 G^+ 细菌和 G^- 细菌的细胞壁结构和成分存在显著差异,导致这两类细菌在染色反应、抗原毒性以及对溶菌酶和某些抗生素的敏感性等方面也有很大差别,见表 2-3。

表 2-3 G^+ 细菌与 G^- 细菌细胞壁及其生物学特性的比较

项目	G^+ 细菌	G^- 细菌
结构层次	单层	分为内壁层、外壁层
厚度/nm	20～80	10～15
革兰氏染色反应	能阻留结晶紫而染成紫色	可经脱色复染成红色
肽聚糖层	厚,交联程度高	薄,交联程度低
磷壁酸	多数含有,含量较高(<50%)	无
外膜	无	有
蛋白质	有或无	有
脂多糖(LPS)	无	有
类脂和脂蛋白含量	低(仅抗酸性细菌含类脂)	高(因含外膜)
鞭毛结构	基部上生 2 个环	基部上生 4 个环
产毒素	以外毒素为主	以内毒素为主,少数产外毒素
产芽孢	有的产	不产
对机械力的抗性	强	弱
对青霉素和磺胺的敏感性	敏感	不敏感
对链霉素、氯霉素和四环素的敏感性	不敏感	敏感
对溶菌酶的敏感性	敏感	不敏感(需要预处理以破坏外部稳定性膜)
对碱性染料的抑制作用	强	弱
对阴离子洗涤剂的敏感性	敏感	不敏感
对叠氮化钠的抗性	强	弱
对干燥的抗性	强	弱
细胞附器	通常无	种类多,如菌毛、性毛,柄等
运动性	大多不运动,运动多用周毛	运动或不运动,方式多(极毛、周毛、轴丝、滑行等)
代谢	多为化能有机营养型	类型多,如光能自养、化能无机有机营养

4. 革兰氏染色反应的机制

革兰氏染色反应是细菌分类和鉴定的主要依据之一。革兰氏染色反应的结果主要与细胞壁的结构及通透性有关,即 G^+ 和 G^- 细菌染色差异主要是由于其细胞壁成分和结构的不同而引起的。通过结晶紫初染和碘液媒染后,在细胞膜内形成不溶于水的结晶紫与碘的复合物。由于 G^+ 细菌细胞壁较厚,肽聚糖含量和交联程度较高,层次多,细胞壁间隙较小,因此用乙醇脱色时,肽聚糖网孔因脱水而收缩,再加上它基本不含类脂,乙醇处理时不会在细胞壁上产生缝隙,使媒染后形成的结晶紫-碘复合物仍滞留在细胞内,呈蓝紫色;而 G^- 菌细胞壁较薄,肽聚糖含量和交联程度较低,层次少,结构较为松散,加上其类脂含量较高,在乙醇脱色时,肽聚糖网孔不易收缩,相反由于乙醇溶解类脂,使细胞壁上出现较大缝隙,导致结晶紫-碘复合物容易脱出细胞壁,细胞呈无色,再经番红等红色染料复染,呈红色。实际操作中,若脱色不完全会导致染色结果呈假阳性,细胞通透性改变也会导致出现假阴性。

革兰氏染色法不仅可以用来观察细菌的形态特征,更是微生物学中细菌鉴定的重要方法。在实际应用中,可以根据细菌的革兰氏染色性质诊断疾病,有助于临床用药。通常来说,革兰氏阳性致病菌能产生外毒素,而革兰氏阴性菌能产生内毒素,两者的致病作用不同,所选药物也不同。如青霉素对革兰氏染色阳性菌有效,可作为化脓性细菌感染的首选药物;而喹诺酮类则对革兰氏染色阴性菌有效,为肠道病、腹泻的常用药。

5. 缺壁细菌及其类型

细胞壁是细菌的基本结构之一,但在自然界的长期进化中或在实验室菌种自发突变的特殊条件下,会产生少数细胞壁缺损的细菌,称为缺壁细菌(cell wall deficient bacteria)。其主要类型有如下几种。

(1)原生质体(protoplast)　原生质体是指在人为条件下,用溶菌酶完全除去处于等渗蔗糖溶液中的细菌细胞壁,或用青霉素抑制新生细胞壁合成后,仅剩由细胞膜包裹的圆球状、对渗透敏感的细胞。一般 G^+ 细菌最易形成原生质体。

(2)球状体(sphaeroplast)　球状体又称原生质球,指用加有 EDTA(乙二胺四乙酸)的溶菌酶处理细胞后,得到残留部分细胞壁的球状体。一般由 G^- 细菌形成。

由于缺乏细胞壁或细胞壁不完整,原生质体和球状体对相应的噬菌体缺乏敏感性,即使有鞭毛也不能正常运动,亦不能进行细胞分裂。但由于其具有完整的细胞膜和原生质结构,仍保留着正常细胞所具有的其他功能。在合适的再生培养基中,原生质体和球状体可以再生出细胞壁。另外,与正常细胞相比,原生质体和球状体有助于 DNA 和质粒的提取,且更易导入外源 DNA,使不同菌种或菌株间发生细胞融合,因而在基因工程和遗传学研究中具有重要作用。

(3)L-型细菌(L-form of bacteria)　L-型细菌是专指实验室或宿主体内通过自发突变而形成的遗传性稳定的细胞壁缺损菌株。1935 年,英国李斯特(Lister)预防医学研究所发现了由自发突变形成的细胞壁缺损细菌——念珠状链杆菌(*Streptobacillus moniliformis*)。该菌细胞膨大、对渗透压十分敏感、在固体培养基上形成中间厚、边缘薄的“油煎蛋”形菌落。即用该研究所第一个字母“L”命名该菌为 L-型细菌。由于 L-型细菌质膜完整,在一定渗透压下,其生存和繁殖不会受到影响,但由于其丧失合成细胞壁的能力,不能保持原有细胞形态,菌体可形成高度多形态的变异菌。目前,许多 G^+ 和 G^- 细菌在实验室或宿主体内都可产生 L-型突变,这在遗传学、临床医学和流行病学等研究领域具有重要意义。

(4)支原体(mycoplasma)　支原体是在长期进化中形成的、适应自然生活条件的无细胞壁的原核生物。由于其细胞膜中含有一般原核生物所没有的甾醇,故虽然缺乏细胞壁,细胞膜仍有较高的机械强度,有关支原体的内容详见本章第四节。

(二)细胞膜

细胞膜又称细胞质膜(cytoplasmic membrane)或质膜(plasma membrane),是一层位于原生质体外、紧贴细胞壁内侧,柔软而富有弹性的半透性薄膜,其厚度 7.5～10 nm,占细胞干重的 10%～30%。一般可通过质壁分离、选择性染色、原生质体破裂等在光镜下观察其存在。

在电子显微镜下观察细菌的超薄切片，可清楚地看到细胞膜分为3层，即在膜的内、外两侧有两层较暗的电子致密层，中间夹有一层较亮的电子透明层。细胞膜是典型的单位膜结构，主要由磷脂、蛋白质和少量糖类等物质组成。细胞膜中的磷脂和蛋白质，其含量和种类因菌种和培养条件不同而异。细胞膜中饱和脂肪酸和不饱和脂肪酸的含量和比例也会随生长温度变化而有所不同。一般处于低温时，细胞膜中的不饱和脂肪酸含量较高，而在高温时则较低。

关于细胞膜分子结构的假说有多种，目前被学术界所认可的是美国的 J. S. Singer 和 G. L. Nicolson 于1972年提出的"液态镶嵌模型"(fluid mosaic model)。该模型认为：细胞膜是由两层磷脂分子整齐地对称排列而成的，每个磷脂分子由一个带正电荷且能溶于水的极性头(磷酸端)和一个不带电荷、不溶于水的非极性尾(烃端)构成，两个极性头分别朝向内外两表面，呈斥水性、非极性的疏水尾则埋入膜的内层，形成磷脂双分子层，构成细胞膜的基本结构。磷脂双分子层具有流动性；常温下磷脂双分子层呈液态，其中嵌埋着许多具有特殊作用的酶类和载体蛋白；埋藏在磷脂双分子层内的蛋白质为整合蛋白(integral protein)或内嵌蛋白(intrinsic protein)，疏松地附于膜上的为周边蛋白(peripheral protein)或膜外蛋白(extrinsic protein)。整合蛋白因其表面具有疏水性，故可"溶于"脂质双分子层的疏水性内层中；周边蛋白含有亲水性基团，故可通过静电引力与脂质双分子层表面的极性头相连；脂质分子间或脂质与蛋白质分子间无共价结合。整体而言，脂质双分子层犹如"海洋"，周边蛋白可在其上做"漂浮"运动，而整合蛋白则似"冰山"沉浸在其中做横向运动。细胞膜的液态镶嵌模型如图2-10所示。

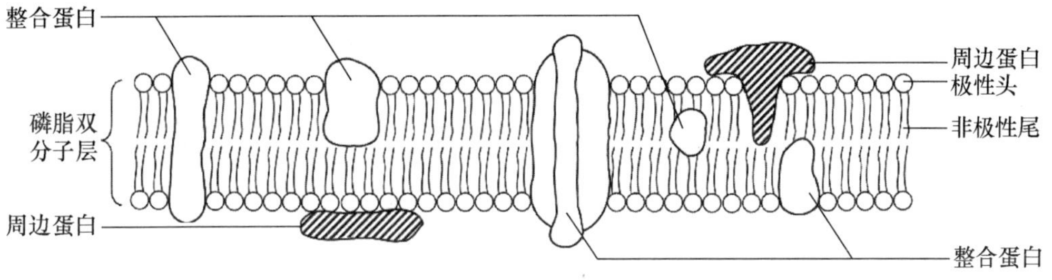

图 2-10　细胞膜结构的液态镶嵌模型图

细胞膜是防止细胞外物质自由进入细胞的屏障，能够保证细胞内环境的相对稳定，使各种生化反应有序运行。其主要生理功能有：①作为渗透屏障，维持细胞内正常的渗透压；②能选择性地控制细胞内、外的营养物质和代谢产物的运送和交换；③参与细胞壁各种组分以及荚膜等大分子的生物合成，是合成肽聚糖、磷壁酸、脂多糖和荚膜多糖等的重要场所；④参与DNA复制和子细胞的分裂；⑤膜上含有与氧化磷酸化或光合磷酸化等能量代谢有关的酶系，是细胞的产能基地；⑥是鞭毛基体的着生部位，提供鞭毛运动所需的能量。

(三)间体及其他内膜系统

区别于高等绿色植物，细菌不含叶绿体和线粒体。有许多细菌，如某些革兰氏阳性细菌、光合细菌、硝化细菌以及固氮细菌，其细胞膜内陷或折叠形成形态多样的内膜系统，如间体(mesosome)、载色体(chromatophore)、羧酶体(carboxysome)、类囊体(thylakoid)以及气泡(gas vesicles)等。

1. 间体

间体也称中间体，是一种由细胞膜内陷形成的囊状结构，内部充满了层状、管状泡囊，常见于G^+细菌中。一个细菌细胞内可含一个或多个间体。位于细胞中部的间体,可能参与DNA复制及细胞分裂;位于细胞周围的间体,可能与胞外酶或某些蛋白质分泌有关。间体还与细菌芽孢的形成有关。也有学者认为"间体"仅是电镜制片时因脱水操作而引起的一种赝像。因此,对间体有待深入研究。

2. 载色体

载色体又称色素囊(chlorosome),是某些光合细菌细胞膜向内延伸或折叠形成的片层状、管状或囊状结构,含有菌绿素、类胡萝卜素等光合色素以及电子传递链组分,是进行光合作用的场所,其功能相当于绿色植物的叶绿体。

3. 类囊体

类囊体是蓝细菌(cyanobacteria)细胞膜内陷、重复折叠形成的片层状结构,不与细胞膜直接相连。同载色体相似,类囊体含有叶绿素、藻胆素等光合色素和光合作用酶系,是蓝细菌进行光合作用的场所。

4. 羧酶体

羧酶体又称多角体(polyhedral body),是某些自养细菌细胞中存在的由单层膜包裹而成的多面体结构,主要存在于化能自养的硫杆菌属(*Thiobacillus*)、贝日阿托氏菌属(*Beggiatoa*)和一些光能自养的蓝细菌中。羧酶体中含有固定CO_2所需的1,5-二磷酸核酮糖羧化酶,是自养细菌固定CO_2的场所。

5. 气泡

气泡是存在于某些光能营养型、无鞭毛运动的水生细菌细胞内储存气体的小泡囊,大小为(0.2～1.0)μm×75 μm,仅由2 nm的蛋白质膜包围,具有调节细胞比重,使其漂浮在合适水层中的作用,借以获取光能、氧和营养物质,在盐细菌和蓝细菌中多见。气泡的大小、形状和数量因菌种而异。

(四)细胞质及其内含物

1. 细胞质

细胞质是由细胞膜包围、除核区外的无色透明、黏稠的胶状或颗粒状物质的总称,其主要成分是核糖体、质粒、储藏物、各种酶类、中间代谢物、伴孢晶体和细胞内含物等,含水量约为80%。有些细菌细胞质中还含有类囊体、羧酶体、气泡或伴孢晶体等有特定功能的细胞组分。

2. 细胞内含物

细胞内含物(inclusion body)指细胞质内一些较大的颗粒状构造,主要包括以下几种。

(1)核糖体(ribosome) 又称核蛋白体,由核糖核酸(RNA,占60%)和蛋白质(占40%)构成,是合成蛋白质的场所。细菌细胞中,80%～90%的核糖体串联在mRNA上,以多聚体形式存在。大部分核糖体游离于细胞质中,少数附着在细胞膜内侧。其直径约为18 nm,沉降系数为70S,由50S和30S两个亚基组成,其中50S大亚基含有23S RNA,5S RNA与30多种蛋白质,对红霉素与氯霉素很敏感;30S小亚基含有16S RNA与20多种蛋白质,对四环素与链霉素很敏感。

(2)颗粒状内含物 也叫储藏性颗粒(reserve materials),它是单层膜包裹的、由不同化学成分累积而成的不溶性颗粒,包括多糖、脂类、多聚磷酸盐等,有暂时储藏营养物质的作用。

储藏性颗粒在营养过剩时积累，缺乏时又被分解利用，可防止细胞内渗透压或酸度过高。一般地，一种细菌只含有一种储藏性颗粒，少数情况下含有两种或多种。细菌的内含物因菌种而异，这有助于细菌的鉴别。环境条件相同时，同一种细菌细胞内具有相同的内含物，但同一细菌细胞在不同生长阶段或不同环境中，内含物往往不同。常见的颗粒状内含物有以下几种。

①异染颗粒(metachromatic granules)：又称迂回体或捩转菌素(volutin granules)。某些细菌，如白喉棒状杆菌(*Corynebacterium diphtheriae*)和结核分枝杆菌(*Mycobacterium tuberculosis*)，细胞内的颗粒状内含物可被甲苯胺蓝或美蓝等蓝色碱性染料染成紫红色，故称异染颗粒。最初是在迂回螺菌(*Spirillum volutans*)中发现的，大小为 0.5～1.0 μm，主要成分是多聚偏磷酸盐(polymetaphosphate)，还含有 RNA、脂类和 Mg^{2+} 等，是细菌特有的磷贮藏性颗粒，一般在含磷丰富的环境中形成，具有储藏磷元素和能量以及降低细胞渗透压等作用。异染颗粒的形状和位置在细菌分类鉴定中有一定意义。

②聚-β-羟基丁酸(poly-β-hydroxybutyrate，PHB)：是细菌所特有的一种由单层膜包裹、具有折射性、大小不一的类脂颗粒，是细胞内碳源和能源的储藏性物质，相当于真核细胞中的脂肪。PHB 不溶于水，溶于氯仿，用尼罗蓝或苏丹黑染色后可在光学显微镜下观察到，具有储藏能量、碳源和降低细胞内渗透压等作用。

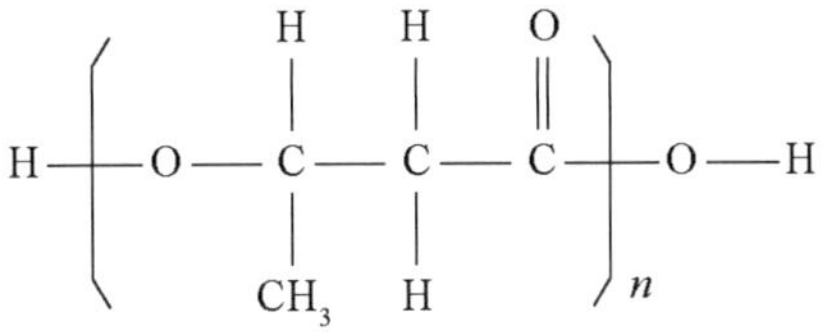

目前在发光杆菌属(*Photobacterium Beijerinck*)、假单胞菌属(*Pseudomonas*)、根瘤菌属(*Rhizobium*)、莫拉氏菌属(*Moraxella*)、螺菌属(*Spirillum*)、德克斯氏菌属(*Derxia*)、拜叶林克氏菌属(*Beijerinckia*)、球衣菌属(*Sphaerocalus*)及芽孢杆菌属(*Bacillus*)的细胞中发现有 PHB 存在。

③淀粉(starch)和糖原(glycogen)：为葡萄糖的多聚体，是碳源和能源的储藏物质，存在于某些肠道细菌和梭状芽孢杆菌中。淀粉和糖原可用稀碘液鉴别，遇碘液变蓝的为淀粉，变红则为糖原。

④硫滴(sulfur droplet)和硫粒(sulfur granule)：某些硫细菌和光合细菌在富含 H_2S 的环境中，可将 H_2S 氧化成硫，累积并储藏在细胞内，呈固态的称为硫粒，液态为硫滴。环境中 H_2S 缺乏时，可提供硫素营养，并在氧化过程提供能量。

(3)磁小体(magnetosome)　是趋磁细菌(magnetotactic bacteria)胞内合成的具有磁性的纳米粒子，为 Fe_3O_4 或 Fe_3S_4 的结晶颗粒，其晶体形态多样，有立方体、立方八面体、子弹状、齿状、薄片状等。主要存在于水生螺菌属(*Aquaspirillum*)和嗜胆球菌属(*Bilophococcus*)中。磁小体的合成受基因的严格控制，其形态和大小具有菌株特异性，即每种趋磁细菌所合成的磁小体大小和形态是均一的。磁小体外有一层磷脂、蛋白质或糖蛋白生物膜包被，具有较大的比表面积，无毒，具有导向作用，即借助鞭毛游向对该菌最有利的泥、水界面微氧环境处生活，在许多领域有潜在的应用价值。在体外，磁小体可以分解过氧化氢，保护细胞免受过氧化氢的积聚。

(五)核区与质粒

1. 核区

核区是原核生物所特有的，无核膜包裹、无固定形态的原始细胞核(图2-5)，又可称为核质体(nuclear body)、原核(prokaryon)、拟核(nucleoid)或核基因组(genome)。细菌细胞没有真正的细胞核，只是在菌体中央有一环状双链DNA分子高度卷曲、缠绕而成超螺旋，无核膜与核仁，也无一定形态，含有少量DNA与蛋白质，即为核区。用福尔根(Feulgen)染色法可看到呈紫色、形态不定的核区。通常情况下，一个细菌细胞只有一个原核，但由于核分裂在细胞分裂之前进行，而且细菌细胞生长迅速，所以在一个细胞内可发现2个或4个原核。细菌的核区除在染色体复制的短时间内呈双倍体外，一般均为单倍体。

细胞中原核不含组蛋白，化学组成上DNA占60%，RNA占30%，其余10%为蛋白质。DNA呈双链共价闭合环状，其长度比菌体细胞长若干倍，一般为0.25～3.00 μm。例如，大肠杆菌的核区DNA长1.1～1.4 μm，枯草芽孢杆菌约1.7 μm，流感嗜血杆菌约0.8 μm。在快速生长的细菌中，核区DNA可占细胞总体积的20%。细菌的DNA分子质量差异不大，一般为$(1\sim6)\times10^9$。细菌无典型的染色体结构，不存在组成染色体的基本单位即核小体，核区中的DNA称为染色体DNA。染色体DNA是细菌负载遗传信息的主要物质基础，它可与一些碱性蛋白质而非组蛋白结合。由于没有核膜，DNA的复制、RNA的转录与蛋白质的合成可同时进行。

2. 质粒

质粒(plasmid)是指游离于细菌染色体之外，或附加在细菌染色体上，具有独立复制能力的小型共价闭合环状DNA分子，即cccDNA(covalently closed circular DNA)。质粒具有超螺旋结构，含有2～200个基因，其分子量为$10^6\sim10^8$ u，大小仅为染色体DNA分子质量的1.5%～3%。质粒可携带决定细菌某些遗传特性的基因，如抗药、致病、产毒、固氮、致育、产生抗生素和色素等基因。质粒的自主复制能力，使其在子代细胞中也能保持恒定的拷贝数，并表达所携带的遗传信息，因此可作为基因重组与基因转移的载体，在基因工程中广泛应用。另外，质粒携带的遗传信息能赋予宿主菌某些特殊生物学性状，如抗药性、产生抗生素、降解某些化学物质等，有利于细菌在特定的环境条件下生存。质粒不是细菌生长繁殖所必需的物质，可自行丢失或经人工处理而消除，如高温、紫外线等。

(六)糖被

糖被是包被于某些细菌细胞壁外的一层厚度不定的透明或半透明的胶状黏性物质，含水量很高，约90%，经脱水和特殊染色后可在光学显微镜下看到。

1. 糖被的类型

按其厚薄、有无固定层次可细分为以下几种。

(1)荚膜(capsule或macrocapsule，即大荚膜)　较厚(约200 nm)，具有一定外形，相对稳定地附着在单个细胞壁外；与细胞表面的结合力较弱，通过液体振荡培养或离心可得到荚膜物质。荚膜不易着色，用炭黑墨水或苯胺黑对产荚膜细菌进行负染色(即背景染色)后，可在光学显微镜下观察到(图2-11)；用冷冻蚀刻技术，在电子显微镜下可看到荚膜是由许多纤维丝状物质组成的网状物。

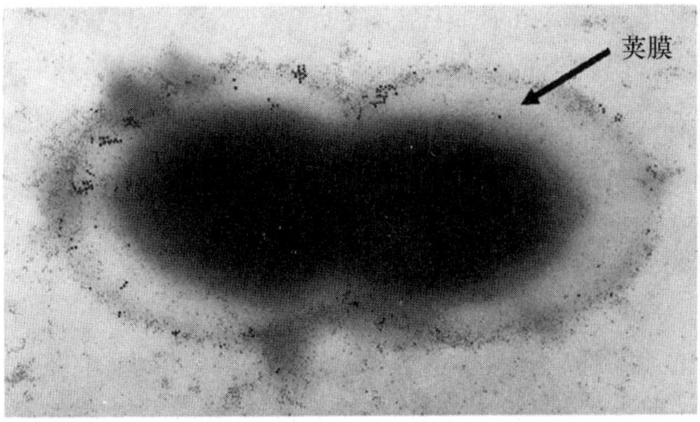

图 2-11 细菌肺炎双球菌的荚膜(黄秀梨,2009)

(2)微荚膜(microcapsule) 较薄(<200 nm),与细胞表面结合较紧,在光学显微镜下看不到,但可用血清学实验证明其存在。微荚膜容易被蛋白酶消化,但除去后细菌的生命活动不受影响。

(3)黏液层(slime layer) 无明显边沿,与细胞表面结合松散,通常由多糖组成,用炭黑墨水进行负染色后在光学显微镜下观察不到。黏液层可向周围环境扩散,在液体培养基中会增加培养基的黏度;黏液层是易于去除的,分散的,无组织的材料区域。滑翔细菌通常会产生黏液,在某些情况下,黏液也可以促进运动。

(4)菌胶团(zoogloea) 有的细菌,如动胶菌属(*Zoogloea*)能分泌黏液将许多细菌黏合在一起,形成一定形状的黏胶物,称为菌胶团,其实质是细菌群体的共同荚膜。

2. 糖被的成分

糖被富含水分,其成分一般为多糖,少数是蛋白质或多肽,也有多糖与多肽复合型的。不同的细菌,其糖被的组成成分有差异(表 2-4)。如炭疽芽孢杆菌(*Bacillus anthracis*)具有由聚-*D*-谷氨酸组成的蛋白质荚膜,当使用负性染色剂或特定的荚膜染色剂时,可在光学显微镜下清楚地看到其存在。少数细菌如黄色杆菌属(*Xanthobacterium*)的菌种,既有含 α-聚谷氨酰胺的荚膜,又有含大量多糖的黏液层。这种黏液层无法通过离心沉淀,有时甚至将液体培养的容器倒置时,整个呈凝胶状态的培养物(culture,菌体和培养液的总称)仍不会流出。

表 2-4 糖被的主要成分及其代表菌

糖被成分			代表细菌
多糖	纯多糖	葡聚糖	肠膜状明串珠菌(*Leuconostoc mesenteroides*)
		果胶糖	变异链球菌(*Strepococcus mutans*)
		纤维素	木醋杆菌(*Acetobacter xylinum*)
	杂多糖	海藻酸	棕色固氮菌(*Azotobacter vinelandii*)
		透明质酸	链球菌(*Streptococcus* spp.)
多肽		聚 *D*-谷氨酸	炭疽杆菌(*Bacillus anthracis*)
		聚谷氨酰胺	黄单胞菌(*Xanthomonas* spp.)
多肽和多糖			巨大芽孢杆菌(*Bacillus megaterium*)
蛋白质			鼠疫耶尔森氏菌(*Yersinia pestis*)

引自周德庆(2011)。

糖被的有无、厚薄不仅与菌种的遗传性有关,还与营养条件密切相关。如炭疽芽孢杆菌(*B. anthracis*)的荚膜,在动物体内或营养丰富(碳氮比较高)的培养基中易形成,在普通培养基上易消失;如肺炎双球菌(*D. pneumoniae*),产荚膜的菌株在固体培养基上形成表面湿润、有光泽、黏液状的光滑型(smooth),即S型菌落;不产荚膜的菌株形成表面干燥、粗糙的粗糙型(rough),即R型菌落。此外,产荚膜的细菌并非在整个生长期都形成荚膜,如某些链球菌在生活早期形成荚膜,后期荚膜消失。

3. 糖被的作用

糖被的主要作用有:①保护作用,因其含有大量极性基团,具有亲水性,可保护菌体免受干旱损伤,抵御吞噬细胞的吞噬。防止噬菌体的吸附和裂解以及其他物质(如溶菌酶、抗生素等)的侵害,如肺炎克雷伯氏菌(*Klebsiella pneumoniae*)的荚膜既可使其黏附于人体呼吸道并定殖,还可保护它们免受宿主白细胞的吞噬;②储藏养料,荚膜多为糖聚合物,可作为储藏性物质,以备营养缺乏时重新利用,如黄色杆菌(*Xanthobacter* sp.);③作为透性屏障或离子交换系统,以保护细菌免受重金属离子的毒害;④表面附着作用,如唾液链球菌(*Streptococcus salivarius*)和变异链球菌(*Streptococcus mutans*)可依靠荚膜牢牢黏附于牙齿表面,使细菌发酵糖类产生的乳酸在局部累积,严重腐蚀齿表珐琅质层而引起龋齿;⑤细菌间的信息识别作用,如根瘤菌属(*Rhizobium*);⑥堆积代谢废物。

4. 糖被与生产实践的关系

鉴于糖被的诸多功能,其在生产实践中有较多的应用:①用作药物和生化试剂。如肠膜明串珠菌(*Leuconostoc mesenteroides*)的糖被可用来提取葡聚糖以制备“代血浆”或葡聚糖生化试剂。我国于1958年从桃皮上分离的1226优良菌株就用于生产代血浆(右旋糖酐注射液);②用作工业原料。如野油菜黄单胞菌(*Xanthomonas campestris*)的糖被(黏液层)可用来提取黄原胶(xanthan),作为石油开采中的钻井液添加剂,也可用于印染和食品等工业中;③用于污水的生物处理。如形成菌胶团的细菌,有助于污水中有害物质的吸附和沉降;④荚膜是某些细菌所特有的,可用于菌种鉴定。当然,若管理不当,有些细菌的糖被也会给人类带来一定危害。如肠膜状明串珠菌(*L. mesenteroides*)的污染,使糖液和某些饮料、食品因发黏而变质,影响食糖、酒类、面包或牛奶等的质量。由于某些致病菌产生较厚的荚膜而增强其对宿主的致病力。

(七)S层

S层(S layer)是包裹在原核微生物细胞壁外,以方形或六角形方式排列的层状结构,在革兰氏阳性、阴性以及古菌中都普遍存在(图2-12)。常见的有S层的细菌有芽孢杆菌属(*Bacillus*)、梭菌属(*Clostridium*)、乳杆菌属(*Lactobacillus*)、棒杆菌属(*Corynebacterium*)、弯曲杆菌属(*Campylobacter*)、异常杆菌属(*Deinococcus*)、气单胞菌属(*Aeromonas*)、假单胞菌属(*Pseudomonas*)、密螺旋体属(*Treponema*)、水螺菌属(*Aquaspirillum*)和一些蓝细菌等。另外,一些古菌,如脱硫球菌属(*Desulfurococcus*)、盐杆菌属(*Halobacterium*)、甲烷球菌属(*Methanococcus*)和硫化叶菌属(*Sulfolobus*)等也有S层。

S层具有类似于地砖的图案,由大量蛋白质或糖蛋白组成。在典型的G^-细菌中,S层直接黏附在细胞壁的外膜上;而在G^+细菌中,则与细胞壁的肽聚糖表面缔合,如芽孢杆菌属(*Bacillus*)和棒杆菌属(*Corynebacterium*)等。在许多古菌中,S层直接紧贴在细胞膜外,成为其质膜外的唯一壁状结构。S层的生物学作用主要有:①可保护细胞免受离子和pH的波动,以及渗透压、酶或捕食性细菌的侵害;②有助于维持某些细胞的形状和胞膜刚度,促进细胞黏附于表面;③可以保护某些病原体免受宿主防御,从而增强其毒力。另外,因其蛋白质具有自组装能力,S层在纳米技术中具有潜在用途。

(八)鞭毛

鞭毛是着生于某些细菌细胞膜上,穿过细胞壁伸展到菌体细胞之外的细长丝状、波曲的蛋白质附属物,是细菌的运动器官(图2-13)。细菌鞭毛数目因菌种而异,少则1～2根,多则数百根,其长15～20 μm,为菌体的若干倍,直径较细,10～20 nm,借助电子显微镜或通过鞭毛染色法使鞭毛与媒染剂结合加粗着色后,才可在光学显微镜下观察其形状和着生情况。另外,通过在暗视野中观察细菌悬滴标本或水浸片中的运动情况,在固体培养基上的菌落形态或在半固体直立柱穿刺线上的群体扩散情况,也能判断细菌是否生有鞭毛。

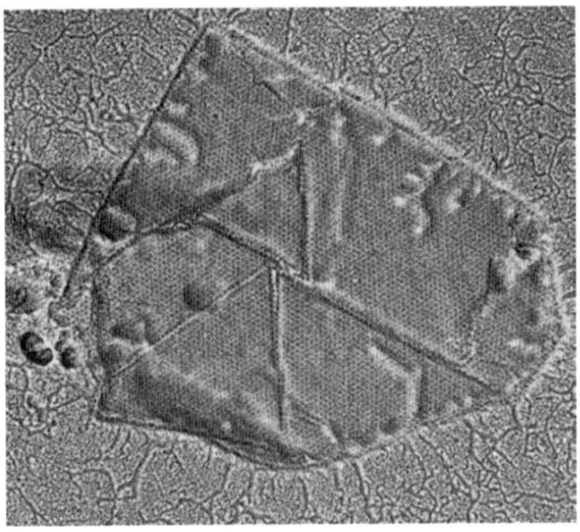

图2-12 细菌的S层
(Willey J. M., et al., 2017)

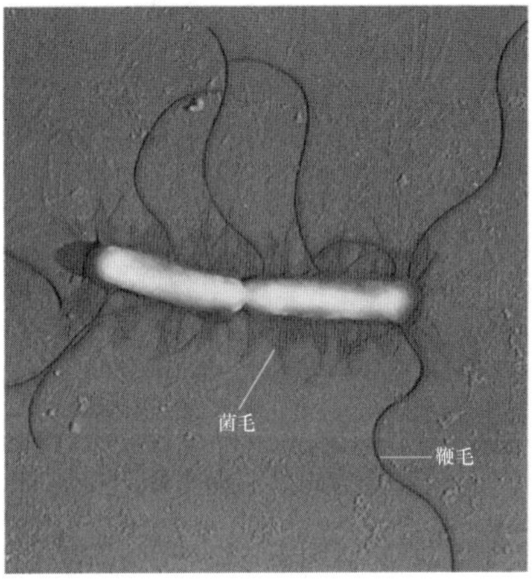

图2-13 变形杆菌(*Proteusbacillus vulgaris*)的鞭毛和菌毛(扫描电镜图)
(Willey J. M., et al., 2017)

1. 鞭毛的着生方式和结构

所有的弧菌和螺菌、半数杆菌和少数球菌均具有鞭毛。杆菌中,假单胞菌都长有端生鞭毛,其余的有周生鞭毛或不长鞭毛的;球菌一般无鞭毛,仅个别属,如动球菌属(*Planococcus*)具有鞭毛。鞭毛的数量和着生位置是细菌分类鉴定的重要形态特征。

鞭毛在细胞表面的着生方式多样(图2-14),根据鞭毛数量和排列方式,把有鞭毛的细菌分为如下几种。

(1)单生鞭毛菌(monotricha) 只有一根鞭毛,位于菌体一侧顶端,如霍乱弧菌(*Vibrio cholerae*)、蛭弧菌(*Bdellovibrio*)等。

(2)端生丛毛菌(lophotricha) 在菌体一端有一丛鞭毛,如荧光假单胞菌(*Pseudomonas fluorescens*)。

(3)两端鞭毛菌(amphitricha) 如菌体两端各有一根鞭毛的鼠咬热螺旋体(*Spirochaeta morsusmuris*)和两端各有一束鞭毛的红色螺菌(*Spirillum rubrum*)。

(4)周毛菌(peritricha)　菌体周生遍布鞭毛,如肠杆菌科的大肠杆菌(*E. coli*)、芽孢菌科的枯草杆菌(*B. subtilis*)等。

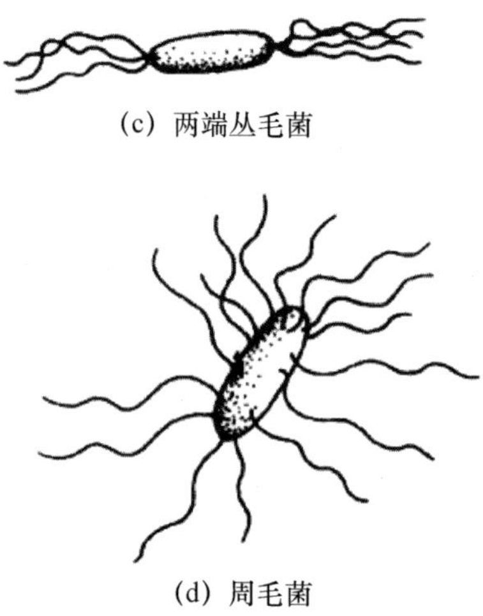

图 2-14　细菌鞭毛着生的示意图(黄秀梨,2009)

原核微生物(包括古细菌)的鞭毛都有共同的构造,主要包括基体、鞭毛钩和鞭毛丝3部分,但革兰氏阳性和阴性细菌的鞭毛结构稍有区别(图2-15)。

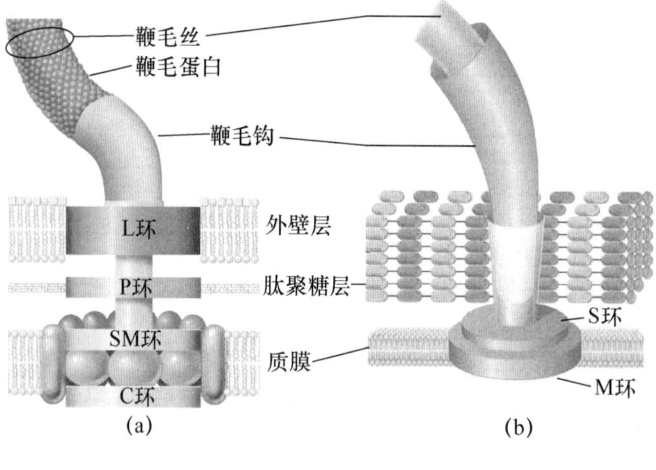

图 2-15　细菌鞭毛的一般构造(模式图)(Madigan M. T. et al. ,2019)

(1)基体(basal body)　是埋在细胞壁与细胞膜中的部分,由13种不同的蛋白亚基组成,其结构复杂,由一个中心杆和一系列同心套环组成,同心环数因菌种而异。G^-细菌(如大肠杆菌)鞭毛基体有L和P、SM和C两对环,最外层为L环,它连接在细胞壁的外膜上,第二环P环连在细胞壁内壁层肽聚糖上,S环处于周质空间,M环与S环连在一起合称SM环(或内环),共同嵌埋在细胞质膜上。C环位于细胞质中,功能和SM环相同,而G^+细菌(如枯草芽孢杆菌)中仅有S和M两环,分别连接在肽聚糖层和细胞质膜外。丝状体中鞭毛蛋白分子链具有弹性，通过它一张一弛地波浪运动，也能使菌体运动。鞭毛的基体实为一个精致、巧妙的超微型马达，其能量来自细胞膜上的质子动势(proton motive potential)。

(2)鞭毛钩(hook)　又称钩形鞘，是连接鞭毛丝和基体的部分，短而弯曲，直径约 17 nm，由与鞭毛蛋白不同的单一蛋白亚基组成。

(3)鞭毛丝(filament)　是伸出细胞壁之外的丝状部分，呈波状，由鞭毛蛋白亚基沿着中央孔道作螺旋状缠绕而成，每周有 8～10 个亚基。鞭毛蛋白是一种呈球状或卵圆状的蛋白质，分子量为(3～6)$\times 10^4$ u，其在细胞质内合成后，由鞭毛基部通过中央孔道不断输送至鞭毛的游离端进行自装配。因此，鞭毛的生长是靠其顶部延伸而非基部延伸。鞭毛常具有与菌体表面不同的特殊抗原成分，称为 H 抗原，在细菌分类鉴定上常用于血清型的划分。

2. 鞭毛的运动

鞭毛具有推动菌体运动的功能，其结构坚硬，不能弯曲但能旋转。鞭毛的旋转运动受基体推动，结构中的同心环在旋转运动中起作用，其所需能量来源于细胞膜上的质子动势。鞭毛的旋转方向决定运动类型。如单根鞭毛的细菌鞭毛逆时针旋转时向前运动，顺时针旋转时则翻滚运动；周生鞭毛菌逆时针旋转时向前运动，顺时针旋转时，鞭毛作用是独立的，菌体翻滚运动(图 2-16)。鞭毛菌的运动速度极快，一般 20～80 μm/s，其运动速度因菌种而异，也与其着生方式有关系。铜绿假单胞菌(*Pseudomonas aeruginosa*)每秒可达 55.8 μm；逗号弧菌(*Vibrio comma*)每秒高达 200 μm。一般，极生鞭毛菌的速度高于周生鞭毛菌；有的螺菌(*Spirllum* sp.)的鞭毛每秒可转 40 周。多数细菌靠鞭毛运动，但有的细菌以其他方式运动，如黏细菌、蓝细菌、食纤维细菌可通过向菌体外分泌黏液，从而在固体表面滑行运动；还有的细菌则靠菌体两端轴丝的收缩，进行螺旋运动。

趋化性(chemotaxis)，又称化学趋向性，是指细菌朝向或离开化学物质而运动，是细菌对外界环境中的化学物质刺激所产生的趋向性反应。有鞭毛的细菌能借助鞭毛的主动运动实现趋化，可主动趋向营养物质或避开有害化学物质。正趋化性是向化学物质运动(吸引剂)，负趋化性是细菌离开化学物质(趋避剂)。细菌通过调整鞭毛旋转的方向(顺时针和逆时针)来改变运动状态，鞭毛逆时针旋转引起细菌沿一个方向直线运动，顺时针旋转引起细菌随机翻滚运动。在没有吸引剂或趋避剂浓度梯度的地方，细菌以大量翻滚方式运动；而在有浓度梯度时，细菌感受到高浓度的吸引剂或趋避剂，以较长的直线和较少的翻滚频率而运动。

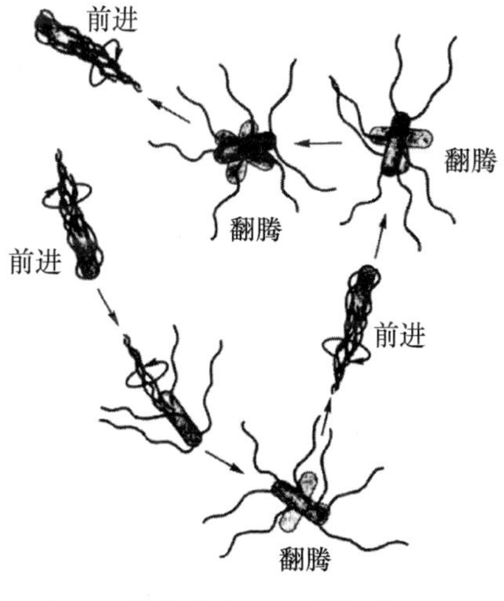

图 2-16　鞭毛细菌的运动方式(杨汝德，2015)

(九)菌毛

菌毛，又称纤毛、伞毛、线毛或须毛，是生长在细菌细胞表面由蛋白亚基螺旋排列而成的丝状附属物，呈中空状，细而短，其直径为 3～10 nm，长 0.2～2 μm，数量较多，一般有 250～300 条，周身分布(图 2-17)。菌毛直接着生于细胞质膜内侧的菌毛基粒上，主要成分是菌毛蛋白，结构较鞭毛简单；不参与运动，其主要功能是起黏附作用，可使菌体附着于物体表面上，也可以使某些细菌聚集在一起,在液体培养基表面形成菌膜,以获得充分氧气。菌毛主要存在于多数革兰氏阴性细菌和少数革兰氏阳性细菌中,致病菌可借助菌毛牢固地黏附在宿主的呼吸道、消化道或泌尿生殖道等黏膜上,如淋病奈氏球菌(*Neisseria gonorhoeae*)就可借其菌毛黏附于人体泌尿生殖道的上皮细胞上,引起严重的性病。

性毛(sex-pili 或 F-pili):又称性菌毛,是一类特殊的菌毛,存在于大肠杆菌和肠道菌表面,其构造和成分与菌毛类似;数量较少,一个细胞有 1～10 根,常见于革兰氏阴性细菌的雄性菌株(供体菌)中。性毛通常比菌毛粗大,直径为 9～10 nm,在遗传上由性因子或接合质粒决定,是细菌间进行接合所必需的。具有性菌毛的细菌,能通过性菌毛的识别作用,经胞质桥将遗传物质传递到受体细胞,这种接合方式在基因工程中有重要作用。有的细菌病毒在开始复制循环时,也可特异地与性菌毛上的受体结合。大肠杆菌性菌毛如图 2-17 所示。

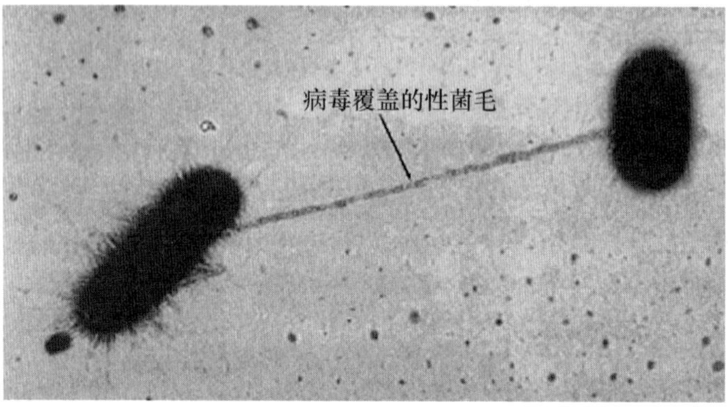

图 2-17　大肠杆菌的性菌毛(韦革宏、王卫卫,2008)

(十)芽孢

芽孢是指某些细菌生长发育后期,在细胞内形成的一种圆形或椭圆形、厚壁、含水量低、折光性强、具有抗逆性的休眠体,也称内生孢子(endospore)。革兰氏阳性细菌中的好氧性的芽孢杆菌属(*Bacillus*)和厌氧性的梭菌属(*Clostridium*)都有芽孢。另外,革兰氏阳性球菌中的尿素生胞八叠球菌(*S. ureau*)以及革兰氏阴性细菌中的脱硫肠状菌(*Desulfotomaculum*),它们在营养细胞中也可形成芽孢。芽孢不是细菌的繁殖方式,而是某些细菌所具有的遗传性。

芽孢具有高度的折光性,在光学显微镜下为一透明的小体。由于芽孢壁较厚,染色时不易着色,需要用强染色剂(孔雀绿等)加热进行染色。芽孢大小及其在菌体中的位置因菌种而异,有的位于菌体中央,直径大于菌体,如梭状芽孢杆菌(*Bacillus fusiformis*)的芽孢;有的靠近菌体一端或绝对端生,如破伤风梭菌(*Clostridium tetani*)的芽孢。因此,细菌芽孢存在与否,其大小、形状及位置等在细菌鉴定中具有重要意义,可作为细菌分类和鉴定的重要形态学指标。细菌芽孢的位置模式见图 2-18。

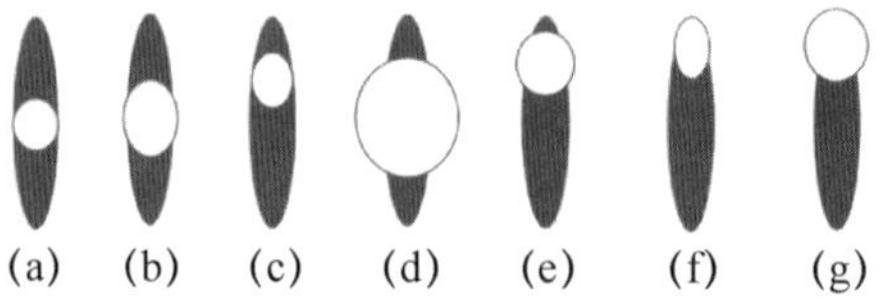

图 2-18　细菌芽孢的位置模式图

成熟的芽孢具有多层结构(图 2-19),由外到内依次为:

①孢外壁(exosporium):重量占芽孢干重的2%~10%,厚约 25 nm,分内外两层,透性较差,主要成分是脂蛋白,以及少量的氨基糖。

②芽孢衣(spore coat):厚约 3 nm,层数较多,3~15 层,主要含有疏水性的角蛋白,占芽孢干重的 50%~80%,其中半胱氨酸和疏水氨基酸含量较高;芽孢衣非常致密,对多价离子的透性差,对溶菌酶、蛋白酶、表面活性剂有很强抗性。

③皮层(cortex):较厚,体积较大,占芽孢总体积 36%~60%,内含特有的芽孢肽聚糖和 2,6-吡啶二羧酸的钙盐 DPA-钙,具有较强的抗热性;具有很高的渗透压,含水量约 70%。

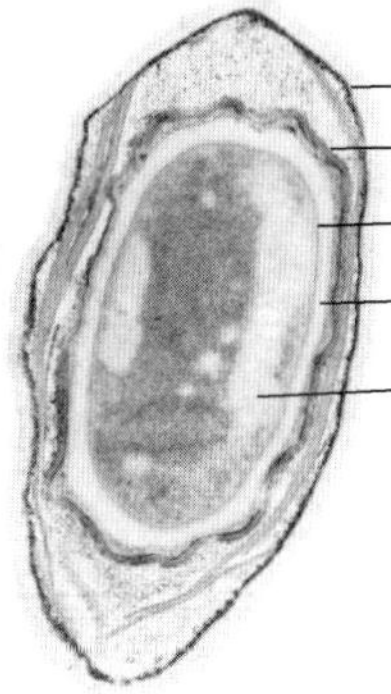

图 2-19　细菌芽孢的结构

(Madigan M. T. et al., 2019)

④芽孢核心(core):又称芽孢的原生质体,由芽孢壁(核心壁)、芽孢膜、芽孢质和核区组成。内含有核糖体和 DNA,含水量极低。

芽孢是具有特殊抗性的休眠结构,对温度、紫外线、γ 辐射、化学消毒剂和干燥等环境压力具有超强的抗性。例如,肉毒梭菌(*Clostridium botulinum*)的芽孢在 100℃沸水中要经 5.0~9.5 h 才被杀死,在 121℃时也需 10 min 才能被杀死,而其营养细胞在 50℃时几分钟就会被杀死;巨大芽孢杆菌(*Bacillus magaterium*)的芽孢抗辐射能力比大肠杆菌(*E. coli*)细胞强 36 倍。芽孢的休眠能力尤为突出,一般可保持几年至几十年而不死亡,有些湖底沉积物中的芽孢杆菌经 500~1000 年后仍有活力。在实践中,是否消灭芽孢是衡量各种消毒灭菌手段的重要指标,因此,芽孢菌的存在增加了医疗器材使用以及食品生产、传染病防治和发酵生产中的种种困难。此外,芽孢的存在有利于菌种的保藏以及提高菌种的筛选效率,也有助于判断各种消毒、杀菌措施的优劣。

目前,关于芽孢的耐热机制可以通过渗透调节皮层膨胀学说(osmoregulatory expanded cortex theory)来解释:芽孢衣对多价阳离子和水分的透性很差,而皮层的高离子强度,使其产生极高的渗透压夺取芽孢核心中的水分,造成皮层的充分膨胀和核心的高度失水,使芽孢具有极强的耐热性。另外,芽孢皮层中含有大量的营养细胞所没有的吡啶二羧酸钙盐(DPA-Ca),能使芽孢内的生物大分子形成耐热的稳定性凝胶,从而增强了芽孢的耐热性。芽孢的抗化学药物的能力主要是由于芽孢衣的透性很差以及芽孢原生质的高度失水状态,芽孢衣中富含半胱氨酸,可使芽孢具有较强的抗辐射作用。

芽孢是细菌的休眠体,在适宜的条件下可以重新萌发转变成为营养态细胞。当缺乏营养导致生长停止时,芽孢开始形成。该过程比较复杂,可分为 7 个阶段(图 2-20):①DNA 浓缩形成束状染色质;②细胞膜内陷,细胞发生不对称分裂,小部分即为前芽孢;③前芽孢的双层隔膜形成,芽孢抗热性提高;④前芽孢发育成熟,芽孢衣开始形成;⑤隔膜间充满芽孢肽聚糖,开始形成 DPA(皮层),经脱水折光率提高;⑥芽孢衣合成结束,皮层合成完成,芽孢成熟,抗性出现;⑦芽孢囊裂解,芽孢游离外出。

除芽孢外,细菌的休眠结构还有孢囊(cyst)。孢囊是棕色固氮菌(*Azotobacter vinelandii*)等一些固氮菌在外界缺乏营养时,由整个营养细胞外壁加厚、细胞失水而形成的一种抗干旱但不抗热的圆形休眠体。因为一个营养细胞仅形成一个孢囊,因此与芽孢一样,也不具繁殖功能,但在适宜条件下,可萌发并重新形成营养细胞。

少数芽孢杆菌,例如苏云金芽孢杆菌(*Bacillus thuringiensis*,简称"Bt")、杀螟杆菌(insecticidal bacterium)等在形成芽孢的同时,会在细胞内形成晶状多肽类内含物,称伴孢晶体(parasporal crystal)。伴胞晶体多呈菱形、方形或不规则形,是一种不溶于水,具毒性的碱溶性蛋白,属于δ内毒素。由于伴胞晶体对鳞翅目、双翅目和鞘翅目等200多种昆虫和动、植物线虫有毒杀作用,对人畜毒性很低,生产中常用作细菌杀虫剂。

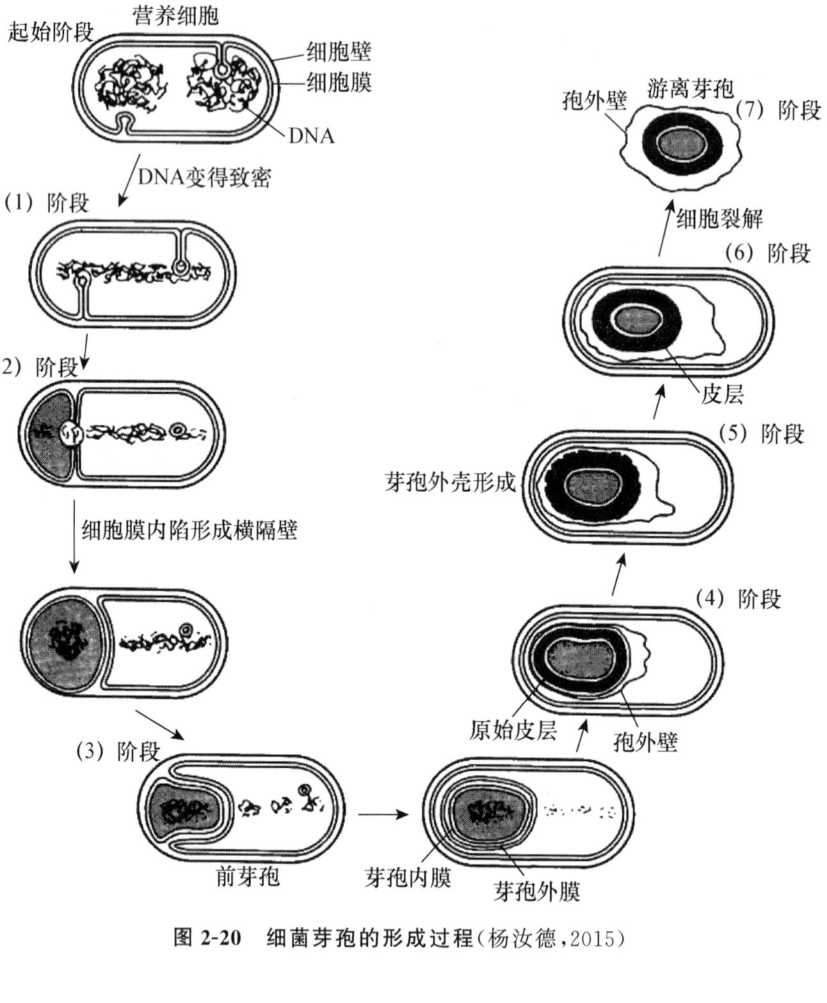

图 2-20　细菌芽孢的形成过程(杨汝德,2015)

四、细菌的繁殖

裂殖(fission)是绝大多数细菌的繁殖方式,以无性二分裂(binary fission)方式最为普遍。细菌生长到一定时期,在细胞中间逐渐形成横隔,由一个母细胞分裂为两个大小相等的子细胞。细菌细胞分裂时,首先,DNA进行复制并向细胞两端移动,两条DNA链各自形成一个核区,与此同时,细胞膜内陷并在两个核区中间形成细胞质隔膜,使细胞质和核质均匀分配到两个子细胞中;其次,细胞形成横隔壁,母细胞的细胞壁从四周向中心逐渐延伸,逐渐形成子细胞各自完整的细胞壁;最后,细胞分裂形成两个大小基本相等的子细胞。细胞分裂是连续进行的,有些细菌分裂后的子细胞散开,形成单个的菌体,有的则不分开,按照一定的排列方式,如双球菌、双杆菌、链球菌、链杆菌、葡萄球菌等。对杆状细胞来说,有横分裂和纵分裂两种方式。前者指分裂时细胞间形成的隔膜与细胞长轴呈垂直状态;后者则呈平行状态,一般细菌均进行横分裂。

除二等分裂之外,少数细菌还以其他方式裂殖。例如,柄细菌属(*Caulobacter*)的细菌进行不等二分裂(unequal binary fission),形成两个在外形、构造上有明显差别的子细胞,一个子细胞有柄、不运动,另一个则无柄、有鞭毛、能运动;暗网菌属(*Pelodictyon*)的绿硫细菌进行厌氧光合作用时,形成松散、不规则、三维构造并由细胞链组成的网状体。细胞进行成对地"一分为三"方式的三分裂,形成一对"Y"形细胞,随后仍进行二分裂,其结果就形成了特殊的网眼状菌丝体。蛭弧菌(*Bdellovibrio*)在宿主细菌体内生长时,进行复分裂(multiple fission)形成不规则的盘曲的长细胞,然后细胞多处同时发生均等长度的分裂,形成多个弧形子细胞。

另外,还有少数细菌以出芽的方式进行繁殖,简称芽殖(budding)。出芽时,在母细胞表面,尤其在其一端先形成一个小突起,待其长大到与母细胞相仿后再相互分离并独立生活。凡以出芽方式繁殖的细菌,统称芽生细菌(budding bacteria),主要有芽生杆菌属(*Blastobacter*)、生丝微菌属(*Hyphomicrobium*)、生丝单胞菌属(*Hyphomonas*)、硝化杆菌属(*Nitrobacter*)、红微菌属(*Rhodomicrobium*)和红假单胞菌属(*Rhodopseudomonas*)等。

五、细菌的群体形态

细菌在固体培养基表面或内部大量繁殖,形成肉眼可见的、具有一定形态特征的细胞群体,称为菌落(colony)。生长在固体培养基表面的称为表面菌落;生长在内部的称为埋藏菌落或深层菌落。如果一个菌落是由一个细胞繁殖形成,则它就是一个纯种细胞群或克隆(clone),称为微生物的纯培养。多个菌落在固体培养基表面连成一片的培养物则称为菌苔(lawn)。菌落特征是细菌分类鉴定中重要的形态指标之一,主要包括菌落的大小、形状、光泽、颜色、硬度和透明度等。在相同条件下,同种细菌所具有的菌落特征是稳定的,由其自身的遗传性决定。肉眼可见的细菌菌落形态如图 2-21 所示。

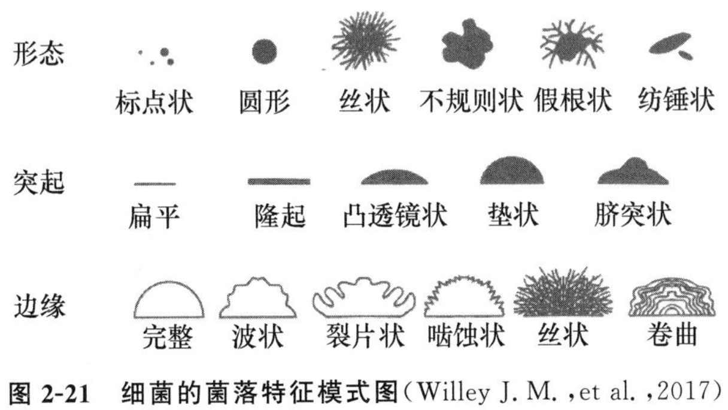

图 2-21 细菌的菌落特征模式图(Willey J. M., et al., 2017)

1. 细菌在固体培养基中的群体形态

在固体培养基表面,细菌的菌落一般具有湿润、黏稠、光滑、较透明、易挑取(与培养基结合不紧密)、质地均匀、菌落正反面或边缘与中心部位颜色一致等性质。不同形态、生理类型的细菌,其在固体培养基上群体形态不同,即使同一种细菌,在不同的培养条件下,菌落特征也不同(图2-22)。例如,产芽孢的细菌往往会形成外观粗糙、"干燥"、不透明且表面多褶的菌落等;无鞭毛、不能运动的细菌,尤其是球菌,通常会形成较小、较厚、边缘圆整的半球状菌落;而有鞭毛、运动能力较强的细菌,一般形成大而平坦、边缘多缺刻(甚至呈树根状)、不规则形的菌落;有糖被的细菌,则会长出大型、透明、蛋清状的菌落。

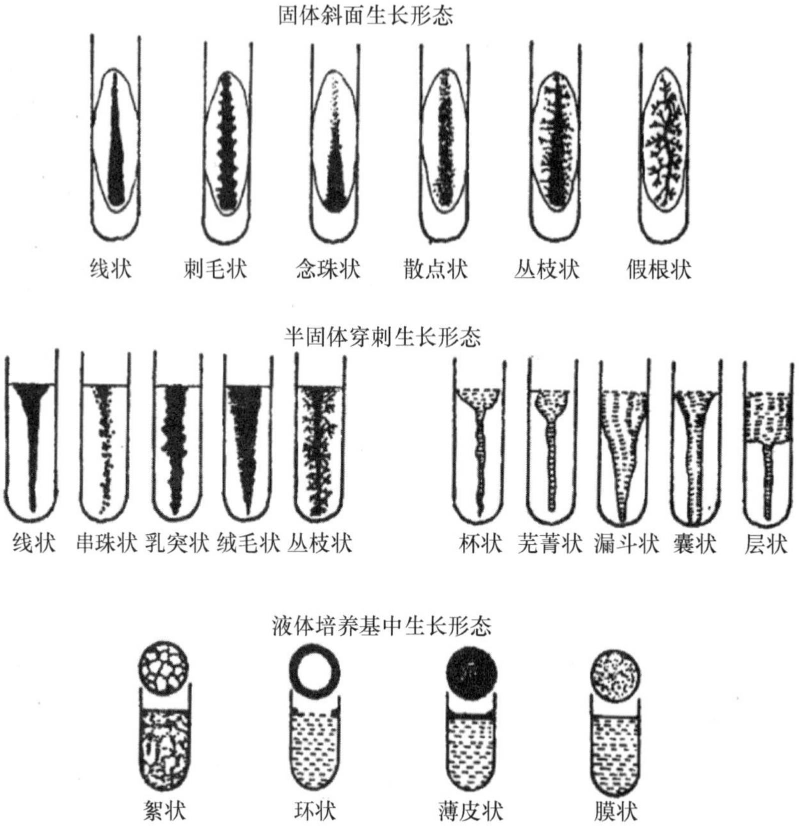

图2-22 细菌的群体形态模式图(韦革宏、王卫卫,2008)

在固体培养基中,菌落的形状和大小也受到周围菌落的影响。菌落靠得太近,由于营养物质有限以及有害代谢物的积累,细胞生长受到抑制。因此,在分离菌种时,常可看到平板上互相靠近的菌落都较小,而那些分散开的菌落较大。

2. 细菌在半固体培养基中的群体形态

纯种细菌在半固体培养基内生长,会出现特有的培养性状,可用来进行菌种鉴定。厌氧或兼性厌氧的细菌通常采用半固体培养基(琼脂含量0.2%~1.0%)进行穿刺培养,即将接种针深插至半固体培养基中接种并进行深层培养,根据直立柱表面和穿刺线上菌落的生长和扩散状况可以判断该微生物的运动能力和对氧气的需求状况。一般,无鞭毛的细菌只沿穿刺线生长,有鞭毛的细菌在穿刺线周围生长,可见乳突状、绒毛状或丛枝状(图2-22)。

3. 细菌在液体培养基中的群体形态

细菌在液体培养基中生长时,会因其细胞特征、相对密度、运动能力和对氧气需求等不同,而形成不同的群体形态:多数表现为混浊,部分表现为沉淀,一些好氧性细菌则在液面上大量生长，形成有特征性的、厚薄有差异的菌醭（pellicle）、菌膜（scum）或环状、小片状不连续的菌膜等（图 2-22）。

第二节　放线菌

放线菌（actinomycetes）是一类呈丝状生长、主要以孢子繁殖、陆生性较强的原核微生物。由于其菌落呈放射状，故称放线菌。放线菌的细胞结构与细胞壁化学组成与细菌相似，其菌体呈纤细的菌丝状且分支，以孢子繁殖等特征与霉菌相似，因此放线菌是介于细菌和真菌之间的单细胞微生物。目前，发现的多数放线菌革兰氏染色反应呈阳性。放线菌在自然界中广泛分布，如土壤、空气、水体、食品以及动植物体内或体表等，尤其是在含水量较低、有机质丰富、呈微碱性的土壤中，放线菌的孢子数一般可达 10^7 个/g 土。另外，泥土所特有的土腥味，主要是由放线菌产生的土腥味素（geosmin）所致。

放线菌与人类生产和生活关系密切。目前所报道并广泛应用的抗生素中，约有 70%是由放线菌产生的，如红霉素、链霉素、四环素、多氧霉素等。有些放线菌还能产生酶制剂（葡萄糖异构酶、蛋白酶、角蛋白酶）和维生素（维生素 A、维生素 B_{12}）等；有些放线菌的次生代谢产物可用来生产生化药物，如抗癌剂、酶抑制剂、抗寄生虫剂、免疫抑制剂和农用杀虫（杀菌）剂等；有的放线菌，如弗兰克氏菌（*Frankiaceae*）能与非豆科植物共生固氮；有的放线菌能够分解纤维素、石蜡、角蛋白、琼脂和橡胶等，有的在甾体转化、石油脱蜡和污水处理中也有重要应用。目前，已经发现的只有极少数放线菌能引起人和动、植物病害。

一、放线菌的形态结构

（一）放线菌的形态

自然界中放线菌的种类很多，其形态多样，有的呈简单的杆状，有的偶尔有菌丝，有的严格以菌丝生长，分枝菌丝不断延伸或分枝形成网状结构，称为菌丝体（mycelium）。大部分放线菌由分枝菌丝组成，其宽度与细菌中的杆菌宽度相当，除少数菌丝形成横隔外，多数菌丝细胞不产生横隔。目前，分离到的放线菌种类仅占实际种类的 0.1%～0.5%，其中链霉菌属（*Streptomyces*）种类最多（有 500 多种），形态最为典型，应用最为广泛，是最常见的放线菌。根据着生部位、形态和功能的不同，放线菌的菌丝体可以分为 3 部分（图 2-23）。

基内菌丝（substrate mycelium），又称基质菌丝、营养菌丝或初级菌丝（primary mycelium），是放线菌的孢子落在固体培养基表面，在适宜条件下吸收水分萌发出芽，不断伸长、分枝并以放射状向培养基表面和内层扩展而形成。基内菌丝生长在培养基表面或伸向内部，较细，直径为 0.2～0.8 μm，长度为 100～600 μm，色浅，具有吸收营养和排泄代谢废物的功能。多数放线菌的基内菌丝无横隔，不断裂，如链霉菌属和小单孢菌属（*Micromonospora*）等；也有的基内菌丝生长一定时间后形成横隔，继而断裂成球状或杆状小体，如诺卡氏菌属（*Nocardia*）放线菌。基内菌丝可产生水溶性或脂溶性色素，颜色多样，有黄、红、紫、褐、蓝等，这在放线菌分类鉴定中有一定的意义。

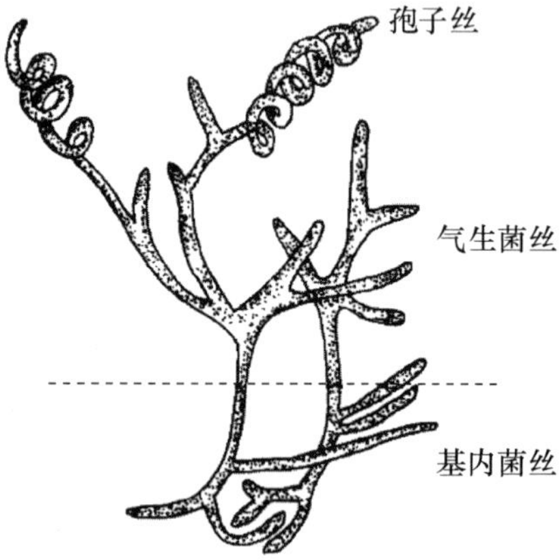

图 2-23 放线菌菌丝的形态(杨汝德,2015)

气生菌丝(aerial mycelium),或称二级菌丝(secondary mycelium),是由基内菌丝生长到一定阶段,不断向空间方向分化,并伸展到培养基外的分枝丝状体。在显微镜下观察,气生菌丝颜色较深,较基内菌丝粗,直径为 1.0～1.4 μm,细胞内通常没有横隔,长度相差悬殊,形状直伸或弯曲。有的气生菌丝可产生脂溶性色素。

孢子丝(spore-bearing mycelium),是气生菌丝发育到一定阶段,在其上分化出的可形成孢子的菌丝。孢子丝的形态多样,主要有直形、波曲、钩状、螺旋状、轮生(一级轮生和二级轮生)等多种(图 2-24),以螺旋状较常见,可用于放线菌菌种的鉴定。孢子丝发育到一定阶段,通过横割分裂的方式产生成串的分生孢子(conidia)。孢子形态多样,其形状及在气生菌丝上排列的方式随种而异。光学显微镜下呈球状、椭圆状、杆状、圆柱状、瓜子状、梭状或半月状等,颜色多样。孢子表面具有纹饰,在电子显微镜下清晰可见,有的光滑,有的褶皱状、疣状、刺状、毛发状或鳞片状,刺又有粗细、大小、长短和疏密之分,一般比较稳定,是菌种分类、鉴定的重要依据。放线菌孢子的形成是对营养缺乏以及微生物间化学信号的响应。通常,放线菌的孢子不是特别耐热,但可以耐受干燥环境。

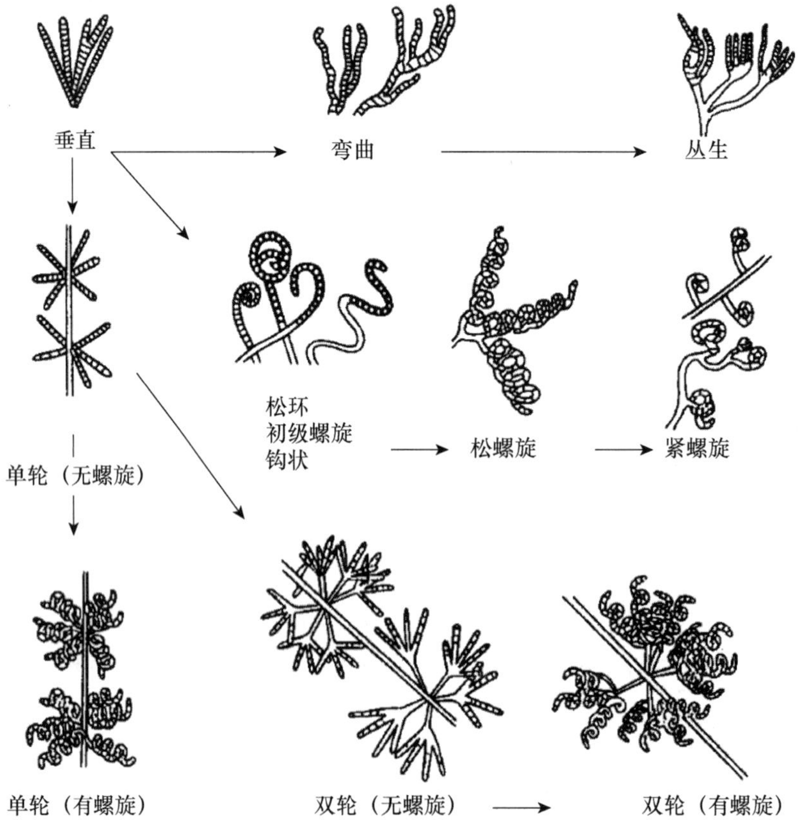

图 2-24 链霉菌孢子丝的不同形态(周德庆,2011)

(二)放线菌菌丝的细胞结构

与细菌相似,放线菌具有细胞壁、细胞膜、细胞质、拟核等基本结构。少数种类也具有细菌鞭毛样的丝状体,如游动放线菌属(*Actinoplanes*),但一般不形成荚膜、菌毛等特殊结构。此外,放线菌的孢子和细菌的芽孢都属于内源性孢子,产生孢子是放线菌的一种繁殖方式,但是芽孢仅为细菌的休眠体,不具有繁殖作用。

1. 细胞壁

多数放线菌革兰氏染色呈阳性,其细胞壁组成与革兰氏阳性细菌类似,主要成分为肽聚糖,即由 *N*-乙酰葡萄糖胺和 *N*-乙酰胞壁酸以 *β*-1,4-糖苷键连接成链状结构,再由胞壁酸上的短肽侧链进一步交联成为立体网格分子。但不同的是放线菌肽聚糖短肽侧链上的氨基酸组成略有差异,这些差异有助于放线菌的分类鉴定。另外,放线菌的细胞壁中含有原核生物所特有的胞壁酸和二氨基庚二酸以及一些糖类物质,如阿拉伯糖、半乳糖、木糖及马杜拉糖等。

2. 细胞膜

放线菌的细胞膜与细菌细胞膜在结构、化学组成及生物学功能上极为相似,其主要作用是选择性地吸收营养物质及排泄代谢废物。尤其是放线菌的营养菌丝,其细胞膜上含有多种载体蛋白,在放线菌吸收营养过程中发挥着重要作用。此外,在放线菌的细胞膜上还存在着多种极性和非极性类脂、细胞色素以及醌类等物质,在组成细胞膜结构、参与能量代谢中具有重要意义。

3. 细胞质及内含物

放线菌的细胞质主要是由蛋白质、核酸、糖类、脂类、无机盐和大量的水所组成的半透明的胶状物,其中水的含量为 60%～80%,尤其是基内菌丝的含水量更高。核糖体是主要的颗粒状内含物,此外,还有多聚磷酸盐、类脂及多糖等内含物。放线菌细胞质中的糖和其他细胞壁中的糖合称为全细胞糖。不同种类放线菌的全细胞糖类型不同,故可作为放线菌的分类指标。

4. 核区

放线菌的细胞核为拟核,又称核质体,为一共价、闭合、环状、超螺旋结构的双链 DNA 分子。由于放线菌菌丝的细胞质是连通的,故其核质体的数目较多,为典型的多核细胞。菌丝中所含的核质体数一般与菌丝的生长速度有关,在快速生长的菌丝中,核质体 DNA 可占细胞总体积的 15%～20%。

大多数的放线菌是化能异养型微生物,以葡萄糖、麦芽糖、糊精、淀粉和甘油为最佳碳源,以蛋白质及其水解产物(蛋白胨、氨基酸),尿素以及无机氮为氮源。不同种类的放线菌对矿质营养的要求不同,其中以镁和钾最为重要。另外,各种抗生素产生菌对矿质养分的要求也有所不同,如产生新霉素的弗氏链霉菌必须需要锌;而产生链霉素和维生素 B_{12} 的链霉菌需要微量的钴。多数放线菌最适生长温度为 23～37℃,少数高温放线菌的生长温度范围为 50～60℃,也有许多菌种在 20～23℃及以下仍生长良好;放线菌的最适生长 pH 为 7.5～8.0,与细菌基本相同,但其菌丝体抗干燥能力要强于细菌的营养细胞。多数放线菌为好氧菌,故发酵工业中生产抗生素必须保证足够的通气量,以供给充足的溶解氧。

二、放线菌的繁殖

放线菌主要通过产生无性孢子和菌丝体断裂进行繁殖,以前者最为常见。

1. 横隔分裂形成分生孢子

放线菌的横隔分裂有两种方式:一种是孢子丝细胞膜内陷,并由外向内逐渐收缩形成完整的横隔,孢子丝凝缩成球状或豆状,由旧细胞壁相连成链,成熟后断开形成单个分生孢子,如链霉菌属(*Streptomyces*)的放线菌;另一种是营养菌丝生长到一定阶段,其细胞壁和细胞膜同时内缩,并逐步缢缩,将营养菌丝分节后通过横隔分裂形成形状、大小较一致的杆菌状、球菌状或分枝杆状的分生孢子,如诺卡氏菌属(*Nocardia*)的放线菌。

2. 形成孢子囊产生孢囊孢子

有些放线菌可形成孢子囊(sporangium),孢子囊成熟后破裂释放出胞囊孢子。孢子囊的着生位置及其形成方式因种而异,可作为放线菌分类鉴定时的重要形态学指标,如链孢囊菌属(*Streptosporangium*)的放线菌是在气生菌丝顶端形成由孢子丝盘卷而成的孢子囊,孢子囊成熟后产生多个无鞭毛的孢囊孢子;而游动放线菌属(*Actinoplanes*)的放线菌则是在基内菌丝上形成孢子囊,内含许多呈盘曲或直行排列的球形或近球形的孢囊孢子,其上着生一至数根端生或周生鞭毛,可运动。

3. 在菌丝顶端形成少量孢子

少数放线菌,如小单孢菌属(*Micromonospora*)的放线菌多数不形成气生菌丝,而是在分枝的基内菌丝顶端产生孢子;小双孢菌属(*Microbispora*)和小四孢菌属(*Microtetraspora*)放线菌不形成孢子丝,仅在气生菌丝上形成2个和4个孢子。

三、放线菌的群体特征

多数放线菌的菌落主要由菌丝体组成,光学显微镜下可见其菌落周围具有放射状菌丝;少数不产气生菌丝的放线菌菌落外形类似于细菌。

1. 固体培养基上的群体特征

在固体培养基表面,多数放线菌菌丝体有基内菌丝和气生菌丝的分化,其气生菌丝生长到一定阶段又分化成孢子丝,并产生大量的分生孢子,因此,其菌落特征明显不同于细菌。典型的放线菌菌落一般为圆形或椭圆形,边缘呈辐射状,干燥,不透明,表面致密呈丝绒状或彩色的干粉状,且有许多褶皱;菌落与培养基紧密结合,用接种环难以挑取。对于产色素的放线菌,其菌落的正反面颜色常不一致,正面呈现孢子的颜色,背面呈现菌丝的颜色。另外,还有少数放线菌,如诺卡氏菌,因其气生菌丝不发达或者缺乏气生菌丝,其形成的菌落外形类似于细菌。

放线菌的菌落也因其生长阶段不同而异。以链霉菌菌落为例,幼龄期菌落因其主要为基内菌丝,气生菌丝尚未分化形成孢子丝,故表面或光滑,或有褶皱,或呈致密的丝绒状,菌落与培养基结合紧密难以挑取;老龄菌落因其孢子丝产生大量分生孢子,故其菌落表面呈粉质或颗粒状,有的还会出现各种颜色。

2. 液体培养基表面(内)的群体特征

在液体培养基中对放线菌进行摇瓶培养时,常见到液面与瓶壁交界处生长着一圈菌苔,培养液清而不混,其中悬浮着许多由菌丝交织形成的珠状菌丝团,小型的菌丝团悬浮于液体培养基中,大型的菌丝团则沉在瓶底。

第三节 蓝细菌

蓝细菌(cyanobacteria)是一类革兰氏染色阴性、含叶绿素 a 和藻胆素、无鞭毛、能进行产氧光合作用,无性繁殖的大型单细胞原核微生物,过去也被称为蓝藻(blue algae)或蓝绿藻(blue-green algae)。不同于真核生物中的藻类,蓝细菌不含叶绿体,细胞核结构简单,没有核膜和核仁,只有拟核,核糖体大小为 70S,细胞壁的主要成分是肽聚糖,对溶菌酶和青霉素敏感。蓝细菌在自然界分布极广,普遍生长在淡水、海水和土壤中,甚至在岩石表面或风化壳中,以及其他的极端环境(高温、低温、盐湖、荒漠和冰原等)中也能生长,故有"先锋生物"的美称。此外,还有一些蓝细菌能与真菌、苔蕨类、苏铁类植物、珊瑚甚至一些无脊椎动物共生,如地衣是真菌与蓝细菌共生形成的特殊低等植物。

蓝细菌是一类古老的原核微生物,其出现和发展使地球从无氧环境转变为有氧环境。在前寒武纪地壳中发现大量的由蓝细菌(螺旋藻等)形成的叠层石(约 30 亿年)证实了它的存在。蓝细菌与人们生产生活关系密切。有些蓝细菌具有食用价值,如发菜念珠蓝细菌(*Nostoc flagelliforme*)、普通木耳念珠蓝细菌(即葛仙米,俗称地耳,*N. commune*)、盘状螺旋蓝细菌(*Spirulina platensis*)以及最大螺旋蓝细菌(*S. maxima*)等,可以开发成有一定经济价值的"螺旋藻"产品;有些则具有固氮能力,特别是与满江红鱼腥蓝细菌(*Anabaena azollae*)共生的水生蕨类满江红,是一种良好的绿肥。然而,有的蓝细菌在受氮、磷等元素污染后引起富营养化的海水"赤潮"和湖泊的"水华",给渔业和养殖业带来严重危害;有的蓝细菌含有神经毒素 BMAA(β-*N*-methylamino-*L*-alanine),可通过食物链不断累积产生生物放大作用,危害人类健康;此外,还有少数水生种类,如微囊蓝细菌属(*Microcystis*)会产生可诱发人类肝癌的微囊藻毒素(Microcystin,简称 MCs)。

一、蓝细菌的形态与结构

(一)蓝细菌的形态

根据细胞形态的差异,蓝细菌主要有单细胞和丝状体两大类群(图 2-25)。单细胞类群多呈球状、椭圆状或杆状,如由二分裂形成单细胞的黏杆蓝细菌属(*Gloeothece*)和复分裂形成单细胞的皮果蓝细菌属(*Dermocarpa*)等。丝状体蓝细菌一般不分枝或有假分枝,主要包括:产生异形胞的丝状蓝细菌,如鱼腥蓝细菌属(*Anabaena*)和念珠蓝细菌属(*Nostoc*);不产生异形胞的螺旋状蓝细菌,如螺旋蓝细菌属(螺旋藻,*Spirulina*)和颤蓝细菌属(*Oscillatoria*),以及产生分枝状菌丝的蓝细菌,如飞氏蓝细菌属(*Fischerella*)。许多单细胞蓝细菌聚集在一起,形成肉眼可见的、很大的群体,若在水中繁茂生长,可使水的颜色随菌体颜色而变化。还有些丝状蓝细菌外常包裹共同的胶质。

(二)蓝细菌的细胞结构

蓝细菌的细胞一般比细菌大,个体直径或宽度为 3~10 μm,有的可达 60 μm,如巨颤蓝细

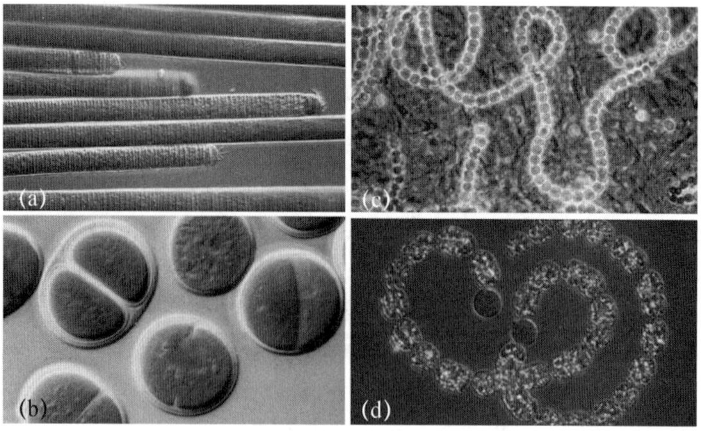

(a)颤蓝细菌(*Oscillatoria*);(b)膨胀色球蓝细菌(*Chroococcus turgidus*);
(c)念珠蓝细菌(*Nostoc*);(d)螺旋鱼腥蓝细菌(*Anabaena spiroides*)

图 2-25　几种蓝细菌的典型形态(Willey J. M. ,et al. ,2017)

菌(*Oscillatoria princeps*)。细胞结构与革兰氏阴性细菌相似,其细胞壁有肽聚糖和脂多糖两层,细胞膜为单层,很少有间体。蓝细菌进行光合作用的场所是类囊体,主要分布在细胞膜附近,内含叶绿素 a、类胡萝卜素和藻胆素等光合色素以及电子传递链组分。藻胆素(phycopilin)是蓝细菌所特有的,在光合作用中起辅助色素的作用,主要包括藻蓝素和藻红素两种,大多数蓝细菌细胞中,以藻蓝素占优势,并与其他色素掺和在一起,使细胞呈特殊的蓝色。藻胆素的相对含量与环境有关,在绿光下藻红蛋白(phycoerythrin)含量相对高于藻蓝蛋白(phycocyanin)而使藻体呈红色;在红光下更多的合成藻蓝蛋白,而使藻体呈绿色,这是蓝细菌利用有效光源的一种适应能力。蓝细菌的细胞内含有可用作碳源营养的糖原、PHB,可用作氮源营养的蓝细菌肽(cyanophycin)和储存磷的聚磷酸盐;也有的蓝细菌含有可固定 CO_2 的羧酶体;少数水生蓝细菌细胞质中含有气泡,能使菌体漂浮于光线适宜的水层,以利于光合作用。单细胞蓝细菌通常是不运动的,多数蓝细菌没有鞭毛,但能做滑行运动,并表现出一定的趋光性和趋化性。

有些蓝细菌的细胞能够特化形成异形胞(heterocyst),它是丝状蓝细菌特有的一种具有独特结构和功能的细胞,形大、壁厚、专司固氮功能,其数目少而不定,位于细胞链的中间或末端。在光学显微镜下可看到,异形胞的壁较厚,颜色较浅,呈圆形,具有较高的折光率。异形胞是蓝细菌的固氮场所,其中不仅含有丰富的固氮酶,还含有分别储存碳素养料和氮素养料的糖原与藻青素。此外,鱼腥蓝细菌属(*Anabaena*)和念珠蓝细菌属(*Nostoc*)的蓝细菌还可以特化形成富含储藏物的休眠细胞,称为静息孢子(akinete),可用来抵御干旱等不良环境。

蓝细菌具有 PSⅠ及 PSⅡ两个光合系统,能够利用光能和二氧化碳进行光合作用,但与光合细菌的光合作用有所不同,主要表现在:①供氢体不同:蓝细菌以 H_2O 为供氢体,其光合作用产生氧气;而光合细菌以 H_2S 为供氢体,光合作用产生 H_2,并能固定空气中的氮产生氨;②光合磷酸化过程不同:蓝细菌通过非环式光合磷酸化过程进行光合作用;而光合细菌通过较原始的环式光合磷酸化过程进行光合作用;③光合作用的色素不同:蓝细菌含有叶绿素 a 及藻蓝素;而光合细菌只含光合色素。

二、蓝细菌的繁殖

蓝细菌主要通过无性方式繁殖，主要包括以下几类：

(1)裂殖　单细胞类群以裂殖为主，包括二分裂或多分裂，有些丝状体类群可通过单平面或多平面的裂殖方式加长丝状体，如单细胞类群中的黏杆蓝细菌属，丝状蓝细菌中的鱼腥蓝细菌属。

(2)连锁体(hormogonium)　又称藻殖段或链丝段，有些丝状蓝细菌的两个或多个细胞连在一起，形成连锁体，成熟脱离母体后能萌发成新的丝状体。

(3)内孢子　少数蓝细菌，在细胞内形成许多球形或三角形的内孢子，成熟后释放，如管孢蓝细菌属(*Chamaesiphon*)。

(4)静息孢子(akinete)　是一种长在细胞链中间或末端的形大、壁厚、色深的休眠细胞，富含贮藏物，在干燥、低温和长期黑暗等条件下，可形成休眠状态的静息孢子来抵御不良环境，常见于念珠蓝细菌属和鱼腥蓝细菌属。静息孢子是休眠体，当环境适宜时，又能萌发成新的丝状体。

第四节　其他原核微生物

一、立克次氏体

立克次氏体(rickettsia)是一类专性活细胞内寄生的原核微生物，介于细菌与病毒之间，更接近于细菌。由美国病理学家 Ricketts H T 于 1909 年首次发现，后因被该菌感染而牺牲，故取此名以示纪念。立克次氏体首先在动物细胞中被发现，从 1972 年起，陆续在某些患病植物韧皮部中也发现了类似立克次氏体的微生物，为了与寄生在动物细胞中的立克次氏体相区别，把植物细胞中的立克次氏体称作类立克次氏体(rickettsia-like organisms，RLO)或类立克次氏体细菌(rickettsia-like bacteria，RLB)。它与支原体的区别是有细胞壁和不能独立生活；与衣原体的区别在于其细胞较大、无滤过性和存在产能代谢系统。

立克次氏体经常出现在宿主细胞内，常用多重染色法(如 Giemsa 染色法或 Macchiavello 染色法)染色后在光学显微镜下可见。其形态结构和某些细菌相似，主要特点有：①细胞大小为(0.3～0.7)μm×(0.8～2)μm，一般不能通过细菌滤器，在光学显微镜下可观察到；②细胞形态多样，有球状、杆状或丝状等，革兰氏反应阴性；③有细胞壁，细胞壁肽聚糖层中含有 *N*-乙酰胞壁酸和二氨基庚二酸，脂质含量明显高于细菌，无鞭毛，呈革兰氏阴性反应(除恙虫病立克次氏体外)；④多数在真核细胞内营专性寄生(个别例外)，一般以虱、螨、蚤、蜱等节肢动物为寄主，通过叮咬而感染人类(贝纳柯克斯体则通过消化道或呼吸道侵入)；⑤能量代谢途径不完整，大多数只能氧化谷氨酸和谷氨酰胺，而不能利用葡萄糖、6-磷酸葡萄糖、有机酸等产生能量；⑥以二等分裂方式繁殖，繁殖速度较细菌慢，一般 9～12 h 一代；⑦一般不能在人工培养基上培养，可用鸡胚、敏感动物或合适的组织培养物(如骨髓细胞、Hela 细胞)来培养；⑧对热、干燥及化学试剂等抗性差，如 56℃处理 30 min 即可杀死，100℃很快死亡；但耐低温，在－60℃

下可保存数年;对一般消毒剂及四环素、氯霉素、红霉素、青霉素等抗生素敏感;⑨同时有DNA和RNA两种核酸,但没有核仁及核膜,基因组很小,如普氏立克次氏体(*Rickettsia prowazekii*)的基因组为1.1 Mb,含834个基因。

立克次氏体通过节肢动物(如蚤、蜱、螨、虱等)叮咬传染给人类,对循环系统内上皮细胞具有亲嗜性,其侵入细胞的过程类似于吞噬细胞的吞噬过程。病原菌在宿主细胞的细胞核和胞质内通过二分裂进行繁殖,最终宿主细胞破裂,释放出新的有机体。立克次氏体通过血液或淋巴管扩散到全身,导致病状出现。

不同的立克次氏体能引起不同的疾病,如立氏立克次氏体可引起人类患落基山斑点热、普氏立克次氏体可引起人类患流行性斑疹伤寒、穆氏立克次氏体可引起人类患地方性斑疹伤寒、伯氏考克斯氏体可引起人类患Q热以及恙虫病立克次氏体可引起人类患恙虫热。

目前,尚未完全了解立克次氏体必须在细胞内繁殖的机制,可能与其细胞膜的通透性大,宿主细胞营养和辅酶容易通过其包膜有关,另外,立克次氏体含有多种抗原,具有群或种的特异性。

二、支原体

支原体(mycoplasma)是一类无细胞壁、介于独立生活和细胞内寄生生活间的最小型原核微生物。革兰氏染色为阴性,但不易着色,一般用Giemsa染色可染成淡紫色。最初是从患传染性胸膜肺炎的病牛中分离得到,称胸膜肺炎微生物(pleuropneumonia, PPO),后来在其他动物组织中也被发现,称类胸膜肺炎微生物(pleuropneumonia-like organisms, PPLO),1955年更名为支原体。1967年后,在患"丛枝病"的桑、竹和马铃薯,患"矮化病"的玉米以及患"白叶病"的甘蔗中也发现了支原体的存在,为了与感染动物的支原体相区分,把侵染植物的支原体称为类支原体(mycoplasma-like organisms,MLO)或植原体(phytoplasma)。

支原体是目前已知最小的、非寄生性的、能自我复制的原核细胞型微生物,其主要特点有:①非常小,能通过细菌滤器,大小为0.1~0.3 μm,一般在0.25 μm左右,光学显微镜下勉强可见;②细胞壁缺乏,但细胞膜中含有一般原核生物所没有的甾醇,故具有较高的机械强度和韧度;③因无细胞壁,对渗透压、表面活性剂和醇类敏感,对抑制细胞壁合成的抗生素和溶菌酶不敏感等;④细胞质膜中固醇或脂聚糖含量高,对渗透溶解有一定的抗性;⑤主要以二等分裂方式繁殖,部分以出芽方式繁殖,分枝形成丝状后断裂呈球杆状颗粒;⑥菌落较小,直径0.1~1.0 mm,在固体培养基上呈"油煎蛋"状;⑦培养条件苛刻,需在含血清、酵母膏和甾醇等营养丰富的培养基上生长;⑧多数以糖类作能源,能在有氧或无氧条件下进行氧化型或发酵型产能代谢;⑨基因组很小,仅在0.6~1.1 Mb(为*E. coli*的1/5~1/4),如生殖道支原体(*Mycoplasma genitalium*)的基因组为0.58 Mb,含470个基因;⑩对能抑制蛋白质生物合成的抗生素(四环素和红霉素)和破坏含甾醇体的细胞膜结构的抗生素(制霉菌素)敏感。

支原体生长繁殖需要多种有机分子,多数为兼性厌氧菌,有些为严格厌氧菌。多数支原体自身不能合成固醇,需要血清或类似的培养基提供,如需固醇类的支原体属(*Mycoplasma*)、厌氧支原体属(*Anaeroplasma*)、螺原体属(*Spiroplasma*)和尿支原体属(*Ureaplasma*);也有些不需要固醇类的,如无胆甾原体属(*Acholeplasma*)和热原体属(*Thermoplasma*)。多数支原体的适宜生长温度为 35℃，最适 pH 为 7.8～8.0。支原体在自然界分布较广，在污水、土壤和堆肥中也有存在，少数腐生型种类可污染实验室的组织培养物。支原体常引起畜禽呼吸道、肺部、尿道、生殖系统的炎症以及植物的黄化病、矮缩病等，其致病性较弱，一般不侵入血液，但可通过黏附作用与宿主细胞结合，从细胞膜获取脂质和胆固醇，使细胞膜损伤。目前，与人类有关的致病性支原体主要有肺炎支原体（*Mycoplasma pneumoniae*）、人型支原体（*Mycoplasma hominis*，MH）和溶脲脲原体（*Mycoplasma urealyticum*）。

三、衣原体

衣原体（chlamydia）是一类专性细胞内寄生、个体微小的革兰氏阴性原核微生物。自 1956 年我国著名微生物学家汤飞凡等首次分离出沙眼衣原体，被称为“大型病毒”或“巴德松体”，直至 1970 年正式命名为衣原体。

衣原体比立克次氏体小，在真菌细胞内营能量寄生，虽有一定的代谢能力但缺少独立的产能系统，必须依靠寄主细胞获得能量、酶系以及低分子质量化合物，故有“能量寄生物”之称。衣原体性质与细菌相似，又明显区别于病毒，其主要特点有：①有细胞结构，多呈球形或椭球形，直径 0.2～1.5 μm，能通过细菌滤器；②细胞中同时含有 DNA 和 RNA；③外膜与革兰氏阴性菌相似，由脂质双分子和细胞壁联结，但不含肽聚糖，无胞壁酸；④具有核糖体（70S）并能合成自身的蛋白，对抑制蛋白合成的抗生素和药物敏感，如青霉素和磺胺等；⑤主要以二等分裂方式繁殖；⑥参与能量代谢的酶系统不完整，须严格的细胞内寄生；⑦只能用鸡胚卵黄囊膜、组织培养细胞、小鼠腹腔等进行人工培养（活体培养）；⑧基因组大小为 $(4\sim6)\times10^{8}$ u，在所有已知原核生物中最小，G+C 含量为 41%～44%。

衣原体具有独特的发育周期，即在宿主细胞的细胞质中进行原生小体和网状体形成的特定发育循环，其感染形式和繁殖形式在形态学上不同。细胞外有传染性的形态为原体（elementory body），呈小球状，直径为 0.2～0.4 μm，细胞厚壁、致密，细胞中央有致密的类核结构，不能运动，不生长，RNA∶DNA＝1∶1，无明显代谢活动，能在细胞间传递并引发感染；原体表面有黏附作用的蛋白，可与宿主细胞膜上的糖脂或乙二醇多糖受体结合，通过吞噬作用进入易感的宿主细胞。进入宿主细胞后，原体能阻止吞噬小体与溶酶体结合，保护自身不受破坏，经过 8 h 发育增殖之后形成体积较大、无感染力的网状体（reticulate body），称为始体（initial body）。始体呈大形球状，直径 1～1.5 μm，细胞壁薄而脆弱，易变形，生长较快，RNA∶DNA＝3∶1，具有代谢活性，在宿主细胞内以二分裂方式繁殖并形成一个微菌落即“包含体”；繁殖终止后，网状体浓缩成新的有感染力的原体，原体从裂解的细胞中释放出来，宿主细胞死亡。整个过程大约需要 48 h。随后每个始体细胞又重新转化成原体，待释放出细胞后，重新通过气流传播感染新的宿主。

与立克次氏体相比，衣原体不需媒介而可直接感染宿主。目前与人类关系密切的衣原体主要有 3 种，即引起泌尿生殖道和眼部感染的沙眼衣原体（*Chlamydia trachomatis*）、可引起呼吸道感染的鹦鹉热衣原体（*Chlamydia psittaci*）和肺炎衣原体（*Chlamydia pneumoniae*）。

综上所述，支原体、立克次氏体和衣原体是 3 类同属 G^- 的代谢能力差，主要营细胞内寄生的小型原核生物。从支原体、立克次氏体至衣原体，其寄生性逐步增强，因此，它们是介于细菌与病毒间的一类原核生物，详见表 2-5。

表 2-5　细菌、支原体、立克次氏体、衣原体和病毒的比较

比较项目	细菌	支原体	立克次氏体	衣原体	病毒
直径/μm	0.5～2.0	0.2～0.25	0.2～0.5	0.2～0.3	<0.25
可见性	光镜下可见	光镜下勉强可见	光镜下可见	光镜下勉强可见	电镜
过滤性	不能过滤	能过滤	不能过滤	能过滤	能过滤
革兰氏染色	阳性或阴性	阴性	阴性	阴性	无
细胞结构	有	有	有	有	无
含核酸类型	DNA 和 RNA	DNA 和 RNA	DNA 和 RNA	DNA 和 RNA	DNA 或 RNA
核糖体	有	有	有	有	无
细胞壁	有(含肽聚糖)	无	有(含肽聚糖)	有(不含肽聚糖)	无
细胞膜	有	有(含甾醇)	有(无甾醇)	有(无甾醇)	无
繁殖方式	二等分裂	二等分裂	二等分裂	二等分裂	复制
培养方式	人工培养基	人工培养基	宿主细胞	宿主细胞	宿主细胞
大分子合成能力	有	有	有	无	无
产 ATP 系统	有	有	有	无	无
入侵方式	多样	直接	昆虫为媒介	不清楚	决定于宿主性质
增殖过程中结构的完整性	保持	保持	保持	保持	失去
氧化谷氨酰胺	有能力	有能力	有能力	无能力	无能力
对抗生素	敏感	敏感(青霉素例外)	敏感	敏感(对抑制细胞壁合成者例外)	敏感
对干扰素	某些菌敏感	不敏感	有的敏感	有的敏感	敏感

四、螺旋体

螺旋体(spirochaeta)是一类革兰氏反应阴性，菌体细长并弯曲呈螺旋状、无鞭毛、能运动的单细胞原核微生物。菌体一般宽 0.1～3 μm，长 3～500 μm，大小差异较大；菌体柔软，可借轴丝收缩而运动；以二等分裂方式进行繁殖。在自然界分布较广，常见于水体、土壤以及腐败的有机物上，也有的存在于人体口腔和动物体内。根据螺旋体的营养方式，可分为腐生型和寄生型。腐生型螺旋体多分布在污水、污泥等环境中，如螺旋体属(*Spirochaeta*)；寄生型又分为致病和非致病类群，多分布于人和动物的消化道内，或借助虱、螨等节肢动物进行传播。

在电子显微镜下可明显地观察到螺旋体的形态特征，其细胞结构主要由原生质柱状体(protoplasmic cylinder)、轴原纤维(periplasmic flagellum)和外鞘(outer sheath)3 部分组成。原生质柱状体是螺旋体的主要部分，呈螺旋状，包含细胞质和拟核，并被质膜和革兰氏阴性型细胞壁包裹。柱状原生质体外有氨基葡聚糖组成的鞘包裹，外鞘包含脂类、蛋白质和碳氢化合物，且不同属之间外鞘结构也有所差异；一旦外鞘被移除或损坏，螺旋体将会死亡。在细胞壁和鞘膜之间有 2～100 根轴原纤维(周质鞭毛或内鞭毛)绕轴分布，内鞭毛束(轴丝)长度跨越整个细胞，固定于两端。周质鞭毛可以像其他细菌的外鞭毛一样转动以螺旋状的方式推动细胞前进。螺旋体能轻易地穿透高度黏稠的液体，如致病性螺旋体可能以类似拔塞钻穿透软木塞的运动方式获得穿透并侵入宿主组织的能力。

多数螺旋体为厌氧菌或兼性厌氧菌，少数为需氧菌。它们以碳氢化合物、氨基酸、长链脂肪酸和长链脂肪醇为碳源和能源。一些螺旋体可人工培养(用无生命培养基或组织培养)，如伯氏疏螺旋体(*Borrelia burgdorferi*)和问号钩端螺旋体(*Leptospira interrogans*)，有些则不能，如梅毒螺旋体(*Treponema pallidum*)。有些存在于自然界，有些则是人类和动物的正常菌群之一。目前，致病的螺旋体主要有 3 个属：密螺旋体属(*Treponema*)，如梅毒螺旋体(*T. pallidum*)可致梅毒；疏螺旋体属(*Borrelia*)，如伯氏疏螺旋体(*B. burgdorferi*)可致莱姆病，回归热疏螺旋体(*Borrelia recurrentis*)可致回归热；钩端螺旋体属(*Leptospira*)，如问号钩端螺旋体(*L. interrogans*)可致钩体病。

五、黏细菌

黏细菌(myxobacteria)是一类单细胞、以二等分裂繁殖的革兰氏阴性细菌。细胞为杆状，通常较大，大小为(0.6～1.2) μm×(2～10) μm，细长有尖端或粗壮末端钝圆，可滑行运动，产生子实体和抗逆性很强的黏孢子。黏细菌是原核生物中少数具有复杂多细胞行为的类型之一，具有明显的社会学特征，能在细胞间通过信号的传递与感应，协同摄食，运动和细胞聚集后发育形成子实体。适当培养条件下，黏细菌可产生异常丰富的次级代谢产物，多数具有抗细菌、抗真菌以及抗肿瘤等生物活性，是微生物医药制剂开发研究中的菌种资源。黏细菌在分类上归入细菌，但其某些生物学特性却表现出与真核生物更多的相似性，对于细胞分化、发育和生物进化的研究具有重要意义。

黏细菌的运动方式特殊，可在固体表面进行滑行运动。滑行运动与其细胞的复杂结构有关，与鞭毛运动相比，滑行速度相对较慢(10～60 μm/min)且需要固体支持。滑行结构包括位于外膜下螺旋状环绕在细胞表面的带状物，滑行中带状物在细胞外表面产生微小的收缩波纹，当波纹沿细胞表面传播时推动细胞运动。黏细菌可在琼脂、玻璃等表面滑动，也可穿过基质向内运动。滑行细胞通常会留下黏液痕迹，由于滑行运动，它会在基质表面扩展形成菌落。其滑行与扩张情况与基质组成有关，在贫瘠的基质上可观察到扩展，在富集培养基上菌落小、凸出、边缘整齐。有时会在菌落边缘有大量的隆起。

黏细菌的生活周期很复杂(图 2-26)，形成子实体是黏细菌最明显的性质，孢子囊和子实体的形状、大小、颜色和排布等特征被用来作为菌种鉴定的指标。子实体的形成是由营养缺乏诱导的，并且受到营养浓度、pH、阳离子、温度和光线的控制。在营养供应条件下，黏细菌沿固体表面滑动，摄食并留下黏液痕迹。在这一时期，细胞常形成游动孢子并以协同方式运动。一些种聚集在一起分泌黏液形成细胞层，将多个细胞包裹其中，有节奏地运动产生波纹，当营养物质消耗完时，黏细菌聚集在一起分化为子实体。子实体高 50～500 μm，形状和颜色因菌种而异，由于含有类胡萝卜素常呈现红色、黄色或棕色。子实体形态多样，从球形物到复杂的分支状结构，如黏球菌属(*Myxococcus*)、标桩菌属(*Stigamatella*)和多囊菌属(*Polyangium*)等。一般子实体的形成过程为 12～14 h。黏孢子(myxospore)被包裹在成熟的孢子囊或子实体中，呈较短较厚的球形或短柱形，具有很强的折光性，不仅是休眠体，还具有抗干燥性，可使黏细菌在干燥或营养缺失的条件下长期生存。发育后期，子实体失水干燥，释放出黏孢子。在适宜条件下，黏孢子可萌发形成营养细胞。

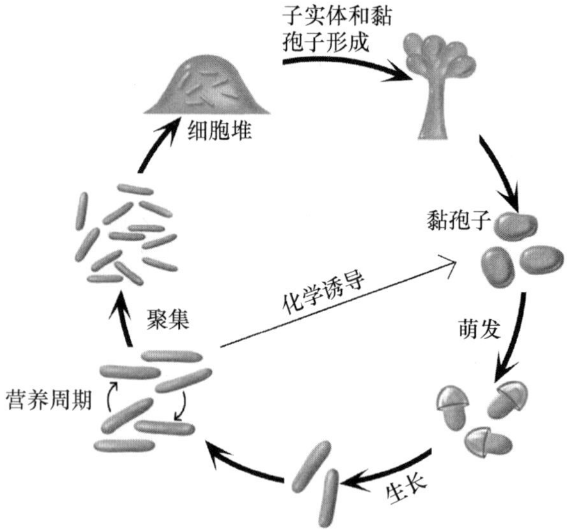

图 2-26 黏细菌的生活周期图(Madigan M. T. ,et al. ,2019)

黏细菌为专性好氧菌,营养方式是化能有机营养型,广泛地分布于各类土壤中,每克土壤含 10^3～10^6 个细胞。一般从中性或微碱性土壤中,腐败的植物材料(树皮和树叶)以及草食动物的粪便中均可以分离到黏细菌。由于黏细菌的黏孢子和子实体具有很强的抗逆性,因此,在热带雨林、北极苔原、草原、沙漠沼泽以及高纬度地区也发现有黏细菌的存在。

第五节 古 菌

长期以来,科学家们一直认为地球上的生命是由原核生物和真核生物两大类组成。直到1977年,美国的 C. R. Woese 等通过对大量代表性细菌进行了 16S rRNA 寡核苷酸测序和同源性分析后,发现了地球上的第三种生命形式,并根据它们特殊的生境将其命名为古细菌(archaebacteria)。在发现细菌与古细菌的远缘关系后又更名为古菌(archaea)。至此,将整个生命划分为细菌域(Bacteria)、真核生物域(Eukarya)和古菌域(Archaea)。

古菌,又称古细菌或古生菌,是一群具有独特基因结构、在系统发育上与细菌不同的单细胞原核微生物。古菌多数生活在地球上极端生境或生命出现初期的自然环境中,即超高温、高酸碱度、高盐及无氧状态,其细胞结构、组成、遗传、代谢等与细菌有很大差别。古菌在形态学和生理学上是非常多样的,有球形、杆状、螺旋形、耳垂形、盘状、不规则状或多形态的;有些为单细胞,直径为 0.1～15 μm,有些则形成菌丝体,长达 200 μm。它们可通过二分裂、芽殖、裂殖或其他机制进行增殖。古菌在代谢上表现出多样性且代谢过程中有许多特殊的辅酶,如辅酶 M、F_{420}、F_{430} 等,但它们共同的特点是对极端环境(高温、高盐、低 pH、严格厌氧)的适应性和以自养代谢为主。大多数古菌营专性或兼性自养生活并具有特殊的生理功能。目前,绝大多数古菌都属于极端微生物,已培养的古菌主要包括极端嗜热古菌、极端嗜盐古菌和极端厌氧产甲烷古菌。

一、古菌的细胞结构

古菌在大小、形态及细胞结构等方面与细菌相似，但在某些方面又与细菌有明显的差别，表现在以下几个方面：

(一)细胞壁

除热原体属(*Thermoplasma*)外，古菌都具有与细菌功能相似的细胞壁。革兰氏染色因细胞壁的厚度和面积不同而呈阳性或阴性，但其细胞壁结构和成分与细菌明显不同。革兰氏阳性古菌的细胞壁与革兰氏阳性细菌类似，有单独的较厚的均一层；而革兰氏阴性古菌无外膜和复杂的肽聚糖网络，只有由蛋白质或糖蛋白亚基组成的表层(图 2-27)。大多数古菌的细胞壁不含二氨基庚二酸(*D*-氨基酸)和胞壁酸，不受溶菌酶和 β-内酰胺抗生素(如青霉素)的作用。革兰氏阳性古菌的细胞壁含有各种复杂的多聚体，如甲烷杆菌和其他产甲烷菌的细胞壁含有假肽聚糖(pseudopeptidoglycan)，其结构类似于肽聚糖，即在它的交联中有 *L*-氨基酸的似肽聚糖聚合物，*N*-乙酰塔罗糖醛酸(*N*-acetyltalosaminuronic acid)代替 *N*-乙酰胞壁酸，$\beta(1\rightarrow3)$糖苷键代替 $\beta(1\rightarrow4)$糖苷键；甲烷八叠球菌(*Methanosarcina* sp.)和鳕盐球菌(*Halococcus* sp.)的细胞壁中含有复杂聚多糖。

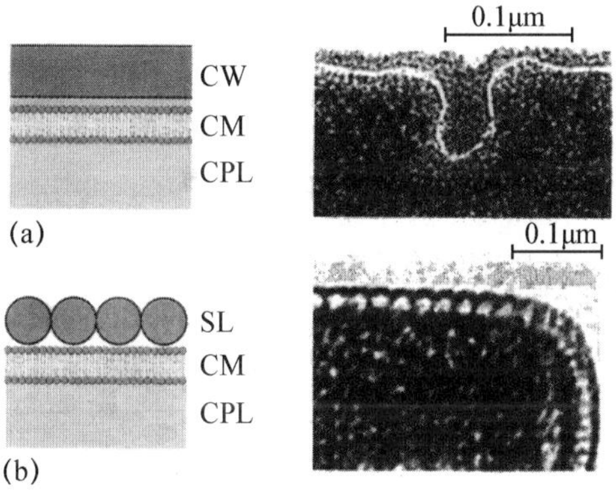

(a)G^+ 甲烷甲酸杆菌(*Methanobacterium formicium*)；(b)G^- 顽固热变形菌(*Thermoproteus tenax*)
CW：细胞壁；SL：表层；CM：细胞膜；CPL：胞质

图 2-27 古菌外膜的示意图和电镜图片(沈萍等译，2005)

革兰氏阴性古菌有位于质膜外的蛋白层或糖蛋白层，厚度为 20～40nm，有时有两层，一个鞘围绕这一电子密度层。如甲烷叶菌属(*Methanolobus*)、盐杆菌属(*Halobacterium*)和极端嗜热的硫化叶菌属(*Sulfolobus*)、热变形菌属(*Thermoproteus*)和热网菌属(*Pyrodictium*)的细胞壁含有糖蛋白；而甲烷球菌属(*Methanococcus*)、甲烷微菌属(*Methanomicrobium*)、产甲烷菌属(*Methanogenium*)和极端嗜热的脱硫球菌属(*Desulfurococcus*)中则有蛋白质壁。

(二)细胞膜

古菌的细胞膜具有自身的独特性和多样性。①古菌的膜脂类是由甘油与聚类异戊二烯以乙醚键相连成非皂化性的甘油二醚或甘油四醚；而细菌和真核生物中则是甘油和脂肪酸通过酯键连在一起的。②古菌细胞膜有独特的双分子层膜和单分子层膜两种，如磷脂为甘油二醚可形成常规的双层膜(图2-28)，而磷脂为甘油四醚时，连接两个甘油分子间的植烷侧链发生共价结合形成二植烷，形成机械强度更高的单分子层膜(图2-28)，如热原体属(*Thermoplasma*)和硫化叶菌属(*Sulfolobus*)。③古菌细胞膜上含有独特的极性脂，如磷酸酯、硫酸酯和糖酯等，非极性脂通常是鲨烯衍生物(7%～30%)。

(三)细胞质

与细菌的细胞质类似，古菌细胞质内无细胞器、70S核糖体等，但古菌RNA聚合酶亚基数为9～12个，多于细菌的4个；此外，古菌细胞质内有内含子，蛋白质合成的起始氨基酸与真核生物一样为甲硫氨酸，而细菌的则是甲酰甲硫氨酸。

古菌、细菌以及真核生物的比较如表2-6所示。

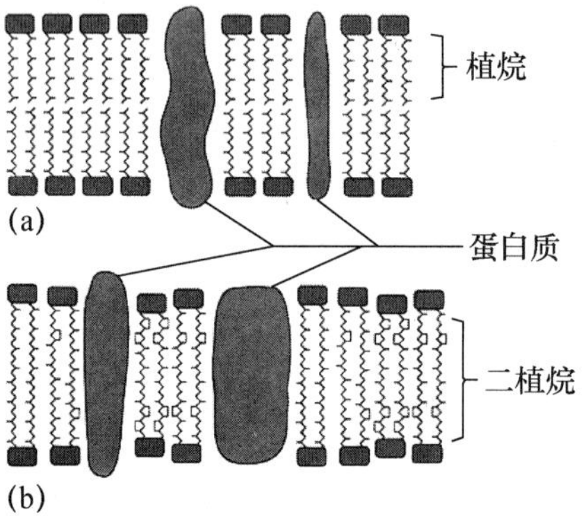

(a)甘油二醚形成的双层膜；(b)甘油四醚形成的单层膜

图2-28 古菌细胞膜的类型模式图(沈萍等译，2005)

表2-6 古菌、细菌和真核生物的比较

比较项目	古菌	细菌	真核生物
细胞骨架	初级的	初级的	有
原核细胞结构	是	是	否(真核)
细胞壁	无胞壁酸，含蛋白质或假肽聚糖	一般有，均含胞壁酸	无胞壁酸，含纤维素或几丁质
真正被膜包裹的核	否	否	是
组蛋白	有	无	有
RNA聚合酶结构	多个蛋白质亚单位(8～14个)	4个蛋白质亚单位	多个蛋白质亚单位(12～14个)
核糖体大小和结构	70S；大多具有3个rRNA，大约68个核糖体蛋白	70S；3个rRNA，大约55个核糖体蛋白	80S；4个rRNA，大约80个核糖体蛋白
基因组DNA	共价闭合环状	共价闭合环状	线形
质粒	通常有	通常有	很少有
基因内含子	很少有	很少有	有

续表 2-6

比较项目	古菌	细菌	真核生物
核仁	无	无	有
线粒体、叶绿体、内质网、高尔基体和溶酶体	无	无	有
膜脂及其分子内连接方式	甘油二醚和甘油四醚；醚键连接	磷脂和类胡萝卜素，有些有固醇；酯键连接	磷脂和固醇；酯键连接
鞭毛	亚显微大小；一些由一种以上鞭毛蛋白组成的细丝	亚显微大小；由单鞭毛蛋白组成的长丝	微观尺寸；膜结合；通常有 20 个微管（9＋2 模式）
气泡	有	有	无
聚-*β*-羟基脂肪酸为碳储存颗粒	有	有	无
对利福平	不敏感	敏感	不敏感
对氯霉素、链霉素以及卡那霉素	不敏感	敏感	不敏感
对白喉毒素	敏感	不敏感	敏感
化能营养（Fe、S、H_2）	有	有	无
基于叶绿素的光合作用	无	有	有（叶绿体中）
产甲烷作用	有	无	无
硝化作用	有	有	无
脱氮作用	有	有	无
固氮作用	有	有	无
高温生长（＞80℃）	有	有	无

二、古菌的主要类群

根据 Woese 的 RNA 生命树，将古菌域分为泉古菌门（Crenarchaeota）、广古菌门（Euryarchaeota）和初生古菌门（Korarchaeota）。泉古菌门主要包括极端嗜热的元素硫代谢菌和嗜酸嗜热菌；广古菌门主要包括极端嗜热、嗜盐菌；初生古菌门，是近年来在热泉（美国黄石公园超热环境）中分离到的新的 rRNA 古菌序列，目前尚未能分离培养，与其他生物的关系也尚未确定，但在发育系统中位于比另外两类古菌更原始的地位。2002 年 Huber 等在 *Nature* 上报道从海底热泉中分离得到 Nanoarchaeum，是目前已知最小的古菌，细胞直径只有 400 nm，基因组（0.5 Mb）也是目前古菌中是最小的，但在进化上代表了最古老的生物分支——纳米古菌门（Nanoarchaeota）。下面主要介绍古菌中可培养的主要类群，包括极端嗜热古菌、极端厌氧产甲烷古菌和极端嗜盐古菌等类群。

（一）极端嗜热古菌

极端嗜热古菌（extremely thermophilic archaea）是指能够在高温（＞70℃）环境中生活的嗜热菌。目前已经分离出的大多数泉古菌均为极端嗜热菌，有些嗜酸并依赖硫。绝大多数的极端嗜热古菌都是严格厌氧的，以硫作为电子受体，进行化能有机或化能无机营养的厌氧呼吸产能,主要存在于含硫元素的地热水或土壤中,如美国怀俄明州黄石国家公园中的富硫温泉、海底、活火山周边水域中发现的极端嗜热古菌(硫化叶菌)。主要的极端嗜热古菌多栖息在弱酸性的高温地区,如热网菌属(*Pyrodictium*)是从海底热液孔中分离出来的一种古菌,其最低生长温度是82℃,最适生长温度为105℃,最高生长温度可达110℃,生长初始pH为5.0~7.0,最适pH为5.5,严格厌氧,以硫为电子受体,在中性条件下利用H_2进行化能无机营养。最极端的例子是从深海火山口附近分离出的火叶菌属(*Pyrolobus*),为兼性厌氧菌,专性化能无机自养生长,通过硫代硫酸盐、硝酸盐或低浓度的氧气氧化H_2获得能量,最适生长温度为106℃,最高生长温度为113℃,是目前已知的最高生长温度,处于对数生长期的细胞可耐受121℃高温1 h,其模式种烟囱火叶菌(*Pyrolobus fumarii*)分离自大西洋底黑烟囱。目前,泉古菌门有69个属,研究比较深入的是硫化叶菌属(*Sulfolobus*)和热变形菌属(*Thermoproteus*)。

由于嗜热菌具有生长速率高、代谢活动强、产物/细胞的重量比高和培养时不怕杂菌污染等优点,在生产实践和科学研究中具有广阔的应用前景,特别是其产生的极端酶(extreme enzymes),因作用温度高和热稳定性好等优点,在PCR等科研和应用领域作用越来越重要。

(二)产甲烷古菌

产甲烷古菌(methanogens)是一类严格厌氧的、能够利用一碳或二碳化合物产生甲烷,但不能代谢比乙酸更复杂的有机物的古菌类群。它们广泛地分布在各种厌氧环境中,如沼泽地、水田地、淡水和海水沉积物中;在哺乳动物肠道中,尤其是在反刍动物瘤胃中,也存在着大量的产甲烷古菌。

产甲烷古菌在形态上具有多样性(图2-29)。其生长温度范围广,最低可接近0℃,最高可达到110℃,在20 MPa的高压条件下,产甲烷温度可高达122℃,是生长温度最高的微生物之一。pH是影响产甲烷代谢的重要环境因子,一般在靠近中性条件(pH 6~8)下生长,极少数产甲烷古菌可在pH低至4左右生长,也有少数产甲烷古菌的最适生长pH达9.0~9.5。产甲烷古菌中含有的辅酶F_{420}是参与甲烷代谢途径的关键辅因子,氧化态时吸收420nm左右的紫外光,激发出约470 nm的蓝绿色荧光。利用这个光谱学特征,可以在荧光/可见光显微镜下区别产甲烷古菌和非产甲烷古菌。

目前已发现并获得纯培养的产甲烷古菌都属广古菌门(Euryarchaeota),且大致可以分为两大类六个目:第一大类(Class Ⅰ)包括甲烷球菌目(Methanococcales)、甲烷火菌目(Methanopyrales)、甲烷杆菌目(Methanobacteriales);而第二大类(Class Ⅱ)包括甲烷八叠球菌目(Methanosarcinales)、甲烷微菌目(Methanomicrobiales)以及甲烷胞菌目(Methanocellales)。但是最新的研究发现产甲烷古菌还分布在Bathyarchaeota和其他非广古菌门中。产甲烷古菌中,研究比较细的主要有甲烷热球菌属(*Methanothermococcus*)、甲烷八叠球菌属(*Methanosarcina*)和甲烷嗜热菌属(*Methanopyrus*)等。

(三)极端嗜盐古菌

极端嗜盐古菌(extremely halophilic archaea)是一类生活在高盐环境,如盐湖、盐碱湖、晒盐场以及含盐浓度高的土壤中,对NaCl有特殊适应性和需要的微生物,其最低生长NaCl浓度为1.5 mol/L(约9%),最适生长NaCl浓度为2~4 mol/L(12%~23%),最高生长NaCl浓度为5.5 mol/L(32%,NaCl的饱和浓度)。细胞呈链状、杆状或球状,多数菌株严格好氧,也有的为兼性厌氧，细胞壁缺少肽聚糖，含有醚脂以及典型的古菌 RNA 聚合酶结构，对绝大多数细菌型抗生素不敏感，具有典型的古菌特性（图 2-30）。所有极端嗜盐古菌均以二分裂方式繁殖，不形成休眠态或孢子，多数不运动，少数以鞭毛运动。特别是其基因组的组成含有一些可占细胞总 DNA 25%～30%的大型质粒（G+C 含量为 57%～60%），而染色体 DNA 的 G+C 含量为 66%～68%，另外，其基因组中还含有大量高度重复的序列，其功能还不清楚。

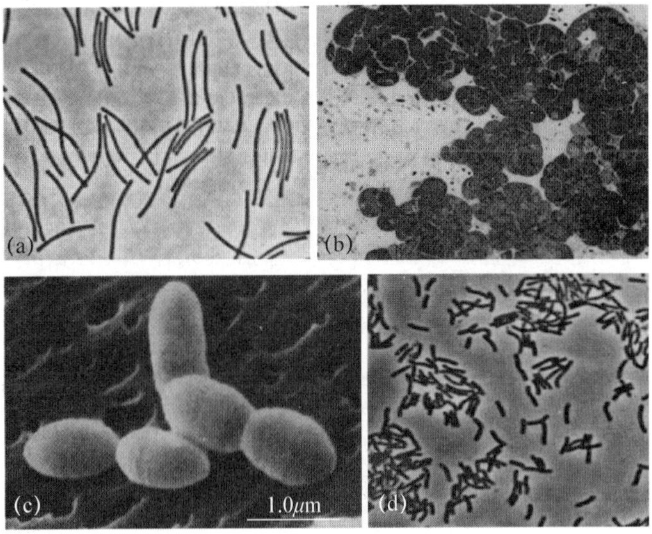

(a)亨氏甲烷螺菌（*Methanospirillum hungatei*） (b)巴氏甲烷八叠球菌（*Methanosarcina barkeri*）
(c)史氏甲烷短杆菌（*Methanobrevibacter smithii*） (d)布氏甲烷杆菌（*Methanobacterium bryantii*）

图 2-29 产甲烷古菌的显微图（Willey J. M. ,et al. ,2002）

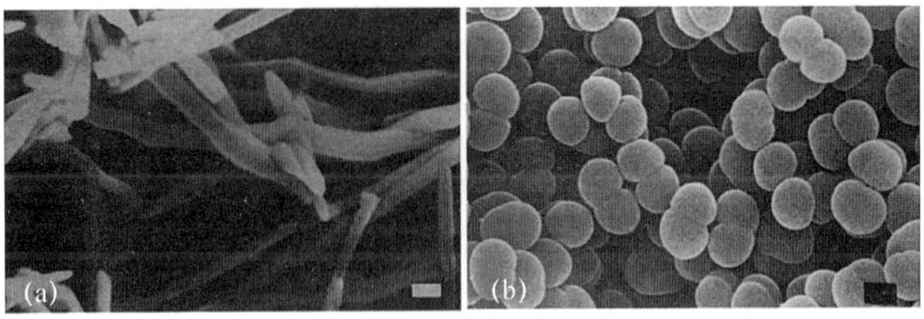

(a)盐沼盐杆菌（*Halobacterium salinarium*）；(b)鳕盐球菌（*Halococcus morrhuae*）

图 2-30 嗜盐古菌扫描电镜图（Willey J. M. ,et al. ,2002）

所有极端嗜盐古菌均为化能有机营养菌，多数可利用氨基酸和有机酸作为能源和碳源，有些还可以氧化碳水化合物，最适生长条件需要若干生长因子（主要是维生素）。有些嗜盐古菌可以厌氧生长，以碳水化合物发酵，还原硝酸盐或延胡索酸盐获得能量。极端嗜盐古菌生长依赖细胞外部环境中高浓度的 Na^+，如盐杆菌属（*Halobacterium*），当环境中的 NaCl 浓度低于 1.5 mol/L 时，其细胞壁破裂导致细胞被裂解；为抵御 Na^+ 所产生的外部渗透压，其细胞内部积累大量的 K^+（4～5mol/L）以维持渗透压的平衡。此外，嗜盐古菌常有来自类胡萝卜素的红色至黄色色素，可能用来保护避免强光，它们繁殖到一定数量可使盐湖、盐场变成红色。

极端嗜盐古菌是广古菌门的主要类群之一，在 16S rRNA 序列和其他生物学特性基础上，将所有的极端嗜盐古菌归于盐杆菌纲(Halobacteria),目前研究最详尽的是盐沼盐杆菌(*Halobacterium salinarium*)。

(四)热原体古菌

热原体古菌,是一类无细胞壁、嗜酸嗜热、专性好氧、化能有机营养菌,在复合培养基中最适生长温度为55℃,最适pH为2。热原体具有特殊化学结构的细胞膜,能够在没有细胞壁的情况下抵御外界渗透压变化,以及抵抗低pH和高温等极端环境。该细胞膜含有由四醚酯和甘露糖、葡萄糖构成的脂多糖作为质膜的主要成分,同时质膜中含有糖蛋白,不含固醇类化合物,使热原体对渗透压、酸热环境具有一定的稳定性。与支原体一样,热原体含有非常小的基因组,DNA长度只有1.1 Mb,G+C含量为46%。区别于原核微生物,其DNA由一类高碱性的DNA结合蛋白所包被,并将DNA装配成类似于真核细胞核小体的球形颗粒。

热原体在系统发育学上属于广古菌门,主要包括热原体属(*Thermoplasma*)、嗜酸菌属(*Picrophilus*)和铁原体属(*Ferroplasma*)。

思考题

1. 用简图说明典型细菌的基本结构和一般结构。
2. 比较G^+和G^-细菌细胞壁的主要结构及其异同点。
3. 比较G^+和G^-细菌肽聚糖结构的差别。
4. 什么是缺壁细菌?简述缺壁细菌的类型及其特点。
5. 试述革兰氏染色法的机制并说明此法的重要性。
6. 应用“渗透调节皮层膨胀学说”解释芽孢的耐热机制。
7. 比较细菌的鞭毛、菌毛和性毛的异同。
8. 简述细菌的繁殖方式及其形态特征(个体形态和群体形态)。
9. 以链霉菌为例,描述放线菌的形态特征(基内菌丝、气生菌丝、孢子丝及分生孢子)。
10. 放线菌的繁殖方式和群体形态特征。
11. 简述蓝细菌和光合细菌的区别。
12. 简述蓝细菌的繁殖方式及特点。
13. 区别细菌与放线菌在固体培养基上的菌落特征。
14. 试述立克次氏体、支原体、衣原体的主要特点和区别。
15. 从结构、着生方式和运动特点等方面对比细菌和螺旋体的鞭毛。
16. 简述黏细菌的生活周期。
17. 比较古菌和细菌的异同之处。

第三章

真核微生物

与原核生物相比，真核生物(eukaryotes)在地球上出现的时间较晚。所有真核生物的细胞核都有核膜，并有内质网、高尔基体等具膜的细胞器。好氧和兼性厌氧的真核生物具有可产生能量的细胞器—线粒体，能进行光合作用的真核生物具有叶绿体。真核生物典型的核糖体沉降系数为80S。

真核微生物主要包括真菌和部分原生生物(即原生动物和小型的藻类等)。种类比较庞杂，多样性远高于动、植物。

真核微生物的功能也是多种多样，尽管在数量上往往少于原核微生物，但因其个体较大，生物量常远超原核微生物，所起的作用也更大，甚至处于支配地位。随着分子生物学的发展，对真核微生物的认知日益深入，其分类体系也逐渐从形态分类系统向能够反映亲缘关系的系统发育系统过渡。

第一节 真 菌

真菌是典型的真核微生物；有细胞壁，且其中含有几丁质；以渗透吸收的方式吸收营养，不能进行光合作用，为异养生物，营腐生、寄生或共生生活；营养体不能主动迁徙；在有性和无性繁殖时，形成特定形状和结构的孢子。

按照真菌有性孢子或有性结合方式的不同，可以将真菌划分为5个大类，即壶菌、接合菌、子囊菌、担子菌、半知菌。半知菌是指那些有性生殖未知的子囊菌或担子菌，在目前的分类系统中，它们已经分别归入了子囊菌和担子菌。壶菌、接合菌、担子菌内部仍然存在着较高的多样性，因而分为多个“门”(详见第十三章第四节)。

从结构上，真菌菌体可以大体分为营养体和繁殖体两部分。本节将对真菌这两部分的特点进行简要的介绍。

一、真菌的形态及细胞结构

(一)真菌的形态

真菌营养体的形态多样，但总的来说可以分为近球形单细胞和可分枝的丝状体两大类。酵母菌是真菌中形态结构较为简单的类群，营养体多为近球形单细胞(图3-1A)。更多真菌的营养体是有分枝的丝状体，即菌丝(hypha)，这类真菌称为霉菌(mold)或丝状真菌(filamentous fungi)。菌丝直径一般为 2～10 μm,经过不断分枝、交联、融合,形成立体的网状结构,称为菌丝体(mycelium)。以动物为宿主,营共生或寄生生活的真菌,即使其营养体为多细胞,由于受到宿主躯体的限制,只能形成分枝简单、长度较短的菌丝体。以大型植物为宿主、寄生或共生的真菌,以及腐生真菌,往往会形成分枝繁茂的菌丝体,是典型的丝状真菌。

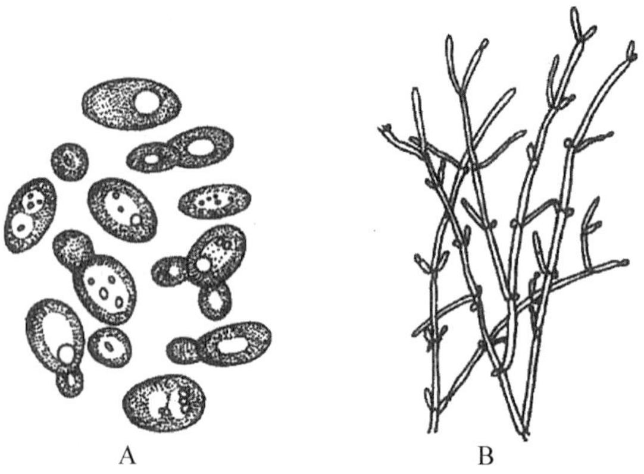

A. 营养细胞　B. 假菌丝

图 3-1　热带假丝酵母及假菌丝(Alexopoulos 等,2002)

接合菌、子囊菌、担子菌的营养体多为菌丝体,但其中有些菌,在特定的培养条件下,或者在其生活史的特定阶段,却会形成酵母状细胞,以及酵母状细胞和丝状体的中间类型。当培养条件或者生长阶段改变后,这些细胞又可恢复成丝状体,这种现象称为真菌的两型性(或两型现象 yeast-mycelial dimorphism)。酵母菌的营养体是近球形的单细胞,但在一定培养条件下,很多细胞可以连在一起,形成串状,即所谓假菌丝(pseudohypha)。假菌丝中的每个细胞都有自己完整的细胞壁和膜,细胞之间没有联通的结构。假菌丝也可以分枝,但不会形成立体的网状结构(图 3-1B)。

按结构划分,菌丝通常可分为两类,即无隔菌丝和有隔菌丝(图 3-2A)。一般低等真菌(如根霉 *Rhizopus*)的营养体内不形成隔膜,即整个菌丝体是完全联通的。单个孢子长成的菌落,就是一个有多重分枝的大细胞。不过由于体积较大,细胞质内含数量众多的细胞核,这类菌丝即称为无隔菌丝。这类真菌只有在两种情况下会形成隔膜:①在形成繁殖器官(如孢子囊)时,形成隔膜将营养体与繁殖体分开;②当菌丝受到伤害断裂时,能产生一个横隔阻止细胞内含物的外溢。这些隔膜一般都是全封闭的。较高等丝状真菌(如青霉 *Penicillium* 等)的营养体为有隔菌丝,菌丝中按大约相等的距离产生隔膜,所以这类菌丝是多细胞的。每个细胞内含有一个或多个细胞核。隔膜中心或四周有孔,隔膜孔的形态和大小因种类而异,通常可以使细胞质、贮存颗粒和小线粒体等细胞内含物通过隔膜上的小孔自由流通。有些种类(如脉胞菌 *Neurospora*)的隔膜孔较大,可以允许细胞核通过。高等担子菌的隔膜中心有个桶状的孔,桶孔两侧有覆垫(parenthosome)。具这种结构的隔膜称桶状隔膜(dolipore septum),它只允许细胞质通过,而细胞核不能通过(图 3-2B)。

在人工培养基上培养真菌的孢子或菌丝段,均可长成菌落。真菌菌落与细菌菌落有明显区别。大多数真菌菌落呈圆形,但有些形状不规则。菌落质地一般为绒毛状或絮状,只有酵母菌菌落较光滑、黏稠,类似细菌的菌落(但一般较大)。典型的菌落包括菌丝体、无性繁殖体和有性繁殖体。有些菌落具有各种颜色，其色泽可能来自孢子或孢子囊，也可能是菌丝体的颜色。有些菌落表面有液滴状分泌物。还有些菌丝体常常产生各种水溶性色素并渗透到培养基内，使菌落周围的基质，甚至整个培养皿中的培养基都带有颜色。丝状真菌菌落呈辐射状向四周扩展，菌落边缘为幼嫩的菌丝体，中心为成熟或老化的菌丝体及繁殖体。真菌的菌落特征可作为形态分类的依据之一。

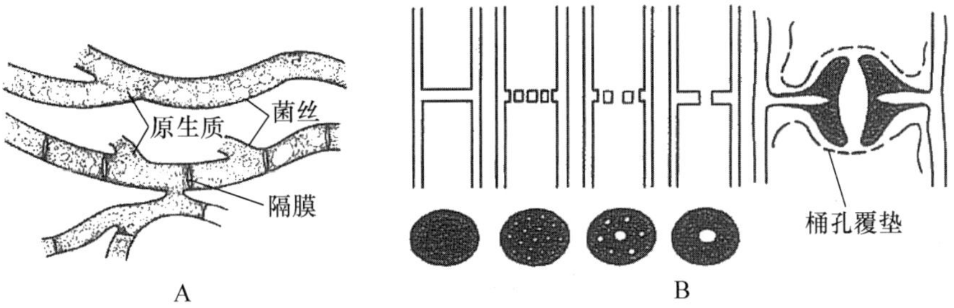

A. 有隔菌丝与无隔菌丝　B. 不同真菌的隔膜类型

图 3-2　真菌菌丝及隔膜类型（邢来君等，1999）

（二）真菌的细胞结构

1. 细胞壁

细胞壁一般在真菌细胞的最外层，厚 100～200 nm。它的质地较坚硬，起到固定细胞外形和耐受原生质体膨压的作用。细胞壁又是一些酶的保护场所，调节营养物质的吸收和代谢产物的分泌。同时，细胞壁具有抗原性，并可以调节真菌和其他生物间的相互作用。那些生长着的菌丝，它们的壁在光学显微镜下是均匀的，但一些厚壁孢子，如厚垣孢子、卵孢子、接合孢子的细胞壁则具有不同纹饰，看起来比较粗糙，且一般有 2～3 层。

细胞壁对于细胞的保护作用，与其化学组成和结构有关。各类真菌细胞壁的化学组成和结构因种类不同而区别较大。大多数真菌细胞壁的主要化学组分中 80%～90% 为葡聚糖，其余为脂类和蛋白质。葡聚糖是构成细胞骨架的主要物质，以几丁质为主。几丁质为 *N*-乙酰氨基葡萄糖的多聚物。这些葡萄糖均以 $\beta(1\rightarrow4)$ 键、$\beta(1\rightarrow3)$ 键或 $\beta(1\rightarrow6)$ 键相连。在某些菌中也发现 $\alpha(1\rightarrow3)$ 键相连接的情况。在主要为 $\beta(1\rightarrow3)$ 键相连接的葡聚糖中，$\beta(1\rightarrow6)$ 键相连的数目和部位可能都与葡聚糖的晶形有关。因此，这种连接在它作为骨架的机械性能方面有重要作用。几丁质是多数丝状真菌细胞壁中最常见的组分。蛋白成分一般不超过细胞壁组分的 10%。这些蛋白既是壁的结构成分，又同时具有酶的功能。如磷酸酶、α-淀粉酶和一些蛋白酶等都定位于细胞壁上，它们可以水解周围环境中的大分子底物，以便运送到细胞内。

根据真菌细胞壁化学组分的差异，可选择不同的酶类降解其细胞壁来制备原生质体。例如，对酵母菌可选用蜗牛酶，这是一种复合酶，具有葡聚糖酶、蛋白酶、脂酶等活性。其他丝状真菌可分别选用蜗牛酶、纤维素酶、几丁质酶等。由于每种真菌细胞壁化学组分复杂，通常还可选择几种酶按一定配比来降解其细胞壁。

2. 细胞质膜和内质网膜

真菌细胞质膜与其他生物膜一样，是典型的单位膜，主要由脂类和蛋白质组成。但有些菌种的细胞膜内含甾醇，可能与增加膜强度有关。细胞膜具有通透性，所以它的主要作用在于对营养物质的吸收。

真菌细胞膜的一个特殊现象是在膜的表面可见到膜折叠的结构。这种结构称为质膜体或称膜边体(plasmalemmasomes)。质膜体首先在酵母菌中发现,后来在粗糙脉胞菌中也被发现。质膜体沿细胞质膜可长达300nm,宽大约30nm。它位于膜的外表面,如同鞘一样包围着细胞,但因受细胞壁的限制,好似陷入细胞内。它们的出现与菌龄有关。当质膜体被排挤到壁内时,则称为边缘体(lomasomes)。

真菌细胞内,有发达的内质网膜,其上有核糖体。真菌细胞中的核糖体与其他真核生物细胞的核糖体类似,沉降系数为80S,包括60S和40S两种主要亚基。而真菌线粒体中的核糖体沉降系数则为70S,与原核微生物细胞中的核糖体类似。

3. 细胞核

真菌细胞核被核膜包围,其中含染色体、核仁和核质。核的主要化学成分为脱氧核糖核酸(DNA)、核糖核酸(RNA)、蛋白质和脂。核膜与内质网膜相连,质地相同。在电镜下可以清楚地看到在核膜上有许多小孔,称核膜孔(nuclear pore)。在核膜孔的外侧四周围绕着核糖体。核膜孔是核内物质与细胞质交换的通道。

真菌细胞核很小,不易在光学显微镜下观察。真菌基因组DNA含量介于高等动物和原核生物之间。1997年,在欧洲、美国、加拿大和日本共96个实验室的633位科学家的协作下,第一个真核生物酿酒酵母(*Saccharomyces cerevisiae*)的基因组测序完成。2002年粟酒裂殖酵母(*Schizosaccharomyces pombe*)基因组测序完成。两年后,第一个丝状真菌粗糙脉孢菌(*Neurospora crassa*)基因组测序完成。截至2019年,在美国国家生物技术信息中心(national center for biotechnology information,NCBI)的网站上,可查到的真菌基因组序列共计4 878种,包括子囊菌门(Ascomycota)3 852种,担子菌门(Basidiomycota)812种,其他真菌214种。这些物种基因组大小为2.5~81.5 Mb,相差约30倍,包括了重要的人类病原菌、植物病原菌、腐生菌和模式生物。真菌基因组学的研究,不仅极大地推动了生物化学、分子生物学、病原菌的致病机理、与宿主相互作用等基础研究,还能为寻找抗菌药物靶点,促进疫苗和抗菌药物的研发提供信息。基因组信息可以加深人们对真菌遗传和生理多样性的认识。尽管由于真菌基因组比原核生物大,目前获得全基因组信息的菌株数量还远低于细菌,但随着科技的进步,将会有更多的基因组信息被我们所掌握。

真菌染色体在细胞分裂间期,呈染色质状态存在,主要由DNA和蛋白质组成。染色体中的DNA占细胞总DNA量的80%~90%,其余的存在于线粒体中。真菌染色体DNA常与组蛋白结合。

真菌染色体虽然可以进行有丝分裂和减数分裂,但它们在细胞生物学过程上不完全与高等动、植物相同。前期一对核外中心粒的相应核膜内侧排列着着丝粒微管,二者均复制一次,则两对中心粒分别趋向两极,两组微管亦相对拉向两极呈纺锤形。这种现象在动、植物细胞中尚未报道。微管是否与浓缩的染色体连接,在真菌中一般有两种情况:一种是未见染色体浓缩,如水霉属(*Saprolegnia*);另一种则可看到浓缩的染色体,如鬼伞属(*Coprinus*)。在中期时染色体也并未排列在赤道板,在整个核周期中着丝粒微管、核膜和核仁始终存在。由于真菌种类繁多,目前还不能用同一模式概括所有真菌,还需对大量菌种进行观察和分析,才能有完善的认识。

4. 线粒体

用健那绿(Janus Green)或四唑化合物等染色方法可以在光学显微镜下看到线粒体,但因其太小而不易观察。在电镜下可以清楚地看到它们为各种大小的球形或圆柱形。线粒体具有双层膜，外膜光滑，内膜较厚并常常延伸成不同形状的嵴。真菌线粒体 DNA 是闭环的，周长 15～30 μm，类似于细菌（原核）的基因组。线粒体复制时，其核也复制并分裂为二。线粒体还具有自己的核糖体和蛋白质合成系统，其主要功能是合成外膜和嵴上的蛋白质。线粒体是细胞呼吸产生能量的场所，它的内膜上有细胞色素、ATP 磷酸化酶、NADH 脱氢酶等，还有三羧酸循环、蛋白质合成以及脂肪酸氧化途径中所需要的酶类。

线粒体在细胞中的数量受菌龄的限制，在幼嫩的菌丝尖端 10～40 μm 长的范围内通常没有线粒体，只有在菌丝尖端稍后的一定距离处才开始有些小球形的线粒体，在较老的菌丝中线粒体数目增多，为椭球到长球形。线粒体数目和大小也受环境条件的影响。例如，酵母菌在有氧条件下生长时，线粒体可占细胞质总体积的 14%，而在缺氧条件下，其大小和数量均显著减少，并呈发育不良状态，甚至线粒体内无嵴。线粒体有融合和分裂的特点，几个小的可以融合成一个大线粒体。在一些真菌中常观察到一个线粒体靠膜缢缩分裂成两个，而且其分裂有周期性，但并不一定与核周期同步。

5. 高尔基体

高尔基体通常由具有管状的扁平囊状体及其外围的小囊泡组成，目前真菌（接合菌、子囊菌和担子菌）中报道较少。细胞内合成的大分子物质被运送到高尔基体内进行化学修饰，包装形成泡囊，再运送至细胞膜等部位，以便提供合成细胞壁等结构的前体物质。一些水解酶被包装后，则留在细胞中，形成类似溶酶体的细胞器。

6. 微体

微体是由单层膜包裹的、含酶的球形细胞器，在真菌中普遍存在，尤其在一些寄生真菌的菌丝中含量较高。其大小为 0.2～1.5 μm。微体常与内质网、脂肪颗粒或线粒体相连，这种连接可能便于各种代谢过程的进行。代谢旺盛的菌丝体微体数量多，内含乙醛酸循环的酶系、接触酶、氧化酶、降解细胞壁多糖的酶等。

7. 液泡

液泡是细胞中一种较大的囊泡，多为球形，透明。液泡随菌龄增长逐渐增多，并汇集成大液泡，占据菌体细胞较大空间。菌丝生长尖端没有液泡。液泡内常含有低浓度溶质，如多聚偏磷酸盐、嘌呤、嘧啶等物质。其主要功能是维持细胞一定形状，并提供菌丝生长所需要的膨压，生长的气生菌丝能够挺立就是靠膨压的作用。

8. 储存物质

真菌中较普遍的贮存物质是脂肪和糖原。在较老的菌丝、孢子和游动孢子中都能看到许多大小不等的脂球，是一种碳源和能源的储存物。它们为圆形，有折光性，用苏丹黑等脂肪染料染色后很容易观察到。糖原一般在成熟的细胞中含量丰富，但在一些蘑菇菌种的幼菌柄中也发现有糖原存在，而在成熟后却不见了。糖原常在细胞某一特定的部位积累，可通过碘液染色后在光学显微镜下观察到，例如，在有些菌核的中心部位的细胞中、担子菌的栅状子实层中，在电镜下看到糖原聚集成花朵形，直径 15～30nm。它们是一种等直径的颗粒，又称为 β-颗粒。

9. 鞭毛

鞭毛是某些真菌产生的游动孢子的运动器官，在普通光学显微镜、暗视野显微镜和相差显微镜下均可以看到，但是直到使用电子显微镜观察后才认识到它们的形态和结构。真菌的鞭毛有两种形态：一种称为尾鞭式鞭毛（whiplash flagella），一般为细丝状，越到尖端越细，或突然变细；另一种称为茸鞭式鞭毛（tinsel flagella），为羽毛状，侧生许多细丝。鞭毛可生长于游动孢子的一端或中腰处,数量通常为1～2根。图3-3为几种真菌鞭毛的类型及运动方式。

图中箭头所指为运动方向

图3-3　几种鞭毛类型及鞭毛结构(邢来君等,1999)

鞭毛基部位于细胞质中,称为基体或动体(kinetosome)。基体来自中心粒,扁圆形,由九根纤丝环状排列而成。每根纤丝由三根微管组成。当基体向细胞外伸出鞭毛时,每根纤丝则由两根微管组成。在鞭毛的中心部分,出现两根含单微管的纤丝。所以,整个鞭毛由11根纤丝组成,外面包着鞘。这种鞭毛结构称为9+2排列系统,是真核生物鞭毛的典型排列方式(图3-3)。在细胞内基体附近有个线粒体,基体两侧靠一种带状的小根状结构与线粒体相联结。这种构造可能是易于保证鞭毛的坚固和得到运动所需的能量。细胞若具有双鞭毛,则在两根鞭毛的动体之间由纤丝相连。

鞭毛的化学组分主要为蛋白质,组成微管的蛋白质称为微管蛋白。鞭毛多呈正弦波状运动,并由此带动菌体运动。

(三)真菌菌丝的变态类型

真菌菌丝在长期进化过程中,为适应环境的变化,产生了不同类型的变态细胞。它们分别被赋予特殊的功能,属于菌丝营养结构。这些特殊的结构,通常也被作为真菌分类的重要依据。以下分别介绍几种主要的菌丝变态类型。

1. 匍匐丝和假根

一些真菌由菌丝向基物长出的须根状结构为假根(rhizoid),常发现于接合菌类的真菌中,用以吸收营养,并支撑孢囊梗和孢子囊。一些低等真菌表面也可生出纤细的无细胞核的根状菌丝,具有吸收营养和固定菌体细胞的作用。毛霉目的真菌常形成连接两丛假根的菌丝,称为匍匐菌丝,简称匍匐丝(stolon),有利于它们进行延伸生长(图3-4)。

2. 吸胞

病原真菌侵染植物后,菌丝在细胞间蔓延,从其侧面可生出短枝深入寄主细胞内吸取营养,称为吸胞或吸器(haustoria)(图3-5)。吸胞形态各异,主要有拳头状、丝状、手指状和不规则状。在这种情况下,寄主细胞并未受到破坏,细胞仍然是活的。吸胞则不断地吸取寄主的养分供给真菌生长。一般专性寄生菌,如白粉菌和锈菌都有吸器。

3. 菌丝陷阱(hyphal traps)

菌丝陷阱包括菌环、菌网,是具有捕食能力的真菌菌丝所产生的特殊结构(图3-6)。这类菌种大多数属于捕虫霉目和半知菌类。它们可以捕捉微小动物、原生动物(如根足虫、线虫等)。它们捕虫的方式有两种:一种靠黏着;另一种靠机械捕捉,或者二者兼有。完全靠黏着方式捕食的真菌,不具备特殊形状的菌丝结构,只靠菌丝表面分泌黏液。例如梗虫霉(*Stylopage* sp.),当线

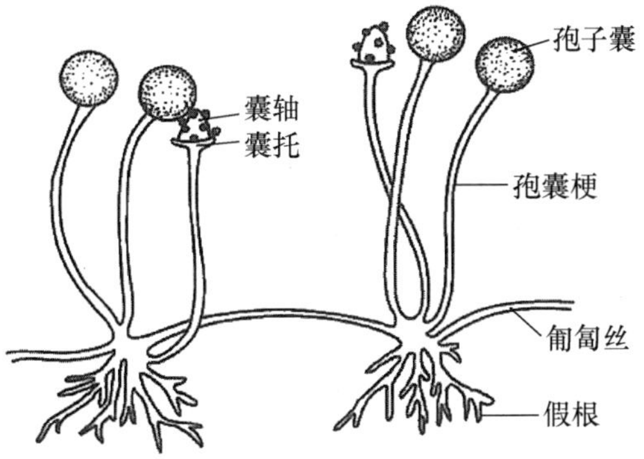

图 3-4 匍枝根霉(*Rhizopus stolonifer*)**的匍匐丝和假根**(王贺祥,2003)

虫触及这种黏菌丝时则被粘住。靠机械方式捕捉动物的真菌,一般具有特殊的结构,如有些种可形成侧生短分枝,短分枝的末端膨大成拳头状,当线虫通过这个部位时,被牢牢抓住。有些种的短侧枝由3个细胞组成环状的圈套,当线虫不慎钻入套环时,这3个细胞立刻膨胀将线虫卡住。套环的内表面对摩擦十分敏感,虫子越扭动,3个菌丝细胞越膨大,对线虫抓得越紧,使它不能逃脱。另外,有些种具备两种能力,它们的侧生菌丝弯曲,彼此结合,连成三维网状结构,并同时可以分泌黏液,微小虫子被菌网粘住后受到菌网的缠绕,从而逐渐被菌丝穿透并消解。

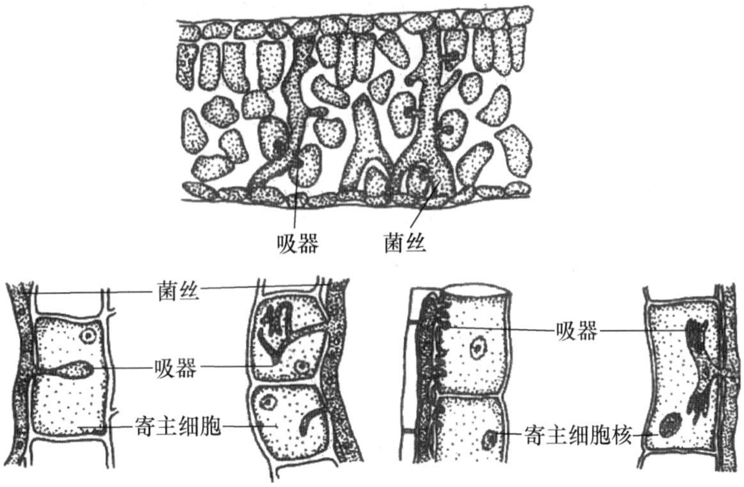

图 3-5 吸器的各种类型(邢来君等,1999)

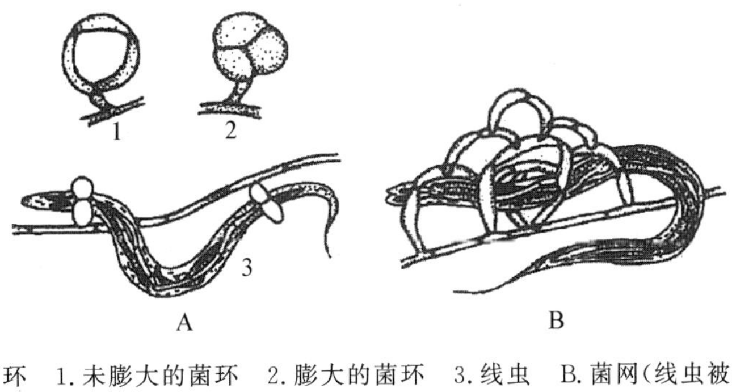

A. 菌环 1. 未膨大的菌环 2. 膨大的菌环 3. 线虫 B. 菌网(线虫被捕获)

图 3-6 菌环和菌网(邢来君等,1999)

4. 附着枝(胞)

菌丝生长的短枝或膨大细胞,其功能是使寄生真菌牢固地附着在寄主表面。如小煤炱目(Meliolales)真菌的外生菌丝细胞上生出1～2个细胞的短枝,能将菌丝附着在寄主体上,这种短枝称附着枝(appressorium)。另有许多植物寄生真菌,在其孢子的芽管和老菌丝顶端形成的膨大部分,常分泌黏状物,借以将自己牢固地黏着在寄主表面,由此膨大部分长出纤细的针状感染菌丝,再侵入寄主的角质层,这个膨大部分称为附着胞。

(四)菌丝形成的组织体

有些真菌的菌丝体生长到一定阶段,菌丝经扭结、缠绕为疏松或紧密的密丝组织,形成特殊的组织体。这是在进化过程中为适应一定环境或抵御不良条件的产物。以下介绍几种真菌的组织体。

1. 菌核

有些真菌在生长到一定阶段时,由菌丝不断分化并密集结合而形成的坚硬的团块结构,称为菌核(sclerotium)。它一般是真菌的休眠体。菌核的内部结构可分为两层,即皮层和菌髓。皮层是由紧密交错的具有光泽的厚壁细胞所组成;菌髓则由无色菌丝比较疏松地交错组成。菌核一般在秋末形成,可以抵御寒冷、干燥等不良环境。菌核遇适当条件时可以萌发,萌发时即可以生出菌丝,也可以产生子实体,这些子实体一般都起源于菌髓。由于菌种不同,产生的菌核形状、大小不同。菌核可分为3种类型:真菌核、假菌核和小菌核。真菌核完全由菌丝缠绕组成,假菌核由菌丝和寄主组织共同组成,小菌核一般体积很小,仅由几层细胞组成,形成时大量出现。

2. 菌索

菌索(rhizomorph)是由大量菌丝平行聚集,并分化成根状或绳状结构的组织,一般颜色较深。菌索周围的外表层,由拟薄壁组织组成,比较坚固。内层由疏丝组织组成,称为心层。尖端为生长点,形似根尖。菌索有抵抗不良环境、帮助输送营养物质以及侵染寄主等功能。当环境适宜时,可以从生长点恢复生长。

3. 子座

子座由菌丝分化形成膨大、密集缠绕的团块状、垫状、棒状、柱状、头状等组织结构。简单的子座(stroma)仅为一层相互交织的菌丝形成,而复杂子座的外形与菌核相似。子座可以由菌丝单独构成,也可以由菌丝与寄主组织构成。子座成熟后,在它的内部和表面可发育无性繁殖和有性繁殖结构(图3-7)。

二、真菌的繁殖

(一)无性繁殖及其孢子类型

典型真菌的生活周期通常包括无性繁殖和有性繁殖两个过程。真菌的无性繁殖(asexual reproduction)是指不经过两种性细胞的结合,便能产生新个体的繁殖方式。真菌中最简单的无性繁殖方式为裂殖,即经细胞分裂产生子代,多发生在单细胞的酵母菌

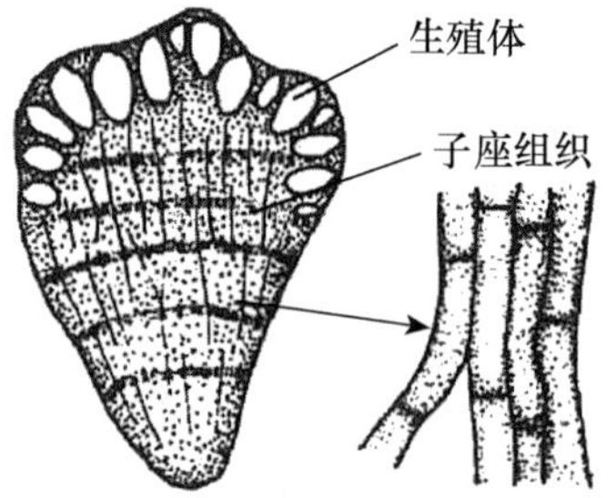

图3-7 子座(邢来君等,1999)

中，如裂殖酵母属(*Schizosaccharomyces*)的真菌。另一些酵母，则通过出芽的方式繁殖后代。

真菌典型的无性繁殖方式是产生无性孢子，即在真菌生活的某一时期，由菌丝分化形成特定的产孢器官，并在其中或其上生成无性孢子。无性孢子多为单倍体，它们在种类、形态、颜色和形成方式上存在很大差异，多种多样，可作为分类的依据。真菌中主要的无性孢子类型有游动孢子、孢囊孢子、分生孢子、芽孢子、厚垣孢子等，分别由不同的真菌产生。无性孢子繁殖迅速，生成量大，可以随气流、雨水和动物的活动而传播。这里根据主要真菌的种类，介绍它们产生的几种无性孢子类型(图 3-8)。

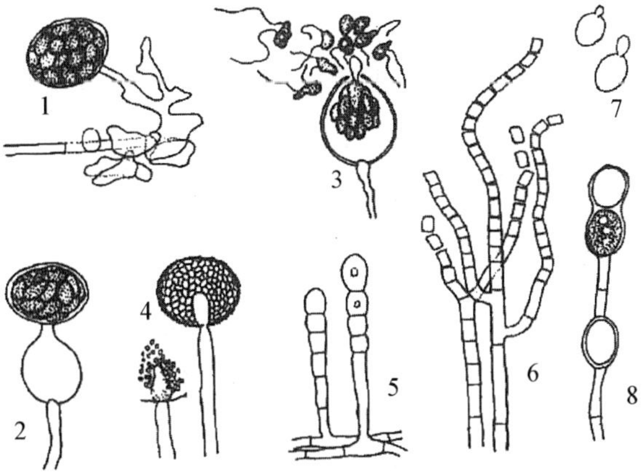

1～3. 腐霉游动孢子成熟及释放　4. 毛霉孢子囊及孢囊孢子　5. 白粉菌分生孢子
6. 白地霉分生孢子　7. 酵母菌的芽殖　8. 镰刀菌厚垣孢子

图 3-8　各种无性孢子发育方式(王贺祥，2003)

1. 游动孢子

游动孢子(zoospore)是一种单细胞、无细胞壁、有鞭毛、可自主游动的水生孢子，一般是单倍体。游动孢子产生于游动孢子囊(zoosporangium)内。这种孢子通常由低等真菌产生，如壶菌门(Chytridiomycota)的真菌均先形成一个孢子囊，在孢子囊内经原生质切割后逐渐形成孢子，最后孢子囊破裂释放出游动孢子。真菌的游动孢子有圆形、椭圆形、梨形和肾形。按鞭毛的着生部位不同，鞭毛一般可分为 3 种类型：前生单鞭毛、后生单鞭毛和腰生双鞭毛，典型的真菌只有一根尾鞭式鞭毛，后生，这一特点与其他后鞭毛生物是一致的。

2. 孢囊孢子

孢囊孢子(sporangiospore)生于孢子囊内，单细胞，有细胞壁，不能游动，因此属于静孢子。孢囊孢子多为球形或近球形，主要分布在接合菌中。

孢子囊是菌丝上产生的孢囊梗顶端的膨大结构。当菌丝发育到某一阶段时，首先在菌丝上产生一个侧枝，为孢囊梗。它们分枝或不分枝，单生或丛生，单细胞，一般可长达几十甚至几百微米，较菌丝略粗。孢囊梗生长到一定长度时顶端膨大成孢子囊，并生出横隔将孢囊梗与孢子囊分开。在孢了囊内孢了发育、形成的过程与游动孢子相似。此外，在孢子囊内还可以看到一个球形或圆柱形的无孢子区域，成为囊轴。囊轴基部紧连着横隔，上部有膜与产生孢子的部分隔开。成熟的孢子囊为深色，外表光滑或粗糙。孢子囊成熟后破裂，释放内部的孢囊孢子。当孢囊孢子脱落散出后，可清楚看出孢囊梗顶端露出的囊轴。有些菌种的孢囊脱落后残留下的部分称为囊领。孢囊孢子靠气流传播，环境条件合适时，可萌发出菌丝。

3. 芽孢子

芽孢子(budding spore)是酵母菌和一些半知菌典型的无性繁殖方式之一。酵母菌在一般情况下不长菌丝,只有在某种特殊环境下才形成由单细胞连接起来的假菌丝。这些酵母菌的无性繁殖大多数是出芽产生芽孢子。芽孢子形成时自母细胞产生一个芽,此时细胞核也一分为二,其中之一进入芽细胞。芽细胞不断长大,靠缢缩方法从母细胞上脱落下来。有时芽殖的第一个细胞尚未脱落,在这个芽细胞上又可继续出芽长出另一个芽孢子。因此,有时可见几个芽孢子连成一串。通常母细胞出芽有固定的位点,当芽孢子脱落后,母细胞表面留下一个斑痕,称为芽痕,有时在一个细胞表面可见100多个芽痕。

4. 厚垣孢子

厚垣孢子(chlamydospore)又称厚壁孢子、膨大细胞。菌丝细胞原生质浓缩,变圆,形成厚壁的厚垣孢子。它们常产生于菌丝顶端或中间,球形或近球形,单生或几个连在一起,颜色较暗。由于厚垣孢子壁厚,可抵抗不良环境。过去曾认为它们是在不良条件下的产物,但事实证明有些菌如镰刀菌属(*Fusarium*)在正常情况下可产生厚垣孢子,并可随时萌发产生芽管。

5. 分生孢子

分生孢子(conidium)是一类靠菌丝分割或缢缩而形成的具有特定形态的无性孢子,在真菌中最为普遍。真菌的生活周期中能够产生大量分生孢子,并且靠各种环境因素传播。

分生孢子通常产生于由菌丝分化形成的分生孢子梗上。分生孢子梗最初产生时,如同菌丝的一个短的侧枝,但其发育长成后形态明显区别于菌丝。它们可为单细胞或多细胞,分枝或不分枝,分枝有规则或无规则,单生或丛生。不同种类的分生孢子梗都有一定的形态特点。分生孢子的产生有两种方式:一种直接由菌丝片段沿横隔处断裂而成,所形成的分生孢子与菌丝直径相同,没有任何增大或缩小的现象。这种产生分生孢子的方式称为断裂法(体生式,thallic);另一种产生分生孢子的方式是由分生孢子梗顶端形成,称为突芽法(芽生式,blastic)。真菌孢子在形成过程中又分为以下两种情况:一种情况是分生孢子梗顶端直接膨大,即原来细胞壁和细胞膜共同突芽形成孢子;另一种情况是分生孢子梗顶端破裂,形成一个孔口,仅由内膜从孔口突出,然后重新长出外壁而形成分生孢子。人们将后一种方式产生的孢子称为孔出孢子。

分生孢子的形态、颜色和大小因菌种不同而多样。它们有单细胞、双细胞和多细胞;有球形、椭球形、丝状、三角形、螺旋形等(图3-9);并具备多种颜色。此外,它们的生长方式也有单生、串生和丛生等。有些分生孢子梗生长在由菌丝形成的,或菌丝和寄主组织共同形成的结构内,如垫状的分生孢子座(sporodochidium)、罐状的分生孢子器(pycnidium)、盘状的分生孢子盘(acervulus)等(图3-10)。

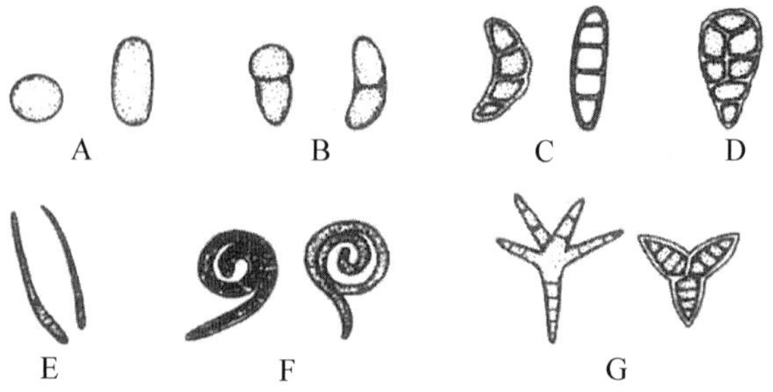

A. 单细胞　B. 双细胞　C. D. 多细胞　E. 线状孢子　F. 卷曲孢子　G. 星状孢子

图3-9　各种类型的分生孢子(李颖等,2019)

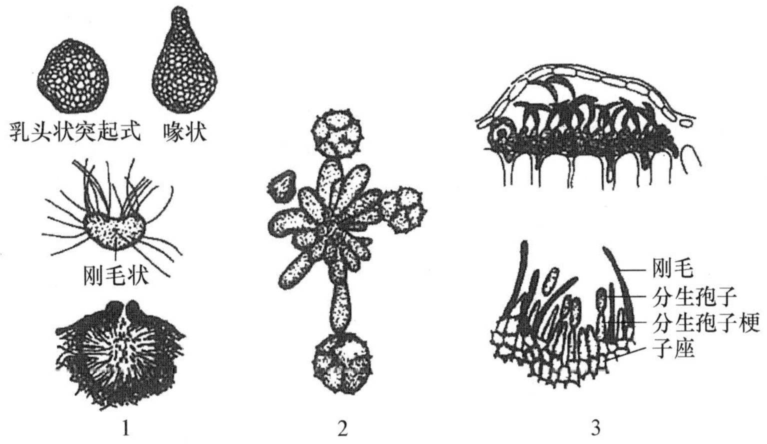

1. 分生孢子器　2. 分生孢子座　3. 分生孢子盘

图 3-10　分生孢子的产孢结构(周德庆著,2011)

(二)有性繁殖

真菌通过不同结合型的细胞或器官配合后产生孢子的过程,称为有性繁殖(sexual reproduction)。虽然,不同类型的真菌产生有性孢子的过程以及产孢结构差异较大,但它们通常都经历质配(plasmogamy)、核配(karyogamy)和减数分裂(meiosis)几个阶段。首先,在菌丝体上分化出不同性别的配偶细胞(配子,性细胞),它们是单倍体。两个性细胞接触后进行结合作用,二者细胞质融合到一个细胞内,这一过程称为质配。质配后的细胞含有两个细胞核,这一时期称为双核期。又经过一段时间两个细胞核也结合成为一个双倍体的细胞核,这一过程是核配。大多数真菌发生质配后立即进行核配,然后经减数分裂形成单倍体的有性孢子。而有些种类则维持很长一段时间双核期,这个阶段的菌丝体为双核体。双核体可以同时进行有丝分裂。某些担子菌,还可以形成双倍体核的有性孢子。

真菌的有性结合是个比较复杂的问题,其发生需要各种条件。目前,已知在真菌中有性繁殖的发生有两种情况:一种为同宗配合(homothallism),另一种为异宗配合(heterothallism)。凡能在同一菌丝体(同一菌系)上产生彼此结合的性细胞,并能形成有性孢子的配合过程,称为同宗配合。需要不同性别的菌丝(菌系)才能产生可结合有性孢子的配合过程,则为异宗配合。此外,它们的性结合往往由一对或多对等位基因决定。从遗传学角度解释,如果用♂A、♂a、♀A、♀a分别代表4种不同的菌体类型的话,有性繁殖不仅需要在性别不同的菌系间进行,还要具有亲和性,即只能在♂A×♀a和♂a×♀A之间进行。其他配合则不能成功。

1. 真菌的有性结合方式

根据真菌有性结合时两性细胞的特点,可分为下列5种有性结合方式:

①配子结合:配子(gamete)通常指能够结合的游动孢子。它们产生于同一个或不同的孢子囊内,外形相似,大小相等或不相等。它们结合后产生双倍体或双核的有性孢子。这种游动孢子又称为游动配子。

②同形配子囊结合:配子囊(gametangium)常指丝状真菌中可以发生性结合的细胞。由

于菌种不同,配子囊的形状、大小均不相同。当同一类型并具有亲和性的菌株间发生结合的配子囊在形状、大小都相同时,称为同型配子囊结合,它们在外观上很难区分,因此人们常用"+"和"−"来表示不同结合型。这些配子囊从菌丝上分化产生,不能运动。

③异形配子囊结合:两个发生结合的配子囊在形状、大小上区别明显,能区分出雌性和雄性。如异水霉(*Allomyces*)可从菌丝上分化出一对串生的配子囊,雄性配子囊一般较小,在下方,称为雄器(antheridium);而雌性配子囊一般较大,在上方,称为藏卵器(oogonium);两种配子囊都不能运动。

④受精作用:有些真菌的雄性细胞为精子(sperm)。精子一般为单细胞,产生于特殊的精子器(spermagonium)中。有些菌的小型分生孢子可以起到精子的作用。它们本身不能运动,通常借助外力达到雌性细胞或亲和菌丝与之结合。

⑤体细胞配合:一些高等真菌不产生性器官,两根单倍体的营养菌丝互相结合,产生双核菌丝,再进一步分化成有性孢子。常在担子菌中发现这种现象,实际上发生接合的菌丝也有"+"与"−"的区别。

图3-11说明了真菌的几种有性结合方式。

2. 有性孢子类型

(1) 合子　游动配子结合后产生的有性孢子称为合子(zygote)。合子壁厚,内含两个细胞核,形成后进入休眠期。一旦条件适宜,合子可以萌发。在萌发前两个核融合,并完成减数分裂,产生单核的无性孢子。有些低等真菌的同一孢子囊释放出的任意两个游动孢子都可以作为配子而结合。另有些菌,如异水霉只有从不同性别的配子囊中释放出的游动配子才可以进行交配,而且雌、雄配子大小或颜色都有差异。一般它的雌配子较大,无色;雄配子较小,橙色,运动活跃。雌配子囊在发育配子时,分泌一种性荷尔蒙,称为诱雄激素,促使雄配子向雌配子运动。结合后的两个配子还可以游动一会儿,然后停止游动,失去鞭毛,发育成合子(图3-11A)。

(2)接合孢子　接合孢子(zygospore)是由两个同型或异型配子囊结合后的产物(图3-11BC)。通常将接合的雌、雄性细胞用"+"和"−"表示。接合孢子为单细胞,厚壁,表面粗糙,有瘤状突起或刺,有些接合孢子被卷曲的菌丝包裹,颜色较深。

能形成接合孢子的菌株属于接合菌门。大多数为异宗配合,少数为同宗配合。当有亲和性的"+"和"−"两个菌丝体相遇时,首先在菌丝体上诱发产生接合梗,它们如同棒状短分枝,因含有β-胡萝卜素而呈黄色。这个阶段被称为远距刺激变形反应。然后,两个菌体上的接合梗朝着相同的方向生长,并逐渐接近。当两个接合梗接触后,每个梗中产生一个横隔将接合梗分为两部分:前端的一个细胞为配子囊,含多核;基部细胞成为配囊柄(gametangiophore)。两个相接触的配子囊在连接处破裂,两细胞核与细胞质融合为一个细胞,此细胞继续发育成为接合孢子,这个阶段称为接触膨大反应。

接合孢子在发育过程中通常可形成三或四层壁。最外层变硬并成瘤、刺状。接合孢子内的核行为,依菌的种类不同而出现几种情况。如冻土毛霉(*Mucor hiemalis*)和刺柄犁头霉(*Absidia spinosa*)接合孢子中所有的核几天内全部成对融合并进行减数分裂,因此其中含单倍体的核。另一些菌如匍枝根霉和灰绿犁头霉,它们的接合孢子中的核虽融合,但不进行减数分裂,直到孢子萌发时才开始减数分裂,所以这些菌株接合孢子内的核常为二倍体。还有一些菌种如布拉克须霉(*Phycomyces blakesleeanus*)在其接合孢子萌发长出的孢子囊内,有单倍体和二倍体两种核存在。看来，能形成接合孢子的这类菌的有性阶段核的发育过程并不完全一致，这只是从细胞学上研究接合孢子时发现的几种现象，进一步的遗传学研究将会揭示其内在的原因。

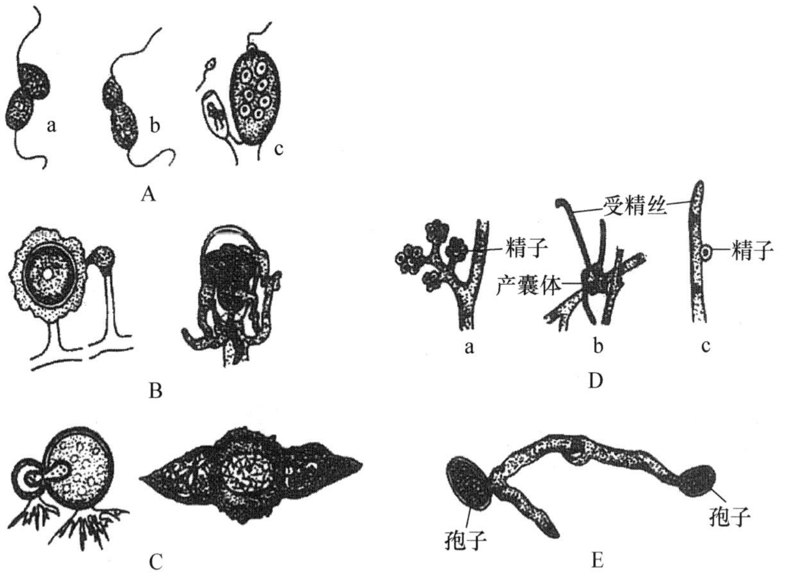

A. 游动配子配合　a. 同形配子配合　b. 异形配子配合　c. 能动的雄配子进入藏卵器
B. 异形配子囊配合　C. 同形配子囊配合　D. 精子配合　a. 精子　b. 产囊体和受精丝
c. 精子附着在受精丝上　E. 体细胞结合

图 3-11　真菌、卵菌有性结合方式及有性孢子发育(邢来君等，1999)

(3)子囊孢子　子囊菌门真菌的有性孢子通常生长在子囊(ascus)内，一个子囊一般含有 2～8 枚子囊孢子(ascospore)，子囊多单生或聚生在子囊果内。

形成子囊孢子是真菌中子囊菌的主要特征，它们通过异型配子囊配合后产生，子囊的形成过程称为钩状形成方式(图 3-12)。有性过程的初期，先在菌丝上分化出雌性的产囊体(ascogonium)和雄性的雄器，它们各自含多核。两个异性细胞接触后，雄核及其细胞质转入产囊体，异性细胞核两两相配。由产囊体上生出许多产囊丝(ascogenous hypha)，并有多对核进入产囊丝内。产囊丝生长到一定长度后顶端钩状弯曲呈环形，在原产囊丝中和钩尖部分各生出一个横隔。在钩顶细胞中含有两个不同性别的核，并由此钩顶细胞发育成子囊。在子囊内两核融合，经过一次减数分裂和一次有丝分裂，最后形成八个单倍体的核。每个细胞核周围产生膜包围细胞质和细胞核，并逐渐生出细胞壁发育成子囊孢子。

由于在一个产囊体上可以生长出许多产囊丝，每根产囊丝在发育出钩顶细胞后，仍可以侧生分枝的方式发育出另一根产囊丝，因此最后成为许多子囊丛生在一起。它们常常被许多不孕的菌丝细胞包围而形成具有一定形状的子囊果。子囊果因菌的种类不同而具有不同的外形和结构，分别被称为子囊壳(perithecium)、闭囊壳(cleistothecium)、子囊盘(discocarp)等(图 3-13)，有些子囊果外面生长出形态各异的菌丝，称为附属丝。另有少数菌子囊裸露在外，无子囊果包裹。大多数子囊果形成后要有一个休眠期。许多情况下虽然看到子囊果的外形，但其内部的子囊和子囊孢子并未分化或尚未成熟(图3-14)。

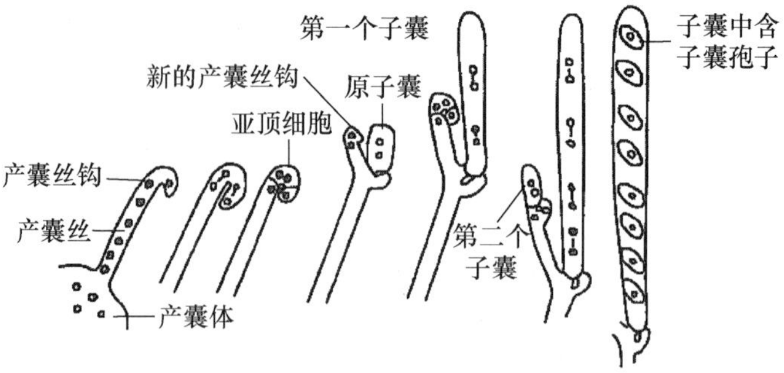

图3-12　子囊发育的细胞学特征(韦伯斯特,1982)

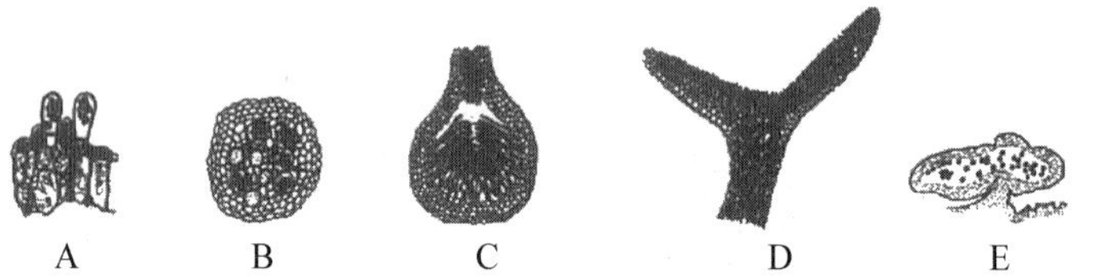

A. 裸露的子囊(无子囊果)　B. 闭囊壳　C. 子囊壳　D. 子囊盘　E. 子座

图3-13　子囊果类型(邢来君等,1999)

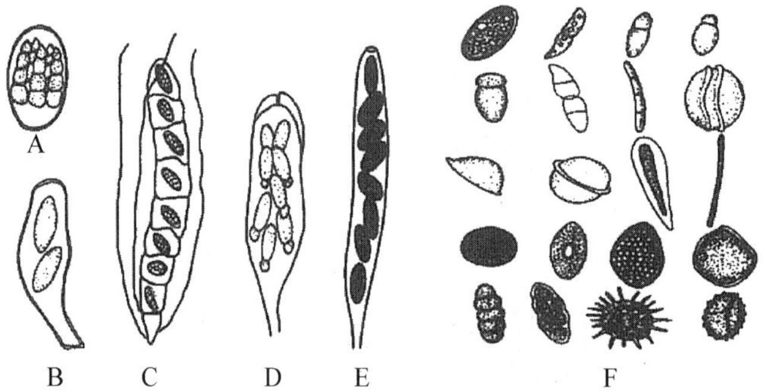

A. 球形　B. 宽卵形,有柄　C. 有分隔的　D. 棍棒形　E. 圆筒形　F. 子囊孢子形状

图3-14　子囊和子囊孢子类型(阿历索保罗等,2002)

子囊孢子成熟后,靠子囊吸水增加膨压,强力使子囊和子囊果破裂,或者通过子囊上特定的孔口而释放出来。释放出的子囊孢子在合适的条件下萌发生出芽管,逐渐长成新菌丝体。

子囊孢子、子囊和子囊壁的结构,子囊孔口的类型、子囊果的形态、大小、质地、颜色、附属丝等特征,都是形态分类上的主要依据。

有些子囊菌,其子囊孢子不是通过钩状形成方式产生的。例如酵母菌的两个营养细胞配合后融合成一个细胞,这个细胞就成为一个子囊,其中发育出2～8个子囊孢子。它们形成单个分散的子囊,并不形成子囊果。

(4)担孢子　担孢子(basidiospore)是担子菌类的有性孢子,它们外生于一个特殊的被称为担子的细胞上，担子是通过菌丝联合后在其尖端形成的结构。

担子菌有两种菌丝，一种由担孢子萌发生成的单核、单倍体菌丝，称为初生菌丝；另一种则为初生菌丝联合后生成的双核菌丝，称为次生菌丝。双核菌丝中含有两个结合型不同的核，但不发生核配。这种状况可持续很久。许多菌种的双核菌丝可以进行正常的营养生长、蔓延，并始终保持菌丝细胞中含有两个不同结合型的细胞核。菌丝的蔓延生长是靠一种锁状联合(clamp connection)的结构实现的。锁状联合的形成过程极为巧妙(图 3-15)。当双核菌丝尖端细胞分裂时，在两个细胞核之间的菌丝侧生一个钩状短枝，一个核进入短枝内，另一个核留在菌丝内。两个核同时进行一次有丝分裂，形成 4 个核。分裂后短枝中的一个子核退回到菌丝尖端。此时，钩状短枝向后弯曲生长接触到菌丝壁，成为拱桥形。菌丝中分裂后的两个核之一趋向前端，同时拱桥正下方两核之间产生一个横隔。短枝尖端与菌丝壁接触处细胞壁溶解，短枝中的一个核回到菌丝中生长尖端后面的一个细胞内，并生出另一个横隔将这个菌丝细胞与短枝隔开。

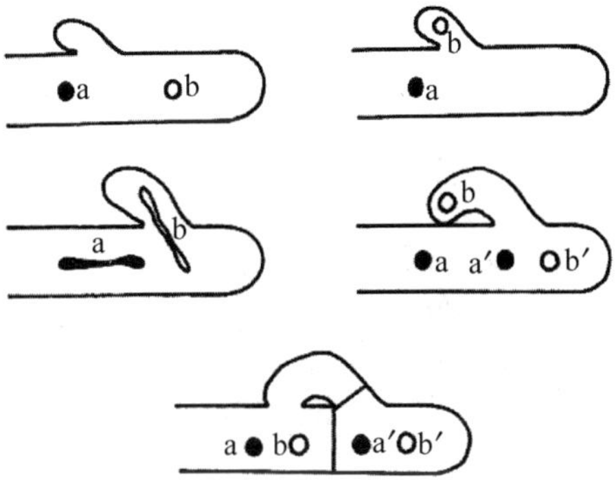

图 3-15　担子菌双核菌丝延长方式(锁状联合)(Alexopoulos，2002)

当担子菌生长到一定时期，菌丝顶端双核细胞膨大，细胞质变浓，基部出现一个大液泡。这是年幼的担子。这个担子内的两个核配合成双倍体，不久即进行减数分裂形成 4 个核。此时，在担子上部突出 4 个小梗，每一个核进入一个小梗，由小梗顶端膨胀生长成担孢子(图 3-16)。每一个担孢子含一个单倍体核。小梗与担孢子之间产生一个横隔。通常担子菌都具有 4 个小梗，但有些菌种只产生 2 个。而在白鬼笔(*Phallus impudicus*)中却发现有 9 个小梗，成熟的担孢子有两层壁，外壁不平，有刺或其他纹饰，并具有各种颜色。担孢子靠弹射或其他方式自行脱落。不同担子菌担子的类型各异，一般有隔或无隔。有隔担子中又分为纵隔或横隔类型(图 3-17)。担子和担孢子的形状、大小、颜色和表面纹饰都可作为担子菌分类的依据。

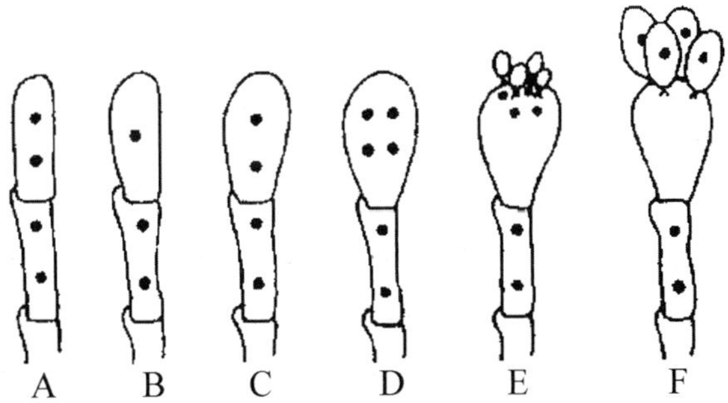

图 3-16　担子及担孢子发育过程(邢来君等，1999)

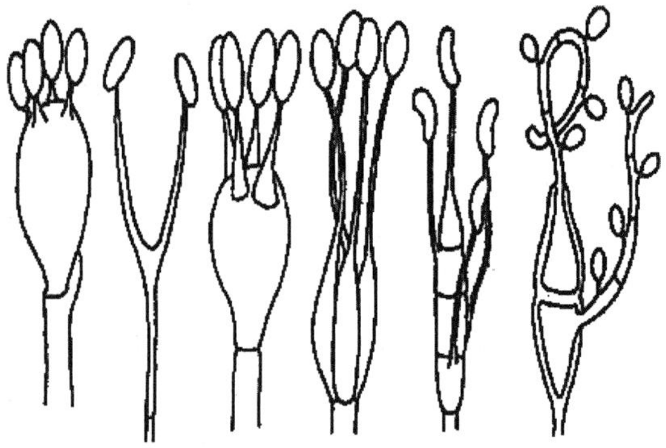

圈 3-17　担子的类型(阿历索保罗等,2002)

最普遍和为人们熟知的担子果是蘑菇和木耳。蘑菇伞盖下面的菌褶两边由担子排列成层,称为子实层(图 3-18)。

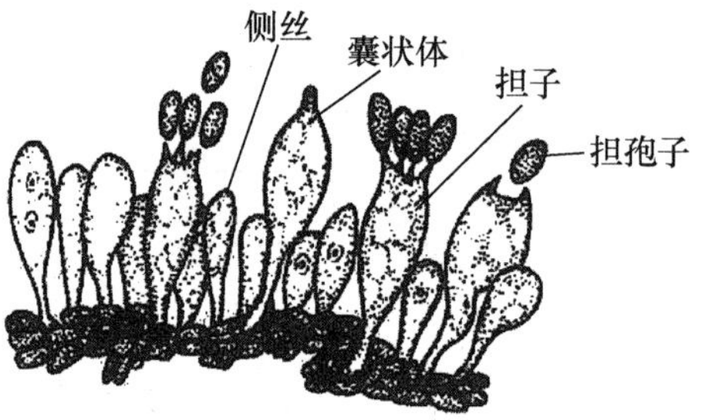

图 3-18　担子菌的子实层(邢来君等,1999)

大多数真菌的有性孢子是在秋季和冬季产生,而且产生后就进入休眠。所以真菌有性孢子能越冬,具有渡过不利生长季节的功能。但是,也有许多菌种在任何时间都能产生有性孢子。这些孢子常常分布于枯枝落叶内、土壤中和原来有病斑的植物残体中。

第二节　卵　菌

卵菌虽然和真菌在形态上有些相似,但现认为卵菌不属于真菌,而属于不等鞭毛类的卵菌纲(Oomycetes)。与真菌不同,卵菌的游动孢子具有双鞭毛(茸鞭式和尾鞭式);细胞壁主要成分是葡聚糖和纤维素,多数种类几乎不含几丁质;有性生殖为卵配生殖;减数分裂在配子囊配合时进行,体细胞为双倍体。

卵菌的营养体为近球形的单细胞至分枝繁茂的菌丝体,菌丝体无隔、多核。菌丝体受伤时,产生无孔隔膜。低等卵菌多为水生腐生菌,如水霉属(*Saprolegnia*)和绵霉属(*Achlya*),高等卵菌包括陆生寄生菌,如腐霉属(*Pythium*)和疫霉属(*Phytophthora*)。卵菌主要以二倍体的形式存在,单倍体阶段很短。无性繁殖时,卵菌可形成游动孢子囊,在孢囊与营养体结合处产生无孔隔膜,游动孢子双鞭毛,顶生或侧生。游动时,茸鞭在前,尾鞭在后。少数卵菌不产生游动孢子，孢子囊直接萌芽产生菌丝体。典型的卵菌有性繁殖为卵配生殖，产生卵孢子(oospore)，即卵孢子是由形状不同的配子囊——藏卵器和雄器结合而产生的有性孢子（图3-11B)，属于异形配子囊结合。它们进行有性生殖时，首先由菌丝侧生短柄，柄顶端膨大成圆形藏卵器。藏卵器内分化出1至几个卵球，卵球数目因菌种而不同。每个卵球内只含一个核，多余的核都退化。成熟的藏卵器有厚壁或表面有刺，但壁的厚度并不均匀，有的地方较薄便于雄器穿入。雄器可以产生于藏卵器的柄上、同一菌丝上或另一菌丝体上。它们一般为棍棒状、丝状或拳头状。当雄器与藏卵器接触后，雄器生出一根小管，称为授精管，穿入藏卵器，并将核与细胞质输入卵球内。在多卵球的藏卵器外可以有几个雄器穿入。每一个雄核与一个卵球核配合。受精后的卵球发育成卵孢子。卵孢子外有厚膜包围，细胞内还可见大液泡和油滴。卵孢子的成熟过程较长，大约需要数周或数月之久。刚刚形成的卵孢子没有萌发的能力，要经过一个休眠期。卵孢子萌发先生出一个芽管，然后分化游动孢子囊并产生游动孢子。

卵孢子为双倍体，在萌发之前并不进行减数分裂。它们在发育雄器和藏卵器时才在配子囊中进行减数分裂，很快便进入有性结合。双倍体时期占据了此类菌生命周期的大部分时间。

1. 水霉属(*Saprolegnia*)

水霉属分布极广，在池塘的死鱼或植物残体上，经常发现长有白色发达的菌丝，多为水霉的菌丝。本属生物菌丝顶端柔软，无性繁殖时，在菌丝顶端产生棒状孢子囊。孢子囊内经原生质体切割形成很多游动孢子，成熟后由孢子囊顶端小孔大量释放。游动孢子为梨形，顶生双鞭毛，游动片刻后停止活动，鞭毛消失，变成圆形的静止体。静止体经过几小时后萌发成肾形游动孢子，此时鞭毛长在其侧面凹陷处，孢子再次游动。通常将水霉的这种形成两种类型的孢子并具有两次游动的现象称为双游现象。游动孢子两次游动后可萌发形成菌丝体。水霉无性生殖还有另一个特点，即当成熟的孢囊将孢子全部释放后，从其内基部又可长出新的孢囊，继续产生和释放游动孢子，这种现象称为孢子囊层出现象。层出可重复3～4次。水霉的有性生殖结构是在菌丝顶端产生藏卵器和雄器。藏卵器中有数个卵球，雄器通过授精丝与卵球进行质配和核配，此后发育成卵孢子；卵孢子萌发又形成菌丝体，如此即完成其生活循环。图3-19为水霉属和绵霉属无性和有性生殖结构。

2. 腐霉属(*Pythium*)

腐霉属种类很多，分布在水体和土壤中，腐生或兼性寄生，常常引起植物苗期的严重病害，如根腐病、绵腐病和猝倒病等。最常见的种类是瓜果腐霉(*P. aphanidermatum*)，能侵染瓜类、豆类、薯类和各种蔬菜。

腐霉的菌丝体由无隔多核的菌丝组成，呈白绒毛状。无性生殖形成球状、管状或裂瓣状游动孢子囊。游动孢子囊成熟后，先萌发产生一长泄管，顶端膨大成泡囊，游动孢子囊中的原生质体经此管流入泡囊，并在泡囊内切割形成游动孢子。游动孢子成熟后挤破泡囊，游散开。它们常呈肾形，在中部凹陷处有两根侧生鞭毛。游动孢子囊在一定条件下也可以芽管形式萌发。有性繁殖形成藏卵器和雄器。藏卵器球状，内含一个多核卵球，经分化卵球只留下一个核，而其余的核都转移至卵周质层内逐渐分解。雄器原来也是多核的，成熟时仅留下一个核，其余的逐渐解体。当进行有性生殖时，雄器的顶端和藏卵器接触，其授精管插入藏卵器，将雄核输入藏卵器；两核配合，最后形成外表光滑或有刺的卵孢子。卵孢子萌发可产生芽管，在芽管顶端又可产生游动孢子囊(图3-20)。

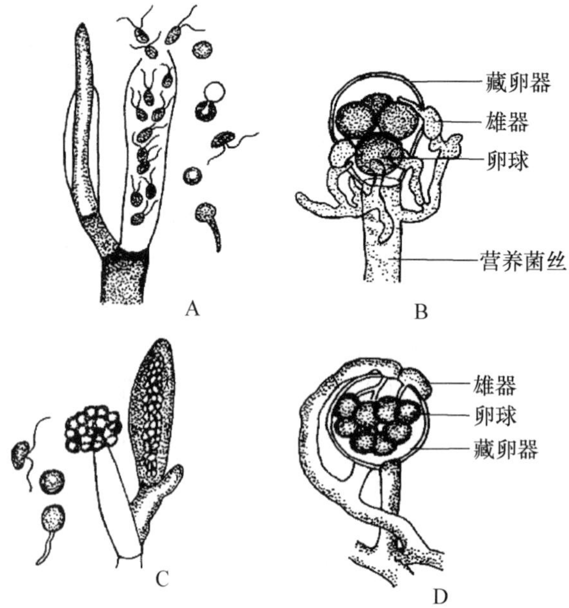

A. 水霉属的孢子囊和游动孢子　B. 水霉的有性生殖
C. 绵霉属(*Achlya*)的孢子囊和游动孢子　D. 绵霉属的有性生殖

图 3-19　水霉属和绵霉属的无性和有性生殖(邢来君等,1999)

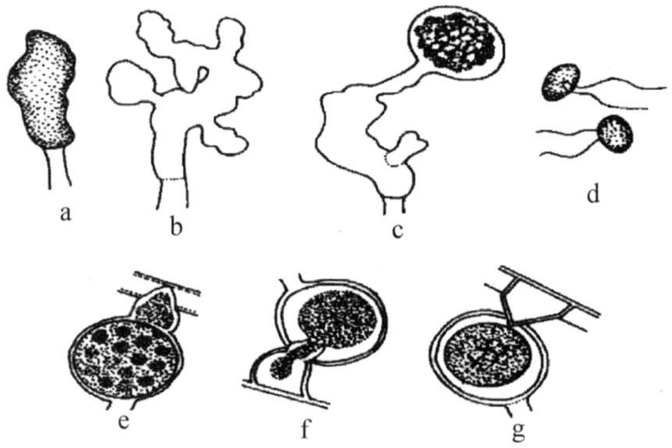

a、b. 孢子囊　c. 游动孢子囊萌发形成泡囊　d. 游动孢子
e. 藏卵器和雄器　f. 交配　g. 卵孢子形成

图 3-20　腐霉属的无性生殖和有性生殖(方中达,1959)

第三节　黏　菌

黏菌(slime mold),又称裸菌,它们的营养体是没有细胞壁的黏变形体(myxamoeba),通常以摄食性吸收营养(主要以细菌、真菌的孢子和有机颗粒作为食物),生活循环近似原生动物。但是,它们在繁殖阶段产生子实体,以孢子进行繁殖,这又与真菌相似。

对于黏菌分类地位的归属,科学家们一直有争论,是动物还是植物?是真菌还是原生动物？考虑到长期以来是由真菌学家来进行研究的，曾经将黏菌划分在真菌界的黏菌门。但经系统发育学分析，黏菌并不属于真菌，而且也不是一个单独的类群，主要分属于变形虫类（Amoebozoa）、异叶足纲（Heterolobosea）和有孔虫类（Rhizaria）

黏菌在自然界分布广泛，常发现它们在阴湿的土壤以及潮湿的植物残体、朽木和树皮上。大型黏菌在自然条件下肉眼可见，小型黏菌常常需要借助放大镜才能观察到。

一、黏菌的形态

黏菌的生活周期中表现有几个不同的阶段，各阶段都有不同的形态特征。形成无细胞壁的原质团是黏菌的特征性阶段。也有些形成假原质团，实际上是变形体的群合体。此外，它们在子实体阶段可形成孢子囊和孢子。孢子在适宜条件下萌发产生游动孢子或配子，称为游动孢子阶段。

（一）原质团

原质团是黏菌营养体的一种类型，是无壁、多核（二倍体）的原生质团块（plasmodium）。它最初是不定型的黏团，有些会逐渐发展成扇形，最后成为网状。原质团湿润、黏稠，并具有各种颜色，如黄色、红色、粉红色或灰绿色等。它们可在基物上爬行，并在爬行的路途上留下一条明显发亮的“黏径”。若在显微镜下观察，可以发现原质团有内质和外质之分。外质较黏，有一层胶质鞘包裹。内质则由分枝成网状的菌脉组成。菌脉中的原生质做有规则的流动。它们先向一个方向流动，缓慢停下来，然后再向相反方向流动，并按一定的时间间隔重复进行着。菌脉并非固定不变，它们可以彼此连接而增大，也可能由于内含物流向别处而收缩或消失。原生质流动的机制是由于肌动蛋白和肌球蛋白的收缩作用，这类物质已从多头绒泡菌（*Physarum polycephalum*）的原质团中提取出来了，并证明它们具有相似于肌肉肌动蛋白的收缩特性。原质团中含有大量二倍体的核，引人注意的是这些核同步进行有丝分裂。细胞生物学家利用黏菌原质团这一特点详细研究了有丝分裂的问题。

同一种的两块原质团接触后，能够很快地融合成一个整体。在它们接触处可以看到内含物从一个原质团流入另一个原质团；在大约几个小时的时间内，它们就会自行调整为一个整体了。如果是两个不同种的原质团，或是同一种但不同地区分离株的原质团都不能融合，甚至还可能相互排斥，或发生相互致死的反应。可见，黏菌原质团的融合是受遗传性能控制的。

（二）假原生质团或变形体群合体

假原生质团（pseudoplasmodium）由单倍体变形体（类似原生动物的变形虫）聚集形成，彼此不融合，但群合体（grex）行动一致。食物缺乏时聚集，靠自身分泌的黏菌素（集胞素 acrasin）——一种环腺苷酸（C-AMP）控制。聚集后形状多样，向光、温湿处移动。

（三）子实体

黏菌子实体（fruiting body）有以下几种类型（图 3-21）：

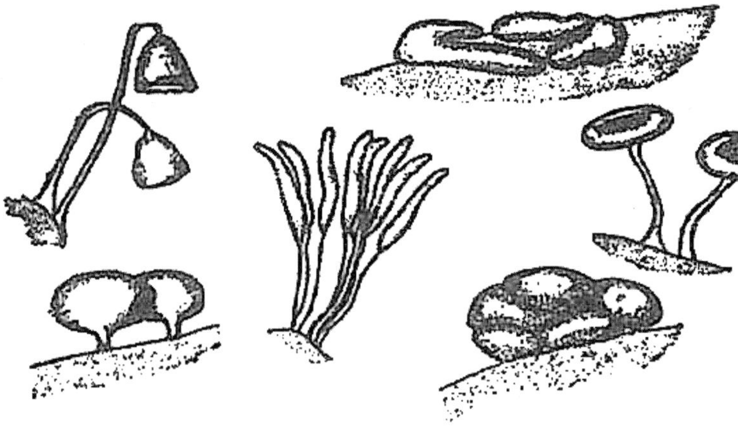

图 3-21　不同形态的黏菌子实体(阿什沃思等,1985)

①孢囊体型:大多数黏菌属于这种类型。原生质体在基物上形成许多各个分开的孢囊,有柄,形状各异,每一个孢囊具有独立包被,相互间没有联系,只有基质层可以是所有包被的共同基础。孢囊内生多个孢子,并分布线状胞间丝(弹丝),如发网菌、高杯菌。

②复囊体型:子实体较大,一般为垫状或块状,由一群无柄胞囊聚集而成。它们外面有共同的包被包裹,而每个胞囊自己的包被就看不见了。这种黏菌常见的有煤绒菌、粉瘤菌等。

③假复囊体型:这种类型的子实体也是由许多胞囊紧密地聚集在一起组成的,各胞囊有自己的包被,无共同包被。

④原质囊体型:子实体似无柄胞囊,保持着原质体的分叉状态,原生质围绕原质体主脉集中,形成脉络形状的子实体结构,如蛇形半网菌。

(四)变形体

当黏菌的孢子遇到适宜的条件时,萌发生出一个变形体(amoebae),有时称其为黏变形虫(myxamoeba),或是先释放出一个有鞭毛的游动孢子(一般是前生双鞭毛,尾鞭式,而且是典型 9+2 结构),游动孢子游一段时间后变为变形体形态。变形体无细胞壁,不定型,直径一般小于 10 m,可以伸出伪足捕食细菌或其他颗粒状食物。在黏菌中,凡可以形成游动孢子和变形体两个阶段的种类,其形态可以因水的关系而互变。若将变形体放在水中,它们可以长出鞭毛在水中游动,如除去水分,又可变成爬行的变形体。

黏菌的游动孢子和变形体均可行使配子的功能,两个单倍体的变形体结合成双倍体的合子。凡形成原质团的种类,由合子发展成原质团。而变形体群合体是由许多单个变形体集合而成,以后在群合体中发生交配。

变形体的爬行具有趋光性。

(五)菌核

菌核(sclerotia)是在不良环境下,一些黏菌的原生质团块转变为不规则的硬团块。当原质团遇到黑暗、干燥和食物缺乏等条件时,它可以慢慢地变成一个菌核,外面形成硬壳。菌核可长期休眠,抵抗不良环境。条件好时,菌核再恢复生长为原生质体。

二、黏菌的生活周期

目前人们将营养阶段形成原质团的黏菌称为非细胞黏菌，而将营养阶段形成假原质团（变形体群合体）的黏菌称为细胞黏菌。这里分别举例说明它们的生活周期，并以此来介绍它们各自的繁殖特点。

（一）非细胞黏菌

非细胞黏菌的生活周期见图3-22。生活周期中的营养期以单倍体变形虫形式存在，靠吞噬获取营养。在一定条件下，变形虫融合形成二倍体细胞。二倍体细胞继续生长，并不断进行核的有丝分裂，而细胞并不分裂，逐渐形成合胞体，最终形成子实体，并分化出茎、孢子囊等结构。孢子囊内进行减数分裂产生单倍体孢子。孢子成熟释放并萌发成变形虫。

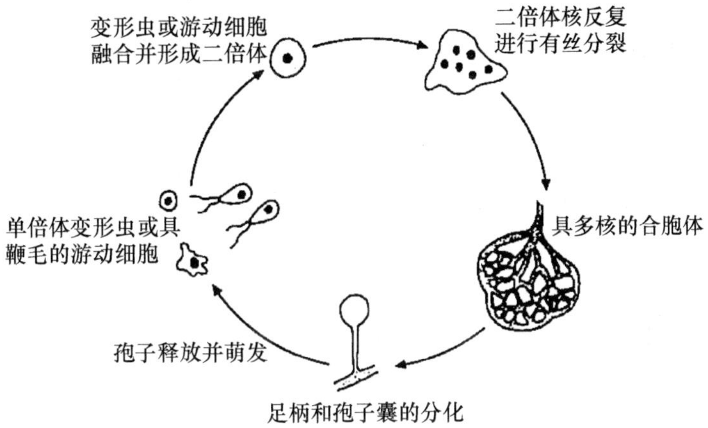

图3-22 非细胞黏菌的生活周期（尼克林等，2004）

（二）细胞黏菌

此类黏菌生活周期的大部分时间以单倍体的单核变形虫形式存在。它们靠吞噬细菌等获得营养。在一定时候它们可聚集成多细胞的群合体（grex），逐渐分化出茎、孢子囊等结构。孢子囊中形成单倍体的孢子，成熟后释放，又变成单倍体的变形虫（图3-23）。

三、黏菌的培养

黏菌分布于潮湿、温暖和阴暗的地方。在土壤中、树皮下、草皮中、腐叶下和花盆中都能找到它们。但子实体常在有散射光或光暗交界的地方被发现。这里有湿度梯度，孢子容易释放到空气中。由于黏菌的原质团和子实体均有美丽鲜艳的颜色，所以在自然界容易找到。

在实验室内人工培养的原质团一般能生长得很好，所以对原质团内的原生质流动、有丝分

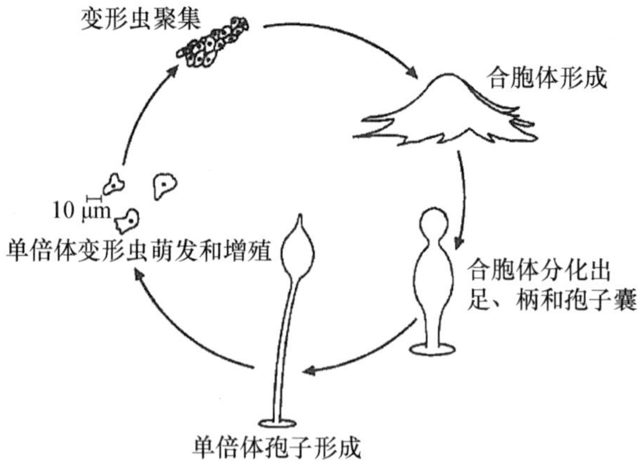

图 3-23　细胞黏菌的生活周期(尼克林等,2004)

裂和原质团融合等都研究得较多。在细胞黏菌中只是对盘基网柄菌研究较细致。人们通常以菌核、孢子和变形体来保存原种,但从孢子不太容易培养出黏菌。在燕麦琼脂上可以培养出原质团,但连续培养时,原质团易死亡。在动物肝浸液琼脂平板上,加入细菌悬液,会有利于变形体的生长存活。目前对黏菌的描述大多根据它们在自然界的表现。从发现黏菌的存在到今天已有100年,但对它们的认识确实很不足,除了由于它们的一些种类还难以人工培养外,主要的原因是人们尚未找到有明显经济价值的菌种。

由于黏菌的特殊形态结构,在分子生物学迅速发展的今天,已开始受到重视。例如,它们的惊人整齐的同步分裂,它们井然有序地聚集和细胞的分化能力,都吸引着细胞生物学家和分子生物学家的注意力。相信它们的经济意义将在深入广泛的研究中得到开发。

第四节　原生动物和微藻

原生动物和微藻均属真核微生物,它们广泛分布于自然界。本节分别介绍它们的特点及主要类群。

一、原生动物

原生动物是由一大群大小和形态差异甚远的生物组成。它们在自然界分布广泛,无论是海水、河流、土壤、动物粪便和其他生物体内都有原生动物的存在。它们主要营腐生和寄生生活,少数种类可与其他生物共生。

原生动物很早就引起科学家的重视。它培养方便,繁殖快,可将其作为遗传学、细胞生物学、生物化学和医学等领域的研究材料。目前很多国家利用原生动物纤毛虫来消除有机废物、有害细菌。由于原生动物对栖息地环境变化较敏感,在环境监测中,也可作为“指示生物”来判断水质的污染程度。此外,人们还发现,土壤原生动物分泌激素类物质,对增加土壤肥力,协助土壤有机质的周转循环起着很好的作用。

很多原生动物也会对人、畜健康带来危害。一些变形虫能侵入人体神经组织引起原发性阿米巴脑炎，某些海洋腰鞭虫大量繁殖会引起赤潮，破坏环境，给鱼类等海洋动物的生存带来严重影响。

原生动物在形态、生活周期等方面差异很大，由于对原生动物的观察工具、研究手段不断更新和进步，特别是电子显微镜等现代观察手段和技术的应用，目前已经被描述并命名的原生动物至少有 65 000 种，还有一些新发现的原生动物尚未命名。常见的原生动物主要包括鞭毛虫类、变形虫类、纤毛虫类、孢子虫类(图 3-24)。

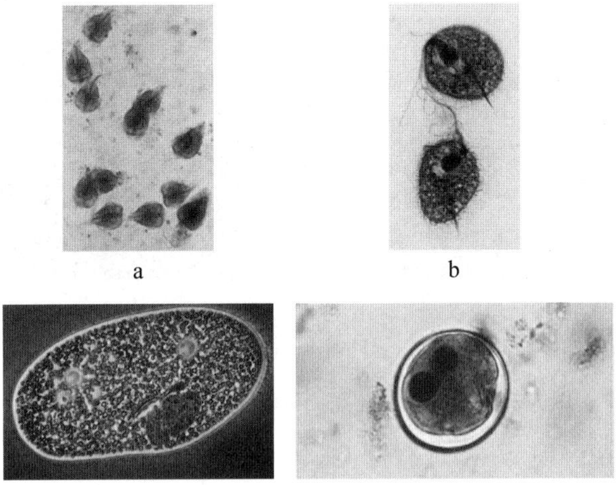

a　　b　　c　　d

a. *Giardia lamblia*　b. *Trichomonas vaginalis*　c. *Paramecium* sp.　d. *Balantidium coli*

图 3-24　几种原生动物的细胞形态(Madigan 等，2012)

二、微藻

藻是含有叶绿素的光合生物，通过光合作用固定空气中的二氧化碳或水中溶解的二氧化碳从而得到有机物和能量。它们分布广泛，多存活于潮湿的陆地表面和水中。大多数藻类能够忍受大范围的 pH 和温度，某些藻类可以在极酸的温泉中生存，还有一些藻类能够在 0℃以下完成其生活史。藻与其他植物的主要区别在于有性生殖，它们是配子结合，单细胞转变为配子或由配子囊产生配子，以孢子繁殖为主而有别于高等植物。藻类个体形态多样，大小悬殊(图 3-25)。大多数是微小的，常常是组成土壤微生物、水域或海洋微生物的一部分。但也有许多大个体，如海带(一种褐藻)，它的体长可达 60～70 m。目前发现最大的藻类是巨藻科的类型，它们可长达 100 m。据目前统计，全球已知的藻类约有 4 万种。

藻类的光合作用可产生氧气，许多水藻是鱼、虾贝类的食物，有些种类蛋白质含量高而成为具有开发价值的蛋白质资源，一些藻类可积累有害元素而成为净化环境的助手。但一些藻类产生毒素，也会给其他生物带来危害。

藻的分类系统曾几经变动。最初被归为低等植物，后来发现藻类与苔藓植物和维管束植物差别过大，现在藻类已经不是分类学上的概念了。常见的藻类主要包括绿藻、裸藻、金藻、硅藻、甲藻和红藻。

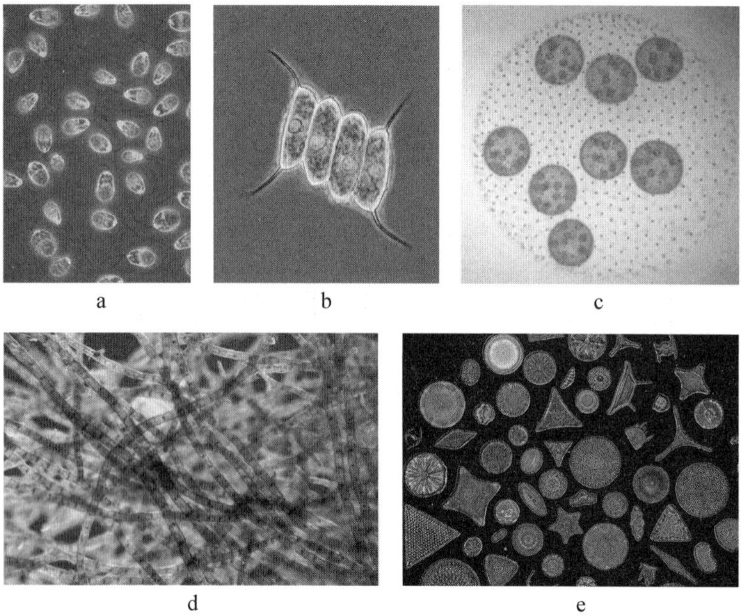

a. *Dunaliella*　b. *Scenedesmus*　c. *Volvox carteri*　d. *Polysiphonia*　e. diatom

图 3-25　几种藻类的细胞形态(Madigan 等,2012)

思考题

1. 试描述真菌的特点(与其他生物的不同)。
2. 真菌的营养体都包括哪些类型?举例说明。
3. 举例说明真菌的菌丝变态类型和组织体。
4. 真菌无性繁殖、有性繁殖孢子类型。
5. 真菌有性生殖和准性生殖的比较。
6. 在细胞壁成分方面,真菌与其他真核生物有何区别?
7. 试比较卵菌与真菌的区别。
8. 黏菌的生活史主要有哪些阶段?
9. 试简述一种常见原生动物的形态、细胞结构和生活周期。
10. 举例说明是否有生物既属于微藻,又属于绿色植物。

第四章

病　　毒

1892 年，俄国科学家 Dmitri Ivanovsky 发现液体中的烟草花叶病病原体可以通过细菌过滤器并保持侵染活性。1898 年，荷兰科学家 Martinus W. Beijerinck 将"含有该病原体的流体"称为"有传染性的、有毒的液体（contagium vivum fluidum）"，拉丁名是 *Virus*，中文译为"病毒"。此后，人们对病毒的结构、组成、功能、宿主范围等的研究也不断地深入，病毒学随之也发展成为一门独立的学科，并与（植物/动物）免疫学、传染病学等学科有着密切的关系。病毒可感染三域生命中的任何一类生物，但病毒显著不同于其他三域生物：

（1）缺乏细胞结构　除一些复杂的病毒具有与细胞膜组成和结构类似的"包膜"外，多数病毒没有细胞膜及细胞内的许多组分，一些简单的病毒仅由核酸和包围着核酸的蛋白质外壳构成。

（2）病毒只含一种核酸，个别亚病毒只有一种蛋白质或核酸。

（3）繁殖方式特殊　病毒的繁殖必须借助于活的宿主细胞。

（4）绝对的细胞内寄生　病毒的一切代谢活动都需要在活的寄主细胞内进行。

（5）有侵染能力　在细胞外的病毒颗粒，虽然不表现出生命的特征，却具有一定的侵染能力。

（6）从总体水平上讲，病毒的种类比其他生物更加多样　特别是单链 RNA 病毒，其变异性更大。

病毒可按其寄主类型进行归类，如噬菌体（也称为细菌病毒）、植物病毒、动物病毒等。相应的病毒学也形成了不同的学科：噬菌体学、植物病毒学、昆虫病毒学、医学病毒学、兽医病毒学（或动物病毒学）等。

病毒学的研究具有理论和实践的双重意义。一方面，病毒是一种病原体，根据初步统计，人类 60%～70%的传染病是由病毒感染引起的，而且病毒还能引起家禽、家畜、野生动物、农作物、林果树木的多种病害；进行病毒学的研究，认识病毒的特性、感染方式、传播途径和致病机理，才能有效地控制和消灭病害。另一方面，病毒学的研究一直是分子生物学的前沿领域。分子生物学家一直把病毒作为研究复制、信息传递和突变等许多分子生物学课题的极好模型。不少分子生物学知识如核酸的复制、序列测定、密码子的解读方法、插入基因、重叠基因、增强子或逆转录等，都是通过病毒学的研究而获得的。当今基因编辑领域广泛使用的 CRISPR 技术（参见本书遗传学相关章节），最初是在细菌对抗噬菌体产生免疫系统时发现的。病毒学的深入研究对阐明更多的现代生物学的重大课题，对促进生物技术发展有着十分重要的作用。

病毒学的内容非常广泛，由于篇幅所限，本章只介绍病毒学的基础知识。

第一节 病毒的形态结构

一、病毒的形态

除少数病毒和亚病毒外,成熟的、完整的、有侵染能力的病毒均具有稳定且大小一致的形态结构,是一个实体,在化学组成上通常由蛋白质和核酸组成,称之为病毒体(virion)。装配成熟的病毒,病毒体的组成和结构等性状将不再改变。

(一)病毒体的大小

病毒体的大小一般用纳米(nm)度量,要借助电子显微镜放大1万倍以上才能看到。病毒体大小差异很大(图4-1),小的如细小病毒,直径仅20 nm;大的如痘病毒,直径可达360 nm。

(二)病毒体的形状

目前ICTV(International Committee on Taxonomy of Viruses,国际病毒分类委员会)承认的病毒多达6 000个,但基本形状却仅有以下几类(图4-1):

1. 球形颗粒

这类病毒形状接近于球形,也称为拟球形颗粒。小的为20 nm左右,如细小病毒;大的超过150 nm,如疱疹病毒、痘病毒(图4-1)。

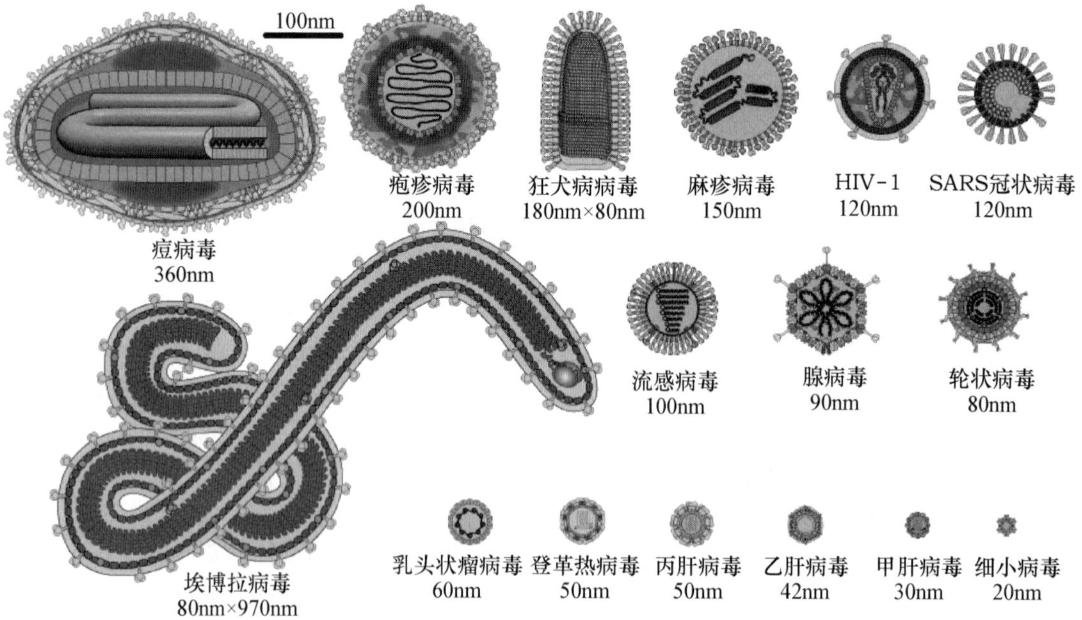

图4-1 一些感染人和动物的不同大小的病毒

(http://viralzone.expasy.org/resources/Virus_size.png)

2. 杆状颗粒

形状呈长杆状，常见于植物病毒。有的为刚直杆状，如烟草花叶病毒(tobacco mosaic virus，TMV)；有的为弯曲杆状，如马铃薯 X 病毒(potato virus X，PVX)；有的呈极细长且非常柔韧的丝状，如甜菜黄化病毒(beet yellow virus，BYV)，长度达 1 250 nm。而动物病毒中的埃博拉病毒(Ebola virus，EBV，图 4-1)，长度有时可达 13～14 μm(1 μm = 1 000 nm)，但直径只有 80 nm。

3. 复杂形状颗粒

形态较特殊，如有尾噬菌体(tailed phage)的头部近似球形，尾部呈杆状，整个病毒体呈蝌蚪状；痘病毒呈砖状或卵形(图 4-1)；感染植物的多为多分体病毒，甚至是由几个大小和形状可能不同的颗粒所组成的复合体。

还有一些病毒具有多种形态，如流感病毒 A(influenza A)的典型形状为近球形(参见图 4-1)，直径为 80～120 nm，但有的病毒体的长度却可达 1～2 μm。

二、病毒的结构

典型病毒体的基本结构多数是由一分子核酸结合于一个由许多相同的蛋白质亚基分子形成的外鞘(shell)内。结构复杂的病毒体可能会含有多个核酸分子(图 4-1 中的流感病毒)，或有多种不同的蛋白质，或在鞘外还包围着脂质的包膜(图 4-1 中的疱疹病毒，以及图 4-2 的模式图)。

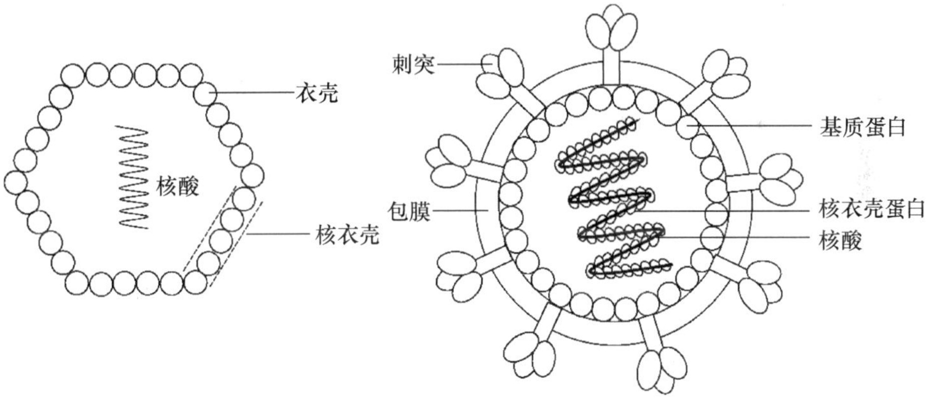

左：无包膜病毒；右：有包膜病毒

图 4-2 病毒体的基本结构示意图

(一)病毒体的基本单位与有关名词

这里介绍成熟完整的病毒体的基本单位及有关的名词。相关结构参见图 4-2。

核酸(nucleic acid)：病毒的遗传物质，可以是脱氧核糖核酸(DNA)或核糖核酸(RNA)，但每种病毒只有一种核酸。有的病毒中 RNA 链的数目可以多达数条。

蛋白质亚基或蛋白质亚单位(protein subunit)：是指单一的、一条经过一定方式折叠的多肽链。

结构单位(structure unit):是一种或一种以上的不同的蛋白质亚基聚合而成的病毒组件。

壳粒(capsomere),又称形态单位(morphologic unit):是指一定数目的蛋白质亚基或结构单位,以一定方式聚集形成电镜下可见的团块。

衣壳(或称壳体,capsid),又称蛋白质外壳(protein coat)或蛋白质外鞘(protein shell),是壳粒按一定的对称规律构成的壳状结构,在成熟完整病毒体中它包围着病毒的核酸。

核衣壳(nucleocapsid):是指衣壳蛋白和病毒核酸结合而成的复合物,还包括与核酸相联系的其他蛋白。

包膜(envelope):或称囊膜、裹膜,指一些复杂的病毒,在核衣壳外,还覆盖着一层或几层脂质的外膜,由脂类、蛋白质和寡聚糖组成。

刺突或钉状物(spike)或包膜突起(peplomer)或囊膜突起:突起在病毒包膜表面,一端插到包膜上,另一端向外伸出的糖蛋白突起物,有不同的种类。刺突是病毒与宿主细胞相互作用或入侵细胞时的主要结构,如2003年的严重急性呼吸综合征病毒(SARS冠状病毒,图4-1)和2019年底、2020年初发现的新型冠状病毒(COVID-19)的刺突与人或动物的血管紧张素转换酶2(ACE2)结合,且亲和力最大,病毒因此得以进入细胞。有的流感病毒的刺突是一种酶,如神经氨酸酶(neuraminidase,或称唾液酸酶),它具有抗原性,且可以催化唾液酸水解,协助成熟的流感病毒脱离宿主细胞并感染新的细胞。有的流感病毒的刺突是血凝素蛋白(hemagglutinin protein),它可以让病毒结合到红细胞表面并使红细胞聚集成团。

病毒体(virion):或病毒粒子,前已有述,是指形态学上成熟的病毒个体,是病毒从细胞到细胞,或从宿主到宿主的传播形式。对于无包膜病毒,病毒体就是成熟的核衣壳(图4-2,左图);而对于有包膜的病毒(图4-2,右图),病毒体则是指核衣壳获得包膜后的全部结构。

基质蛋白(matrix protein):位于有包膜病毒包膜的内表面(图4-2,右图),有帮助稳定包膜的功能。当有包膜的病毒在从细胞内释放出来时,基质蛋白可以结合到细胞质膜上,并帮助病毒出芽(budding)。

(二)病毒壳体的结构

病毒衣壳(capsid)是由其基因组编码的衣壳蛋白质亚基通过一定的对称方式排列、聚集而成的。病毒壳体可以采用的结构对称形式只能是圆柱体对称或立体对称。另外还有少数病毒壳体为复合对称结构。

1.螺旋对称壳体

蛋白质亚基与螺旋盘绕的病毒核酸结合,螺旋排列,构成螺旋对称壳体(图4-3,右图)。每一个蛋白质亚基即为一个壳粒(capsomere)。

具有螺旋对称壳体的病毒中,烟草花叶病毒(TMV)(图4-3,右图)最为典型。TMV无包膜,外观呈狭窄的刚直杆状(图4-3,左图),其壳体长300 nm,直径18 nm,由2 130个相同的鞋状蛋白亚基以右手螺旋方式排列而成,共130圈,每一圈有$16\frac{1}{3}$个亚基,每圈间距为2.3 nm,每3圈螺旋重复一次。螺旋壳体中央有直径4 nm的轴孔,病毒的单链正义RNA在距中心轴约4 nm处与蛋白亚基结合,总长约6 395个核苷酸,每3个核苷酸结合一个蛋白质亚基。

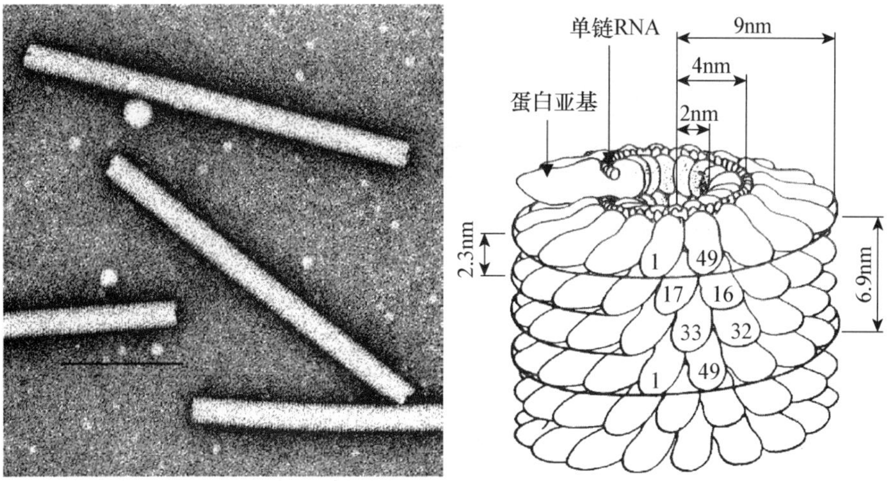

左：直杆状 TMV 的电镜照片(×40 万倍)(Willey J. M. ,et al. ,2017)；
右：TMV 的核衣壳示意图，四周为鞋状蛋白亚基，中间单链正义 RNA(+ssRNA)(徐耀先等，2000)

图 4-3 烟草花叶病毒(TMV)的结构

2. 二十面体对称壳体

蛋白亚基沿着正二十面体的角或边排列，进而形成一个封闭的蛋白质外鞘(图 4-4，左图)，称为二十面体对称壳体(icosahedral capsid)。

每一个正二十面体有 20 个三角形和 12 个顶点。在二十面体的顶点周围，5 个亚基聚集成五聚体(five protomers)，形成一个壳粒。由于它和其他 5 个壳粒相邻，通常又叫作五邻体(penton)(图 4-4)。而位于三角形棱上或面上的亚基将会形成六聚体(six protomers)，由于每个六聚体会与周围 6 个壳粒相邻，因此称之为六邻体(hexon)。

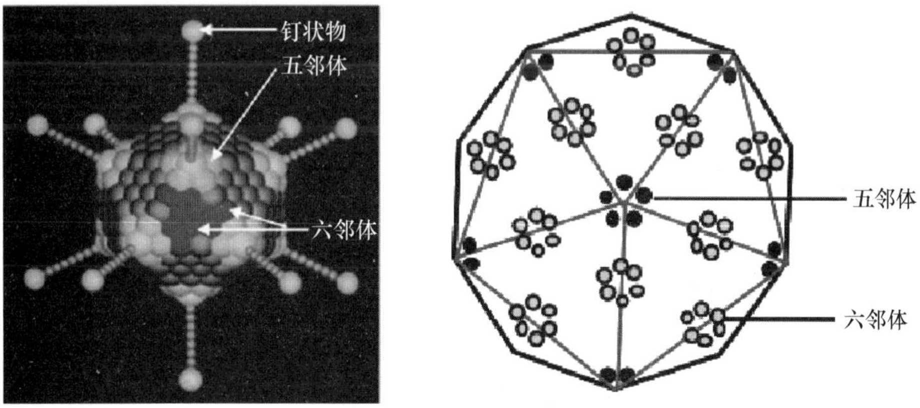

图 4-4 二十面体结构及其中的五邻体和六邻体

3. 复合对称的壳体

具有复合对称(complex symmetry)结构的壳体的典型例子是有尾噬菌体。这类噬菌体无包膜，壳体由头部和尾部组成，头部通常是二十面体对称，内含核酸；尾部是螺旋对称，有各种附属结构，如感染大肠杆菌的 T4 噬菌体(图 4-5)。

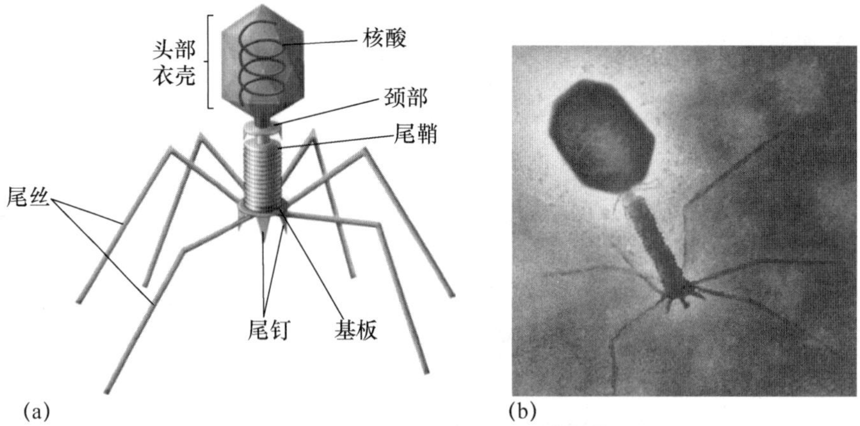

图 4-5　T4 噬菌体结构示意图(a)及电镜照片(b)

(Willey J. M. ,et al. ,2017)

(三)病毒核酸的类型

1. 病毒核酸的极性

病毒的核酸有 4 种类型，分别是单链 DNA(ssDNA)、双链 DNA(dsDNA)、单链 RNA(ssRNA)和双链 RNA(dsRNA)(参考图 4-19)。

单链的病毒核酸可以按照它们的极性(polarity)或意义(sense)进行定义。如果病毒的 ssRNA 直接可以作为 mRNA，即具有翻译模板的活性，就说它有正极性(＋意义)，即为正链 RNA(＋ssRNA 或＋RNA)，如 SARS 和 COVID-19 病毒的＋RNA，TMV 的＋RNA。逆转录病毒(如人类免疫缺陷病毒，human immunodeficiency virus，HIV)则含有两条相同的＋RNA。

如果病毒单链(ss)RNA 的核苷酸序列与其 mRNA 的核苷酸序列互补，就说它有负极性(－意义)，即为负链 RNA(-ssRNA 或-RNA)，如狂犬病毒(rabies virus)的-RNA。

病毒的核酸极性和序列特征、方向见表 4-1。

表 4-1　病毒的核酸极性

核酸种类和极性	核酸序列
病毒的 mRNA(viral mRNA)	5′…GAC UCG AGC…3′
正极性或＋RNA(positive-strand RNA)	5′…GAC UCG AGC…3′
负极性或－RNA(negative-stand RNA)	3′…CUG AGC UCG…5′
正极性或＋DNA(positive-strand DNA)	5′…GAC TCG AGC…3′
负极性或－DNA(negative-stand DNA)	3′…CTG AGC TCG…5′

也有某些病毒的 RNA 是双意(ambisense)的，即该条 RNA 链的一部分为正极性，另一部分为负极性。

对于病毒的 ssDNA 而言，如果它与 mRNA 序列相同，就定义为正极性(＋ssDNA)，如 M13 噬菌体、感染马铃薯的双生病毒(geminivirus)、感染猫的细小病毒(parvovirus)等的 ssDNA。如与 mRNA 互补，可直接作转录的模板，就定义为负极性(-ssDNA)。

病毒的 dsRNA(±RNA)仅有一条链进行转录，故将其转录链定义为负链(－)，另一条链(非转录链)为正链(＋)，正链具有翻译模板活性，指导衣壳蛋白的合成(图 4-6)。含有 dsRNA

的病毒有导致婴儿或新生畜严重腹泻的轮状病毒(rotavirus)。定义为负链的 RNA 可以在合成酶(replicase)的催化下合成正链,合成酶也可以以正链为模板而合成负链,因此复制出 dsRNA。拥有 dsRNA 的病毒如侵染假单胞菌的噬菌体 Φ6,以及感染人类的呼肠孤病毒科(Reoviridae)病毒。

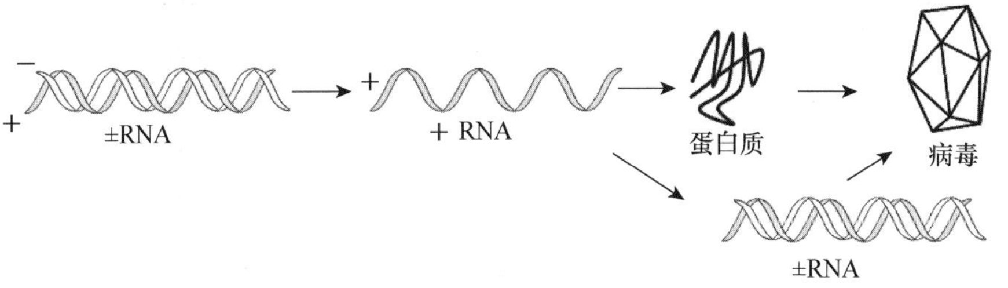

图 4-6 双链 RNA(dsRNA)病毒两条链的意义

而病毒的 dsDNA,除少数外,含有 dsDNA 的病毒如 λ 噬菌体等,一般都不以极性定义。

一般说来,噬菌体和藻类病毒的遗传物质大部分是 DNA;侵染植物和真菌的大多数病毒的遗传物质都是 RNA;而脊椎、无脊椎动物的病毒的遗传物质既可以是 DNA,也可以是 RNA。

2. 线状和环状基因组

很多病毒的基因组是线状分子,而有些病毒的基因组是环状分子。有的病毒的基因组可以在线状和环状之间转变,如大肠杆菌的 λ 噬菌体的基因组包裹在衣壳里时为线状的,而释放到宿主细胞内时,则环化成环状的。环状分子具有抵抗一些外切核酸酶切割的特性。

而病毒的 DNA 既有单链(ss, single strand)的,又有双链(ds, double strand)的,并且可以是线状的,也可以是环状的。其中双链环状 DNA 又分两种形式,共价闭合环状结构和一条链上有缺口(nick)的双链环状结构。共价闭合环状分子往往形成超螺旋结构。

在所有发现的 RNA 病毒中,几乎所有的病毒基因组 RNA 都是单链线状 RNA 分子(ssRNA),很少为 dsRNA(如 Φ6)。TMV、SARS、COVID-19、流感、HIV 等病毒的 RNA 都是 ssRNA。但 δ 肝炎病毒(也称丁型肝炎病毒,*Hepatitis delta virus*,缩写为 HDV)的单链 RNA 基因组与植物类病毒(参见后面类病毒一节的马铃薯纺锤形块茎类病毒结构图)相似,系由高度碱基配对区和单链环相间的单链闭合环状分子组成。

3. 单分基因组和分段基因组

依据所含有核酸分子数目,可将病毒的基因组分成两类:一类是单分基因组,另一类是分段基因组。单分基因组是单一分子的核酸。分段基因组是由数个不同的核酸分子构成,这些彼此分离的核酸通常称作核酸片段或节段,它们有的是单顺反子(编码一个蛋白),有的是多顺反子(编码多个蛋白),各具不同的遗传功能,表达产生不同的功能蛋白质。分段基因组病毒只有当所有片段同时存在,并都有功能活性时,病毒才能成功复制,产生有感染性的子代病毒。

在正链 RNA 病毒、负链 RNA 病毒以及双链 RNA 病毒中,都有分段基因组存在,且几乎所有的双链 RNA 病毒的基因组都是分段的。分段基因组在病毒粒子中有两种存在方式:一类是基因组中所有的核酸片段都包装在同一个病毒颗粒中,所有具有分段基因组的负链 RNA 病毒、绝大多数的双链 RNA 病毒和部分具有分段基因组的正链 RNA 病毒都属于此类;另一类是多个核酸节段分别包装在几个颗粒中,组成复合体,称为多分体病毒(multipartite virus)。

属于此类的主要是植物多分体病毒,它们一般是RNA病毒,如雀麦花叶病病毒(BMV)有3种大小相同的多角体颗粒,且分别含有一段基因组RNA,称为三组分基因组。另外,双RNA节段和三RNA节段的真菌病毒也为多分体病毒。

在DNA病毒中,只有两类病毒的部分成员属于多分体病毒,即感染昆虫的多DNA病毒和感染植物的双生病毒(gemini viruses)。前者为双链DNA基因组,后者为单股正链DNA基因组。

绝大多数病毒的基因组为单倍体,只有逆转录病毒(如HIV)的RNA基因组为二倍体,为两条相同的+RNA。

(四)病毒的包膜结构

包膜(envelope)是包裹在某些病毒衣壳外的富含脂质的膜结构。其基本结构与生物膜相似,为脂双层膜。病毒的包膜上还嵌有糖蛋白,主要结构域在包膜外侧,形成电镜下可识别的包膜突起(或钉状物),还有一段在包膜内侧(图4-7)。图4-7为SARS冠状病毒的包膜突起,包括4个部分:病毒包膜内侧的结构域、跨包膜的结构域、包膜外侧的S2结构域、最外侧的S1结构域(左图);右图为三指掌状的包膜突起电镜照片。S1结构域是与宿主细胞上的表面受体(如人肺上皮细胞血管紧张素转化酶2,ACE2)直接互作的结构,有助于病毒吸附与入侵细胞。

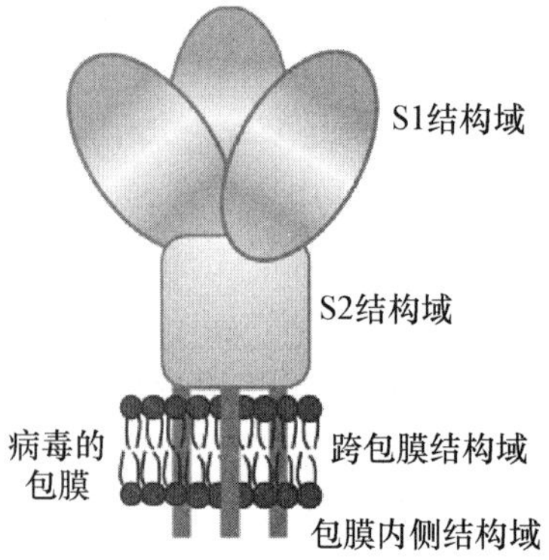

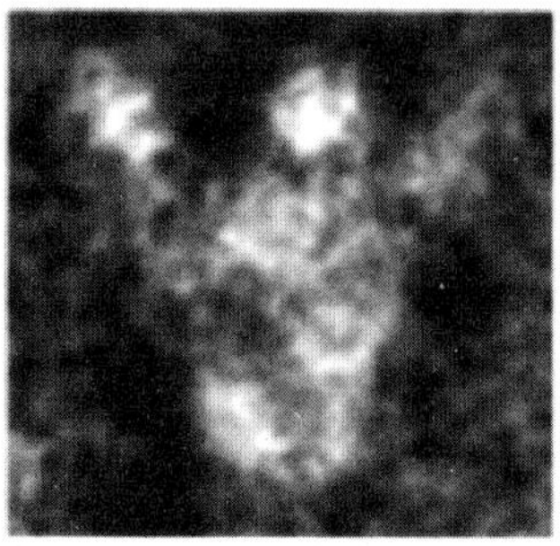

图4-7 SARS冠状病毒的包膜突起(或钉状物)的结构模式图(左)和电镜照片(右)

有些病毒的包膜直接与核衣壳相连,但也有病毒在二者之间还含有一层蛋白质,其化学组成一般为非糖基化蛋白,称为基质蛋白或内膜蛋白,参见图4-2。

三、病毒的化学组成

病毒的基本化学组成是核酸(DNA或RNA)和蛋白质,有包膜的病毒和少数无包膜的病毒还含有脂类化合物。有的病毒还含有聚胺类化合物、无机阳离子等组分。

(一)病毒的核酸

1.核酸的碱基组成

病毒核酸与细胞核酸一样,是由核苷酸单体通过磷酸二酯键连接而成的大分子聚合物。核苷酸所含的碱基也是4种:DNA为腺嘌呤(A)、鸟嘌呤(G)、胸腺嘧啶(T)和胞嘧啶(C);

RNA 为 A、G、尿嘧啶(U)和 C。双链核酸,无论是 DNA 还是 RNA 的碱基组成都符合 Chargaff 定则,A=T,G=C,A+G=T+C。但病毒基因组中还含有一些稀有碱基:如 T 偶数噬菌体中的双链 DNA 中 5-羟甲基胞嘧啶(5 hmC)取代了胞嘧啶。稀有碱基的存在表明这些病毒核酸的合成途径可能异于细胞核酸合成途径。

2. 病毒的基因组大小

病毒的基因组大小差异很大。小的基因组只有 4 000 个核苷酸,只能编码 3～4 个蛋白质;有一些病毒为了节省空间,而将一些基因重叠排列。有一些侵染原生动物的巨型病毒(mimivirus)的基因组长达 1.2×10^6 个核苷酸,包括 1 262 个开放阅读框,与一些细菌和古菌的基因组大小相当。

(二)病毒的蛋白质

蛋白质是病毒除遗传物质之外另一类极重要的组成成分。大多数病毒含有大量的蛋白质,占病毒粒子总重的 70%以上。少数病毒如嵌沙样病毒(沙粒病毒,*Arenovirus*)蛋白质的含量较低,为 30%～40%。

病毒粒子的蛋白质种类随病毒种类的不同而不同。结构简单的小型病毒,例如小 RNA 病毒或小 DNA 病毒,只有 3～4 种蛋白质;而结构复杂的病毒,如痘病毒,其蛋白质种类多达 100 种以上。

病毒编码的蛋白质可根据其是否存在于病毒体中而分为两类:一类是结构蛋白,即构成一个完整的、形态成熟的病毒颗粒所必需的蛋白质;另一类是非结构蛋白(non-structural protein),即由病毒基因组所编码的但不结合于病毒颗粒中的蛋白质。

(三)病毒的脂质

病毒的脂质主要存在于包膜之中。病毒所含脂质主要是磷脂和胆固醇(分别占 50%～60%和 20%～30%),有时还有少量的甘油三酯(中性脂)、糖脂、脂肪酸或脂肪醛。

对于大部分有包膜的病毒粒子而言,脂质占其结构成分的 20%～35%。但不同的病毒,脂类含量差异很大。

绝大多数病毒的包膜来源于宿主细胞质膜或内膜,是病毒的核衣壳从这些部位出芽成熟时获得的。也有少数病毒的包膜不是从宿主细胞质膜获得的,如 Φ6 噬菌体(囊噬菌体科成员)和痘病毒等。

在少数无包膜的噬菌体中也含有脂质,如噬菌体 PRD1。

(四)碳水化合物

除病毒核酸中所含有的碳水化合物戊糖外,有些病毒还含有少量其他的碳水化合物,其中绝大多数是有包膜的病毒。在这些病毒中,碳水化合物主要以寡糖侧链的形式与蛋白质结合,形成包膜糖蛋白,或与包膜中的脂质结合成糖脂。碳水化合物的主要来源也是宿主细胞。

在无包膜的病毒中,有少数病毒也含有碳水化合物,且多以糖蛋白的形式存在。如腺病毒壳体上的五邻体纤维即是一种糖蛋白。另外,在 T-偶数噬菌体基因组 DNA 的胞嘧啶(C)被 5-羟甲基胞嘧啶(5-hydroxymethylcytosine,5 hmC)代替,5 hmC 的羟基上被修饰,加上葡萄糖

(称为糖基化),这样可保护噬菌体DNA免遭宿主细胞的限制性核酸酶切割和破坏。

(五)其他组分

在某些动物病毒(如流感病毒)、植物病毒(如芜菁黄化叶病毒)和噬菌体(如T4噬菌体)颗粒内,含有多胺类有机阳离子化合物。在某些植物病毒中还含有金属阳离子,如TMV中含有铁、钙、镁、铜、铝等金属离子。它们大多与病毒的核酸结合。用螯合剂处理使之解离,对病毒的感染性无明显影响。一般认为,它们是病毒装配成熟时,偶然从环境中获得的不恒定成分。

在某些病毒的病毒体中,如有尾噬菌体的尾部结合有一定数量的ATP。噬菌体感染时,ATP可能为尾鞘的收缩提供能量。

四、病毒的包含体

细胞被病毒感染后,其形态和结构往往会发生一系列的变化。在某些病毒感染的细胞内,经常会产生在光学显微镜下可见的异常染色区域,即包含体,也称为包含体或内含体(inclusion)。对于不同的病毒或不同的寄主细胞,包含体具有特异性。

多数动物病毒、植物病毒的包含体实际上是病毒核酸和病毒蛋白质在细胞内集中合成及装配成病毒粒子的场所,或者说是病毒粒子发生的部位,即病毒工厂。但也有些病毒的包含体是细胞的一种晚期退化性变化。

昆虫病毒的包含体比较特殊。病毒感染昆虫后,可在寄主细胞内指导合成一种基质蛋白即包含体蛋白。这种包含体最终作为一个整体释放到环境中。

五、病毒的分类

病毒分类的依据有:病毒的形态和结构(如病毒粒子的大小、形状、衣壳对称性、有无包膜等)、病毒的化学组成(如基因组性质和结构、病毒的脂类、碳水化合物、结构蛋白和非结构蛋白的特征等)、物理化学特性(如对理化因素的敏感性等)、免疫学特性(如抗原性等)、生物学特性(如繁殖方式、宿主范围、传播途径和致病性等)。

国际病毒分类系统采用目、科、属、种的分类单元,目的后缀为“*-virales*”,科的后缀为“*-viridae*”、亚科的后缀为“*-virrinae*”、属的后缀为“*-virus*”。但是亚病毒感染因子的分类不使用这些分类单元和命名规则。国际病毒分类委员会(International Committee on Taxonomy of Viruses, ICTV)在将病毒分为9个大类,分别是:双链DNA(dsDNA)病毒、单链DNA(ssDNA)病毒、ssDNA/dsDNA病毒、逆转录DNA和RNA病毒、正义RNA病毒、负义RNA病毒、dsRNA病毒、亚病毒粒子,以及一些尚未归类的病毒。已经设立的分类阶元有目、科、亚科、属、种。例:烟草花叶病毒(TMV)属于:正义RNA病毒类群(positive-sense RNA viruses)、杆状病毒科(*Virgaviridae*)、烟草花叶病毒属(*Tobamovirus*)。

ICTV网站(https://talk.ictvonline.org)有最新的病毒分类体系可供参考。

第二节 原核生物病毒——噬菌体

噬菌体广泛存在于自然界中，至今在绝大多数原核生物中都发现了相应的噬菌体。噬菌体的宿主范围十分严格，一般不超过细菌“属”的界限，甚至在宿主的不同品系之间也存在着特异性。由于噬菌体和它的宿主都是结构简单、繁殖迅速的生物，因而在病毒中最早得到了广泛深入的研究，对噬菌体的了解不仅大大丰富了分子病毒学的内容，而且也成为微生物遗传学和遗传工程基础知识中不可缺少的组成部分。

一、噬菌体的类型

大部分噬菌体没有包膜。根据其形态的特点，可以将它们分为三个类型，即有尾噬菌体、球形噬菌体（无尾噬菌体）和丝杆状噬菌体（图 4-8）。

- 噬菌体
  - 有尾
    - 长尾
      - 可收缩　如T2、T4等
      - 不可收缩　如λ噬菌体等
    - 短尾　如T3、T7、Φ29、P22等
  - 球形
    - 二十面体（小顶粒）　如MS2、Qβ、f2、R17等
    - 大顶粒　如ΦX174、G4等
  - 丝杆状　如f1、fd、M13等

图 4-8 主要的噬菌体类型

(一)有尾噬菌体

有尾噬菌体在噬菌体中数量最多。由头部和尾部组成，头、尾间通过颈部相连（图 4-5）。头部通常呈二十面体对称，尾部呈螺旋对称，整个噬菌体呈蝌蚪状。这类噬菌体尾部的形态结构差异较大，有些尾部较短（如 T3），另一些尾则长得多。具有长尾的噬菌体又可分为两类：一类的尾部由中央的尾管和包裹在它外面的可收缩的尾壳组成（如 T4 噬菌体等），另一类则仅由不可收缩的尾壳组成（如 λ 噬菌体等）。有尾噬菌体的核酸均为线性双链(ds)DNA。

上一节提到的 T4 噬菌体是这类噬菌体的典型代表之一。其头部长 110 nm，直径 85 nm，呈一拉长的二十面体对称结构；尾部呈杆状，大小为 25 nm×110 nm，由颈部(collar)（包括颈须，whisker）、尾管(till bute)、尾鞘(tail sheath，可收缩)、基板(hose plate)、尾钉(tail pin)和尾丝(tail fibre)几个部分组成（图 4-5）。该噬菌体的核酸含量约为 50%，基因组为双链线状 DNA 分子，长约 1.7×10^5 个碱基对，末端约含有 3 000 个碱基对的末端冗余。整个基因组包括近 200 个基因，呈循环排列。

(二)球形噬菌体

球形噬菌体大部分体积较小，直径 20～29 nm。这部分噬菌体又可分成两类：一类的壳体为二十面体，其基因组为单一线状＋ssRNA，如大肠杆菌噬菌体 MS2。另一类为无包膜球形

噬菌体,壳体也是二十面体,但其12个顶点处有一个棒状突起(又称大顶粒),如ΦX174等,它们的基因组为单链闭合环状的+ssDNA。

(三)丝杆状噬菌体

丝杆状噬菌体也称为杆状噬菌体,核心部分由一条闭合环状DNA构成,蛋白外壳为螺旋对称,长度由DNA决定,可以从短杆状到丝状。

这类噬菌体核酸为+ssDNA,如大肠杆菌噬菌体M13等。经过改造后的M13还是基因克隆的常用载体之一。

二、噬菌体的生活周期

病毒的生活史可以分为两个阶段。在寄主细胞外,病毒仅是一个复杂的有机大分子,处于休眠状态。但这种颗粒具有侵染性。病毒感染性颗粒消失后,转变成具有繁殖性的形式(即病毒的基因组)存在,同时开始一系列的生命活动(大分子的生物合成):一方面病毒基因组进行复制,合成子代病毒核酸;另一方面病毒基因组进行表达,合成病毒复制子代所需的结构蛋白和非结构蛋白。宿主细胞则为上述过程提供了所必需的前体、能量、tRNA和一些酶。新合成的病毒结构蛋白与病毒基因组并无一一对应的关系,它们往往先积累起来,然后再进行装配(assembly),形成子代病毒颗粒。最后,子代病毒体以不同的方式释放(release),再次进入休眠状态或去侵染其他细胞。

从病毒吸附于寄主细胞开始到病毒子代从受感染细胞释放出来为止的病毒复制的全过程为病毒的复制周期或称病毒的感染循环。定量描述烈性噬菌体复制和生长规律的实验曲线称为一步生长曲线(one-step growth curve)(图4-9),分为潜伏期、裂解期和平稳期三个时期。具体做法是将适量噬菌体接种于高浓度敏感细菌(如*E. coli*)培养基中,以感染时间为横坐标,病毒的效价[指能使敏感细菌裂解,产生噬菌斑(图4-10)的噬菌体数(图4-9),或噬菌斑形成单位,plaque forming unit, PFU]为纵坐标,绘制出的病毒的特征曲线。某一个时间点的PFU测定可通过双层平板法获得:上层为含有噬菌体、敏感细菌、低浓度琼脂糖(0.75%)的混合物,下层为适合敏感细菌生长的固体营养培养基,经过培养后获得噬菌斑(图4-10)。

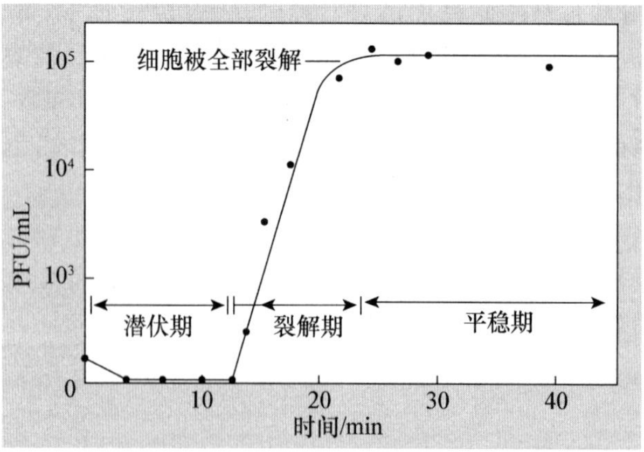

图4-9 烈性噬菌体复制与生长规律的一步生长曲线

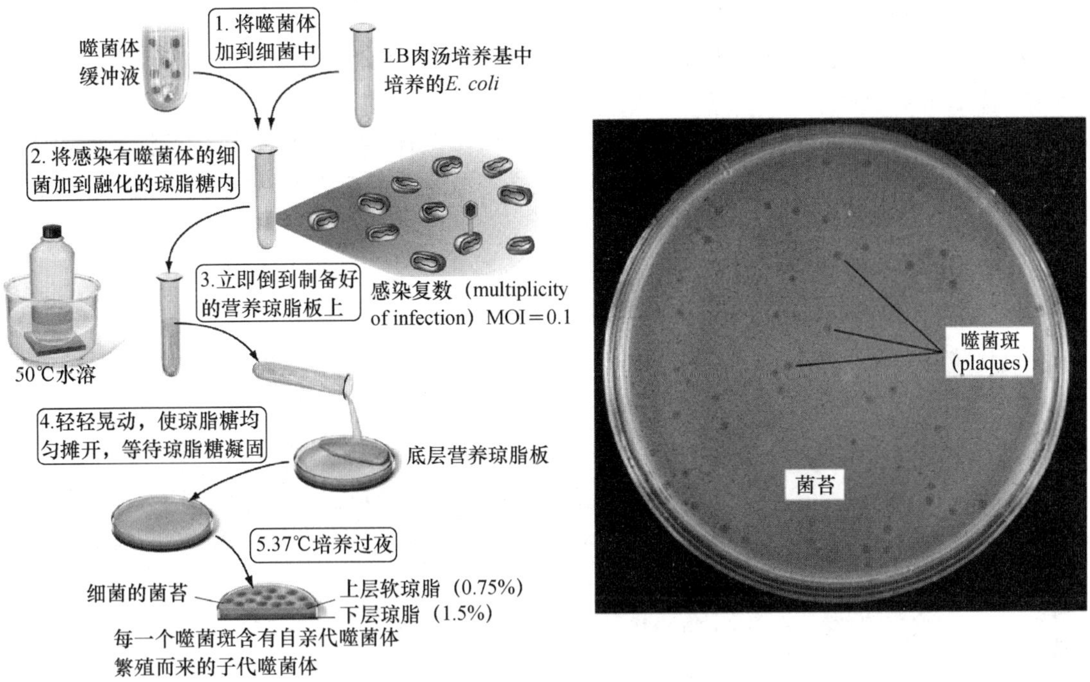

(A)　　　　　　　　(B)

图 4-10　双层平板法测定噬菌斑形成单位(PFU)的步骤(A)和噬菌斑(B)

在细胞水平上，病毒的复制周期可按顺序分为 5 个阶段：吸附、侵入、脱壳、病毒大分子合成、装配和释放。下面着重讲述噬菌体生命活动的这 5 个阶段。

(一)吸附

吸附是病毒感染的第一阶段。通常可以进一步分为可逆吸附和不可逆吸附。

1. 可逆吸附

在一个病毒和细胞的系统中，病毒颗粒通过扩散和布朗运动接近细胞，并与之碰撞接触，可能导致物理地随机结合。这种吸附是非特异性的，病毒可结合于细胞表面的任何部位，甚至非生命的物质颗粒。此时的吸附是可逆的，一些环境因素的变化，如稀释、改变 pH、提高盐浓度等，都可使病毒从细胞或其他吸附物上脱离。

2. 不可逆吸附

病毒可逆吸附于细胞表面后，病毒表面的一些蛋白就能与细胞表面的特殊受体因结构互补而形成不可逆的结合。这种结合是特异性的。这时，不但细胞表面与病毒颗粒之间形成牢固的、多价的化学键，而且病毒体的结构也往往随之发生不可逆的改变，使这种结合也成为不可逆的，即使用一定的方法从细胞表面上解脱病毒颗粒，它们也不再具有感染性了。

病毒体表面的这些能够识别细胞受体、使之附着于细胞表面的蛋白，称为病毒吸附蛋白。T-偶数噬菌体的吸附蛋白是其尾丝蛋白，噬菌体 ΦX174 的吸附蛋白是二十面体顶点的棒状突起。存在于细胞表面(细胞膜或细胞壁)上，能被病毒吸附蛋白识别，并介导病毒特异性地进入细胞启动感染发生的特殊细胞位点，称为病毒的细胞受体，简称为病毒受体，如 SARS 冠状病毒和COVID-19的受体都是ACE2(血管紧张素转换酶2)。

大多数噬菌体的细胞受体在细菌的细胞壁上,如革兰氏阳性细菌的肽聚糖和磷壁酸,革兰氏阴性细菌的脂多糖(LPS)(如T4噬菌体、ΦX174)(图4-11);也有些噬菌体的受体在其他地方,如噬菌体Chi(χ)的受体在细菌的鞭毛上,丝杆状噬菌体M13、MS2等的受体在性菌毛的顶端或侧面(图4-11),因这些噬菌体只能通过雄性细菌的性菌毛感染,故称为雄性噬菌体;T1噬菌体的受体是离子运输通道蛋白。

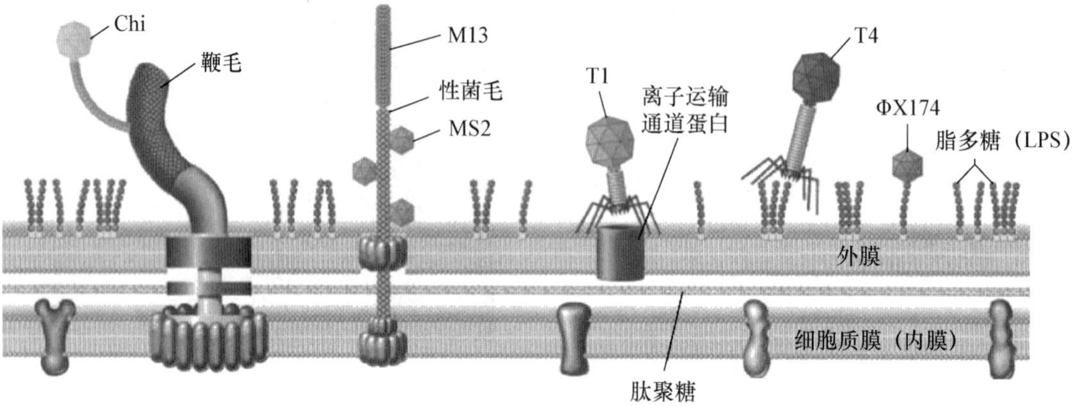

图4-11 不同的噬菌体吸附于革兰氏阴性细菌细胞表面的不同受体上

(二)侵入和脱壳

侵入和脱壳是病毒感染的第二和第三阶段。病毒不可逆地吸附于细胞受体后,病毒能以核酸、核衣壳或病毒颗粒等形式进入细胞,这个过程称为侵入或进入。在病毒侵入后,其核酸从病毒粒子中释放出来的过程称为脱壳。病毒脱壳后,病毒的颗粒形式从受感染的细胞内消失,存在于细胞内的是病毒的基因组。

大部分噬菌体侵入和脱壳是同时进行的,称为注射(injection)方式。T4噬菌体先以尾丝蛋白与细菌表面受体结合(图4-12A、B)。随后尾丝弯曲,使噬菌体接近细胞表面,基板上的尾钉与细胞壁接触,并固着于其上,然后噬菌体尾鞘收缩,基板随之上升,尾钉伸长但仍附着于细胞壁上(图4-12C)。尾鞘收缩的能量可能来源于噬菌体本身携带的ATP。由于尾鞘收缩,压迫尾髓向下延伸接触细胞壁,在尾髓底部溶菌酶的作用下,细胞壁局部被损坏,尾髓因而插入细胞(图4-12D),同时噬菌体DNA也注入宿主细胞内(图4-12E)。

(三)病毒大分子的合成

病毒脱壳后,病毒粒子消失,在细胞内检测不到有感染性的病毒颗粒。从不可逆吸附到细胞上的病毒粒子消失开始到新的子代病毒粒子出现为止,为"潜伏期"。潜伏期实际上是病毒增殖最主要的阶段,是病毒真正表现生命属性的时期。此时,病毒的遗传信息向细胞传达,病毒基因组在细胞中完成其表达和复制,合成病毒的各种组成成分和非结构成分。

病毒大分子(或病毒成分)的合成过程包括三个部分:病毒基因的转录,转录产物的翻译和病毒基因组的复制。

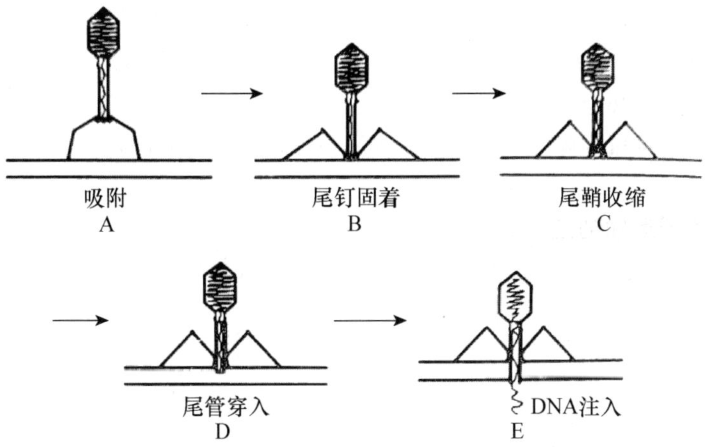

图 4-12 T4 噬菌体吸附、DNA 侵入的过程示意图

1. 噬菌体基因的表达

DNA 噬菌体基因的表达调节主要发生在转录水平，而不同噬菌体的转录方面也有各自的特点。此处只举两个例子。

(1)T4 噬菌体 DNA 基因的表达与调控　T4 噬菌体的基因组为线状双链 DNA，其上基因的转录是按时间顺序分期进行的，即具有时序性，包括早期、中期和晚期基因，对应地合成早期、中期和晚期蛋白(图 4-13)。

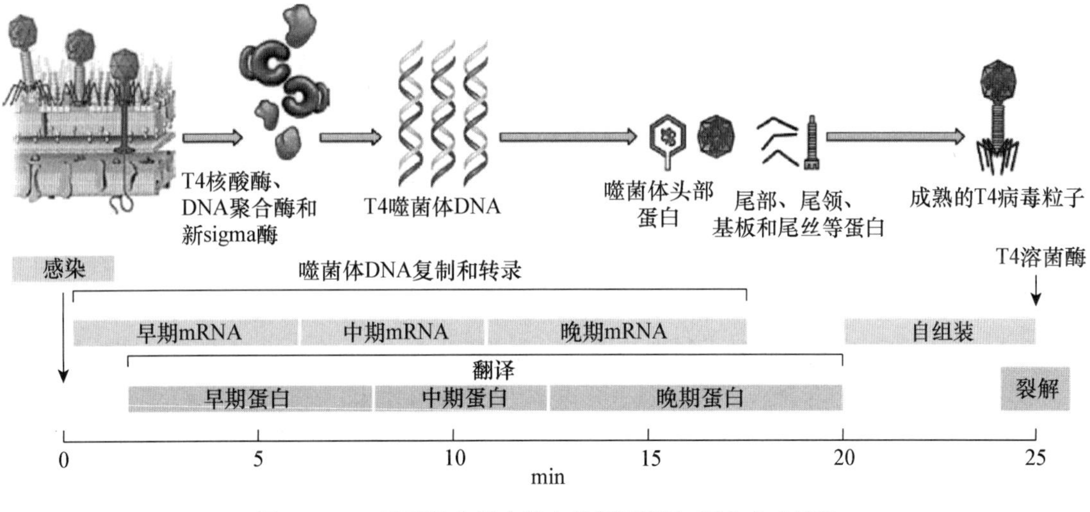

图 4-13 T4 噬菌体在宿主菌中的基因表达、蛋白合成特征

T4 噬菌体的早期和中期蛋白合成主要涉及 T4 基因转录、DNA 复制的酶和蛋白因子，如噬菌体 sigma 因子、DNA 聚合酶、T4 核酸酶等；晚期蛋白主要包括病毒头部、尾部的结构蛋白和裂解寄主细胞的 T4 溶菌酶等(图 4-13)。

从 T4 噬菌体核酸进入寄主后，大量合成相应的蛋白质，然后进行核酸的复制，病毒蛋白的合成与组装，最终导致寄主细胞的破裂、死亡，这类噬菌体称为烈性噬菌体(virulent phage)。

(2)λ 噬菌体的基因表达、裂解和溶源性途径　大肠杆菌 λ 噬菌体的尾部虽长，但不能收缩。λ 的基因组是线状双链 DNA,含 48 502 个碱基对,约 50 个基因,其两个末端是黏性末端,单链长度为 12 个碱基。λ 噬菌体的基因组进入细菌细胞后,即在寄主 DNA 连接酶的作用下形成环状分子。该噬菌体会因环境条件和寄主状态的不同进入两种截然不同的发育途径:裂解途径(lytic pathway)和溶源性途径(lysogenic pathway)(图 4-14)。

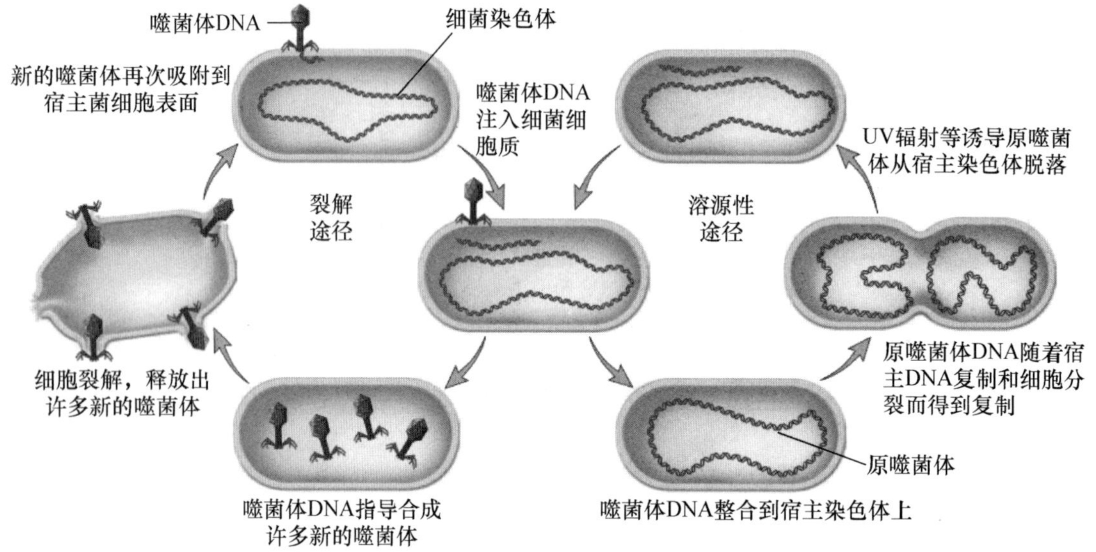

图 4-14　λ 噬菌体侵染宿主细菌的裂解途径(左)和溶源性途径(右)

在裂解途径中,大量复制子代病毒构件,随后组装成新的病毒颗粒,最终导致寄主细胞的裂解。在这一过程中,λ 基因的转录也可分为 3 个阶段,即立即早期(immediate early,IE)、延迟早期(delayed early,DE)和晚期。但调节方式与 T4 不同,λ 的转录完全是由大肠杆菌 RNA 聚合酶催化的,且这 3 个时期不是以基因启动子的不同而划分的,而是靠终止子的调节来实现的。

λ 的立即早期转录分别从左向启动子(P_L)和右向启动子(P_R)开始,从 P_L 开始的转录向左通过 *N* 基因到 t_L 终止,从 P_R 开始转录向右通过 *cro* 基因到 t_{R1} 终止(图 4-15)。*cro* 基因的产物是 Cro 阻遏蛋白,它可以抑制 λ 转向溶源性途径;基因 *N* 编码产生的 N 蛋白具有抗转录终止作用,故这种 N 蛋白又称为抗终止因子。由于 N 蛋白的作用,λ 噬菌体从 P_L 和 P_R 开始转录,可分别通过 t_L 和 t_{R1},开始延迟早期的转录。在延迟早期转录中,左向转录通过 t_L,右向转录通过 t_{R1} 和 t_{R2}。此阶段分别产生 3 种延迟早期 mRNA,并翻译为 CⅡ、CⅢ、O、P、Q 等蛋白质。O、P 蛋白可以启动 λ-DNA 的复制。Q 蛋白也是一个抗终止因子。λ 噬菌体的晚期转录从 P_R'开始向右进行,在临近 P_R'的右侧有一个终止位点 t_{R3},该终止位点对 N 蛋白不敏感,而 Q 蛋白却可以使转录通过该位点而继续。如果没有 Q 蛋白,λ 的晚期转录便不能进行。λ 的晚期蛋白包括噬菌体头部和尾部蛋白,以及裂解宿主的 3 种酶蛋白 S、R 和 R_Z。

λ 噬菌体的溶源性途径为:λ 噬菌体延迟早期蛋白 CⅡ 和 CⅢ 是两种正调节因子,CⅡ 可与 P_I、P_{RE} 启动子结合,促进宿主的 RNA 聚合酶从 P_I、P_{RE} 开始向左的转录(图 4-16)。这些转录使得 *int* 和 *c* Ⅰ 基因得以表达,*int* 基因产物为整合酶(integrase,Int)。CⅢ 还保护 CⅡ 处于激活状态。CⅠ 最初由 P_{RE} 启动子启动,但 CⅠ 激活 P_{RM} 启动子,产生更多的 CⅠ(正反馈),并激

活 P_I 启动子，致使产生更多的整合酶。整合酶可使 λ-DNA 上的噬菌体附着位点(*attP*)与大肠杆菌染色体上的细菌附着位点(*attB*)之间发生重组，从而使 λ 基因组整合在大肠杆菌染色体上。*c* Ⅰ 基因产物为一阻遏蛋白，它可以阻遏从 P_L、P_R 开始的早期转录，促进从 P_{RM}(promoter for repressor maintenance，阻遏物维持启动子)开始的左向转录，结果是 λ 噬菌体除 *c* Ⅰ 外的基因表达均被抑制，而只有 CⅠ 蛋白继续合成，从而使 λ 噬菌体进入溶源化状态。如果 CⅡ 被宿主细胞内的 HfLA 蛋白降解，则溶源化的维持也结束。

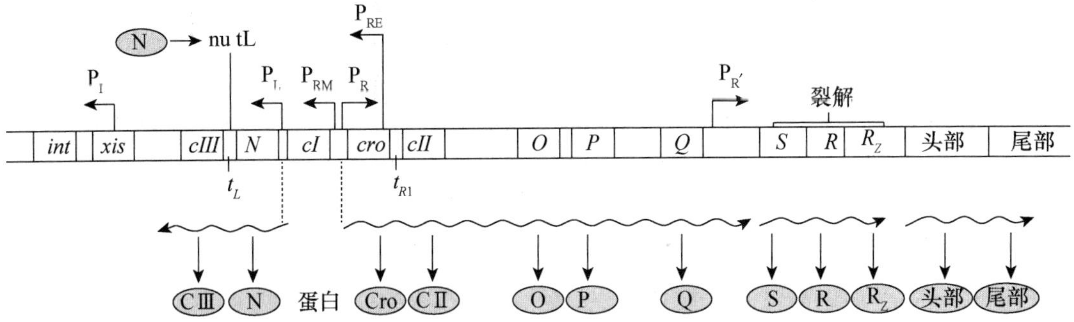

图 4-15 λ 基因组及各个主要基因的相对位置与功能

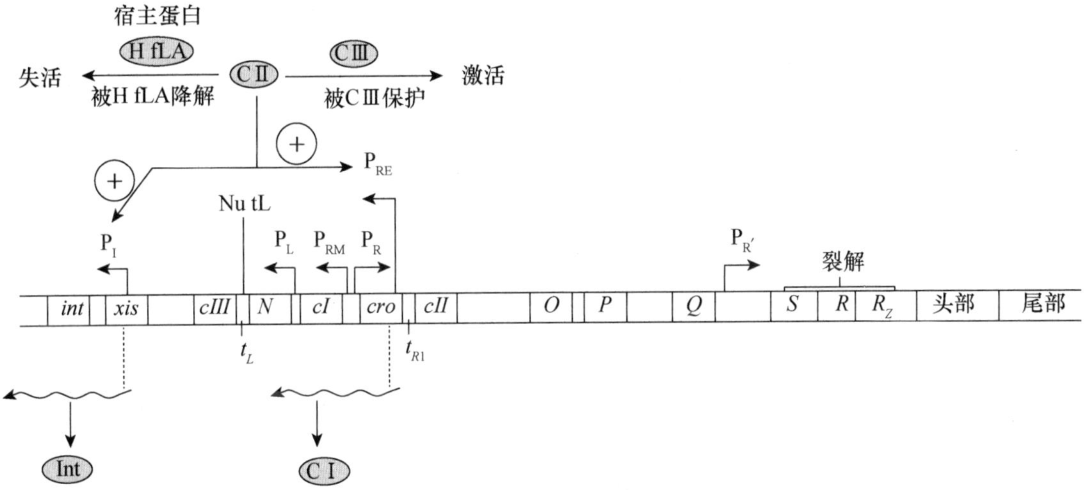

图 4-16 λ 噬菌体的溶源性途径中的调控

由于 λ 的大部分基因处于抑制状态，其基因组因而可以长期地存在于宿主细胞中，并随宿主染色体同步复制，既不形成成熟的噬菌体颗粒，也不裂解宿主细胞(图 4-14)。类似这样的噬菌体就称为温和噬菌体(temperate phage)或溶源性噬菌体(lysogenic phage)。与宿主长期共存、同步复制的噬菌体基因组称为原噬菌体(prophage)。温和噬菌体基因组形成原噬菌体的过程称为溶源化(lysogenization)。含有原噬菌体的宿主细菌称为溶源性细菌(lysogenic bacteria)。这种情况下，宿主细胞仍可正常繁殖。其分裂产生的每一个子代细胞中，染色体上均含有原噬菌体。不过，细菌溶源化就不能再被其他的 λ 噬菌体或类似噬菌体侵染。这一特性称为免疫性。溶源现象比裂解反应更有利于病毒的持续和传播，是更精巧的病毒生存方式。病毒不迅速杀死宿主细胞，并可以依赖宿主细菌进行繁殖和传播。

在溶源性细菌培养物中,一些能引起宿主DNA广泛损伤的理化因子,如紫外线(UV)辐射、丝裂霉素C(mitomycin C)均可诱导原噬菌体从宿主染色体脱落,进入裂解途径,产生大量新的子代噬菌体,并裂解细胞(图4-14)。因此,溶源噬菌体仍有潜在的裂解宿主细胞的能力。

2. 核酸的复制

这里以DNA噬菌体的复制为例。与细胞生物一样,大多数dsDNA病毒如λ、T4和T7等噬菌体基因组的复制为半保留复制。

T7噬菌体的基因组是线状双链DNA(dsDNA)。首轮复制起始时,双链DNA在中部的复制原点解开呈单链状态,并分别以两条单链为模板,互补合成新链。由此出现两个叉子状的生长点,称为复制叉。复制叉向基因组的两端移动,直到完成第1次复制。在以后的复制中,T7基因组会形成线状多联体分子,而复制方式则基本相同。

λ噬菌体进入寄主细胞后,其基因组便形成环状。在λ大分子合成的早期,其编码的O、P蛋白可识别λ的复制原点(在*o*基因内部),在大肠杆菌DNA聚合酶的作用下进行复制。由于两个复制叉分别朝相反的方向移动,基因组在复制过程中会形成"θ"状的构型,称为θ型复制。进入晚期后,由于λ的*red*(包括*exo*和*bet*)、*gam*基因产物的作用,复制方式变为滚环复制(rolling circle replication)。在复制时,核酸酶切开其中一条链,其5′端通常连接有特殊的蛋白,而3′端则在DNA聚合酶的作用下,以未切断的一条环状DNA链为模板,不断地加上新的核苷酸。由于3′端不断延长,而5′端则不断地甩出,就好像中间一个环在不断地滚动一样,故称为滚环复制。同时,被甩出的5′端可作为模板,合成冈崎片段。这种方式的复制叉是单向移动的,也会形成多联体分子。

Mu噬菌体也是一个温和噬菌体。其基因组中含有转座酶的基因,可视为一个大的转座子。与λ噬菌体不同,Mu无论是进入溶源化状态还是裂解生长,基因组均须插入寄主染色体上,且没有固定的插入位点。Mu噬菌体以裂解生长为主,溶源化的概率较小。Mu的DNA复制是通过不断的复制转座来进行的。

(四)装配和释放

在病毒感染的细胞中,由病毒基因组指导合成的病毒体的各结构组分,以一定的方式结合在一起,形成完整的子代病毒颗粒。病毒感染循环的这一阶段称为装配(assembly)或称为成熟(maturation)。成熟的子代病毒颗粒,以一定的方式或途径,由受感染细胞内转移到细胞外的过程称为释放(release)。装配和释放是病毒感染循环的最后阶段。对于有包膜的病毒而言,这两个过程的联系非常密切。子代病毒释放到胞外环境后,如再遇到适宜的条件和敏感的宿主细胞,可以重新感染,启动新一轮的复制循环。

噬菌体的装配是一个高度有序的过程。T4噬菌体壳体的装配可分为3个独立的亚装配过程,分别产生噬菌体的头部、无尾丝的尾部和尾丝。而后,这些结构自发地装配成壳体。其中,头部形成的过程是先形成一个空的前头部,然后将基因组DNA填充进去。在这些装配过程中,除需要相应的结构蛋白外,还需要一些非结构蛋白的参与。

T4噬菌体的释放是由其两个晚期基因*e*(T4溶菌酶基因)、*t*负责的。它们的蛋白产物分别作用于寄主的细胞壁和细胞膜,导致寄主细胞裂解,释放出成熟的子代T4噬菌体。

丝杆状噬菌体的装配和释放是合二为一的。它们一般不杀死寄主细胞，其释放过程为逸出或分泌。如 fd 噬菌体主要的外壳蛋白合成后，先插入寄主的细胞膜。新合成 fd-DNA（子代病毒 DNA）则暂时与 fd 编码的 DNA 结合蛋白（基因 *V* 产物 gp5）结合，该蛋白能引导 fd-DNA 到达细胞膜内侧。然后 fd-DNA 向外穿越寄主的细胞膜，同时，gp5 逐步被外壳蛋白所取代。这样当 fd 释放出细胞后便成为完整的病毒颗粒。

第三节 真核生物病毒

真核生物病毒包括侵染真菌、藻类、昆虫、植物、脊椎动物和人的病毒。本节只介绍侵染脊椎动物和植物的病毒。

一、脊椎动物病毒

能感染脊椎动物的病毒，包括人和其他脊椎动物的病毒，种类繁多，有许多是导致人类和某些经济动物疾病的病原体。

（一）脊椎动物病毒的形态结构和组成特点

脊椎动物病毒的形态（参考图 4-1）大部分是球形和近球形的，少数呈杆状或近似于杆状（如子弹状等），还有的病毒是多形态的，有的有包膜（如 HIV 病毒，图 4-17），有的没有包膜；有的基因组是 DNA，有的基因组是 RNA；有的含单链核酸，有的含双链核酸等。有些病毒的结构比较特殊，如在细小病毒科的成员中，同一病毒的一部分颗粒中只有负链 DNA；而其他颗粒中则只含正链 DNA。弹状病毒（如狂犬病毒）粒子一端为圆弧形，另一端平坦，呈子弹状；痘病毒的壳体无明显的对称形式，其粒子由一个双凹面的核心体，两个侧体和囊膜构成，核心体内含有病毒基因组（dsDNA），在核心体外还有一层蛋白外膜。

这里详细介绍一下 HIV 病毒的特征（图 4-17），它属于逆转录病毒，其 RNA 可通过逆转录酶转化成 DNA，再插入宿主染色体 DNA 上。病毒体中含有两条相同的单股正链 RNA（＋mRNA）分子，每一条 RNA 都含有完整的病毒基因，因此是唯一的二倍体病毒（图 4-17），其中一条 RNA 上的基因突变，可被另外一条 RNA 上的基因互补；每条 RNA 均由核衣壳蛋白（NC）包裹。来自宿主的 tRNA 作为逆转录酶合成 DNA 时的引物。核衣壳、RNA、tRNA 被包在壳体蛋白（CA）内，该 CA 内另外还含有 50 个拷贝的逆转录酶（RT）、蛋白酶（PR）、整合酶（IN）。对于 HIV-1 来说，来自宿主细胞的伴侣蛋白——亲合素蛋白 A 也参与 CA 的结构中。在 CA 的外面是基质蛋白（NA），它可以增强包膜脂双层的稳定性。包膜上面向外突起的是刺突蛋白，由两个结构域组成，分别是突出在外面的 gp120，以及跨过磷脂双分子层的结构域 gp41（图 4-17）。刺突蛋白在病毒吸附于宿主细胞表面受体和病毒入侵细胞过程中发挥着重要作用。

HIV 有两类，HIV-1 对人的致病力最强，HIV-2 则是另外一类单独演化的株系，主要感染

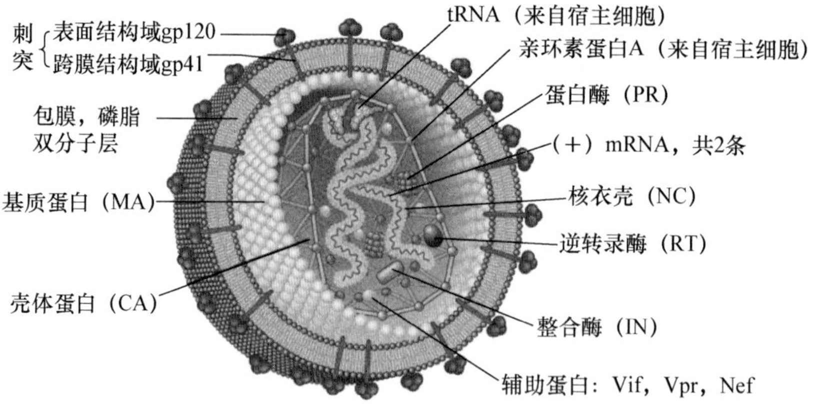

图 4-17　人类免疫缺陷病毒(HIV)的结构(Slonczewski & Foster，2017)

猴子。HIV 病毒主要通过血液、与生殖器接触等传播。HIV 病毒可以在宿主细胞内存在若干年。HIV 病毒可破坏人体的 T 免疫细胞，使得它们丧失抵御病原微生物的能力。目前针对 HIV 的疫苗仍然没有研制出来，原因在于病毒突变率高，病毒复制过程调控机制复杂多样，在宿主细胞中很容易隐藏起来，躲过药物的作用。

(二)脊椎动物病毒的复制周期

脊椎动物病毒的复制周期也可以人为地分为 5 个阶段：吸附、侵入、脱壳、病毒大分子的合成、装配和释放。这里以引起人类获得性免疫缺陷综合征(AIDS)的 HIV 病毒为例说明这 5 个阶段(图 4-18)。

1. 吸附

脊椎动物病毒的吸附过程也可以分为可逆吸附和不可逆吸附两个阶段。在不可逆吸附阶段，通过病毒体表面的吸附蛋白与细胞膜表面的细胞受体形成了牢固的、多价的化学键，实现不可逆吸附。HIV-1 病毒包膜上的 gp120 与 T 免疫细胞上的 CD4 受体和 CCR5 受体互作，促进不可逆吸附的发生。

2. 侵入

分为内吞作用、与细胞膜融合和移位三类。

(1)内吞作用　内吞作用又称为病毒入胞，由细胞膜表面的受体介导，病毒粒子陷入被膜凹窝，以至被细胞膜完全包围，形成吞噬泡或称被膜小泡并进入细胞。流感病毒等有包膜和无包膜的病毒，都以这种方式入侵动物细胞。

HIV-1 病毒也以内吞作用进入人的细胞。HIV-1 病毒包膜外面的蛋白结构域 gp120 与人类免疫 T 细胞上的 CD4 受体和辅助受体 CCR5 结合，依次激发病毒的包膜与细胞膜融合，使得病毒更容易侵入细胞内。CD4 和 CCR5 对病毒在人体内的传播和复制都非常重要(图 4-18)。CD4 的正常功能是将 T 细胞与抗原呈递细胞连接，激活 T 细胞，并使 B 细胞产生抗体。gp120 与 CD4 和 CCR5 结合互作后，诱导 gp120 结构域脱落，以及 gp41 结构域融合肽的形成，这个融合肽一端插在病毒包膜上，一端插在细胞膜上，并将两个膜拉近，使两个膜融合到一起。病毒内的内容物从而进入细胞内，即是侵入。

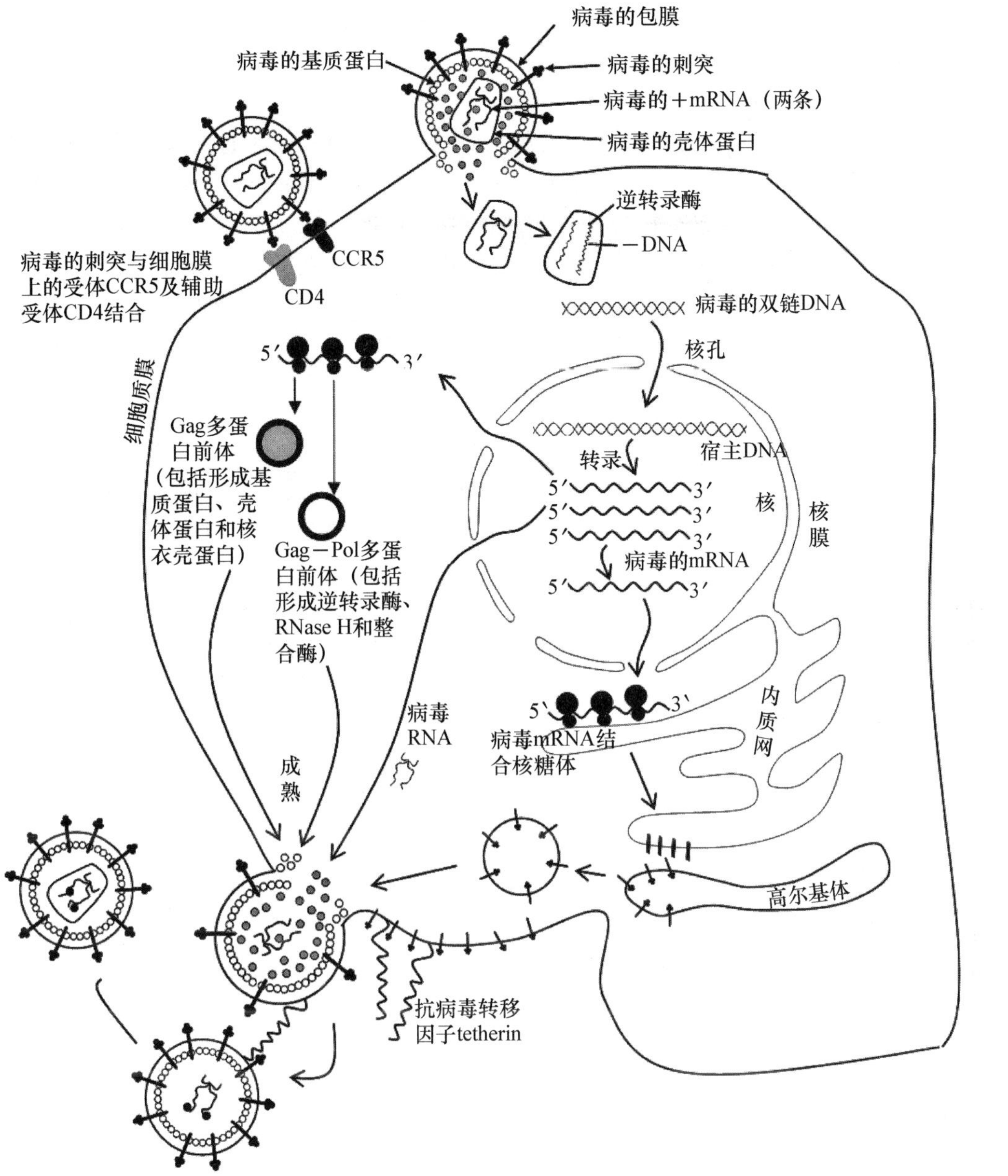

图 4-18　人类免疫缺陷病毒(HIV)的生活周期

(2)与细胞质膜融合　有些病毒的包膜可与细胞膜发生融合,形成融合泡,继而将病毒核衣壳释放入细胞中。

(3)移位　某些无包膜的二十面体病毒直接通过细胞质膜进入细胞。此过程称为移位。

3. 脱壳

脱壳是在病毒侵入细胞后,其核酸从病毒粒子中释放出来的过程。有包膜病毒的脱壳过程,包括脱包膜和脱衣壳两步。无包膜病毒只需除去其壳体。脱去其外壳蛋白将 DNA 释放入寄主细胞核内。

HIV 病毒的脱壳需要打开衣壳结构,将基因组翻译到细胞中,HIV 的核心部分(包括 CA

和亲环素蛋白 A)分解,翻译出 RNA 基因组到细胞中,伴随而来的是病毒中的一些酶,一起释放到细胞质中。

4. 病毒大分子的合成

动物病毒遗传信息的表达和基因组复制主要根据基因组特征可进一步分成 7 种类型,相应地,这 7 种类型分别存在于 7 类动物病毒中,分别为:①逆转录病毒;②双链 DNA 病毒(又分为无缺口、有缺口环状 DNA 病毒两类);③单链 DNA 病毒;④正链 RNA 病毒;⑤dsRNA 病毒;⑥负链 RNA 病毒,见图 4-19。这些病毒的遗传物质可以直接指导蛋白质的合成,或通过转录形成 mRNA,再翻译成蛋白质。这些病毒基因组复制过程需要的酶见图 4-19。复制过程可分为全保留复制或半保留复制,见图 4-20。

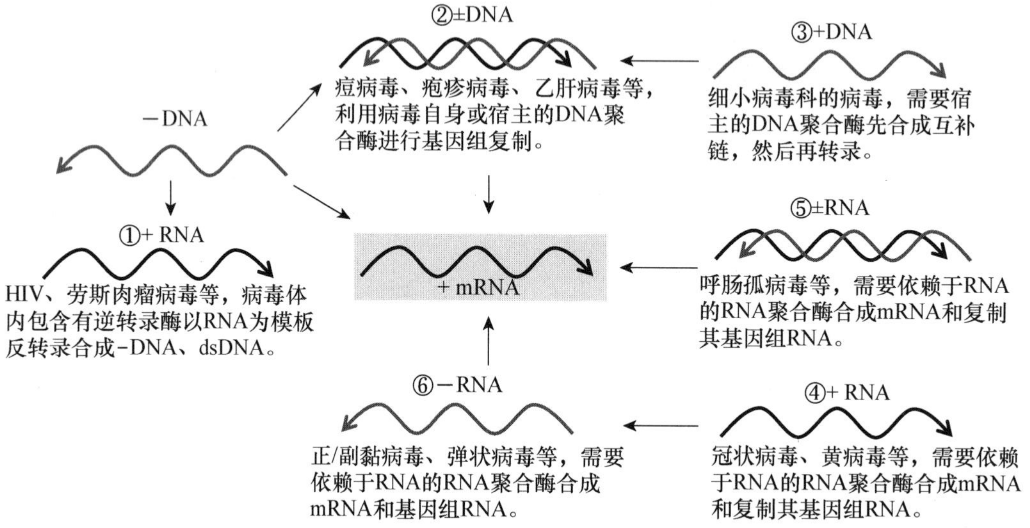

图 4-19 不同种类病毒的基因组、复制和转录特征比较

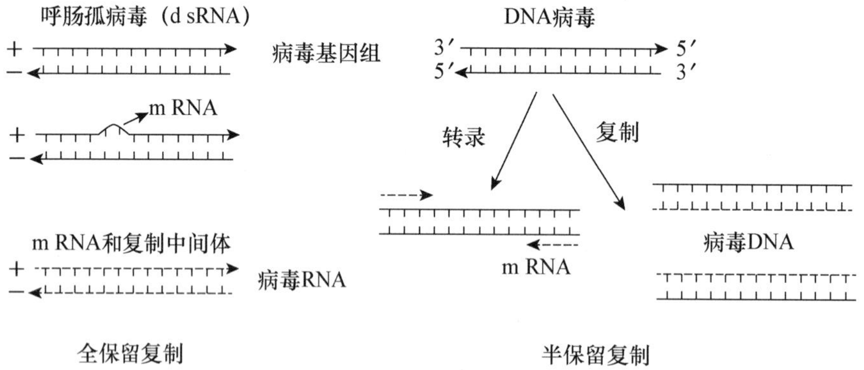

图 4-20 全保留复制与半保留复制比较

下面简要介绍逆转录病毒和呼肠孤病毒的大分子合成特征。

(1)逆转录病毒　逆转录病毒 HIV 的基因组是两条相同的正链 RNA 分子,当其进入细胞质后,在病毒携带的逆转录酶作用下,以其中一条+ssRNA 为模板合成互补的负链 DNA(−DNA),再以一条−DNA 为模板合成正链±DNA,形成线状 dsDNA(±DNA)分子(图 4-

19)，称为前(原)病毒 DNA，该分子随即进入细胞核，然后整合到宿主细胞染色体 DNA 上(图 4-18)。

整合在宿主细胞染色体上的原病毒 DNA 能够利用宿主的 RNA 聚合酶转录合成全长的＋ssRNA。新生的 RNA 既可作为子代病毒的基因组 RNA，也可以作为指导病毒蛋白质合成的 mRNA(图 4-18)。

(2)呼肠孤病毒　呼肠孤病毒的基因组是分段的双链 RNA，其中每一个节段都相当于一个基因，其 RNA 的复制是以全保留方式进行的。首先病毒基因组 dsRNA 以其负链为模板合成＋ssRNA，子代链已合成的部分随即与模板链解离直到最终完成。这样在整个复制过程的前后和当中，亲本 RNA 链始终是缠绕在一起的，仅在复制点处有几个碱基对解链，因此，这种复制方式称为全保留复制。新合成的＋ssRNA 既可作为单顺反子 mRNA 翻译合成病毒蛋白，也可作为模板，指导合成负链 RNA，并与之互补结合形成 dsRNA，由此产生子代病毒的基因组(图 4-20)。

5.装配和释放

裸露病毒的装配和释放是两个独立的过程，而有包膜病毒的释放是其装配的一部分。

(1)裸露的二十面体病毒

装配：裸露的二十面体病毒的成熟过程，分为两个步骤：壳体的装配和壳体与病毒核酸的结合。动物病毒外壳蛋白装配产生的尚未装入病毒基因组的空壳体，称为前壳体。它是病毒体的前体。大多数 DNA 病毒，如多瘤病毒，其基因组的复制发生在寄主的细胞核内，而且早于病毒壳体蛋白的合成，有的病毒要早数小时。病毒壳体蛋白是在细胞质中合成的，然后运回到细胞核，形成前壳体，再装填入病毒的基因组 DNA。

释放：裸露的二十面体病毒从受感染细胞中释放的方式，取决于病毒的种类和宿主细胞的类型。在核内成熟的 DNA 病毒和一些 RNA 病毒，由于阻断了寄主细胞的生物合成，或病毒粒子在寄主细胞中迅速大量积聚，往往能引起被感染的细胞自溶或胀破，从而释放出病毒粒子，这种自溶作用称为杀细胞效应。

(2)有包膜的病毒　有包膜病毒的装配比裸露病毒的成熟还要增加一个步骤，即除了形成核衣壳以外，尚需要再包装上包膜。对大多数这类病毒而言，包膜的装配和释放是同一个过程。

核衣壳的形成：有包膜的动物病毒一小部分是 dsDNA 病毒。如疱疹病毒，在细胞质内合成的衣壳蛋白被运送到细胞核内，并组装成空壳体，然后新合成子代病毒 DNA 经加工填装入空壳体，并运出细胞核。

大部分有包膜的动物病毒是 RNA 病毒，如 HIV 病毒，其核衣壳的组装发生在细胞质内(图 4-18)。

包膜的装配与释放：有包膜的动物病毒，除痘病毒外，其包膜都是通过从细胞质膜或细胞内膜上芽殖的方式获得(图 4-18，图 4-21)。整个过程包括包膜蛋白的糖基化、包膜蛋白的切割、糖蛋白的转运和芽殖几个主要步骤。

被膜小泡将糖蛋白运送到细胞质膜后，与细胞质膜发生融合，糖蛋白随之插入细胞质膜。由于蛋白质能在膜的脂质双分子层中移动，已插入病毒糖蛋白的膜区内，原来的细胞蛋白被取代，而病毒糖蛋白由单体结合为寡聚体，形成杆状包膜突起。

披膜病毒在有包膜的动物病毒中是最简单的一类，其二十面体对称的衣壳由单一的衣壳

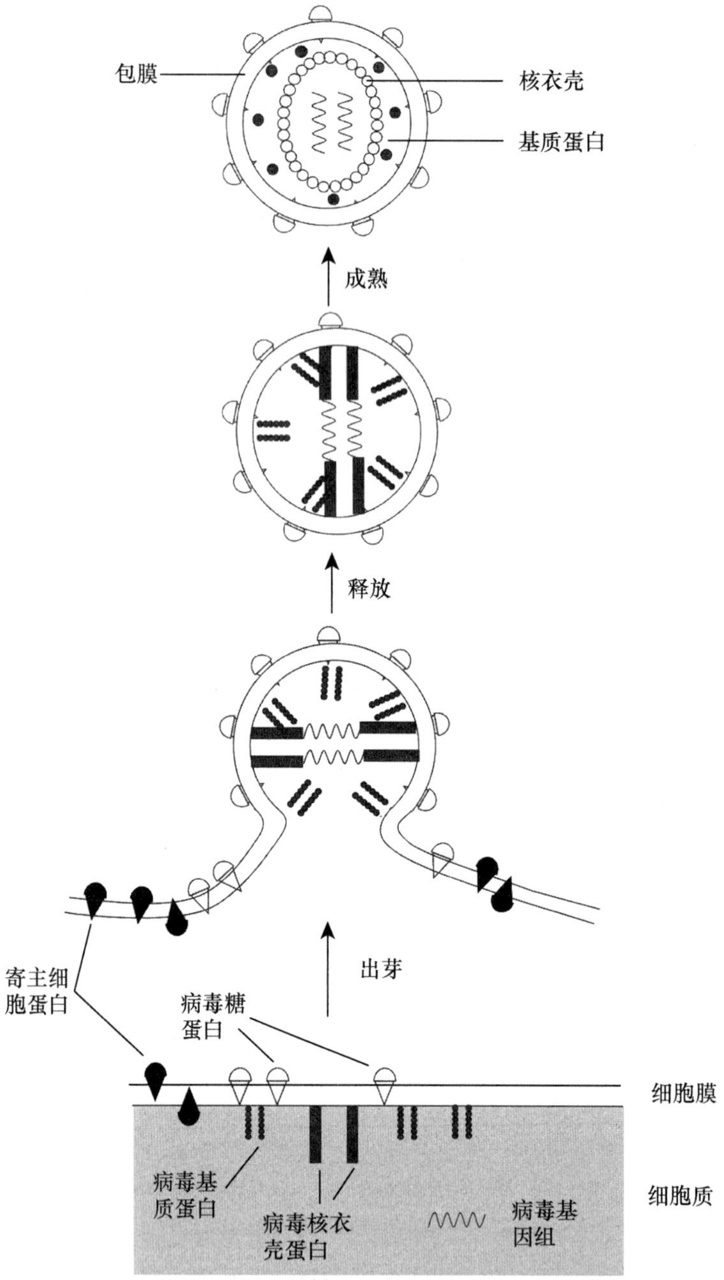

图 4-21 病毒包膜的装配与释放

蛋白组成,在衣壳内部含有+ssRNA 基因组。该病毒成熟时,病毒衣壳的每一个蛋白分子均直接与糖蛋白寡聚体的末端结合,形成多价附着。寄主的细胞膜则在糖蛋白与衣壳蛋白的作用下向外凸出(出芽),将核衣壳包围住,直到核衣壳被完全封闭在包膜内。最后包膜与细胞膜分离,子代病毒便被释放出来。这种释放子代病毒的方式称为病毒的芽殖。

在有包膜的动物病毒中,大多数病毒的外壳是螺旋对称的。这些病毒的外壳蛋白不直接与糖蛋白结合,而是与基质蛋白结合。基质蛋白合成后,先附着于聚集有病毒糖蛋白的细胞质膜区域细胞质一侧,然后核衣壳与基质蛋白紧密结合。这种结合可引起膜弯曲,成为一个包围着核衣壳的凸出球体，最终球体脱离细胞质膜，子代病毒释放（图 4-21）。

二、植物病毒

植物病毒已经鉴定的有上千种，以种子植物为宿主的病毒最为普遍，低等植物如蕨类植物的病毒感染相对少一些。植物病毒的宿主范围宽窄不一，烟草花叶病毒（TMV）可以感染 30 多个科的 200 多种植物，包括茄科、十字花科、葫芦科、豆科等经济作物；而大麦条纹病毒（barley stripe mosaic virus，BSMV）的天然宿主只有小麦和大麦。

（一）植物病毒的形态结构和基因组特点

植物病毒中杆状病毒所占的比例最大，呈刚直的杆状或弯曲的线状或丝状。其他的植物病毒基本上为球形。有的病毒体是少数多分体病毒。

大部分植物病毒没有包膜。90%以上植物病毒的基因组为 RNA，以单链正义 RNA（+ssRNA）为主，有侵染性。此外，植物病毒的基因组还有单分基因组和分段基因组之分。

（二）植物病毒的生活周期

这里以烟草花叶病毒（TMV）为例（图 4-22），说明植物病毒的生活周期。

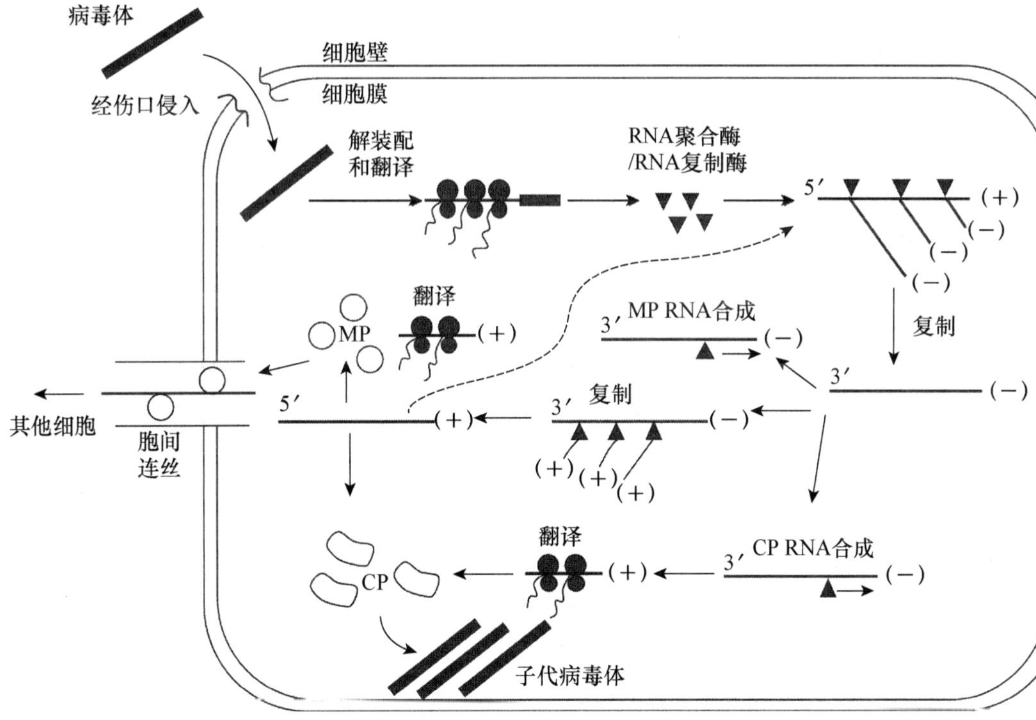

图 4-22 烟草花叶病毒（TMV）的生活周期

TMV 基因组为单链正义 RNA（+ssRNA），其编码 4 个蛋白/酶：RNA 复制酶、依赖于 RNA 的 RNA 聚合酶、壳粒蛋白（capsid protein，CP）、运动蛋白（motive protein，MP）。TMV

靠植物汁液感染,只要TMV病叶与健康叶接触并轻轻摩擦,即可引起感染;蚜虫作为介体可传播TMV。成熟的TMV由壳粒蛋白和+ssRNA组成(图4-3),进入细胞内后,CP自发从ssRNA的5′-端逐渐解离下来。植物细胞内的核糖体结合到病毒的RNA上,促使更多的CP从RNA上脱落下来。

当核糖体遇到起始密码子时,翻译出来两个特异性的酶,RNA复制酶和RNA聚合酶,另外,CP也进一步从RNA上脱落下来。这两个酶使用病毒的RNA为模板,合成全长的负链RNA(-RNA)。它们还可以利用产生的-RNA为模板合成正义的RNA(+RNA)。

-RNA中间含有MP和CP的启动子,复制酶/聚合酶可以识别这两个启动子,从而形成MP和CP的mRNA,然后借助宿主的核糖体合成MP和CP。MP结合到病毒的+RNA上,使之经过胞间连丝而达到周围的其他细胞内。当合成足够多的病毒+RNA和CP蛋白时,会激发两者自我组装到一起形成完整的子代病毒体。

由34个蛋白亚基聚合形成一个中间有孔的、20S的双盘状结构,这就是TMV蛋白壳体的起始成分。TMV基因组RNA距3′-端约830个核苷酸处有一个发夹环,成为"起始环",是核酸装配的起始部位。"起始环"可与20S双盘结合,构成起始复合物(图4-23),TMV开始装配。由于RNA的结合,20S变成螺旋状,RNA除起始环以外的部分均在起始复合物的一侧。随后,装配分别向基因组的3′-和5′-端延伸:5′-端的延伸是通过向起始复合物起始环一侧添加20S的双盘(有时是单盘)实现的,由此另一侧的5′-端RNA链逐渐缩短;3′-端的RNA链则是通过向起始复合物的另一侧逐渐添加3个蛋白亚基构成的A蛋白来延伸的。如此,直至形成完整的子代病毒体。

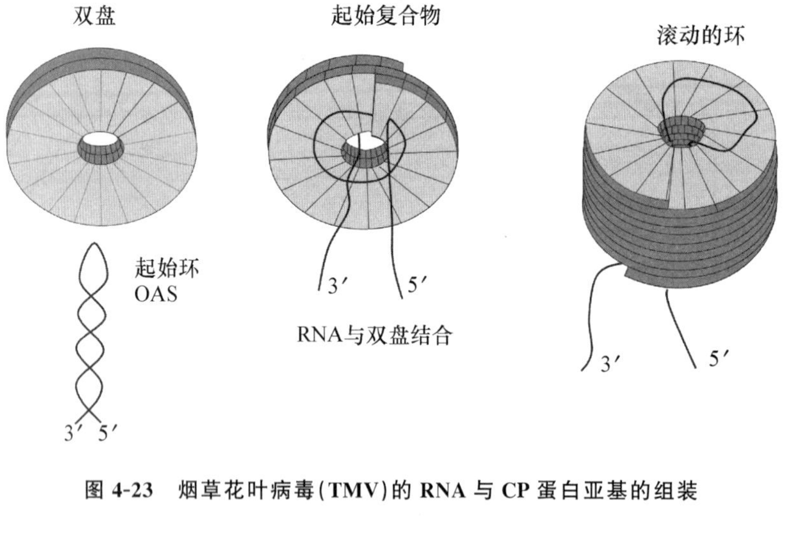

图4-23 烟草花叶病毒(TMV)的RNA与CP蛋白亚基的组装

植物病毒也能释放到细胞或植物体外,但植物病毒一般不能主动裂解细胞。

第四节 亚病毒

前面的内容对常规既含有蛋白质、又含有核酸的病毒进行了描述。这些常规病毒可称为真病毒(euvirus),它们是一类极为简单的生命形式,但还不是最简单的生命形式。在病毒学研究工作中,又发现了新的在形态结构或功能方面比真病毒更为简单的致病性因子,在一定的条件下,具有侵染性,可使寄主产生病症,可以在寄主体内复制。国际病毒分类委员会(ICTV)将这类致病因子称为亚病毒(subvirus),包括类病毒(viroid)、卫星因子(satellites)和朊病毒(prion)。其中的卫星因子又可分为卫星核酸(RNA 或 DNA)、拟病毒(virusoid)和卫星病毒(satellite virus)。

本节简要介绍一些亚病毒的理化特性、结构、复制方式和致病性方面的特征。

一、类病毒

类病毒(viroid)只是一个共价闭合的单链环状 RNA 分子(图 4-24),分子中有互补配对的区域,也有没有配对的区域,它没有蛋白质外壳,RNA 分子序列也不编码任何蛋白,但它们可单独侵染宿主植物,并在植物体内进行自我复制,而不需要辅助病毒的存在。

类病毒的环状 RNA 分子共 359 个核苷酸,结构上可以分为左端、致病区、保守区、易变区、右端五个部分(图 4-24)。类病毒这类侵染因子可由带毒的植物叶片、种子以及媒体昆虫进行传播,可引起马铃薯、番茄等多种经济作物的严重病害。美国科学家 T. O. Diener 最早发现马铃薯块茎变成细小的纺锤形块茎,是由类病毒引起的,并分离到了此病原体,将其称为马铃薯纺锤形块茎类病毒(potato spindle tuber viroid,PSTV)。该 PSTV 还能侵染同科植物番茄。

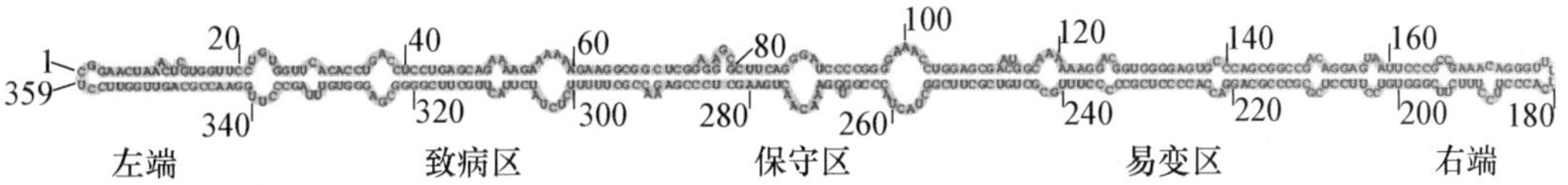

图 4-24 马铃薯纺锤形块茎类病毒的结构示意图

二、卫星因子

卫星因子是指那些基因组在细胞中不能自主复制,而必须依赖其他病毒提供的酶才能完成其复制周期的亚病毒因子。能帮助卫星因子完成其感染循环的病毒称为辅助病毒(helper virus)。卫星因子和辅助病毒可借助蔗糖密度梯度离心而分开,在电子显微镜下可清楚地看出它们的结构和大小差异。卫星因子的核酸序列与辅助病毒及它们的寄主均有很大的差别。它们不是辅助病毒所必需的,相反,卫星因子通常对辅助病毒的复制有不同程度的抑制作用。卫星因子可分为两个主要的类群:卫星病毒和卫星核酸。

(一)卫星病毒

卫星病毒是一群基因组为+ssRNA 的、能编码自己的蛋白质外壳的卫星因子。卫星病毒与其辅助病毒在血清学上和形态上均有很大差异。可进一步分成两个亚群:与慢性蜜蜂麻痹病毒的卫星病毒相关的卫星病毒(chronic bee-paralysis virus associated satellite virus-like)和与卫星烟草坏死病毒相关的卫星病毒(tobacco necrosis satellite virus-like)。绝大多数卫星病毒与植物有关,但在哺乳动物、节肢动物、细菌中也发现有卫星病毒。

(二)卫星核酸

卫星核酸是指那些不能编码自己蛋白质外壳的卫星因子。根据其基因组的类型可分为单链卫星 DNA、双链卫星 RNA 和单链卫星 RNA。

1. 单链卫星 DNA

单链卫星 DNA 基因组为单个链状 DNA(ssDNA),长 628 个核苷酸,不编码外壳蛋白。双生病毒(Geminivirus)中的菜豆多黄花叶病毒属(*Begomovirus*)和甜菜曲顶病毒属(*Curtovirus*)可以支持此类卫星因子的复制。

2. 双链卫星 RNA

已经确认的双链卫星 RNA 只存在于单组分双链 RNA 球状真菌病毒科(Totiviridae)的成员中。其基因组为双链 RNA,大小 0.5~1.8 kb,包含在辅助病毒蛋白外壳中。此外,在壳体中往往还同时含有双链 RNA 的一个正链拷贝。这种因子的存在会显著影响辅助病毒的毒力。

3. 单链卫星 RNA

这些卫星因子的基因组为单链 RNA,不能编码蛋白质外壳。可再分为三个亚群:大型卫星 RNA、小型线状卫星 RNA 和环状卫星 RNA。

最早发现的卫星 RNA 和拟病毒,即烟草环斑病毒卫星 RNA(tobacco ringspot virus satellite RNA)和绒毛烟草斑驳卫星 RNA(velvet tobacco mottle virus satellite RNA),均属于环状卫星 RNA。

三、朊病毒

与类病毒相比,朊病毒(或称朊蛋白,prion)走向了另一个极端。迄今为止,在朊病毒中还没有发现任何核酸成分,这使它成为纯粹的"只有侵染性的蛋白质颗粒"。

这类朊病毒是由朊病毒蛋白(prion protein, PrP)组成的,现在只发现了 PrP^{Sc}(Sc 是指 scrapie,瘙痒症)一种成分。有趣的是,PrP^{Sc} 是脑组织细胞内一种正常无害的蛋白 PrP^{C}(C 是指 cellular,细胞的)的同分异构体,两者的一级结构完全相同。在人类中,这两种蛋白都是由第 20 号染色体短臂上的 *PRNP* 基因(20p13)编码的,但 PrP^{C} 和 PrP^{Sc} 的立体构型存在明显差异(图 4-25)。人类的 PrP^{C} 蛋白定位于细胞膜上,含有 209 个氨基酸,一个二硫键,主要由 α-螺旋结构构成(图 4-25 左);而 PrP^{Sc} 的结构中,则 β-折叠成为主要的构型(图 4-25 右)。朊病毒与病毒一样,离不开活细胞,具有传染性和遗传性。

20 世纪著名的疯牛病(学名为牛海绵状脑病,bovine spongiform encephalopathy,BSE)和人的传染性早老痴呆(即克雅氏症 Creutzfeldt-Jakob disease,CJD)等疾病都是由朊病毒引起的。美国神经生物学家斯坦利·普鲁西纳(Stanley B. Prusiner)因纯化出此致病蛋白因子并对朊病毒的特性和导致中枢神经系统病变等的研究成果获得了 1997 年的诺贝尔生理学或医学奖。

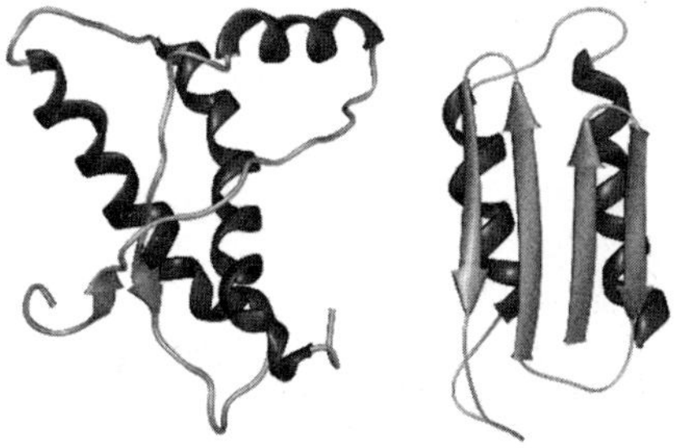

图 4-25 朊病毒的两种同分异构体：PrP^{C}（左）和 PrP^{Sc}（右）

思考题

1. 病毒具备哪些特征使得它们与其他三域的生物不同？
2. 病毒体有哪些结构单元？请举例说明病毒壳体的结构有哪些种类？
3. 病毒核酸有哪些类型？极性如何？
4. 病毒的化学组成是什么？有什么样的特点？
5. 病毒的分类有哪些依据？
6. 什么是噬菌斑形成单位？如何测定噬菌斑形成单位？
7. 噬菌体复制与生长的一步生长曲线有哪几个时期？各有什么样的特点？
8. 概述烈性噬菌体的生活周期。
9. 什么是温和噬菌体？处于溶源化状态的分子机制是什么？
10. 人类免疫缺陷病毒 HIV 的结构特征有哪些？
11. 试述烟草花叶病毒(TMV)的生活周期。
12. 什么是亚病毒、真病毒、类病毒、朊病毒？

第五章 微生物的营养

微生物的营养(nutrition)是微生物生理学的重要研究内容,主要研究各种营养物质在微生物生命活动过程中的生理功能,以及微生物细胞从外界环境摄取营养物质的具体机制。与其他生物一样,微生物必须从环境中吸收营养物质,通过新陈代谢将其转化成自身的细胞物质或者代谢物,并从中获得生命活动必需的能量,同时将代谢过程产生的废物排出体外。凡能满足微生物生长、繁殖和各种生理活动需要的物质称为营养物质(nutrient),营养物质是微生物生存的物质基础。微生物获得和利用营养物质的过程称为营养,营养是微生物维持和延续生命的一种生理过程。

第一节 微生物的营养要素

一、微生物细胞的化学组成

1. 化学元素

化学元素(chemical element)是构成微生物细胞的物质基础。根据微生物对各种化学元素的需要量,可将它们分为大量元素(macroelements)和微量元素(microelements or trace elements)。大量元素包括碳、氢、氧、氮、磷、硫,以及钾、镁、钙、铁,其中碳、氢、氧、氮、磷、硫在细胞中主要以蛋白质、脂类、核酸和碳水化合物的形式存在,占细菌细胞干重的97%左右。钾、镁、钙、铁以离子形式存在,用以组成细胞结构(如核糖体)和维持生物大分子(如酶)的稳定性和活性,在蛋白质合成和能量代谢中发挥重要作用。微量元素包括锌、锰、钼、硒、钴、铜、钨、镍和硼等,机体对这些元素的需要量很少(10^{-8}~10^{-6} mol/L)。微量元素是某些酶的组成成分,协助催化胞内反应和维持蛋白结构。

组成微生物细胞的各种化学元素的含量,常因微生物种类的不同而不同。细菌和酵母菌细胞中的碳、氢、氧、氮、磷、硫 6 种元素的含量就有差异(表 5-1)。细菌中的硫细菌(sulfur bacteria)、铁细菌(iron bacteria)和海洋细菌(marine bacteria)则比其他细菌含有较多的硫、铁和钠、氯等元素。微生物细胞的化学元素组成也随培养条件及菌龄的不同而有所变化,在氮源丰富的培养基中生长的细胞,含氮量往往高于氮源相对贫乏条件下的细胞,幼龄细胞的含氮量通常高于老龄细胞的含氮量。

2. 化学成分

各种化学元素在细胞中主要以有机物、无机物和水的形式存在。有机物主要包括蛋白质、糖、脂、核酸、维生素以及不同形式的降解产物和代谢产物等。无机物是指与有机物相结合或单独存在于细胞中的无机盐(inorganic salt)等物质，是组成微生物细胞的重要成分。微生物细胞含水量一般为70%～90%。细胞含水量，常以百分率表示：(湿重－干重)/湿重×100%。将细胞表面所吸附的水分除去后称量所得重量即为湿重。采用高温烘干、低温真空干燥和红外线烘干等方法，将细胞干燥至恒重即为干重。

各类微生物细胞中的主要物质含量见表5-1。

表5-1 不同微生物细胞中主要物质含量 %

微生物类群	水分	干物质	占细胞干物质百分数			
			蛋白质	核酸	碳水化合物	脂肪
细菌	75～85	15～25	50～80	10～20	12～28	5～20
酵母菌	70～80	20～30	32～75	6～8	27～63	2～5
丝状真菌	85～95	5～15	14～52	1～2	7～40	4～40

二、营养物质及其功能

微生物细胞的化学组成能在一定程度上反映微生物生长繁殖的物质需要。通过对细胞化学组成和代谢产物的分析，有助于了解微生物对营养物质的需求情况。微生物的营养要求与动植物十分相近，它们之间存在着“营养需求上的统一性”。

按照营养物质在机体中生理作用的不同，分为碳源、氮源、能源、生长因子、无机盐和水。这些营养物质主要以有机物和无机物的形式被微生物所利用，有小部分以气态分子的形式提供。

1. 碳源

碳源(carbon source)指一切能满足微生物生长繁殖所需碳元素的营养源。微生物细胞中碳元素占细胞干重的50%左右，碳源是除水分外，细胞需要量最大的营养物质。从整个微生物群体来看，微生物可利用的碳源范围，即碳源谱(spectrum of carbon sources)极其广泛(表5-2)。

表5-2 微生物的碳源谱

种类		碳源物质	备注
有机碳	糖	葡萄糖、果糖、麦芽糖、蔗糖、淀粉、半乳糖、乳糖、甘露糖、纤维二糖、纤维素、半纤维素、甲壳素和木质素等	单糖优于多糖，已糖优于戊糖，淀粉优于纤维素，纯多糖优于杂多糖
	有机酸	糖酸、柠檬酸、延胡索酸、低级脂肪酸、高级脂肪酸和氨基酸等	有机酸较难进入细胞，进入细胞后会导致pH下降，与糖类相比效果较差。当环境中缺乏碳源物质时，氨基酸可被微生物作为碳源利用
	醇	乙醇	某些酵母菌和醋酸菌可利用低浓度的乙醇
	脂	脂肪、磷脂	主要利用脂肪，磷脂在特定条件下被分解为甘油和脂肪酸而加以利用
	烃	天然气、石油、石油馏分、液体石蜡等	利用烃的微生物表面有一种由糖脂组成的特殊吸收系统，可将难溶的烃充分乳化后吸收利用
	其他	芳香族化合物、氰化物、蛋白质、肽和核酸等	环境中缺乏碳源时，可被微生物作为碳源而降解利用
无机碳	CO_2	CO_2	为自养微生物所利用
	碳酸盐	$NaHCO_3$、$CaCO_3$、白垩等	为自养微生物所利用

微生物的碳源谱可分为有机碳和无机碳两大类。大多数微生物以有机碳作为碳源，较少种类的微生物能够利用无机碳源。凡是必须利用有机碳源的微生物，称为异养微生物(heterotrophic microorganisms)。据报道，对于人类迄今已发现或合成的2 000多万种有机物，微生物几乎都能分解利用。以无机碳源作为唯一或者主要碳源的微生物，称为自养微生物(autotrophic microorganisms)。自养微生物通常以CO_2、碳酸盐作为碳源。

异养微生物能够利用的有机碳源种类很多，其中糖类是最广泛利用的碳源，其次是有机酸类、醇类和脂类。糖类中单糖优于双糖和多糖，己糖优于戊糖，葡萄糖、果糖优于甘露糖、半乳糖。在多糖中，淀粉为大多数微生物所利用，明显优于纤维素、几丁质、琼脂等同多糖和杂多糖。制作培养基时通常加入葡萄糖、蔗糖作为碳源。

一些碳源可被微生物直接吸收利用，例如葡萄糖、氨基酸，但大分子的碳源必须经细胞消化分解后才能被吸收。一些碳源物质在细胞内经过一系列复杂的化学变化后，成为微生物自身的细胞物质(如糖类、脂类、蛋白质等)和代谢产物。绝大部分碳源物质还能为机体提供维持生命活动所需的能源。对所有异养微生物而言，碳源又兼做能源。因此，这种碳源又称为双功能营养物(difunctional nutrient)。

异养微生物虽然要利用各种有机碳源，但在动物血液、组织和肠道中生长的有些致病性细菌，需要提供少量CO_2才能正常生长。

不同微生物碳源谱的广度差异很大。例如，洋葱伯克氏菌(*Burkholderia cepacia*)可以利用100多种有机物作为碳源，而产甲烷菌仅能利用CO_2和甲酸、甲醇、乙酸、少数C1或C2化合物作为碳源。

在发酵工业生产实践中，根据不同微生物对碳源的需要，常以农副产品如玉米粉、马铃薯、甜薯干、糖蜜等廉价原料作为碳源使用。实际上这些碳源并非一种纯粹的营养物质，几乎包含了微生物所需要的全部营养要素。

2. 氮源

凡能提供微生物生长繁殖所需氮素的物质称为氮源(nitrogen source)。氮是构成微生物蛋白质和核酸的主要元素，与碳源一样，氮源也是微生物的主要营养物。氮源主要用来合成细胞中的含氮物质，一般不作为能源，只有少数自养微生物如亚硝化细菌和硝化细菌，以铵盐、硝酸盐同时作为氮源和能源。另外，某些厌氧微生物在碳源缺乏的情况下，利用氨基酸作为能源物质。微生物能够利用的氮源范围，即氮源谱(spectrum of nitrogen sources)也是非常广泛的(表5-3)。

表5-3 微生物的氮源谱

种类	氮源物质	备注
蛋白质	蛋白质及其降解产物(胨、肽、氨基酸等)	大分子蛋白质难以进入细胞，一些真菌和少数细菌能分泌胞外蛋白酶，将大分子蛋白质降解后再利用，而多数细菌只能利用分子质量较小的蛋白质降解产物
氨及铵盐	NH_3、$(NH_4)_2SO_4$等	易被微生物吸收利用
硝酸盐	KNO_3等	易被微生物吸收利用
分子氮	N_2	固氮微生物可利用N_2，但当环境中存在化合态氮时，会抑制固氮微生物的固氮能力
其他	嘌呤、嘧啶、脲、胺、酰胺和氰化物等	能在不同程度上被微生物作为氮源加以利用。如*E. coli*不能以嘧啶作为唯一氮源，先可诱导合成分解嘧啶的酶，嘧啶被分解后再利用

能够被微生物利用的氮源物质，包括有机氮、无机氮和分子氮。有机氮主要是蛋白质及其不同程度的降解产物(胨、肽、氨基酸等)、嘌呤、嘧啶、脲、胺、酰胺等有机物。大多数寄生型微生物和部分腐生型微生物需要以有机氮作为氮源。无机氮主要是铵盐、硝酸盐、亚硝酸盐等，绝大多数微生物均可利用。分子氮即 N_2，在大气中含量充足，但只有少数具有固氮能力的微生物(如自生固氮菌、根瘤菌)能够利用。

常用的蛋白质类氮源包括蛋白胨、牛肉浸膏、酵母浸膏等，生产上常用鱼粉、蚕蛹粉、黄豆饼粉、玉米浆作为氮源。玉米浆通常被称为“速效氮源”，其中的氮源物质主要是较易吸收的蛋白降解产物，如氨基酸等形式的降解产物，可以通过转氨作用直接被机体吸收利用，有利于菌体生长。花生饼粉和黄豆饼粉被称为“迟效氮源”，其中的氮主要以蛋白质形式存在，降解成小分子的肽和氨基酸才能被微生物吸收利用，有利于代谢产物的形成。在发酵生产上，往往将速效和迟效氮源按照一定比例混合，通过对菌体生长和代谢产物形成的控制，从而提高代谢产物的产量。

铵盐和硝酸盐可被许多腐生型细菌、肠道菌、动植物致病菌等作为氮源利用。微生物对铵盐和硝酸盐的利用能力很强，NH_4^+ 可被细胞直接吸收利用，因而一般将 $(NH_4)_2SO_4$ 等铵盐称为速效氮源，而 NO_3^- 被吸收后需要进一步还原成 NH_4^+ 才能被利用。以 $(NH_4)_2SO_4$ 等铵盐培养微生物时，由于 NH_4^+ 被吸收，导致培养基 pH 下降，因而将其称为生理酸性盐。而以 KNO_3 等硝酸盐作为氮源时，由于 NO_3^- 被吸收，导致培养基 pH 升高，因而将其称为生理碱性盐。

从微生物对不同氮源的利用来看，一些微生物不需要利用氨基酸作为氮源，能把尿素、铵盐、硝酸盐甚至 N_2 等简单氮源，合成自身需要的所有氨基酸，这些微生物称为“氨基酸自养型生物(amino acid autotrophs)”。把需要从外界直接吸收氨基酸作为氮源的微生物，称为“氨基酸异养型生物(amino acid heterotrophs)”。动物和大量的异养微生物属于氨基酸异养型生物，绿色植物和很多微生物(如大肠杆菌、酿酒酵母、多数放线菌和真菌)都是氨基酸自养型生物。这种依据微生物对氮源的利用情况进行微生物分类具有重要的实践意义。

3. 能源

能源(energy source)是指能为微生物生命活动提供最初能量来源的营养物质或辐射能。化能异养微生物的能源就是碳源，葡萄糖是一种常见的兼有碳源和能源功能的双功能营养物。所有真菌、放线菌和大部分细菌是化能异养型微生物。化能自养型微生物的能源主要是无机物，如 NH_4^+、NO_3^-、H_2S、S^0、H_2、Fe 等，这些微生物有硝化细菌、硫细菌、氢细菌等。光能自养和光能异养微生物的能源主要是太阳光辐射能，如蓝细菌、紫色非硫细菌等。

光辐射能是一种单功能营养物，还原态的无机物 NH_4^+ 常是双功能营养物(同时作为硝化细菌的能源和氮源)，氨基酸类则同时具有能源、碳源、氮源三种功能，可称为三功能营养物。

4. 无机盐

无机盐(inorganic salt)也是微生物生长不可缺少的营养物质，为微生物提供除碳源、氮源以外的各种重要元素。在微生物生命活动过程中，无机盐的生理功能主要有：① 作为酶活性中心的组成部分，维持生物大分子和细胞结构的稳定性；② 调节并维持细胞的渗透压平衡；③ 控制细胞的氧化还原电位；④ 作为某些自养微生物的能源。部分无机盐的生理功能见表 5-4。

表 5-4 部分无机盐及其生理功能

元素	化合物形式	生理功能
磷	KH_2PO_4，K_2HPO_4	核酸、核蛋白、磷脂、辅酶及 ATP 等高能分子的成分，可作为缓冲系统调节培养基 pH
硫	$(NH_4)_2SO_4$，$MgSO_4$	含硫氨基酸(半胱氨酸、甲硫氨酸等)、维生素的成分，谷胱甘肽可调节胞内氧化还原电位
钾	KH_2PO_4，K_2HPO_4	某些酶的辅因子，维持细胞渗透压，某些嗜盐菌核糖体的稳定因子
镁	$MgSO_4$	己糖磷酸化酶、异柠檬酸脱氢酶、核酸聚合酶等酶的活性中心组分，叶绿素和细菌叶绿素成分
钠	NaCl	细胞运输系统组分，维持细胞渗透压，维持某些酶的稳定性
钙	$CaCl_2$，$Ca(NO_3)_2$	某些酶的辅因子，维持酶(如蛋白酶)的稳定性，芽孢和某些孢子形成所需，建立细菌感受态所需
铁	$FeSO_4$	细胞色素及某些酶的组分，某些铁细菌的能源物质，合成叶绿素、白喉毒素所需

微生物需要的无机盐主要包括磷酸盐、硫酸盐、氯化物以及含有钠、钾、钙、镁、铁等矿质元素的化合物。微生物对 P、S、K、Na、Ca、Mg、Fe 等的需要量较大($10^{-4}\sim10^{-3}$ mol/L)，这些元素称为大量元素(macroelements)；而对 Cu、Zn、Mn、Mo、Co、Ni、Sn、Se、B、Cr、W 等元素的需要量极其微小($10^{-8}\sim10^{-6}$ mol/L)，这些元素则称为微量元素(microelements)，微量元素一般参与酶的组成或作为酶的激活剂。不同微生物对无机盐的需求量有时差别很大，如 G^- 细菌比 G^+ 细菌对镁的需求高约 10 倍。

在配制培养基时，对于大量元素，只需加入相应的化合物即可，一般首选 K_2HPO_4 和 $MgSO_4$，因为它们可同时提供 4 种需要量大的元素。对于微量元素，由于在其他天然成分、一般化学试剂、天然水或者玻璃器皿中都以杂质状态普遍存在，因此一般不需专门添加，除非在精密的营养或代谢研究中。

5. 生长因子

生长因子(growth factor)通常指那些微生物生长所必需且需要量很小，但微生物自身不能合成或合成量不足以满足机体生长需要的特殊有机营养物质。广义的生长因子包括 3 大类：氨基酸、嘌呤和嘧啶、维生素，狭义的生长因子一般专指维生素。维生素是最早发现的生长因子，它的主要作用是作为酶的辅基或辅酶参与新陈代谢，如维生素 B_1 就是脱氧酶的辅酶。碱基是酶的辅酶或辅基，或者用以合成核苷、核苷酸和核酸。

并非所有的微生物都需要外界提供生长因子。按对生长因子的需要与否，把微生物分成 3 种类型：

①生长因子自养型(auxoautotrophs)，能够自行合成生长因子，不需要从外界吸收任何生长因子，多数真菌、放线菌和不少细菌属于该类型。

②生长因子异养型(auxoheterotrophs)，需要从外界吸收一种或多种生长因子才能维持正常生长，包括各种乳酸菌、动物致病菌、支原体和原生动物等。乳酸菌一般都需要多种维生素，流感嗜血杆菌(*Haemophilus influenzae*)需要卟啉及其衍生物，支原体需要甾醇，有半数的微藻需要维生素 B_1。

③生长因子过量合成型，指少数微生物在其代谢过程中，能大量合成并分泌某些维生素等

生长因子，可作为相应维生素的生产菌种。例如，用阿舒假囊酵母（*Eremothecium ashbyii*）生产维生素 B_2。

微生物对生长因子的需求也会随环境条件的变化而改变。例如，鲁氏毛霉（*Mucor rouxii*）在厌氧条件下生长，需要外加维生素 B_1 和生物素；而在好氧条件下生长时，由于自身能合成这两种物质，则不再需要外加。培养基中是否有前体物质、通气条件、pH 和温度等都会影响微生物对生长因子的需求。

对于生长因子需要情况不太了解的某些微生物，通常在培养基中加入一些营养丰富的天然物质以满足需要。能提供生长因子的天然物质有酵母膏、蛋白胨、麦芽汁、玉米浆、动植物组织或细胞浸液以及微生物生长环境的提取液等。天然培养基如麸皮、米糠、肉汤等含有丰富的生长因子，不必另外补充。在合成培养基中，可加入复合维生素溶液。

6. 水

水在微生物生命活动中必不可少。水在细胞中的生理功能主要有以下 6 个方面：

①起到溶剂和介质的作用，营养物质的吸收与代谢产物的分泌必须以水为介质才能完成；

②参与细胞内一系列化学反应，如蓝细菌利用水中的氢还原 CO_2；

③维持蛋白质、核酸等生物大分子结构的稳定性；

④维持细胞正常形态；

⑤是热的良好导体，能有效吸收代谢过程产生的热并及时将热量迅速散发出细胞外，从而有效控制胞内温度的稳定；

⑥通过水合作用与脱水作用控制由多亚基组成的结构，如酶、微管、鞭毛及病毒颗粒的组装与解离。

水在细胞内以自由水和结合水两种形式存在。结合水与细胞内其他成分结合，不易蒸发，不冻结，不能作为溶剂，也不能渗透，所以微生物不能利用。结合水的含量一般占细胞总含水量的17%～28%。在细菌芽孢中，结合水的比例比较大，游离水少，这也是芽孢抗逆性较强的原因之一。

微生物生长环境中，水的有效性常以水活度（water activity，a_w）表示。水活度是指在一定的温度和压力条件下，溶液的蒸汽压力与同样条件下纯水蒸汽压力之比，即 $a_w = p/p_0$，式中 p 代表溶液蒸汽压力，p_0 代表纯水蒸汽压力。纯水的 a_w 为 1.00，溶液中溶质越多，a_w 越小。微生物生长的最适 a_w 介于 0.60～0.99，细菌的 a_w 较酵母菌和霉菌高，嗜盐微生物的 a_w 较低。

配制培养基时应考虑微生物的最适 a_w，不同微生物的最适生长 a_w 往往不同（表 5-5）。

表 5-5 微生物生长的最适水活度

微生物	最适水活度 a_w	微生物	最适水活度 a_w
细菌	0.91	嗜盐细菌	0.76
酵母菌	0.88	嗜高渗酵母	0.60
霉菌	0.80	嗜盐霉菌	0.65

第二节 微生物的营养类型

营养类型（nutrient classification）是根据微生物生长所需的主要营养要素即能源和碳源的不同，进行划分的微生物类型。微生物种类繁多，其营养类型也比较复杂。根据能源、电子供体、碳源的不同,将绝大部分微生物分为光能无机自养型(photolithoautotrophy)、光能有机异养型(photoorganoheterotrophy)、化能无机自养型(chemolithoautotrophy)和化能有机异养型(chemoorganoheterotrophy)4 种类型(表 5-6)。

表 5-6 微生物的营养类型

营养类型	能源	电子供体	碳源	举例
光能无机自养型(光能自养型)	光能	H_2O 或 H_2、H_2S、S 等	CO_2	蓝细菌、紫硫细菌、绿硫细菌、藻类
光能有机异养型(光能异养型)	光能	有机物	CO_2 及简单有机物	紫色非硫细菌、绿色非硫细菌
化能无机自养型(化能自养型)	无机物	NH_4^+、NO_2^-、S、H_2、H_2S、Fe^{2+} 等	CO_2	硝化细菌、硫化细菌、铁细菌、氢细菌、硫黄细菌、产甲烷细菌和一些深海细菌
化能有机异养型(化能营养型)	有机物	有机物	有机物	绝大多数原核生物、全部真菌和原生动物,包括腐生和寄生两类微生物

仅根据碳源可将微生物划分为自养型和异养型两大类。自养型微生物能在完全无机的环境中繁殖和生长,具有一整套酶系统,它们利用 CO_2 或以碳酸盐为碳源合成细胞的有机物质。异养型微生物合成有机物的能力较差,它们主要以有机含碳化合物为碳源,一般需要复杂的有机物才能完成生命活动。

一、光能无机自养型

又称光能自养型、光能无机营养型,此类微生物以光能作为能源,以 CO_2 为唯一碳源,以还原态无机物作为还原 CO_2 的电子供体。细胞内通常含有一种或几种光合色素(叶绿素或菌绿素)。例如,蓝细菌同高等植物一样,进行产氧光合作用,以 H_2O 作为电子供体,在光照下同化 CO_2 合成有机物,并释放 O_2。

$$CO_2+H_2O\xrightarrow[\text{光照}]{\text{叶绿素}}[CH_2O]+O_2$$

绿硫细菌和紫硫细菌进行不产氧的光合作用,以 H_2S 作为电子供体,还原 CO_2 合成有机物。光合细菌为了进行光合作用和获得还原态无机物,一般需要光照和厌氧的条件。它们主要生活在富含 CO_2、H_2 和 H_2S 的淤泥和江河湖泊的次表层水域中,它们的光合生长是在严格的厌氧条件下进行的。含菌绿素的细菌利用 H_2S 生长时的反应式为:

$$CO_2+2H_2S\xrightarrow[\text{光照}]{\text{菌绿素}}[CH_2O]+H_2O+2S$$

二、光能有机异养型

又称光能异养型、光能有机营养型,该类微生物以光能为能源,以简单的有机物(如甲酸、乙酸、甲醇、异丙醇等)作为电子供体,还原 CO_2,合成细胞物质。它们不能以 CO_2 为唯一或主要的碳源，必须在有机物存在的条件下才能生长，人工培养还需供给生长因子。红螺菌科(Rhodospirillaceae)是这一营养类型的代表，以异丙醇作为电子供体，进行光合作用。

$$2[CH_3]_2CHOH + 2\ CO_2 \xrightarrow[\text{光照}]{\text{菌绿素}} 2CH_3COCH_3 + [CH_2O] + H_2O$$

红螺菌在光照和厌氧条件下进行光合作用，但在黑暗和有氧条件下不再进行光合作用，而是依赖环境中少量的有机物进行化能异养型生长。目前红螺菌已用来净化高浓度有机废水，具有很好的发展前景。

光能无机自养型和光能有机异养型的微生物可利用光能生长，对地球早期生态环境的演化具有重要意义。

三、化能无机自养型

化能无机自养型又称化能自养型、化能无机营养型，该类微生物利用无机物氧化产生的化学能为能源，以 CO_2 或碳酸盐为碳源，合成有机物进行生长。这类微生物仅限于细菌，主要有硝化细菌、亚硝化细菌、铁细菌、硫细菌、氢细菌和一些深海细菌。通过氧化 NO_2^-、NH_3、Fe^{2+}、H_2S、S 和 H_2 产生的化学能还原 CO_2。由于无机物氧化产生的能量较少，该类微生物生长一般比较缓慢。

根据对氧气的需求，该类微生物可分为好氧化能自养型和厌氧化能自养型。产甲烷细菌属厌氧化能自养菌，以 H_2 作为能源和电子供体，以 CO_2 为碳源，其反应式为：

$$4H_2 + CO_2 \longrightarrow CH_4 + 2H_2O$$

化能无机自养型的细菌广泛分布于土壤和水环境中，在自然界的物质循环中发挥着重要作用。

四、化能有机异养型

化能有机异养型又称化能异养型、化能有机营养型，此类微生物的能源和碳源通常均来自有机物。能源来自有机物的氧化分解，碳源为有机碳化合物，电子供体为有机物。目前已知的大多数微生物都属于此类，包括绝大多数细菌、真菌、很多原生动物和古菌，已知的所有致病微生物都属于该类型。

$$C_6H_{12}O_6 + 6O_2 \longrightarrow 6CO_2 + 6H_2O + \text{能量}$$

根据生态习性和利用的有机物质的性质不同，化能异养微生物可分为腐生型(metatrophy)和寄生型(paratrophy)两大类。

腐生型微生物利用无生命的有机物为碳素营养，引起食品腐败变质的某些霉菌和细菌以及食用菌属于这一类型。食用菌作为一类大型真菌可分为腐草型和腐木型，利用农业下脚料和工业废弃物通过腐生的方式获取营养。

寄生型微生物必须寄生在活的有机体内，以获取营养物质，它们是引起人、动物、植物以及微生物病害的病原微生物。

还有一些微生物为中间类型(兼性腐生或兼性寄生)，既能在活的生物体上寄生，又能在无生命的有机残体上生长。如人和动物肠道普遍存在的大肠杆菌，以及多种植物病原菌。

值得注意的是，以上营养类型只是人为的、简单的划分，不同营养类型之间的界限并不是绝对的。自然界存在着不少兼养型微生物(mixotrophy)，这些微生物的营养类型在不同条件下会发生改变，如紫色非硫细菌(purple nonsulfur bacteria)在光照和厌氧条件下，利用光能生长，为光能营养型；而在黑暗与有氧条件下，依靠有机物氧化产生的化学能生长，则为化能营养型微生物。再如，氢细菌(hydrogen bacteria)是异养和自养的过渡型(称兼性自养型)，在有机物存在时，为异养型；当无机物存在时，则为自养型(利用氢的氧化获取能量，还原 CO_2 合成细胞物质)。微生物营养类型的可变性有利于提高微生物对环境条件的适应能力。

第三节　营养物质的吸收

营养物质进入微生物细胞是营养物质被利用的决定性因素。营养物质只有进入细胞后，才能被微生物细胞内的新陈代谢系统分解利用，进而使微生物正常生长繁殖。影响营养物质进入细胞的因素主要有 3 个方面：

一是营养物质本身的性质。相对分子质量、溶解性、电负性、极性等都影响营养物质进入细胞的难易程度。

二是微生物所处的环境。温度通过影响营养物质的溶解度、细胞膜的流动性及运输系统的活性来影响微生物的吸收能力；pH 和离子强度通过影响营养物质的电离程度来影响其进入细胞的能力。例如，当环境 pH 比细胞内 pH 高时，弱碱性的甲胺进入大肠杆菌后以带正电荷的形式存在，这种状态的甲胺不容易分泌而导致细胞内甲胺浓度升高；当环境 pH 比细胞内 pH 低时，甲胺以带正电荷的形式存在于环境中，难以进入细胞中，导致细胞内甲胺浓度降低。当环境中存在能够诱导运输系统形成的物质时，有利于微生物对营养物质的吸收；而环境中存在代谢过程抑制剂、解偶联剂以及能与原生质膜上的蛋白质或脂类物质等成分发生作用的物质(如巯基试剂、重金属离子等)时，都会在不同程度上影响物质的运输速率。另外，环境中被运输物质的结构类似物的存在，也会对细胞吸收被运输物质的速率产生影响，如 *L*-刀豆氨酸、*L*-赖氨酸、*D*-精氨酸都能降低酿酒酵母吸收 *L*-精氨酸的能力。

三是微生物细胞的透过屏障。所有微生物都具有一种保护机体完整性且能限制物质进出细胞的透过屏障。透过屏障主要是由原生质膜、细胞壁、荚膜以及黏液层等组成的结构。荚膜与黏液层的结构较为疏松，对细胞吸收营养物质的影响较小。在营养物质吸收中起主要作用的是细胞壁和细胞膜。细胞壁对吸收的物质没有选择性，允许在其孔隙大小范围内的一切物质自由出入，如水和无机盐等。真正控制物质进出的"关卡"是细胞膜，它对跨膜运输的物质具有选择性，只允许细胞自身所需要的物质进入，拒绝任何对细胞不利的物质。根据物质跨膜的特点，可分为被动扩散、促进扩散、主动运输和膜泡运输。

一、被动扩散

被动扩散(passive diffusion)又称扩散(diffusion)或简单扩散(simple diffusion)，是指物质由高浓度环境向低浓度环境移动的过程，即物质顺着浓度梯度进行运输。被动扩散的速率依赖于细胞内、外浓度差的大小。随着扩散的进行，胞内营养物质不断累积，扩散速率会逐渐降低(除非被运输的营养物质进入细胞后立即被利用),直至膜内外营养物质浓度相等时达到动态平衡。

被动扩散是非特异性的,仅原生质膜上的含水小孔的大小和形状对扩散的物质分子有一定的选择性。被动扩散有以下特点:①物质在扩散过程中不消耗能量;②参与运输的物质本身的分子结构不发生变化;③不能逆浓度运输;④运输速率与膜内外物质的浓度差成正比 。

原生质膜的内外表面具有极性,因而物质的性质决定该物质跨膜扩散的能力和速率,相对分子质量、脂溶性以及极性小的物质容易通过扩散进出细胞。此外,环境条件也影响扩散的难易程度和速率。温度高时,原生质膜的流动性增加,利于物质跨膜扩散。pH 与离子强度通过影响物质的电离程度来影响扩散速率。

被动扩散不是细胞获取营养物的主要方式。通过这种方式运送的物质种类不多。O_2、CO_2 和 H_2O 容易通过扩散自由通过原生质膜,脂肪酸、乙醇、甘油、苯及某些氨基酸在一定程度上也可通过扩散进出细胞。

二、促进扩散

促进扩散(facilitated diffusion)与被动扩散一样,也是一种被动的物质跨膜运输方式,二者的主要区别在于促进扩散必须借助原生质膜上的转运蛋白(transport protein),也就是载体(carrier)或通道(channel)的协助才能将物质运送进入细胞。促进扩散的速率高于被动扩散的速率,即使被运送物质在膜内外的物质浓度差较小时。随着膜内外浓度差的增大,促进扩散的速率提高更快。如果转运蛋白为载体,当运输物质浓度过高而使载体蛋白饱和时,促进扩散的速率达到峰值,不再增加,而被动扩散的速率与膜内外的浓度差为线性关系。以通道介导的促进扩散的一个例子是转运水分子的水通道蛋白(aquaporins)的参与。水通道蛋白存在于所有微生物中,是主嵌入蛋白(major intrinsic protein, MIP)家族的成员,通过 MIPs 促进扩散运送极性小分子。

促进扩散是真正意义上的扩散。膜内外的浓度梯度驱动物质的运输,运输过程中不消耗代谢能。膜内外浓度差为零时,物质进出细胞达到动态平衡。细胞通过胞内代谢,把吸收的营养物质转化为其他物质,来维持膜内外的浓度梯度,从而不断运输营养物质到胞内。

参与转运过程的载体具有较高的专一性,每种载体只运输相应的物质。被运输物质与相应载体之间存在一定的亲和力,亲和力的大小因载体分子构象的变化而改变。在胞外,载体与营养物质结合,当载体转向胞内时,载体构象改变,二者亲和力降低,物质被释放到胞内,这时载体恢复到初始构象,从而在胞外结合营养物质,不断运送到胞内(图 5-1)。通过促进扩散进入细胞的营养物质主要有氨基酸、单糖、维生素及无机盐等。

促进扩散不是细菌吸收营养物质的主要方式,很多细菌都在营养物质浓度较低环境中生存,但是促进扩散的方式不能逆浓度梯度在胞内"浓缩"营养物质。因此,需要消耗能量的、能够逆浓度梯度的转运机制对于微生物细胞摄取营养物质更为重要。

三、主动运输

主动运输(active transport)是广泛存在于微生物中的一种主要的物质运输方式。与前面两种运输方式相比,主动运输的主要特征是物质在运输过程中,通过消耗能量,能够逆浓度梯度进行运输。主动运输与促进扩散的类似之处在于,都需要载体蛋白参与,载体蛋白在被运输物质浓度过大时有饱和效应的特点。主动运输与促进扩散的区别在于,主动运输通过消耗细胞代谢产生的能量,将物质由低浓度向高浓度转运。因此代谢抑制剂会阻遏主动运输,但不会立即对促进扩散产生影响。

在细菌中存在三种形式的主动运输:初级主动运输、次级主动运输和基团转位。它们的区别在于驱动运输的能量来源的不同以及被转运物质进入胞内前后结构是否改变。

(一)初级主动运输

初级主动运输(primary active transport)直接利用ATP水解产生的能量,将物质逆浓度梯度运输,运输前后物质结构保持不变。参与初级主动运输的载体蛋白称为初级主动转运蛋白(primary active transporters),ATP结合盒式转运蛋白(ATP-binding cassette transporters, ABC transporters)是一种重要的初级主动转运蛋白。

ABC转运蛋白通常由两个疏水性跨膜域与位于质膜内表面的两个核苷酸结合结构域形成复合物。两个疏水性跨膜域在质膜上形成一个孔,两个核苷酸结合结构域通过结合、水解ATP产生能量,驱动物质吸收。大部分ABC转运蛋白与专一的溶质结合蛋白进行结合,溶质结合蛋白携带被转运的溶质分子在质膜外表面与ABC转运蛋白的跨膜域结合,ATP则结合在ABC转运蛋白的两个核苷酸结合结构域,ATP水解产生的能量使跨膜域构象发生改变,被转运的溶质分子进入胞内(图5-2)。

此外,Na^+, K^+-ATP酶是一种重要的离子通道蛋白,利用ATP水解的能量将Na^+由细胞内“泵”出胞外,并将K^+“泵”入胞内(图5-3)。Na^+, K^+-ATP酶作用的结果是使细胞内Na^+浓度降低而K^+浓度升高,且不会因为环境中Na^+、K^+浓度高低而改变,这是因为细胞内维持较高的K^+浓度是保证许多酶的活性和蛋白质的合成所必需的。

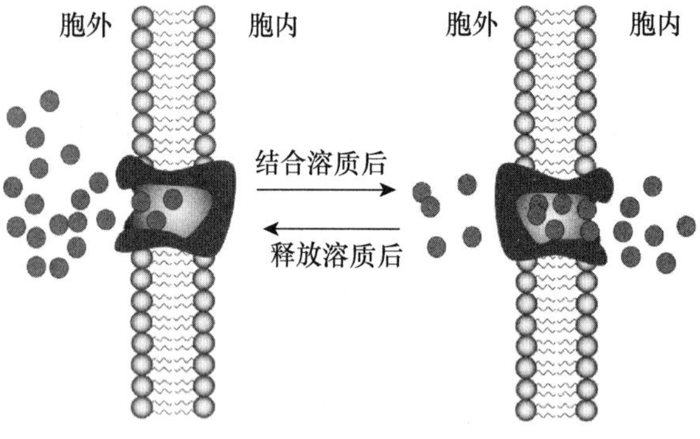

图5-1 促进扩散示意图

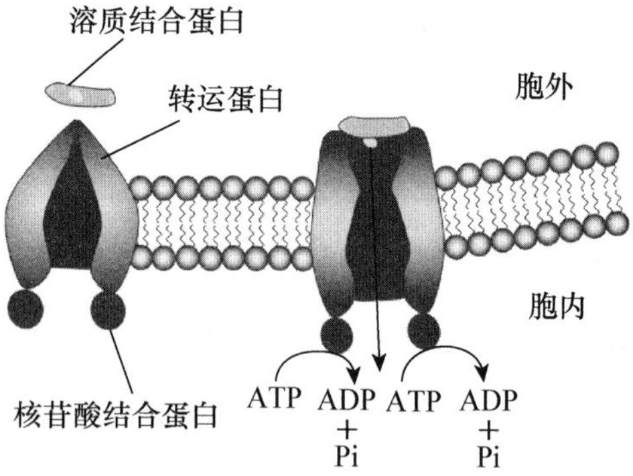

图5-2 ABC转运蛋白示意图

(二)次级主动运输

次级主动运输(secondary active transport)是利用质子浓度差产生的势能进行物质运输,运输前后物质结构保持不变的一种主动运输。次级主动运输的载体是协同转运蛋白(cotransporters),能同时转运两种物质,在质子浓度差(或电势差)消失的过程中,往往偶联其他物质的运输，包括同向转运(symport)和反向转运(antiport)(图 5-4)。同向转运是指某种物质与质子按相同方向通过同一载体进行运输。在大肠杆菌中，通过这种方式运输的物质主要有丙氨酸、丝氨酸、甘氨酸、谷氨酸、乳糖、岩藻糖、蜜二糖、阿拉伯糖、乳酸、葡萄糖醛酸及某些阴离子(如 HPO_4^{2-}、HSO_4^-)等。大肠杆菌的乳糖透过酶是研究比较清楚的次级主动运输。乳糖透过酶在转运 1 分子乳糖到胞内的同时，有 1 分子的质子顺着质子浓度梯度也同时进入胞内。异向转运则是指某种物质(如 Na^+)与质子按相反方向通过同一载体进行运输。

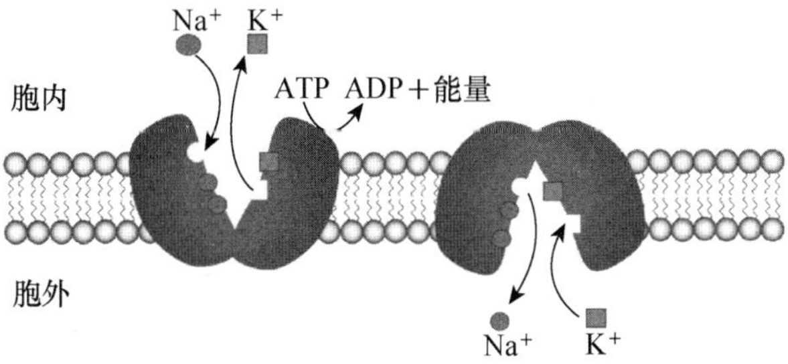

图 5-3 Na^+，K^+-ATP 酶系统示意图

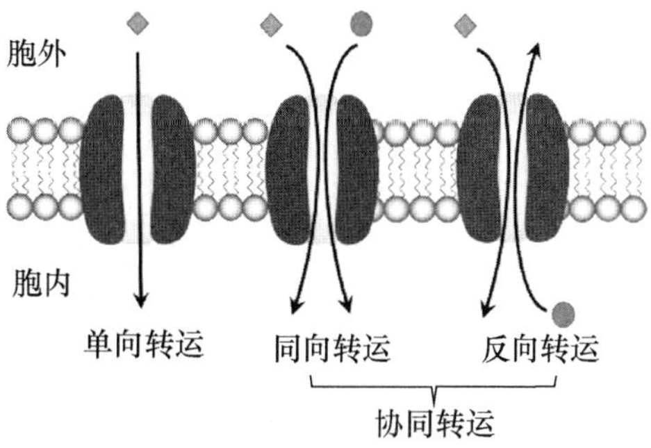

图 5-4 单向和协同转运蛋白

细菌通常通过一种以上的转运系统吸收某一营养物质。例如大肠杆菌，有至少 5 个半乳糖转运系统，3 个分别运送谷氨酸和亮氨酸的转运系统，以及 2 个 K^+ 离子转运复合体。当同一物质存在多个转运系统时，它们通常在能量来源、运输物质的偏好性以及调控特性方面有所不同。可见，转运系统的多样性提高了微生物对环境变化的适应能力。

(三)基团转位

基团转位(group translocation)最显著的特点是物质在运送前后发生分子结构的变化。基团转位主要用于运送各种糖类(葡萄糖、果糖、甘露糖和 *N*-乙酰葡糖胺等)、核苷酸、丁酸和腺嘌呤等物质。其运送机制在 *E. coli* 中研究得较为清楚，主要通过磷酸烯醇式丙酮酸-磷酸糖转移酶运输系统即磷酸转移酶系统(phosphotransferase system，PTS)进行。PTS 系统每输入 1 个葡萄糖分子，需要消耗 1 分子 ATP 的能量。

PTS 系统通常由 5 种蛋白质组成，包括酶Ⅰ、酶Ⅱ(包括 a、b 和 c 共 3 个亚基)以及一种低分子量的热稳定蛋白质(HPr)。酶Ⅰ和 HPr 为细胞质蛋白，均无底物特异性。酶Ⅱ a 也是可溶性细胞质蛋白，无底物特异性。酶Ⅱ b 和酶Ⅱ c 为膜蛋白，对底物具有特异性，可通过诱导产生，因此种类很多。PEP 是一种高能化合物，可用于合成 ATP。但是，在 PTS 系统中，贮存在 PEP 中的能量被用于糖的吸收而不是 ATP 的合成。PTS 能把多种糖转运到胞内，用 PEP 提供的磷酸基团对糖进行磷酸化。具体运送分两步进行：

(1)HPr 的激活　在酶Ⅰ的作用下，PEP 的磷酸基团对 HPr 进行激活。

$$\text{PEP}+\text{HPr}\xrightarrow{\text{酶Ⅰ}}\text{Pyr(丙酮酸)}+\text{HPr}\sim\text{p}$$

(2)糖经磷酸化运送进入细胞质膜内　膜外的糖分子先与膜外表面的酶Ⅱc 结合，然后糖分子被由 HPr～p → 酶Ⅱ a → 酶Ⅱ b 依次传递的磷酸基团激活，最后通过酶Ⅱc，再把磷酸化的糖释放到细胞质中(图 5-5)。

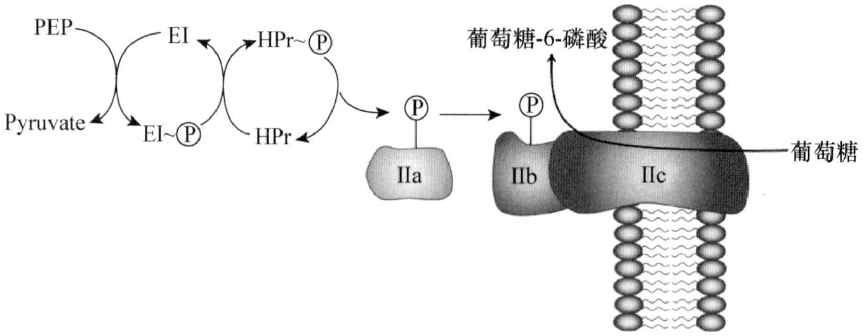

图 5-5　细菌的 PTS 转运系统

基团转位广泛存在于原核生物的兼性和专性厌氧菌中，如 *E. coli*、*Salmonella*、*Bacillus*、*Staphylococcus* 和 *Clostridium* 等，主要用于糖的运输，脂肪酸、核苷、碱基等也可以通过这种方式运输。目前尚未在好氧细菌及真核生物中发现这种运输方式，也未发现这种方式的氨基酸运输。

通过渗透吸收作用的四种运送营养方式的比较见表 5-7。

表 5-7　四种运送营养方式的比较

比较项目	单纯扩散	促进扩散	主动运输	基团移位
特异载体蛋白	无	有	有	有
运送速度	慢	快	快	快
溶质运送方向	由浓至稀	由浓至稀	由稀至浓	由稀至浓
平衡时内外浓度	内外相等	内外相等	内部高	内部高
运送分子	无特异性	特异性	特异性	特异性
能量消耗	不需要	不需要	需要	需要
运送前后溶质分子	不变	不变	不变	改变
载体饱和效应	无	有	有	有
与溶质类似物	无竞争性	有竞争性	有竞争性	有竞争性
运送抑制剂	无	有	有	有
运送对象举例	水、甘油、乙醇、O_2、CO_2	糖、SO_4^{2-}、PO_4^{3-} 等	氨基酸、乳糖等糖类，少量无机离子	葡萄糖、果糖、嘌呤、嘧啶等

四、膜泡运输

膜泡运输(membrane vesicle transport)是指大分子和颗粒物质被运输时并不直接穿过细胞膜，而是由膜包围形成膜泡，通过一系列膜囊泡的形成和融合来完成转运的过程。这种方式主要存在于原生动物，尤其是变形虫(amoeba)中。

变形虫通过趋向性运动靠近营养物质，将物质吸附到膜表面，然后靠近物质一侧的细胞膜，通过内陷逐步将营养物质包围，形成一个膜泡，最后包裹该营养物质的膜泡，离开细胞质膜，游离于细胞质中，营养物质即由胞外进入胞内。当膜泡中包裹的是固体物质时，这种运输方式称为胞吞作用(phagocytosis)；当膜泡中包裹的是液体物质时，则称之为胞饮作用(pinocytosis)。通过胞吞作用或胞饮作用进行的膜泡运输，一般分为 5 个时期(图 5-6)，即吸附期、膜伸展期、膜泡迅速形成期、附着膜泡形成期和膜泡释放期。

图 5-6 膜泡运输示意图

第四节 培养基

培养基(culture medium)是指人工配制的，适合微生物生长繁殖或产生代谢产物的营养基质。培养基是微生物学研究和微生物发酵生产的基础，无论是以微生物为材料的研究，还是利用微生物生产生物制品，都必须进行培养基的配制。任何培养基都应具备微生物生长所需的 6 大营养要素。

一、配制培养基的原则

1. 目的明确

在配制培养基前，首先要明确培养目的，要培养什么微生物？是为了得到菌体还是代谢产物？是用于实验室研究还是发酵生产？是进行一般研究还是精密的生理、生化或遗传学研究？是用作“种子”培养基还是发酵培养基？是生产含碳量高的发酵产物(如乙醇、乳酸、丙酮、丁醇和柠檬酸等)还是含氮量高的产物(如氨基酸、酶制剂、单细胞蛋白等)？根据不同目的、不同微生物的营养需求配制相应的培养基。

培养细菌、放线菌、酵母菌、霉菌所需的培养基是不同的。在实验室中，常用牛肉膏蛋白胨培养基(简称：普通肉汤培养基)培养异养型细菌，用高氏一号合成培养基培养放线菌，酵母菌培养一般用麦芽汁培养基，霉菌培养一般用查氏培养基。特殊类型的微生物还需特殊的培养基。

自养型微生物能利用简单的无机物合成自身需要的复杂有机物，因此培养自养型微生物的培养基由简单的无机物组成。对于光能自养型微生物，除各类营养物质外，还要提供光照作为能源。异养型微生物的培养基中需要添加有机物，培养不同类型异养型微生物的培养基组成也相差较大。有些异养型微生物需要多种生长因子，如肠膜明串珠菌的合成培养基中需要添加 33 种生长因子，因此通常采用天然有机物为其提供所需的生长因子。

如果为了获得菌体或作种子培养基用，培养基的营养成分应该丰富一些，特别是氮源含量要高，以利于微生物的生长与繁殖。如果为了获得代谢产物或用作发酵培养基，则氮源宜低，避免微生物生长过旺而不利于代谢产物的积累。在有些代谢产物的生产中，往往加入相应的组成元素或前体物质，如生产维生素 B_{12} 时要加入钴盐，在金霉素生产中加入氯化物，生产氨节青霉素时要加入前体物质苯乙酸。

2. 营养协调

培养基不仅应含有维持微生物生长所必需的一切营养物质,更为重要的是,营养物质的浓度与配比要适宜。营养物质浓度过低不能满足其正常生长需要;过高又可能抑制其生长。例如,过高浓度的糖类、无机盐、重金属离子等对微生物的生长具有抑制甚至杀菌作用。

各营养物质之间的浓度配比也直接影响微生物的生长繁殖和代谢产物的积累,特别是碳氮比(C/N)的影响较大。C/N 即培养基中碳源与氮源含量的比值,一般指碳源中碳元素的摩尔数与氮源中氮元素摩尔数的比值,有时也指培养基中还原糖与粗蛋白的含量之比。不同微生物要求不同的 C/N。通常,细菌需要 C/N 较低(约为 5∶1)的培养基,真菌需要 C/N 较高(约为 10∶1)的培养基。

在发酵生产中,C/N 直接影响发酵产量。如谷氨酸发酵中,培养基 C/N 为 4∶1 时,菌体大量繁殖,谷氨酸积累少;培养基 C/N 为 3∶1 时,则菌体繁殖被抑制,谷氨酸产量增加。

3. 理化适宜

理化适宜指培养基的 pH、氧化还原电位、渗透压和水活度等物理化学条件要适宜。

(1)pH　各类微生物生长繁殖或产生代谢产物的最适 pH 各不相同。例如,生长适宜的 pH 范围,细菌为 6.5～7.5,放线菌为 7.5～8.5,酵母菌为 3.8～6.0,霉菌为 4.0～5.8,藻类为 6.0～7.0,原生动物为 6.0～8.0。但对于某一具体的微生物,其生长的最适 pH 常会突破上述界限,其中一些嗜极微生物尤为突出。

微生物在生长繁殖和代谢过程中,由于营养物质的分解利用及代谢产物的形成和积累,会导致培养基的 pH 发生变化,若不及时控制,就会抑制微生物的生长或(和)代谢。因此,在设计此类培养基时,就要考虑培养基成分对 pH 的调节能力。这种通过培养基内在成分进行调节的方式,称为 pH 的内源调节。内源调节主要有 2 种方式:①以磷酸缓冲液进行调节:K_2HPO_4 呈碱性,KH_2PO_4 呈酸性,两种物质以相等摩尔数进行混合,混合后溶液 pH 为 6.8。通过调节二者浓度比,K_2HPO_4/KH_2PO_4 缓冲系统可在一定范围内(pH 6.4～7.2)维持 pH 的稳定。②以 $CaCO_3$ 作"备用碱"进行调节:$CaCO_3$ 在水中溶解度很低,将它加入液体或固体培养基中,不会使培养基的 pH 明显升高。当微生物生长过程中不断产酸时,可以溶解 $CaCO_3$,同时释放 CO_2,从而发挥其调节培养基 pH 的作用。也可使用 $NaHCO_3$,以避免培养基中产生沉淀。③ 培养基中还存在一些天然的缓冲系统,如氨基酸、肽、蛋白质都是两性电解质,也具有缓冲剂的作用。

与内源调节相对应的是外源调节,这是一类按实际需要不断从外界流加酸或碱液,以调整培养液 pH 的方法。

(2)氧化还原电位　又称氧化还原电势(redox potential),是度量氧化还原系统中还原剂释放电子或氧化剂接受电子的指标,一般用 E_h 表示,单位是伏(V)或毫伏(mV)。不同微生物对培养基的氧化还原电位要求不同。一般好氧微生物生长的 E_h 为 +0.3～+0.4 V。兼性厌氧微生物在 +0.1 V 以上时进行好氧呼吸,在 +0.1 V 以下时进行厌氧发酵。厌氧微生物只能在 +0.1 V 以下的环境中生长。氧化还原电位与氧分压有关,也受 pH 的影响。pH 低时,氧化还原电位高;pH 高时,氧化还原电位低。好氧微生物的培养必须保证氧的供应,可通过提高通气量(如振荡培养、搅拌)或加入氧化剂,以满足较高的 E_h,厌氧微生物的培养则必须除去氧，常在培养基中加入适量的还原剂以降低 E_h，常用的还原剂有巯基乙酸、半胱氨酸、抗坏血酸、谷胱甘肽、硫化钠、铁屑等，也可以用其他理化手段除去氧。

(3)渗透压和水活度　多数微生物能耐受渗透压较大幅度的变化。微生物在长期进化过程中，已形成一套高度适应渗透压的特性，如通过胞内糖原、PHB 等大分子贮藏物的合成或分解来调节渗透压。培养基中营养物质的浓度过大，会使渗透压太高，使细胞发生质壁分离，抑制微生物的生长。低渗溶液则使细胞吸水膨胀，易破裂。配制培养基时要注意渗透压的大小，要掌握好营养物质的浓度。常在培养基中加入适量的 NaCl 以提高渗透压。

水活度是一个比渗透压更有生理意义的物化指标，表示微生物可实际利用的游离水或自由水的含量。微生物生长繁殖的水活度范围为 0.60～0.99。

4. 经济节约

在配制培养基时应选择价格低廉且来源方便的原料作为培养基成分，尤其是在大规模的发酵工业中，培养基用量大，低成本的原料有利于提高经济效益。麸皮、米糠、玉米浆、酵母浸膏、豆饼、花生饼和蛋白胨等农副产品或制品都是常用的发酵工业原料。例如，利用糖蜜、乳清、豆制品工业废液及造纸废液等作为工业生产单细胞蛋白的培养基原料。

二、培养基的类型

培养基种类繁多，以下根据组成成分、物理状态和用途的不同将培养基分为多种类型。

1. 按组成成分划分

(1)天然培养基　天然培养基(complex medium)是指一类利用动、植物或微生物体等天然有机物为原料制备的、营养成分不清楚或化学成分不恒定的培养基，例如培养细菌的牛肉膏蛋白胨培养基和培养酵母菌的麦芽汁培养基等。天然培养基中常用的成分包括：麦芽汁、牛肉浸膏、蛋白胨、鱼粉、麸皮、玉米粉、花生饼粉、玉米浆及马铃薯等。

天然培养基的优点是营养丰富、种类多样、配制方便、价格低廉，缺点是化学成分不清楚、不稳定。因此，这类培养基适合一般实验室中的菌种培养、发酵工业中生产菌种的培养和某些发酵产物的生产等。由于成本较低，天然培养基也适合用于大规模的工业微生物发酵生产。

(2)合成培养基　合成培养基(synthetic medium)又称组合培养基或综合培养基，是由化学成分完全了解的物质配制而成的培养基。例如培养放线菌的高氏一号培养基、培养真菌的察氏培养基等。合成培养基的优点是成分精确、重复性强；缺点是价格较贵、配制麻烦、培养微生物的生长速率较慢。因此，合成培养基适于在实验室进行微生物的营养需求、代谢、生理、生化、遗传、菌种鉴定或生物测定等方面的研究工作。

(3)半合成培养基　半合成培养基(semi-synthetic medium)是指一类主要以化学试剂配制，同时添加某些天然成分的培养基。例如培养细菌的 LB 培养基，培养真菌的马铃薯蔗糖培养基等。半合成培养基特点是配制方便，成本低，微生物生长良好。因此，半合成培养基在发酵生产和实验中使用较多。

2. 按物理状态划分

根据培养基中凝固剂的有无及含量的多少，将培养基划分为液体培养基、固体培养基、半固体培养基和脱水培养基四种类型。

(1)液体培养基　液体培养基(liquid medium)中不加任何凝固剂，呈液体状态，通过振荡或搅拌可以增加培养基的通气量,同时使营养物质分布均匀。液体培养基在实验室和生产实践中广泛应用。

(2)固体培养基　在液体培养基中加入适量的凝固剂,呈固体状态的培养基称为固体培养基(solid medium)。常用的凝固剂有琼脂(agar)、明胶(gelatin)和硅胶(silica gel)等,其中,琼脂是最优良的凝固剂,固体培养基中琼脂添加量一般为1.5%～2%。

理想的凝固剂应具备以下条件:①不被培养的微生物所分解利用;②在微生物生长的温度范围内保持固体状态;③凝固剂的凝固点温度不能太低,否则将不利微生物的生长;④凝固剂对所培养的微生物无毒害作用;⑤凝固剂在灭菌过程中不会被破坏;⑥透明度好,黏着力强;⑦配制方便且价格低廉。

除在液体培养基中加入凝固剂制备的固体培养基外,一些天然固体基质制成的培养基也属于固体培养基,例如,由马铃薯、胡萝卜条、小米、麸皮及米糠制成固体状态的培养基就属于此类型培养基,又如生产酒的酒曲,生产食用菌的棉籽壳培养基。

固体培养基在科研和生产中用途很多,常用于微生物分离、鉴定、菌落计数、菌种保藏、抗生素效价测定及获得真菌孢子等,在食用菌栽培和发酵工业中也常使用固体培养基。

(3)半固体培养基　半固体培养基(semi-solid medium)是指在液体培养基中加入少量凝固剂(如0.2%～0.7%的琼脂)而制成的半固体状态的培养基。半固体培养基有许多特殊的用途,如观察微生物的运动特征、分类鉴定、噬菌体效价滴定、厌氧菌的培养及菌种保藏等。

(4)脱水培养基　脱水培养基(dehydrated medium)又称脱水商品培养基或预制干燥培养基,指含有除水以外的一切其他营养成分的商品培养基,使用时只需加入适量水并加以灭菌后即可,是一类成分精确、使用方便的现代化培养基。

3. 按用途划分

(1)基础培养基　尽管不同微生物的营养需求各不相同,但大多数微生物所需要的基本营养物质是相同的。基础培养基(basal medium)是含有一般微生物生长繁殖所需要的基本营养物质的培养基。牛肉膏蛋白胨培养基是最常用的基础培养基,基础培养基也可以作为一些特殊培养基的基本成分,根据某种微生物的特殊营养需求,加入所需要的特殊营养成分。

(2)加富培养基　加富培养基(enriched medium)也称为营养培养基,即在普通培养基(如肉汤蛋白胨培养基)中加入某些特殊营养物质制成的一类营养丰富的培养基,这些特殊的营养物质包括:血液、血清、酵母浸膏、动植物组织液、生长因子等。加富培养基一般用来培养一些营养要求比较苛刻的异养微生物,如百日咳博德氏菌(*Bordetella pertussis*)的培养需要含有血液的加富培养基。加富培养基还可以用来富集和分离某种微生物,这是因为加富培养基中含有某种微生物所需要的特殊营养物质,该种微生物在富集培养基中比其他微生物生长速度快,逐渐富集而占优势,使其他微生物被淘汰,从而达到分离该微生物的目的。

(3)鉴别培养基　鉴别培养基(differential medium)用于鉴别不同类型微生物,是在培养基中加入能与待鉴别微生物的某种代谢产物发生特定的化学反应、产生明显的特征性变化的特殊化学物质,依据这种特征性变化将待鉴别微生物与其他微生物区分开来的培养基。

鉴别培养基主要用于微生物的快速分类鉴定和分离筛选产生某种代谢产物的微生物菌种。伊红美蓝乳糖培养基,即EMB培养基,是一种最常见的鉴别培养基,它在饮用水、牛奶的大肠菌群等细菌学检查,以及*E. coli*的遗传学研究工作中有着重要的用途。一些常用的鉴别培养基参见表5-8。

表 5-8 常用的鉴别培养基

培养基名称	所含化学物质	代谢产物	培养基特征变化	主要用途
酪素培养基	酪素	胞外蛋白酶	蛋白水解圈	鉴别产蛋白酶菌株
明胶培养基	明胶	胞外蛋白酶	明胶液化	鉴别产蛋白酶菌株
油脂培养基	食用油、吐温等	胞外脂肪酶	淡红色变成深红色	鉴别产脂肪酶菌株
淀粉培养基	可溶性淀粉	胞外淀粉酶	淀粉水解圈	鉴别产淀粉酶菌株
H_2S试验培养基	醋酸铅	H_2S	产生黑色沉淀	鉴别产 H_2S 菌株
糖发酵培养基	溴甲酚紫	乳酸、醋酸、丙酸	由紫色变成黄色	鉴别肠道细菌
远藤氏培养基	碱性复红、亚硫酸钠	酸、乙醛	金属光泽深红色菌落	鉴别大肠菌群
伊红美蓝培养基	伊红、美蓝	酸	金属光泽深紫色菌落	鉴别大肠菌群

(4)选择培养基　选择培养基(selective medium)是根据微生物的特殊营养要求或其对某些化学物质的敏感性而设计的培养基,在培养基中加入相应的特殊物质,抑制混杂微生物群体中不需要的微生物的生长,从而将某种或某类微生物从混杂的微生物群体中分离出来。选择培养基常用于菌种分离筛选等。

选择性培养的方法主要有两种,一是利用待分离的微生物对某种营养物的特殊需求而设计的,如以纤维素为唯一碳源的培养基,可用于纤维素分解菌的分离;用石蜡油来富集分解石油的微生物;用较浓的糖液来富集酵母菌等;二是利用待分离的微生物对某些物理和化学因素具有抗性而设计的,如分离放线菌时,在培养基中加入数滴10%的苯酚,可以抑制霉菌和细菌的生长;在分离酵母菌和霉菌的培养基中,添加青霉素、四环素和链霉素等抗生素可以抑制细菌和放线菌的生长;结晶紫可以抑制革兰氏阳性菌,培养基中加入结晶紫后,能选择性地培养G^-菌;7.5%NaCl 可以抑制大多数细菌,但不抑制葡萄球菌,从而选择培养葡萄球菌;德巴利酵母属中的许多种酵母菌和酱油中的酵母菌能耐高浓度(18%～20%)的食盐,而其他酵母菌只能耐受 3%～11%浓度的食盐,所以,在培养基中加入 15%～20%浓度的食盐,即构成耐盐酵母菌的选择性培养基。

从某种意义上来说,加富培养基是一种营养性选择培养基。加富培养基是通过增加所要分离的微生物的数量,使其形成生长优势,从而分离到该种微生物;选择培养基则是抑制不需要的微生物的生长,使需要的微生物增殖,从而达到分离所需微生物的目的。

在实际应用中,有时需要配制既有选择作用又有鉴别作用的培养基。例如,当要分离金黄色葡萄球菌时,在培养基中加入 7.5%NaCl、甘露糖醇和酸碱指示剂,金黄色葡萄球菌可耐高浓度 NaCl,且能利用甘露糖醇产酸。因此,能在上述培养基中生长,而且菌落周围颜色发生变化,则该菌落有可能是金黄色葡萄球菌,再通过进一步鉴定加以确定。

除了上述的主要类型外,培养基按用途划分还有很多种,比如分析培养基(assay medium)常用来分析某些化学物质(抗生素、维生素)的浓度,还可以用来分析微生物的营养需求;还原性培养基(reduced medium)专门用来培养厌氧型微生物;组织培养物培养基(tissue-culture medium)含有动、植物细胞,用来培养病毒、衣原体(*chlamydia*)、立克次氏体(*rickettsia*)及某些螺旋体(*spirochete*)等专性活细胞寄生的微生物。尽管如此,有些病毒和立克次氏体目前还不能用人工培养基来培养,需要接种在动植物体内、动植物组织中才能增殖。

4. 按所培养的微生物类群来分

根据所培养的微生物种类可将培养基分为:细菌、放线菌、酵母菌和霉菌培养基。

常用的异养型细菌培养基为牛肉膏蛋白胨培养基,常用的自养型细菌培养基是无机的合成培养基;常用的放线菌培养基为高氏一号合成培养基;常用的酵母菌培养基为麦芽汁培养基;常用的霉菌培养基为马铃薯蔗糖培养基(PDA 培养基)。

利用各种培养基分离和培养微生物已有 100 多年的历史,但是随着分子生物学技术的发展和应用,人们逐渐认识到目前所能培养的微生物数量极少,还不到自然界存在的微生物数量的 1%,这是由于自然界中大多数的微生物不能在常规培养基上生长,曾被认为是“未培养微生物”。实际上,所谓的“未培养”,是因为人们尚不清楚适合这些微生物生长的培养基和培养条件。

思考题

1. 试述微生物所需要的 6 大类营养物质的主要类型及其生理作用。
2. 可提供微生物碳源、氮源的营养物质分别有哪些?
3. 微生物需要的大量矿质元素有哪些?
4. 微生物所需的生长因子有哪些?
5. 比较微生物 4 种营养类型的异同,并分别举例一种微生物。
6. 比较微生物吸收营养的 4 种主要方式:简单扩散、促进扩散、主动运输、基团转移的异同。
7. 用作固体培养基的凝固剂通常是什么?
8. 按照用途,培养基分为哪些种类?
9. 简述天然培养基和合成培养基的优点及其适用情况。
10. 配制培养基时应注意哪些原则?

第六章

微生物的代谢

微生物在生长发育和繁殖过程中需要不断从外界摄取营养物质，在体内经过一系列的生化反应，转变成能量和构成细胞的物质，并排出部分分解产物，这一过程统称为新陈代谢，可分为分解代谢和合成代谢。分解代谢是指微生物细胞将大分子物质降解成小分子物质并产生能量的过程。合成代谢是指细胞利用简单的小分子物质、能量和还原力合成复杂大分子并消耗能量的过程。代谢是一切生命活动的核心，其具有以下特点：①所有的代谢过程都遵守热力学定律；②细胞从环境中获得的能源被转化为通用能源 ATP 而得以储存；③氧化还原反应在能量转化过程中起关键作用；④细胞的化学反应是以代谢途径的形式体现出来的；⑤所有的代谢途径是由酶催化的；⑥所有的生化途径都是被整体调控的。其中与能量的合成和利用相关的过程称为能量代谢。

第一节　微生物的能量代谢

所有的生命活动都需要能量，因此，能量代谢是新陈代谢的核心问题。研究能量代谢的根本目的就是探究微生物如何将自然界中不同形式的能源包括光能和化学能转化为生命活动的通用能源 ATP 的过程，以及能量是如何被利用的。

一、ATP 的结构及其生成

ATP 简称腺苷三磷酸，由腺嘌呤、核糖与三分子磷酸构成，磷酸与磷酸间借磷酸酐键相连。当这种高能磷酸化合物水解（磷酸酐键断裂）时，每摩尔 ATP 可释放 30.5kJ 的能量，并形成 ADP 和无机磷酸盐，而一般的磷酸酯水解时，自由能的变化只有 8～12kJ/mol，因此称磷酸酐键为高能磷酸键。

$$ATP + H_2O \rightleftharpoons ADP + Pi + H^+$$

ATP、ADP 和无机磷酸盐广泛存在于细胞内，起着储存和传递能量的作用，因此也称为能量传递系统。在一种微生物细胞中，ATP 和 ADP 总是以一定的浓度比例范围存在，以保证生命活动中耗能与储能的正常进行。

以 ATP 形式贮存的自由能，可用于以下生物过程：

ATP 的合成是由位于线粒体、叶绿体或细菌内膜上的 ATP 合成酶（ATP synthase，AT-Pase）完成的。ATPase 和电子传递酶类不同，电子传递所释放出的自由能必须通过 ATPase 转换成可保存的 ATP 形式。这种能量的保存和 ATPase 对它的转换过程称为能量耦联

(energy coupling)或能量转换(energy conversion)。体内 ATP 生成有 3 种途径,即底物水平磷酸化、氧化磷酸化和光合磷酸化。

(一)底物水平磷酸化

底物分子中的能量直接以高能磷酸键的形式转移给 ADP 生成 ATP,这个过程称为底物水平磷酸化(substrate level phosphorylation)。这一过程在胞浆和线粒体中进行。例如在 EMP 途径中,甘油酸-1,3-二磷酸转变为甘油酸-3-磷酸以及磷酸烯醇式丙酮酸转变为丙酮酸过程中都分别耦联着 1 分子 ATP 的形成;在三羧酸循环中,琥珀酰辅酶 A 转变为琥珀酸时耦联着 1 分子 GTP 的形成等。底物水平磷酸化在生物体内广泛存在,不需要生物膜参加,不需要光和氧,为厌氧条件下生活的微生物的主要能量来源。

(二)氧化磷酸化

氧化是指底物脱氢或失电子的过程,而磷酸化是指 ADP 与 Pi 合成 ATP 的过程。在结构完整的线粒体内膜或细菌质膜上氧化和磷酸化过程紧密耦联,即氧化释放的能量用于 ATP 合成,这个过程就是氧化磷酸化(oxidative phosphorylation)。英国学者 P. Mitchell 于 1961 年提出"化学渗透学说"(chemiosmotic hypothesis,获 1978 年诺贝尔化学奖),该学说的核心是电子传递过程中导致膜内外质子浓度差,此即质子动势,质子势推动质子由膜外进入胞内,在消除质子势的同时合成 ATP。在此之后,美国科学家 Boyer 提出构象变化耦联假说(conformational-coupling hypothesis):质子势推动的质子跨膜运输启动并驱使 F_1-F_0ATP 酶构象发生改变,这种构象变化导致该酶催化部位对 ADP 和 Pi 的亲和力发生改变,并促进 ATP 的生成和释放,1994 年,英国学者 Walker 对 ATPase 晶体进行 X 射线衍射试验,其结果有力支持了 Boyer 的假说,因此,Boyer 和 Walker 共同获得了 1997 年的诺贝尔化学奖。

(三)光合磷酸化

由光照引起的电子传递与磷酸化作用相耦联而生产 ATP 的过程称为光合磷酸化(photophosphorylation)。能进行光合磷酸化的微生物包括:藻类、蓝细菌、光合细菌及极端嗜盐古菌。光合色素是光合生物特有的色素,是将光能转化为化学能的关键物质。光合色素共分为三类:叶绿素或细菌叶绿素、类胡萝卜素和藻胆素。

1. 非环式光合磷酸化

其特点是含有由光合色素组成的Ⅰ与Ⅱ两个光反应系统。系统Ⅰ的叶绿素 P_{700} 吸收光能后放出电子,电子通过铁氧还蛋白将 $NADP^+$ 还原为 NADPH 和 H^+。系统Ⅱ的 P_{680} 吸收光能后释放电子,经辅酶 Q 传给系统Ⅰ使 P_{700} 还原。失去电子的 P_{680} 靠水的光解产生的电子来补充。在整个电子传递过程中有 ATP 产生。

2. 环式光合磷酸化

一种存在于厌氧性光合细菌中的原始光合作用机制。在光能驱动下,光反应中心的菌绿素 P_{870} 被激发,放出的高能电子提供给细菌叶绿素(Bchl),然后电子依次通过辅酶 Q、细胞色素 b 和 c1、铁硫蛋白和细胞色素 c2 的传递,再返回到带正电荷的 P_{870},同时驱动 ATP

的合成。

二、ATP的利用

以 ATP 形式贮存的自由能，可用于以下生物过程：

①提供生物合成所需的能量。ATP 将其所携带的能量提供给大分子的结构元件，如氨基酸，使这些原件活化，处于较高能态，为进一步装配成蛋白质等做好准备。

②为细胞各种运动（如鞭毛运动等）及发光细菌的发光提供能量。

③为细胞提供逆浓度梯度跨膜运输营养物质所需的自由能。

④在 DNA、RNA、蛋白质等生物合成中，保证基因信息的正确传递，ATP 也以特殊方式起着递能作用。

⑤在细胞进行某种特异性生物过程如生物固氮时提供能量。

⑥以生物热的形式散失。

三、微生物的氧化方式

生物氧化是发生在活细胞内的一系列产能性氧化反应的总称，可分为脱氢（或电子）、递氢（或电子）和受氢（或电子）3 个阶段。生物氧化的功能有产能（ATP）、形成还原力[H]和产小分子中间代谢物 3 种。以无机物为受氢体的生物氧化过程称为呼吸。其中以分子氧为受氢体的称有氧呼吸（aerobic respiration），以无机化合物（如硝酸盐、硫酸盐等）为受氢体的称为无氧呼吸（anaerobic respiration），而以生物氧化过程中产生的各种中间代谢产物为受氢体的称为发酵（fermentation）。根据细菌对氧的需求不同，可分为四类：

（1）专性好氧菌（obligateaerobe） 大多数细菌和古菌，几乎所有的放线菌、蓝细菌、丝状真菌和藻类。

（2）专性厌氧菌（obligate anaerobe） 如溶纤维丁酸弧菌。

（3）兼性厌氧菌（facultative anaerobe） 在有氧或无氧环境中均能生长，但以有氧时生长较好。大多数病原菌属此类。

（4）微好氧菌（microaerophilic bacteria） 如运动发酵单胞菌，宜在低氧压下生长，氧压增高对其有抑制作用。

（一）有氧呼吸

有氧呼吸是一种最普遍又最重要的生物氧化或产能方式，有机化合物氧化脱下的氢和电子经完整的呼吸链传递，最终被外源的分子氧接收，产生水并释放出 ATP。这是一种递氢和受氢都必须在有氧条件下完成的生物氧化作用，是一种高效产能方式。

呼吸链是指位于原核生物细胞膜上或真核生物线粒体膜上的，由一系列氧化还原电势呈梯度差的、链状排列的一组氢（或电子）传递体，其功能是把氢或电子从低氧化还原电势的化合物逐级传递到高氧化还原电势的分子氧或其他无机、有机氧化物，并使它们还原。在氢或电子传递过程中，通过与氧化磷酸化相耦联造成一个跨膜质子势，进而推动 ATP 的合成。

不论在真核生物或是原核生物中,呼吸链的主要组分都是类似的,氢或电子的传递顺序一般为:

$$\begin{array}{l} \text{NAD(P)} \rightarrow \text{FP} \rightarrow \text{Fe-S} \rightarrow \text{CoQ} \rightarrow \text{Cyt b} \rightarrow \text{Cyt c} \rightarrow \text{Cyt a} \rightarrow \text{Cyt a}_3 \\ \quad\ \downarrow \qquad\qquad\qquad\qquad\qquad\quad\ \downarrow \qquad\qquad\quad \downarrow \\ \quad \text{ATP} \qquad\qquad\qquad\qquad\qquad \text{ATP} \qquad\quad\ \text{ATP} \end{array}$$

需氧微生物1分子葡萄糖在有氧呼吸条件下最终可产生32分子的ATP。

(二)无氧呼吸

某些厌氧和兼性厌氧微生物在无氧条件下进行无氧呼吸。无氧呼吸的最终电子受体是NO_3^-、NO_2^-、SO_4^{2-}、$S_2O_3^{2-}$和CO_2等外源无机氧化物。无氧呼吸也需要细胞色素等电子传递体,并在能量分级释放过程中伴随着磷酸化作用,也能产生较多的能量用于生命活动。但由于部分能量随电子转移给最终电子受体,所以产生的能量不如有氧呼吸多。

1. 硝酸盐呼吸(nitrate respiration)

又称反硝化作用(denitrification),指在无氧条件下,某些兼性厌氧微生物,如*Bacillus licheniformis*、*Paracoccus denitrificans*、*Pseudomonas aeruginosa*和*Thiobacillus denitrificans*等利用硝酸盐作为呼吸链的最终氢受体,把它还原成亚硝酸、NO、N_2O直至N_2的过程。

在通气不良的土壤中反硝化作用会造成氮肥的流失,其中间产物NO和N_2O还会污染环境。

2. 硫酸盐呼吸(sulfate respiration)

是严格厌氧菌硫酸盐还原细菌(或反硫化细菌)在无氧条件下获取能量的方式,其特点是底物脱氢后经呼吸链递氢,最终由末端氢受体硫酸盐受氢,在递氢过程中与氧化磷酸化作用相耦联而获得ATP。硫酸盐呼吸的最终还原产物是H_2S。能进行硫酸盐呼吸的严格厌氧菌有*Desulfovibrio desulfuricans*,*D. gigas*和*Desulfotomaculum nigrificans*等。在淹水或通气不良的土壤中,厌氧微生物的硫酸盐呼吸及其有害产物H_2S对植物根系生长十分不利,可引起水稻秧苗的烂根等。

3. 硫呼吸(sulphur respiration)

以无机硫作为呼吸链的最终氢受体并产生H_2S的生物氧化作用。能进行硫呼吸的都是一些兼性或专性厌氧菌,如*Desulfuromonas acetoxidans*,*Desulfurococcus*和*Thermoproteus*等。

4. 碳酸盐呼吸(carbonate respiration)

碳酸盐呼吸是一类以CO_2或重碳酸盐作为呼吸链末端氢受体的无氧呼吸。根据其还原产物不同可分为产甲烷菌产生甲烷的碳酸盐呼吸和产乙酸菌产生乙酸的碳酸盐呼吸。

(三)发酵

发酵有广义和狭义两种。狭义是指在无氧或外源氢受体的条件下,底物脱氢后所产生的还原力未经呼吸链传递而直接交给某一内源性中间代谢物,以实现底物水平磷酸化产能的一类生物氧化反应,如酒精发酵、乳酸发酵等。但在工业生产上,人们习惯上将一切依靠微生物生命活动而实现的工业生产统称为"发酵",是个广义的概念。

第二节　微生物的分解代谢

己糖的分解

对于大多数异养型微生物来说，己糖是最重要的碳源和能源，尤其是葡萄糖和果糖可以直接进入糖代谢，逐步分解成各种中间产物并释放出能量。

(一)EMP途径

EMP途径又称糖酵解途径，是绝大多数生物所共有的一条主流分解代谢途径。它以1分子葡萄糖为底物，经10步反应而产生2分子丙酮酸、2分子 $NADH+H^+$ 和2分子ATP。EMP途径的总反应式为：

$$C_6H_{12}O_6+2NAD^+ +2ADP+2Pi \rightarrow 2CH_3COCOOH+2NADH+2H^+ +2ATP+2H_2O$$

EMP途径的生理功能如下：①供应ATP形式的能量和 $NADH_2$ 形式的还原力；②是连接其他几个重要代谢途径的桥梁，包括三羧酸循环、HMP途径和ED途径等；③为生物合成提供多种中间代谢物；④通过逆向反应可进行糖的异生和多糖合成。若从EMP途径与人类生产实践的关系看，则它与乙醇、乳酸、甘油、丙酮和丁醇等的发酵生产密切相关。

(二)HMP途径

其特点是葡萄糖不经EMP途径和TCA循环而得到彻底氧化，并能产生大量 $NADPH+H^+$ 形式的还原力以及多种重要的中间代谢产物。在多数好氧菌和兼性厌氧菌中都存在HMP途径，而且通常还与EMP途径同时存在。只有 *Acetobacter suboxydans*、*Gluconobacter oxydans* 和 *Acetomonas oxydans* 等菌只存在HMP而无EMP途径。

HMP途径的总反应式为：

$$6\text{葡萄糖-6-磷酸}+12NADP^+ +7H_2O \rightarrow 5\text{葡萄糖-6-磷酸}+12NADPH+12H^+ +6CO_2+Pi$$

HMP途径在微生物生命活动中具有重大意义：

(1)供应合成原料　为核酸、核苷酸、$NAD(P)^+$、FAD(FMN)和CoA等的生物合成提供戊糖磷酸。途径中的赤藓糖-4-磷酸是合成芳香族、杂环族氨基酸的原料。

(2)产还原力　产生大量的 $NADPH_2$ 形式的还原力，不仅可供脂肪酸、固醇等生物合成之需，还可供通过呼吸链产生大量能量之需。

(3)作为固定 CO_2 的中介　是光能自养微生物和化能自养微生物固定 CO_2 的重要中介，即HMP途径中的核酮糖-5-磷酸在磷酸核酮糖激酶的催化下先形成核酮糖-1,5-二磷酸，然后再在羧化酶的催化下固定 CO_2。

(4)扩大碳源利用范围　为微生物利用 C_3～C_7 多种碳源提供了必要的代谢途径。

5)连接EMP途径　通过与EMP途径连接(在果糖-1,6-二磷酸和甘油醛-3-磷酸处)，可为生物合成提供戊糖。

在发酵工业中，通过HMP途径可提供许多重要的发酵产物，如核苷酸、氨基酸、辅酶和乳酸等。

(三)ED 途径

ED 途径又称 2-酮-3-脱氧-6-磷酸葡糖酸(KDPG)途径。存在于某些缺乏完整 EMP 途径的微生物中的一种替代途径,为微生物所特有。特点是葡萄糖只经过 4 步反应即可快速获得由 EMP 途径须经 10 步反应才能形成的丙酮酸。ED 途径的总反应为:

$$C_6H_{12}O_6 + ADP + Pi + NADP^+ + NAD^+ \rightarrow 2CH_3COCOOH + ATP + NADPH + H^+ + NADH + H^+$$

ED 途径的特点:①特征性反应为 KDPG 裂解为丙酮酸和 3-磷酸甘油醛;②关键酶为 KDPG 醛缩酶;③其终产物的 2 分子丙酮酸来源不同,一分子由 KDPG 直接裂解形成,另一分子由 3-磷酸甘油醛经 EMP 途径转化而来;④产能效率低(1 mol ATP/1 mol 葡萄糖)。

ED 途径是少数 EMP 途径不完整的细菌所特有的利用葡萄糖的替代途径。由于它可与 EMP 途径、HMP 途径和 TCA 循环等代谢途径相连,故可相互协调,满足微生物对能量、还原力和不同中间代谢产物的需要。

具有 ED 途径的细菌有 *Pseudomonas saccharophila*、*P. aeruginosa*、*P. fluorescens*、*Zymomonas mobilis* 和 *Alcaligenes eutrophus* 等。

(四)磷酸解酮酶途径

该途径的特征性酶是磷酸解酮酶,根据解酮酶的不同,把具有磷酸戊糖解酮酶的途径称为 PK 途径,把具有磷酸己糖解酮酶的途径称为 HK 途径。两歧双歧杆菌可以利用 HK 途径生成乳酸和乙酸。肠膜状明串珠菌可利用 PK 途径分解葡萄糖生成乳酸、乙醇或乙酸。

第三节 微生物的合成代谢

微生物的合成代谢是指从简单小分子物质合成复杂的大分子物质如蛋白质、核酸、多糖和脂类等化合物。合成作用具备三要素,即小分子前体物质、能量和还原力。尽管分解代谢和合成代谢密切联系,但合成代谢绝不是分解代谢的简单逆转。主要表现在:①酶系不同;②分解代谢是产能反应,合成代谢是耗能反应;③在真核生物中,合成代谢和分解代谢发生在细胞的不同区域,而原核生物是由膜上的不同酶来催化完成。

一、无机养分的同化

任何营养型的微生物都需要无机养料,主要是吸收 CO_2、无机盐离子(如硝酸根离子和硫酸根离子);有的微生物也能同化 N_2,N_2 同化为氨的过程,即生物固氮作用,将在第十一章中阐述。

(一)CO_2 的同化

CO_2 是自养微生物的唯一碳源,将空气中的 CO_2 同化成细胞物质的过程称为 CO_2 的固定。微生物同化 CO_2 有两种方式,一种是自养式,另一种是异养式。在自养式中,CO_2 主要是通过卡尔文循环固定。在异养式中,CO_2 被固定在某种有机酸上,因此异养微生物即使能同化 CO_2,也必须靠吸收有机碳化合物生存。

1. 自养微生物对 CO_2 的固定

卡尔文循环存在于所有化能自养细菌和大部分光合细菌中。经卡尔文循环同化 CO_2 的途径分为 3 个阶段：CO_2 的固定；被固定 CO_2 的还原；CO_2 受体的再生(图 6-1)。其总反应式为：

$$6CO_2+12NAD(P)H_2+18ATP \longrightarrow C_6H_{12}O_6+12NAD(P)+18ADP+18Pi+6H_2O$$

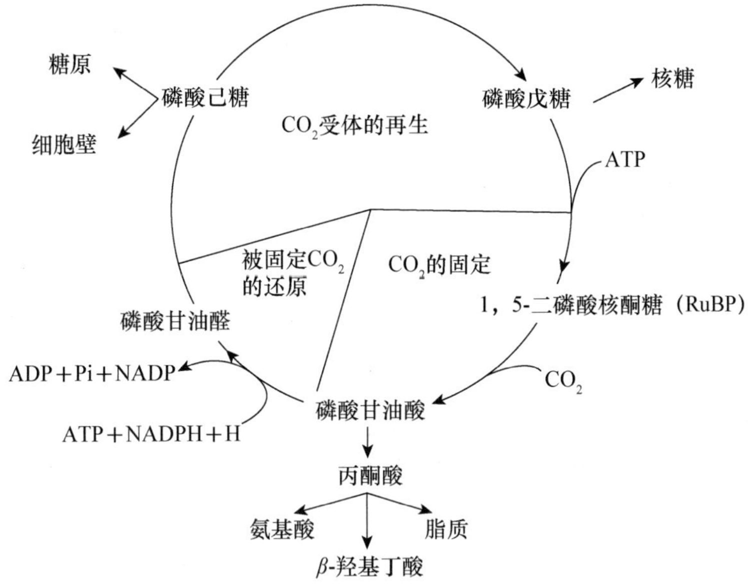

图 6-1　卡尔文循环的 3 个阶段

在卡尔文循环中，磷酸核酮糖激酶和核酮糖二磷酸羧化酶是 2 个关键酶，前者推动磷酸化，后者进行羧化。

除了卡尔文循环外，在一些产乙酸菌、硫酸盐还原菌和产甲烷菌等化能自养细菌中存在有厌氧乙酰 CoA 途径；在少数绿色非硫细菌如绿弯菌属中存在羟基丙酸途径；在绿菌属的一些绿色硫细菌中 CO_2 的固定可通过逆向 TCA 途径实现。

2. 异养微生物对 CO_2 的固定

尽管化能异养微生物的碳源只有很少量来自 CO_2，但这一反应在补充关键性中间代谢产物中是很关键的。异养型 CO_2 固定主要是合成 TCA 循环中的中间产物。下面是 3 个异养型 CO_2 固定的反应。

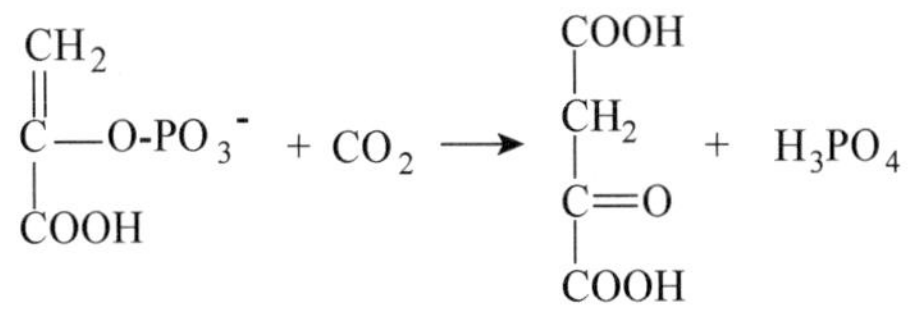

磷酸烯醇丙酮酸　　草酰乙酸

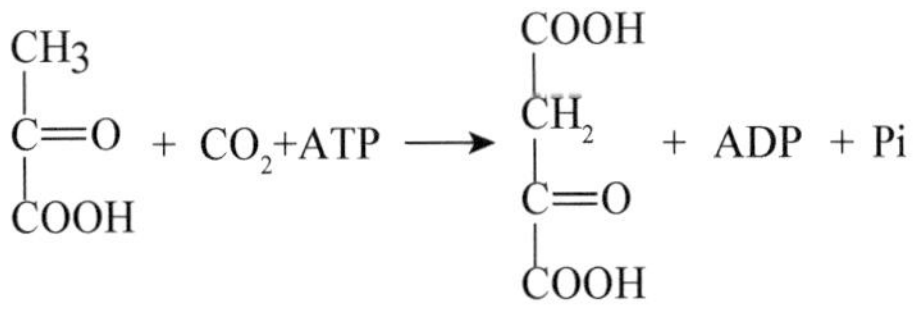

丙酮酸　　草酰乙酸

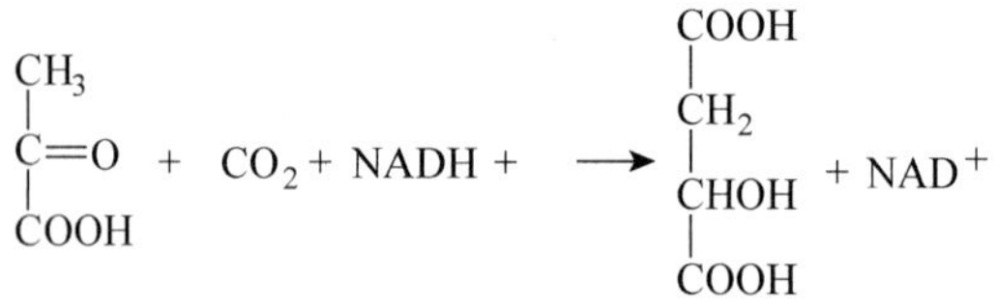

丙酮酸　　　　苹果酸

(二)硝酸盐的同化还原

硝酸盐是一种高度氧化状态的无机氮源,它首先要被还原为氨才能同化为有机氮化物,这一过程称为硝酸盐的同化还原作用。大多数细菌、丝状真菌和少数酵母菌都能够进行硝酸盐的同化还原。同化型硝酸盐还原需经过两个阶段,第一阶段是硝酸盐还原成亚硝酸盐:

$$NO_3^- + NADPH + H^+ \longrightarrow NO_2^- + H_2O + NADP^+$$

此反应由同化型硝酸盐还原酶催化,供氢体是 $NADPH+H^+$ 或 $NADH+H^+$。同化型硝酸盐还原酶是一种位于细胞质中的可溶性酶,当微生物以氨作为氮源时,它的合成可被氨阻遏。

第二阶段是由亚硝酸还原成氨。

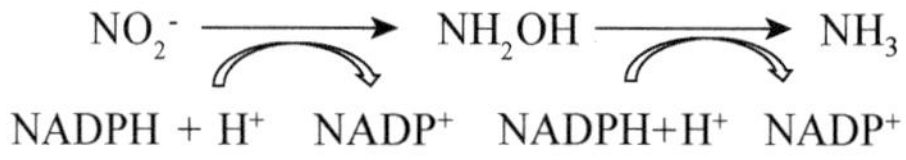

其中 NO_2^- 被还原成羟胺的反应是由亚硝酸还原酶催化的。该酶是一种含金属的蛋白。脉孢霉的亚硝酸还原酶中含有 Cu 和 Fe,棕色固氮菌的羟胺还原酶含有 Mn。

(三)硫酸盐的同化还原

大多数微生物能够从环境中吸收无机硫酸盐,如硫酸镁等,在细胞内还原合成有机硫,称为同化型硫酸盐还原。有机硫(存在于部分含硫氨基酸中)和 B 族维生素(生物素、硫辛酸和硫胺素)及某些有机硫酸盐是生物细胞的必要组分。硫酸盐的同化还原过程首先是 ATP 对硫酸根的活化,包括两步反应合成磷酸腺苷磷酰硫酸。

$$ATP + SO_4^{2-} \longleftrightarrow \text{腺苷磷酸硫酸酐} + PPi$$

$$ATP + \text{腺苷磷酸硫酸酐} \longleftrightarrow \text{磷酸腺苷磷酰硫酸} + ADP$$

被活化的硫酸以 NADPH 作为电子供体,随后依次还原为亚硫酸和硫化氢(H_2S),H_2S 加到丝氨酸上,产生半胱氨酸而成为有机硫。

硫酸盐的同化还原不同于异化还原。在异化还原时,硫酸盐作为厌氧呼吸中电子最终受体,硫酸盐的活化形成腺苷磷酸硫酸酐,而不是磷酸腺苷磷酰硫酸。

二、细胞结构大分子物质的合成

(一)肽聚糖的合成

无论自养微生物还是异养微生物,其合成单糖的途径一般都是通过 EMP 途径逆行合成葡萄糖-6-磷酸然后再转化为其他的糖。因此单糖合成的中心环节是葡萄糖的合成。

微生物细胞内的多糖是一种多聚物，包括同多糖和杂多糖。多糖的合成不仅仅是分解反应的逆转，通常是以核苷二磷酸糖（如尿苷二磷酸葡萄糖）作为起始物，接着糖单位逐个添加到多糖链的末端，使糖链延长。

原核微生物细胞壁的重要组分是肽聚糖，它是一种杂多糖。肽聚糖的单体是在细胞内合成，然后通过膜，在膜外合成，聚合作用所需的酶位于细胞膜上。肽聚糖的合成过程一般分为 4 步。

1. UDP-*N*-乙酰葡萄糖胺和 UDP-*N*-乙酰胞壁酸的合成

这两种物质的合成发生在细胞质中，具体反应途径如下所示：

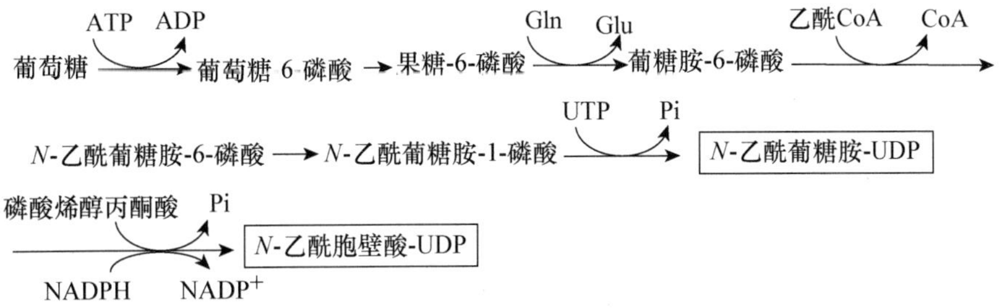

2. UDP-NAM-五肽的合成

L-丙氨酸与 UDP-NAM 上的羧基通过肽键相连，然后 *D*-谷氨酸、*L*-赖氨酸、*D*-丙氨酸和 *D*-丙氨酸以肽键依次连接。每加入一个氨基酸需消耗 1 分子 ATP，这样就形成了 UDP-NAM-五肽。在这个五肽中，氨基酸的顺序由酶的专一性决定。

3. 组装和运载

UDP-NAM-五肽转移至细胞膜，与膜上的类脂载体（细菌萜醇）结合，生成类脂载体-P-NAM-五肽，放出 UMP。UDP-NAG 以 β-1，4-糖苷键与类脂载体-P-NAM-五肽结合，形成 NAG-NAM-五肽-P-类脂载体，放出 UDP。至此便完成了一个肽聚糖基本重复单位的合成，它可以插入正在增长的细胞壁生长点上，同时释放出类脂载体焦磷酸。类脂载体焦磷酸脱去一个磷酸，变成有活性的类脂载体磷酸参与下一轮反应。由此可见，类脂载体在肽聚糖合成过程中起着将 NAG 和 NAM-五肽连接，并将这种双糖五肽单位从细胞质转移到细胞膜上，进而使肽聚糖的合成从细胞质内膜表面转移到外表面的细胞壁生长点上（图 6-2）。

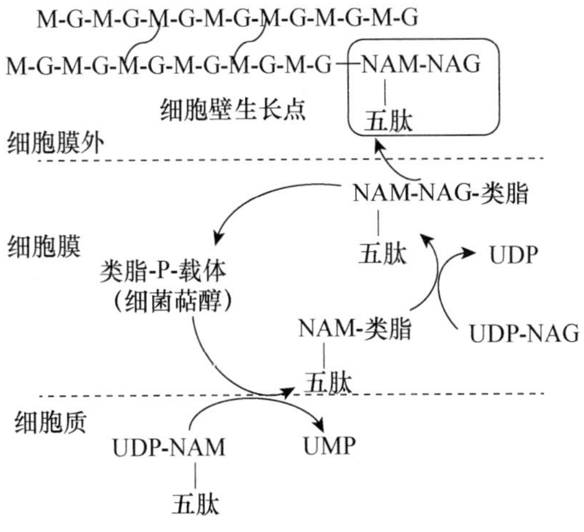

图 6-2　肽聚糖的合成途径

4. 肽聚糖的交联

交联是指肽聚糖中肽链之间的连接。革兰氏阴性菌(如大肠杆菌)一般是由一条肽链的第4个氨基酸与另一条肽链的第3个氨基酸之间以肽键直接交联;革兰氏阳性菌(如金黄色葡萄球菌)是通过5个甘氨酸的肽桥进行交联。交联反应受转肽酶的催化,在转肽的同时,肽链上的第5个氨基酸(*D*-丙氨酸)释放出来。青霉素、头孢霉素等具有β内酰胺结构的抗生素能通过抑制转肽酶活性来抑制肽聚糖的合成,从而起到抑菌作用。环丝氨酸、万古霉素和持久霉素等其他一些抗生素可以分别在肽聚糖合成的不同阶段起抑制作用,从而影响细菌的细胞壁合成。这些抗生素对已经合成的肽聚糖无破坏作用。

(二)氨基酸和其他含氮有机物的合成

氨基酸和其他含氮有机物如核苷酸可分别合成蛋白质和核酸。这些含氮有机物中的氮原子可以来自有机与无机含氮化合物,也可来自空气中的分子氮(N_2)。

1. 氨基酸的合成

N_2通过生物固氮作用还原为氨,进而整合到氨基酸中,见生物固氮作用。

NO_3^-是多种植物和微生物的良好氮素原料。NO_3^-首先通过同化型硝酸还原作用还原成NH_3(如前所述),再进入含氮有机化合物的合成作用。

氨同化途径是先合成谷氨酸(或谷氨酰胺)、丙氨酸和天冬氨酸,然后由这几种氨基酸作为氨基供体,合成其他氨基酸。例如:

$$\alpha\text{-酮戊二酸}+NH_4^+ +NADH+H^+ \xrightleftharpoons{GDH} L\text{-谷氨酸}+NAD^+$$

$$\alpha\text{-酮戊二酸}+NH_4^+ +NAPH+H^+ \xrightleftharpoons{GDH} L\text{-谷氨酸}+NADP^+$$

谷氨酸脱氢酶(GDH)有两种:NAD-GDH 和 NADP-GDH。谷氨酸和其他不含氮有机酸交换氨基可以形成多种氨基酸,此称为转氨基作用。例如:

$$L\text{-谷氨酸}+\text{丙酮酸}\longrightarrow\alpha\text{-酮戊二酸}+\text{丙氨酸}$$

$$L\text{-谷氨酸}+\text{草酰乙酸}\longrightarrow\alpha\text{-酮戊二酸}+L\text{-天冬氨酸}$$

$$L\text{-谷氨酸}+\text{苯丙酮酸}\longrightarrow\alpha\text{-酮戊二酸}+L\text{-苯丙氨酸}$$

多种微生物可经上述类似反应从氨合成所需的各种氨基酸。有些种类或突变株则因缺乏某种或几种必需的酶而不能合成一种或几种氨基酸。培养基中有无相应的氨基酸就成为它们能否生长的关键。

2. 核酸的合成

核苷酸在生物体内主要用来合成核酸和参与某些酶的组成。它由碱基、核糖和磷酸三部分组成。核糖是从1-焦磷酸-5-磷酸核糖(PRPP)产生,后者又是从糖代谢的HMP途径产生:

$$\text{HMP 途径}\longrightarrow\text{5-磷酸核糖}$$

$$\text{5-磷酸核糖}+ATP\xrightarrow{\text{PRPP 合成酶}}PRPP+AMP$$

PRPP经过一系列酶的催化合成作用产生次黄嘌呤核苷酸(IMP),再产生腺嘌呤核苷酸和鸟嘌呤核苷酸:

$$\text{IMP} \nearrow \text{AMP} \longrightarrow \text{ADP} \longrightarrow \text{ATP}$$
$$\text{IMP} \searrow \text{GMP} \longrightarrow \text{GDP} \longrightarrow \text{GTP}$$

嘧啶核苷酸也是从 PRPP 产生的，首先是：

$$\text{天冬氨酸} + \text{氨甲基磷酸} \longrightarrow \text{嘧啶碱}$$

$$\text{嘧啶碱} + \text{PRPP} \longrightarrow \text{磷酸乳清核苷酸(OMP)}$$

再从 OMP 产生尿嘧啶和胞嘧啶：

$$\text{OMP} \longrightarrow \text{UMP} \longrightarrow \text{UDP} \longrightarrow \text{UTP} \longrightarrow \text{CTP}$$

以上是构成 4 种主要核糖核苷酸(ATP、GTP、UTP、CTP)的简要途径。

3 种脱氧核糖核苷酸是从核糖核苷酸还原产生的：

$$\text{ADP} \longrightarrow \text{dADP} \longrightarrow \text{dATP}$$

$$\text{GDP} \longrightarrow \text{dGDP} \longrightarrow \text{dGTP}$$

$$\text{CDP} \longrightarrow \text{dCDP} \longrightarrow \text{dCTP}$$

胸腺嘧啶脱氧核糖核苷酸(dTTP)则可以从尿嘧啶核苷二磷酸(UDP)经过一系列过程产生，也可以由胞嘧啶脱氧核苷三磷酸脱氨产生。

$$\begin{array}{c} \text{dCTP} \\ \downarrow \end{array}$$

$$\text{UDP} \longrightarrow \text{dUDP} \longrightarrow \text{dUTP} \longrightarrow \text{dUMP} \longrightarrow \text{dTMP} \longrightarrow \text{dTDP} \longrightarrow \text{dTTP}$$

核酸是一类与生物遗传信息贮存与传递密切相关的大分子化合物。核酸有两类，一类是脱氧核糖核酸(DNA)，一类是核糖核酸(RNA)。DNA 由 4 种脱氧核苷酸(A、G、T、C)为基本单位，RNA 由 4 种核糖核苷酸(A、G、U、C)为基本单位，通过 3,5-磷酸二酯键连接起来的大分子化合物。

三、微生物的次生代谢

初生代谢是一类普遍存在于一切生物中的代谢，与生物生存有关。次生代谢是指微生物合成一些对微生物本身的生命活动没有明确功能的物质的过程。与初生代谢物不同的是次生代谢物往往具有分子结构复杂、代谢途径独特、参与酶的专一性不高、在生长后期合成、因菌株不同而异、产量较低、生理功能不很明确以及合成一般受染色体外的遗传物质质粒控制等特点。

目前所知，由微生物产生的次生代谢产物有 5 万余种，其中主要的是抗生素(约 1.6 万种)和生理活性物质(约 0.6 万种)，产生菌主要为放线菌(1.01 万种)、真菌(0.86 万种)和细菌(0.38 万种)。

根据次生代谢产物作用不同，主要可分为抗生素、生长刺激素、维生素、色素和毒素等。

(一)抗生素

继 Fleming 和 Waksman 发现青霉素和链霉素之后，迄今已报道的抗生素虽然有上万种，但目前真正用于临床治疗的只有青霉素、链霉素、四环素类、红霉素、新生霉素、利福平和放线菌素等60多种。

(二)生长刺激素

这是微生物产生的可以刺激植物生长或器官发育的一类物质,如赤霉菌产生的赤霉素是农业上广泛应用的植物生长刺激素,尤其是可显著促进晚稻在寒露来临之前抽穗。此外,在许多霉菌、放线菌和细菌的培养液中积累有吲哚乙酸和萘乙酸等生长刺激素。

(三)维生素

丙酸细菌、芽孢杆菌和某些链霉菌与耐高温放线菌在培养过程中可以大量积累维生素B_{12}。各种霉菌不同程度地积累核黄素。酵母菌类细胞中除含有大量硫胺素、核黄素、泛酸、吡哆素以及维生素B_{12}外,还含有各种固醇,其中有的是维生素D的前体,经紫外照射即能转变为维生素D。目前医药上应用的各种维生素主要是用各种微生物合成后提取获得。

(四)色素

色素是指由微生物在代谢中合成并积累在胞内或分泌于胞外的各种呈色次生代谢产物。如黏质赛氏杆菌产生灵菌红素不分泌到胞外,只在细胞内积累,因此菌落呈红色。放线菌和真菌产生的色素可分泌于胞外,使菌落底面的培养基呈现与正面不同的颜色。由于合成色素的安全性问题,天然色素日益受到重视,来源于雨生红球藻的脂溶性粉红色虾青素已成为一种昂贵的保健品。

(五)毒素

对人和动植物细胞有毒性作用的一些微生物次生代谢物称为毒素。毒素大多是蛋白质类物质,如白喉棒状杆菌产生的白喉毒素、破伤风梭菌产生的破伤风毒素、肉毒梭菌产生的肉毒素以及苏云金芽孢杆菌产生的伴孢晶体等。真菌中产生毒素的种类也很多,很多种野生蕈类是有毒的,黄曲霉产生黄曲霉毒素可引起人和动物的肝癌。

第四节　分解代谢和合成代谢的联系

一、两用代谢途径

凡在分解代谢和合成代谢中均具有功能的代谢途径,称为两用代谢途径(amphibolic pathway)。EMP、HMP和TCA循环等都是重要的两用代谢途径。但必须注意以下几点:

①在两用代谢途径中,合成途径并非分解途径的完全逆转,即某一反应的逆反应并不总是由同样的酶进行催化的。

②在分解代谢与合成代谢途径的相应代谢步骤中,往往还包含了完全不同的中间代谢产物。

③在真核生物中,分解代谢与合成代谢一般在不同的分离区域内分别进行,即分解代谢一

般在线粒体、微体或溶酶体中进行，合成代谢一般在细胞质中进行。原核生物反应的控制大多在简单的酶分子水平上进行。

二、代谢回补途径

微生物在正常情况下，为进行生长、繁殖的需要，必须从分解代谢途径中抽取大量中间代谢物以满足其合成细胞基本物质——糖类、氨基酸、嘌呤、嘧啶、脂肪酸和维生素等需要。这样一来，势必造成分解代谢不能正常运转并进而影响产能功能的严重后果。为解决这一矛盾，生物在长期进化过程中就发展了一套完善的中间代谢物回补顺序。所谓代谢物回补顺序，又称代谢物补偿途径，是指能补充两用代谢途径中因合成代谢而消耗的中间代谢物的那些反应。通过这种机制，一旦重要产能途径中某种关键中间代谢物被大量用于合成途径时仍可保证能量代谢的正常进行。

不同的微生物种类或同种微生物在不同的碳源下，有不同的代谢物回补顺序。与 EMP 和 TCA 循环有关的回补顺序约有 10 条，具体如图 6-3 所示。

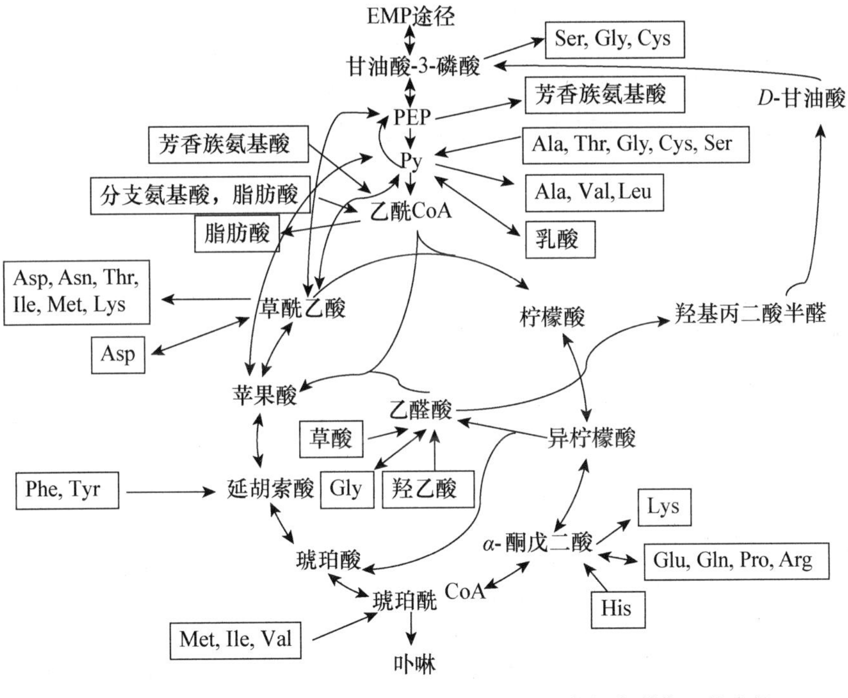

图 6-3 以 EMP 和 TCA 循环为中心的若干重要中间代谢物回补途径

三、微生物的代谢调节与应用

(一)微生物的代谢调节

微生物细胞内有着一整套可塑性极强和极精确的代谢调节系统，通过它来控制酶的数量和活性，以确保上千种酶能准确无误、有条不紊和高度协调地进行复杂而有序的代谢反应，并保证细胞经济、合理及高效地利用环境中的碳源、能源、氮源及其他营养物质,合成自己生长繁殖所需的各种生物物质。

代谢调节的方式很多,例如可调节细胞膜对营养物质的透性,通过酶的定位以限制它与相应底物的接触,以及调节代谢流等。其中以调节代谢流的方式最为重要,它包括"粗调"和"细调"两个方面,前者指调节酶合成量的诱导或阻遏机制,后者指调节现成酶催化活力的反馈抑制机制,通过两者的配合和协调达到最佳的代谢调节效果。

(二)代谢调节的应用

了解微生物代谢调节的原理,就能在转录与翻译水平控制微生物的代谢过程,有效提高各种代谢物的产量。代谢调节机理的研究已经为发酵工业带来了巨大的经济效益和生态效益。但是传统的技术手段包括对个别基因进行改造的经典基因工程技术,已不能保证对微生物代谢网络结构和功能的准确分析和高效利用,影响了相关行业生产效率和经济效益的提高。

随着测序技术的发展,生命科学已经从分子生物学时代进入组学时代,基因组学、转录组学、蛋白质组学、代谢组学等技术使得人们可以从生命活动的整体网络上出发探索生命现象的本质并迅速转化为生产力以推动产业的发展。代谢组学试图通过对生物体内所有代谢物分布组成和时空动态变化的分析测定,结合计算生物学分析和建模,从本质上定量预测基因改变和环境变化后生物代谢网络的变化规律,为优化生物代谢功能、提高生产效率提供理论支持,已成为目前国际生命科学技术研究领域的最重要的热点之一。

思考题

1. 什么是生物氧化?试分析非生物性的氧化(燃烧)与生物氧化的异同。

2. 什么是发酵?什么是呼吸?两者的主要区别在哪里?

3. 什么是无氧呼吸?有什么特点?试述几种主要类型的无氧呼吸及其有关细菌与它们的作用。

4. 试列表比较呼吸、无氧呼吸和发酵的异同点。

5. 什么是两用代谢途径?它有哪些特点?

6. 什么是次生代谢物?次生代谢途径与初生代谢途径之间有何关系?

7. 微生物代谢调节在发酵工业中有何重要性?试举例加以说明。

8. 什么是代谢回补途径?试简述磷酸烯醇丙酮酸与草酰乙酸这两种关键中间代谢物的回补途径。

9. 细菌的酒精发酵走什么途径?它与酵母菌的酒精发酵有何不同?

10. 请利用本章所学的发酵的概念,阐明牛奶腐败变酸的微生物机制。

第七章

生长与环境条件

在微生物学中，生长一词通常是指微生物的群体生长，是微生物个体生长和繁殖的总称。生长和繁殖是微生物的基本功能，是微生物与外部环境共同作用的结果。

微生物的群体生长是建立在个体细胞生长基础上的。原核微生物和单细胞真核生物在培养基中按二分裂方式增殖，表现出指数生长规律。本章将首先学习微生物生长的一般规律，描述群体微生物的生长周期；同时关注环境因子，如温度、水分、pH、O_2 等对微生物生长的影响；然后介绍控制微生物生长的方法。

第一节 生长的定义和测定方法

微生物在适宜条件下，从环境中吸收营养物质，形成自身细胞组分的过程，称为同化作用(assimilation)。同时微生物又不断地将复杂的物质分解成简单的物质，这一过程称为异化作用(dissimilation)。当同化作用大于异化作用，微生物细胞原生质总量(重量、体积和大小)不断增加，表现为个体细胞的生长(growth)。

当细胞生长到一定阶段，分裂成两个相似的子细胞。对于单细胞微生物，细胞分裂导致个体数量增加，称为繁殖(reproduction)。对多细胞微生物，细胞数量的增加并未伴随个体数量的增加，仍然表现为生长。其繁殖则需通过形成无(有)性孢子，微生物个体数目才得以增加，如某些霉菌。微生物生长迅速，细胞生长阶段和繁殖阶段难以区分，通常以细胞数目的增加作为度量单细胞微生物生长的指标。

一、细菌生长的定义和测定方法

(一)细菌生长的定义

细菌生长是指从单细胞长大，直到最后分裂形成大小几乎完全相同的两个子细胞的过程。细菌生长过程中主要的变化包括 DNA 复制、细胞壁增生和横隔壁的形成。一般来说，革兰氏阳性球菌新合成的细胞壁物质是直接插入原有细胞壁的特定位点，并从细胞壁上的赤道壁开始向两边扩展；革兰氏阴性杆菌是在特定的黏附位点将新合成的细胞壁物质分散地插入细胞膜和外层膜之间，并随着新合成的物质不断加入细胞壁中，新生的细胞壁被迫远离特定位点，使细胞体积逐渐增大(参见第二章中细菌的繁殖)。

(二)微生物纯培养方法

自然环境中(如土壤和水中)的微生物通常混居栖息。因研究或应用需要,常常需要将某一种微生物从自然环境中分离获得纯培养物。这种只有一种微生物生长的培养物称为纯培养。纯培养是开展微生物研究和利用的基础,获得纯培养物的方法包括划线法、稀释平板法、单细胞分离法或选择培养基分离法(图7-1)。

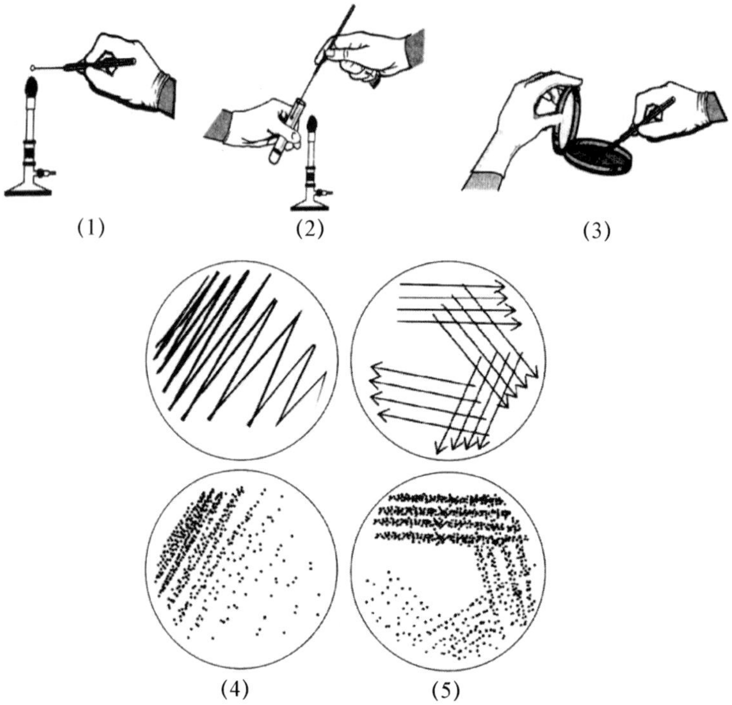

图7-1 平板划线法分离微生物

①接种环火焰灭菌;②接种环挑取菌悬液;③平板划线分离;④连续划线分离法及菌落生长;⑤间断划线分离法及菌落生长。

(三)细菌群体生长测定方法

一定条件下,细胞物质或细胞数量在单位时间内的变化可以用来度量细菌生长。微生物的生长与细胞内生理代谢活性密切相关,代谢活性强度也可以作为反映微生物生长的指标。测定或估计微生物细胞的数量或质量,有助于了解细菌生长和死亡速率,掌握细胞生长的真实情况,便于指导生产实践活动,如预防食品腐败和控制传染性疾病等。依据研究目的和要解决的问题,对处于旺盛生长期的单细胞微生物,人们普遍采用测定细胞数量或选用细胞质量为指标来描述它们的生长过程。

1. 细胞数量测定

(1)总细胞计数法　测定细胞总数,包括活菌数和死亡菌数,通常使用显微镜结合相应的器具或方法来完成。

测细菌数用细菌计数器(Petroff-Haussercounter),测单细胞酵母菌或丝状真菌孢子用血球计数板(blood-cell counting chamber)。使用细菌计数器时,将经过适当稀释的细菌细胞(或芽孢)悬液放在计数器与盖玻片之间的计数室中,在显微镜下进行计数,然后将所得到的细胞(芽孢)数目换算成单位体积内的菌体总数。

涂片计数法是将 0.01mL 的待测样品悬液涂布在已知面积的载玻片上,经固定染色后,在显微镜下选择有代表性的视野统计细胞数量。可借助镜台测微尺量取每个视野直径并计算其面积,推算单位面积中所含有的细胞数。直接计数时,所用细菌细胞悬液的浓度不宜过低。对于能运动的细菌,首先选用 4%的聚乙烯醇(或适度加热)使其停止运动,再进行直接计数。这种方法的优点是操作简便和快速,缺点是无法区分死细胞和活细胞,而且在样品不染色时,需要使用相差显微镜。

(2)比浊法　比浊法可用于测定培养液中不产色素微生物的数量。细菌生长过程中,细胞数量增加,降低光线透过量而使菌悬液呈现混浊;细胞数目越多,光线透过量越低,混浊度越高。混浊度可以用分光光度计测定,一般选用 600 mm 波长测定,以光吸收值(OD_{600})表示。在一定范围内,OD_{600} 与菌液中细胞浓度成直线关系。比浊法具有简洁、快速、不干扰样品的优点,广泛用于生长速率的测定,其缺点亦是无法区分死细胞和活细胞。

(3)活菌计数法(稀释平板计数法)　活菌计数法的依据是,在充分稀释的前提下,每一个菌落是由一个细菌活细胞繁殖形成的。通过计算菌落数可获得待测样品中的活菌数量,以菌落形成单位(colony forming units,CFU)来表示。平板活菌计数法包括倒平板法和涂布平板法。

倒平板法是在无菌环境中,取一定体积(1.0 mL)经适当稀释的菌悬液,无菌操作转移到灭菌的平皿内,然后倒入冷却至 45～50℃的琼脂培养基,充分混匀,凝固后保温培养直到菌落出现,记录菌落数,计算出单位质量(体积)样品中的活细胞数量(图 7-2)。涂布平板法是将一定体积(0.1～0.2 mL)经适当稀释的含菌液涂布在固体培养基表面,一定温度下培养至菌落出现,对菌落数目计数后,计算出单位质量(体积)样品中的活细胞数量。

活菌计数法的优点是能够检测出样品中的活细菌数量,是广泛采用的经典微生物数量测定方法,主要应用于生物制品、医药制品、食品和水质的卫生检验中。缺点是操作费工费时,而且当样品中混合多种微生物时,只能检测出那些在供试培养基上生长占优势的类群。

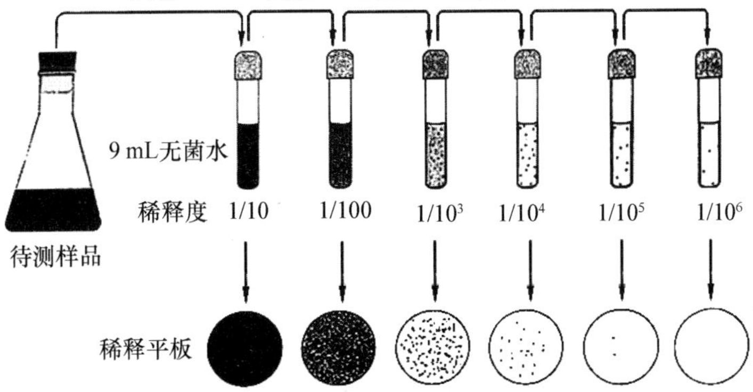

图 7-2　微生物的平板计数法

(4)滤膜测数法(membrane-filter count)　空气、水等样品中含活菌数较少时,可将一定体积的样品通过微孔薄膜(微生物不能通过)过滤富集,将膜放在平板培养基表面培养,至菌落出现后对膜上菌落计数,然后计算出每毫升水或空气中的活菌数。

2. 细胞生物量测定

细菌生长可以借助细胞生物量以及生理指标来反映。

细菌细胞生物量测定多采用细胞干重法。将供试细菌在适宜培养液中进行纯培养,一定时间后,取单位体积的微生物培养液,离心、收集细胞沉淀物,生理盐水洗涤,85℃下烘干至恒重,也可在40~80℃干燥,或低压干燥,或采用红外线干燥后称重,得到培养物的总生物量。

其他方法还包括细胞含氮量测定法、DNA含量测定法,这些方法的原理是基于微生物细胞组成物质中氮含量、DNA含量较为恒定。测定时,细胞含氮量采用凯氏定氮法,细胞DNA含量通过荧光比色或分光光度法测定,再根据每个细菌的蛋白质和DNA含量比例计算出微生物细胞数量。

对于土壤中微生物的生物量,还可以测定土壤微生物量碳、氮、磷等进行反映,测定微生物生物量方法为土壤熏蒸法。称取已充分混匀的土壤,采用氯仿熏蒸,浸提液应用分光光度计测定,最后计算出土壤中的微生物生物量。

二、细菌分批培养生长曲线

在培养基组分一定、培养容器体积固定的封闭系统内一次性接种某种微生物,培养后收获微生物的方法称为分批培养(batch culture)。

分批培养过程中,将少量细菌纯种接种到一定容积的培养液中(如三角瓶),适宜条件下培养,定时取样测定细胞数量(总数或活细胞数),以时间为横坐标,细菌数量的对数(OD_{600})为纵坐标作图,可得到反映细菌生长规律的曲线称为细菌生长曲线(growth curve),如图7-3所示。根据细菌生长曲线的变化,分批培养全过程可分为4个阶段:延迟期、对数生长期、稳定期和衰亡期。

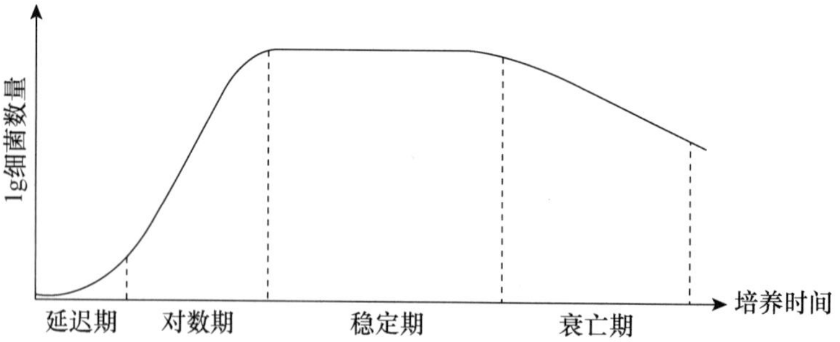

图7-3　分批培养中细菌的生长曲线

(一)延迟期

细菌细胞接种到新培养环境(培养液)后,并不立即繁殖,而是需要一段时间进行调整以适应新环境，在生长曲线上，这段时期称为延迟期（lag phase）。这段时期是细菌细胞分裂启动前的恢复或调整时期，不是生长休眠或停滞。

延迟期为细胞分裂准备阶段。细胞主要生理特征：细胞数目不增加，但个体变长，体积增大；细胞内 RNA 含量增加，细胞质嗜碱性增加，代谢更活跃；细胞从介质中快速吸收各种营养物质，生成适宜于细胞分化的各种酶类和其他细胞成分。延迟期的长短因菌种和培养条件而异。处于生理活跃期的细菌，接种后采用最适条件培养，其延迟期较短。在实际工作中，常常将保藏的菌种先活化后再接种、发酵工业上采用 1∶10 的接种量等措施可缩短延迟期，减少污染，降低能耗。

（二）对数期

在延迟期末，细菌已适应了新环境，细胞开始分裂，细菌数量以几何级数增加，生长曲线呈现为一条上升的直线，细菌进入对数生长期（log phase）。对数期细菌细胞的生理特征为：细胞数目按 2^n 倍数增加（n 为细菌细胞分裂的次数或增殖的代数）；细胞生长快，世代时间短，细胞代谢最活跃、菌体形态和化学成分较为一致，处于理想生长状态，是最佳的研究材料。

在繁殖过程中，细菌细胞每完成一次分裂所需的时间称为世代时间，简称代时（generation time），用 G 表示。假定细菌在对数生长期开始时的数量为 N_0，由于细菌进行二分裂，经过 n 次繁殖后，细胞数量为 N_t。

$$N_t = N_0 \times 2^n$$

取对数，得

$$\lg N_t = \lg N_0 + n\lg 2$$

繁殖代数为 n，得：$$n = \frac{\lg N_t - \lg N_0}{\lg 2} = 3.3(\lg N_t - \lg N_0)$$

世代时间为 G：得：$$G = \frac{t}{n} = \frac{t}{3.3(\lg N_t - \lg N_0)} = \frac{0.301t}{\lg N_t - \lg N_0}$$

式中，n—繁殖代数；

N_0—对数生长期开始时细菌数量；

N_t—对数生长期 t 时细菌数量；

G—世代时间。

不同菌种世代时间差异很大，有的 20～30 min，有的达数小时。同一菌种，不同的培养条件，世代时间也有较大差异。表 7-1 为大肠杆菌（*E. coli*）在不同培养温度下世代时间差异。

表 7-1　大肠杆菌在不同温度下的世代时间

培养温度/℃	世代时间/min	培养温度/℃	世代时间/min
10	860	35	22
15	120	40	17.5
20	90	45	20
25	40	47.5	77
30	29		

(三)稳定期

对数期的细菌细胞生长活跃,大量消耗营养物质会导致培养液中营养物质比例失调,酸、醇、毒素和过氧化氢等有害代谢物逐渐积累,其他环境条件如pH、氧化还原电位等发生变化,对菌体生长不利。在对数期末细菌生长速率逐渐下降,细胞分裂速度也逐渐下降,死亡速率上升,新增细胞数量和细胞死亡数量趋于平衡,细菌的活菌数保持相对稳定,这一时期称为稳定期(stationary phase)。

稳定期细胞的生理特征是代谢活力钝化,细胞核糖体含量较少,RNA和蛋白质合成缓慢,细胞生长不平衡;细胞的形状有时也发生不同程度的变化。因不能维持细胞壁的合成与修复,此时细胞的染色特性也发生变化,如G^+转变为G^-。随着活力逐渐减弱,稳定期的细胞开始贮存代谢产物,如肝糖、异染颗粒、脂肪粒等。许多不利于微生物活动的代谢产物开始积累,引起环境条件如pH、氧化还原电位等的变化,从而影响细菌生长。大多数芽孢杆菌开始形成芽孢。

稳定中期大量代谢产物得到积累,特别是抗生素等次生代谢产物和酶类等,因而该时期的细胞常被用于代谢产物的提取;此时发酵液活菌数达到最高水平,可收获大量菌体。发酵工业为获得更多的菌体和代谢产物,常常通过补料、调节pH、控制温度或调整通气量等措施来延长稳定期。

(四)衰亡期

若继续培养进入稳定期后期的细菌,细胞的死亡率将进一步上升,出现细胞死亡数大大超过新增细胞数量、细菌活菌数量大幅下降的现象,细菌生长进入衰亡期(decline phase)。

衰亡期细胞主要有以下生理特征:细胞分解代谢大于合成代谢,细胞大量死亡,细胞内含物更明显,菌体形态畸形,细胞开始自溶,产芽孢细菌的芽孢开始释放。

三、二次生长、同步生长和连续培养

在分批培养前期,培养条件相对稳定,对数期细菌以几何级数速率生长繁殖,但随着微生物生长,营养物质会被耗尽,代谢产物积累,细胞不可能长久停留在对数生长阶段,细胞无法保持同步分裂而呈现变化。

(一)二次生长

当培养基中同时存在两种均可被微生物利用的主要营养物质时,微生物先利用其中较容易利用的营养物质进行对数生长而进入稳定期;随后经过短暂适应,微生物开始利用第二种营养物质,开始新一轮的对数生长再次进入稳定期,细菌生长表现为两阶段生长过程。这种现象称为二次生长(diauxic growth)(图7-4)。在含有复合底物的培养基中,二次生长现象常常发生,这与底物代谢所需酶合成的调节机制有关。在不同代谢底物中投加微生物进行培养时,如果至少有一种底物的代谢所需酶系统必须经过诱导才能形成,则在利用易被代谢底物时,另一种底物代谢所需的酶未被诱导,只有当前一种底物消耗尽时,才开始发生该种酶的诱导。例如,在葡萄糖和山梨糖醇的混合物中接种大肠杆菌,大肠杆菌将首先利用葡萄糖生长,不会合成与山梨糖醇利用有关的酶类。一旦培养基中的葡萄糖耗尽，大肠杆菌经过一个短暂的延迟期，合成新的酶类，利用山梨糖醇进行新一轮生长。在抗生素、氨基酸、有机酸等工业发酵中，进行中间补料就是基于此原理，用以消除因营养物质消耗而出现生长停滞现象，确保微生物快速生长，提高产品收获量。

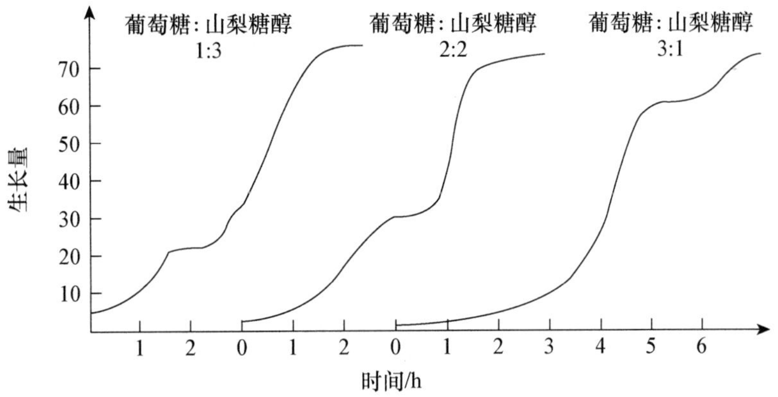

图 7-4　在不同比例的葡萄糖和山梨糖醇培养液中大肠杆菌的二次生长曲线

(二)同步生长

在研究微生物的生理生化特征时，常常需要采用生长阶段和分裂时间一致的群体细胞。微生物细胞处于相同生长阶段并保持同时分裂的生长方式，称为同步生长（synchronized growth）。实现同步生长的方法有环境诱导法和机械分离法。环境诱导法通过调整环境条件诱导细菌细胞达到同步生长。例如，进入稳定期的细菌，可以借助反复改变培养温度或向培养液中添加新鲜养料等措施使细菌同步化。机械分离法首先将不同步的细菌培养物经滤膜过滤，再冲洗掉滤膜上的松散细胞，留下紧密贴附在膜上的细胞，然后将滤膜反转，用新鲜培养液通过滤膜，滤膜上的细胞不断分裂，形成的新细胞随培养液的洗脱进入溶液，这些细胞大多处于同一生长阶段。然而，无论采用哪种方法获得同步培养物，其同步生长状态只能短暂保持，之后重新进入非同步生长。

(三)连续培养

连续培养（continuous culture）（图 7-5）是在微生物培养期间，通过不断补充营养物质，以相同速率移出培养物，使微生物以相同的比生长速率生长并维持下去的一种培养方法。发酵工业常常采用连续培养，可以提高生产效率和自动化水平，减少动力消耗，提高发酵物的产量。连续培养系统分为两种类型：恒浊培养和恒化培养，其差别在于控制培养基流入培养容器中的方式不同。

1. 恒浊连续培养

恒浊连续培养的特点是维持培养基总体积不变，通过不断调节待发酵液流入和已发酵液的流出速度，使培养液中菌体浓度保持恒定。在恒浊连续培养装置中安装浊度计，可以通过光电装置自动测定培养物的浊度并调节流速。对以获取大量菌体为目的的发酵工业而言，应用恒浊培养技术可提高经济效益。

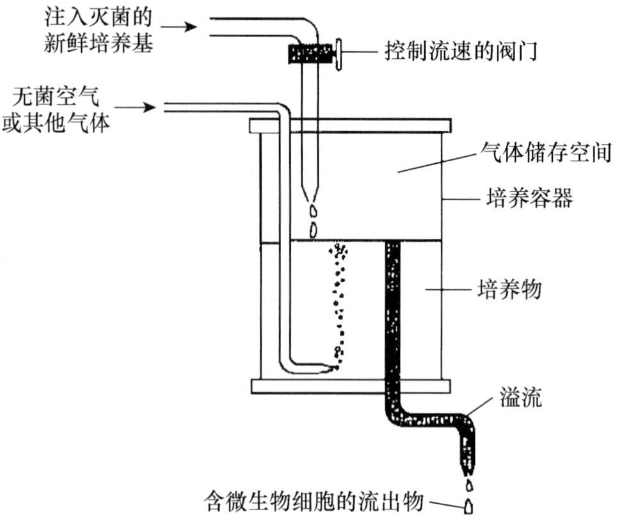

图 7-5 连续培养的流程图

2. 恒化连续培养

恒化连续培养是在维持培养液总体积不变的前提下,通过控制发酵液中某一生长限制性底物的浓度,而其他组分都保持过量,从而达到调节发酵微生物的生长速率及细胞密度的目的。因此,恒化培养中的微生物生长与单位时间内流过单位培养容器的培养基的量(即稀释率)及生长限制性底物的浓度有关。在恒化培养中,微生物细胞数量将以比生长速率增加,同时又因新培养基连续流入以稀释率的量减少。

通过控制限制性营养基质的浓度和稀释率,以使培养液中限制性营养基质浓度保持恒定。通过控制加入培养容器内的限制性营养基质浓度,使之等于菌体生长所消耗的营养物质与稀释时流出的限制性营养基质之和,从而实现恒化连续培养。常用的生长限制因子有氮源(氨、氨基酸)、碳源(葡萄糖、麦芽糖、乳酸)、无机盐类或其他生长因子等。

恒浊培养与恒化培养的区别是前者利用仪器自动测定浊度,根据培养液浊度控制其流进、流出量,从而达到控制培养液中菌体数量的目的,以机械的方式维持恒定的生长速率;而后者则通过限制必需因子浓度使微生物保持恒定生长速率。恒浊培养是以较高的稀释率来获得最大的生长速率,而恒化培养则以较低的稀释率来获得最大的恒定生长速率。

四、丝状真菌的生长

在固体培养基上,丝状真菌孢子萌发后形成分枝菌丝并以顶端生长方式伸长和产生新的分枝。真菌的生长常用菌丝长度、菌落直径或面积来表示。通常用U形管测定菌丝长度,即在管内一端接种真菌,定时测定菌丝生长的长度。丝状真菌在固体培养基上的初始生长同样表现出了长短不一的停滞期,随即以恒定速度生长,其菌丝生长与时间呈线性关系。

在液体培养基中,真菌表现出两种生长形式:①以菌丝悬浮液的方式生长,即丝状生长;②大多数情况下,以分散的沉淀物方式出现在发酵液中,即沉淀生长。沉淀物形态包括松散的絮状沉淀、堆集紧密的菌丝球等。接种量大小、接种物是否凝聚以及菌丝体是否容易断裂等因素,将综合决定丝状真菌是以丝状形式生长还是以沉淀形式生长。通常,丝状真菌的生长是以单位时间内菌丝干重的变化来表示。在工业化生产中，丝状真菌在液体培养基中的生长方式很重要，因为它直接影响发酵过程中的通气性、生长速率、搅拌条件以及菌丝体与发酵液分离的难易度等。

若以菌丝干重为指标，应用液体振荡或深层通气法培养，丝状真菌的分批培养生长过程大致可分为 3 个不同的阶段，表现出与单细胞微生物类似的生长规律。例如，腐皮镰刀菌（*Fusarium solani*）在深层通气液体培养基中的生长曲线，可以分为延迟期、迅速生长期和衰退期等过程（图 7-6）。但是丝状真菌的生长曲线没有单细胞微生物典型的对数生长期。

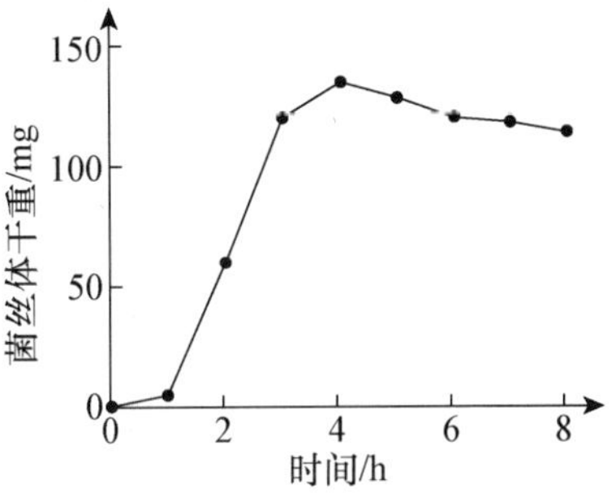

图 7-6 腐皮镰刀菌（*Fusarium solani*）生长曲线

（一）延迟期

真菌孢子或菌丝接入新的培养环境后，表现出生长停滞的过程，称为延迟期。菌丝生长出现延滞的原因包括：孢子萌发确实存在真正的停滞阶段；生长或许已经开始，但无法测量。

（二）迅速生长期

此时菌丝体的干重迅速增加，其立方根与时间呈直线关系。由于丝状真菌不是单细胞，繁殖并不以几何级数增加。在迅速生长期阶段，丝状真菌生长表现为菌丝尖端伸长和分枝速度加快，碳、氮、磷等元素被迅速利用，细胞呼吸强度和代谢速率均达到高峰，开始出现代谢产物（如酸类）。在静止培养时，迅速生长期后期液体培养基表面会形成菌膜和分生孢子。

（三）衰退期

丝状真菌进入这一时期后生长速度减慢，菌丝干重下降。除少数新生菌丝外，多数菌丝细胞质中开始出现较大的空泡和储存物颗粒，多数次生代谢产物（如抗生素等）开始合成。在衰退期，老菌丝逐渐自溶，自溶程度与菌种特性和相应的培养条件有关。真菌生长减缓以致最后停止生长的原因，主要是养料的消耗以及有害代谢产物（如氨和有机酸等）的积累。

第二节 环境条件对微生物生长的影响

微生物的生长繁殖是微生物与外部环境共同作用的结果。当环境条件适宜时，微生物开始生长繁殖；外部环境不适宜，微生物生命活动受到抑制，甚至死亡。影响微生物生长的环境因素包括物理、化学和生物条件3个方面。

一、温度

温度是影响微生物生长和存活最重要的环境因子之一。微生物的生命活动由一系列生物化学反应组成,这些生化反应常常受温度影响,微生物生长过程中,人为地将维持其生命活动的温度分为4个:最低生长温度、最适生长温度、最高生长温度和致死温度。温度太低,原生质膜处于凝固状态,不能正常进行营养物质运输或形成质子梯度,微生物生长受阻。随着温度升高,微生物细胞内的化学和酶促反应速度加快,生长速度提高,但当超过某一特定温度,蛋白质、核酸和其他细胞成分就会受到不可逆损害,直至微生物细胞死亡(图7-7)。

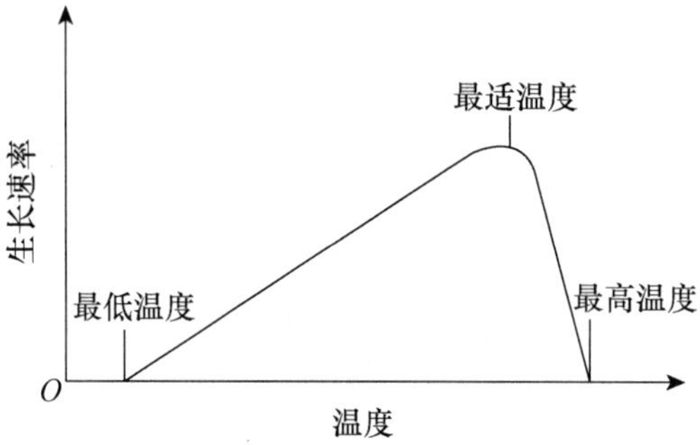

图7-7 温度对微生物生长的影响

不同微生物的生长温度范围较广,但每种微生物都有其最适合的生长温度。已知微生物可在−10～95℃范围内生长,极端下限为−30℃,极端上限为105～300℃。特定的微生物只能在一定的温度范围内正常生长。微生物生长的温度上、下限分别称为微生物的最低生长温度和最高生长温度。如果将环境温度升高超过维持生命活动的最高温度,可导致微生物死亡。这种引起微生物死亡的最高温度称为致死温度。

最适生长温度是指特定微生物生长繁殖速率达到最大、世代时间最短的温度。最适生长温度不一定是微生物代谢的最适温度。例如,乳酸链球菌(*Lactococcus lactis*)在34℃下生长最快,但获得最大细胞总量的温度是25～30℃,发酵速度最快的温度则为40℃,而乳酸产量最高的温度是30℃。真菌生长的最适温度往往也不一定是形成子实体的最适温度。如中温型香菇品种,菌丝体生长最适温度为22～26℃,而发育和形成子实体的最适温度为20℃。

根据生长温度范围和最适温度不同,可以将微生物划分为嗜冷微生物、嗜温微生物和嗜热微生物3种类型(图7-8)。

1. 嗜冷微生物(psychrophiles)

嗜冷微生物亦称低温型微生物,是指最适生长温度在20℃以下,最低生长温度在0℃或0℃以下的微生物。嗜冷微生物通常只生长在南极地区、北极地区、高海拔地区或海洋深处等长年环境温度很低的地方。偶尔,嗜冷微生物也存在于家用冰箱中(5℃),是引起冰箱食物腐败的主要微生物类群。能够在0℃生长,最适生长温度为20～40℃的微生物是耐冷微生物,大多分布在冷水或土壤中。耐冷微生物在0℃时生长极为缓慢,培养几周才能形成肉眼可见的菌落。

2. 嗜温微生物(mesophiles)

嗜温微生物也称中温型微生物,其最适生长温度为25～40℃,是自然界中种类最多、数量最大的微生物类群，广泛分布于土壤、水、空气和动植物中。许多嗜温微生物的最适生长温度在37℃左右，与人体体温一致。所有寄生于人体的细菌，如大肠杆菌等都属于嗜温微生物。许多人体病原菌也是嗜温微生物，能够在人体内快速生长并引起感染。

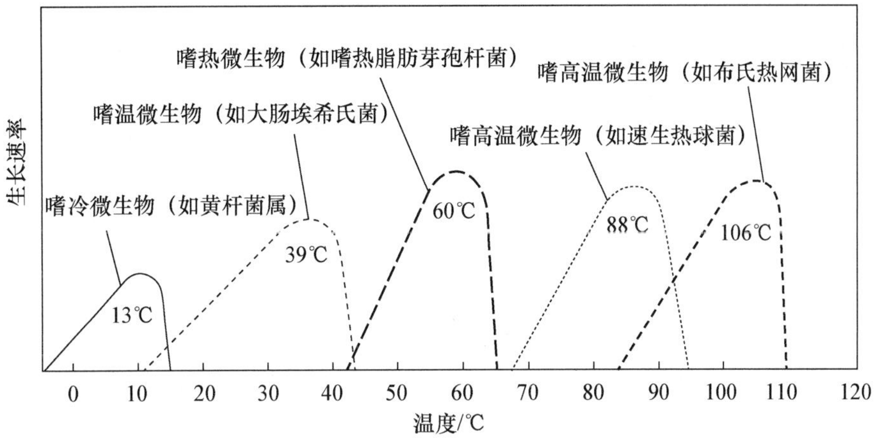

图7-8 几种典型嗜冷微生物、嗜温微生物、嗜热微生物和嗜高温微生物的生长速率与温度之间的关系

3. 嗜热微生物(thermophiles)

嗜热微生物亦称高温型微生物，最适生长温度在40℃以上，主要分布在高温的自然环境（如火山、温泉），以及堆肥、沼气发酵池、热电厂等人工环境中。例如，用于乳酸发酵的德氏保加利亚乳杆菌（*Lactobacillus delbrueckii* ssp. *bulgaricus*）的最适生长温度为42～45℃；嗜热脂肪芽孢杆菌（*Bacillus stearothermophilus*）在55～70℃时生长速率最大。极端嗜热微生物(extreme thermophiles)是一类特殊类群，大部分属于古菌，其最适生长温度通常在80℃以上，有的甚至在100℃以上。

(一)低温对微生物的影响

低温可以降低酶促反应速度，从而限制微生物的生长。绝大多数微生物在低温下仅仅是减弱其代谢速度，使菌体处于生理不活跃状态，但生命活力依然存在。

在冰冻温度下，微生物的活菌数会随着冷冻状态的延长而逐渐降低。当温度稍低于冰点时，尤其是大约－2℃的时候，活菌数下降最快，低于这个温度后，下降较慢，一般在低于－20℃时，活菌数下降极为缓慢。例如，在－7～－1℃低温环境保存荧光假单胞菌（*Pseudomonas fluorescens*），保存15 d菌体死亡率高达98%，而在－29℃保存同样的天数，其菌体死亡率仅为59%。因此实验室常在－80℃低温冰箱或－196℃的液氮中保藏菌种，目的是减少细菌死亡，延长保藏时间。家庭或食品工业中常采用－20℃左右的温度，使食品冷冻成固态加以保存。

(二)高温对微生物的影响

控制某些微生物类群生长是微生物学研究和实践中特别关注的问题。由于需要和目的不同，对微生物生长控制的要求和采用的方法也就有很大的不同，产生的效果也存在差异。

1. 控制微生物生长的常见措施

(1)灭菌(sterilization) 指利用强烈的物理或化学因素使物料及设备中所有微生物永久丧失生长繁殖能力，即杀死一切微生物的措施，包括杂菌、生产菌、病原或非病原菌以及最耐热的芽孢。

(2)消毒(disinfection) 是指能够杀死、消除或降低材料或物体上的病原微生物，使之不致引起疾病的方法。

(3)防腐(antisepsis) 防止或抑制微生物生长繁殖，但不杀死微生物群体的方法。

(4)商业性灭菌(commercial sterilization) 从商品需要出发对产品(如食品)进行杀菌处理，再按照规定检验方法检验，检测不出活的微生物或者仅仅检测出少量非病原微生物，并且这些微生物在一定保藏期内不引起产品的腐败变质，这样的灭菌方法称为商业性灭菌。

2. 消毒

常见的消毒方法有巴斯德消毒法和煮沸消毒法。

(1)巴斯德消毒法 将待消毒的食品(如牛奶、啤酒、果酒、醋和酱油等)在63～65℃保温30 min后迅速冷却。是一种仅杀死待消毒物品中的无芽孢病原菌(如牛奶中的结核杆菌或沙门氏菌)，并保持食品原有营养和风味的低温消毒方式，可以使食品中的微生物数量下降97%～99%。但巴斯德消毒法只能消毒不能灭菌。通常，依据处理时间和温度不同，巴斯德消毒又可以进一步细分为低温长时消毒和高温瞬时消毒两种形式。低温长时消毒(LTH，low temperature-holding process)是一种采用62.8℃保持30 min的消毒方法。高温瞬时消毒(high temperature-short time，HTST)是一种采用71.7℃保持15 s的消毒方法。这两种方法都可以获得同样的杀菌效果，所以没有本质的区别。

(2)煮沸消毒法 将物品置于水中，加热到100℃并维持15 min以上的消毒方式。这种方法可以杀死物品上存在的细菌和真菌的营养细胞，并使病毒失活，但不能杀死全部细菌芽孢和真菌孢子。

3. 高温灭菌

高温灭菌是最常用的物理方法。高温致死微生物主要是高温引起蛋白质和核酸的不可逆变性、或破坏细胞的其他组成成分、或质膜热溶解而使细胞内含物泄漏而引起死亡。在致死温度以上，温度越高，致死时间越短。微生物的抗热能力与其种类、发育阶段及所处的环境条件有关。由于微生物营养体、芽孢和孢子的化学组成结构不同，对热的抵抗力也不同。一般微生物营养细胞在60℃下保温10 min即可被杀死，而芽孢在100℃下保温数十分钟乃至数小时才能被杀死，有的嗜热细菌在120℃下，可耐受20～30 min。通常灭菌彻底与否是以能否杀死细菌芽孢为标准的。

常见的高温灭菌方法有干热和湿热两类，如图7-9所示。

- 高温灭菌法
  - 干热灭菌法
    - 火焰焚烧法
    - 烘箱热空气灭菌法
  - 湿热灭菌法
    - 常压 间歇灭菌法
    - 加压
      - 常规加压灭菌法
      - 连续加压灭菌法

图7-9 高温灭菌种类

(1)干热灭菌法　干热灭菌法是利用氧化作用使微生物死亡的方法,如烘箱热空气法和火焰焚烧法等。烘箱热空气法是指将待灭菌物体置于烘箱内,升温至150～170℃,维持1～2 h,一般微生物营养体100℃维持1 h即死亡,芽孢在160℃加热2 h才全部死亡。该法适用于金属和玻璃器皿灭菌。火焰焚烧法是最简单彻底的灭菌方式,利用火焰灼烧使微生物细胞的生物质碳化,常用于实验室接种环、接种针和试管口等物品的灭菌。医院等焚烧污染物品及实验动物尸体等也是利用火焰焚烧杀死病原微生物的办法。

(2)湿热灭菌法　湿热灭菌法是利用热蒸汽灭菌。微生物死亡与细胞蛋白质等大分子变性有关。微生物的受热死亡遵循对数残留定律。在相同温度下,湿热灭菌比干热灭菌效果好,主要原因是蒸汽具有大量潜热、穿透力强、传热快、能够增加菌体水分、降低蛋白质变性温度。湿热灭菌时,多数细菌和真菌的营养细胞在60℃左右处理5～10 min后即被杀死;酵母菌和真菌的孢子耐热性较强,需要80℃以上的温度处理才能杀死;嗜热脂肪芽孢杆菌(*Bacillus stearothermophilus*)是目前所知耐热性最强的微生物,其芽孢需要121℃加热处理12 min以上才能杀死。

湿热灭菌常采用下列几种方法:

①常压法　常见的是间歇灭菌法。间歇灭菌法(fractional sterilization)也称为丁达尔灭菌或分段灭菌,适宜于热敏性物品如不耐热的培养基的灭菌。方法是将待灭菌的培养基在80～100℃蒸煮15～60 min,杀死其中所有微生物的营养细胞,再置室温(28～37℃)过夜,诱导残留芽孢萌发,第二天再用同法灭菌并保温过夜,如此重复3次,就可在较低的温度下达到彻底灭菌的目的。该法对设备要求低,但是耗时较长。例如,对培养硫细菌的含硫培养基进行灭菌时,由于硫元素在常规的加压灭菌(121℃)下会发生熔化,在99～100℃下则呈结晶状,因而采用间歇灭菌法为宜。食用菌生产中,需对大量培养料袋进行灭菌,常采用常压灭菌灶蒸汽灭菌,利用100℃沸水产生的蒸汽加热处理培养基28 h,以便杀死耐热性很强的孢子。

②加压法 加压法包括常规加压灭菌(normal autoclaving)和连续加压灭菌(continuous autoclaving)两种类型。

常规加压灭菌是一种应用最广且效果理想的灭菌方法,常见的是高温蒸汽灭菌法。其原理是在密闭空间内排尽冷空气,通过水的加热而产生大量蒸汽,增加蒸汽压力,从而使沸点升高,得到高于100℃的温度,从而有效杀灭物料中的微生物细胞。通常采用手提式高压蒸汽灭菌锅或卧式高压蒸汽灭菌锅,在0.13 MPa压力下,水蒸气温度达121℃,处理待灭菌物品15～30 min,可杀死细菌芽孢,或破坏病毒的核酸结构。常规加压灭菌中杀死微生物的不是高压,而是因压力增加而提高了温度的蒸汽。使用高压蒸汽锅灭菌时,应完全排除锅内的冷空气,使灭菌锅内充满饱和蒸汽,否则会因蒸汽中混有空气,使得灭菌锅内的温度低于压力表指示温度,影响灭菌效果。灭菌完毕后,应等待压力降为零,打开放气阀,然后才能打开灭菌锅的盖子。灭菌对象可以是各种耐热和耐湿的物品,如一般培养基、生理盐水等溶液、工作服以及实验器材等。

连续加压灭菌也称"连消法",主要应用于食品或发酵行业,适宜于发酵工厂中大规模培养基的灭菌。方法是在发酵罐外对培养基连续不断地进行加热、保温和冷却,然后才将其送入发酵罐。培养基通常采用135～140℃的温度,灭菌时间2～8 s,属于超高温瞬时杀菌(ultra-high temperature instantaneous sterilization,UHT)。该方法的优点是利用瞬时高温杀灭微生物,同时又最大限度地减少长时间加热处理造成的营养成分破坏,从而提高原料的利用率。例如,与抗生素发酵中传统的“实罐灭菌”(121℃,30 min)方法相比,对培养基采用超高温瞬时灭菌技术可以使产量提高5%～10%,缩短了发酵罐的占用周期,提高了发酵罐的利用率。超高温灭菌工艺已经普遍应用于抗生素、乳品、果汁和啤酒加工业。

二、水分和渗透压

水是微生物细胞的主要组分,也是微生物正常生命活动的必要条件,所有的生物化学反应都需要水的参与。干燥环境不适于微生物存活,长期失水将导致死亡。微生物的生长速率与环境中可利用水的程度密切相关。可利用的水分不仅取决于环境中的含水量,而且与吸附程度或溶液因子存在复杂的关系。固态物质表面的吸附水是否能被微生物利用,取决于水被吸附的牢固程度以及微生物对水分吸收能力的大小。处于溶液中的水,或多或少地与溶质形成水合物,因而溶质水合的程度也会影响溶液中微生物可利用的水的含量。

(一)水活度

通常,微生物对水分的需求可以用水活度(water activity,简写为 a_w)来表示。水活度是指在相同温度下,溶液或物质平衡时表面空气蒸汽压力与纯水的蒸汽压力之比,即:

$$a_w = P_s / P_w$$

式中,P_s 为溶液或含水物质的蒸汽压;P_w 为纯水的蒸汽压。

水活度是一种反映环境中水对微生物生长可给性高低的指标。由于水活度与固态物质或溶液上面湿空气中的水蒸气压有关,所以可根据湿空气的相对湿度来估算水活度大小。具体做法是将被测溶液或固态物质放在处于一定温度和压力条件下的密闭空间中,待气、液两相达到平衡后,测定空气的相对湿度。该相对湿度数值就是该溶液或该固态物质表面的水活度。如空气的相对湿度为75%,此时同一环境中的溶液或其他物质的 a_w 为0.75。通常,纯水的 a_w 为1.0;含有溶质时,水溶液 $a_w<1.0$,其数值变化在0.0～1.0。如在25℃下,饱和NaCl溶液的 $a_w=0.80$;海水(盐质量分数为3%)的 $a_w=0.98$;饱和蔗糖(20.5%)a_w 为0.85;土壤水活度(a_w)通常为0.90～1.00。

不同微生物生长需要的 a_w 值范围存在差异。大多数细菌、酵母菌和丝状真菌生存所需要的水活度在0.90～0.95,在这样的水活度环境中才能完成正常的生理代谢功能,如大肠杆菌(*Escherichia coli*)、枯草芽孢杆菌(*Bacillus subtilis*)、巨大芽孢杆菌(*Bacillus megaterium*)等常见细菌,以及啤酒酵母(*Saccharomyces cerevisiae*)、布氏毛霉(*Mucor prainii*)等真菌菌株。少数细菌类群可在 a_w 值较低的环境中生活,嗜盐细菌可以在水活度低至0.75的环境中存活,如嗜盐杆菌属(*Halobacterium*)的菌株;嗜盐酵母和某些丝状真菌的 a_w 值甚至可以低至0.60,如嗜盐梗孢酵母(*Sterigmatomyces halophilus*)。与细菌相比,日常生活中常见到真菌生长在水活度较低的环境。例如,面包、馒头、甚至腊肉在保藏过程中表面上经常会出现霉点,家酿豆腐乳保存过程中也常常出现表面生长酵母菌斑点的现象。

(二)渗透压

在渗透过程中,水分子从高水浓度(低溶质浓度)区向低水浓度(高溶质浓度)区扩散,而微生物细胞通常具有比环境稍高浓度的溶质,则易从环境中吸收水分。但是微生物处于低水活度环境中，水分将从细胞内流向细胞外，其生长繁殖将受到抑制。除极端生态条件外，适合于微生物生长的渗透压范围较广。低渗溶液除能破坏去壁的细胞原生质体的稳定性以外，一般不对微生物的生存构成威胁。高渗环境会使细胞原生质脱水而发生质壁分离，因而能抑制大多数微生物的生长。

某些微生物能在高渗透压环境中生活，称为耐渗性微生物（osmophiles）。如海洋微生物需要在培养基中添加3.5%的NaCl才能生长，极端嗜盐微生物能忍耐质量分数为15%～30%的盐浓度。能够在高糖环境生长的微生物为嗜高渗微生物，如少数霉菌和酵母菌可在60%～80%的糖液或蜜饯食品上生长。能够在极干燥环境中（如干燥的果实）生长的微生物为嗜干微生物。

日常生活中，人们常利用渗透压原理来保存物品，如加入食盐或蔗糖来保存蔬菜（如腌制蔬菜）、肉类（如腊肉）和水果（如蜜饯）等，防止食品腐败；将粮食干燥至安全水分以下再贮藏于粮库，可以防止粮食陈化变质。常用食盐质量分数为10%～15%，蔗糖质量分数为50%～70%。

三、酸碱度

环境的酸碱度对微生物的生命活动有很大的影响。其影响主要有：

①介质pH在很大程度上会改变蛋白质的性质如酶的活性。

②pH变化会影响菌体细胞膜的带电荷性质、膜的稳定性及膜对物质的吸收能力，使菌体表面蛋白变性或水解。

③改变环境中营养物的可给性或有害物质的毒性。

例如，当环境pH改变后，一条多肽链内氨基酸之间的电荷作用变化，能显著影响某种蛋白质的次生结构和折叠方式，导致酶的作用位点发生变化，抑制酶的功能。

一般来说，微生物能在pH 1.0～11.0的范围生长，不同种类的微生物适应能力各异。每一种微生物都有其最适生长pH和能适应的生长pH范围。已知大多数细菌、藻类和原生动物的最适pH为6.5～7.5，适应范围为4.0～10.0；放线菌多以pH中性至微碱性为宜；真菌一般偏酸，最适pH多为5.0～6.0。只有少数微生物能够在低于pH 2.0或高于pH 10.0的环境中生长。与温度相似，不同微生物的生长pH也存在最高、最适和最低3个范围（表7-2）。

表7-2　细菌生长的pH范围

细菌种类	最低pH	最适pH	最高pH
硫杆菌（*Thiobacillus thiooxidans*）	1.0	2.0～2.8	4.0～6.0
嗜酸乳杆菌（*Lactobacillus acidophilus*）	4.0～6.0	5.8～6.6	6.8
大肠杆菌（*Escherichia coli*）	4.4	6.0～7.0	9.0
生孢梭状芽孢杆菌（*Clostridium sporogenes*）	5.0～5.8	6.0～7.6	8.5～90
铜绿假单胞菌（*Pseudomonas aeruginosa*）	5.6	6.6～7.0	8.0
硝化杆菌（*Nitrobacter* sp.）	6.6	6.6～8.6	10.0
亚硝化单胞菌（*Nitrosomonas* sp.）	7.0～7.6	8.0～8.8	9.4
嗜碱细菌（*Alkalophilic bacteria*）	7.0～8.0	10.0～11.0	11.0～12.0

四、氧和氧化还原电位

环境中氧气的存在与否会直接影响微生物的生长。在某些情况下,有些微生物的代谢方式会因环境中氧气浓度的变化而不同,如酵母菌在有氧条件下,借助 TCA 循环代谢葡萄糖为 CO_2 和 H_2O,并释放出大量 ATP;而在无氧条件下进行乙醇发酵。由于大多数微生物利用氧气参与细胞代谢过程,并且在水中氧气的可溶性是有限的,因而液体培养基中氧气往往会变得不足。所以,在静止的液体培养液中,氧气的可利用性会成为影响微生物生长的限制性因子。

(一)氧气

微生物不同的类群对氧的需要和耐受能力变化很大。根据它们与氧气的关系分为:

(1)好氧微生物　好氧微生物(aerobe)是指有氧存在的条件下才能生长的微生物,包括两类:一类是专性好氧微生物(图 7-10A);另一类是微好氧微生物(图 7-10B)。专性好氧微生物是指它们的生长和呼吸必须有分子氧存在,快速分裂的细胞比缓慢分裂的细胞需要更多的氧;在静止的液体培养基中它们常常生长在培养基表面附近。氧对微生物的作用包括:作为微生物好氧呼吸的最终电子受体;参与甾醇类和不饱和脂肪酸的生物合成过程。

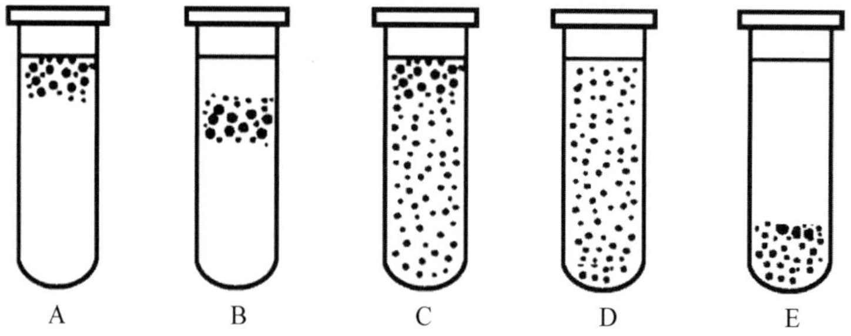

A. 专性好氧微生物:氧渗透有限,只生长于表面;B. 微好氧微生物:生长在远离有氧区;C. 兼性厌氧微生物:整个试管均能生长;D. 耐氧厌氧微生物:整个试管均能生长;E. 严格厌氧微生物:对氧敏感,在底部生长。

图 7-10　氧与微生物生长的关系

大多数细菌(如芽孢杆菌属、假单胞菌属、黄杆菌属、无色杆菌属、根瘤菌、固氮菌、硝化细菌等)、大多数放线菌、丝状真菌和藻类均属于好氧微生物。微好氧微生物在低质量分数分子氧环境中(约 5%)生长最好,特别是,仅当培养基表面之下的某一区域的氧质量分数正好符合它们生长的需要时才能良好生长。属于这一类的微生物种类不多,它们在充分通气或严格厌氧的环境中均不能生长,如乳酸菌中的嗜盐片球菌。

(2)兼性厌氧微生物　兼性厌氧微生物(facultative anaerobe)是指在好氧和厌氧条件下均能生长的一类微生物,在有氧时进行呼吸代谢,氧缺乏时可以转而进行发酵作用。它们在有氧条件下比在无氧条件下生长旺盛,因而可以看到菌体在整个培养基中都有分布(图 7-10C)。兼性厌氧微生物,如大肠杆菌有两套酶系统,一套能利用氧作为电子受体,在有氧条件下进行呼吸作用;另一套则在无氧条件下,利用其他物质作为电子受体进行发酵作用。这种代谢方式的转换完全取决于环境条件中分子氧的可利用程度。许多细菌、酵母菌和病原微生物属于这一类型。

(3)厌氧微生物　厌氧微生物(anaerobe)是指那些缺乏呼吸系统、不能利用氧作为末端电子受体的微生物。如细菌和原生动物中的少数类群,只能在无氧条件下生长。厌氧微生物可以分成两类,即耐氧的厌氧微生物(图 7-10D)和严格厌氧微生物(图 7-10E)。前者指那些尽管不需要氧,但可以忍耐氧的存在并能生长的类群,如双歧杆菌(*Bifidobacterium*)中的某些种。后者指对氧极为敏感,有氧时即被杀死的类群,如梭状芽孢杆菌(*Clostridium*)的某些种类。

氧是强氧化剂,在呼吸作用中可充当电子受体,还原成水,其间会形成有毒的中间产物,如单体氧、过氧化氢(H_2O_2)、超氧阴离子自由基($\cdot O_2^-$)和羟基自由基($OH\cdot$)等物质,具有极强的氧化能力,它与生物大分子相互作用,可形成生物分子自由基,对微生物细胞产生损伤或毒害作用,直至死亡,因而这些物质具有较强的氧毒害作用。

$$O_2 + e^- \longrightarrow \cdot O_2^-$$

$$H_2O_2 + \cdot O_2^- \longrightarrow O_2 + OH^- + OH\cdot$$

好氧微生物具有过氧化氢酶(CAT)、过氧化物酶(POD)、超氧化物歧化酶(SOD)等能破坏毒性氧的酶,严格厌氧微生物则部分或全部缺乏这些酶。微生物代谢活动形成的超氧阴离子($\cdot O_2^-$)和 H_2O_2,可被好氧微生物产生的 SOD 转化为 O_2 和 H_2O_2,而 H_2O_2 被 CAT 和 POD 转化为水和氧,从而消除危害。

专性好氧微生物和大多数兼性厌氧微生物都含有 SOD、CAT 和 POD,某些兼性厌氧微生物和耐氧的厌氧微生物只含有超氧化物歧化酶但缺乏过氧化氢酶,而大多数专性厌氧微生物则同时缺乏这两种酶,因而容易受到 $\cdot O_2^-$ 和 H_2O_2 的毒害作用而死亡。

(二)氧化还原电位

氧化还原电位(E_h)的单位为 V 或 mV。环境中的 E_h 值主要与分子氧含量以及是否存在氧化和还原物质等因素有关。pH=7 时,完全富氧环境中的 E_h 值大约是+800 mV,富氢环境中 E_h 值最低达-450 mV。通常,环境中的 E_h 值介于上述两个极端数值之间。E_h 值为正代表具有氧化作用的环境,而 E_h 值为负意味着一个具有还原作用的环境。改善通气条件、降低 pH 和加入氧化物质都能提高环境的 E_h 值,反之则可以使 E_h 值降低。生产实践中常常通过添加还原性化学试剂来调节介质的 E_h 值,降低氧化还原电位。如在培养基中增加抗坏血酸、H_2S 或含巯基有机化合物(半胱氨酸、二硫苏糖醇、谷胱甘肽等)的浓度来降低 E_h 值,就可满足厌氧微生物的生长需求。

五、辐射

辐射分为电离辐射和非电离辐射,根据波长而分为各种射线和电波。

(一)紫外线

紫外线(ultraviolet ray, UV)波长为 100～400 nm,是一种强有力的杀菌剂。紫外线为非电离辐射,波长 260 nm 的紫外线杀菌作用最好,其作用机理较复杂,能够引起 DNA 的断裂、

DNA分子双链的交联、胞嘧啶和尿嘧啶的水合作用以及嘧啶二聚体的形成等。可被蛋白质(波长约280 nm)和核酸(波长约260 nm)吸收,其杀菌机制主要有产生嘧啶二聚体和DNA解螺旋。紫外线照射细菌后,细胞核酸中的胸腺嘧啶吸收紫外光形成二聚体,导致DNA合成和转录过程中遗传密码阅读错误,引起致死突变。

紫外线穿透力弱,不能穿透玻璃、衣物、纸张或大多数其他物体,但能在空气中传播,因而常用于物体表面(如器皿)或室内空气的灭菌。紫外线灭活病毒的效果很好,但对其他微生物细胞的灭活作用则因微生物类群、生理状态和照射剂量的不同而有很大差异。一般多倍体、有色细胞、干燥细胞、分生孢子或芽孢比单倍体、无色细胞、湿细胞和营养细胞的抗性要强。此外,紫外线也常用作微生物育种的诱变剂。

(二)电离辐射

X射线、α射线、β射线和γ射线照射活细胞,可引起细胞内物质的电离,因而称为电离辐射(ionizing radiation)或微粒辐射。电离辐射的两种方式为X射线(波长为10^{-3}~10^{-1} nm)和γ射线。这两种射线属于波长短的高辐射,具有非常强的穿透力,能够有效杀灭样品内部存在的微生物。其杀菌机制在于当X射线或γ射线撞击分子时,引起细胞内水分子的电离和激发,形成自由基。由于自由基的高活性,导致细胞物质发生聚合作用和其他化学反应,从而破坏细胞化学组成。电离辐射也破坏分子中的氢键、共价键和环状结构。当氧存在时,电离辐射将产生对细胞毒性很大的羟基游离基(OH·)。

微生物对电离辐射的敏感性是有差异的。与营养细胞相比,细菌芽孢有较强抗辐射能力。通常,0.3~0.4 Mrad(拉德)剂量才可以使细菌的芽孢数量减少10倍。值得注意的是,耐辐射微球菌(*Micrococcus radiodurans*)对电离辐射的抗性非常强,其营养细胞可以忍耐至少1 Mrad的辐射剂量,而且细胞数量并没有明显减少。

尽管电离辐射可能会影响到微生物细胞内的不同成分,但导致细胞死亡或病毒失活的最关键因素是DNA或RNA(在某些病毒中)结构受到破坏。由于电离辐射能显著增加微生物的死亡率,所以常用于其他灭菌方法不能处理的物品如塑料制品、医疗设备、药品的灭菌。实验室中所使用的一次性培养皿可以采用γ射线灭菌。除杀死腐败微生物外,辐射也可以使引起腐败的酶失活(这种酶具有自催化作用),因此,辐射也可以被用来延长各类食品如海产品、蔬菜和水果以及肉制品的货架期。尽管食品中并没有放射性残留,但为安全起见,采用辐射处理的食品仍然必须在标签上注明,便于消费者选择。目前,生产中已采用放射性同位素^{60}Co产生γ射线杀菌,用于不耐热的食品、塑料制品,以及微生物吸附剂的灭菌。

(三)强可见光

波长400~700 nm的强可见光能够氧化细胞内的光敏感分子,若照射时间足够长,则可以导致化能型微生物死亡。实验室采用黑暗条件培养细菌,就是为了避免强光直射影响微生物的生长。可见光对真菌的作用主要是在孢子形成阶段。

脉冲光杀菌是另外一种非热杀菌技术。它使用持续时间短、光照强度高的宽谱“白”光脉冲照射待灭菌物品进行杀菌,其光谱构成以可见光为主。

六、化学药剂和抑菌剂

许多化学药剂具有杀死或抑制微生物生长的能力。通常将那些破坏微生物细胞结构或代谢机能，进而杀死微生物的化学药剂称作化学杀菌剂。将那些不破坏细胞结构而只干扰新细胞物质合成和微生物生长繁殖的化学药剂称作化学抑菌剂。

化学药剂的浓度和接触时间是影响杀菌效果极为关键的因素。首先，它们直接决定着某种化学药剂对一种特定微生物的抑菌效果。其次，不同种类和生理阶段的微生物，对特定药物的敏感性不同。生长阶段的细胞较休眠阶段（如芽孢）对化学药剂更敏感。这是因为多数化学药剂会阻碍微生物的代谢活动，致使用于其繁殖作用的大分子化合物的合成受到抑制。处在休眠阶段的微生物因代谢活性微弱，不进行繁殖，所以受化学药剂的影响较小。病毒粒子对化学药剂的抗性最强。根据用途和作用模式，抑制或杀灭微生物的化学药剂可以分为三类：即消毒剂、防腐剂和化学治疗剂。

不同化学消毒剂的杀菌强度存在差异，常常以石炭酸系数（phenol coefficient，p. c.）表示差异。石炭酸系数是指在一定时间内被试消毒剂能杀死全部供试菌的最高稀释度与达到同效的石炭酸最高稀释度的比率。实际操作中，处理时间为 10 min，供试菌通常为伤寒沙门氏菌（*Salmonella typhi*）和金黄色葡萄球菌（*Staphylococcus aureus*）。通常，某种化学消毒剂的石炭酸系数越高，其杀菌强度越大。若某消毒剂稀释 500 倍，10 min 杀死所有供试菌，而达到相同效果的石炭酸的最高稀释度为 100 倍，则该消毒剂的石炭酸系数等于 5。

（一）消毒剂和防腐剂

消毒剂（disinfectant）是指对微生物细胞产生毒害作用，能够抑制或杀死微生物的化学药剂。它主要用于抑制或杀死物体表面、器械、排泄物和周围环境中的微生物。次氯酸盐常作为家用清洗剂中的消毒剂，可抑制微生物的生长；而环氧乙烷气体被广泛用于一次性塑料包装制品如塑料移液管、平皿、外科器械和麻醉设备的消毒灭菌。消毒剂对人体细胞也会产生毒害现象，使用时应注意使用浓度，消毒完毕注意通风。

防腐剂（antiseptic substance）是指那些可以抑制微生物生长，但对人体或动物体毒性较小的化学药剂。它可以用于机体表面如皮肤、伤口等处防止感染，也可以用于食品、饮料以及药品的防腐。然而，目前消毒剂和防腐剂之间的界限已不很严格。如高质量分数的石炭酸（3%～5%）用于器皿表面消毒；而低质量分数的石炭酸（0.5%）则可作为生物制品防腐剂。理想的化学消毒剂和防腐剂应当具备作用快、效力高，但对组织损伤小；穿透性强，但腐蚀小；配制方便且稳定；价格低廉易生产；无怪味。但真正完全符合上述要求的化学药剂很少，需要根据具体情况尽可能选择那些具有较多优良性状的化学药剂。

1. 酚类

低浓度的酚类可以破坏细胞膜组分，高浓度的酚类使菌体蛋白质凝固而变性失活。酚类还可以抑制结合在细胞膜上的氧化酶和脱氢酶，导致细胞迅速死亡。在微生物实验中，苯酚是常用消毒剂。0.5%的苯酚（又称石炭酸）可用于皮肤消毒；2%～5%的苯酚可用于痰、粪便与器皿的消毒；5%的苯酚可用于空气消毒。此外，甲酚、间苯二酚和六氯酚等苯酚衍生物，也具有较强的杀菌作用和较少的刺激性，但水溶解性较低，通常在皂液或碱性溶液中将其制备成乳浊液来使用。市售的消毒剂来苏儿就是乳化的甲酚溶液,常用质量分数为3%～5%的溶液来消毒桌面和用具等。

2. 醇类

醇类是脂溶剂,通过溶解膜中的类脂使膜结构破坏,同时引起蛋白质变性,具有不产生电离、能有效杀灭微生物及内源酶、时间短、效率高等特点。醇类主要用于皮肤及器械消毒。醇类杀菌作用的能力是丁醇>丙醇>乙醇>甲醇。丁醇以上不溶于水,甲醇毒性很大,使用最多的是乙醇。乙醇杀菌具有一定浓度范围,无水乙醇与菌体接触后使细胞迅速脱水,表面蛋白凝固,在菌体表面形成保护膜,阻止乙醇分子进一步渗入,影响了杀菌能力。70%～75%乙醇是良好的表面消毒剂,实际工作中常使用乙醇的质量分数为75%。乙醇与其他杀菌剂混合使用,可大大增强其杀菌能力。如碘酊(含1%碘)就是常用的皮肤表面消毒剂。醇类对芽孢和无包膜病毒的杀菌效果较差。

3. 醛类

醛类主要是与蛋白质氨基酸中的多种基团(如—NH_2,—OH,—COOH 和—SH 等)共价结合而使其烷基化,改变酶或蛋白质的活性,导致菌体生长受到抑制或死亡。常用的醛类是甲醛,如福尔马林就是40%的甲醛水溶液。因福尔马林具有刺激性和腐蚀性,加热后易挥发,所以常用于生物标本的保存和环境空气消毒(10%的质量分数)。戊二醛属于刺激性和异味较小的醛类消毒剂。2%质量分数的戊二醛溶液可以在10 min内杀死细菌和病毒,在3～10 h杀死细菌芽孢,是目前杀菌效力较高的一种化学药剂,常用于医用器械和用具的消毒。

4. 表面活性剂类

表面活性剂可与细胞膜上的磷脂发生作用,造成胞内物质泄漏,菌体死亡。肥皂属于脂肪酸钠盐,是一种阴离子表面活性剂,对肺炎球菌或链球菌有效,但对葡萄球菌、结核分枝杆菌无效。0.25%的肥皂溶液对链球菌的作用比0.7%来苏儿或0.1%的升汞还要强。常用的表面活性剂有新洁尔灭(季铵盐表面活性剂)、度米芬等。

5. 染料

生物染料尤其是一些碱性染料的阳离子可与菌体蛋白质上的羧基或核酸上的磷酸基作用,形成弱电离的化合物,妨碍菌体的正常代谢,因而具有抑菌效果。例如,结晶紫可阻断UDP-*N*-乙酰胞壁酸转变为UDP-*N*-乙酰胞壁酸五肽,干扰细菌细胞壁肽聚糖的合成。临床上常配成2%～4%的水溶液即紫药水,用于皮肤和伤口的消毒。与革兰氏阴性菌相比,革兰氏阳性菌对碱性染料更加敏感。如浓度3～10 mg/kg的结晶紫即对G^+细菌有抑制作用,而对G^-细菌的抑制浓度为100 mg/kg。所以,在分离和培养某些G^-细菌(如根瘤菌)时,常常采用向培养基中添加适量染色剂,以提高分离效果。

6. 氧化剂类

氧化剂与蛋白质的巯基发生作用,使蛋白质和酶失活。强氧化剂还可破坏蛋白质分子中的氨基和酚羟基。常见氧化剂有卤素、过氧化氢、高锰酸钾和碘酒等。95%乙醇-2%碘-2%碘化钠、83%乙醇-7%碘-5%碘化钾或5%碘-10%碘化钾等的混合物均称为碘酒,用于皮肤消毒,效果良好。氯溶解于水中即形成盐酸和次氯酸。次氯酸在酸性环境中可解离释放出新生态氧,通过强烈的氧化作用而杀菌。氯对金属有腐蚀作用,不适合对手术器皿的消毒,一般用于饮用水、游泳池和垃圾场的消毒。漂白粉是将氯气与熟石灰反应而生成的,主要含氯化钙和次氯酸钙。次氯酸钙不稳定,在水中分解产生次氯酸根和新生态氧而具有较强的杀菌作用。

0.5%～1.0%漂白粉溶液，能在1～5 min杀死大部分细菌，常用作食品、器具、家庭用具、车间、牛奶场和实验室的消毒剂。

7. 重金属类

尽管某些重金属元素是有机体生命活动不可缺少的，但当浓度过高时，会对微生物产生毒害作用，特别是重金属离子进入细胞后将与酶或蛋白质上的巯基结合，导致蛋白质变性，因而大多数重金属及其衍生物都是有效的杀菌剂。

常用于杀菌的有Hg^{2+}、Ag^{+}和Cu^{2+}等重金属离子。二氯化汞又称升汞，对大多数细菌有杀灭作用，但腐蚀金属，对动物也有剧毒。汞溴红又称红汞，是有机汞，其2%的水溶液即是医院常用的红药水，可抑菌又无刺激作用，常用于皮肤、黏膜及小创伤的消毒，但注意不可与碘酒共用。硝酸银是应用较多的银化合物杀菌剂。0.1%～1.0%的硝酸银溶液可用作滴眼剂或皮肤消毒剂，如1.0%的硝酸银溶液常用于治疗新生儿眼部炎症。硫酸铜也是一种广泛使用的杀菌剂。1.0 mg/L的硫酸铜溶液可以防止清洁水体中藻类的生长。农业上为了控制植物病害，常用硫酸铜与生石灰（CaO）按一定比例配制成波尔多液，对梨树、葡萄和苹果树进行喷施，杀灭真菌和螨类等。

8. 酸碱类

极端酸碱条件可使蛋白质变性，因而酸碱类物质也可用于抑制或杀灭微生物。如生石灰常以1∶4或1∶8配成糊状，对畜禽粪便排泄物及地面环境进行消毒。尽管有机酸解离度比无机酸小，但有机酸分子或有机酸根具有抑制酶或代谢活动的能力，所以有些有机酸的杀菌力反而更强。有机酸的抑菌效果很大程度上与介质的pH有关。在同样pH条件下，不同种类有机酸的抑菌效果是柠檬酸 < 乳酸 < 醋酸。苯甲酸、山梨酸和丙酸及其盐类也是有效的化学防腐剂，广泛应用于食品、饮料或化妆品中，防止霉菌等微生物的生长。如山梨酸及其钾盐常用于酸性食品（如乳酪）的保存；苯甲酸及其钠盐常用于其他酸性食品和饮料中；苯甲酸的类似物对羟基苯甲酸酯（Parabens）可作为液体化妆品和肥皂中的抑菌物质；丙酸钙可以防止面包上霉菌的生长；水杨酸可用于治疗脚癣。

9. 新型气态有机化学杀菌剂

环氧乙烷气体（ethylene oxide gas）是一种应用广泛的新型空气及器械表面消毒剂，普遍应用于一次性塑料包装制品如塑料移液管和平皿、外科器械和麻醉设备的消毒灭菌。其杀菌机理是环氧乙烷的$—CH_2CH_2OH$基团取代氨基酸中的—SH、—COOH或—OH等基团，使蛋白质变性。但这种气体对人体毒性很大，并易引发爆炸，所以，利用环氧乙烷气体消毒灭菌必须在密闭容器内进行。

（二）化学治疗剂

化学治疗剂是指那些能够特异性地作用于某些微生物并具有选择毒性的化学药剂。最有代表性的化学治疗剂是磺胺和抗生素。

1. 磺胺

磺胺属于生长因子类似物，是最早合成的化学治疗剂。磺胺的分子结构与对氨基苯甲酸（4-aminobenzoic acid）相似，而对氨基苯甲酸是维生素叶酸的一部分。很多细菌需要利用对氨基苯甲酸合成生长所需的叶酸，磺胺可与对氨基苯甲酸竞争性地与二氢叶酸合成酶结合，阻止叶酸的合成，因而抑制细菌生长。磺胺类药物有比较宽的抑菌谱，可以治疗大多数G^{+}细菌

(如肺炎链球菌、溶血链球菌等)和 G^- 细菌(如痢疾志贺氏菌、脑膜炎球菌等)引起的疾病。人体因缺乏二氢叶酸合成酶,不能利用外界提供的对氨基苯甲酸合成叶酸,只能从饮食中获得叶酸,所以对磺胺类药物不敏感。

2. 抗生素

抗生素(antibiotic)是一类由特定微生物产生的能够抑制或杀死其他微生物的化学物质。自从20世纪20年代末发现第一种抗生素以来,人类已发现了9 000多种抗生素(如土霉素、氯霉素、青霉素和链霉素等),合成了70 000多种半合成抗生素,但应用于临床价值的只有几十种。常见的农用抗生素有井冈霉素、春雷霉素和庆丰霉素等。

抗生素的作用机制大致分为4类:①抑制细胞壁的合成。如青霉素(penicillin)和头孢菌素(cephalosporins)就属于两种广泛用于抑制细菌细胞壁合成的抗生素。②破坏细胞膜的功能。如多黏菌素B可作用于膜磷脂,引起细胞膜结构变化,从而使膜溶解,细胞内成分流失。③抑制蛋白质的合成。与真核微生物不同,原核微生物蛋白质合成所需的核糖体分为30S和50S两个亚基,不同类型抗生素可以通过干扰蛋白质合成途径的不同阶段,可特异性地抑制原核微生物的生长。如氯霉素(chloramphenicol)、红霉素(erythromycin)和林可霉素(lincomycin)等是50S亚基的抑制剂,而链霉素(streptomycin)、四环素(tetracycline)和卡那霉素(kanamycin)等是30S亚基的抑制剂。④阻碍核酸的合成,即通过不同方式干扰病原菌DNA复制或使DNA链断裂来抑制细菌生长。例如,丝裂霉素c(mitomycin c)可以阻碍DNA合成,但并不抑制RNA和蛋白质合成。利福霉素(rifamycin)对依赖于DNA的RNA聚合酶有抑制作用,因而阻碍了细菌细胞RNA的合成。通过与鸟嘌呤结合,放线菌素D与细菌双链DNA构成一个复合物,可以抑制3种类型RNA的生物合成。

思考题

1. 微生物生长的概念,获得微生物纯培养的方法有哪些?
2. 与分批培养比,连续培养有哪些优缺点?
3. 测定微生物数量的方法有哪些?
4. 什么是灭菌?灭菌的主要方法及各自的特点是什么?
5. 什么是消毒?有哪些加热消毒方式?
6. 控制微生物生长繁殖有哪些方法,各自原理是什么?
7. 环境pH过高或过低对微生物有哪些不利影响?
8. 兼性厌氧微生物为什么在有氧和无氧环境都可生长?
9. 氧气对专性厌氧微生物有什么不利影响?
10. 氯和次氯酸盐的杀菌机制是什么?
11. 辐射灭菌的作用机理是什么?
12. 紫外线杀菌的作用机理是什么?
13. 水活度和干燥对微生物有哪些影响?

第八章

微生物遗传

第一节　微生物的基因和基因组

微生物种类繁多，不同类群的微生物，其遗传物质结构、存在方式和作用机理上亦有所不同。原核微生物和真核微生物的主要遗传物质是DNA，而噬菌体和病毒的遗传物质是DNA或RNA。

一、基因

从分子遗传学的角度上讲，基因是一段具有特定功能和结构的连续的DNA片段，是编码蛋白质或RNA分子遗传信息的基本遗传单位。一个完整的基因除编码区外，还包括5′末端和3′末端长度不等的特异性序列。

1. 原核生物的基因

所有原核生物的基因都只有一个编码区，依基因类型的不同，或是编码一种蛋白质多肽，或是编码一种RNA结构，如tRNA和rRNA。在DNA链上，由起始密码子开始到终止密码子为止的一个连续编码序列，叫作开放阅读框架(open reading frame，ORF)，也就是所谓的编码区。在基因编码区两侧，还存在着用于控制转录作用的调节区，5′末端序列称为启动子，3′末端称为终止子。

启动子(promoter)是位于基因5′末端上游外侧紧挨转录起点的一段长度为20～300 bp的非编码的核苷酸序列，其功能是与RNA聚合酶结合形成转录起始复合物。原核生物的启动子40～50 bp，其中包含有转录起点和两个区(－35区和－10区)。转录起点是DNA模板链上开始合成RNA的位点，通常在其互补的编码链对应位点(碱基)标以＋1。－10区是RNA聚合酶核心酶与DNA分子紧密结合的部位，大多包含有6 bp的共有序列，即TATAAT。－35区是RNA聚合酶σ因子识别DNA分子的部位，其共有序列为TTGACA。在－35/－10区上游，通常有与转录调控因子(又称转录调控蛋白)结合序列，转录调控因子与该序列结合后调控基因的表达。

终止子(terminator)是位于一个基因或一个操纵子的末端，提供转录停止信号的DNA区段。与启动子不同的是终止子仍能被RNA聚合酶转录成mRNA。大肠杆菌的终止子分为两类：一类是不依赖于Rho蛋白质辅助因子(称作ρ因子)而能实现终止作用，这类终止子称为强终止子；另一类是依赖于ρ因子才能实现终止作用，这类终止子属于弱终止子(图8-1)。

在原核生物中只有一种RNA聚合酶。所有原核生物的基因,包括编码蛋白质的基因和编码RNA的基因都是在同一种RNA聚合酶的作用下进行转录的。

2. 真核生物的基因

与原核生物的基因一样,一个完整的真核生物基因,不仅包括编码区,还包括启动子区和终止子区。但真核生物基因和原核生物基因在结构上存在着许多基本的差别,其中最重要的一点是,许多真核生物的蛋白质编码基因以及某些tRNA基因的编码序列,都被一种叫作内含子(intron)的非编码序列所间断。在基因的表达过程中,内含子便从初级mRNA分子中被剪切掉,形成成熟的功能mRNA。另一个特点是真核生物有三种不同的RNA聚合酶,各自负责转录不同类型的基因。这三种RNA聚合酶分别叫作PolⅠ、PolⅡ和PolⅢ。PolⅠ转录rRNA基因(5S rRNA除外),PolⅡ转录蛋白质编码基因,PolⅢ转录编码众多小RNA(包括tRNA和5S rRNA)的基因。真核生物中这三种RNA聚合酶所识别的启动子和调控序列在结构上存在一定的差异。

真核生物基因的启动子长度一般1 kb左右。与原核生物的启动子相似,也具有两个高度保守的共有序列,其一是在−25～−35区含有TATA序列,称为TATA盒(TATA box),TATA盒与原核生物启动子的−10区相似,是转录因子与DNA分子的结合部位;其二是在多数启动子中,−70～−80区含有CAAT序列,称为CAAT盒。另外,还有一部分DNA序列能增强或减弱真核基因转录起始的频率,这些区域称为增强子(enhancer)和沉默子(silencer)。增强子是指能使和它连锁的基因转录频率明显增强的DNA序列,长度一般为100～200 bp。沉默子属于负调控元件,可不受距离和方向的限制,对基因的表达起抑制作用。

真核生物基因的3′末端序列区具有终止转录作用的信号以及mRNA 3′末端转录后加工的信号。许多基因都是在特定的序列处终止转录,除了某些组蛋白的mRNA外,大多数mRNA分子的3′末端都有一段poly(A)尾巴,长度一般为200个核苷酸,但酿酒酵母的大多数mRNA转录物则只有50个核苷酸左右的poly(A)尾巴(图8-1)。

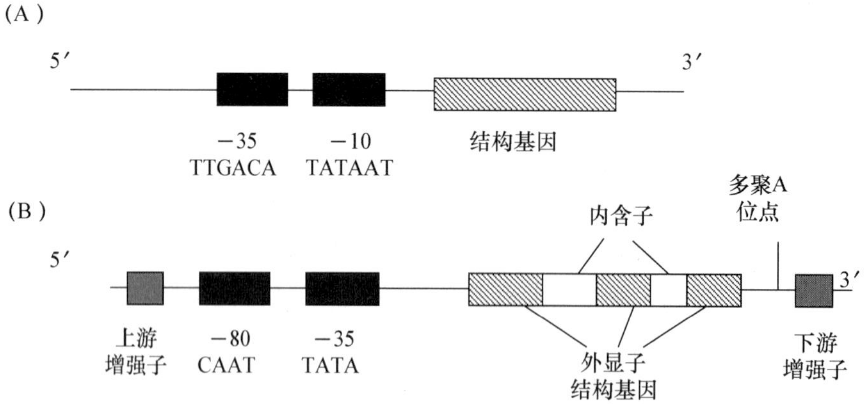

图8-1 原核生物基因(A)和真生物核基因(B)的比较示意图

二、基因组

基因组(genome)是指单倍体细胞中所含的全套遗传物质,包括基因(编码蛋白质和

RNA)、调控序列及非编码 DNA 序列。就大多数细菌、放线菌及噬菌体而言，基因组是指单个染色体上所含的全部基因。当然，对含有质粒的微生物而言，质粒的遗传信息也属于基因组的一部分。而二倍体真核生物的基因组则是指单倍体(配子或配子体)细胞核内整套染色体所含的 DNA 分子及其所携带的全部基因，包括细胞器基因组。如动植物细胞都有的线粒体基因组，以及植物细胞中的叶绿体基因组。基因组序列是通过对细胞内的全部 DNA 进行序列分析和拼接获得的，网站 http://www.microbesonline.org 列出了微生物基因组序列信息。

一般来说，微生物(无论是原核还是真核微生物)基因组一般都比较小，其中最小的大肠杆菌噬菌体 MS2 只有 3 000 bp，包含 3 个基因。研究不同生物的染色体分子大小和基因组时，可简单地用 10^3 bp、10^6 bp 及 10^9 bp 去估计病毒、原核生物和真核生物基因组的大小差别。如 ΦX174 噬菌体是单链环状 DNA，长度为 5.3×10^3 bp，大肠杆菌染色体 DNA 是 4.6×10^6 bp，人的染色体 DNA 为 3.2×10^9 bp(表 8-1)。

表 8-1　几种微生物及其他代表生物的基因组

生物	基因(ORF)数目	基因组大小/bp
MS2 噬菌体	3	3×10^3
ΦX174 噬菌体	11	5×10^3
λ 噬菌体	50	5×10^4
T4 噬菌体	150	2×10^5
詹氏甲烷球菌	1682	1.66×10^6
枯草芽孢杆菌	4 100	4.2×10^6
大肠杆菌 K12	4 288	4.6×10^6
铜绿假单胞菌	5570	6.2×10^6
大豆慢生根瘤菌	8 317	9.1×10^6
天蓝色链霉菌	7825	8.7×10^6
酿酒酵母	5800	13.5×10^6
构巢曲霉	9500	30×10^6
烟草	43000	$4\,500\times10^6$
拟南芥	26 000	125×10^6
果蝇	13 600	180×10^6
人	50 000～100 000	3.2×10^9

第二节　原核生物的遗传物质、基因转移及基因重组

原核微生物的遗传物质主要由染色体 DNA 组成。另外，有些原核微生物还有质粒、噬菌体及转座因子。在真核生物中，基因重组主要通过典型的有性生殖方式进行，即在减数分裂过程中的同源染色体间发生局部交换，结果造成基因的重组与交换。原核微生物没有有性生殖，它们的遗传重组作用只能在特定的条件下才能发生。在原核微生物中，遗传重组是指受体细胞接受来自供体细胞的、遗传性状不同的 DNA 片段，并把这种 DNA 片段整合成为受体细胞基因组的一部分的过程。自然条件下，原核微生物基因从供体到受体的转移途径主要包括接

合作用、转化作用和转导作用。

一、原核微生物的遗传物质

(一)原核微生物的染色体

1. 原核微生物的染色体数目和大小

DNA是原核微生物染色体的主要组成成分,含量占染色体的80%以上,其余为RNA和蛋白质。原核微生物的遗传物质一般为环状双链DNA,DNA存在于相对集中的区域,称为拟核(nucleoid),无核膜包裹。拟核中的DNA以裸露的核酸分子存在,虽与少量蛋白质结合,但不形成染色体结构。拟核中的蛋白质,有些与DNA的折叠有关,另一些则参与DNA复制、重组及转录过程。习惯上将原核微生物的DNA分子称为染色体(chromosome)。

原核微生物通常只有一条染色体,即一个核酸分子(DNA),而且染色体DNA大多数以双链、共价闭合、环状的形式存在。如大肠杆菌和枯草芽孢杆菌各含一条共价、闭合的环状染色体,它们是原核微生物染色体形态的典型代表。多年来,人们一直认为原核微生物的单一环状染色体是区别于真核生物的多条线状染色体的最好标志。然而,越来越多研究证明,除单一环状的染色体外,有些细菌具有多条环状染色体,还有些细菌具有线状染色体。如根癌土壤杆菌含有2条染色体,其中一条是长度为3.0 Mb的环状染色体,另一条是长度为2.1 Mb的线状染色体,此外,很多放线菌的染色体是线状的。

2. 原核微生物染色体结构

大肠杆菌染色体DNA的大小为4.7×10^{6} bp,长约1 333 μm,其长度约为大肠杆菌菌体长度的1 000倍。显然这样大的DNA分子必定要进行超螺旋和高度折叠才能容纳在细胞中特定的区域。原核细胞中含有一些DNA结合蛋白,与DNA结合后,协助DNA进行高度折叠。这些参与DNA折叠的蛋白质称为类组蛋白(histone-like proteins),如Fis(factor for inversion stimulation)、H-NS(histon-like nucleoid structory protein)、HU(heat-unstable nucleoid protein)、IHF(integration host factor)等。其中含量最多的是称为HU的小分子量碱性蛋白。虽然HU在氨基酸组成上与组蛋白(histone)相似,但这两类蛋白无任何序列同源性。除大肠杆菌染色体含有HU蛋白外,嗜热脂肪芽孢杆菌、铜绿假单胞菌、苜蓿根瘤菌、巴氏芽孢梭菌、鱼腥蓝细菌及嗜酸热原体等细菌的染色体都有HU-like蛋白。除类组蛋白外,DNA还与其他蛋白质相结合,如与复制、转录和加工有关的蛋白质结合在一起,整个环状染色体DNA以紧密缠绕的、致密而不规则小体形式存在,该小体即是原核生物的拟核(nucleoid)。

(二)质粒

质粒(plasmid)一般是指存在于细菌、放线菌、真菌等微生物细胞中、独立于染色体外、能进行自我复制的遗传因子。有些质粒可以整合到染色体上,作为染色体的一部分进行复制,也可以再游离出来并携带寄主的一些染色体基因,即附加体。质粒(特别是细菌质粒)通常是共价、闭合、环状双链DNA(covalent closed circular DNA,简称cccDNA),其分子大小范围从1 kb左右到1 000 kb。在链霉菌、酵母、丝状真菌等微生物中还发现了线状DNA质粒。

1. 质粒的类型

大多数的质粒均控制着宿主细胞的一种或几种特殊性状,即具有一定的表型。依其表型不同,质粒可划分为以下几种类型。

(1)致育质粒 大肠杆菌的F因子(F factor)是第一个被发现(1946年)的细菌质粒。F质粒为双链环状DNA分子,长度为99 159 bp(约100 kb),由三个主要功能区段组成:转移区、复制区及插入区。含有F质粒的菌株代号为F^+,具有性菌毛,能经接合作用将F质粒转入F^-细胞并使之成为F^+细胞。此外,在志贺氏菌(*Shigella*)、沙门氏菌(*Salmonella*)和链球菌(*Streptococcus*)等其他细菌中也发现了与大肠杆菌类似的致育因子。

在放线菌中,天蓝色链霉菌含有SCP1和SCP2两种致育质粒,SCP1还携带有次甲基霉素基因,大小为350 kb;SCP2大小为31kb。这两种质粒在天蓝色链霉菌的接合作用中起作用,带动染色体从供体细胞向受体细胞转移。

(2)抗药性质粒 这类质粒(R质粒)能使宿主微生物对抗生素、化学药物或重金属离子等杀菌剂表现出抗性。R质粒是1957年在一次突发性痢疾蔓延期间,从痢疾志贺氏菌(*Shigella dysenteriae*)中被发现的。以后在许多细菌,如大肠杆菌、沙门氏菌、欧文氏菌(*Erwinia*)、流感嗜血菌(*Haemophilus influenzae*)、霍乱弧菌(*Vibrio cholera*e)、根瘤菌(*Rhizobium*)、荧光假单胞菌(*Pseudomonas fluorescens*)、铜绿假单胞菌(*P. aeruginosa*)等100多种细菌中发现了这类质粒。

带有抗药性因子的细菌有时对几种抗生素或其他药物均呈现抗药性。例如R100质粒(89.3 kb)可使宿主对下列6种抗生素和重金属离子具有抗性:汞离子(*mer*)、磺胺(*sul*)、链霉素(*str*)、梭链孢酸(*fus*)、氯霉素(*cml*)和四环素(*tet*)。R100质粒由两部分组成:抗性决定子(r determinant)和转移区(*tra*)组成。转移区与F因子类似,这组基因具有调控质粒自身复制、质粒在细胞中的拷贝数以及转移等功能。

(3)产生抗生素的质粒和产生细菌素的质粒 抗生素和细菌素都属于抗菌物质。很多放线菌能够产生抗生素,有些决定于染色体,有些却决定于质粒。SCP1质粒是能使宿主产生抗生素的典型代表,与次甲基霉素A(methylen-omycin A)生物合成有关的基因(包括抗性、调节和结构基因)都位于这个巨型的线型质粒上。此外,也发现其他许多抗生素的合成也与质粒有关,如氯霉素、春雷霉素等。

细菌素(bacteriocin)是细菌产生的、一般只能抑制或杀死种内不同亚种或菌株中敏感细菌的特殊多肽类代谢产物。细菌素能与敏感细菌细胞壁上的专一性受体蛋白相结合,进而抑制或杀死敏感细菌。细菌素产生菌因含有免疫基因(*imm*)而不受其产物的危害。目前研究的最深入的是大肠杆菌产生的大肠杆菌素,已知它是由Col质粒决定的。大肠杆菌的Col质粒有10多种,如ColE1、ColE2、ColE3、ColB、ColV、ColIb等。

(4)产生毒素的质粒 有些使昆虫致病乃至死亡的细菌毒素也是由质粒编码的。在苏云金芽孢杆菌(*Bacillus thuringiensis*)种群中,质粒DNA可占细胞总DNA的10%~20%。目前研究较多且应用十分广泛的苏云金芽孢杆菌,其毒素蛋白基因大多定位在质粒上,消除质粒的苏云金芽孢杆菌同时也失去了对昆虫的毒力。现已成功将从Bt中克隆的毒素蛋白基因转移到大肠杆菌、假单胞菌等微生物中。带有Bt的抗虫转基因植物如棉花、玉米等已在大田中大面积种植,取得了较好的抗虫效果。

(5)降解质粒 假单胞菌属是一类能十分广泛地利用有机化合物进行生长的细菌,可将复杂有机化合物(包括许多化学毒物)降解成简单化合物形式,供其他微生物作为碳源和能源利用。研究表明,假单胞菌(还有一些其他细菌,如产碱菌、黄杆菌等)对一些特殊有机物如樟脑(CAM)、水杨酸(SAL)、二甲苯(XYL)、辛烷(OCT)等的降解,主要由质粒编码的降解酶完成。这类质粒通常又被称为降解性质粒,它们在自然界物质循环、环境保护和污染治理等方面有重要的应用前景。

(6) 致病性质粒　有些微生物对人、动物和植物有致病性,而其中部分致病性也是由质粒决定的。如引起植物病害的土壤根癌农杆菌(*Agrobacterium tumefaciens*)侵染双子叶植物根、茎部产生肿瘤,称为冠瘿瘤(Crown gall)。诱发这种冠瘿瘤的物质就是由 Ti 质粒编码的酶合成的,所有致癌的根癌农杆菌均含有这种质粒。若细菌丧失了这种质粒,就不能诱发肿瘤的产生。如果向原来没有致癌能力且不含这种质粒的根癌农杆菌中导入这种 Ti 质粒,该菌株便有了致癌性。Ti 质粒经过遗传改造,已成为遗传工程载体而广泛应用在植物基因工程中。

此外,质粒还与破伤风梭菌(*Clostridium tetani*)、肉毒梭菌(*C. botulinum*)和大肠杆菌等病原微生物的致病性有关。如产毒素大肠杆菌是引起人类和动物腹泻的主要病原菌之一,其中许多菌株含有编码一种或多种肠毒素的质粒。

(7)共生固氮质粒　根瘤菌普遍含有质粒,其质粒数目为 1～10 个不等,其分子大小多在 100～300 kb 之间,少数 >1 000 kb 的称为巨大质粒。根瘤菌的质粒有共生质粒和非共生质粒。共生质粒(pSym)含有与共生有关的基因,与结瘤(*nod*)和固氮(*nif*)有关的基因均位于共生质粒中。共生质粒的消除或特定基因片段的缺失均导致共生作用的完全丧失。

(8)隐蔽质粒(cryptic plasmid)　是指已经从微生物细胞中检测和分离出来,但其表型效应尚未确定的质粒。随着研究工作的深入,它们对宿主细胞的功能将被逐步认识。

上面讲述的这些质粒基本上都是天然质粒。

2. 质粒大小和拷贝数

常见质粒的大小范围为 1～200 kb,个别大质粒可达 800～1 000 kb。未知质粒的大小通常可以在相同条件下与已知其大小的几个标准质粒比较并依其电泳距离作图来估算。最精确的测定需要对质粒 DNA 作序列分析,然后从所含碱基数目来直接推算出其大小和分子量。

质粒的数量亦称为质粒在每一细胞中存在的拷贝数(copy number)。一般而言,质粒的拷贝数与其分子量成反比关系,分子量大的拷贝数低,分子量小则拷贝数高。每个细胞中只有 1～2 个拷贝的质粒,它们的复制受到严格控制,称为严紧型质粒(stringent plasmids)或低拷贝质粒,如 F 质粒。每个细胞中有 10～100 个拷贝或更多拷贝的质粒,它们的复制不受到严格控制,称为松弛型质粒(relaxed plasmids)或高拷贝质粒。

3. 质粒载体

基因工程中常用的质粒载体基本上都是人工构建的。早期基因工程中用的质粒 pBR322 的构建包括三部分:第一部分来源于大肠杆菌天然质粒 ColE1 的 DNA 复制起点(*ori*)及其附近的 *rop* 基因;第二部分来源于质粒 pSC101 的四环素抗性基因(tet^r);第三部分来源于转座子 Tn3 的氨苄青霉素抗性基因(amp^r)。pBR322 的拷贝数平均为 10～30 个/细胞,这是因为该质粒含有来自 ColE1 质粒中的 *rop* 基因,*rop* 基因编码的 ROP 蛋白对质粒的复制起负调控作用(图 8-2A)。

pUC19 是最常用的质粒载体,由 pBR322 改造而来,大小只有 2 686 bp,其结构组成紧凑,几乎不含多余的 DNA 片段。pUC19 质粒缺乏控制拷贝数的 *rop* 基因,因此其拷贝数达 100～200 个/细胞。pUC 系列载体含有一段 LacZ(β-半乳糖糖苷酶)蛋白氨基末端的部分编码序列,在特定的受体细胞中可表现 α-互补作用。因此在多克隆位点中插入了外源片段后,可通过 α-互补作用形成的蓝色和白色菌落筛选重组质粒。pUC19 载体适合于 DNA 片段的克隆、DNA 测序、对外源基因进行表达等(图 8-2B)。

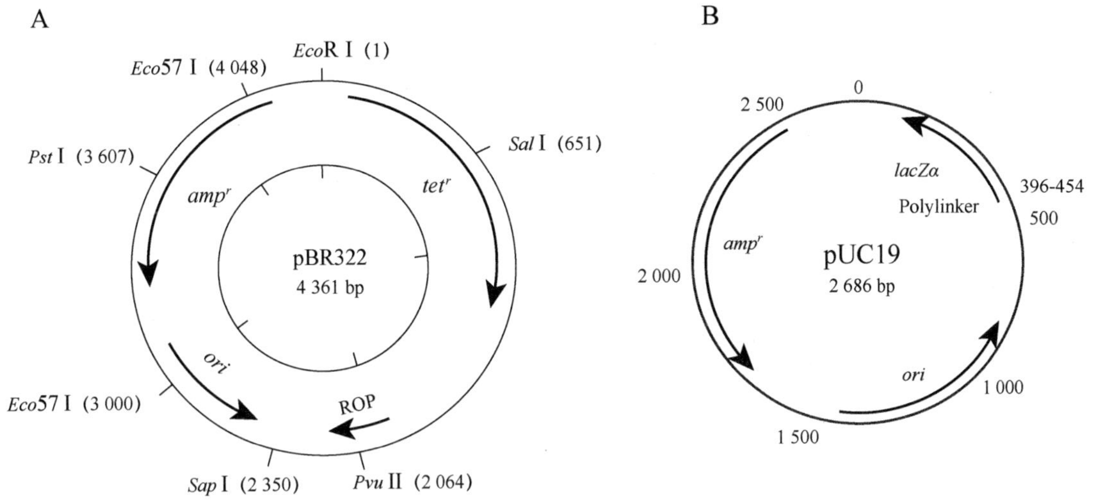

图 8-2 pBR322 质粒图谱(A)和 pUC19 质粒图谱(B)

(三)转座因子

转座因子(transposable elements, TE)是细胞中能改变自身位置的一段 DNA 序列。转座因子改变位置,如从染色体的一个位置转移到另一个位置,或者从质粒转移到染色体、或从染色体转移到质粒的行为称为转座。细菌、放线菌、酵母、丝状真菌、植物、果蝇、哺乳动物、人等几乎所有生物的染色体上以及多种细菌质粒上都有不同类别的转座因子存在。

细菌中可转座的遗传因子主要包括两类:插入序列和转座子。这两类转座因子的共同特征是:插入靶 DNA 位点产生一个短的正向重复顺序;插入寄主基因内部导致基因失活。

1. 插入序列

插入序列(insertion sequence, 简称 IS)的长度一般是 0.7~2.5 kb。插入序列的结构如图 8-3 所示,有下列特点:① 在 IS 的两端含有长度为 10~40 bp 反向重复序列(inverted repeat sequence, 简称 IR)。②除少数 IS 外,大多数 IS 都含有一个单一的长编码区,其启动子位于一端的反向重复序列之内,而刚好终止于另一端的反向重复序列之前或之内,它编码转座酶(transposnase, 简称 Tpase)。转座酶在 IS 的转座过程中发挥作用。如果有两个编码区,一个编码转座酶,另一个编码调节转座酶活性的蛋白。③在 IS 或 Tn 插入时,在靶 DNA 位点产生一个短的正向重复顺序(direct repeat sequence,简称 DR),分布在 IS 两侧。但在插入之前靶部位只有这两个重复序列中的一个,DR 的长度一般为 3~9 bp。插入序列已成为细菌染色体、质粒和某些噬菌体的正常组分而存在。例如,大肠杆菌染色体上有 8 个 IS1,5 个 IS2 和 5 个 IS3。大肠杆菌 F 质粒含有一个 IS2 及 2 个 IS3 等。P1 噬菌体含有 IS1,其他噬菌体也含有插入序列。

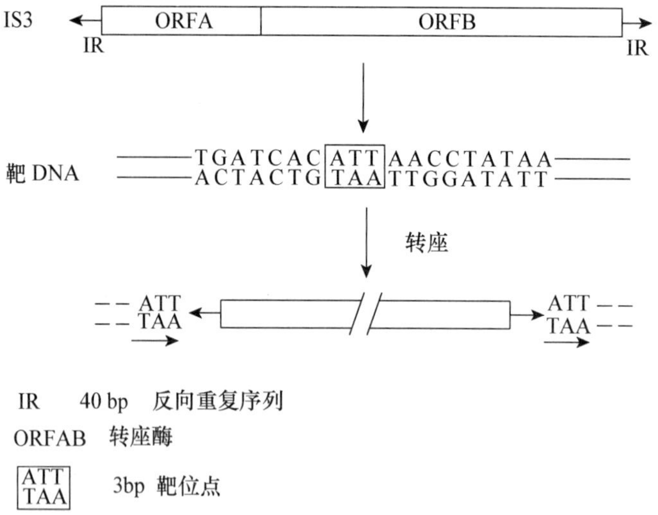

图 8-3 典型的 IS 结构图及其插入后产生的正向重复

2. 转座子

将带有抗性基因并能在不同 DNA 分子之间移动的遗传单位叫作细菌转座子(bacterial transposons,简称 Tn)。Tn 与 IS 的主要区别是携带与转座无关的药物抗性或其他特性的基因。Tn 一般具有编码抗生素的抗性基因。抗药性转座子一般可分为两类,即复合转座子(composite transposon) 和复杂转座子(complex transposon)。复合转座子是由两个完全相同或类似的插入序列 IS 和某种抗药性基因组成的复合因子,IS 作为 Tn 的两个臂或称两个末端,在 Tn 中作正向或反向排列。在这类转座子中,IS 可以带动整个 Tn 的转座,也可单独进行转座。Tn5 和 Tn10 是这类转座子的典型代表(图 8-4)。复杂转座子长度约 5 000 bp,两端是长度为 30～40 bp 的末端反向重复序列(IR)或正向重复序列(DR),中央是转座酶基因和抗药性基因。这类转座子总是作为一个单位进行转座,常将这类转座子统称为 TnA 转座子(图 8-5)。

转座子通常在一些被称为靶序列(target sequence)的特定序列上插入,这些短序列在基因组上的排列是相对随机的,它的插入导致被插入基因的突变。因此,可以利用转座子的这一特性进行基因诱变。其中用得较多的是 Tn5 和 Tn10。Tn5 具有转座频率高,对目标序列特异性要求低,且转座不需与细菌的基因组存在同源性等优点,因而被广泛用于许多革兰氏阴性菌的转座子诱变中。

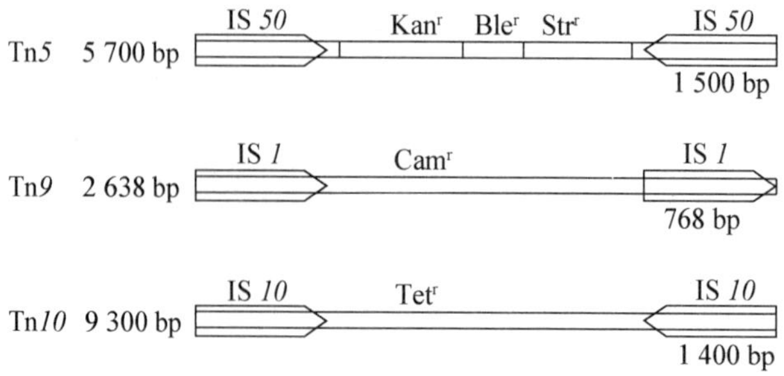

图 8-4 细菌复合转座子

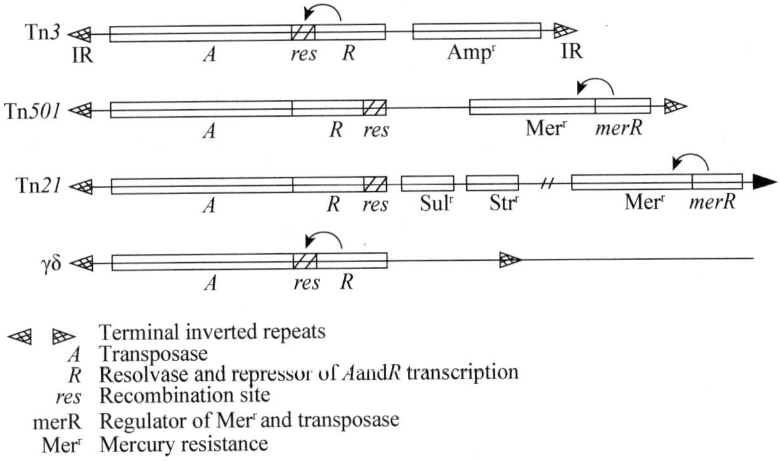

图 8-5 细菌复杂转座子

二、原核微生物的基因转移和基因重组

原核微生物缺乏有性系统，在进行基因重组时，它们的两个亲本细胞并不提供等量的遗传信息给其子代。原核微生物之间能互相交换小部分的遗传信息。通常，将提供交换 DNA 的生物称为供体(donor)，获得 DNA 的生物为受体(recipient)。原核微生物基因从供体到受体的转移途径主要包括接合作用(conjugation)、转化作用(transformation)和转导作用(transduction)。一旦供体的基因转入受体，它在受体细胞质内可以游离的形式存在，或整合到受体 DNA 上成为受体细胞基因组的一部分。

(一)转化

所谓转化一般是指某一基因型的细胞从周围介质中吸收来自另一基因型细胞的 DNA (DNA 片段或质粒)，而使它的基因型和表型发生相应变化的现象。这种现象首先在细菌中发现，后来在其他微生物中如放线菌、真菌中也发现了转化现象。

转化作用可以人为地划分为三个阶段：①感受态的出现；②双链 DNA 的结合和进入；③DNA 的整合。

1. 感受态的出现

转化的第一步是需要细菌处于感受态。细菌能从周围环境中吸取 DNA 的生理状态称为感受态。自然界中并不是所有的细菌都能进行自然转化，能进行自然转化的细菌也并不是它们生长的任何阶段都具有吸收 DNA 的能力，而是细菌生长到某一特定阶段的一种生理特性。一般认为，感受态出现在细菌生长的对数后期。只要群体中有少量感受态细胞出现，然后 3～5 min，感受态细胞增加一倍，很快地建立了感受态群体。感受态的出现是由于细菌表面出现许多 DNA 结合位点。实验证明这些结合位点只能与双链 DNA 结合，而不能与单链 DNA 结合。一个菌株能否出现感受态，不但由其遗传特性所决定，而且环境条件也起一定的作用。例如大肠杆菌在含有 $CaCl_2$ 的环境中可诱发感受态的出现。

2. 双链 DNA 的结合和进入

在转化中，感受态细胞首先可逆地结合 DNA，很快这种结合就变为不可逆。感受态细胞结合的DNA数量比非感受态多1 000倍。

肺炎双球菌属于G^+细菌,其DNA的结合和进入的过程如图8-6所示。首先细胞在生长后期、细胞密度高时,细胞向外分泌感受态因子,诱导细胞出现感受态。然后双链DNA吸附在细菌细胞表面的特异性受体上。吸附的DNA在细胞表面两种DNA酶的作用下进入细胞内,这两种DNA酶中,一种是核酸内切酶,它可将吸附在细胞壁上的DNA随机切割成15～20 bp长短的片段。另一种是核酸外切酶,它将吸附着的DNA片段的一个单链分解掉,被切断的链遭到核酸酶的降解,成为寡核苷酸释放到培养基中,另一个单链与感受态-特异蛋白质结合,以这种形式进入细胞。枯草杆菌及其他革兰氏阳性细菌也是以这种方式进行DNA的吸附和进入的。在肺炎双球菌中,每个感受态细胞有30～80个DNA结合和吸收位点;在枯草杆菌中,每个感受态细胞有约50个DNA结合和吸收位点。枯草杆菌和肺炎双球菌对外源DNA没有特异性要求(对大肠杆菌或T7 DNA都能进行吸收)。但在G^-嗜血流感细菌中,每个感受态细胞表面有4～8个DNA结合位点,而且只吸收和摄取来自同一物种或亲缘关系相近物种的DNA。

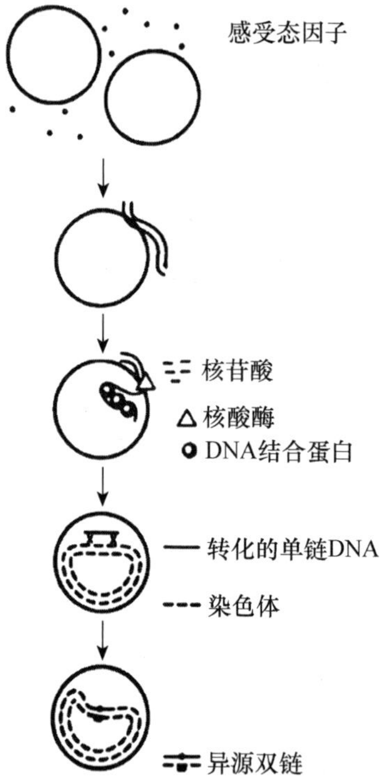

图8-6 肺炎双球菌的转化

3. DNA的整合

研究表明,无论枯草芽孢杆菌、肺炎双球菌,还是嗜血流感细菌,DNA在细胞内的整合过程基本相同,即单链DNA进入细胞后,不经复制便以单链的形式与受体DNA的同源部分配对(可以设想受体DNA由于转录、复制或由于其他原因正处于解链状态)。然后供体DNA和受体DNA形成共价键,被交换下来的受体的一小段单链DNA被核酸酶分解。在枯草芽孢杆菌中,约70%的被吸收到细胞质中的同源DNA被整合到染色体DNA上,被整合的DNA片段大小虽有差异,但一般平均长度为8.5 kb。供体-受体DNA复合体的形成可能是RecA-like催化作用的结果。

(二)接合作用(conjugation)

接合作用是指细菌的细胞与细胞接触时,质粒或质粒介导的染色体片段从供体菌向受体菌转移的过程。接合作用是由质粒编码的功能所决定的。与接合作用有关的质粒属于自我转移质粒,也叫接合性质粒或致育(fertility)质粒。

1. F 质粒的结构

F 质粒是一个典型的自我转移质粒,即接合性质粒。F 质粒介导大肠杆菌不同菌株之间或大肠杆菌与亲缘关系相近的细菌之间的接合作用。F 质粒除能自主从供体菌转移到受体菌外,还能介导染色体从供体菌转移到受体菌,同时又可以从染色体上切离出来形成带有部分染色体的 F′质粒。

(1)F 质粒的遗传结构　F 质粒在每个大肠杆菌细胞中的拷贝数为 1~2 个。F 质粒为双链环状 DNA 分子,DNA 长度为 99 159 bp,约是大肠杆菌基因组的 2%,F 质粒的结构由转移区、复制区及插入区三个主要区段组成,其中 1/3 的基因与接合转移有关。

(2)F 质粒在大肠杆菌细胞中的存在状态　根据大肠杆菌细胞内有无 F 质粒及 F 质粒在细胞内的存在状态可将细胞分为 4 种类型:F^-、F^+、Hfr 及 F′。F^- 是指细胞内不含 F 质粒;F^+ 是指细胞内含有 F 质粒,而且 F 质粒以自主复制形式存在;Hfr 菌株(high frequency recombination strain)叫作高频重组菌株,是指 F 质粒通过同源重组整合到宿主的染色体上,随着宿主染色体的复制而复制;F′是指携带了宿主的一部分染色体的 F 质粒。

2. F 质粒介导的接合作用

(1)$F^+ \times F^-$ 杂交　带有 F 质粒的细胞(F^+)在形态学上可以与 F^- 明显区别,除了共有的大量表面菌毛以外,F^+ 还有 1~3 根性菌毛。性菌毛的长度达数毫米,直径约为 8 nm。性菌毛在细菌的接合过程中起着十分重要的作用。当性菌毛头部与受体细胞接触,使供体细胞和受体细胞连接到一块儿后,性菌毛可能通过供体或受体细胞膜中的解聚作用(disaggregating)和再溶解作用(redissolving)进行收缩,从而使供体和受体细胞紧密相连,很快在接触处形成胞质桥,这样就形成了杂交对(图 8-7)。紧接着便开始接合过程的第二步,F 质粒 DNA 通过胞质桥向受体开始转移,此时 F 质粒上 *traYZ* 基因表达,产生的核酸内切酶在 *oriT* 处一条单链上切开一个切口,并以 5′末端为首通过胞质桥通道进入受体,而互补链留在供体。在 37℃时,F 质粒 DNA 转移的速度约 3.3×10^4 bp/min,因此整个 F 质粒在 1~2 min 内将全部核苷酸转移进受体。在 F 质粒转移的同时,供体和受体细胞中的两个单链都以滚环合成的方式,由单链复制成双链。所以当接合作用完成后,受体细胞也变成了含有 F 质粒的 F^+ 细胞,即:$F^+ \times F^- = 2\ F^+$(图 8-8)

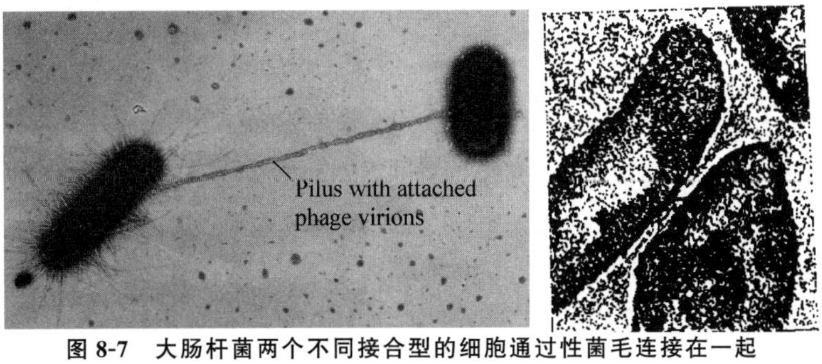

图 8-7　大肠杆菌两个不同接合型的细胞通过性菌毛连接在一起

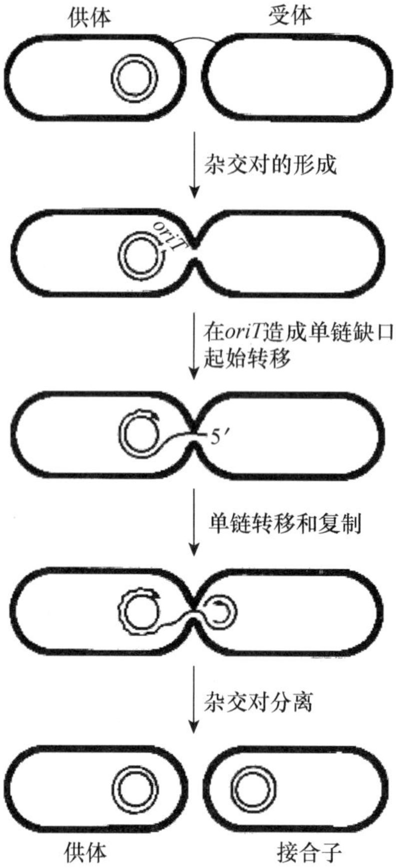

图 8-8 F 质粒的转移

(2)Hfr× F^- 杂交 F 质粒与细菌的环状染色体通过一次交换便可使 F 质粒 DNA 插入染色体上(图 8-9)。带有一个整合 F 质粒的大肠杆菌细胞，通常被称为高频重组菌株(high frequency recombination，Hfr)，因为这类菌株可以很高的频率把部分甚至全部细菌染色体 DNA 转移给 F^- 细胞。F 质粒插入大肠杆菌染色体上的频率为每代 10^{-7}～10^{-5}。F 质粒在插入大肠杆菌染色体时，插入的位置是随机的(因为在大肠杆菌染色体中 IS 的排列是随机的)，插入的方向也是随机的，结果就会出现许多不同的 Hfr 菌株。Hfr 细胞仍然保持着性细胞特征，具有性菌毛，并且像 F^+ 细胞一样可与 F^- 细胞进行接合。

Hfr × F^- 杂交：与 F^+ × F^- 有相同的过程，细胞间接触、胞质桥形成、链的断裂、单链 DNA 从供体向受体转移。因为 F 质粒 DNA 在 Hfr 细胞中已和染色体结合成一个复制子，所以 F 质粒在接合时能带动染色体 DNA 进入受体。但供体 DNA 向受体转移的先后次序决定于 F 质粒和染色体整合的位置。由于 F 质粒可以整合在大肠杆菌的几个不同部位上，转移时首先是 F 质粒的 *oriT* 和小部分 F 质粒 DNA 先进入受体，然后是染色体 DNA，最后才是剩下的大部分 F 质粒的 DNA。Hfr 细胞推动完整的大肠杆菌染色体的转移大约需要 100 min。但由于转移过程中常因外界干扰或细菌自身的活动而中途停止，因此让全部的 Hfr DNA 进入受体相当困难。于是在 Hfr×F^- 杂交中，杂交结果仍是 Hfr 细胞和 F^- 细胞。

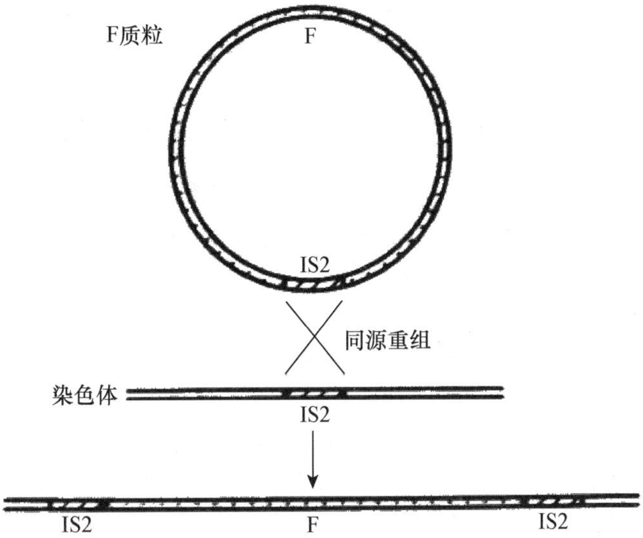

图 8-9 Hfr 菌株的产生过程及 Hfr 菌株

(3)F′× F⁻杂交 F 质粒在脱离 Hfr 细胞的染色体时也会发生差错，从而形成带有细菌某些染色体基因的 F′质粒。而 F′质粒又可通过交换整合到细菌染色体的原来位置上，回复到原来的 Hfr 状态。

3. 其他接合质粒介导的接合作用

除 F 质粒(也叫自我转移质粒)外，R 质粒(RK2、RP1、RP4 等)也属于接合质粒，也能介导接合作用。这类接合质粒也具有与接合转移有关的 *tra* 基因和 *oriT* 位点。接合质粒普遍存在于细菌和放线菌中，由这些质粒介导的接合作用普遍存在于自然界中，从而引起原核生物间的遗传物质发生交换。因而，接合作用(也称为杂交)成为实验室常用的一种进行遗传物质转移的研究方法。早期，利用 Hfr× F⁻杂交，对大肠杆菌染色体上的主要基因进行了定位。将 RK2 或 RP4 质粒进行改造后作为载体，在大肠杆菌和其他细菌(如根瘤菌)进行种间杂交，将外源基因转移到受体菌，是国内外部分实验室常用的研究方法。

(三)转导(transduction)

转导是利用噬菌体为媒介，将供体菌的部分 DNA 转移到受体菌内的现象。因为绝大多数细菌都有噬菌体，所以转导作用普遍存在于自然界。转导可分为普遍性转导和局限性转导两种类型。在普遍性转导中，任何供体菌的染色体都可以转移至受体细胞。而在局限性转导中，被转导的 DNA 片段仅仅是那些溶源化位点附近的宿主基因。

1. 普遍性转导(generalized transduction)

普遍性转导是指在噬菌体感染的末期，细菌染色体被断裂成许多小片段。在形成噬菌体颗粒时，少数噬菌体将细菌 DNA 片段误认为是其自身的 DNA 而包被在蛋白外壳内，从而形成转导噬菌体。当携带供体 DNA(基因)的噬菌体侵染受体菌时，噬菌体便将供体基因注入受体菌中，并与受体细胞内的染色体 DNA 通过遗传重组整合到受体菌的染色体上，形成一个稳定的转导子(transductant)(图 8-10)。普遍性转导噬菌体包括许多温和噬菌体和某些烈性噬菌体,但是并不是所有噬菌体都能进行普遍性转导。鼠伤寒沙门氏菌的P22和大肠杆菌的P1是研究最多的普遍性转导噬菌体,这两种噬菌体既能溶源又能裂解。

2. 局限性转导(specialized transduction)

以噬菌体为媒介,只能使供体的一个或少数几个基因转移到受体的转导作用称为局限性转导。能进行局限性转导的噬菌体一般都是温和性噬菌体。λ噬菌体是局限性转导的典型代表。λ噬菌体在感染寄主细胞后,将其DNA注入受体细胞,通过一次交换而插入大肠杆菌染色体的 *gal* 和 *bio* 基因之间,这时的λ称为原噬菌体。经UV等诱导后,λ可以脱离寄主染色体而成为游离的噬菌体。但是如果在这过程中发生交换的位置稍有偏差,那么就形成了带有 *gal* 基因或带有 *bio* 基因的噬菌体,这就是转导噬菌体(图8-11)。如果重组错误发生在原噬菌体DNA的左边,则噬菌体的头部、尾部基因就会被丢失而被 *gal* 所取代;如果重组错误发生在右边,则噬菌体的 *Int* 和 *Xis* 基因就会被 *bio* 基因取代。携带 *gal* 基因的转导噬菌体称为λdgal或λdg,携带 *bio* 基因的转导噬菌体称为λdbio或λdb,这里的d表示缺陷的意思。如果用含有λdgal的裂解液感染非溶源性的 Gal^- 细菌时,有些细胞接受了λdgDNA,即获得了供体的 gal^+ 基因,可使 Gal^- 变为 Gal^+ 细胞。同样,λdbio噬菌体侵染 Bio^- 大肠杆菌时,可使 Bio^- 变为 Bio^+ 细胞。

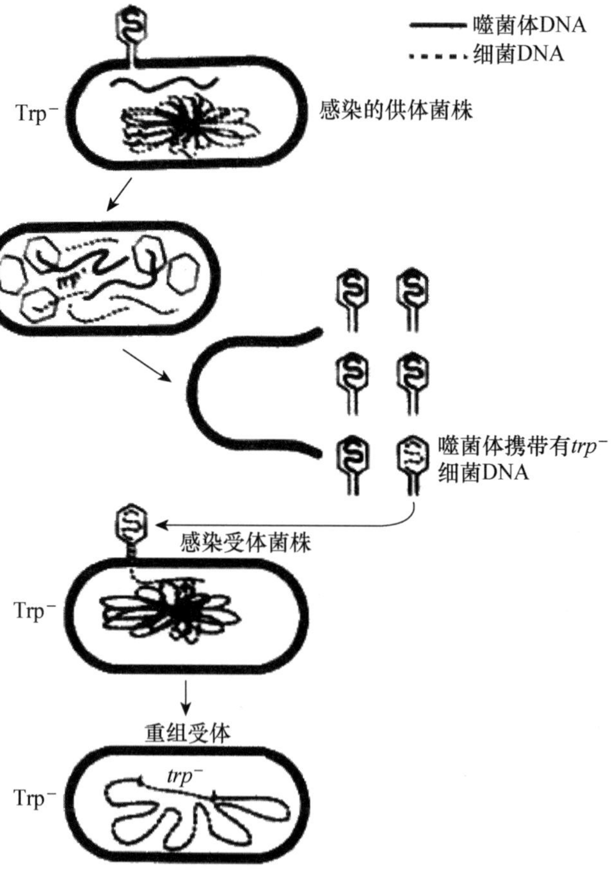

图8-10 普遍性转导

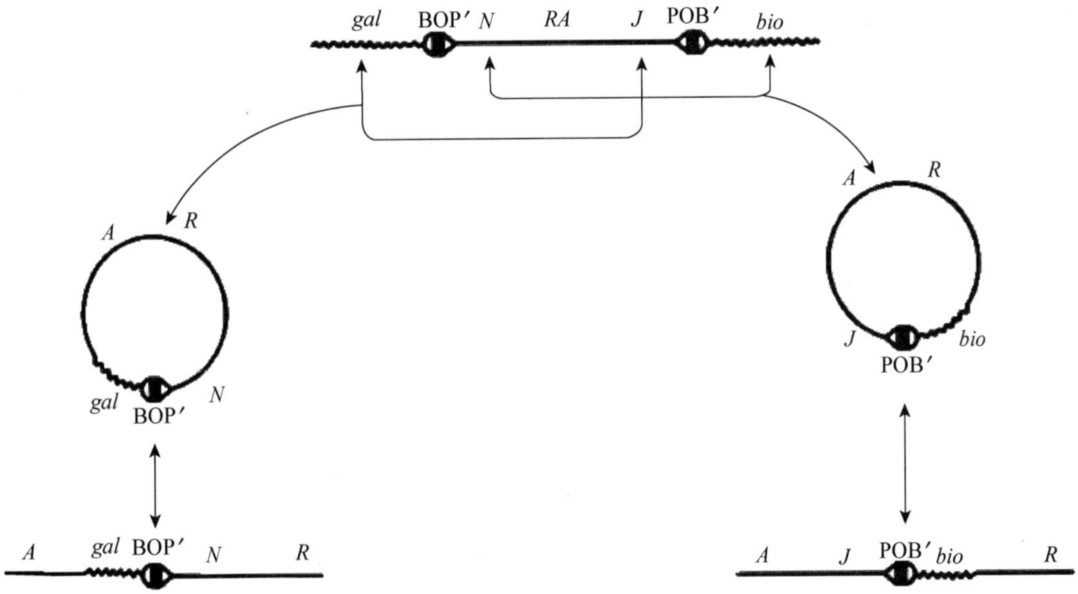

图 8-11　异常交换和切离产生的局限性转导噬菌体

第三节　真菌的基因重组

真菌是在细胞结构和遗传体制上具有特殊性的真核微生物。一方面它们具有类似于高等动物和植物的细胞核和染色体结构，可进行有性生殖；另一方面又具有微生物的生长迅速、生活周期短、便于培养等优点。除酵母菌作为真菌的模式菌株外，丝状真菌中的粗糙脉孢菌（*Neurospora crassa*）和构巢曲霉（*Aspergillus nidulans*）一直是研究真核生物遗传重组和基因表达调节的模式系统。

真核细胞和原核细胞的最大差异之一是遗传物质的分布和存在状态。原核细胞的遗传物质是以裸露 DNA 或 RNA 的形式存在于无细胞核的细胞中，而真核细胞的遗传物质是以与组蛋白和非组蛋白相结合缠绕成多条染色体的形式集中于细胞核中。在真核生物的染色体中，DNA 占染色体组成成分的 30%～40%，组蛋白和非组蛋白占 60%以上，RNA（主要是尚未完成转录而仍与模版 DNA 相连接的那些 RNA）占 10%以下。

真菌具有无性繁殖和有性繁殖方式。在有性生殖的减数分裂过程中，来自两个亲本的同源基因进行重组。由于真菌减数分裂产生的所有细胞核都存在于有性孢子中，因而有利于进行遗传分析。此外，真菌还有一种独特的遗传系统，即准性生殖，这种系统在其他类群生物中是罕见的。

1. 有性生殖（sexual reproduction）

许多真菌的营养体是单倍体，真菌的有性生殖是通过单倍体之间的融合而进行的。大多数真菌核融合后进行减数分裂，并发育成新的单倍体细胞。亲本的基因重组主要是通过染色体的独立分离和染色体之间的交换。相当一部分真菌通过有性生殖可产生含有子囊的子囊果，每一个子囊中含有 8 个子囊孢子。如粗糙脉孢菌在有性生殖过程中，接合型 A 或 a 菌株的分生孢子与接合型a或A菌株的原子囊果上的受精丝结合发生受精过程。两个细胞核融合产生一个二倍体核;二倍体核减数分裂产生的四个单倍体核不仅同处于一个子囊内,并且呈直线排列。我们将这样的以直线方式排列在同一个子囊内的四个减数分裂产物称为顺序排列四分体。每一单倍体核接着又进行一次有丝分裂,形成八个子囊孢子并且顺序排列在子囊内。由于子囊内的子囊孢子直接反映了减数分裂的结果,因而是用于遗传分析的好材料。

2. 准性生殖(parasexual reproduction)

真菌在进行有性循环时,通过减数分裂可产生重组体,是实现基因重组的一条重要途径。但是自然界中约20%真菌,特别是半知菌亚门的真菌,没有或很少发生有性生殖过程,却仍然表现出了较高频率的变异,这种变异就是通过另一条独立于有性生殖的基因重组途径——准性生殖。黑曲霉(*Aspergillus niger*)和白色念珠酵母(*Candida albicans*),主要依赖准性生殖进行遗传物质交换。

准性生殖是指同种生物不同基因型菌株的体细胞发生融合形成异核体,异核体细胞中两个遗传物质不同的细胞核可以结合成杂合二倍体的细胞核,这种杂合二倍体的细胞核在有丝分裂过程中可以发生染色体交换和单倍体化,最后形成遗传物质重组的单倍体的过程,也就是不经过减数分裂就能导致基因重组的过程。

准性生殖包括异核体形成、二倍体形成以及体细胞中有丝分裂交换和单倍体化(图8-12)。

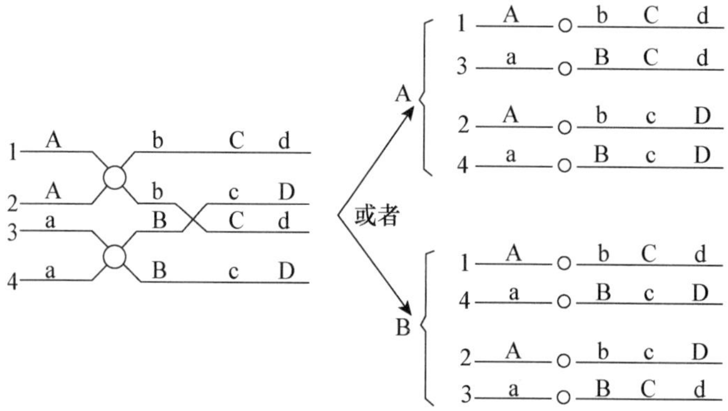

图8-12　同源染色体交换形成重组体

(1)异核体形成　一些真菌在其菌丝内含有两种或多种基因型不同的细胞核,称为异核体(heterocaryon)。异核体的产生有两种方式,一是由于菌丝内其中一个细胞核的基因发生突变,自发地形成突变体;另一种是当带有不同遗传性状的两个单倍体细胞或菌丝之间的相互融合而形成的。

(2)二倍体形成　是指两个单倍体核融合形成一个二倍体核的现象。基因型相同的核融合形成纯合二倍体,基因型不同的核融合形成杂合二倍体。异核体中两个基因型不同的细胞核可以以极低的频率融合成杂合二倍体。二倍体核一旦形成后,相当稳定,而且可以进行有丝分裂,再形成二倍体核。

(3)有丝分裂交换　在杂合的二倍体核有丝分裂过程中,染色体可以进行部分基因的交换,产生各种重组子。

(4)单倍体化　二倍体细胞在有丝分裂过程能转变成单倍体细胞,这个转变过程通过非分离性的连续分裂逐渐从二倍体失去染色体。起初,单个二倍体核产生含有 $2n+1$ 和 $2n-1$ 条染色体的核，这些非整倍体核是不稳定的，而且在连续的分裂中，反复地失去染色体而回复成整倍体核，即 $2n+1$ 的核回复成正常的二倍体，而 $2n-1$ 的核最终回复成单倍体核。

第四节 微生物的基因工程

基因工程又称为体外重组 DNA 技术，是指在体外将各种来源的遗传物质——同源的或异源的、原核的或真核的、天然的或人工合成的 DNA，插入载体 DNA(病毒、质粒或其他载体分子)，构建重组 DNA 分子，并将其导入受体细胞中，使外源基因在其中正常地复制和表达，从而获得具有新遗传性状的物种。基因工程育种是指利用重组 DNA 技术定向地改变菌种遗传性状的育种技术。

一个完整的基因重组过程应包括：①目标基因的分离；②目标基因与载体的连接；③通过转化将重组 DNA 分子导入受体细胞；④筛选转化子或接合子。

1. 目标基因的克隆

目标基因的克隆主要包括两种方法：限制性核酸内切酶和 PCR 扩增。

(1)限制性核酸内切酶 从组织或细胞中分离染色体 DNA，利用限制性核酸内切酶(如 *Bam*HⅠ、*Eco*RⅠ)将染色体 DNA 切割成许多片段，其中即含有我们感兴趣的基因片段。限制性核酸内切酶能识别双链 DNA 上 4～6 个核苷酸序列，并切开两条单链上的磷酸二酯键。如果在识别位点进行不对称切割，则酶解后的 DNA 具有互补的、单链突出末端，即黏性末端；如果对称切割则产生平端的片段，即平末端。

(2)PCR 扩增 PCR 扩增是多聚酶链式反应(polymerase chain reaction)的简称，是模拟体内 DNA 复制的方式，在体外选择性地将 DNA 某个特定区域扩增出来的技术。此法操作简单，该技术从 1985 年建立起来，现在已经成为克隆目标基因的最常用的方法。

PCR 技术实际上是在模板 DNA、引物和 4 种脱氧核糖核苷酸存在的条件下依赖于 DNA 聚合酶的酶促合成反应。PCR 技术的特异性取决于引物和模板 DNA 结合的特异性。每个 PCR 循环包括以下反应(图 8-13)：① 双链 DNA 的变性：通过加热使 DNA 双螺旋的氢键断裂，双链解离形成单链 DNA。② 退火：当温度突然降低使引物和其互补的模板链在局部形成杂交链。由于模板分子结构较引物复杂得多，而且反应体系中引物 DNA 量大大多于模板 DNA，因此模板 DNA 双链之间互补的机会较少。③ 延伸：在 DNA 聚合酶和 4 种脱氧核糖核苷三磷酸底物及 Mg^{2+} 存在的条件下，$5'\rightarrow3'$的聚合酶催化以引物为起始点的 DNA 链延伸反应。以上 3 步为一个循环，每一循环的产物可以作为下一个循环的模板。每个循环可使目标 DNA 数量加倍。实际操作中，经过 20～30 个循环，可使目标 DNA 增加 10^6～10^9。

2. 目标基因与载体的连接

外源 DNA 片段离开染色体是不能复制的。如果将外源 DNA 连接到载体上，外源 DNA 则可作为载体的一部分在受体细胞中复制。遗传工程中所用的载体主要是质粒。pUC18 和 pUC19 是最常用的质粒载体，适合于 DNA 片段的克隆、测序以及外源基因的表达等。这两个质粒的结构几乎是完全一样的，只是多克隆位点的排列方向相反。pUC 系列载体编码 β-半乳糖苷酶(LacZ)的 N-末端片段，由于在 *lacZ* 区域中含有多克隆位点，在多克隆位点中插入了外源片段后，转化到特定宿主(如大肠杆菌 JM109、DH5α 等)，在含有 IPTG、X-Gal 的平板培养

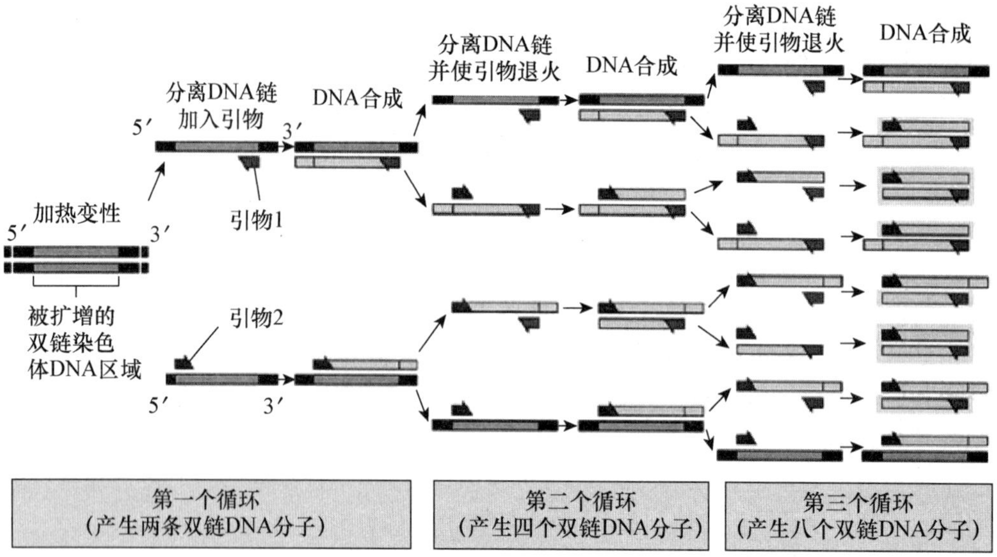

图 8-13　PCR 扩增原理

基上进行培养时，可以很容易地通过蓝白斑筛选，判断载体中有无 DNA 片段的插入。氨苄青霉素抗性基因可用于大肠杆菌中质粒的筛选。同时还可以通过载体上的 *lac* promoter 表达外源基因，对插入载体中的 DNA 片段进行测序等。进行 DNA 测序时，可以方便地使用 M13 系列的通用引物。

如果载体 DNA 和供体 DNA 都采用相同的限制性内切酶切割，则两种线性 DNA 分子就会有相应互补的黏性末端。当这两种线性 DNA 分子在较低温度下混合在一起时，黏性末端上碱基互补的片段可以重新建立氢键联结，称为“退火”。这时，在 DNA 连接酶的作用下，可以“缝合”供体 DNA 和质粒 DNA 片段的裂口，形成完整的具有复制能力的环状“重组质粒”。

3. 人工转化及阳性克隆筛选及表达

重组质粒主要通过转化作用导入受体细胞中。常用的受体是大肠杆菌 JM107、JM109、HB101 等，基因工程中使用的这些大肠杆菌都是从 K-12 野生型菌株改造来的。

(1)转化　大多数原核生物在自然状态下很难转化，需要通过人工诱导才能产生感受态。大肠杆菌经 Ca^{2+} 诱导后可以高效率转化外源质粒。转化的通常步骤是：先用 50～100 mmol/L 的 $CaCl_2$ 处理大肠杆菌细胞使之处于感受态，然后将外源 DNA 与感受态细胞混合，在冰浴中反应 20～40 min 后进行 42℃热激可增加 DNA 的吸收。在最佳感受态条件下，约有 4%的细胞被转化。由于异源的质粒 DNA 分子能够进入大肠杆菌细胞，所以大肠杆菌摄取 DNA 是非选择性的。

电转化现在成为常用的转化方法。电场脉冲可使细胞膜形成小孔，此时细胞外如果有 DNA 分子，DNA 分子就可通过这些小孔进入细胞，这一过程就是电转化。该方法最初用于将 DNA 导入真核细胞，后来广泛用于转化包括大肠杆菌在内的原核细胞。在大肠杆菌中，通过优化各个参数，每微克 DNA 可以得到 10^9～10^{10} 转化子，这些参数包括电场强度、电脉冲的长度和 DNA 浓度。

(2)重组体的筛选　重组体 DNA 分子被导入受体细胞，经培养得到大量转化子菌落。从众多转化子菌落或噬菌斑中筛选并鉴定哪一菌落或噬菌斑所含重组 DNA 分子确实带有目的基因的过程即为筛选(screening)。根据载体体系、宿主细胞特性及外源基因在受体细胞表达情况不同,可采用不同的选择方法。现在常用的筛选方法是,挑选出含有重组质粒的转化子,然后通过 PCR 扩增目标基因,从转化子中筛选含有目标基因的阳性转化子。

思考题:

1. 质粒与转座子有什么区别?
2. F 质粒包括哪三个部分的功能区?
3. 转化作用与接合作用有什么区别?
4. 试述原核基因与真核基因的区别。
5. 细菌遗传物质转移方式主要有哪些?
6. 试述 PCR 扩增原理。
7. 试述细菌染色体的组成和特征。
8. 试述有性生殖与准性生殖的区别。
9. 试述普遍性转导与局限性转导的区别。
10. 什么叫感受态?不同的细菌出现感受态时期会相同吗?
11. 外源基因的克隆主要包括哪些关键步骤?

第九章

微生物的突变及诱变育种

遗传(heredity,inheritance)和变异(variation)是生物体的本质属性。遗传是指上一代生物将自身的一整套基因传递给子代,以保持物种的稳定性。某一生物个体基因组(genome)所携带的遗传信息即遗传型(genotype)又称基因型。某一生物体所具有的一切外表特征和内在特性的总和称为表型(phenotype),是遗传型在合适的环境条件下通过代谢和发育而得到的具体体现,是基因型和环境相互作用的结果。生物体在某种外因或内因的作用下产生的遗传物质结构或数量的改变就是变异(variation)。变异的特点是在群体中以极低的概率(一般为 10^{-10}～10^{-5})出现,性状变化幅度大,并且可以稳定遗传。变异可以自发产生,也可以诱导产生,是工业生产菌种发生退化的主要原因,也是工业微生物产生变种的根源,是育种的基础。

第一节　微生物的突变

一、基因突变

基因突变(gene mutation)简称突变,指细胞(或病毒颗粒)内遗传物质的分子结构或数量上突然发生的可遗传的变化,可自发或诱发产生。突变往往导致产生新的基因型和新的表型。狭义的突变专指基因突变(点突变),而广义的突变则包括基因突变和染色体畸变。从自然界分离得到的菌株一般称为野生型菌株(wild type strain),简称野生型。野生型菌株经突变后产生的带有新性状的菌株称为突变株、突变型或突变体(mutant)。

基因突变的发生与DNA的复制及其损伤修复有密切关系,是生物进化的重要因素之一,同时基因突变为遗传学研究提供了突变型,为育种工作提供了素材。因此,研究基因突变具有重要的理论意义和实际应用价值。

(一)基因突变的特性

整个生物界,其遗传物质的本质都是核酸,故在遗传变异的特性上都遵循着共同的规律,这在基因突变的水平上尤为明显,都具有自发性、随机性、稀有性和可逆性等共同的特性。

(1)自发性　指细胞基因组在传代过程中可自发地产生突变。

(2)不对应性　指突变性状的发生(如抗药性)与引起突变的原因间没有对应关系。即抗药性突变并非由于接触了药物所引起,抗噬菌体的突变也不是由于接触了噬菌体所引起,噬菌体或药物只是起着选择作用。

(3)稀有性　自发突变的频率极低,一般为 10^{-9}～10^{-6}。但由于微生物的繁殖速度非常快,可以在短时间内产生大量的变异后代。

(4)独立性 一个基因的突变不受其他基因突变的影响,两个基因同时发生突变的概率为两个基因各自突变率的乘积。

(5)可诱发性 通过理化因子等诱变剂的诱变作用可提高自发突变的频率,一般提高幅度为 $10\sim10^5$ 倍。

(6)稳定性 基因突变后的新性状可以稳定遗传给后代。

(7)可逆性 野生型菌株的某一性状可发生正向突变(forward mutation),突变的基因也可以通过再次突变回复到野生型,即回复突变(reverse mutation)。

(二)基因突变的种类

基因突变的类型很多,根据突变产生的表型改变可分为如下几类:

(1)营养缺陷型(auxotroph) 营养缺陷型指某一野生型菌株通过基因突变失去合成一种或者几种生长因子(维生素、核苷、氨基酸)的能力,导致其无法在基本培养基(minimum medium,MM)上正常生长繁殖的变异类型。营养缺陷型菌株必须在基本培养基中添加相应的生长因子(growth factor)或其前体物(precursor)才能正常生长繁殖。其基因型通常用所需营养物的前 3 个英文小写斜体字母表示,如 *his* C 代表组氨酸营养缺陷型,其中大写字母 C 表示同一表型中不同基因的突变。营养缺陷型和野生型也可以分别用 *his* C^- 和 *his* C^+ 表示。营养缺陷型突变株在遗传学、分子生物学、遗传工程和菌种选育等工作中具有十分重要的作用。

(2)抗性突变型(resistant mutant) 抗性突变型指由野生型经基因突变产生的对某种(或某些)化学药物、致死物理因子或噬菌体产生抗性的突变类型。包括抗药性突变型、抗噬菌体突变型、抗辐射突变型、抗高温突变型等。这类突变型通常用 3 个小写字母加上 r 或 s 表示,如 str^r 和 str^s 分别表示对链霉素具有抗性或敏感性的菌株。在含有选择压力的平板上,只有抗性突变菌株能够生长。抗性突变型菌株在遗传学、分子生物学和菌种选育工作中均有重要作用。

(3)条件致死突变型(condition lethal mutant) 某些菌株经基因突变后,在一定条件下具有致死效应,而在其他条件下可正常生长繁殖,这种突变类型称为条件致死突变型。温度敏感突变型(temperature sensitive mutant,Ts mutant)是一类典型的条件致死突变型,如,*E. coli* 的一种温度敏感突变型在 37℃下正常生长,在 42℃却不能生长。

(4)产量突变型(metabolite quantitative mutant) 因基因突变导致微生物产生代谢产物的产量明显区别于出发菌株的突变类型称为产量突变型。产量显著高于出发菌株者称为正突变株(plus-mutant),反之称为负突变株(minus-mutant)。筛选高产正突变株的工作对于生产实践极其重要,但由于产量的高低往往由几个基因决定,在育种实践中,只有把诱变育种、基因重组育种以及遗传工程育种有机结合,才能取得良好的结果。

(5)形态突变型(morphological mutant) 形态突变型属于非选择性突变,指基因突变导致形态(如细胞或菌落形态、颜色等)发生可遗传的改变。形态突变和非形态突变型均能在平板上生长,既无抗性突变的生长优势,也无营养缺陷型菌株的生长劣势,只能靠看得见的形态变化进行筛选。如细菌鞭毛或荚膜的有无,细菌菌落是否光滑,霉菌或放线菌孢子有无或颜色变化等。

(6)抗原性突变(antigenic mutant) 抗原性突变也属于非选择性突变,指基因突变产生的细胞抗原结构发生改变的变异类型,如细胞壁缺陷(L 型细菌)、荚膜或鞭毛成分变异等。

二、基因突变的机制

基因突变是由于细胞遗传物质DNA的碱基序列发生了可遗传的改变。基因突变可分为自发突变或诱发突变。

(一)自发突变的机制

自发突变(spontaneous mutation)是指生物体在无人工干预下自然发生的低频率突变。一般认为自发突变的原因有如下几个方面:①由背景辐射和环境因素引起,如宇宙间的短波辐射、紫外线以及高温等,这些因素多为环境中自然存在的一些低剂量的物理、化学诱变因素;②微生物自身代谢过程产生的一些具有诱变作用的物质,如过氧化氢、咖啡碱等;③由于转座因子的转座作用使某一段DNA分子在染色体上发生位置变化,由此引发突变;④DNA复制过程中碱基配对错误引起,如由于碱基的互变异构效应(图9-1)以及环出效应(图9-2)而造成碱基配对错误引发突变。据统计,DNA链在每次复制过程中,每个碱基对错配的频率为$10^{-11}\sim10^{-7}$,而一个基因的平均长度约为1 000 bp,所以由碱基配对错误引发自发突变的频率为$10^{-8}\sim10^{-4}$。

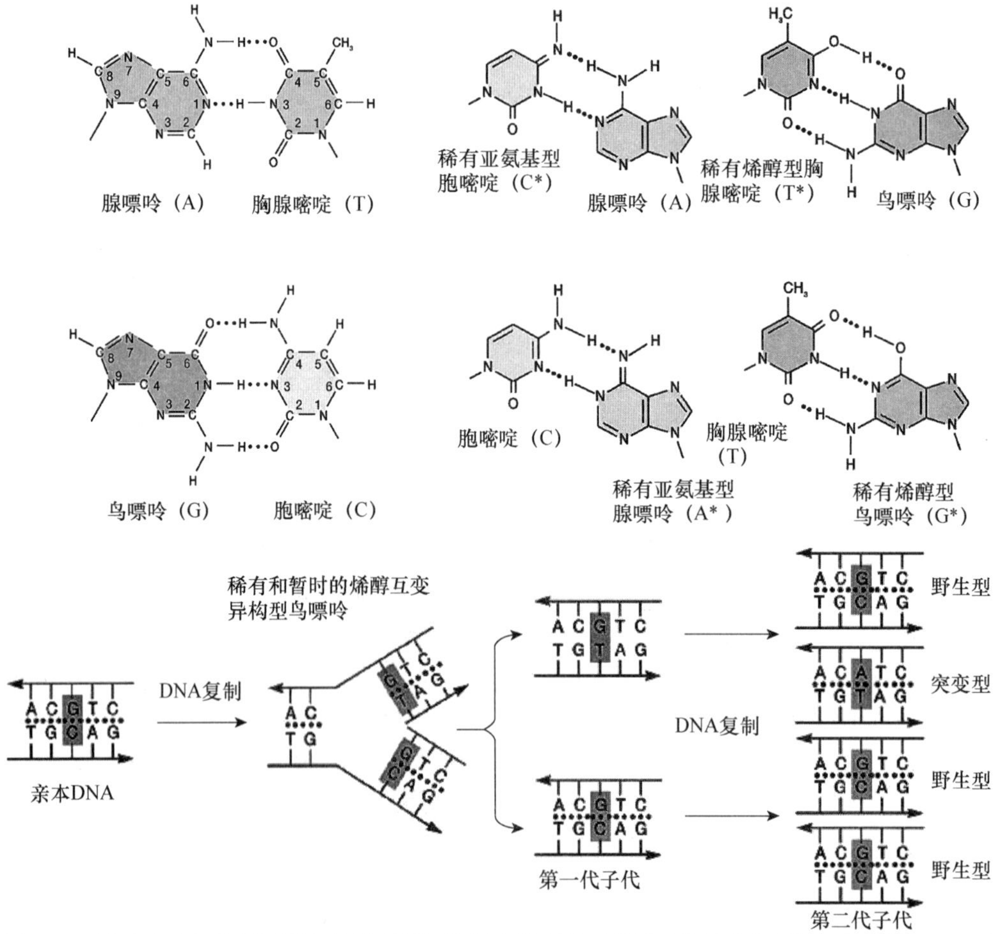

图9-1　碱基中存在氨基/亚氨基和酮基/烯醇式互变异构导致碱基配对错误引发自发突变(Willey,2009)

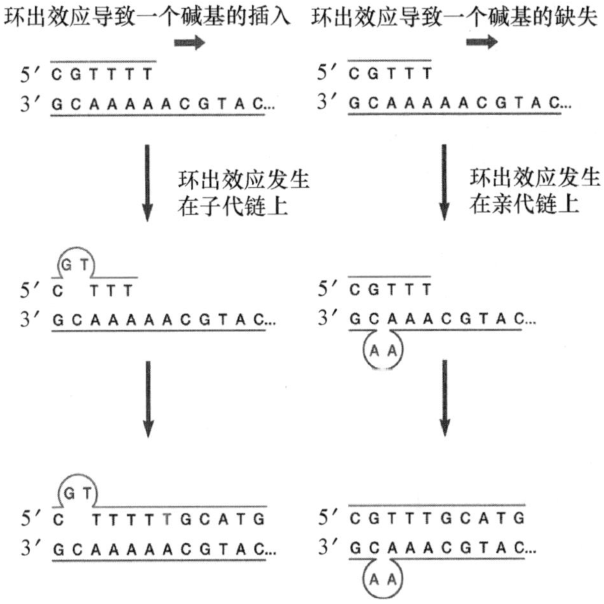

图 9-2 环出效应导致自发突变(Willey,2009)

(二)诱发突变的机制

诱发突变是应用一些物理、化学或生物因素诱发产生,其结果可分为仅影响一对碱基的点突变(point mutation)和影响一段 DNA 的染色体畸变(aberration)。

点突变包括碱基置换(substitution)和移码突变(frame-shift mutation; phase shift mutation)两种方式。染色体畸变涉及多碱基对的突变,包括染色体结构的缺失(deletion)、重复(duplication)、插入(insertion)、易位(translocation)和倒位(inversion),还包括染色体数目的变化。

1. 碱基置换

碱基置换是指 DNA 链上一对碱基被另一对碱基所取代。碱基置换又分为转换(transition)和颠换(transversion),转换是指 DNA 链中一个嘌呤被另一个嘌呤所取代或一个嘧啶被另一个嘧啶所取代,而颠换是指 DNA 链中一个嘌呤被一个嘧啶取代或者一个嘧啶被一个嘌呤取代。

如果编码一种蛋白质的基因发生了碱基置换,就会引起该基因上置换碱基所在位置密码子发生改变,导致蛋白质氨基酸序列发生变化,从而改变细胞的表型。由于密码子的简并性,并不是所有碱基置换都会引起蛋白质氨基酸序列的改变,如果突变后的密码子编码的仍是同一种氨基酸,则称为同义突变(synonymous mutation)。一般而言,同义突变几乎总是改变密码子的第三个碱基(精氨酸、亮氨酸为第一个)。多肽链氨基酸的三联体密码子第一个或第二个碱基发生突变,往往会导致密码子编码的氨基酸发生改变,称为错义突变(missense mutation)。错义突变如果发生在多肽链的关键部位,则可能造成蛋白质活性降低甚至失活。如果编码氨基酸的密码子突变后变成终止密码子,导致翻译提前终止,合成一个不完整的蛋白,称为无义突变(nonsense mutation)。

2. 移码突变

遗传密码的阅读是从一端开始,每 3 个碱基为一组连续读下去,如缺失或增加一个碱基对便会导致读码组的移动,从而导致翻译的错误。移码突变是指诱变剂使DNA序列中的一个或少数几个核苷酸发生增添(插入)或缺失,从而使该处后面全部遗传密码阅读框架发生改变,引起转录和翻译错误,导致多肽链上突变位点以后的氨基酸序列发生很大变化,并出现明显性状变异的一类突变。移码突变结果只涉及有关基因中突变位点后面的遗传密码阅读框架发生错误,并不影响其他基因的正常阅读。

3. 染色体畸变

某些强烈的理化因子,如电离辐射(X射线等)和烷化剂、亚硝酸等,除了能引起点突变外,还能引起DNA分子的大幅度损伤——染色体畸变,包括染色体结构的缺失(deletion)、重复(duplication)、插入(insertion)、易位(translocation)和倒位(inversion),还包括染色体数目的变化。

缺失是指一段DNA的丢失,涉及几百甚至数千个碱基对的丢失,常造成一个基因甚至多个基因功能的完全丧失。对于一个或少数几个碱基的缺失,则称移码突变。重复是指染色体片段的二次出现,DNA中增加新的碱基就是插入突变。少数碱基的插入来源于DNA复制过程中发生的错误,而大片段的插入则是来自基因重组的错误。其他一些涉及大片段突变的类型多来源于错误重组导致的DNA分子重排,如大片段DNA移至新的位置,称为易位。DNA片段在原位发生颠倒则称为倒位。染色体数目的变化包括非整倍型的变化(如单体、三体、缺体等)和整倍性的变化(如单倍体、三倍体、多倍体等)。

三、DNA损伤的修复

DNA复制过程中出现错误导致突变,其中多数突变是有害的,常常导致细胞损伤甚至死亡。生物为了生存,在进化过程中产生了校正和修复的能力。DNA聚合酶除了具有5′→3′的DNA复制功能外,还有3′→5′核酸外切酶活性,使之可在复制过程中随时进行错配碱基的校正。除此之外,机体对于DNA损伤还有各种复杂的修复机制,其中发现较早、研究比较深入的是紫外线引起的嘧啶二聚体的修复。紫外线作用下,嘧啶比嘌呤更敏感,其光化学反应主要产物为嘧啶二聚体和水合物,二聚体主要为胸腺嘧啶二聚体(T═T),但也有胸腺嘧啶-胞嘧啶二聚体(T═C)和胞嘧啶-胞嘧啶二聚体(C═C)。DNA链的相邻T间形成共价T═T二聚体,造成局部DNA分子无法配对,从而引起微生物的突变或死亡,因此T═T的形成是DNA生物学活性改变的重要原因,其主要修复机制有光复活作用、切除修复、重组修复和SOS修复4种类型。

(一)光复活作用

将经紫外线照射后的微生物立即置于可见光下,其死亡率明显降低的现象称为光复活作用(photoreactivation或photo restoration)。其原理在于光解酶(光裂合酶,photolyase)在黑暗状态下没有活性,但可以与嘧啶二聚体结合形成嘧啶二聚体-光裂合酶复合物,该复合物在300～500 mm的可见光下,获得光能被激活,催化一个二次光化学反应,从而将嘧啶二聚体分解成单体,DNA恢复成正常的双链结构。与此同时,酶也从复合物中释放出来,以便重新执行功能。由于大多数微生物细胞均含有光解酶,因此在利用紫外线进行诱变育种时,应在紫外灯下进行照射和操作,然后放置在黑暗的条件下进行培养。

(二)切除修复

切除修复(excision repair)是细胞内的主要修复系统。切除修复是在核酸内切酶、核酸外切酶、DNA 聚合酶和 DNA 连接酶协同作用下将嘧啶二聚体酶切去除，继而重新合成一段正常的 DNA 链以填补酶切留下来的缺口，使损伤的 DNA 分子恢复正常的一种修复方式。由于整个过程不依赖于可见光，所以切除修复也称为暗修复(dark repair)。切除修复首先是核酸内切酶在嘧啶二聚体的 5′端切开 3′-OH 和 5′-P 的单链缺口，接着核酸外切酶从缺口的 5′端沿着 5′→3′方向切除二聚体，并扩大缺口，然后在 DNA 聚合酶的作用下，以嘧啶二聚体 DNA 节段所对应的互补链为模板，从原有链上暴露的 3′-OH 端开始重新合成一条寡核苷酸链，最后通过 DNA 连接酶将新合成的寡核苷酸的 3′-OH 末端和原链的 5′-P 端连接，从而完成修复过程。

(三)重组修复

当双链 DNA 中的一条链发生损伤(如形成嘧啶二聚体)，在 DNA 进行复制时，由于该损伤部位不能作为模板，不能合成互补的 DNA 链，所以在子代链上产生缺口，而从原来 DNA 的对应部位切出相应的部分将缺口填满，从而产生完整无损的子代 DNA，交换后母链形成缺口，通过聚合作用，以对侧子链为模板合成 DNA 片段填充，连接酶连接后完成修复。由于修复的 DNA 需要排列组合，故称为重组修复(recombination repair)。重组修复并没有从亲代 DNA 中去除二聚体，损伤的 DNA 片段仍然保留在亲代 DNA 链上，当第二次复制时，留在母链中的二聚体仍使复制不能正常进行，复制经过损伤部位时所产生的切口，仍旧要用同样的重组过程来弥补，但经多次复制后，在子代细胞中只有一个细胞是带有损伤 DNA 的。

(四)SOS 修复

SOS 修复(SOS repair)是指 DNA 受到严重损伤、细胞处于危急状态时所诱导的一种 DNA 修复方式，该修复方式是在无模板 DNA 指导情况下进行，修复结果只是能维持基因组的完整性，提高细胞的生存率，但留下的错误较多，使细胞有较高的突变率，故又称为错误倾向修复(error-prone repair)。SOS 修复涉及一组基因：*rec*A、*lex*A 及 *uvr*A、*uvr*B、*uvr*C。在 DNA 未受到重大损伤时这些基因的表达受 LexA 阻遏蛋白抑制，使这些基因的 mRNA 和蛋白质合成保持低水平状态，只是合成少量的 Uvr 蛋白(修复蛋白)用于零星损伤的修复。当 DNA 受到重大损伤时，少量的 RecA 蛋白立即与 DNA 单链结合，其修复活性被激活，RecA 蛋白切除 LexA 阻遏蛋白，使参与修复的一系列基因得到表达。

第二节　诱发突变及诱变剂

自发突变率很低，一般为 10^{-10}～10^{-6}。通过一些物理、化学或生物因素进行诱导，可以大幅度提高基因突变的频率。这种通过人工方法提高生物细胞突变频率的手段，称之为诱发突变(induced mutation)，简称为诱变。能将突变率提高到自发突变频率水平以上的化学、物理和生物因子被称为诱变剂(mutagen)。本节重点介绍化学及物理诱变剂。

一、化学诱变剂

根据化学诱变剂作用方式的不同，可以把化学诱变剂分为碱基类似物、脱氨剂、羟化剂、烷化剂、移码诱变剂等5大类,其主要作用方式见表9-1。

表9-1 几种化学诱变剂及其作用方式

诱变剂	作用方式	结果
碱基类似物		
5-溴尿嘧啶	类似T,偶尔错误地与G配对	AT→GC,偶尔GC→AT
2-氨基嘌呤	类似A,偶尔错误地与C配对	AT→GC,偶尔GC→AT
脱氨剂		
亚硝酸	使A、C脱氨基 使DNA链交联	AT→GC和GC→AT 染色体畸变
羟化剂		
羟胺	与C反应	GC→AT
烷化剂		
单功能(甲基磺酸乙酯)	使G甲基化,与T错误配对	GC→AT
双功能(氮芥类、丝裂霉素、亚硝基胍)	引起DNA链交联,错误区域被DNA酶切除	点突变及缺失
移码诱变剂		
吖啶、溴化乙啶	插进两个碱基对之间	移码突变

1. 碱基类似物

碱基类似物的结构与嘌呤和嘧啶碱基类似,如5-溴尿嘧啶(BU)和5-溴脱氧尿核苷(BD)是胸腺嘧啶(T)的结构类似物,2-氨基嘌呤(AP)是腺嘌呤(A)的结构类似物。培养基中的碱基类似物可以在微生物生长繁殖过程中掺入DNA分子中,多数情况下正常复制,但偶尔在复制的新链中加入错误碱基,从而诱发突变。

正常的碱基存在着互变异构现象,嘧啶分子中表现为酮式和烯醇式之间的异构变化,而嘌呤分子则是氨基和亚氨基之间异构变化。互变异构现象在碱基类似物中出现的频率比正常的DNA碱基高。5-溴尿嘧啶一般以酮式存在,与T结构极相似,与A进行配对;同时,BU会以较低频率的烯醇式存在,与C结构类似,与G进行配对,所以BU主要引起AT→GC的碱基置换,偶尔情况下也会引起GC→AT的突变。氨基形式是2-氨基嘌呤(AP)的主要存在形式,与A结构相似,与T进行配对;亚氨基式AP与G结构相似,与C进行配对。因此AP同样主要引起AT→GC的碱基置换,偶尔情况下也会引起GC→AT的突变。

2. 脱氨剂

亚硝酸是典型的脱氨剂,可直接作用于DNA分子,脱去碱基中的氨基,使腺嘌呤、胞嘧啶和鸟嘌呤分别变为次黄嘌呤(H)、尿嘧啶(U)和黄嘌呤(X)。在DNA复制过程中H和U分别与C和A配对,所以亚硝酸作用于A和C能导致AT转换为GC或者GC转换为AT。X与G一样,和C配对,所以亚硝酸作用于G虽然能引起脱氨基,但不会导致突变的发生。亚硝酸除了脱氨基作用外,还可引起DNA两条单链之间的交联作用,阻碍双链分开,影响DNA复制,也能引起突变。

3. 羟化剂

羟胺(分子式为NH_2OH)是典型的羟化剂,主要作用于DNA分子上的胞嘧啶,使之形成羟化胞嘧啶。羟化后的胞嘧啶不再与 G 配对，而是与 A 配对，从而引起 GC→AT 的转换。羟胺的羟化作用对噬菌体及离体 DNA 专一性更强。

4. 烷化剂

烷化剂(alkylating agents)含有一个或多个活性烷基，这些烷基通常可转变成缺电子的活泼中间体，从而与生物大分子(如 DNA、RNA、蛋白质等)中电子密度极高的基团(氨基、巯基、羟基、羧基、磷酸基等)发生共价结合，使这些分子发生烷化作用，引起细胞突变甚至死亡。按照活性烷基的数目可以将烷化剂分为单功能、双功能或多功能烷化剂。单功能烷化剂包括亚硝基脲类、磺酸酯类、硫酸烷酯类、重氮烷类和乙烯亚胺类化合物，双功能烷化剂则包括硫芥子类与氮芥子类等。亚硝基胍、甲基磺酸乙酯等烷化剂都是常用的化学诱变剂。

碱基中最容易发生烷化作用的是嘌呤类，其中鸟嘌呤 N^7 是最容易起反应的位点，几乎可以被所有烷化剂烷化，其次是鸟嘌呤 O^6、胸腺嘧啶 O^4。而鸟嘌呤 O^3、腺嘌呤 N^2、腺嘌呤 N^7、胞嘧啶 N^3 虽然也能被烷化，但这些位点的改变引起的突变仅是少数。烷化剂的诱变机制目前尚不明确，可能的机制有如下三种：①脱嘌呤作用。鸟嘌呤 N^7 被烷化成 7 烷基鸟嘌呤，该化合物不稳定，易引起脱氧核糖-碱基间的糖苷键水解，使鸟嘌呤从 DNA 分子脱落，造成 DNA 链上碱基的空缺。在随后的 DNA 复制过程中，空缺位点的相对位置上可以出现任何一种碱基，由此造成碱基置换。②烷化嘌呤引起碱基配对错误。被烷化的鸟嘌呤易于由原来的酮式转变为不稳定的烯醇式，烯醇式的烷基鸟嘌呤与胸腺嘧啶配对，造成 GC→AT 的转换。③鸟嘌呤的交联作用。烷化剂可以使链内或链间相邻两个鸟嘌呤通过 N^7 位点的共价结合而发生交联，严重影响 DNA 的复制，引起染色体畸变甚至细胞的死亡。

5. 移码诱变剂

吖啶类化合物、溴化乙啶等是平面分子结构的化合物，可以插入 2 个碱基之间，使其分开，并使双螺旋伸展或解开一定的长度，导致 DNA 复制时出现少数碱基的插入或缺失，若增减的碱基数不是 3 的倍数，就会导致移码突变，因此是移码诱变剂。

二、物理诱变剂

物理诱变剂包括非电离辐射类因子(紫外线、激光、离子束)和电离辐射类因子(X 射线、γ 射线、快中子等)两种类型。诱变育种工作中常用的有紫外线和 γ 射线等。

1. 紫外线

紫外线(ultraviolet，UV)是诱变育种中最常用的非电离辐射诱变因子，其波长范围为 136～390 nm，而能诱发微生物突变的紫外线有效波长范围是 200～300 nm，其中以 260 nm 左右效果最好，主要原因是 DNA 在 260 nm 处对紫外线的吸收峰最大。UV 穿透力较弱，其生物学效应主要是引起 DNA 变化，如 DNA 链的断裂、DNA 分子内和分子间的交联、核酸与蛋白质的交联及嘧啶产生水合物和二聚体(环丁烷型的嘧啶二聚体)。二聚体主要为胸腺嘧啶二聚体(T═T)，但也有 T═C 和 C═C 二聚体。在 DNA 复制时，两链之间的二聚体会阻碍双链的分开和复制，链内的二聚体则会阻碍碱基的正常配对。

2. X 射线和 γ 射线

X 射线波长为 0.06～13.6 nm，γ 射线的波长为 0.006～1.4 nm，短波 X 射线也即 γ 射线。X 射线和 γ 射线与原子或分子碰撞时，把全部或部分能量传递给原子产生次级电子，这些次级电子具有很高的能量,能直接或间接改变DNA的结构,如引起碱基与脱氧核糖之间的糖苷键、脱氧核糖与磷酸之间的磷酸二酯键断裂(直接作用)、使水或有机分子产生自由基(间接效应)等,此外,电离辐射还能引起染色体畸变。钴-60(^{60}Co)是金属钴的放射性同位素之一,它会透过β衰变释放出能量高达0.315 MeV的β射线,以及能量分别为1.173 MeV和1.332 MeV的两束γ射线,常被用于辐射育种、防治虫害和食品辐照保藏与保鲜等。电离辐射类诱变因子的穿透力较强,可通过玻璃等物质,在操作时要做好防护。

3. 快中子

中子是原子核中不带电荷的粒子,可以从回旋加速器、静电加速器或原子反应堆中产生。中子具有很高的能量,其中快中子具有的能量最高,为0.2～10 MeV。中子能与被照射物质的原子核相撞击而将能量转移给后者。接收了中子能量的原子核释放出质子,当这些质子透过物质时引起物质的电离。在受快中子照射的物质中,质子被不定向地打出来,电离是在受照射物体内沿质子的轨迹集中分布的。质子电离作用所引起的生物学效应与X射线和γ射线基本相同,但是由于快中子较X射线和γ射线具有更大的电离密度,因而能够引起基因突变和染色体畸变,近年来应用较广。

4. 常压室温等离子体(atmospheric and room temperature plasma, ARTP)

等离子体(plasma)是与物质的固态、液态和气态并存的物质第四态,是一种正离子和电子密度大致相等的电离气体,具有导电、发光、化学性质活泼以及分布广等特点。ARTP的诱变原理是因为它产生的等离子体中富含各种化学活性粒子(主要为处于激发态的He、O、N_2、OH等粒子),这些活性粒子可以对菌株/植物细胞产生多重作用,如造成遗传物质的损伤、引起细胞膜通透性和蛋白质结构的改变等。活性粒子可以引起DNA结构的多样性损伤,细胞启动SOS修复,在修复过程中会产生种类丰富的错配位点,并最终稳定遗传进而形成突变株。

第三节　突变体的选择和检出

一、突变延迟

基因的突变延迟也称为表型延迟(phenotype lag),指基因在发生了突变后有一个表现型延迟出现的过程,一般需3代以上的繁殖才能将突变性状表现出来。出现表型延迟的原因有分离性延迟和生理性延迟两个方面:生理性延迟是指基因突变前所产生的物质(如相关酶系等)仍然在细胞中存在活性,其未被耗尽之前细胞不会表现出突变性状,只有通过细胞的多次分裂被稀释到很低的浓度以后,呈隐性的突变表型才能表达(例如大肠杆菌从野生型变成甲硫氨酸营养缺陷型即存在生理性延迟)。分离性延迟是指诱变剂一般只作用于DNA的一条链,发生变异的隐性性状无法反映在当代表型上,只有经过DNA复制和细胞分裂,使子代细胞的两条DNA链上都带有这一突变基因,才会使隐性变异性状得以表达。这一般要经过一个以上的世代才能完成。对于多核细胞,只有所有的核都成为变异的核时细胞才会表现出突变性状(如隐性突变)。

将诱变处理后的细胞在营养丰富的液体培养基中培养几小时,使细胞的遗传物质得以复制,细胞通过几代的繁殖,可以得到纯的突变细胞,使隐性的变异显现出来。若不经液体培养基的中间培养，直接在固体培养基平板上进行突变体筛选就会出现变异和未变异细胞同时存在于一个菌落内的可能，形成混杂菌落，以致造成筛选结果不稳定和将来的菌株退化。同时突变材料如果是细菌，在制备菌体悬浮液时需要充分分散，成为单细胞、均匀的悬浮状态；若突变材料选择霉菌，则应该选择单核的孢子，且务必除去菌丝片段，并采用分散法使孢子团块在培养液或悬浮液中充分分散。

二、突变体的筛选

微生物通过诱变处理后，产生的突变位点是随机的，因此其效果也是非定向的，既有正向突变株也有负向突变株，还有大量的未突变株。其中，正突变的概率极小，绝大多数的突变均为负突变。要想从庞大的突变群体中淘汰负突变和未突变菌株，筛选得到高产突变株，犹如大海捞针，难度和工作量极大。

以下是筛选高产突变株的例子：

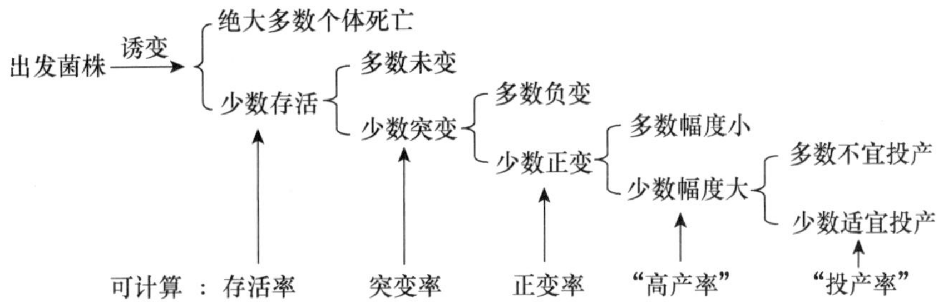

从该例可以看出，如何根据目的菌株的特性，建立大规模正向筛选平台和有效的检测技术体系，对提高筛选效率十分必要。

常规的筛选工作分为初筛和复筛两步进行。初筛的目的是快速淘汰负突变株和非突变株，选留较多的有进一步筛选价值的正向突变株。复筛是对初筛选定的少量潜力大的突变菌株代谢产物进行精确测定，保留少量有生产潜力的菌株。例如，在工作设备和工作量限度为200个摇瓶的情况下，为了提高工效，以下筛选方案很有参考价值：

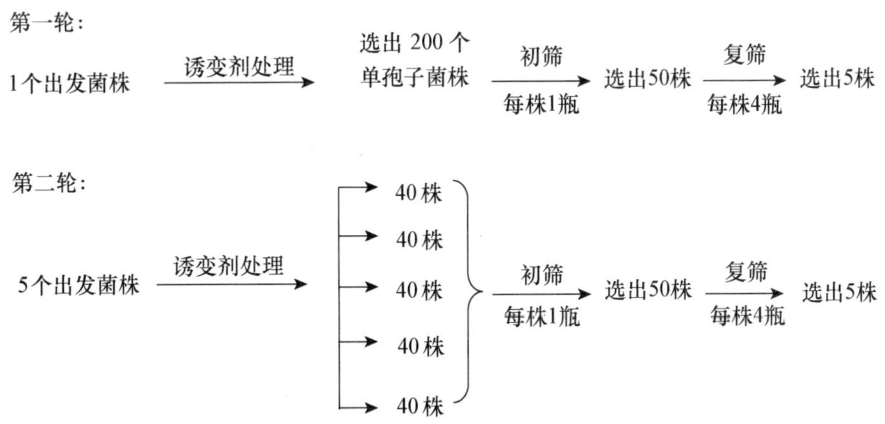

以上筛选步骤可连续进行多轮，直至获得较满意的结果为止。采用此方案不仅可提高筛

选效率,还可使某些眼前产量虽不高,但有发展后劲的潜在优良菌株不致遭淘汰。

在筛选工作中,尤其是初筛过程中,应该充分发现和利用形态、生理和产量间的相关关系,以大大提高育种筛选的效率。

(一)随机筛选

诱变处理后,在平板上随机挑选菌落进行摇瓶培养,根据选育目标进行筛选。初筛时需要将一个菌落分成两份,一份接入斜面进行保藏,另一份接入三角瓶进行液体培养后测定其发酵液中产物的含量,根据产量的高低决定取舍。该筛选方法工作量极大,随机性高,容易漏选高产突变株,在突变率低时很难得到理想的结果。

(二)根据菌落特征或生化反应筛选

微生物经诱变后,其菌体形态、菌落形态和生理生化特征常常发生相应的变化,并与其生产性能具有一定的相关性。这种变化有时是可以肉眼直接观察到的,因此,在诱变育种的过程中可以根据这种变化进行初筛,大大提高筛选效率。如赤霉素产生菌经诱变后,若菌落产生的色素由暗红转变为红色,其赤霉素的产量则下降;色素暗红加深,则产量提高。在灰黄霉素产生菌荨麻青霉的育种中,曾发现菌落的棕红色变深者往往产量有所提高。

经诱变后,微生物的产酶水平、代谢产物产生的量常常发生较大变化,筛选时可以通过在筛选平板上加入一定量的指示物,经培养后菌落可将这种变化间接呈现出来,筛选时可以根据琼脂平板上的透明圈、呈色圈、抑菌圈、生长圈或浑浊圈等对高产水解酶、有机酸、生长因子和抗生素等的突变株进行初筛。如筛选高产蛋白酶的枯草芽孢杆菌,可在含蛋白(如脱脂乳粉)平板上培养后,根据蛋白溶解圈的直径进行选择。

(三)冷敏感菌筛选法

Giuseppe Satta 等在对病原菌诱变时,经分离后得到低温敏感菌突变株,即冷敏感菌。该菌在20℃下不能生长,37℃为其最适生长温度。在诱变育种过程中,冷敏感菌作为指示菌株使用,将诱变后的放线菌孢子悬浮液和冷敏感菌混合,稀释后倒入平板,先置于20℃下培养3～4 d,该温度下,抗生素产生菌可以正常生长形成菌落,但冷敏感菌受到抑制不生长或生长极其微弱。待放线菌菌落长大时,其抗生素产量已达到高峰,然后将平板置于37℃培养18～24 h。该温度下冷敏感菌生长迅速,但在产生抗生素的放线菌菌落周围由于受到抗生素抑制而形成抑菌圈。根据抑菌圈直径与菌落直径比值的大小可以筛选到抗生素高产突变株。

(四)梯度平板法

梯度平板法是诱变育种技术中用于定向筛选抗药性突变株的方法。通过制备具有药物浓度梯度的琼脂平板,然后将诱变后的菌悬液涂布于平板表面,经培养后在高浓度药物区域选取抗药性菌落,从而得到抗药性突变株。例如采用此法进行吡哆醇高产突变株筛选。该方法的第一步是制备药物浓度梯度平板。先在培养皿中倒入7～10 mL不含药物的琼脂培养基,将培养皿一侧搁置在木条上,使培养基形成的斜面刚好完全覆盖培养皿的底部。待培养基凝固后将培养皿放平,倒入含有一定浓度吡哆醇的结构类似物或代谢拮抗物——异烟肼(isoniazid)的琼脂培养基,使之刚好完全覆盖下层培养基。由于药物在上下层培养基之间的扩散作用,凝固后则形成具有异烟肼梯度浓度的琼脂平板。将诱变后的菌悬液涂布于平板表面,培养后则会出现如图 9-3 所示效果。在高浓度异烟肼一侧出现的少数突变菌株获得了合成更高浓度吡哆醇的能力。

由于产生抗生素的菌株也会受到自己产生抗生素的抑制,其耐受性越强,抗生素产生水平也越高,因此也可以采用该方法选育高产抗生素突变株。

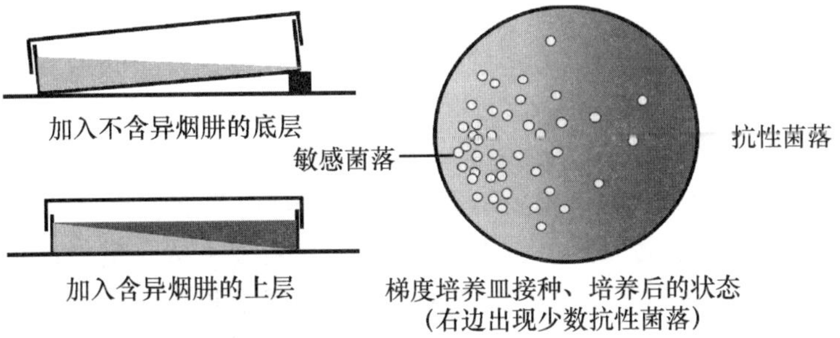

图 9-3　用梯度平板法定向筛选抗性突变株(周德庆,2011)

(五)营养缺陷型菌株的筛选

从自然界分离到的微生物在其发生突变前的原始菌株称为野生型菌株。营养缺陷型菌株(auxotrophic mutant)是指野生型菌株通过自发突变或人工诱变而产生的缺乏合成一种或几种生长因子如氨基酸、维生素或生物碱的能力,只能在完全培养基或补充了相应生长因子的基本培养基中才能生长的变异菌株。营养缺陷型菌株的筛选,在基础理论和生产实践上都有重要的意义。在基础理论研究中,营养缺陷型菌株经常被应用于微生物代谢途径研究;营养缺陷型作为重要的遗传标记,常被用于转化、转导和转座等遗传规律研究。在生产实践中,常用营养缺陷型来切断代谢途径,以积累分支代谢中某一末端产物,因此营养缺陷型突变菌株广泛应用于核苷酸及氨基酸等产品的生产;也可将营养缺陷型菌株作为生产菌种杂交、重组育种的遗传标记。

在营养缺陷型菌株筛选过程中使用的三类培养基:

(1)基本培养基(minimum medium,MM)　仅能满足某微生物的野生型菌株生长所需要的最低营养配方的培养基,常用符号[－]表示。不同微生物其基本培养基配方不同。

(2)完全培养基(complete medium,CM)　能满足所有营养缺陷型菌株生长的天然培养基或半合成培养基,称为完全培养基,常用符号[＋]表示。在基本培养基中加入富含生长因子的天然来源的营养成分如牛肉膏、蛋白胨、酵母膏等,即可得到完全培养基。

(3)补充培养基(supplemental medium,SM)　只能满足相应的营养缺陷型突变株生长需要的合成培养基,称为补充培养基,常用符号[A]或[B]等表示。补充培养基是在基本培养基中添加某一营养缺陷型菌株所不能合成的生长因子制备而成,可专门应用于筛选对应的突变株。

营养缺陷型菌株的筛选一般包括诱发突变、淘汰野生型菌株、检出缺陷型和营养缺陷型菌株的鉴定等步骤。

1. 诱发突变

诱变剂处理方法与一般诱变育种方法相同。

2. 淘汰野生型菌株

野生型菌株经诱变处理后,在存活菌体中仍然含有大量的野生型菌株,营养缺陷型菌株数量很少,一般仅占百分之几至千分之几。在检出缺陷型菌株之前,需通过一定的措施淘汰野生型菌株,使营养缺陷型菌株得以富集。常用的方法有抗生素法、菌丝过滤法和高温杀菌法等。

(1)抗生素法　抗生素法常用于细菌和酵母菌营养缺陷型的浓缩,前者用青霉素法,后者用制霉菌素法。细菌细胞壁的主要成分是肽聚糖,青霉素能抑制细菌细胞壁肽聚糖链之间的交联,阻止合成完整的细胞壁,造成细胞生长过程中细胞壁不完整,细胞溃溶从而杀死生长中的细胞;处于休止状态的营养缺陷型细菌不需要合成细胞壁,不能被青霉素抑制或杀死而得以保留下来。因此,筛选时将青霉素加入基本培养基中,野生型菌株在生长过程中被杀死,而营养缺陷型菌株则保持休眠达到富集的目的。制霉菌素作用于真菌细胞膜上的甾醇,引起细胞膜损伤从而可以杀死生长中的细胞,起到富集营养缺陷型的作用。为了防止由于细胞内源性营养物质的存在而引起“误杀”,在浓缩前就必须先使细胞耗尽体内或细胞表面的营养。所以在浓缩前,应先将细胞用基本培养基洗涤,并在基本培养基上培养4～6 h,然后再加入抗生素进行培养和浓缩营养缺陷型。

(2)菌丝过滤法　放线菌和真菌营养缺陷型菌株的孢子在基本培养基中不生长,而其野生型却能正常萌发形成菌丝。因此,可将诱变处理后的孢子放入基本培养液中,振荡培养一段时间后,再用灭菌孔径较大的滤纸、脱脂棉或玻璃漏斗等滤去丝状体,如此反复多次则可除去大部分野生型菌株,达到富集营养缺陷型菌株的目的。

(3)高温杀菌法　适用于产芽孢细菌营养缺陷型的筛选。将诱变后的芽孢细菌经培养后使之大量形成芽孢,然后置于基本培养基进行培养,野生型菌株的芽孢得以萌发形成营养菌体,而营养缺陷型菌株则不能。然后将混合培养物置于80℃高温处理一段时间,从而杀死野生型菌株,达到富集营养缺陷型菌株的目的。

3. 营养缺陷型菌株的检出

虽然经上述方法将野生型进行了淘汰,营养缺陷型突变菌株得以富集,但仍然存在大量的野生型菌株,需要通过一定的方法将营养缺陷型从群体中分离检出,常用的方法有逐个检出法、夹层培养法、限量补充培养法和影印培养法等。

(1)逐个检出法　首先将经诱变和富集后的营养缺陷型细胞涂布在完全培养基上,菌落长成后,采用灭菌的接种针或牙签将各单菌落分别转接至基本培养基与完全培养基平板上,并标记使同一菌落在两个平板上完全对应,同时培养并观察菌落生长情况。如果完全培养基平板上长出菌落而基本培养基平板上不生长,则该菌落为营养缺陷型。

(2)夹层培养法　在灭菌培养皿底部倒入一层基本培养基,凝固后倒入一层含有混合菌体的基本培养基,凝固后再倒入一薄层基本培养基使其形成“三明治”状,经培养后,野生型菌株首先长出,用记号笔在皿底逐一标注,然后再倒入第四层培养基——完全培养基,凝固后倒置培养。如果在基本培养基上不长,而在完全培养基上能长出较小菌落,则可能为营养缺陷型菌株(图9-4)。该法操作简单,但可靠性较差,所挑选的菌落中可能有生活能力弱、生长缓慢的野生型菌落,因此需对检出的菌落进一步确认。

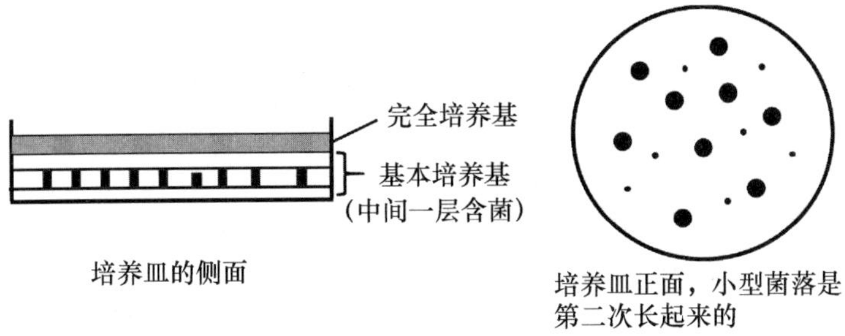

图 9-4　夹层培养法及其结果(周德庆，2011)

(3)限量补充培养法　首先制作仅含有微量蛋白胨(<0.01%)的基本培养基平板，然后在平板上涂布诱变处理后的混合细胞，经过一段时间培养后，野生型菌株能迅速长大成菌落，平板底部做好标记利于排除，而另外一些生长缓慢的小菌落则可能是营养缺陷型。如果要筛选特定的营养缺陷型，则可在基本培养基中加入相应的生长因子(氨基酸、维生素或核苷)进行培养，称为补充培养。

(4)影印培养法　先将诱变并富集后的混合菌液涂布于完全培养基平板上，经培养至菌落长出后，用灭菌的“丝绒印模”将该平板上的菌落分别按同一方向转印至另一基本培养基和完全培养基平板上，能在完全培养基上生长但不能在基本培养基上生长的菌落则为营养缺陷型(图 9-5)。

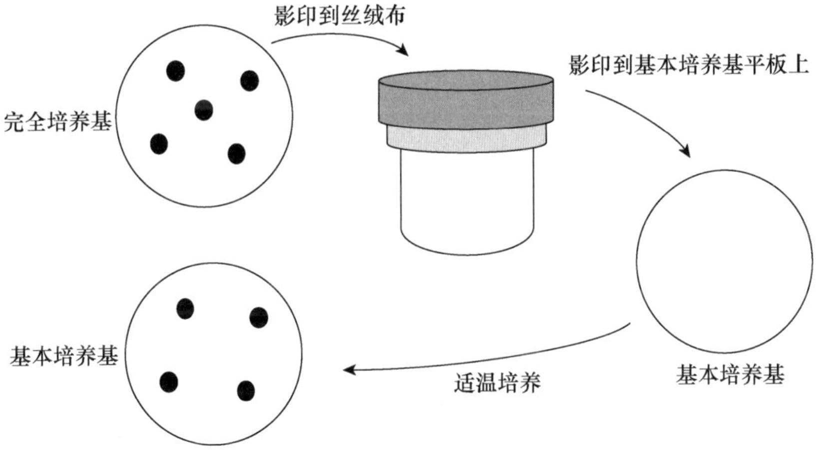

图 9-5　影印平板法检出营养缺陷型突变株(周德庆，2011)

4. 营养缺陷型菌株的鉴定

在同一平皿上测定一个营养缺陷型菌株对许多生长因子的需求情况，称为生长谱法。操作时，将采用完全培养液培养的营养缺陷型细胞经离心和无菌水洗涤后，配制成一定浓度的菌悬液(10^6～10^8 个/mL)，取 0.1 mL 菌悬液与融化后冷却至 45～50℃的基本培养基混匀，倒平皿，冷却凝固后，于皿底外缘用记号笔分区，然后在平板上分区点加微量生长因子(氨基酸、维生素或生物碱)粉末(或铺上浸透相应生长因子的滤纸小圆片)，培养一段时间后，若营养物周围出现生长圈，则说明该菌为该生长因子的营养缺陷型。也可以在一个平皿中加入一种生长因子测定多个营养缺陷型菌株对该生长因子的需求情况。

第四节　微生物的诱变育种

发酵工业生产要求用经济和有效的方式提高产率并获得最大的经济效益,这是推动菌种选育的主要动力。实际生产中,对所筛选出来的菌种都要求进行改良以提高其产率和改善其工艺性能,方可应用于生产。对菌种进行育种选育的目标主要包括以下4个方面:

(1)提高产量　选育过程中用于表征菌种经济性能的指标有3个:一是目的产物浓度(concentration),单位为g/L;二是转化率(yield),即单位质量的底物转化为目的产物的质量分数(g/g);三是产率(productivity),即单位体积发酵液在单位时间内所产生的目的产物质量[g/(L·h)]。

(2)改善菌种性能　通过诱变育种改善菌种的营养结构,提高菌种生长速度,提高斜面孢子化程度,改善其分泌目的产物的能力等。如通过育种,提高益生菌的抗酸和耐受胆盐的能力;对于杀虫微生物制剂所用菌种,则需要提高其毒力效价、毒力持久性及防治对象的扩大化等;选育产孢子量多的突变株可以减少种子的工艺难度;选育产泡沫少的突变株可以节省消泡剂、增加投料量、提高发酵罐的利用率。

(3)减少副产物　通过育种最大限度减少副产物的生成量可以提高目的产物纯度,又可以简化产品分离提取工艺、降低生产成本。如采用黑曲霉生产柠檬酸工业中,需要防止草酸的生成,并尽量减少色素产生,使目的产物柠檬酸易于分离提取。

(4)开发新产品　通过菌种选育可以改变微生物的原有代谢途径,使微生物合成新的代谢产物。如,在对产柔红霉素产生菌 *Streptomyces peucetins* 的诱变育种工作中,筛选得到具有抗癌功能的阿霉素的突变株。

一、诱变育种

诱变育种是利用物理、化学等诱变因素,选择合适的处理剂量及处理方法,人为地对出发菌株进行诱变处理,使诱变对象细胞内的遗传物质发生变化,引起突变,然后运用合理的筛选程序及适当的筛选方法,把优良的变异菌株筛选出来的育种方法。诱变育种技术相对简便,为菌种选育工作中最基本、常规和“经典”的方法。在基因工程操作技术高速发展的今天,诱变育种仍然是微生物遗传育种工作不可或缺的手段。

(一)诱变育种的工作程序

诱变育种工作主要包含诱变处理和突变株筛选两个阶段,在工作中可以根据实际情况做适当调整,以下以紫外线诱变育种为例介绍诱变处理的过程。

1. 待诱变菌株的前培养

前培养的目的是将待诱变细胞调整到处于同步生长的生理状态。若出发菌株为细菌或酵母菌等单细胞微生物,一般培养至对数生长期。丝状微生物的孢子是单核,经诱变处理后不易发生分离现象,但是孢子处于休眠状态,诱变效果不如营养细胞好,因此一般将丝状微生物的孢子培养至刚刚萌发状态,使其芽管的长度相当于孢子直径的0.5～1倍。前培养的培养基中嘌呤、嘧啶碱基含量要丰富，一般可以通过直接补充碱基或添加富含碱基的酵母膏而实现，以便使DNA被诱变剂作用后所造成的损伤能快速通过复制而形成突变，同时可以加入咖啡碱或异烟肼等抑制修复的物质，以获得较高的突变率。

2. 菌悬液的制备

离心收集菌体并用无菌生理盐水或缓冲液洗涤2次，并加入玻璃珠振荡分散菌体，然后用无菌滤纸或脱脂棉过滤，使菌体形成单细胞，最后用无菌生理盐水（当用化学因素处理时，要使用缓冲液，因为很多化学诱变剂需要在一定的pH环境中才能发挥作用）适当稀释制成合适浓度的菌悬液：一般细菌约1×10^8个/mL、放线菌$10^7\sim10^8$个/mL、酵母菌或真菌孢子$10^6\sim10^7$个/mL。

3. 诱变处理

采用无菌操作，吸取上一步制备好的菌悬液3 mL，转移至直径为7 cm的无菌平皿（或5～6 mL至9 cm平皿）。打开紫外灯预热20 min后，将盛有菌悬液的平皿放置于磁力搅拌器上（离紫外灯光源距离约15 cm），打开皿盖进行紫外光照射，并放入经灭菌的转子，伴以轻微的搅拌，使细胞能均匀吸收紫外光。照射过程需要在配有黄光或红光的暗室中进行操作，防止光修复的发生。

4. 后培养

考虑到诱变后的表型延迟现象，经诱变处理后的菌悬液立即加入营养丰富的培养基中（可加入异烟肼等物质抑制修复）培养1.5～2 h，使突变基因稳定、纯合并表达。

5. 高产突变株的分离与筛选

取一定量经后培养的菌液，适当稀释后，涂布平皿，并以未经诱变的出发菌株菌悬液做对照皿，挑取单菌落进行筛选。筛选阶段分初筛和复筛两步，其中复筛的次数及摇瓶数和培养基种类需根据实际情况选定。

诱变育种的整个过程主要是诱变和筛选的不断重复，直至筛选出能稳定高产的菌株，再经菌种特性和发酵培养基优化后，进行中试放大。

（二）诱变育种中应注意的几个问题

1. 出发菌株的选择

用于进行诱变实验的菌株叫作出发菌株，选择合适的出发菌株是决定诱变效果的重要因素之一。可选用从自然界分离筛选的野生菌株，这类菌株作为出发菌株，虽然初始产量较低，但对诱变因素敏感，变异幅度大且正突变率高。也可以选用在生产中使用并经过多次自然选育的菌株，这类菌株往往是经过自发突变筛选到的菌株，从细胞内的酶系统和染色体DNA的完整性上看类似于野生型菌株，产生正突变的可能性大，另一方面，由于出发菌株已经是生产菌株，对于发酵设备、工艺条件等已经具备很好的针对性，经过诱变育种所获得的正突变株易于推广到工业生产。

最好选择单倍体、单核或少核的细胞作为出发菌株，因为同一位点的突变一般发生在一条染色体DNA的一条链，这样有利于防止诱变处理后出现性状分离现象。除此以外尽可能挑选发酵水平高和遗传性状较稳定的菌株，但需避免选择对诱变剂不敏感、产生“饱和现象”的高产菌株。在连续诱变育种过程中，可以选择每代诱变处理后均有一些表型改变的菌株。同时，对所选出发菌株的遗传背景、稳定性及其形态、生理生化等特性应全面了解或研究，方有利于提高诱变效果。

2. 诱变因素的选择与使用

微生物诱变育种工作中，可用于诱变处理的因素包括物理、化学和生物因素(如噬菌体、转座子等)三类。对于工业微生物诱变剂的要求应该使遗传物质的变化比较大，且变化后不易发生回复突变，这样得到的变异菌株就比较稳定。化学诱变剂中多选用甲基磺酸乙酯和亚硝基胍，物理诱变剂中多采用紫外线和快中子，低温等离子体近年来也被用于微生物诱变育种，效果明显。

采用单一诱变因素处理时，对野生菌株可以起到较好的效果，但对已经过多次诱变选育的菌株效果欠佳。要充分利用不同诱变剂的协同效应，达到扩大诱变频率，提高诱变效果的目的。可采用同一诱变剂连续处理、两种或两种以上诱变剂复合处理、不同诱变剂交替处理等方法提高诱变的频率和效果。如青霉素高产菌株选育中，先用氮芥处理后，再采用紫外线诱变，突变频率大大提高。对经多次诱变处理的菌种，还可以采用增变因子(助变剂)提高其诱变效率。如氯化锂本身无诱变作用，但可与一些诱变因素起到协同诱变的功效。采用 LiCl 同 UV、乙烯亚胺复合处理，LiCl 进入细胞，吸收 UV 能量后，与 DNA 分子结合，可增强 UV 的诱变频率。

3. 诱变剂量

诱变工作中发现变异率与致死率有一定的关系。因此，可以用致死率作为选择诱变剂量的依据。紫外线剂量用 erg/mm^2 表示。采用 UV 诱变时，一般认为致死率 90%～99.9%时效果较好，但也有报道表明致死率较低时有利于正突变菌株产生，以 70%～80%或更低时较好。以快中子照射时，致死率达到 50%～80%较合适，此时的诱变剂量为 15～30 krad(千拉德)。X 射线和 γ 射线的计量单位以伦琴(R)表示，一般常用的剂量在致死率达到 90%～99.9%为宜，致死率 99.9%时所需剂量大约为 20 万 R。

化学诱变剂具体使用浓度取决于诱变剂的种类及微生物本身的特性，还受水解产物的浓度、一些金属离子以及某些情况下诱变剂延迟作用的影响。一种化学诱变剂处理剂量的参数主要是浓度、处理的持续时间及处理的温度等。处理后一般采用稀释法、解毒剂或改变 pH 等来终止反应。由于诱变过程中，有些诱变剂本身会起变化，因此影响了菌悬液的 pH，为此制备菌悬液最好用缓冲液。当然，对于各种微生物最合适的诱变剂和诱变条件是不一样的，同一诱变剂，对不同微生物或同一种微生物在不同条件下处理，效果也不相同。就是在相同条件下，微生物细胞所处的生长阶段不同，处理效果也不相同。所以在设计实验时都应认真考虑。

4. 高产突变株的筛选方法

诱变育种工作中，不同的菌种表现变异形式不同，且正向突变菌株在所有突变菌株中所占比例极小，获得高产突变株难度极大，因此，高效筛选模式直接关系到诱变育种工作的成效。在实际工作中，菌种的形态变异与产量变异有时具有一定相关性，育种工作中，可从菌体形态、产色素和生长特性等方面去发现那些与产量有关的特性，确定各种类型与产量变异之间的关系，可大大提高筛选效率。建立高效的平板筛选方法(如水解圈、透明圈、变色圈、生长圈等)是提高诱变育种筛选效率的有效途径之一。

5. 安全防护

绝大多数诱变因素是有毒有害的，操作过程中应当保护人身安全并防止环境污染。紫外线穿透能力较弱，但也要防止其对皮肤和眼睛的灼伤，长期受到照射还容易引起皮肤癌。90%

以上的化学诱变剂是强致癌物质或极毒的药品，在使用时必须非常谨慎，绝不能用口吸操作，要避免吸入诱变剂的蒸汽，避免化学诱变剂与皮肤直接接触(尤其是带有伤口的皮肤)，操作室内最好有吸风装置或蒸汽罩，实验结束后要注意回收处理，防止污染环境。

(三)新型诱变因素和筛选技术的发展

诱变育种技术不断吸取其他相关学科发展成果向前发展，而且还开发出一些新型的诱变因素及高效筛选手段，在工作中可以根据实际情况选用以提高效率。微波、红外射线、激光、高能电子流和离子注入是近年来逐渐发展起来的诱变因素。

在紫外辐射中增加红外辐射可以显著提高诱变频率。激光能引起DNA、染色体畸变、酶的激活和钝化以及细胞分裂和细胞代谢活动改变等，目前已成为微生物的常用诱变剂。高能电子流是较强的电离辐射，用于诱变育种时适宜的诱变剂量为致死率90%～99.9%。离子注入和其他常规诱变过程差异明显。离子束是高LET粒子，具有较强的电离作用，并产生高活性自由基团的间接损伤作用，可引起染色体重复、易位、倒位、缺失或使DNA分子取代、补充和断裂等，可得到较高的突变率，且突变谱广、死亡率低、正突变率高，是一类高效、方便、安全的新型诱变因素。

结合高通量筛选方法和专用设备可以大大节省人力，提高筛选效率。杜邦公司推介了一套用于培养基分配、接种和复制的机械装置，用于酵母(*Yarrowia lipolytica*)突变型的分离和鉴定。这种设备可进行培养基自动灌注、接种和筛选，在短时间内可以进行大量筛选，通过计算机数据处理系统进行分析，优选出目的菌株。筛选过程中选择适合的分析方法对于检出优良的突变株至关重要，既要考虑分析速度，也要兼顾测定方法的精确性。除了酸碱滴定等常用的分析方法外，如条件允许，可考虑结合生物测定、放射免疫测定、TLC和HPLC等方法精确测定，减少假阳性的干扰，提高筛选成功率。

流式细胞术(flow cytometry，FCM)和细胞分拣(cell sorting)相结合，即FCCS法。被应用于诱变育种工作中，可有效分析单细胞代谢物浓度。FCCS是一种可以对细胞或亚细胞结构进行快速测量的分析技术和分选技术，是光学、电子学、流体力学、细胞化学、免疫学、激光和计算机等多学科交叉发展而来的新技术，具有测定速度快，并可同时进行多参数测定的特点，FCCS法被成功用于经NTG处理后的酵母细胞中筛选得到类胡萝卜素含量超过出发菌株10 000倍的超产突变株。

二、原生质体融合

原生质体融合技术是通过选择两个遗传性状不同的亲本株制备原生质体，并在促融剂作用下融合成一个双核细胞，然后通过细胞核融合，继而经DNA交换、重组产生新性状的重组后代。原生质体融合育种已广泛应用于霉菌、酵母、放线菌和细菌等，并已经打破了种属间亲缘关系，实现了属间、门间甚至跨界融合。

原生质体融合育种一般分成五大步骤，即选择亲本和遗传标记、原生质体制备、原生质体诱导融合、融合原生质体的再生及融合子的筛选等步骤。

1. 亲本及遗传标记的选择

作为原生质体融合育种的两亲株，首先，要有遗传差异较大的良好生产性状，以便通过融合使优良性状叠加。其次,两亲株的亲缘关系要近,这样基因重组的概率高。第三,两亲株要带有不同的遗传标记,有利于融合子的检出。

2. 原生质体制备

制备大量有活性的原生质体是微生物原生质融合育种的前提。一般采用酶法破壁的方式制备原生质,细菌和放线菌可用溶菌酶(lysozyme)进行破壁;霉菌可以用蜗牛酶、纤维素酶等进行破壁;酵母菌可以使用蜗牛酶、Zymolyase-20T、β-葡聚糖酶等破壁。由于去除细胞壁的原生质体对渗透压非常敏感,原生质体育种的整个操作过程都必须保持高渗环境,避免原生质体吸水膨胀而破裂。细菌多使用蔗糖或 NaCl,链霉菌经常使用蔗糖,而酵母菌则可使用山梨醇或 KCl,使用的有效浓度为 0.3～1.0 mol/L。制备好的原生质体最好立即使用或加入 5%的二甲亚砜(DMS)或甘油等保护剂,保藏于液氮或-70～-80℃冰箱备用。

3. 原生质体的诱导融合

将等量的原生质体混合于含有促融合剂 PEG、Ca^{2+}、Mg^{2+}、渗透压稳定剂的缓冲液中,保温一定时间,原生质体即会发生融合,形成异核体细胞,异核体细胞在繁殖过程中发生核的融合,形成杂合二倍体,通过染色体交换,产生各种重组体,这些重组体即为融合子。

4. 融合子细胞壁的再生

原生质体具有细胞的全能性,但本身不能立即分裂、增殖,必须首先重新合成细胞壁物质,恢复成完整的细胞形态,才能进一步生长和繁殖,这一过程就是原生质体再生。再生培养基的组成,尤其是其碳源会影响原生质体的再生率,也有报道,再生培养基中加入 0.1%水解酪蛋白,可以促进细胞壁的再生;丝状真菌、酿酒酵母等微生物的原生质体仅能在固体培养基上再生,在液体培养基中细胞壁再生不彻底,不能完全复原;像破壁缓冲液一样,再生培养基也必须含有渗透压稳定剂,确保原生质体不受渗透压的破坏。一般是将原生质体悬浮液与 3～10 mL 软琼脂再生培养基(含琼脂 0.5%～0.7%)混合,迅速倾倒至含 2%琼脂的再生培养基表面,形成双层平板。

5. 融合子的筛选

在再生培养基上长出的融合子可根据本章第三节的方法进行筛选,以获得目的融合子。

三、DNA Shuffling 技术

DNA Shuffling 技术又称 DNA 改组技术,是一种基于 PCR 技术的体外定向分子进化技术。它利用 DNase Ⅰ将欲改造的基因或基因家族打断成一定大小的片段,在 PCR 变性后的复性过程中,利用片段间具有的部分同源性发生错配,错配的片段互为模板进行延伸,经过反复的变性、复性(错配)和延伸(重组),直至扩出全长基因。这些基因在延伸中因为错配引入了突变,通过重组使基因融合,从而创造了新的基因,再通过人类的定向选择,最终可以得到一些符合人类需要的新基因。该技术的基本过程和具体原理如图 9-6 所示。

四、CRISPR/Cas 基因组编辑技术

基因组编辑(genome editing)是指通过人为操作引起基因组特定碱基插入、缺失或替换等,对基因组进行精确修饰和定向编辑的一种技术。成簇的规律间隔短回文重复序列(Clustered Regularly Interspaced Short Palindromic Repeats, CRISPR)及其相关蛋白(CRISPR-as-

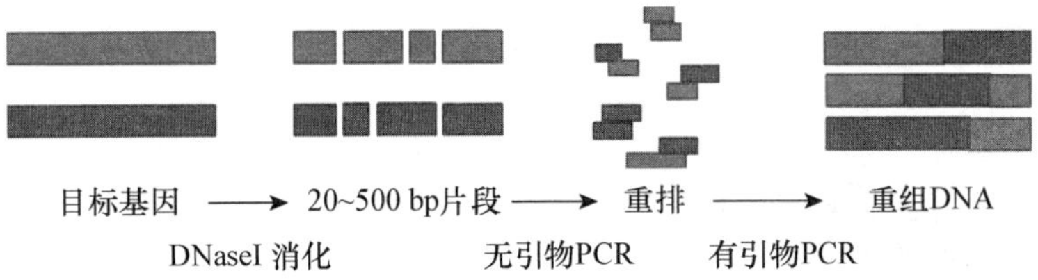

图 9-6 DNA shuffling 技术的基本原理

sociated proteins, Cas),尤其是以 CRISPR/Cas9 为基础的基因组编辑技术具有成本低廉、易设计和操作、效率高等优点被广泛应用于微生物、动物和植物等生物体基因组编辑研究,成为继锌指核酸酶(Zinc-Finger Nucleases, ZFNs)和类转录激活因子效应物核酸酶(Transcription Activator-Like Effector Nucleases, TALENs)之后的第三代基因组定点编辑技术。

(一)CRISPR-Cas 系统简介

CRISPR/Cas 系统最早在细菌的天然免疫系统中发现,目前已知的 90%古菌和 40%细菌的基因组均含有 CRISPR/Cas 系统,是细菌和古菌在进化过程中形成的一种获得性免疫系统。目前已知的 CRISPR/Cas 系统,可分为 2 大类别、共 16 种 CRISPR/Cas 子型免疫系统。其中:类别 1 包括Ⅰ、Ⅲ和Ⅳ型共 12 种 CRISPR/Cas 系统,需多个 Cas 蛋白组成的复合体共同发挥作用;类别 2 包含Ⅱ和Ⅴ型共 4 种 CRISPR/Cas 系统,只需 1 个 Cas 蛋白效应器。

CRISPR/Cas 系统的基本结构由 CRISPR 基因、不编码的 RNA 和 Cas 核酸内切酶基因组成(图 9-7)。CRISPR 基因包括前导序列(leader)、间隔序列(spacer)和重复序列(repeat)三部分,前导序列位于 CRISPR 上游,被认为是 CRISPR 序列的启动子;间隔序列是被细菌俘获的外源 DNA 序列,相当于细菌免疫系统的"黑名单",常被用作识别元件去寻找与之相匹配的序列并摧毁它;重复序列区含有回文序列,可以形成发卡结构。不编码的 RNA 由 CRISPR 来源的 RNA(CRISPR- derived RNA, crRNA)和反式激活 crRNA(trans-activating CRISPR RNA, tracrRNA)组成。Cas 蛋白复合体是由 CRISPR 基因附近的一个基因簇编码,具有核酸酶、解旋酶、整合酶和聚合酶等活性和各种 RNA 结合蛋白特性的结构域,在 crRNA 形成、外源 DNA 的整合和剪切中发挥重要作用。由于 Cas 蛋白复合体与 CRISPR 基因共同进化、共同发挥作用,因而被命名为 CRISPR 关联基因。tracrRNA 位于 CRISPR 关联基因 Cas 及前导序列—重复—间隔序列阵列链的反方向,介导非编码 RNA(pre-crRNA)的成熟以获得 crRNA。

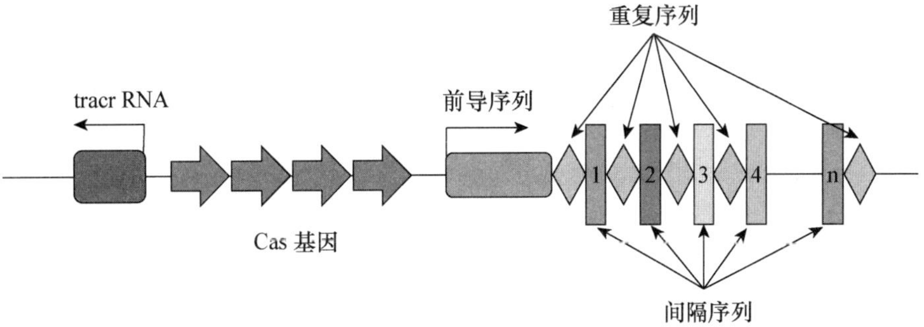

图 9-7 CRISPR/Cas 系统的基本结构组成(Deltchva 等,2011)

(二) CRISPR/Cas9 系统的作用原理

在众多 CRISPR/Cas 系统中,迄今为止对 CRISPR/Cas9 系统的研究最深入,应用最成熟。因此,本节将主要介绍其分子作用机制和应用。

1. CRISPR/Cas9 靶向切割 DNA 序列的原理

天然 CRISPR/Cas9 系统免疫外源病毒或质粒入侵过程可以分为以下 3 步(图 9-8)。

(1)外源 DNA 俘获。当噬菌体病毒首次侵入细菌,病毒的双链 DNA 被注入宿主细胞内。细菌 Cas 基因表达的 Cas1 和 Cas2 蛋白会从噬菌体 DNA 上获取一段原间隔序列(protospacer),并且插入 5′端两个 Repeats 之间形成间隔序列 Spacer。原间隔序列的选取不是随机的,原间隔序列两端的几个碱基十分保守,被称为原间隔序列邻近基序(Protospacer Adjacent Motif,PAM),PAM 通常由 NGG 三个碱基构成(N 为任意碱基)。

(2)crRNA 生物合成与加工。当同类型噬菌体病毒再次入侵,细菌转录产生 pre-crRNA 和 tracrRNA,其中,tracrRNA 是由 CRISPR 重复序列区转录而成的具有发卡结构的 RNA,而 pre-crRNA 是由整个 CRISPR 序列转录而成的大型 RNA 分子。tracrRNA 序列与 precrRNA 转录的重复区域互补结合,在内切酶 RNase Ⅲ 作用下形成针对入侵病毒 DNA 专一性的 crRNA-tracrRNA,又称为单向导 RNA(single guide RNA, sgRNA)。

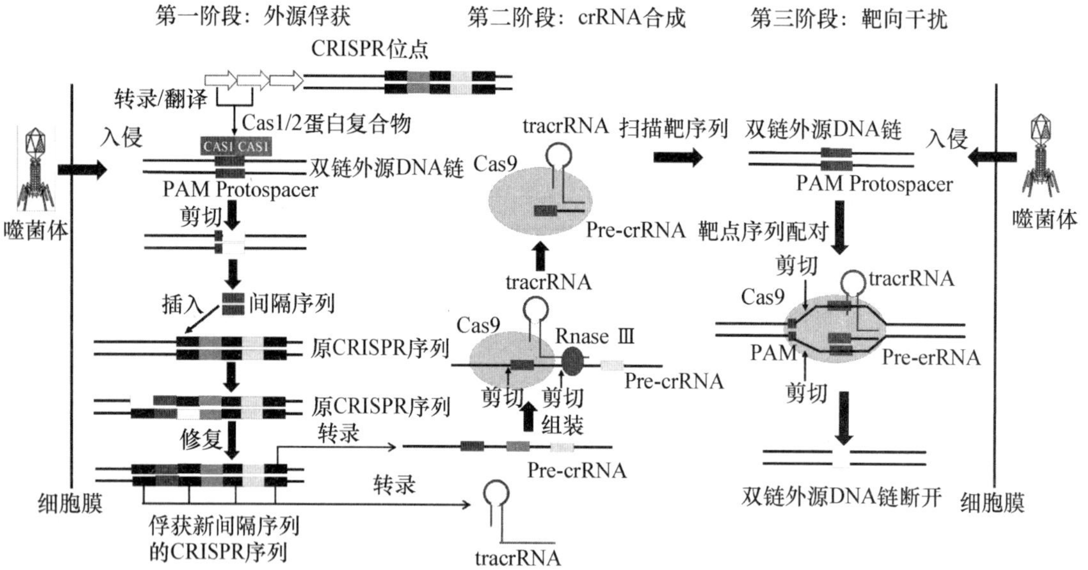

图 9-8 CRISPR/Cas9 系统工作原理第三阶段——靶向干扰

(根据 Carter and Wiedenheft,2015 改编)

(3)靶向 DNA 序列双链 DNA 断裂(double strand break, DSB)。crRNA-tracrRNA 与 Cas9 蛋白形成复合物,扫描整个外源 DNA 序列,识别出与 crRNA 互补的原间隔序列,复合物定位到 PAM/原间隔序列的区域,DNA 双链将被解开,形成 R-Loop。crRNA 与互补链杂交,而另一条链则保持游离状态。随后,Cas9 蛋白的 HNH 酶活性剪切 crRNA 互补的 DNA 链,而其 RuvC 活性位点将剪切非互补链,最终,使双链断裂(DSB)形成,外源 DNA 的表达被沉默

（图 9-20）。

2. 利用 CRISPR/Cas9 技术进行基因组定向编辑

由于 PAM 序列结构简单(5′-NGG-3′)，几乎可以在所有的基因中找到大量靶点，因此，理论上可通过设计不同的 sgRNA，由 Cas9 核酸酶识别任何带有 PAM 并与 sgRNA 特异性互补的基因组靶位点，目标基因将被看作病毒或外源 DNA，被精确剪切。在基因工程操作过程中经常对 crRNA 和 tracrRNA 进行改造，将其链接在一起得到 sgRNA。融合的 RNA 具有与野生型 RNA 类似的活力，但因为结构得到了简化更方便研究者使用。通过将表达 sgRNA 的元件与表达 Cas9 的元件相连接，得到可以同时表达两者的质粒或者病毒载体，将其转染细胞，便能够对目的基因进行操作和精准剪切，导致目的基因双链断裂。双链断裂能激活细胞 2 种不同的修复机制：非同源末端链接（non-homologous end joining, NHEJ）和同源介导（homology-directed repair, HDR）。NHEJ 是一种随机的易错修复，能高效地在 DNA 的双链断裂位点造成碱基的随机插入或缺失，导致基因移码突变或基因组重要结构破坏，从而实现基因敲除或者基因组元件的失效。如果在此基础上为细胞引入一个修复的模板质粒（供体 DNA 分子），细胞将会以同源重组的方式在双链断裂位点对基因组进行定点的插入、删除、突变，这种修复方式即为 HDR。随着研究的深入，CRISPR/Cas 技术已经被成功应用于植物、细菌、酵母、鱼类及哺乳动细胞，是目前最高效的基因组编辑系统。

五、Tn5 插入突变技术

转座因子是基因组中一段可移动的 DNA 序列，可以通过切割、重新整合等一系列过程从基因组的一个位置“跳跃”到另一个位置。Transposon 5（Tn5）是转座因子中的一种，由于其随机性好，转座后稳定，转座频率高，易于筛选等一系列优点，成为研究基因、蛋白质功能和测序的有效工具，并且在疾病诊断、基因治疗、免疫功能研究等方面显示了良好的前景。

1. Tn5 的基本结构

Tn5 是复合转座子，由一个中心区域和二个侧翼序列组成。中心区域含有卡那霉素（kanamycin，kan）、链霉素（streptomycin，str）和博莱霉素（bleomycin，ble）3 个抗生素抗性基因，中心区域的两个侧翼序列 IS 是一种自主性的转座因子。位于 Tn5 右侧的 IS50R 编码含有 476 个氨基酸的转座酶（transposase，TnP）和一个转座抑制蛋白（inhibitor protein，Inh），这两种蛋白质都由同一段 DNA 序列编码；Tn5 左侧的 IS50L 与右侧的 IS50R 只有一对碱基的差别，这一个碱基对的突变，使翻译提前终止，不能产生有活性的转座酶和转座阻遏蛋白。每个 IS50 转座元件的两端有长度 19 bp 的 outside end（OE）和 inside end（IE）末端序列，OE 是转座酶的结合位点（图 9-9）。

2. Tn5 的转座机制

Tn5 的转座属于非复制型转座，在转座过程中，Tn5 的转座酶单体先绑定到 Tn5 末端 OE 上的结合位点，并且连接供体 DNA 形成联会复合体；然后，在某种条件下（热刺激或者阳离子存在）Tn5 转座酶具有切割 DNA 的活性，使 Tn5 从复合物中释放；离开复合体后 Tn5 随机插入目的 DNA 上，插入位点的 9 bp 序列的两条链会分开，并分别连接在 Tn5 的两端形成黏性末端，最后在 DNA 聚合酶的作用下补平缺口，转座子的两端形成 9 bp 的正向重复序列。Tn5

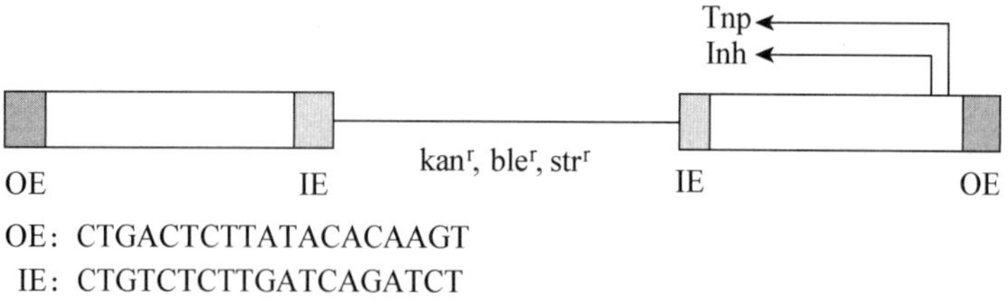

图 9-9 Tn5 的基本结构(Reznikoff,2008)

转座元件 IS50 的末端有一段长 19 bp 的序列,我们根据此序列设计特定引物,然后使用反向 PCR 法对 Tn5 插入位点的 DNA 序列进行扩增,测序后通过 BLAST 系统就可以得到 Tn5 插入基因的序列。

3. Tn5 转座子的应用

Tn5 转座子作为一个功能非常强大的遗传操作工具有如下三个特点:①Tn5 转座可以产生插入(insertion)、删除(deletion)、倒位(inversion)等多种突变类型进行基因功能研究;②Tn5 突变技术非常简单;③该技术非常灵活,其中心区域在一定长度范围内可以整合任何基因,包括报告基因、位点特异性重组序列、启动子或分子条形码等。Tn5 转座子插入突变技术一般需要首先人工构建含有选择性标记(如抗生素抗性基因)的 Tn5 类转座子,将该转座子与噬菌体或质粒 DNA 进行整合,同时使 Tnp 编码基因位于转座子外,将整合后的质粒导入受体细胞,由于所用到的质粒多为自杀性质粒,不能进行复制和分配,所以通过抗性标记筛选即可得到发生了稳定插入突变的突变后代。

第五节 菌种的退化、复壮和保藏

在发酵工业中,高产优良微生物菌种的获得需要经过诱变或基因操作和筛选,要经历一个漫长的过程,并花费大量的人力和物力。微生物生长繁殖速度快,容易发生变异造成性状改变,其高产或其他优良性状也容易发生退化。只有掌握了菌种退化的规律,才能在日常的菌种保藏工作中采取一定的措施,防止菌种退化,并尽可能使退化的菌种得以复壮。

一、菌种的退化

菌种退化是指菌种在保藏或传代过程中发生自发突变,造成该菌种原有部分优良生物学性状发生逐渐减退甚至完全丧失的现象。具体表现有:①原有的典型形态发生了改变。微生物在一定的培养条件下都表现出较稳定的菌落和细胞形态,菌种保藏过程中如果发现这种典型的形态特征减少,就是菌种退化的表征。产孢子能力强有利于菌种保藏和发酵过程中种子的制备,如发现产孢能力下降则表明菌种已经退化。②生长速度变慢。发酵工业上菌体生长速度越快,表示菌种生产效率和抗污染能力越强,生长速度变慢是菌种退化的一种表现形式。③代谢产物的生产能力下降。发酵生产最关注的是菌种的生产能力,菌种保藏过程中要防止出现负突变,导致菌种生产能力下降,如抗生素产生菌放线菌发酵液效价的降低、乳酸菌发酵产酸水平下降等。④致病菌对宿主的侵染能力下降。⑤对外界不良条件,包括低温、高温或噬菌体侵染等的抵抗能力下降等。由于发酵条件改变或杂菌污染导致的优良性状改变或产量下降不属于菌种退化的范畴。

菌种退化的主要原因是在传代和保藏过程中菌种发生了负突变，要防止菌株发生退化，可采取如下措施：①控制传代次数。细胞的自发突变发生在繁殖过程中，尽量避免不必要的移种和传代，并将必要的传代降到最低限度，可以减少自发突变发生的概率。②创造良好的培养条件。实践中发现，创造良好的培养条件，可在一定程度上防止菌种的退化，如，对于具有抗药性突变的菌株，在培养基中加入一定浓度的药物，可将个别回复突变细胞及时杀死，起到抑制回复突变发生的作用。③利用不易退化的细胞传代。在放线菌或霉菌中，菌丝体多为多核细胞，甚至是异核体，容易发生分离甚至退化，而孢子一般为单核，用于接种可保持性状的稳定。④采用有效的菌种保藏方法。对于工业微生物菌种，采用有效的菌种保藏方法可以延缓退化的发生。

二、菌种的复壮

菌种退化是一个渐进的过程，在已经退化的菌种中尚有一定数量未退化的细胞。狭义的菌种复壮一般是指在菌种已经退化的情况下，通过纯种分离和测定典型性状、生产性能等指标，从退化的群体中筛选出未退化的细胞，达到恢复原菌株固有性状的技术措施。广义的菌种复壮是指在典型特征或优良性状尚未退化前，经常有意识地进行纯种分离和筛选，以期从中筛选到自发的正突变个体。因此，狭义的复壮是一种消极的措施，而广义的复壮是一种积极的措施。

菌种复壮的方法主要有纯种分离法、宿主体内复壮法和淘汰法三种。

1. 纯种分离法

纯种分离法是指从已退化的菌种细胞群体中分离出仍保持原有典型性状的单细胞，再通过扩大培养，恢复原菌株的典型性状的技术方法。常用的分离纯化方法很多，采用稀释平板法、涂布平板法、平板划线法等方法获得单菌落，只能达到“菌落纯”的水平，即从种的水平来说是纯的；采用较精细的单细胞或单孢子分离方法，则可以达到“细胞纯”的水平。后一类方法应用较广，操作时可以利用培养皿或凹玻片等作分离室进行分离，也可用显微操纵器进行纯种分离。对于不产孢子的丝状真菌，可用无菌小刀切取菌落边缘的菌丝尖端进行分离移植，也可用无菌毛细管截取菌丝尖端单细胞进行纯种分离。

2. 宿主体内复壮法

对于寄生性微生物的退化菌株，可接种到相应昆虫等宿主体内来提高菌株的毒性。例如，苏云金芽孢杆菌(*Bacillus thuringiensis*)经过长期人工培养后，会出现毒力减退、杀虫率降低的现象，用退化的菌株去感染菜青虫的幼虫，然后再从病死的虫体内重新分离典型产毒菌株，如此多次反复后，就可提高菌株的杀虫率。

3. 淘汰法

将退化的菌种进行适当处理(如药物、低温、高温等)，可以起到减去退化菌达到复壮的目的。例如，将产放线菌素的 *Streptomyces microflavus* 分生孢子低温(－10～－30℃)下处理5～7 d，死亡率达到80%，在抗低温的存活个体中则留下未退化的健壮个体。

三、菌种的保藏

微生物菌种保藏就是创造适合的保藏条件,保持其原有的性状和活力不退化、不死亡、不被污染,以达到便于研究、交换和使用的目的。其具体原理是在干燥、低温、缺氧、避光、缺乏营养、添加保护剂或酸碱中和剂等条件下,微生物菌种代谢水平降低,生长受抑制甚至完全停止,达到半休眠或完全休眠的状态,使其在一定时间内得到保存。若选择微生物的休眠体,如芽孢、分生孢子等进行保藏,效果更佳。

(一)常用的菌种保藏方法

常用的菌种保藏方法有斜面传代保藏法、石蜡油封藏法、甘油冷冻保藏法、沙土管保藏法、冷冻干燥保藏法等。表 9-2 是常用菌种保藏方法的比较。

表 9-2　七种常用菌种保藏方法的比较

方法	主要措施	适宜菌种	保藏期	评价
冰箱保藏法(斜面)	低温(4℃)	各大类	1～6 月	简便
冰箱保藏法(半固体)	低温(4℃),避氧	细菌,酵母菌	6～12 月	简便
石蜡油封藏法	低温(4℃),阻氧	各大类	1～2 年	简便
甘油冷冻保藏法	低温(－70℃),保护剂(15%～50%甘油)	细菌,酵母菌	约 10 年	较简便
沙土管保藏法	干燥,无营养	产孢子的微生物	1～10 年	简便有效
冷冻干燥保藏法	干燥,低温,无氧,有保护剂	各大类	＞5～15 年	繁但高效
液氮保藏法	超低温(－196℃),有保护剂	各大类	＞15 年	繁但高效

1. 斜面传代保藏法

将菌种接种于相应的琼脂斜面,在适宜条件下培养,待菌种生长完全后,置于 4℃左右的冰箱中进行保存。传代保藏的菌种每隔一定时间需重新转接至新鲜培养基,经培养后继续保藏,如此反复达到保藏菌种的目的。传代保藏法适用于细菌、放线菌、酵母菌和霉菌等大多数微生物菌种的短期保藏。芽孢杆菌、放线菌和产孢的霉菌一般可保存 6 个月左右,酵母菌可保藏 3 个月,而不产芽孢的细菌保藏 1 个月左右就需要转接。该法简便易行,对设备要求不高,容易推广。但传代保藏的菌种仍在进行缓慢的代谢活动,因此保藏期较短,且传代次数过多,菌种容易发生变异,传代过程中也容易被污染。

2. 石蜡油封藏法

将微生物在斜面(或半固体穿刺)培养基上培养后,将灭菌的液体石蜡倒入菌种斜面试管(或半固体穿刺培养物)上,使石蜡油层高出培养物顶端 1 cm,隔绝气体,加盖胶塞并用固体石蜡封口,然后垂直放在室温或 4℃冰箱内保藏。液体石蜡的灭菌条件为:150～170℃烘箱内灭菌 1 h,冷却后使用;或 121℃高压蒸汽灭菌 60～80 min,然后置于 80℃的烘箱内烘干。

石蜡油封藏法适用于保藏霉菌、酵母菌、放线菌和好氧性细菌,对霉菌和酵母菌的保藏效果较好,可保藏几年,甚至长达 10 年。但一般对厌氧或兼性厌氧微生物的保藏效果较差,也不适用于某些能分解烃类微生物的保藏。

3. 沙土管保藏法

对于产孢子的霉菌、放线菌和产芽孢的细菌，适合采用沙土管保藏法进行长期保藏。对干燥条件敏感的微生物，如酵母菌、乳酸菌、奈氏球菌、弧菌和大肠杆菌等则不适宜采用该法进行保藏。

制作沙土管时，先将沙洗净并与土分别烘干、过筛（一般沙使用 60 目筛，土使用 120 目筛），然后将沙与土混匀[比例(1～2)∶1]后，分装于小试管至沙土高度约 1 cm，121℃蒸汽灭菌 1～1.5 h（间歇灭菌 3 次），然后于 50 ℃烘干后备用。菌种接种至斜面培养基充分培养产孢后，采用无菌水冲洗菌苔，并稀释后制成 10^{10} CFU/mL 孢子悬液，将孢子悬液滴入沙土管；放线菌可直接刮下孢子与沙土混匀，再置于干燥器中抽真空 2～4 h，最后用火焰熔封管口（或石蜡封口），置于干燥器中，在室温或 4℃冰箱内保藏。沙土管保藏法保藏期为 1～10 年。

4. 冷冻保藏

微生物在冷冻状态下，其酶活性受到钝化，代谢活动停止，细胞处于休眠状态，可以达到菌种保藏的目的。大多数微生物都能通过冷冻的方法进行保存。该方法分为低温冷冻保藏与超低温冷冻保藏两种。低温冷冻保藏指在－20℃左右保藏，由于－30～0℃会出现水与电解质的共晶混合物，对菌体有一定损害，需要加入甘油等保护剂。超低温冷冻保藏是将菌种保藏在超低温冰箱（－70℃）或液氮罐（－196℃）中，必须使用甘油（终浓度为 15%～30%）、二甲亚砜等保护剂对细胞进行保护，防止由于冰晶的形成对菌体细胞造成损伤。另外，一些大分子物质如糊精、血清蛋白、脱脂牛奶或聚乙烯吡咯烷酮（PVP）可通过与细胞表面结合的方式而防止细胞膜冻伤。该方法可用于保藏细菌、藻类、支原体、植物病原菌、真菌、病毒和原生动物等，保藏期可达 15 年以上。

5. 真空冷冻干燥保藏法

真空冷冻干燥保藏法简称冻干法。该法同时提供低温、干燥、缺氧的菌种保藏条件，因此存活率高、变异率低、保藏期长，一般达 5～15 年，是一种较理想的保藏方法，目前被广泛采用。大多数微生物，如细菌、放线菌、酵母菌和丝状真菌等均可采用该法保藏，但对不产孢子的丝状真菌不宜采用。

预冻和冻干过程是在－40～－20℃下进行，因此需加入抗冻保护剂防止大冰晶形成破坏细胞膜结构导致细胞死亡。常用的保护剂有脱脂牛奶、血清、淀粉、葡聚糖等高分子物质。制作保藏冻干管时，先将加有保护剂的细胞样品分装于安瓿瓶，在－40℃预先冷冻至冻结状态，然后在抽真空状态下将冰升华除去水分，待样品充分干燥后，形成完全干燥的固体菌块，真空下压盖密封或充入惰性气体后用火焰熔封瓶口，置低温下使微生物处于干燥、缺氧及低温的状态，可达到长期保藏菌种的目的。真空冷冻干燥保藏法是目前使用最普遍的一种保藏方法，大多数专业的菌种保藏机构均采用此方法作为主要的微生物保存手段。

(二)菌种保藏机构

国际细菌命名法规规定：新种命名发表以前，必须将模式菌株的培养物保存在至少一个永久性菌种保藏中心。我国菌种保藏由中国微生物菌种保藏委员会（CCCCM）负责，下设 7 个保藏中心、12 个保藏机构。国外著名的菌种保藏中心有美国典型培养物保藏中心（ATCC）、荷兰的霉菌中心保藏所（CBS）、英国的国家典型菌种保藏中心（NCTC）、英国国立工业细菌菌库（NCIB）、法国典型微生物保藏中心（CTM）以及日本的大阪发酵研究所（IFO）等。国际微生物学联合会(IAMS)还专门设立了世界菌种保藏联合会(WFGC),用计算机储存世界上各保藏机构提供的菌种数据资料,可以通过国际互联网查询和索取,进行微生物菌种的交流、研究和使用。

思考题

1. 名词解释:遗传型,表型,变异,基因突变,营养缺陷型,自发突变,诱变,碱基置换,转换,颠换,移码突变,光复活作用,SOS修复,碱基类似物,表型延迟,基本培养基,完全培养基,补充培养基,生长谱法,高通量筛选,DNA shuffling,CRISPR-Cas,菌种退化,复壮,菌种保藏。

2. DNA链上发生的损伤是否一定发生遗传表型的改变?为什么?

3. 根据突变的光复活修复作用原理,你认为在进行紫外线诱变处理时应注意什么问题?如何使被诱变的细胞能均匀受到紫外线照射?

4. 诱变育种的关键步骤有哪些?如何筛选优良突变株?

5. 平皿快速检出法有哪几种?分别适用何种对象?

6. 什么是表型延迟?如何消除?

7. 举例说明在微生物诱变育种工作中,采用高效筛选方案和方法的重要性。

8. 在微生物诱变育种的过程中应注意哪些问题?

9. 试以梯度平板法说明定向培育抗药性菌株的原理,并说明为何不能把定向培育说成是"定向变异"。

10. 概括筛选营养缺陷型菌株的主要步骤和方法。

11. 抗生素法和菌丝过滤法"浓缩"营养缺陷型菌株的原理是什么?

12. 原生质体融合法进行微生物育种有何优点?总结该方法的基本操作步骤。

13. 试述DNA shuffling技术的概念及其具体步骤。

14. CRISPR/Cas基因编辑的原理是什么?如何利用该技术对微生物基因组进行定点编辑?

15. 菌种衰退的原因是什么?如何对衰退的菌种进行复壮?如何区别菌种究竟是衰退,还是发生污染?

16. 菌种保藏的目的和原理是什么?总结常用的菌种保藏方法优缺点及其适用对象。

第十章

微生物生态学

生态学(ecology)是研究生物与环境之间相互关系的科学,其目的在于指导人与生物圈(自然、资源、环境)的协调发展。微生物生态学(microbial ecology)是研究微生物与生物和非生物环境之间关系的一门科学。微生物生态学的研究对象是微生物群体,研究内容包括微生物群体之间、微生物群体与其他生物之间及微生物群体与环境之间的相互关系与作用规律,是农业微生物学重要的组成部分。因此,研究微生物与农业环境之间的关系,对于开发利用微生物资源、充分发挥微生物在农业生产与环境保护中的作用有着十分重要的意义。

第一节　生态系统

科学家将人类赖以生存的地球划分为大气圈、水圈、岩石圈和生物圈,其中起主导作用的是生物圈。以生物圈为核心,大气圈、水圈、岩石圈可有机地联系在一起。

一、生物圈和生态系统

生物圈(biosphere)是地球表面进行生命活动的有机圈层。由活动于大气圈下层、水圈、岩石圈及活动于三层界面的生物所组成。生物圈是地球表面经过长期演化的产物,是人类赖以生存的系统,具有层次结构和代谢功能等特征。生物圈也是地球上环境条件的最大调节者和缓冲剂,它为地球表面调节着温度、风向、降雨、O_2 和 CO_2 的平衡以及大气化学的各个方面,并且很多生物群落有能力对某些污染物脱毒,使环境净化。

生态系统(ecosystem)是植物、动物和微生物群落及其周围环境通过物质循环和能量流动组成的动态综合体,所有这些群落都作为一个功能单元相互作用。生态系统中的环境包括生物环境和非生物环境。生物环境又分生物种群内和种群间的相互关系。非生物环境包括土壤、水体、空气以及光线、温度、风、雨等气候因素。生物群落与其生存环境之间通过物质循环、信息传递等方式成为占据一定空间、具有一定结构和功能的有机整体,并通过自我调节和外部控制不断演替变化,成为相对稳定的生态系统,例如,森林、草原、湖泊、海洋、农田。生态系统既是生物圈的基本单元,也是生物圈的功能单元。

二、生态系统的维持——物质流和能量流

生态系统是生产者、消费者、分解者及环境组成的基本功能单元，通过生物群落实现生物生产、能量流动、物质循环及信息传递方面的功能。因此，生态系统的三要素包括能量流动、营养物质循环和生物间的特殊关系。

(一)通过能量流构成物种间的相互关系

任何生态系统发挥功能效应时必须有能量的供给。地球生态系统的根本能量来自太阳能。绿色植物和光合微生物通过光合作用将太阳能转变成为生物体内的化学能，并通过食物链将能量从一种生物体内传递到另一种生物体内。生物本身的生命活动消耗一部分能量，另一部分能量以有机质形式贮存在体内，这些有机质为动物及异养微生物提供生活的物质基础。生物尸体被微生物分解，一部分能量在微生物生命活动中传递，另一部分能量以热能的形式散发到自然界中。食草动物食用植物，食肉动物又食用食草动物，如蚜虫吃小麦，瓢虫吃蚜虫，山雀吃瓢虫，老鹰吃山雀，形成自然界的食物链(food chain)，能量和营养物质通过食物链从一种生物群体传递给另一种生物群体。食物链中的各个环节为不同的营养水平，能量和物质由低级营养水平流向高级营养水平。一个生物群落中许多食物链彼此相互交错形成的复杂营养关系称为食物网(food web)。

(二)营养物质循环与生物功能群

自然界中的生物体都是由碳、氢、氧、氮、硫、磷、钾、铁等数十种元素组成。生物只有不断从环境中摄取这些营养元素才能生长、发育和繁衍后代。可是地球上这些营养元素的贮存量是有限的，而生命的延续却无穷无尽，两者之间的矛盾只有通过自然界物质的不断循环才能解决。物质的循环是通过生物的作用实现的，故亦称物质的生物循环。根据生物在生态系统物质循环中的作用，可将他们分为如下3个功能群：

(1)生产者(producer)　主要依靠光合作用将太阳能转变成化学能，把水、二氧化碳和无机盐类合成有机物质，主要包括绿色植物及蓝细菌，如藻类等光合微生物。

(2)消费者(consumer)　通过生命活动将有机物转化成其他形式的有机物，主要包括各类动物及某些异养类微生物，如原生动物。

(3)分解者(decomposer)　主要利用动植物残体或其他有机物，将其矿化分解，使物质以最简单的无机物状态释放，完成物质的循环过程，主要为异养型微生物，如腐生菌。

物质循环的特点是运转迅速。生态系统可依靠再循环利用营养元素，进行生产。微生物在土壤和水域中作为有机物质的分解者，在元素循环中起着不可取代的作用。它在生态系统中，与植物、动物构成能量和物质运转的特殊关系，维持着生态系统的平衡。

(三)信息传递

生命活动的正常进行，离不开信息传递；生物种群的繁衍，也离不开信息的传递。生态系统错综复杂，而生态系统中的信息传递把各生物群落联系为一个息息相关的统一整体。信息传递可调节生态系统中生物的种间关系来维持生态系统的稳定。生态系统中的信息传递多种

多样，有强有弱，包括：物理信息、生物信息、行为信息等。生态系统中的光、声、色、温、湿等物理信息起吸引异性、保护自己、警告或威吓敌人作用，生物合成的酶、生长素、抗生素、有机酸等代谢产物是化学信息，而异性求偶、遇敌求救为行为信息。农业生态系统中的信息传递可应用于农牧产品产量和品质的提高及对有害生物进行控制。

（四）生态平衡

生态系统发展到成熟阶段，在3个方面保持平衡：一是生产者、消费者、分解者按一定比例结合；二是物质循环和能量循环协调畅通；三是系统的输入和输出在数量上接近相等。生物与环境之间形成相对协调稳定的状态，即为生态平衡。生态系统之所以能保持平衡，是因为它本身具有反馈调节机能。但是任何生态系统的调节能力都是有限的，超过了一定的界限，就会打破自然生态平衡，引起生态系统失调，甚至崩溃。

人类是生物群落的一个群体，但人为万物之灵，具有很强的主观能动性。如果人类不能按生态规律生产和活动，将会严重破坏生态系统。随着现代化工业的高速发展，人类活动对环境的干预和影响越来越强烈，长此以往，必然导致生态系统的严重破坏，危及人类生存。因此，人类的活动只有顺应自然规律，合理开发利用自然资源，保护环境，才能维护人类赖以生存的地球生态环境。

三、微生物生态系统及其特点

微生物生态系统是微生物与其生存环境组成的整体系统。它与动植物生态系统比较起来，具有以下特点：

（1）微环境　微环境（microenvironment）是指紧密围绕微生物细胞的环境。微环境与微生物的关系更为密切，对微生物的生存和发展具有更明显的影响，如在同一类型土壤内可存在许多不同类型的微环境，各类微生物都能找到适合其生存的环境。因此，土壤是自然界最丰富的基因库。

（2）稳定性　在微生物生态系统中，群落中的微生物是决定其稳定性的主要因素。优势种群是这一生态系统中物质流和能量流的主要作用者。除优势种群外，还存在生物群落的多样性。高度多样性的种群在一定程度上能应付环境条件的变化。一般来说，生态系统中生物群落组成越复杂，自我调节的能力越强；生态系统的结构和功能越复杂，系统的稳定性就越好。

（3）适应性　微生物生态系统中的微生物群落改变环境的能力较弱，但由于微生物结构相对简单，容易受环境条件的影响而发生变异，因此，微生物生态系统一般通过改变群体结构来适应环境条件的变化，进而形成新的生态系统。由于这种生态适应性才使微生物在变化多端的环境中得以延续下去。

第二节　微生物在自然界中的分布

自然界微生物种类繁多、分布广泛，它们存在于陆地、水、空气等环境及动植物体中，在一些高等生物不能生存的极端环境中也生存有大量微生物。因此,微生物定义了地球上水生和陆地环境中生命的极限。

一、陆生生境的微生物

陆生生境的主要载体是土壤。农业微生物的陆生生境主要包括土壤、植物根际、植物体内等,其中农业生产中的土壤生境主要是表层土和下层土,表层土是有机质高、颜色深、微生物活性高、用于农业耕作的土壤层,而下层土是由从表层土壤淋滤而来的矿物质、腐殖质、有机物和微生物组成。

(一)土壤圈及其微生物

土壤圈(pedosphere)是地球生态系统的组成部分,它处于大气圈、岩石圈、水圈和生物圈的界面,与其他生态圈交互作用。土壤是固体无机物(岩石和矿物质)、有机物、水、空气和生物组成的复合体。

土壤中生存着丰富多样、数量庞大、生态功能活跃的微生物群落。土壤是微生物栖息的大本营,它为微生物生存提供了良好的环境条件:

①土壤中的生物残体为微生物提供了良好的碳源、氮源和能源,岩石风化为微生物提供了大量的矿质元素和微量元素。

②土壤水分尽管因土壤类型、作物情况、季节、气候和植被不同有所差异,但基本上都能满足微生物的需要。

③土壤环境有合适的酸碱度。大多数土壤的 pH 为 5.5~8.5,正是多数微生物生活的适宜 pH。

④土壤的渗透压通常在 0.3~0.6 之间,相对于微生物细胞的渗透压来说是等渗或低渗条件,有利于微生物从土壤中摄取营养物质,适合微生物的生长。

⑤土壤是不均匀介质,微环境通气状况不同,满足了对氧气有不同需求的各类微生物。

⑥土壤温度随季节和昼夜的变化幅度大大低于气温的变化,有利于微生物的生长。

⑦土壤能保护微生物不受烈日的暴晒,从而可使微生物免受各种射线的伤害。微生物既是土壤形成过程的作用者,又是土壤的重要组成部分。

1. 土壤中微生物的分布

土壤中微生物的种类繁多、数量巨大。它是自然界最丰富的微生物库和基因库(表10-1)。土壤中的微生物主要聚集在表土层和耕作层,多以微菌落的形式分布在土壤颗粒和有机质表面以及植物根际。但由于土壤是一个很不均一的介质,存在着许多不同的微生态位,不同生理型的微生物生活在这些微环境中,因而甚至在微小土壤颗粒中也存在着不同的生理类群。一般而言,土壤中细菌数量最多,放线菌和真菌次之。藻类和原生动物较少,但若以生物量计算,则以真菌最多。

表10-1 典型花园土壤不同深度每克土壤的微生物菌落数 CFU/g

深度/cm	细菌	放线菌	真菌	藻类
3~8	9 750 000	2 080 000	119 000	25 000

续表 10-1

深度/cm	细菌	放线菌	真菌	藻类
20～25	2 179 000	245 000	50 000	5 000
35～40	570 000	49 000	14 000	500
65～75	11 000	5 000	6 000	100
135～145	1 400	—	3 000	—

2. 土壤中的微生物群落

细菌是土壤微生物中数量最大、种类最多、功能强大的类群，总菌数达 10^6～10^9 CFU/g，生物量超过土壤中全部微生物总量的 1/4。土壤细菌以异养型为主，无芽孢细菌占优势，但不同土壤中常见的细菌属及其相对数量有很大不同（表 10-2）。

表 10-2 土壤中常见的细菌及其相对比例

细菌属名	比例/%
芽孢杆菌属（*Bacillus*）	7～67
节杆菌属（*Arthrobacter*）	5～60
假单胞菌属（*Pseudomonas*）	3～15
土壤杆菌属（*Agrobacterium*）	1～20
产碱杆菌属（*Alcaligenes*）	2～12
黄杆菌属（*Flavobacterium*）	2～10
棒杆菌属（*Corynebacterium*）	<5
微球菌属（*Micrococcus*）	<5
葡萄球菌属（*Staphylococcus*）	<5
黄单胞菌属（*Xanthomonas*）	<5
分枝杆菌属（*Mycobacterium*）	<5
纤维单胞菌（*Cellulomonas*）	<5
不动杆菌（*Acinetobacter*）	<5

土壤中的放线菌达 10^5～10^8 CFU/g，占到了土壤细菌群体的 10%～33%，其中链霉菌属（*Streptomyces*）和诺卡氏菌属（*Nocardia*）在土壤放线菌中所占的比例最大，其次是小单胞菌属（*Micromonospora*）和放线菌属（*Actinomyces*）等。放线菌对干燥条件的抗性比较大，并能在沙漠土壤中生存，它们比较适合在碱性或中性条件下生长，对酸性条件较敏感。放线菌使土壤带有特殊的土腥气味。

光能自养的蓝细菌主要分布在表土层中，酸性土壤中较少，中性到微碱性土壤中较多。土壤中常见的类群有鱼腥藻属（*Anabaena*）、眉藻属（*Calothrix*）、色球藻属（*Chroococcus*）等。有些蓝细菌在自然环境中既能固定氮气，又能通过光合作用合成有机物，如念珠藻（*Nostoc*），可将其应用于提高稻田和其他土壤的肥力。有些蓝细菌能与真菌、苔藓、蕨类和种子植物共生，如地衣就是蓝细菌与真菌的共生体。蓝细菌能在没有植物生长的土壤表面上形成表面壳“垫状体”，这对土壤具有稳定作用。

在土壤中真菌个体数量仅为 10^3～10^5 CFU/g，但其生物量是最大的，尤其是在通气良好的酸性土壤中。真菌在土壤物质循环中起着重要作用。它们中的许多类群能分解纤维素、木质素等难分解的有机物质。土壤真菌可以游离的状态存在或与植物形成共生关系。丝状真菌主要存在于表土层的枯枝落叶中。在土壤中常见的真菌主要是半知菌,如曲霉属(*Aspergillus*)、青霉属(*Penicillium*)和木霉属(*Trichoderma*)等,但也可以找到大量的子囊菌和担子菌。各种酵母菌如假丝酵母(*Candida*)、红酵母(*Rhodotorula*)和隐球酵母(*Cryptococcus*)等也能从土壤中分离到。

土壤中还生活有大量的藻类。它们主要分布于土壤表面或土壤上表层的数毫米处,其类群很大程度上取决于土壤酸碱度。土壤中常见的藻类有衣藻属(*Chlamydomonas*)、小球藻属(*Chlorella*)和绿球藻属(*Chlorococcum*)等。

土壤中的原生动物多存在于有机质和微生物丰富的表层土壤中。它们是土壤细菌和藻类的捕食者,对土壤微生物尤其是细菌的数量和种类起着重要的平衡和调控作用。土壤原生动物以鞭毛虫最常见,其次是肉足虫和纤毛虫。

细菌病毒在土壤中分布广泛,但数量不是很多。如果其宿主细菌数目增加,那么相应的病毒数目也增加。

由于土壤的结构是非均质的,各个微环境中由于空气、水分、有机质和氧化还原电位的状况有差异,所以在同一土壤中生活着好氧、厌氧、兼性厌氧等各种营养类型的微生物。

(二)植物根际及根际微生物

1. 根际和根际微生物

根际是指生长中的植物根系直接影响的土壤范围,包括根系表面至几毫米的土壤区域,为植物根系有效吸收养分的范围,是根系分泌作用旺盛部位,也是微生物和植物相互作用的界面。根际是微生物生存的特殊生态环境。在植物根际范围生活的微生物称为根际微生物。植物根系组织和细胞在生长和代谢过程中能不断向根际分泌许多无机和有机物质(如氨基酸、有机酸和碳水化合物、核苷酸、生长素和酶),再加上脱落的根表皮细胞、根冠和死亡的根系等,都是微生物的营养来源。另外,由于根系的穿插,根际的营养成分、O_2 和水分状况也与根外土壤不同,从而形成了一个有利于微生物生长的特殊生态环境。

2. 根际微生物区系

在植物根际生活的微生物区系称为根际微生物区系。生活在植物根际中的微生物与根外土壤中的微生物相比,在数量、种类和活性上均有明显不同,表现出一定的特异性,这种现象称为根际效应(rhizosphere effect)。根土比(R/S ration)是指根际微生物数量与相应的无根系影响的土壤中微生物数量之比,是反映根际效应的重要指标。R/S 值一般为 5～20,有时可高达 100 以上,随植物的种类、生育期和土壤类型而变化。

根际内细菌的密度最大。由于根系分泌物的选择作用,根际细菌种类较少,以简单有机物作养料的革兰氏阴性无芽孢杆菌占绝对优势,革兰氏阳性杆菌、球菌和芽孢菌比根外的少。最常见的细菌有假单胞菌属(*Pseudomonas*)、黄杆菌(*Flavobacterium*)、产碱杆菌(*Alcaligenes*)和土壤杆菌(*Agrobacterium*)中的一些种类。在植物生长早期,根际内真菌很少,在植物生长后期真菌数量渐渐增多。根系对真菌种类的选择作用尤为明显,最常见的是镰孢霉属(*Fusarium*)、腐霉属(*Pythium*)和丝核菌属(*Rhizoctonia*)等。它们在高分子化合物如纤维素、果胶质和淀粉的分解中起主要作用。

根际对放线菌、藻类和原生动物的刺激作用不明显，它们的 R/S 值很少超过(2～3)∶1。

3. 根际微生物对植物的影响

在根际中，微生物和植物既相互作用，又相互制约。微生物对植物的影响既有有益的一面，也有不利的一面。有益作用主要表现在：

①改善植物的营养状况。根际微生物在代谢活动中能迅速分解来自根系和土壤中的复杂有机化合物，促进营养元素的转化，提高土壤中磷素与其他矿质元素的可给性。有些生活在根际的固氨微生物进行固氮作用，增加植物的氮素营养。

②根际微生物能分泌植物生长调节物质。根际微生物在生长中能分泌维生素、氨基酸及生长刺激素类物质。例如根圈中维生素含量比根外明显多，每克烟草根圈土壤中含有 10～15 μg 硫胺素，而在根外的每克土壤中只有 1.5～4.0 μg。

③根际微生物还能分泌抗菌素类物质，可帮助植物避免土著性病原菌的侵染。

④产生铁载体。铁载体是微生物在缺铁性胁迫条件下产生的一种对微量铁离子具有超强结合力的有机化合物。由于微生物产生铁载体的速度快且量大，在与不能产生或产生量较少的有害微生物竞争铁时占优势，从而抑制有害微生物的繁殖，保护植物免受病原菌的侵害。

这类定殖于植物根系系统促进植物生长及其对矿质营养的吸收和利用，并能抑制有害微生物的有益微生物被称作植物根际促生菌(PGPR)。PGPR 促进植物生长的机理主要包括直接作用和间接作用。直接作用是指 PGPR 合成某些对植物生长发育有直接作用的物质(如分泌吲哚乙酸、铁载体)或使土壤中的某些无效元素有效化来促进植物吸收(如溶磷、解钾、固氮)。间接作用是指 PGPR 通过诱导植物抗性来抑制或减轻某些土传病对植物生长发育和产量的影响。PGPR 还能帮助植物忍受多种非生物胁迫，如重金属、干旱、盐分、肥力低下等。PGPR 的开发及其在农业生产中的应用主要表现在创造良好的根际生态环境、改善土壤理化性质、提高土壤的供肥能力、抑制病虫害的发生及减少农药污染等方面，最终使农业生产达到减肥增效及抑制病虫害的目的。PGPR 还可利用自身的抗性系统减缓重金属离子对植物的毒性，改变重金属的形态和迁移率，并直接或者间接地促进植物生长和增强植物对重金属的抗性，在强化植物修复土壤重金属污染过程中发挥着重要的作用。

根际微生物对植物生长的不利影响主要有：由于寄主植物对病原菌的选择性，会使一些病原菌在相应植物的根际大量繁殖，结果会引起或加重植物病害；一些根际微生物虽无致病性，但会产生抑制种子发芽、幼苗生长和根际发育的毒素；根际微生物还会和植物竞争养分，尤其在养分不足时，矛盾尤为突出。

尽管如此，人们已研究过的土壤微生物种类只有极少部分，大约只占土壤微生物总数的 1%，大多数微生物还不知如何培养。采用分子生物学方法等新技术结合常规技术研究揭示：土壤中存在着丰富多样的微生物种类，包括多种生理型、营养型和生态型，而且每种土壤微生物的组成还具有种群的多样性。例如，每种根瘤菌不仅可以区分出不同的血清型，而且每一群内也表现出同工酶的多态性、抗药性的差别、质粒谱的多样性等。

群体多样性是物种生存和稳定的基础。土壤中一方面遗传重组经常发生，造成物种的变异；另一方面几乎各种土壤微生物都能在土壤中长期生存而不灭绝，所以土壤是理想的生物基因库。深入研究并开发利用土壤微生物资源具有重要意义。

二、水圈中的微生物

水圈由淡水和海水两类水体组成。海洋中的水占地球总水量的97%,覆盖着地表的71%;冰川和极地水占2%;其余的水分别存在于湖泊和河流中。

(一)淡水生境

淡水生境分为静水(湖泊和池塘等)和流水(大、小河溪)两种类型。它们的理化特性不同,微生物的组成和数量也各异。

湖泊在地球上分布广泛,性质差别很大。多数微生物为土著性的,自养细菌占有重要地位,常见的光能自养菌为蓝细菌、紫色和绿色厌氧光合细菌,经常出现的化能自养菌为硝化细菌和硫细菌。

较深湖泊不同深度的水温、光线透入的状况及氧气浓度存在明显的差异,其微生物具有明显的垂直分布特征。表面由于有充足的光线和氧气而分布着大量的蓝细菌。在湖泊的一定深度以下,氧浓度降低,硫化氢含量提高,但仍有充足的光线,绿硫菌科的光能自养菌成为主要的土著性成员。红螺菌科的细菌存在于类似环境中,但它们依赖还原性有机物,而不是以硫化物作电子供体。异养细菌分布在整个水体的垂直面中,常常在靠近湖底层和温度聚变的温跃层(thermocline)数量最高,因为此处可利用的有机物很高。

除土著微生物外,常有许多外源微生物随着土壤的侵蚀和径流、植物枯枝落叶和城市污水而进入湖泊,有些种类会迅速死亡而消失。湖泊中各种生物类群由于营养物质的相互制约维持着湖泊的自然生态平衡,但近年来大量人为污染物进入湖泊,打破了湖泊中的物质循环,致使某些生物类群过度生长,严重地破坏了自然水体的生态平衡,对人类生活造成极大影响,如水体富营养化是水中藻类过度生长造成的。

河流中微生物的数量和种类主要受其流经区域的影响,大量的微生物都是外来的,尤其在流经城市的区段中,许多腐生微生物和病原菌进入水体。在入海的河口处,由于海水盐分的影响,淡水微生物逐渐被海洋微生物取代。

(二)海水生境

海洋平均深度为4 km,最深达11 km,是全球水循环的最终贮存地。由于海水高盐(含盐量范围一般为3.2%~4.0%)、低温(90%~95%的海域温度低于5℃)、静水压力大、低贫营养,因此海水中的多数微生物具有嗜盐、耐压、嗜冷、耐低贫营养的特征。海水中的微生物丰富多样,主要包括藻类、革兰氏阴性需氧性或兼性厌氧性细菌。大多数细菌属中都有能在海水中生活的物种,如假单胞菌属(*Pseudomonas*)和弧菌属(*Vibrio*)。海水中还有一些能发光的细菌以及真菌和原生动物。光合细菌和微小藻类是远洋生境中的初级生产者,异养细菌趋向于吸附在藻类表面或残体颗粒上,以获得较多的养分。

微生物数量在近海和河口水域中很高,而在深海区数量很少,可低至每毫升1~100个。几个世纪以来,深海区和海底区的生物学一直激发着人们的想象力,是地球生物圈中探索最少的地区之一。生活在深海的微生物承受着极高的压力、低水平的营养和接近冰点的温度,早在几十年前就被探索出来了,当时人们用高压培养方法分离出了第一株嗜压菌。然而,近年来宏基因组学和高通量测序技术的快速进展彻底改变了深海微生物及其适应策略的研究，比如改变膜和蛋白质结构，使其能够在这种极端条件下生长。微生物多样性研究表明，无论是自由生活的还是粒子附着的古细菌和嗜压菌在深海区都是十分丰富的，但大多数尚未被培养。氨氧化古菌是深海中数量最多的自由生活古菌，在全球海洋和陆地环境中均占主导地位。

（三）地下水生境

地下水是一种广阔但很少被开发的微生物栖息地。30 年前，大多数微生物学家还认为，大量的微生物数量仅限于地壳表面 100 m 左右。浅层地下水的微生物学与土壤微生物学十分相似。随着钻井技术和无菌取样技术的发展和改进，在含有积水的地区微生物的生命延伸到地下至少 3 km。然而，深层地下水中微生物的生存温度可超过 50℃，并且生活在缺氧和营养匮乏的环境中。因此，深层地下水的微生物多样性与土壤完全不同。地下微生物学最初关注的是相对较浅且容易进入的含水层系统，揭示了古菌和细菌的不同种群以及原生动物和真菌的有限存在。许多古菌的新谱系似乎适应了陆地地下和深海沉积物中营养极其有限的环境，如深海沉积物中的产甲烷古菌。对深层地下生物圈的分析不仅极大地扩展了古菌已知的系统发育多样性，而且可能揭示了真核生物起源的新信息。

三、大气中的微生物

大气中没有可供微生物直接利用的营养物质和足够的水分，且条件变化剧烈，所以大气环境不是微生物真正的生长繁殖场所，无固定的微生物种群。但微生物能以各种休眠体在其中存在相当长的一段时间而不死亡，还可随气流远距离传播。这也是病原微生物传播的重要途径。微生物在大气中的种类和数量随地点不同而有很大差异（表 10-3），有些微生物经常出现在大气中，如霉菌、酵母菌、芽孢杆菌等，城市上空还经常出现病原菌，它们的数量和种类随季节的更替和气候的变化也有不同。

表 10-3　不同地点大气中的微生物数量

地点	微生物数量（CFU/m^3）
北极（北纬 80°）	0
海洋上空	1～2
市区公园	200
城市街道	5 000
宿舍	20 000
畜舍	1 000 000～2 000 000

近年来，雾霾天气频频发生。雾霾主要由 SO_2、氮氧化物和颗粒直径≤2.5 μm（PM2.5）的可吸入颗粒组成，最新研究表明微生物也是 PM2.5 的主要组分。PM2.5 样本的宏基因组测序表明致病菌存在于 PM2.5 中，且致病菌的相对丰度随着雾霾污染程度的增加而增加。

四、极端环境中的微生物

在自然界中，存在着一些依赖高温、低温、高盐、高压、高渗、高毒、干旱等极端环境才能正常生长繁殖的微生物,这一类微生物被称为极端微生物。由于极端微生物在细胞结构、物种进化及生理、生化、遗传等生命活动中的特殊性,因此研究极端环境中微生物资源可开发出新的微生物及基因资源,为生命起源、新型生物质能源、抗逆基因等方面的研究与应用提供材料。

(一)高温环境中的微生物

自然界中有许多高温环境,如堆肥、温泉、火山口等。这些高温环境生活着许多嗜热微生物,如在俄罗斯的堪察加地区的温泉(水温57～90℃)中存在着一种嗜热细菌——红色栖热菌(*Thermus ruber*);在美国怀俄明州黄石国家公园内的热泉中,一种叫热溶芽孢杆菌(*Bacillus caldolyticus*)的细菌可在92～93℃的水中生长。另外,热溶芽孢杆菌在试验室条件下还可在100～105℃生长,目前发现的最能耐热的微生物是古菌中的热叶菌(*Pyrolobus*),它能在113℃的温度下生存。据报道,迄今还没有发现多细胞的动物或植物可耐受约50℃的温度。

细菌是嗜热微生物中最耐热的。按它们耐热的程度分为5个类群:

①耐热菌。其最高生长温度为45～55℃,低于30℃也能生长。

②兼性嗜热菌。其最高生长温度为50～65℃,低于30℃也能生长。

③专性嗜热菌。其最适生长温度为65～70℃,低于40℃不能生长。

④极端嗜热菌。其最高生长温度高于70℃,最适生长温度高于65℃,最低生长温度高于40℃。

⑤超嗜热菌。其最适生长温度为80～110℃,最低生长温度在55℃左右。超嗜热菌大部分为古菌。

嗜热微生物有良好的应用前景。高温发酵可以避免污染和提高发酵效率。嗜热微生物可用于特殊环境的污染物处理,如污水处理。嗜热细菌的耐高温DNA多聚酶为PCR技术的广泛应用提供基础。这是嗜热微生物应用的典型例子。

(二)低温环境中的微生物

自然界中诸如冰川、极地等各种低温环境中生存着大量微生物。科学家们曾在南极的Vostok湖发现了微生物。这是一个隐蔽在3 000 m冰层以下的湖泊。湖中的微生物可能与世隔绝了数十万年。

嗜冷微生物分为专性和兼性两类。前者的最高生长温度不超过20℃,可以在0℃或低于0℃的条件下生长;后者可在低温下生长,但也可以在20℃以上生长。

嗜冷微生物适应低温环境的机制是细胞膜脂中有大量的不饱和、低熔点脂肪酸。研究开发嗜冷微生物的低温酶在工业和日常生活中都有应用价值,如从嗜冷微生物中获得的低温酶用于洗涤剂,不仅能节约能源,而且能增强洗涤效果。

(三)高压环境中的微生物

需要高压才能生长良好的微生物称为嗜压微生物。地球上存在着诸如深海、油井等高压环境,这些环境都发现有微生物,如在3 500 m以下的油井中存在一种硫酸盐还原菌,它可在4.053×10^7 Pa的压力下生长;另外一种生活在深海的假单胞菌可在1.013×10^8 Pa的压力下生长。

(四)高盐环境中的微生物

高盐环境中的微生物主要存在于盐湖、盐场和腌制品等中，这些微生物被称为嗜盐微生物(halophilic microorganisms)。根据生长所需要的盐浓度可分为弱嗜盐微生物(最适生长盐浓度为 0.2～0.5 mol/L)、中度嗜盐微生物(最适生长盐浓度为 0.5～2.5 mol/L)和极端嗜盐微生物(最适生长盐浓度为 2.5～5.2 mol/L)。

嗜盐微生物具有许多比较特殊的生理特性，其中紫膜最引人注目。紫膜是在细胞膜上由类视紫蛋白和脂质组成的一种特殊的紫色物质，它能将吸收的光能部分以质子梯度的形式储存起来，并用于合成 ATP。许多科学家在研究探索其作为电子器件和生物芯片的可能性。利用嗜盐微生物携带的抗逆基因来增加植物的抗逆性，使植物能够更加耐盐碱，以实现盐碱地上的农作物种植。

(五)强酸及强碱环境中的微生物

某些细菌喜欢生活在强酸或者是强碱环境中。例如，碱性泉水中存在一种黄杆菌(*Flavobacterium*)，它在 pH11.4 条件下生长良好。而另一种称为氧化硫杆菌(*Thiobacillus thiooxidans*)的细菌的生长范围是 pH 0.9～4.5，最适 pH 为 2.5，在 pH 0.5 仍能存活。科学家从一个废矿中分离到一株能耐 pH 0 的细菌(*Ferroplasma acidarmanus*)，其生长范围是 pH 0～2.5，最适 pH 为 1.2。嗜酸微生物常被用于微生物冶金、生物脱硫等。

嗜碱微生物产生大量的碱性酶，包括蛋白酶(活性 pH 10.5～12)、淀粉酶(活性 pH 4.5～11)、纤维素酶(活性 pH 6～11)、木聚糖酶(活性 pH 5.5～10)，这些酶被广泛用于洗涤剂等。

(六)强辐射环境中的微生物

自然界中广泛分布着各种抗辐射(如紫外线、X 射线和宇宙射线)的微生物。自然界中抗辐射能力最强的微生物是海洋中的一种鞭毛虫，其在紫外线剂量为 1.11×10^{-2} J/mm^2 的条件下仍有约 10%的细胞存活。

(七)贫营养环境中的微生物

在几乎是纯水的极度贫营养环境(有机碳浓度往往不足 1 mg/L)中照样有微生物生长。其实，自然界中的极端环境往往是复合型的，如深海既是高压又是低温环境，极端微生物通常是身兼几种适应极端环境的本领，例如，硫酸盐还原菌实际上也是一种嗜热微生物，它能在 60～105℃下生长。

(八)污染环境中的微生物

工矿业、农业排放的废水、废渣、废气含有高浓度的有机或无机污染物，导致水、土、气等生态环境被污染，甚至会破坏生态环境。在含有高浓度有毒污染物的环境中仍然存在微生物，这些微生物为了适应污染环境而具有较强的抗逆性，其携带的抗逆基因可挖掘用于基因工程。污染环境中的部分"土著"微生物可吸收、转化或钝化有毒重金属等无机污染物，如假单胞菌能将亚砷酸盐氧化为砷酸盐来降低毒性。由于长期使用化学肥料、农药及工业废水的排放，农业土壤环境受到不同程度的重金属或农药的污染，而这些污染环境中挖掘出的功能微生物可应用于农业环境的生物治理。

五、动物体中的微生物

人和动物的体表、体内存在着多种多样的微生物。不同种类的微生物对动物产生有利或有害(致病)的作用。对动物有害的微生物称为病原微生物，包括病毒、细菌、真菌和原生动物的一些种类。对动物有益的微生物受到广泛关注，研究较为深入，如微生物和昆虫的共生、瘤胃共生系统、海洋鱼类和发光细菌的共生等。

(一)瘤胃共生

陆生植物含大量多糖，如纤维素、半纤维素、木质素等，其中以纤维素居多，哺乳动物缺少分解多糖的酶类。主要依赖草类和植物叶类为生的所有哺乳动物需要依靠微生物帮助消化，所以食草的反刍动物具有一个特殊的器官——瘤胃(rumen)。在瘤胃中共生着能帮助消化多糖的微生物种群。食物在口腔咀嚼后通过食道进入瘤胃，由微生物进行发酵，最后到小肠和大肠进行消化。一些重要的家畜如牛、羊、骆驼、袋鼠等都是反刍动物。

(二)微生物和昆虫共生

多种微生物和昆虫都有共生关系。共生的特点是双方互相提供对方所需营养，离开对方就生长不好甚至不能存活。例如，白蚁的消化道中有细菌和原生动物的共生，两者分解纤维素，转化昆虫氮素废物尿酸和固氮，这些过程的代谢产物可供昆虫利用。

(三)海洋鱼类和发光细菌共生

一些海洋无脊椎动物、鱼类和发光细菌也可建立一种互惠共生关系。发光细菌生活在某些鱼类的特殊的囊状器官中，发出的光有助于鱼类配偶的识别。也可成为一种聚集的信号，有助于鱼类成群游动以抵御捕食者。

六、植物体中的微生物

微生物和植物的关系密切。植物体内的各个部分都有微生物的存在，包括有益的和有害的。一般有害微生物为寄生菌。它们需要以植物体内的组成部分作为生活的养料来源。这部分内容一般为植物病理、病害的研究内容。在此，主要介绍对植物生长有益的微生物和微生物与植物的共生关系。

(一)植物表面微生物与植物病害

植物的各个组成部分都可以是微生物生活的微环境。植物的茎叶是一些微生物良好的生活环境，细菌、蓝细菌、真菌(特别是酵母)、地衣和某些藻类常见于植物的表面。花是附生微生物的短期特殊生境。花从受精到果实成熟，环境条件会发生变化，微生物群落也会随环境变化发生演替。通常情况下，酵母菌是成熟果实的优势种群。不同植物果实表面附着微生物群落组成不同。

某些病毒、细菌、真菌和原生动物能引起植物的病害。病原菌通过不同的途径进入植物体内，通过分泌毒素、分解酶和生长调节因子干扰植物的正常功能。被感染的植物能产生各种形态上和代谢上的异常，有的植物会快速死亡，或经历缓慢的变化过程，最终走向死亡。

(二)植物体内的细菌

1. 根瘤菌与豆科植物的共生体系

根瘤菌(rhizobia)是一类广泛分布于土壤中的革兰氏阴性细菌，绝大多数根瘤菌不能进行自生固氮或联合固氮。但它能侵染豆科植物的根或茎形成共生体根瘤或茎瘤，并在共生体中分化成类菌体固定空气中的氮气，将氮转化为植物可吸收利用的氨。同时，豆科植物为根瘤菌的生长繁殖提供碳素等营养物质。每个根瘤菌种或菌株只能与特定范围的豆科植物共生结瘤固氮，而每种豆科植物也只能与特定的根瘤菌种或菌株建立共生关系，说明豆科植物与根瘤菌共生固氮具有选择性和寄主专一性。根瘤菌-豆科植物共生体系是生物固氮中效率最高的固氮体系，具有抗逆性，因此其在提高土壤肥力和污染土壤生物修复方面有着巨大的潜力。

热带豆科植物具喙(毛萼)田菁既能形成根瘤又能形成茎瘤。但形成根瘤的菌株属于根瘤菌属(*Rhizobium*)，而形成茎瘤的菌为固氮根瘤菌属(*Azorhizobium*)。蝶形花亚科的合萌属等豆科植物也能形成茎瘤。

根瘤菌还能和木本植物榆科中的 *Parasponia rogosa* 等共生形成根瘤。*Parasponia* 主要分布在马来群岛。它们是新垦荒地的速生先锋植物，能在各种土壤甚至火山灰和石灰石上生长。同 *Parasponia* 有效结瘤的菌种一般属于慢生根瘤菌。

豆科植物是被子植物的第三大科，包括 748 属 19 700 余种，其中很多豆科植物是重要的粮食、经济、油料作物，如大豆、花生、苜蓿等。因此，根瘤菌与豆科植物的共生固氮作用可应用于农业生产中的“减肥增效”，有利于实现农业生产的可持续发展。

2. 弗兰克氏放线菌与非豆科植物的共生关系

弗兰克氏菌(*Frankia*)和高等植物共生固氮的研究也有很长历史，但直到 1978 年才获得该菌的纯培养。和弗兰克氏菌共生固氮的都是非豆科植物，许多种有重要的经济价值。这类固氮体系愈来愈受到人们的重视。

弗兰克氏菌的寄主范围比根瘤菌广泛得多，能够与其形成根瘤的植物分布在 7 个目的 8 个科中，已知有 24 个属的植物。将弗兰克氏菌形成的根瘤称为放线菌根瘤，在结构上不同于豆科植物的根瘤，而和根的内部结构有很多相似之处，可以看成是变态的侧根。放线菌也是经根毛侵入并刺激根内皮层细胞分裂形成初生根瘤。内生菌存在于内皮层和外皮层之间的细胞中，以营养菌丝、泡囊和颗粒体 3 种形态存在。

能固氮的非豆科植物具有很强的适应性和抗逆能力，可以作为荒山、海滩和沙漠等绿化的先锋树种，在改善生态环境和林业生产等方面具有重要意义。

3. 蓝细菌和植物的共生关系

少数种类的蓝细菌如鱼腥藻属(*Anabaena*)和念珠藻属(*Nostoc*)能和植物形成共生固氮体系。能够和蓝细菌共生的植物有苔藓植物、蕨类植物、裸子植物和被子植物。

(三)植物体内的真菌

自然界真菌和植物根的共生关系更为普遍。真菌和植物根形成的这种特殊共生体称为菌根。经研究发现,陆地上97%以上的绿色植物都具有菌根。

根据菌根的形态结构和菌根真菌与植物根共生时的性状,菌根主要分外生菌根和内生菌根。内生菌根中有不同的亚型(表10-4)。

表10-4 菌根的类型

主要类型	亚型	特殊结构	真菌类别	宿主植物
外生菌根		有包围根的菌套和哈蒂氏网	担子菌、子囊菌、接合菌	裸子植物和被子植物的乔木和灌木
内生菌根	内外生菌根	可形成菌套,但不一定形成哈蒂氏网,在根细胞内有菌丝圈	担子菌、子囊菌	裸子植物和被子植物的乔木和灌木
	浆果鹃类菌根	有菌套和哈蒂氏网,细胞中有菌丝圈	担子菌	仅杜鹃花目
	水晶兰菌根	有菌套和哈蒂氏网,细胞中有菌丝圈	担子菌	仅水晶兰科
	杜鹃菌根	无菌套和哈蒂氏网,细胞中有菌丝圈	子囊菌、担子菌	仅杜鹃花目
	兰科菌根	无菌套和哈蒂氏网,细胞中有菌丝圈,可能有不分枝的吸器	担子菌	仅兰科
	丛枝菌根	无菌套和哈蒂氏网,细胞中有菌丝圈细小分枝的吸器(丛枝)	接合菌	裸子植物和被子植物中乔木、灌木和草本植物,苔藓和蕨类等低等植物

(李阜棣,胡正嘉,2007)

在表10-4中所列的菌根类型中,分布得最广泛和研究得最多的是外生菌根和丛枝菌根(VA)。下面着重对这两类菌根的形态和结构予以介绍。

1.外生菌根

外生菌根多形成于木本植物,主要为乔木和灌木,存在于30余科植物的许多属中。松科植物可以看作是专性外生菌根植物,如果不形成菌根,它们就不能很好生长甚至不能生长。

(1)形态和结构　外生菌根(图10-1)的主要特征是真菌菌丝在植物幼根表面生长并交织成鞘套状结构菌套(fungal mantle, FM)包在根外,其厚度在20～100 μm,大多数为30～40 μm,占小根干重的25%～40%。菌套的形成使营养根变得短而粗壮,前端膨大。菌套代替了根毛的地位和作用。菌套的外层菌丝结构较疏松,菌套表面的外延菌丝形态可能因菌根真菌不同而有差异,使菌套表现不同的特征,如光滑状、网状、颗粒状、绒毛状、棉絮状、纤毛状、短刺状和长刺状。

外生菌根的另一重要特征是形成哈蒂氏网(Harting net, HN)。哈蒂氏网是由菌套内层的菌丝透过根的表皮进入皮层组织,在外皮层细胞间蔓延,将皮层细胞逐个包围起来,形成一种特殊结构,称为哈蒂氏网。哈蒂氏网的形成构成了真菌和寄主之间巨大的接触面,有利于双方进行物质交换。菌丝穿过皮层进入细胞间隙的机制可能由于一方面是菌丝延伸时产生的机械压力,另一方面是真菌产生的果胶酶分解了细胞间质中的果胶质,为菌丝的进入打下了基础。哈蒂氏网内的细胞仍具有活性。

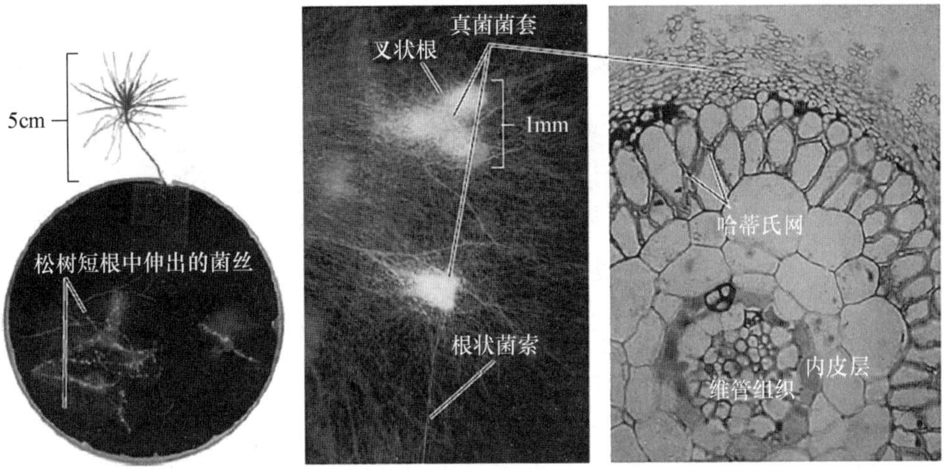

(a)　　(b)　　(c)

图 10-1　外生菌根(Madigan et al. ,2019)

形成外生菌根的真菌主要是担子菌,其次是子囊菌,个别为接合菌和半知菌。大多数外生菌根真菌为广谱性寄生真菌,少数为专性寄生真菌。

(2)外生菌根的作用　外生菌根对寄主植物的有益作用主要表现在两个方面。一是提供植物营养及生长刺激物质。形成菌套及外延菌丝扩大了寄主植物吸收营养的范围。外生菌根真菌绝大多数能产生某种植物生长刺激素,如吲哚类化合物,其中最多的是吲哚乙酸。这些物质能刺激植物生长。二是对防御林木根部病害具有重要的作用。外生菌根菌在根圈的数量要比非菌根微生物数量高得多,为优势菌群,从而抑制病原菌的生长。外生菌根的菌套和哈蒂氏网的机械屏障作用阻止病原菌的侵染。菌根真菌进入根部时诱导寄主植物产生的抑菌物质也能增强植物的抗病能力。外生菌根真菌还能产生抗生素,所以外生菌根真菌大部分具有抗菌活性。

2. 丛枝菌根

丛枝菌根是内生菌根中最普遍和最重要的一个类型,也称泡囊－丛枝菌根(vesicular- arbuscular mycorrhizae,VA),因形成泡囊并非普遍现象,故统称为丛枝菌根(arbuscular mycorrhiza,AM)。它是内囊霉科(Endogonaceae)的部分真菌与植物根形成的共生体。这种菌根在自然界的分布极为广泛,绝大多数显花植物都有丛枝菌根,它们的发生远比外生菌根多。重要的栽培植物如小麦、棉花、烟草、大豆、菜豆、马铃薯、番茄、甘蔗、苹果、柑橘、葡萄、草莓、咖啡、可可、橡胶树等都能形成丛枝菌根。

(1)丛枝菌根的结构　内生菌根的特点是真菌的菌丝体主要存在于根的皮层细胞间和细胞内。共生的植物仍保留有根毛,从外部形态上无法判断植物是否存在丛枝菌根,必须将根进行染色处理,经显微镜检查,确认皮层内有丛枝和无隔菌丝等结构后,即可予以肯定。

丛枝菌根(图 10-2)的菌丝分根内菌丝和根外菌丝。根外菌丝在根的外面扩散,发达时可在根的外面形成一疏松的菌丝网,但不会像外生菌根那样形成菌套。

丛枝多形成于皮层细胞内。进入皮层细胞内的菌丝经过连续的双叉分枝形成灌木状结构,即为丛枝。在丛枝形成过程中,根细胞的原生质膜内陷,将分枝的菌丝包围。在细胞膜和分枝的菌丝壁之间形成一界面,其面积很大,可使根细胞原生质膜的面积增大 2～3 倍,这对于

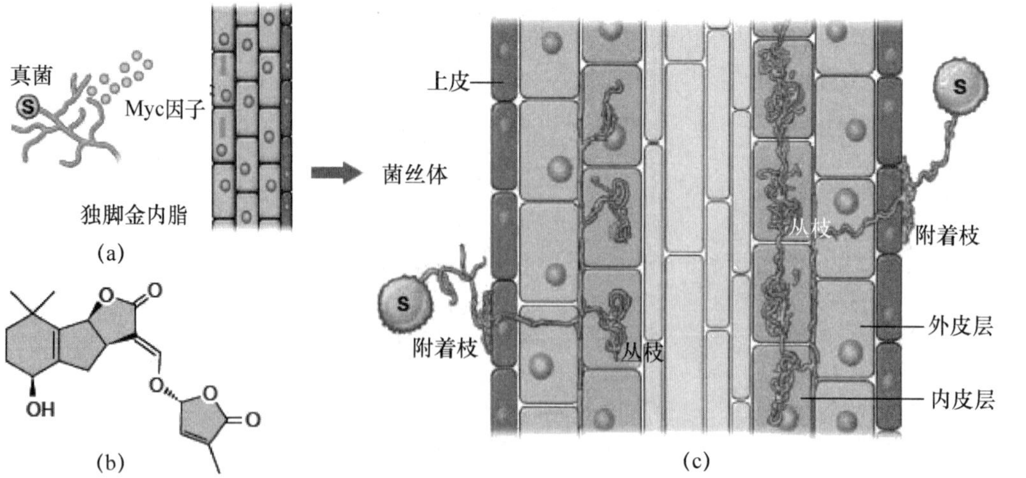

图 10-2　丛枝菌根的形成(Madigan et al.,2019)

真菌和寄主细胞间养分的传递有重要意义。

大多数丛枝菌根能产生泡囊。泡囊是由侵入细胞内或细胞间的菌丝的末端膨大而成,一般呈圆形或椭圆形。泡囊有时与菌丝相通,但通常有一泡囊壁使它与菌丝隔开。泡囊内有很多油状内含物,它们起贮存养分的作用。泡囊的形成迟于丛枝,它具有繁殖功能。当根的初生皮层脱落时,少数泡囊可从根组织中释放出来进入土壤。在土壤中,它们可以发芽并感染植物。菌根菌的种类不同,泡囊的形状、壁结构、内含物的数量均有不同。

丛枝菌根真菌在外生菌丝的顶端常常形成厚垣孢子,其大小、颜色和壁的构造均因种而异,一般为原形或卵圆形,内含油滴。孢子较大。有些种的孢子长在孢子果内。孢子在土壤中可存活数年,其结构和形态是分类上的重要依据。

(2)丛枝菌根真菌　由于这类真菌不能在培养基上进行纯培养,影响了对其分类地位的研究。Morton 和 Redecker(2001)通过对球囊霉目(Glomus)和 *Acaulospora* 属内几个种的单克隆抗体反应特征、脂肪酸构象及 18S rRNA 基因序列分析,将能与植物互惠共生和在根内形成丛枝的真菌归属于同一单元系统群即接合菌纲球囊霉目。

(3)丛枝菌根的作用　丛枝菌根对植物代谢和生长具有重要的作用:最重要的是丛枝菌根增加了根圈的范围,扩大了根系从土壤中吸收营养的范围。一般来说,外生菌丝自根面向外延伸的距离可达 8 cm,形成菌根后根圈可增加 12～15cm^3/cm 菌根。根圈范围的扩大,可增加植物对水分的吸收,提高植物的抗旱能力,也改善了植物的营养条件。丛枝菌根最显著的作用是在低磷土壤中提高寄主植物吸磷能力。这主要是由于:菌丝可使植物从较大范围吸收磷素;通过与寄主交换营养促进磷素向根内转移;提高土壤磷素的可给性。此外,丛枝菌根还有助于植物吸收铜、锌、锰、铁、镁和钙等微量元素;刺激某些有益根际微生物;促进根瘤菌结瘤固氮;抑制某些植物根部病害;产生植物生长刺激素等。

植物和丛枝菌根之间的共生关系是互惠的。在这种共生体系中,菌根真菌必须从植物中获得光合作用产物才能维持其结构并发挥其功能。所以幼嫩植物上初形成菌根时,菌根真菌会竞争植物产生的少量碳水化合物,这时菌根真菌对植物生长有一定的抑制作用。随着植物的生长,碳水化合物的增多,这种作用便会自行消失。

植物体内存在的微生物除以上几种互惠共生体系外，有一些真菌和细菌只生活在植物组织中，或生活周期大部分在植物体内，它们不与植物形成特殊结构。这些微生物称为内生菌(endophytes)。内生菌有两种类型：一种是永久性的(或称组成型)，是指内生菌存在于植物种子中，从种子萌发到开花结实，周而复始；另一种是周期性的(或称诱导型)，即微生物在植物生长的一定阶段感染寄主。这类微生物很多，情况也比较复杂，有的同植物互利共生，有的可能是偏利共生，有的则可能是寄生微生物。

第三节　微生物与生物环境之间的关系

自然界中的微生物很少以纯种的方式存在，而是与其他微生物和动植物共同生活在某一环境中，构成生物群落的一个群体。生物群落中各个群体内部和群体之间相互作用，形成复杂的关系。

一、中立关系

中立关系(neutralism)指两个种群之间没有影响或者存在着无关紧要的相互作用。

二、互生关系

互生关系包括偏利共栖(commensalism)和协同共栖(synergism)两种类型。

(一)偏利共栖

偏利共栖指两个生物群体生活在一起时，其中一个生物群体的生命活动对另一个生物群体产生有利影响，而本身不受害，也不得利。如微氧环境中需氧性细菌生长消耗了氧气，使厌氧性细菌得以生长。有时存在链状的偏利共栖。例如，污泥中的某一微生物群体可以厌氧代谢有机物产生有机酸，有机酸可被一些微生物群体代谢产生甲烷。甲烷有利于甲烷氧化菌的生长，甲烷氧化菌氧化甲烷产生甲醇，甲醇有利于甲基营养菌的生长。

(二)协同共栖

协同共栖指两个生物群体生活在一起时，互相获利，但这两者之间的关系没有专一性。它们能单独生活在各自的自然环境中，但形成协作关系时，双方均能受益，其中任何一个群体可以被其他群体所代替。微生物中这种关系的重要意义在于不同的微生物群体共同参与某一物质的代谢过程。自然界这种关系相当普遍，如亚硝酸细菌氧化氨为硝酸细菌提供了代谢基质；亚硝酸被硝酸菌利用避免了亚硝酸在环境中的积累，消除了对亚硝酸菌的毒害作用。植物与其根际促生细菌(PGPR)、人体与其肠道正常菌群之间也是典型的协同共栖关系。

三、共生关系

共生关系(mutualism)也称互利共栖关系,指两种生物群体紧密地生活在一起,互相依存,互换生命活动的产物,生理上形成一个整体乃至特殊的共生结构,并且两者之间的结合具有专一性和选择性,其中任何一个群体不能被其他群体所代替。共生的一个典型例子是藻类或蓝细菌与真菌共生形成地衣。在共生体中,真菌从基质中吸收水分和无机养料供藻类利用,藻类通过光合作用合成有机物,在满足本身需要的同时,也为真菌提供了所需养分。根瘤菌和豆科植物之间也能形成共生关系,根瘤为它们的共生结构。反刍动物与其瘤胃微生物也是一种典型的共生关系。

四、对抗关系

两种生物间的对抗关系表现为竞争(competition)、拮抗(antagonism)、寄生(parasitism)和捕食(predation)几种类型。是生物群体之间负的相互作用。

(一)竞争

两种生物之间的竞争包括对食物和生存空间的竞争,竞争的结果对两个群体均产生不利影响,使两个群体的密度下降,生长速度减缓,两个关系较近的群体各自分开,不再占据同一生态环境。

(二)拮抗

拮抗关系指一种生物产生一些代谢产物可抑制另一种生物的生长发育甚至杀死它们的一种相互关系。如青霉菌分泌青霉素抑制革兰氏阳性细菌。这种拮抗关系也称为特异性拮抗。非特异性拮抗关系没有这种选择性。如硫细菌产生硫酸降低环境 pH,抑制不耐酸的各种细菌生长。

(三)寄生

寄生现象一般指一种小型生物生活在另一种较大型生物的体内或体表,从中取得营养和进行生长繁殖,同时使后者蒙受损害甚至被杀死的现象。前者称为寄生物,后者称作寄主或宿主。细菌间的寄生关系最典型的是蛭弧菌(*Bdellovibrio*)寄生于某些肠杆菌科和假单胞菌科等革兰氏阴性细菌。微生物寄生于植物和动物的例子是极其普遍的,如大部分植物病害都是真菌寄生的结果,著名的冬虫夏草是由真菌寄生于昆虫体内形成的。

(四)捕食

捕食是一种较大型的生物直接捕捉、吞食另一种小型生物以满足其营养需要的相互关系。在微生物间的捕食关系主要是原生动物吞食细菌和藻类的现象。某些具有菌套或菌环的真菌可以捕食线虫。某些原生动物可捕食细菌、放线菌、酵母菌、霉菌、藻类、有机颗粒等。

第四节 微生物生态学研究方法

微生物生态学可以分为群体生态学(synecology)和个体生态学(autecology)。前者研究微生物的多样性及微生物群落与环境的相互关系;后者研究一种生物与环境的关系,包括其在环境中数量的变化、迁移规律以及同其他生物之间的相互关系。

一、土壤中微生物生物量的测定

微生物生物量(microbial biomass)是指微生物活体的总量。生物量=细胞数×体积×比重。直接测定微生物生物量比测定个体数量更能反映土壤中的微生物实际含量。目前采用的方法有两大类:生理学方法和生物化学方法,其中生理学方法被普遍采用。

生理学方法是根据微生物的代谢活性来测定的生物量。目前广泛使用的是英国学者詹金森(Jenkinsen)等提出的土壤熏蒸法。其原理和主要步骤如下:将氯仿放入盛有土样的密闭容器中,减压使其散发为气态,渗入土壤以杀死所有微生物。再开启容器使土样中残留氯仿全部散发,然后以少量同一土样接种,置室温培养。最后测定经氯仿杀死的土样中的微生物残体被重新接种的微生物分解矿化后所释放出来的 CO_2 量。同时用不熏蒸的待测土样做对照。通过比较经氯仿熏蒸后的土壤和未经氯仿熏蒸的土壤中释放的 CO_2 量的差异来计算生物量。

二、微生物多样性研究技术

微生物多样性主要研究生态系统中微生物种类、丰度、分布、生态结构与功能多样性等。依据是否需要培养活的微生物,微生物多样性研究方法分为培养法和非培养法。传统的纯培养法包括平板计数、MPN 计数和 Biolog 群落水平生理分型计数,非培养法指现代的生物化学与分子生物学技术。人工很难准确模拟自然生态系统的生境条件来培养绝大多数种类的微生物,因此土壤中微生物的可培养率只有 0.1%~1%,导致传统的纯培养法并不能全面准确地反映微生物多样性。现代生物化学与分子生物学技术不仅可以检测难培养和不可培养的微生物,还具有灵敏度好、效率高、信息量大等优点,能客观地反映微生物群落结构,因此以微生物分子生态研究技术为主的非培养法得到了广泛应用和快速发展。

分子生物学方法是直接从生态环境样品中提取总 DNA,并依据是否需要采用 PCR 技术,分为以 PCR 为基础和不以 PCR 为基础两大类。不以 PCR 为基础的分子生物学方法包括 G+C 摩尔百分比、核酸复性动力学、荧光原位杂交(FISH)、基因芯片(gene array)、宏基因组学(metagenomics)、宏转录组学(metatranscriptomics)等。以 PCR 为基础的分子生物学方法通常将高度保守的原核生物 16S rRNA 基因、真核生物 18S rRNA 和 ITS 基因及微生物特定功能基因作为标记基因,包括总变性梯度凝胶电泳法(DGGE)、限制性片段长度多态性(RFLP)、末端标记限制性片段长度多态性(T-RFLP)、随机引物扩增(RADP)以及 PCR 产物、宏基因组、宏转录组高通量测序等。其中,G+C 摩尔百分比、核酸复性动力学、DGGE、RFLP、

T-RFLP、RADP 等早期分子生物学方法因其特定的局限性仅能检测环境样品中微生物总数的 0.1%~10%，准确率不高。近年来，快速发展并被广泛应用的基因芯片、FISH 及高通量测序从整体上深入详细地揭示环境微生物的多样性与生态功能，而这些分子生态学技术的原理、优劣各不相同，因此在实际应用时应根据环境样品特点和研究目的选取适合的技术。

1. 变性梯度凝胶电泳(DGGE)

20 世纪 80 年代初，Lerman 等基于双链 DNA 分子大小和所带电荷不同在聚丙烯酰胺凝胶电泳时的迁移速率完全不同发明了变性梯度凝胶电泳(DGGE)，其分辨率可达一个碱基差异的基因序列，最初主要用来检测 DNA 片段中的点突变。自 1993 年起，被广泛应用于微生物多样性等微生物分子生态学研究，其克服了传统培养菌落技术无法检测出非培养微生物的缺陷。虽然 DGGE 技术具有检测极限低、速度快、经济便捷等优点，但仍然存在检出率低、不能获得细菌基因表达水平、代谢特征及细菌数量等局限性。

2. 基因芯片

基因芯片又称为 DNA 微探针阵列(microarrays)，20 世纪 90 年代发展起来的一种快速、敏感、高通量的检测技术。基因芯片技术是将已知的寡核苷酸或基因片段作为探针，有序地固定在硅片、玻片、塑料片等固体支持物上集成大量的分子识别探针，与互补的靶序列进行核苷酸分子杂交，并通过杂交信号检测进行定性或定量分析。

3. 荧光原位杂交

荧光原位杂交(FISH)技术主要通过荧光标记的探针在细胞内与特异互补的核酸序列杂交，并通过激发杂交探针的荧光来检测信号。FISH 基本原理是设计与靶染色体或 DNA 片段同源互补的核酸探针，并在核酸探针上标记生物素、地高辛等报告分子，经"变性—退火—复性"形成靶 DNA 与核酸探针的杂交体，再利用报告分子与荧光素标记特异亲和素之间的免疫化学反应，经荧光检测体系在显微镜下对靶染色体或 DNA 进行定性、定量或相对定位分析。FISH 技术应用于微生物生态学研究的主要局限性在于核苷酸探针的特异性、微生物自身荧光带来的假阳性及细胞壁降低杂交信号强度所导致的假阴性问题。

4. PCR 产物高通量测序

PCR 产物高通量测序通过设计特定的引物，对环境样品总 DNA 目的基因片段的 PCR 扩增产物进行测序，以 454 测序技术和 Illumina 测序技术最为普遍。454 测序技术是利用焦磷酸测序原理进行测序，其优势在于单条序列读长较长，一般为 300~1 000 bp，因此测序结果不需拼接就能进行生物信息学分析。Illumina 测序技术主要采用可逆性末端边合成边测序原理进行测序，虽单条序列读长较短，一般为 100~200 bp，但该技术单次测序数据量大、覆盖率高，因此较低丰度的遗传信息也能被检测到。近年来，Illumina 测序技术因在数据通量和运行时间等方面的优势显著，已发展成为微生物分子生态学研究中主流的高通量测序技术，普遍应用于土壤、海洋、植物组织内、动物肠道、粪便、污泥、共生体等生态环境中微生物多样性研究，并进一步通过数据分析探索微生物菌群与环境因子的相关性，预测不同生境中功能微生物的动态变化规律。

5. 宏基因组高通量测序

宏基因组(metagenome)是指环境样品中全部微生物遗传物质的总和。宏基因组学是直接对环境样品中全部微生物遗传物质进行研究，结合高通量测序的宏基因组学研究可快速获得环境样品比较全面客观的遗传信息。宏基因组高通量测序是用提取环境样品中微生物总

DNA 进行高通量测序再进行序列拼接、数据统计和生物信息学分析来完成的。宏基因组高通量测序获得大量片段短且重复率高的序列信息，因此快速高效的序列拼接和全面准确的功能注释是宏基因组高通量测序技术的关键。基因功能注释一般是在 KEGG(Kyoto Encyclopedia of Genes and Genomes)、COG(Cluster of Orthologous Groups of Proteins)和 GO(Gene Ontology)数据库进行注释。宏基因组高通量测序不仅能分析环境微生物的多样性和群落结构，还可对环境微生物的功能和代谢等进行预测分析。

6. 宏转录组高通量测序

宏转录组(metatranscriptome)是指特定时期、特定环境样品中所有微生物群落转录 RNA 的类型和拷贝数。宏转录组学是一门在整体水平上研究特定时期、特定环境群落生物全基因组转录及转录调控规律的学科。宏转录组高通量测序过程包括：提取环境样品微生物总 RNA，总 RNA 反转录成 cDNA 后进行高通量测序，最后进行序列拼接和生物信息学分析。宏转录组高通量测序获得的序列绝大部分是非编码的 rRNA，可用来分析环境样品微生物群落结构和多样性，而代表环境样品微生物代谢过程的 mRNA 用来分析环境样品的功能微生物。宏转录组学主要关注的环境样品中微生物 mRNA 仅占总 RNA 的 1%～5%，且非常容易降解，因此提取总 RNA 之后需要对 mRNA 进行富集。宏转录组高通量测序不仅具有宏基因组技术的全部优点，还具备测序容量小、发现新功能基因的能力强、一次转录组测序数据分析可同时获得微生物群落结构和功能信息等优势，可用于比较不同环境下的差异表达基因和差异功能途径，揭示微生物在不同环境压力下的适应机制与生态功能，探索环境与微生物之间的互作机理。

思考题

1. 生态系统的三要素主要有哪些？如何维持生态平衡？
2. 为什么说土壤是微生物栖息的大本营？
3. 什么是根际微生物？根际微生物在农业生产中有哪些应用？
4. 什么是极端微生物？简述极端微生物的种类及特征。
5. 什么是菌根？简述外生菌根和丛枝菌根的特征，并分析其在农业生产中的应用。
6. 简述微生物群落之间的关系。
7. 简述根瘤菌与豆科植物之间的共生关系及其在农业生产中的应用。
8. 什么是拮抗作用？简述拮抗作用在生物防治中的作用。
9. 简述现代分子生物学技术研究微生物多样性的优点。
10. 选取一种适宜的分子生物学方法来研究镉污染土壤中微生物的多样性，要求写出详细的实验步骤和分析过程。

第十一章
微生物在自然界物质循环中的作用

第一节　微生物与地球化学循环

在地球生物圈中，生物经由生命活动从栖息环境摄入各种元素及其化合物，通过生物化学作用转化为细胞的结构物质及产生能量，同时排泄部分物质返回环境，并在其死亡之后又被分解成为元素或简单化合物（亦称矿物质）返回环境中。这一个循环往复的过程，称为生物地球化学循环（biogeochemical cycle）。这种循环对于保持生态平衡起着非常重要的作用，微生物在循环中起到了主要作用。如果没有微生物的作用，地球在如此漫长的生物作用下，可能遍布了各种动植物及微生物的尸体，生命也无法存活。所有生物地球化学循环直接或间接地受太阳辐射能驱动，能量可以被吸收、转化、暂时被储存，最终在生态系统中被释放，也就是说能量可以通过生态系统进行流动，这种流动对于生态系统发挥正常的功能是必需的。

整体上看，自然界的物质循环主要可归纳为两个方面：一是无机物的有机质化，即生物合成作用；另一个是有机物的无机质化，即矿化作用或分解作用。这两个过程既对立又统一，构成了自然界的物质循环。

自然界中的大多数元素在生态系统中都能得到循环，但各种元素循环的速率是有很大差别的，其中生命所必需的几种元素，如碳、氢、氧、氮、硫和磷在生态系统中进行比较强烈迅速的循环；而次要的元素如镁、钾、钠、卤素和众多微量元素如铝、硼、钴、铬、铜、钼、镍、硒和锌在生态系统中循环就不那么强烈，但其中的铁、锰、钙和硅是例外的。铁和锰在生态系统中通过氧化还原的方式进行强烈的循环。钙和硅是生物细胞内外结构的重要成分，所以，这两种元素也进行着强烈的循环。

生物地球化学循环具有重要的生态学意义：①这种循环对于保持生态系统中的物质和能量流动的平衡状态是非常重要的，如果自然界中不存在异养微生物，那么就不能实现动物和植物尸体及其分泌物的矿化作用，地球上所有的碳都累积于这些残体上，造成生态系统中许多重要元素都无法循环，从而失去平衡；②这种循环对于动物和植物群体的生长和生存是必不可少的；③这种循环对于消除目前自然界中越来越多的环境污染物起着重要的作用；④这种循环在很大程度上决定了生态系统中的生产力，因为如果没有微生物高活力地矿化有机物，释放出 CO_2，光合生物就无法进行光合作用。

第二节　微生物在碳素循环中的作用

一、碳素循环

碳元素是生命的基本元素，约占生物体干物质的一半。碳素循环主要属于气体型循环。地球上碳素的无机形态有气态的 CH_4、CO 和 CO_2，主要存在于大气圈，均为温室气体。固态的碳以单质石墨、金刚石及碳酸钙等形式存在于土壤圈。有机态碳以烃、醇、醛和酮等有机小分子以及复杂的各种生物大分子的形式，存在于构成生物圈的各种生物体中。

碳元素循环通常可分为二氧化碳的再生（或称二氧化碳的矿质化 sources），二氧化碳的固定（或称二氧化碳的沉积 sink）和二氧化碳的储存（reservior）几部分。在二氧化碳的矿质化过程中，其主体是能够将各种复杂有机物或其他含碳物质转化为二氧化碳的生物，如异养微生物；而在二氧化碳的固定过程中，其主体包括植物和浮游植物，它们从大气中吸收和固定二氧化碳。二氧化碳的储存指的是在地质变迁过程中储存的碳元素，它们形成了石油、天然气、煤炭等宝贵的化石燃料，贮藏在地层中。当被开发利用后，经过燃烧或微生物利用，又重新形成 CO_2 而回归到大气。在矿质化和固定之间所进行的碳元素的交换被称为碳代谢流。碳会以还原形式如甲烷（CH_4），或是更复杂的有机物质，以及氧化的无机形式，例如一氧化碳（CO）和二氧化碳（CO_2）的形式而存在。

虽然碳循环形成了如图 11-1 中所示的闭合环状的结构。但为了便于阐述，我们把循环的“开始”定义为碳的固定，即将 CO_2 转化为有机物质。树木和农作物等植物通常被视为主要的二氧化碳固定生物，但地球上至少有一半的碳是由微生物固定的，特别是海洋光合细菌和原生生物，例如，原绿球藻属（*Prochlorococcus*）和蓝细菌属（*Cyanobacteria*）中的蓝细菌，聚球藻属（*Synechococcus*）和硅藻（*Bacillariophyta*）。重要的是，微生物还可以在缺氧环境中使用无氧光合作用以及在没有氧的情况下通过化能自养作用来固定碳元素。事实上，最近的证据表明，地下深层沉积物中的化能自养型细菌可能是全球碳固定的重要组成部分。

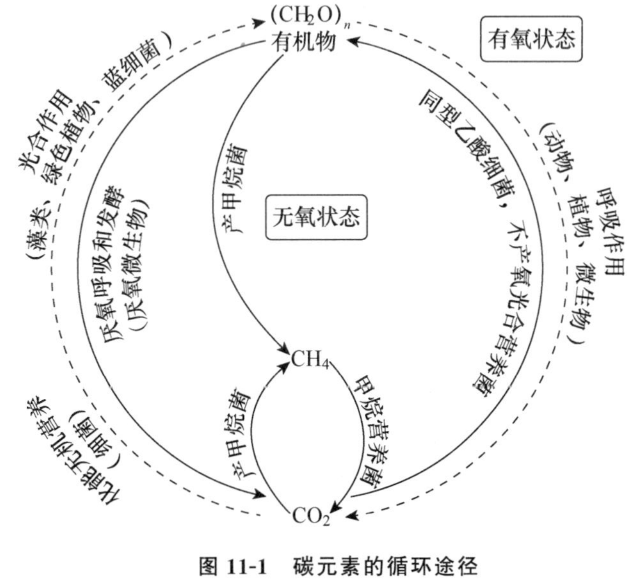

图 11-1　碳元素的循环途径

如果说二氧化碳的固定究竟谁是主力这个问题,在学术界还有争议的话,那么在矿质化作用中,微生物是当之无愧的核心力量。据统计,地球上有90%的CO_2是靠微生物的分解作用而形成的。经光合作用固定的CO_2,大部分以淀粉、纤维素、半纤维素、木质素等形式存在,不能直接被微生物利用。对于这些复杂的有机物,微生物首先分泌胞外酶将其降解成简单的有机物再吸收利用。在有氧条件下,通过好氧和兼性厌氧微生物分解,被彻底氧化为CO_2;在无氧条件下,通过厌氧和兼性厌氧微生物的作用产生有机酸、CH_4、H_2和CO_2等。

二、微生物在碳水化合物分解中的作用

(一)淀粉的分解

淀粉是葡萄糖通过糖苷键连接而成的多糖类。根据糖苷键种类的不同,淀粉可分为直链淀粉和支链淀粉。前者是通过α-1,4-糖苷键连接而成,后者是通过α-1,4-糖苷键和α-1,6-糖苷键连接的。微生物对淀粉的降解是通过分泌淀粉酶进行的。淀粉酶可分为α-淀粉酶、β-淀粉酶、γ-淀粉酶、异淀粉酶。其中α-淀粉酶和异淀粉酶又被称为液化淀粉酶,而β-淀粉酶和γ-淀粉酶又被称为糖化淀粉酶。

α-淀粉酶可作用于直链淀粉和支链淀粉,是一种内切酶,无差别地随机切断糖链内部的α-1,4-键。该淀粉酶水解直链淀粉最终产物以葡萄糖为主,此外,还有少量麦芽三糖及麦芽糖,其中真菌α-淀粉酶水解淀粉的终产物主要以麦芽糖为主且不含大分子极限糊精,在烘焙业和麦芽糖制造业具有广泛的应用。另一方面在分解支链淀粉时,除麦芽糖、葡萄糖、麦芽三糖外,还生成分支部分具有α-1,6-键的α-极限糊精(又称α-糊精)。一般分解限度以葡萄糖为准,是35%~50%,但在细菌的淀粉酶中,亦有呈现高达70%的分解限度(最终游离出葡萄糖)。

异淀粉酶只水解糖原或支链淀粉分支点的α-1,6-糖苷键,切下整个侧支,形成长短不一的直链淀粉。微生物中能够产生异淀粉酶的菌种很多。最初是在酵母中发现了异淀粉酶,后来发现,不少细菌和某些放线菌均能产生异淀粉酶。细菌中的枯草芽孢杆菌(*Bacillus subtilis*)、黄单胞菌(*Xanthomonas*)和霉菌中的木霉(*Trichoderma* spp.)、根霉(*Rhizopus*)、曲霉(*Aspergillus*)都可以产生液化淀粉酶。

β-淀粉酶又称淀粉β-1,4-麦芽糖苷酶,与α-淀粉酶的不同在于它是一种外切酶,从非还原性末端逐次以麦芽糖为单位切断α-1,4-葡聚糖链。对于像直链淀粉那样没有分支的底物能完全分解得到麦芽糖和少量的葡萄糖。作用于支链淀粉或葡聚糖的时候,切断至α-1,6-键的前面反应就停止了,因此生成分子量比较大的极限糊精。β-淀粉酶多存在于芽孢杆菌属的微生物菌株中,如多粘芽孢杆菌(*Bacillus polymyxa*)、巨大芽孢杆菌(*Bacillus megaterium*)等。

γ-淀粉酶(γ-amylase)又被称为糖化淀粉酶,它也是一种外切酶,从淀粉分子非还原端依次切割α-1,4-糖苷键和α-1,6-糖苷键,逐个切下葡萄糖残基,与β-淀粉酶类似,水解产生的游离半缩醛羟基发生转位作用,释放β-葡萄糖。无论作用于直链淀粉还是支链淀粉,最终产物均为葡萄糖。常用的糖化淀粉酶生产菌有雪白根霉(*Rhizopus niveus*)、龚氏根霉(*R. cohnii*)、杭州根霉(*R. kangchow*)、酿酒根霉(*R. chiuniang*)、福氏根霉(*R. formoneubis*)。

(二)纤维素、半纤维素和木质素的分解

在自然界中纤维素资源丰富，秸秆、木材和树叶中的主要成分就是纤维素。秸秆是农业生产中产量最大的副产物，我国农作物秸秆总量从 2002 年的 6 亿 t 增加到 2011 年的 7.4 亿 t，年均增加 2.38%；秸秆资源主要利用途径为还田作肥料，占秸秆资源量的 26%，而用作饲料、食用菌基料等途径的比例很低，约占 12%，再加之少部分的用作工业原料和燃料等，秸秆资源的总利用率也不足 50%，剩余一半左右的秸秆被浪费，甚至成为"农业污染源"。如何有效地利用秸秆等纤维素资源，成为现代农业生产中所面临的重大问题。

纤维素是葡萄糖通过 β-1,4-糖苷键连接起来的，每条链大约有 14 000 个葡萄糖单位。纤维素不溶于水，而且呈超分子结构排列居于细胞和组织间，因此有很高的机械强度，不能被人和动物直接消化利用，但很多微生物却可以利用它。微生物对纤维素的利用是通过分泌纤维素酶来实现的。纤维素酶的作用机制虽然有很多种假说，但其确切的降解机理至今仍不是很清楚，普遍认为是 3 种酶组分协同作用的结果。

纤维素酶(β-1,4-葡聚糖-4-葡聚糖水解酶，cellulase)是一种复合酶，主要由外切 β-葡聚糖酶(1,4-β-*D*-glucan cellobilhydrolase 或 exo-1,4-β-*D*-glucannase)、内切 β-葡聚糖酶(1,4-β-*D*-glucan glucanohydrolase 或 endo-1,4-β-*D*-glucanase)和 β-葡萄糖苷酶(β-1,4- glucosidase，BG)等组成。内切葡聚糖酶在长链寡聚物(非还原性末端)的无定形区域水解，其中真菌来源的内切葡聚糖酶简称 EG，细菌来源的简称 Cen；外切葡聚糖酶则将产生的长链寡糖切割成短链寡糖，有两种类型的外切葡聚糖酶，通过长链低聚物上的单向作用，从还原或非还原末端释放出纤维二糖，来自真菌的外切葡聚糖酶简称 CBH，来自细菌的简称 Cex；β-葡糖苷酶的作用则是将释放出的纤维二糖水解成葡萄糖。值得注意的是，这种纤维素的协同降解作用不仅顺序不是绝对的，而且各酶功能也不是简单和固定的。此外，纤维素酶与其他酶类或物质也存在较强烈的协同作用。对纤维素进行好氧性降解的细菌有纤维粘菌属(*Myxcobacteria*)、生孢噬纤维菌属(*Sporocytophaga*)、多囊菌属(*Polyangium*)、堆囊菌属(*Sorangium*)和原囊菌属(*Archangium*)。真菌在好氧性降解纤维素方面效果比细菌好，主要有镰刀菌属(*Fusarium*)、毛壳霉属(*Chaetomium*)、烟曲霉(*Aspergillus funigatus*)、构巢曲霉(*A. nidulans*)等，它们在酸性土壤中的好氧性条件下，在降解包埋于木质素中的纤维素方面发挥着重要的作用。细菌产生的纤维素酶位于细胞膜上。真菌和放线菌产生的酶是可以分泌到胞外的。

半纤维素包括聚戊糖、聚己糖。它们的结构与组成因所处位置不同而异。如 *D*-木糖通过 β-1,6-糖苷键连接而成木聚糖。许多降解纤维素的微生物也降解木聚糖且半纤维素比纤维素更易分解。在酸性土壤中，降解木聚糖的主要是真菌。在碱性土壤中，降解木聚糖的则以芽孢杆菌(*Bacillus*)、生孢噬纤维菌属(*Sporocytophaga*)及其他细菌为主。

木质素是三种苯丙烷单元通过醚键和碳碳键相互连接形成的具有三维网状、无定型芳香类的生物高分子，存在于木质组织中，主要作用是通过形成交织网来硬化细胞壁，为次生壁主要成分。木质素主要位于纤维素纤维之间，起抗压作用。在木本植物中，木质素占 15%～40%，是世界上第二大丰富的有机物(纤维素是第一位)。木质素与纤维素、半纤维素结合十分稳定，不易降解，是生物质能源利用的关键瓶颈之一，同时木质素也是木材水解工业和造纸工业的副产物以及城市生活垃圾中一种较难降解的物质，采用化学试剂处理这些废弃物会造成

严重的环境污染。

尽管针对木质素的降解方法已经有了数十年的研究,但是仍然存在许多问题,例如化学法不能够解决污染问题,而物理法又有较高能耗,生物法对环境友好但是效率较低,因此仍然是生物能源领域研究的热点和难点。木质素在自然界中的完全降解是真菌、细菌及相应微生物群落共同作用的结果,其中真菌降解木质素的研究最为广泛和深入,目前的研究表明,能够降解木质素的真菌通常具有木质素过氧化物酶(LiP)、锰过氧化物酶和漆酶。木质素过氧化物酶是木质素的生物降解过程中的主要降解酶类,可在木质素聚合物内形成自由基,导致键稳定性变差从而破坏木质素大分子。1983 年人们首次从白腐真菌属的黄孢原毛平革菌的限制性培养基中发现了 LiP。除黄孢原毛平革菌外,彩绒革盖菌、变色栓菌、烟管菌、射脉菌、凤尾菇和朱红密孔菌等真菌都具有分泌 LiP 的能力。

细菌同样也可以产生木质素过氧化物酶和锰过氧化物酶,并且由于较强的生长能力和良好的环境耐受性,其分泌的酶通常具有更好的耐热能力和 pH 耐受性。除了木质素过氧化物酶、漆酶等外,细菌也会产生阿魏酸酯酶、双加氧酶、乙二醛氧化酶、酚氧化酶和芳醇氧化酶等。这些酶都可以促使木质纤维结构打开,破坏原有的致密网状结构,从而促进木质素降解。目前细菌在木质素降解方面深受研究人员的关注,成为国际上的研究热点之一。

可以看出,细菌和真菌降解木质纤维素存在各自的优势和缺点,如果想要真正高效地对木质纤维素进行降解,需要复合菌群的协同互作。目前,科研人员正在通过宏基因组、宏转录组、代谢组等多维组学技术对木质纤维素降解菌群进行分析,揭示复合菌群内部的功能相关性,从而为人工组合木质纤维素降解复合菌群提供依据。

(三)果胶质和几丁质的分解

果胶质是由 *D*-半乳糖醛酸通过 α-1,4-糖苷键连接而成。它的分解需要一系列酶的作用。果胶质先在原果胶酶的作用下,生成可溶的果胶,再在果胶甲酯水解酶的作用下,生成果胶酸,进一步在果胶酸酶的作用下,生成半乳糖醛酸。分解果胶的微生物主要是细菌和真菌,例如芽孢杆菌、梭状芽孢杆菌、曲霉、葡萄孢霉和镰刀菌。目前,用于果胶酶生产的菌种有黑曲霉(*A. niger*)、米曲霉(*A. oryzae*)、温特曲霉(*A. wentii*)、臭曲霉(*A. foetidus*)、扩展青霉(*Penicillium expansum*)、产黄青霉(*P. chrysogenum*)、白腐盾壳霉(*Coniothyrium minitans*)等。

几丁质是 *N*-乙酰葡萄糖胺通过 β-1,4-糖苷键连接起来的。只有某些细菌和放线菌能分解利用它。这些微生物能分泌几丁质酶,水解几丁质为 *N*-乙酰葡萄糖胺。

第三节　微生物在氮素循环中的作用

一、氮素循环

氮素是核酸及蛋白质的主要成分,是构成生命的必需元素。初级生产者植物需要的铵盐、硝酸盐等无机氮化物,在自然界中为数不多。因此,对于许多自然生态系统和大多数形式的农业生产,氮素是初级生产者的限制性营养元素。虽然大气体积中约有 79% 是分子态的氮,但大多数生物都不能直接对其进行利用。只有将分子态氮进行转化和循环，才能满足植物体对氮素营养的需要。

由于氮元素在整个生物界中处于关键地位，故自然界中氮素循环极其重要。如图 11-2 所示，在氮素循环的 8 个环节中，除铵盐同化作用和硝酸盐同化作用两个环节外，其余 6 个只能通过微生物才能进行，特别是为整个生物圈开辟氮素营养源的生物固氮作用，更属原核微生物的"专利"。因此，可以认为微生物是自然界氮素循环中的核心生物。

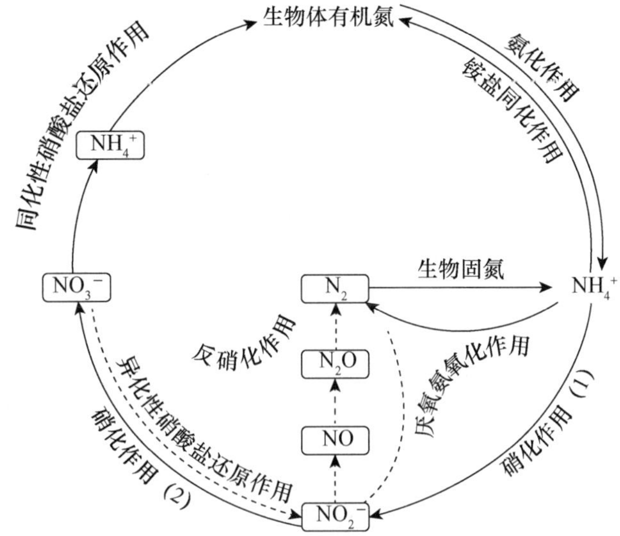

图 11-2　氮元素的循环途径

(一)生物固氮

固氮作用是将分子态的氮转化为氨进行固定化的过程。然而，N_2 是高度稳定的分子。在自然界中，只有通过闪电或微生物固氮作用才能将 N_2 转化为生物可利用的氮元素。通过大气中闪电释放的能量所能固定的氮，占固氮总量的 3%，而生物固氮(biological nitrogen fixation)为地球上整个生物圈中一切生物提供了最重要的氮素营养源。据估计，全球年固氮量约为 2.4×10^8 t，其中约 85%是生物固氮。在生物固氮中，60%由陆生固氮生物完成，40%由海洋固氮生物完成，其中豆科植物与根瘤菌组成的共生固氮体系的固氮量在生物固氮总量中的占比高达 65%。

生物固氮作用是固氮生物的一种特殊生理功能。早在 1862 年，人们就确定了固氮生物的存在，并发现了自生固氮菌以及根瘤菌与高等植物共生后，可以固定空气中氮素的现象，但直到 1893 年才分离和鉴定出厌氧的巴氏芽孢梭菌(*Clostridium pasteurianum*)，并推测固氮的产物为氨，当时的研究仅局限于生理水平上。近年来，随着研究方法的不断改进，所发现的此类微生物越来越多，对它的机理了解得也越来越清楚。固氮作用的反应方程式为：

$$N_2+8e^-+8H^++n\text{ATP}\rightarrow2NH_3+n\text{ADP}+n\text{Pi}+H_2$$

目前发现的固氮微生物有蓝细菌、放线菌、细菌等，都属于原核微生物。根据固氮微生物与其他生物的关系,可分为自生固氮微生物和共生固氮微生物(表11-1)。

表11-1 部分重要的固氮微生物

自生固氮微生物

1.需氧细菌

维涅兰德固氮菌(*Azotobacter vinelandii*)

敏捷固氮菌(*Azotobacter agilis*)

印度拜叶林克氏菌(*Beijerinckia indica*)

稀有固氮单胞菌(*Azotomonas insolita*)

2.兼性厌氧细菌

肺炎克雷伯氏菌(*Klebsiella pneumoniae*)

产气气杆菌(*Aerobacter aerogenes*)

多粘芽孢杆菌(*Bacillus polymyxa*)

3.厌氧细菌

(1)非光合细菌

脱硫弧菌(*Desulfovibrio desulfuricans*)

巴氏芽孢梭菌(*Clostridium pasteurianum*)

甲烷杆菌(*Methanobacterium* sp.)

(2)光合细菌

深红红螺菌(*Rhodospirillium rubrum*)

着色细菌(*Chromatium* sp.)

绿硫细菌(*Chlorobium* sp.)

红微细菌(*Rhodomicrobium* sp.)

4.蓝细菌(*Cyanobacteria*)

共生固氮微生物

1.与豆科植物共生

豌豆根瘤菌(*Rhizobium leguminosarum*)

菜豆根瘤菌(*Rhizobium phaseoli*)

大豆根瘤菌(*Rhizobium japonicum*)

三叶草根瘤菌(*Rhizobium trifolii*)

2.与非豆科植物共生

桤木弗兰克氏菌(*Frankia alni*)

产脂螺菌(*Spirillum lipoferum*)

自生固氮微生物能独立地进行固氮作用。它们将大气中的分子态氮固定为氨。自生固氮微生物的固氮效率比较低。共生固氮微生物与植物形成一种特殊的结构,进行固氮,它的固氮效率比较高,每消耗1 g葡萄糖可固定280 mg氮。目前,对根瘤菌与豆科植物的共生作用研究得比较详细,根瘤的形成和功能可分为4个主要阶段:根毛的感染、根瘤的发生、根瘤的发育、氮素的同化。每个阶段均受到外界环境和植物本身生长状况的影响。

除共生固氮和自生固氮作用以外,联合固氮也是重要的固氮形式。巴西的Dobereiner注意到禾本科牧草点状雀稗与生活于雀稗根表黏质层里的雀稗固氮菌(*Azotobacter paspali*)的关系。Hardy于1975年提出了"联合固氮"概念。这种固氮体系是自生固氮和共生固氮体系的中间类型。固氮细菌和相应的联合植物也具有较为密切的相互关系,但又不具有像根瘤那样的共生结构。在这种固氮体系中,固氮细菌聚居在植物的根表、根际等位置。联合固氮作用与农业生产中氮素的补充关系密切。

微生物固氮是因为微生物能产生固氮酶。固氮酶是一种多功能的氧化还原酶。它不仅能催化 N_2 还原成 NH_3,而且能催化 C_2H_2、N_3^- 的还原反应。要实现固氮酶的还原功能,必须是厌氧环境,而且要在ATP、Mg^{2+} 都存在的条件下,还必须有固氮酶的两种组分蛋白,即铁蛋白和钼铁蛋白。不同菌种的铁蛋白是由两个相同亚基组成的二聚体,钼铁蛋白是由两个α亚基和两个β亚基组成的四聚体。铁蛋白在电子供体和钼铁蛋白之间起电子传递的作用。很多固氮菌铁蛋白的一级结构已经测定出来了,发现铁蛋白的基本结构比较保守,其中有一段氨基酸相同区,可能是铁蛋白的核心区。钼铁蛋白是对底物的络合和催化部位,在不同种属的微生物中,其钼铁蛋白的α亚基有47%~66%的相似度。

固氮酶所进行的还原反应必须在厌氧条件下进行。因此其所需的厌氧环境需要一种特殊的机制来维持。目前认为有两种机制,呼吸保护作用和构象保护作用。呼吸保护作用是指固氮菌以较强的呼吸作用将环境中的氧消耗殆尽，造成一个局部厌氧的环境。许多实验支持这种观点。在无氮培养基上培养的固氮菌，氧分压低时，固氮效率高。将固氮菌在低氧环境中培养后，再放置于高氧环境中，可以观察到固氮菌的呼吸作用大大加强，而且环境中氧分压迅速降低。当氧分压高时，固氮酶处于关闭状态，酶活性完全停止。

第二种机制为构象保护作用。在高氧分压条件下，维涅兰德固氮菌(*A. vinelandi*)和褐球固氮菌(*A. chroococcum*)等的固氮酶能形成一个无氮活性但能防止氧毒害的特殊构象，称构象保护。目前知道，这些具有构象保护机制的微生物中存在一种耐氧蛋白即铁硫蛋白Ⅱ，在高氧条件下可与固氮酶的两个组分形成耐氧的复合物，使之丧失固氮活力；一旦氧浓度降低，该蛋白便自酶分子上解离，固氮酶恢复原有的构象和固氮能力。

(二)铵盐同化作用

以铵盐作为营养，合成氨基酸、蛋白质和核酸等有机含氮物的过程，称铵盐同化(assimilation of ammonium)，又称为氨固定作用(immobilization)。铵盐同化作用是氮素循环的重要环节，氨是易于被微生物所吸收利用的氮源。一切绿色植物和许多微生物都有此能力。

(三)氨化作用

氨化作用(ammonification)或称氨矿化作用(mineralization of ammonium)是指含氮有机物经微生物的分解而产生氨的过程。含氮有机物主要是蛋白质、尿素、尿酸、核酸和几丁质等。许多好氧菌如多种芽孢杆菌(*Bacillus* spp.)、普通变形杆菌(*Proteus vulgaris*)、荧光假单胞菌(*Pseudomonas fluorescens*)和一些厌氧菌如多种梭菌(*Clostridium* spp.)等都具有强烈的氨化作用，对提供农作物氮素营养十分重要。

(四)硝化作用

硝化作用(nitrification)是指好氧条件下，硝化细菌将氨态氮转变为硝酸态氮的过程。硝化作用分两阶段(亚硝化和硝化)：第一阶段，氨氧化为亚硝酸，由一群化能自养型亚硝化细菌(nitrosobacteria)引起，如亚硝化单胞菌属(*Nitrosomonus*)等；第二阶段，亚硝酸氧化为硝酸，由一群化能自养型硝酸化细菌(nitrobacteria)引起，例如硝化杆菌属(*Nitrobacter*)等。此反应必须在通气良好、pH 接近中性的土壤或水体中才能进行。硝化作用是地球氮循环的重要过程，但常常造成农业生产中氮素的损失。主要原因是硝酸盐比铵盐水溶性强，极易随雨水流入江、河、湖、海而降低氮肥的利用率(硝酸盐氮肥一般利用率仅 40%)，而且会引起水体的富营养化，进而导致“水华”或“赤潮”等严重污染事件的发生，是造成农业面源污染的主要原因。土壤中硝化作用可用硝化抑制剂硝吡啉(nitrapyrin，即 2-氯-6-三氯甲基吡啶)抑制。硝化作用反应方程式如下：

$$NH_3 + O_2 + 2H^+ + 2e^- \rightarrow NH_2OH + H_2O \rightarrow NO_2^- + 5H^+ + 4e^- \text{（亚硝化反应）}$$

$$NO_2^- \mid II_2O \rightarrow NO_3^- + 2H^+ + 2c^- \text{（硝化反应）}$$

(五)硝酸盐还原作用

1. 同化性硝酸盐还原作用

同化性硝酸盐还原作用是指硝酸盐被生物体还原成铵盐并进一步合成各种含氮有机物的

过程。所有绿色植物、多数真菌和部分原核生物都能进行同化性硝酸盐还原作用(assimilatory nitrate reduction)。

2. 异化性硝酸盐还原作用

硝酸离子作为呼吸链(电子传递链)末端的电子受体而被还原为亚硝酸的过程称异化硝酸盐还原作用(dissimilatory nitrate reduction)。能进行这种反应的都是一些厌氧微生物,尤其是兼性厌氧菌。

3. 反硝化作用

反硝化作用(denitrification)又称脱氮作用,指在厌氧的条件下,以硝酸盐或亚硝酸盐(NO_3^-或NO_2^-)作为兼性厌氧菌的电子受体,最终将其转化还原为气态氮化物(N_2和N_2O)的过程。一般发生在pH为中性至微碱性的厌氧条件下,多见于淹水土壤或静水池塘。一些化能异养微生物和化能自养微生物可进行反硝化作用,例如地衣芽孢杆菌(*Bacillus licheniformis*)、脱氮副球菌(*Paracoccus denitrificans*)和脱氮硫杆菌(*Thibacillus denitrificans*)等。反硝化作用会引起土壤中氮肥严重损失,据估计最多可占施入氮肥量的3/4左右,不利于农业生产,因而生产上常常采用开沟排水措施减少反硝化作用的发生。反硝化作用的反应方程式如下:

$$2NO_3^- + 4H^+ + 4e^- \rightarrow \underset{2H_2O}{\underset{+}{2NO_2^-}} + 4H^+ + 4e^- \rightarrow \underset{2H_2O}{\underset{+}{2NO}} + 2H^+ + 2e^- \rightarrow \underset{H_2O}{\underset{+}{N_2O}} + 2H^+ + 2e^- \rightarrow \underset{H_2O}{\underset{+}{N_2}}$$

4. 厌氧氨氧化作用

厌氧氨氧化作用(anammox,anoxic ammonium oxidation)是指浮霉菌门的一些自养菌,可在缺氧条件下,以氨为电子供体,亚硝酸盐为电子受体,产生N_2。事实上,厌氧氨氧化作用是由亚硝酸盐和氨生成N_2的捷径,因此作为污水处理领域从环境中去除铵态氮的新技术,具有广泛的应用前景。目前所发现的具有厌氧氨氧化作用的微生物都属于浮霉状菌目(Planctomycetales)的厌氧氨氧化菌科(Anammoxaceae)中的六个属,分别是*Candidatus Brocadia*、*Candidatus Kuenenia*、*Candidatus Anammoxoglobus*、*Candidatus Jettenia*、*Candidatus Anammoximicrobium moscowii*及*Candidatus Scalindua*。厌氧氨氧化作用反应方程式如下:

$$NH_4^+ + NO_2^- \rightarrow N_2 + 2H_2O$$

二、其他含氮有机物的分解

(一)蛋白质的分解

土壤中存在着大量的微生物。它们与植物根系构成土壤中复杂的酶系,其中就有降解蛋白质的水解酶类。水解酶类将蛋白质水解为各种氨基酸或小肽以便吸收利用。微生物产生的分解蛋白质的酶大部分是胞内酶,小部分是胞外酶。一般来说,真菌分解蛋白质的能力强且能分解天然的蛋白质,而多数细菌只能分解变性或降解后的蛋白质,革兰氏阳性菌比革兰氏阴性菌的分解能力强。芽孢杆菌、变形杆菌(*Proteusbacillus vulgaris*)、假单胞菌(*Pseudomonas*)、小球藻(*Chlorella vulgaris*)、放线菌(*Actinomyces*)、曲霉、毛霉(*Mucor*)等都可以分解蛋白质。但不同的蛋白质需要不同的蛋白酶来进行分解,例如枯草芽孢杆菌能分解明胶和酪蛋白。

蛋白质的分解产物氨基酸通常是被微生物直接利用，但是在厌氧与缺乏碳源的条件下，微生物也可利用氨基酸作为能源和碳源。分解氨基酸的微生物比分解蛋白质的要多。大肠杆菌(*Escherichia coli*)、变形杆菌(*Proteusbacillus vulgaris*)等革兰氏阴性细菌几乎能分解所有的氨基酸，而乳杆菌(*Lactobacillus*)、链球菌(*Streptococcus*)等革兰氏阳性细菌分解氨基酸的能力则很差。氨基酸的分解主要是脱羧和脱氨基作用，脱氨基作用可分为氧化脱氨基、水解脱氨基和还原脱氨基。

(二)核酸的水解

核酸的水解可通过 3 种途径即酸解、碱解和酶解。微生物对核酸的降解是通过产生核酸酶来进行的。核酸可分为 DNA 和 RNA，其降解酶相应分为 DNA 酶和 RNA 酶。DNA 酶(脱氧核糖核酸酶)主要分为两种，即 DNase Ⅰ 和 DNase Ⅱ，广泛存在于微生物细胞。DNase Ⅰ 的产物是以 5′-磷酸为末端的低聚脱氧核糖核酸，DNase Ⅱ 的产物是以 3′-磷酸为末端的低聚脱氧核糖核酸。RNA 酶(核糖核酸酶)产品大多来源于微生物发酵，如核糖核酸酶 U_2 是从黑粉菌(*Ustilago sphaerogena*)发酵提纯而成，核糖核酸酶 T_1 由米曲霉(*Aspergillus oryzae*)发酵物纯化获得。核糖核酸酶 T_1 具有高度的碱基专一性，特异性裂解 RNA 分子中的 3′-GMP 和邻近 5′-羟基相连的核苷酸之间的键，产物为 3′-鸟苷酸或以 3′-鸟苷酸为末端的低聚核苷酸。核糖核酸酶 T_2 和 T_1 来源相同，但其专一性，作用方式则各有不同。橘青霉磷酸二酯酶是由橘青霉(*Pencilium citrinum*)产生，水解 RNA 或 DNA 产生 5′-单核苷酸和 5′末端带磷酸单酯的多核苷酸。目前，实验室中所使用的水解脱氧核糖核酸的酶，有许多是由微生物产生的。

第四节　微生物在硫、磷等元素循环中的作用

一、硫素循环

硫是植物生长发育不可缺少的营养元素之一，是生命物质的结构组分且参与生物体内许多重要的生化反应。硫循环(sulfur cycle)与前述碳循环和氮循环一样，分为硫元素的矿质化和被生物有机质化。硫元素在自然界中存在有多种价态，还原型和氧化型的硫元素可被用于为生物分解代谢提供电子或作为电子受体从而产生能量。还原形式的硫(如 H_2S)也可以通过类似于 H_2O 的光解过程参与反应。氧化形式(如硫酸盐)用作厌氧电子受体。与氮元素一样，这些氧化还原反应中的大多数由细菌和古细菌完成。

硫元素在自然界的储量非常丰富，其中最丰富的是黄铁矿(FeS_2)。硫在自然界的主要储存仓库是岩石圈，海洋中的硫酸盐是生物圈硫元素最重要的来源。在海洋中，硫酸盐是仅次于氯离子的第二常见的阴离子。海水中硫酸盐的转化非常缓慢，基本上构成了无限的供应。因此，硫并非限制性营养元素。海藻能够释放各种还原形式的硫，如丙二酸二甲酯(dimethyl sulfoniopropionate，缩写 DMSP)。细菌将 DMSP 代谢为二甲基硫醚[$(CH_3)_2S$]，这会导致海水呈现出部分“咸海水味”。二甲基硫醚进入大气，变成氧化态可帮助水凝结并形成气溶胶云。

硫元素循环的明显特点是，它有一个较长的沉积阶段和一个较短的气体型循环阶段。含

硫化合物中,既包括硫酸钡、硫酸铅、硫化铜等难溶盐类;也有气态的 SO_2 和 H_2S。自然界中的S和 H_2S 经微生物的氧化还原作用转变为 SO_4^{2-} 后,被动物、植物和微生物利用转变为有机硫;动物、植物和微生物死后的残体中所含的硫蛋白经微生物分解,以S和 H_2S 的形式释放到自然界中,完成硫素的循环过程(图11-3)。

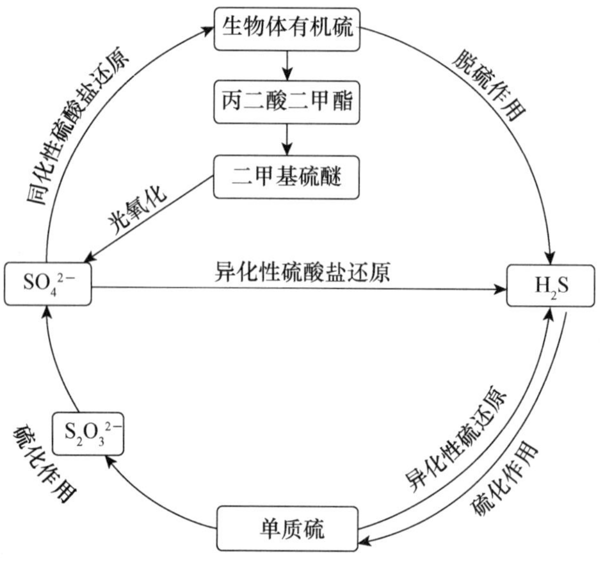

图11-3 硫元素的循环途径

各种形态硫的转化过程是一个微生物学过程。微生物要利用硫的氧化获得能量,其中最主要的微生物是硫氧化芽孢杆菌属的细菌。在好氧条件下,有机质被微生物分解,有机态硫被氧化成 SO_4^{2-};在厌氧条件下,被还原成 H_2S。虽然有机硫的矿化是在微生物的作用下进行的,但在各种有机物的分解过程中,硫的矿化机理尚未完全搞清。许多微生物参与将有机硫化物氧化为 SO_4^{2-} 的过程,很难追踪其精确途径。有两类细菌特别适合氧化硫:一类是硫杆菌(*Thiobacilli*),是典型化能无机营养细菌;第二类是硫氧化细菌,是用硫化物和其他硫化合物作为"氧化剂库"的光合固碳的光能无机营养硫细菌。这两类均是利用氧化无机硫释出的能量将 CO_2 固定在有机质中的化能无机营养硫细菌。最多的硫氧化微生物是异养细菌,其次是兼性微生物,再次是专性自养硫杆菌,最后是绿硫菌和红硫菌。异养微生物也具有参与氧化单质硫的能力,腐皮镰孢菌(*Fusarium solani*)每周能氧化约2%的有效硫,在纯培养研究中,节杆菌(*Arthrobacter* spp.)等土壤细菌将单质硫氧化为 SO_4^{2-},许多真菌和一些土壤放线菌,如细链隔孢菌(*Alternaria tenuis*)、出芽短梗霉菌(*Aureobasidium pullulans*)、黑附球菌(*Epicoccum nigrum*)、青霉菌(*Penicillium* spp.)和链霉菌(*Streptomyces* spp.)等都有能力氧化单质硫。硫素循环可划分为脱硫作用、同化作用、硫化作用和反硫化作用。

(1)同化性硫酸盐还原作用(sulfate assimilation) 同化性硫酸盐还原作用是指硫酸盐经还原后,最终以巯基形式固定在蛋白质等成分中。此反应可在植物和微生物中发生。ATP硫酸化酶和APS激酶是同化硫酸盐还原中的关键酶。ATP硫酸化酶可将硫酸盐活化成腺苷-5′-磷酸硫酸盐(APS),再通过APS激酶的作用消耗一个ATP把腺苷-5′-磷酸硫酸盐(APS)活化成3′-磷酰腺苷-5′-磷酸硫酸盐(PAPS)。PAPS最终被NADPH还原成亚硫酸盐,并进一步还原成硫化氢。硫化氢中的巯基转移给含硫氨基酸如半胱氨酸和甲硫氨酸,甲硫氨酸是蛋白质合成的起始氨基酸，具有非常重要的作用。

(2)脱硫作用(desulfuration)　脱硫作用指在无氧条件下，厌氧微生物将生物体中蛋白质等含硫有机物中的硫还原成 H_2S 和 S 等含硫化合物的过程。土壤中具有脱硫作用的细菌有假单胞菌、红球菌、棒杆菌、短杆菌、戈登氏菌等，能分解含氨有机化合物的氨化微生物普遍都能分解含硫有机物产生硫化氢。

(3)硫化作用(sulfurication)　硫化作用即硫的氧化作用，指 H_2S 或 SO_2 被微生物氧化成硫酸的作用，如好氧细菌贝日阿托氏菌属(*Beggiatoa*)和硫杆菌属(*Thiobacillus*)、厌氧光合细菌绿菌属(*Chlorobium*)和着色菌属(*Chromatium*)等。硫化细菌和硫磺细菌是进行硫化作用的主要微生物类群。硫杆菌属是硫化细菌的主要代表，短杆状，革兰氏阴性、不产芽孢，广泛分布在含有还原态硫和还原态铁的环境中。硫化细菌能从硫化物氧化成硫酸的过程中获得能量，同化 CO_2 合成有机物。氧化亚铁硫杆菌(*Thiobacillus ferrooxidans*)还能从硫酸亚铁氧化成硫酸高铁中取得能量。硫化作用的反应方程式为：

$$2H_2S+O_2 \rightarrow 2S+2H_2O+\text{能量}$$

$$2S+2H_2O+3O_2 \rightarrow 2SO_4^{2-}+4H^{+}+\text{能量}$$

硫黄细菌是一类将 H_2S 氧化为 S 积累在胞内的细菌。环境缺少 H_2S 时，细胞储存的硫粒可氧化为硫酸，产生能量用于固定 CO_2。硫黄细菌包括丝状硫黄细菌和光能自养硫细菌。贝日阿托氏菌属是丝状硫细菌的代表，丝状体无分枝、无隔膜、能滑行，胞内累积硫滴。

硫化作用和生物冶金(又称细菌沥滤)行业有着重要的关系。生物冶金的原理是利用化能自养型的细菌，氧化矿物中的硫或硫化物，产生酸性浸矿剂，作用于一些低品位矿石或贫矿、废矿、尾矿的矿石，将其中的铜、锰、钼、镍等金属元素形成硫酸盐溶解出来，再采用电势较低的铁等金属粉末进行置换，获取高价值的有色金属或稀有金属。

(4)异化性硫酸盐还原作用(dissimilative sulfate reduction)　异化性硫酸盐还原作用是指将硫酸盐作为厌氧菌呼吸链(电子传递链)的末端电子受体，通过微生物的作用而被还原为亚硫酸或 H_2S 的过程。脱硫弧菌属(*Desulfovibrio*)等能进行此反应。在土壤淹水或无氧条件下，硫酸盐或其他氧化态的硫化物，由于微生物的还原作用而形成硫化氢。这个过程又称为反硫化作用，由硫酸还原细菌推动。硫酸盐还原细菌是一个生理群，包括脱硫弧菌、脱硫单胞菌、脱硫杆菌、成硫球菌、脱硫八叠球菌等，对硫酸盐进行异化还原。对脱硫弧菌的研究比较清楚，它是严格厌氧的弧菌、端生单鞭毛，在厌氧条件下以硫酸盐作为最终电子受体氧化有机物，并将硫酸盐或其他氧化态硫化物还原成硫化氢。脱硫弧菌异化性硫酸盐还原作用的反应方程式为：

$$C_6H_{12}O_6+3H_2SO_4 \rightarrow 6CO_2+6H_2O+3H_2S$$

$$2CH_3CHOHCOOH(\text{乳酸})+H_2SO_4 \rightarrow 2CO_2+2CH_3COOH+2H_2O+H_2S$$

硫酸盐还原的生物化学途径中，硫酸根经 ATP 硫酸化酶活化成腺苷-5′-磷酸硫酸盐(APS)；在 APS 还原酶作用下释放 AMP，产生亚硫酸根；亚硫酸根被逐步还原成 H_2S 释放到菌体细胞外。

硫酸还原细菌不是化能无机营养菌，缺乏同化 CO_2 的酶系，需要有机碳源。常见的电子供体是丙酮酸、乳酸和氢气。NO_3^-、Fe^{2+} 和 O_2 均能抑制硫酸盐还原作用。

在还原性很高以及施用大量有机肥料的水稻田中，微生物分解有机物质的强度大，造成局部缺氧，导致反硫化细菌生长旺盛。释放出的 H_2S 可以与动植物细胞色素系统中的重金属离子反应,产生毒害作用。硫酸还原细菌通过 H_2S 可以抑制其他微生物尤其是好氧性微生物的活性。

(5)异化性硫还原作用(dissimilative sulfur reduction) 异化性硫还原作用指硫还原成 H_2S 的过程,可由脱硫单胞菌属(*Desulfomonas*)等引起。在通气不良的土壤中发生硫酸盐还原时,产生的 H_2S 会引起水稻烂根等毒害,应予以防止。

二、磷素循环

磷是生物不可缺少的成分。磷元素主要是以磷酸盐的完全氧化状态参与循环,并不像氮元素和硫元素存在几种不同的氧化态。生态系统中还原性磷元素存量较少,可能由于还原磷(磷化氢,PH_3)在氧条件下会发生自燃。但在厌氧环境中,厌气性微生物将磷酸盐作为末端电子受体,将其还原为磷化氢。在沼泽和墓地,含磷有机物厌氧分解,产生的磷化氢逸出地面,遇到空气中的氧气发生自燃,形成星星点点、夜间可见的绿色光芒,俗称"鬼火"。

地壳中的磷酸盐含量极为丰富。在中性和碱性环境中,磷酸根与 Ca^{2+}、Mg^{2+} 和 Fe^{3+} 能形成不溶性物质,限制了磷元素生物利用的有效性。在海洋和其他水体的沉积物中也有大量的磷元素,但其循环速度非常缓慢。土壤和水中的可溶性磷酸盐可以活跃地参与循环,但量很少。因此,水和土壤中的可溶性磷酸盐常常是农业生产的限制性因子。农业生产上,肥料以磷酸盐形式施用。磷酸肥料是用硫酸处理磷酸钙岩,生成硫酸钙(石膏)和磷酸而得到。

磷循环主要在土壤、植物和微生物中进行,其过程为微生物和植物吸收土壤有效态磷转化为有机磷,动植物残体中的有机磷返回土壤,微生物分解后实现再循环。由微生物参与的磷循环不会改变磷的价态,因为由微生物引起的大多数磷循环是磷酸基因从无机物上转移到有机物上,或磷酸基团从一种不溶性化学物转移到另一种可溶性化学物上。磷素循环的主要转化环节为3个,分别是将不溶性无机磷转变为可溶性无机磷,可溶性无机磷的有机化以及有机磷的矿化(图11-4)。

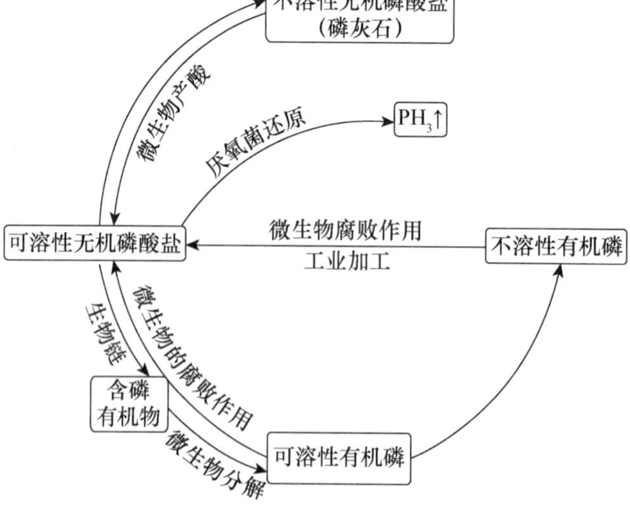

图 11-4 磷元素的循环途径

(一)不溶性无机磷的可溶化

在许多环境中，磷酸盐与 Ca^{2+} 结合，形成不溶性化合物，使植物和许多微生物无法利用这些磷酸盐。磷矿石中的磷灰石($3Ca_3[PO_4]_2 \cdot Ca[FeCl]_2$)量虽然很大，但惰性也很大，生物一般无法对其进行直接利用。某些异养微生物能转化不溶性的磷酸盐成可溶性的磷酸盐，或自身同化，或释放到环境中为其他生物提供磷素营养。其原理是这些微生物能产生有机酸；某些化能自养菌，如硝化单胞菌和硫杆菌能分别产生硝酸和硫酸等无机酸，能使不溶性的磷酸盐释放出可溶性的磷酸根，提高磷的有效性。在土壤中，磷酸根能与铁、锰和铝形成相应的不溶性磷酸盐。在厌氧条件下，微生物能把 Fe^{3+} 还原成 Fe^{2+}，可使不溶性 $Fe_3(PO_4)_2$ 中的 PO_4^{3-} 释放出来。稻田淹水后，通过这种方式可以促进 PO_4^{3-} 释放。可溶性的无机磷酸盐很容易被植物和微生物吸收，转化成有机磷酸盐。

(二)可溶性无机磷的有机化

可溶性无机磷的有机化指的是各类生物对可溶性有机磷的同化吸收作用。化肥或工业中过量的磷酸盐可能会排入河流和湖泊，或日常生活中大量使用含磷洗涤剂，均可引起水体磷含量超标，致使藻类过度繁殖出现水华或赤潮，破坏水体环境，导致水体污染事件发生。

(三)有机磷的矿化

有机磷的矿化，是指在生物体产生的有机磷化合物进入环境后，随着微生物的转化、合成，最终形成植物可利用的可溶性无机磷化合物的过程。有机磷酸盐在矿化过程中，可以释放出 PO_4^{3-}，许多微生物能产生磷酸酶催化这一反应；还有一些微生物能产生植酸酶(phytase)催化有机磷产生植酸盐，经过微生物的进一步分解，最终释放出可溶性的无机磷酸盐。在自然生态中微生物和植物会竞争利用磷酸盐，微生物细胞成分(如核酸及其衍生物或磷脂)具有暂时固定磷酸盐的效果，阻止磷酸盐进一步参与循环。

在许多环境中，磷酸盐对光合生物的光合能力起限制作用。特别在海洋生境中磷的沉淀会严重地限制光合作用。进入食物链的磷将随该食物链上死亡的生物尸体沉入海洋深处，其中一部分将沉积在浅海泥沙中，随即被海洋生态系统重新取回利用。埋藏于深处沉积岩中的磷酸盐，其中有很大一部分将凝结成磷酸盐结核，保存在深水之中。一些磷酸盐还可能与 SiO_2 凝结在一起而转变成硅藻的结皮沉积层，这些沉积层组成了巨大的磷酸盐矿床。

三、其他元素的循环

自然界中的微生物，除了参与及推动上述元素的生物循环，还以多种方式进行着其他元素，如氢、氧、铁、钙、锰、硅等的同化代谢和异化代谢，在其他生物的协同作用下，完成这些元素的生物地球化学循环。微生物在这些元素的生物地球化学循环中所起的作用主要有以下几种反应类型：

①有机物的分解作用。

②无机离子的固定作用或同化作用。

③无机离子和化合物的氧化作用。

④氧化态元素的还原作用。

各种元素的生物化学循环,不是独立进行的,而是相互作用相互影响、相互制约、相辅相成的,构成非常复杂的关系,如氢、氧循环与碳氮循环密不可分,又如铁循环与硫循环也相互交织在一起。

思考题

1.何为生物地球化学循环?

2.草绘碳、氮、磷和硫等元素的简易循环图谱。

3.通过微生物的代谢类型,确定在好氧和厌氧条件下,对碳、氮、硫、磷具有固定作用或矿化作用的微生物菌种。

4.反硝化作用发生的条件有哪些?如何防止它的发生?

5.硝化作用和反硝化作用是否互为可逆反应?为什么?

6.简述固氮酶的特点及固氮条件。

7.在异化硝酸盐还原、硝化,反硝化和厌氧氨氧化等反应中追踪N原子的去向,并指出其是否必须在有氧或缺氧环境中发生。

8.比较异化硝酸盐还原与异化硫酸盐还原,同化硝酸盐还原与同化硫酸盐还原;总结生物地球化学循环对维持地球上的生命的重要性。

9.论述微生物在自然界物质循环中的重要作用。

第十二章
微生物在农业上的应用

农业是我国国民经济的基础，良好的土壤条件是保障农业稳定发展、确保粮食安全的重要前提。由于长期过度依赖和过量施用化肥，导致土壤结构破坏，带来土壤有机质减少、地力下降，水土流失加重，土壤微生物多样性降低、农作物病虫害加剧等严重问题，直接威胁着我国的粮食与食品安全。为了实现农业的可持续发展，改善土壤环境，提高农作物产量与品质，必须重视有益功能微生物在农业生产中的应用。本章着重介绍微生物在农业领域的应用。

第一节 微生物肥料

微生物肥料（microbial fertilizer）是指植物因微生物生命活动而得到某种肥料效应，进而促进植物生长，增强抗病性，或提高生物产量的微生物制剂。微生物肥料在国外被称作微生物接种剂（inoculant），在国内称为菌肥（bacteria fertilizer）或生物肥（biological fertilizer）。农业生产中长期施用微生物肥料，对于提升土壤有机质，改良土壤结构，提高化肥利用率，恢复地力，保护农业生态环境，减轻作物病害发生，改善农产品品质，保障食品安全具有重要作用。

微生物肥料的特点：①含有一定数量具有特定功效的微生物活菌；②能够促进有机质分解转化，持续提高地力，改良土壤结构；③对人畜无害，不污染环境；④用量小，成本较低；⑤肥效缓慢但持久；⑥部分微生物肥料对作物品种有选择性；⑦施用效果常受到土壤、气候等环境因子影响；⑧不能长时间受日光直射，除农药降解微生物制剂外，大多数微生物肥料不能与农药混施。

由于微生物多样性丰富，应用于农业生产的领域广，因而微生物肥料品种较多（表 12-1）。

表 12-1 微生物肥料类型

类别	菌种	主要功能	主要用途
固氮菌肥料	圆褐固氮菌（*Azotobacter chroococcum*），肺炎克雷伯氏菌（*Klebsiella pneumoniae*），固氮螺菌（*Azospirillum*）等	生物固氮	禾谷类、棉花、蔬菜等作物，具有固氮、促生作用
根瘤菌肥料	根瘤菌（Rhizobia），弗兰克氏菌（Frankia）等	共生固氮	接种豆科和非豆科作物，提供氮素营养

续表 12-1

类别	菌种	主要功能	主要用途
解磷细菌肥料	解磷巨大芽孢杆菌(*Bacillus megaterium*),氧化硫硫杆菌(*Thiobacillus thiooxidans*)	将土壤中无效磷转化为有效磷	为作物提供磷素营养
硅酸盐(钾)细菌肥料	胶冻样类芽孢杆菌(*Paenibacillus mucilaginosus*)	分解转化长石或云母等矿物中的无效钾为速效钾	为作物提供钾素营养
放线菌肥料	细黄链霉菌(*Streptomyces microflavus*)	产生抗病驱虫的抗生素,分泌植物刺激素,促进植物生长等	防止作物重茬,抗病驱虫
菌根真菌制剂	外生菌根和内生菌根真菌	转化磷、铁等元素,促进植物吸收	育苗造林,病害防治,促进植物生长
植物根圈促生细菌(PGPR)	对作物有益的根际微生物	分泌植物促生物质,转化土壤养分	提高作物抗逆能力,促进作物生长
光合细菌制剂	沼泽红假单胞菌(*Rhodopseudomonas palustris*)	产生植物刺激素,消除富营养化水体污染	农作物叶面喷施,水产养殖水体净化
有机物料腐熟剂	芽孢杆菌属(*Bacillus*),假单胞菌属(*Pseudomonas*),绿色木霉(*Trichoderma viride*)等多种微生物	促进有机物料(农作物秸秆、畜禽粪便等)分解、腐熟	堆肥、秸秆还田及有机肥生产等

我国政府高度重视微生物肥料研究与应用,微生物肥料产业发展迅速。农业部微生物肥料和食用菌菌种质量监督检验测试中心,是负责我国微生物肥料新技术研发应用、标准体系建设、产品登记及质量监测等工作的专门机构,已构建了涵盖基础标准、产品标准、安全/菌种标准、方法标准和技术规程等5个方面的微生物肥料标准体系(表12-2),在规范微生物肥料产品质量、市场标准,引导科研和生产应用,稳定和提高质量与安全,促进我国微生物肥料产业健康快速发展等方面提供了技术保障。

微生物肥料产品分为固体和液体两大类。固体微生物肥料也称固体菌剂,是将液体培养的微生物菌体浓缩放入吸附剂后制备而成,便于保存和使用。吸附剂是影响微生物肥料质量的重要因素之一,因而应根据微生物特性选择适合的吸附剂原料。常见吸附剂有:①草炭;②生物质材料,如生物质炭粉、米糠和腐熟堆肥等;③惰性无机和有机材料,包括蛭石、珍珠岩和聚丙烯酰胺颗粒等,使用最广泛的吸附剂是草炭。草炭吸附性能好,且富含有机质和腐殖酸,经过筛选、干燥、粉碎、调节酸碱度、灭菌等步骤制备成良好的吸附剂。但由于持续挖掘草炭会破坏生态环境,已禁止使用,近年来发展起来的生物质炭粉末,正逐渐成为微生物肥料的重要吸附载体。

微生物肥料的使用有拌种法、蘸根法、土壤混菌法和喷施法。生产上应根据微生物肥料的种类和特性选择具体的方法。

表 12-2　我国的微生物肥料标准体系

类别	标准体系	标准号
基础标准	1. 微生物肥料技术术语	NY/T1113—2006
	2. 农业微生物产品标识要求	NY885—2004
产品标准	3. 农用微生物菌剂	GB20287—2006
	4. 复合微生物肥料	NY/T798—2015
	5. 生物有机肥	NY884—2012
	6. 根瘤菌肥料	NY410—2000
	7. 固氮菌肥料	NY411—2000
	8. 解磷细菌肥料	NY412—2000
	9. 硅酸盐细菌肥料	NY413—2000
	10. 光合细菌菌剂	NY527—2002
	11. 有机物料腐熟剂	NY609—2002
菌种/安全标准	12. 硅酸盐细菌菌种	NY882—2004
	13. 微生物肥料生物安全通用技术准则	NY1109—2017
	14. 根瘤菌生产菌株质量评价技术规范	NY/T1735—2009
	15. 微生物肥料生产菌株质量评价通用技术要求	NY/T1847—2010
方法标准	16. 肥料中粪大肠菌群值的测定	GB/T19524.1—2004
	17. 肥料中蛔虫卵死亡率的测定	GB/T19524.2—2004
技术规程	18. 农用微生物菌剂生产技术规程	NY/T883—2004
	19. 微生物肥料实验用培养基技术条件	NY/T1114—2006
	20. 肥料合理使用准则　微生物肥料	NY/T1535—2007
	21. 微生物肥料田间试验技术规程及肥效评价指南	NY/T1536—2007
	22. 微生物肥料菌种鉴定技术规范	NY/T1736—2009

注：GB 为国家标准；NY 为农业行业标准；带“/T”为推荐标准，反之为强制标准。

一、根瘤菌肥料

根瘤菌肥料，又称根瘤菌接种剂，是重要的微生物肥料品种。

根瘤菌是土壤中的一类特殊细菌，能与豆科植物的根系或茎形成根瘤或茎瘤共生体，其独特之处是与宿主植物共生固氮，将大气中的 N_2 转化为 NH_3，供植物生长所需。据估计，豆科植物与根瘤菌的共生固氮量占全球年生物固氮总量的 65%左右。根瘤菌是化能有机类型，好氧细菌，可利用多种碳水化合物和有机酸等为碳源和能源物质。根瘤菌具有宿主专一性，不同的根瘤菌具有不同的豆科植物宿主范围，表现出了丰富的生物多样性和遗传多样性。目前已报道 13 个属、120 多个种的根瘤菌，归属于 α-和 β-变形杆菌纲。

根瘤菌剂的田间应用有两种方法，拌种法和土壤混菌法。拌种法是最常用的方法，播种前将种子与少量根瘤菌液体菌剂混匀，使种子表面充分吸附一定数量的根瘤菌即可达到目标，具有操作简单、菌剂用量少的优点。土壤混菌法是将根瘤菌剂混合到植物根圈的主要部位。在土著根瘤菌数量多的情况下，土壤混菌法比种子拌菌法更能提高接种菌的固氮效率，其缺点是菌剂用量多，大面积耕作时可用喷雾器将液体菌剂喷施到种子播种沟内。

根瘤菌与豆科植物共生固氮体系受土壤环境中化合态氮浓度的影响。若土壤中的氮肥量过高,会影响根瘤形成和增大,降低根瘤菌固氮酶活性。在田间条件下,土壤中含有的少量化合态氮对豆科作物共生固氮有较好的促进作用,但浓度过高会产生抑制作用,表现出"氮阻遏"现象。农业生产中,通过配施磷、钾肥和微量元素肥料等措施,可提高豆科作物一根瘤菌共生体的固氮效率。施用磷肥能促进结瘤作用,使土壤中根瘤菌的数量显著增加。据测定,施用磷肥后土壤中根瘤菌数量快速增加,一年后的根瘤菌数量从播种时每克土壤几十个迅速上升至几十万个甚至数百万个;而不施磷土壤中的根瘤菌数量一直很低,一年后仅达到每克土壤几千个,相差近1 000倍。此外,采用禾本科作物与豆科植物间套作耕作制度,可有效消除"氮阻遏"现象。

随着国家"减肥减药"政策的实施,豆科植物接种根瘤菌的应用开启了新的征程。黑龙江海伦市自2007年起大面积推广大豆根瘤菌田间接种,2012年面积达到51万余亩,占大豆总面积的80%以上,大豆亩均增产10%左右,有效降低了化学氮肥投入和生产成本,土壤质量明显改善,取得了良好的经济效益、社会效益和生态效益。

二、固氮菌肥料

自然界中广泛存在自生固氮和联合固氮作用,目前已知约14个科200多种的细菌具有固氮活性。固氮菌接种剂是指用自生固氮菌或联合固氮菌作为菌种生产的固氮菌剂。目前已知8个属的菌种可用于生产固氮菌接种剂(表12-3)。

表12-3 常见生产固氮菌剂的细菌种群

属(genus)	种(species)
自生固氮属(*Azotobacter*)	贝氏固氮菌(*A. beijerinckii*),圆褐固氮菌(*A. chroococcum*),雀稗固氮菌(*A. paspali*),棕色固氮菌(*A. vinelandii*)
氮单胞菌属(*Azomonas*)	标记氮单胞菌(*A. insingnis*)
贝氏固氮菌属(*Beijerinekia*)	印度贝氏固氮菌(*B. indica*),德氏拜叶林克氏菌(*B. derxii*)
芽孢杆菌属(*Bacillus*)	多粘芽孢杆菌(*B. polymyxa*)
克雷伯氏菌属(*Klebsiella*)	肺炎克氏杆菌(*K. pneumonia*),产气克氏杆菌(*K. aerogenes*),产酸克氏杆菌(*K. oxytoca*)
肠杆菌属(*Enterobacter*)	阴沟肠杆菌(*E. cloacae*)
欧文氏菌属(*Erwinia*)	草生欧文氏菌(*E. herbicola*)
螺旋菌属(*Azospirillum*)	生脂孤单螺菌(*A. lipoferum*),巴西固氮螺菌(*Azospirillum brasilense*)

自生固氮和联合固氮的固氮效率比较低,远远低于根瘤菌与豆科植物共生体的固氮效率。据莫文英报道,水稻根际细菌的联合固氮时间66~72 d,固氮量为0.013~0.025 kg/hm^2。Watanabe曾对多个作物品种开展试验,联合固氮的持续时间为95~107 d,固氮量为0.02~0.026 kg/hm^2。可见自然界的自生固氮效率较低,但自生固氮菌分布广、适应性强,其固氮作用既可为植物提供氮素营养,同时在生长繁殖过程中,还产生激素类物质(如吲哚乙酸、赤霉素、激动素等)、维生素、氨基酸和多糖等多种代谢产物,具有促进植物生长的效果,因而广泛应用于生产实践。

国内的固氮菌剂产品有瓶装的液体剂型和吸附剂载体吸附的固体剂型。大多采用液体生产。目前，液体菌剂采用发酵罐发酵结束后分装而成，由于发酵结束后培养液内的营养基本耗尽，同时分装后条件发生改变，因而液体菌剂保存时间较短，当温度较高时菌数下降很快；固体剂型多用载体吸附，载体由富含有机质、透气性好的物质组成，吸附的固氮菌初期会死亡一部分，但条件适宜时继续繁殖，从而使数量增加。液体菌剂生产和使用方便，但运输距离较近；固体剂型运输方便，贮存方便，适合远距离运输。目前已开发出固氮菌冻干制剂，是将发酵完成的菌液浓缩或不浓缩，加适量保护剂，低温真空干燥冻干而成，含活菌$(200\sim1\ 000)\times10^{8}$ CFU。这种剂型体积小，方便运输和保存，保质期较长，使用方便，用前用水溶解稀释即可，但成本较高。

随着国家有机肥替代化肥行动的推进，固氮菌剂越来越广泛地应用于规模化水果和蔬菜种植产业。固氮菌剂除直接喷施外，更广泛地作为促生菌添加到有机肥中制备成生物有机肥。

三、菌根菌肥料

菌根(mycorrhiza)是指一些真菌与植物的根形成的具有特定形态结构和功能的共生体，是植物和真菌经过长期进化而形成的特殊结构，自然界中大部分植物都具有菌根，与之共生的真菌称为菌根菌，包括担子菌、子囊菌和藻状菌。

(一) 外生菌根

外生菌根(ectomycorrhiza，ECM)具有促进植物生长和预防植物病害的作用。主要功能有：①扩大了寄主植物根系吸收面，有利于植物根系吸收水分和矿质养分，促进植物生长、增强抗逆能力；②产生吲哚乙酸等植物生长素类物质，刺激植物生长；③形成的菌套和哈蒂氏网起到机械屏障作用，具有防御病菌侵袭的功能；④诱导寄主细胞产生抑制病菌的物质，外生菌根真菌进入植物根部时，根部细胞会产生一些抑菌物质，如牛肝菌科一些真菌形成的外生菌根中含有萜烯类霉菌抑制物质，可抑制病原菌；⑤外生菌根真菌产生抗生素，抑制病害发生。

我国从20世纪中叶开始研究外生菌根，主要集中于南方森林环境的外生菌根的资源研究，现已报道的南方地区外生菌根真菌有370种，隶属29科53属，优势科为红菇科(Russulaceae)、牛肝菌科(Boletaceae)和鹅膏菌科(Amanitaceae)，优势属为红菇属(*Russula*)和鹅膏属(*Amanita*)。目前，对外生菌根的应用主要集中在野生食用菌开发与利用方面，已成为山区农民致富的重要途径，开发较好的是松茸，主产于四川省甘孜州、阿坝州，云南省迪庆州等地3 000 m海拔以上森林，年均鲜松茸产量2 000 t以上，是我国著名野生食用菌。块菌是另一种珍稀名贵野生菌，李小林等已开展了攀枝花块菌种质资源调查、人工栽培技术体系构建等工作，将有利于外生菌根真菌资源的合理开发与保护。此外，邹慧研究了六种外生菌根真菌对西南桦幼苗的接种效应，陆兴杨等探讨了外生菌根真菌提高马尾松幼苗的抗旱性，这些将有利于推动外生菌根真菌应用于荒山造林和森林保育。

(二)丛枝菌根

目前在全国共发现150个科800余种植物能够形成丛枝菌根，包括400余种野生植物和150余种大田栽培植物。无论是外生菌根菌，还是丛枝菌根菌，都广泛地应用于农业和林业产业中,包括主要粮食作物、水果、蔬菜和传统中药材等,以及林业上的育苗造林、引种等方面。以彩色豆马勃(*Pisolithus tinctorius*)为代表的丛枝菌根真菌,具有寄生范围广、抗逆性强,易分离和培养等特点,在欧美已作为商品制剂广泛应用于林业生产,在林木育苗中已展示出很好应用前景(表12-4)。

表12-4 代表性AMF商业菌剂产品及相关信息

产品	AMF种类	剂型	网址
MycoApply	根内根孢囊霉、摩西斗管囊霉	固体、液体	https://mycorrhizae.com/
Bio/Organics	球囊霉属、球状巨孢囊霉	固体粉末	http://www.biconet.com/soil/BOmycorrhizae.html
Endorize	球囊霉属	固体	http://www.agron.co.il/en/Endorize.aspx
MYCORISE	球囊霉属	固体、液体、无菌孢子	http://www.usemyke.com/mycorise/mycorrhizae/Mycorrhizae.htm
MYCOSYM	根内根孢囊霉	固体	http://www.mycosym.com/EN/ProductsEN.html

(三)菌根菌资源收集与保护

国内外十分重视菌根菌资源收集与保护,AMF种质资源库是专门从事AMF种质资源收集、保藏并提供相关服务的单位,主要负责AMF菌种收集、鉴定、评价、保藏、供应及国内外交流等,为AMF研究提供基本研究材料。国际AMF种质资源库主要包括国际AMF保藏中心(INVAM)和欧洲AMF保藏库(BEG)等保藏机构。北京市农林科学院建有我国最大的AMF种质资源库(BGC),保藏有5属25种共136株AMF,在国内菌根研究领域具有广泛的影响。

与此同时,对AMF种质资源知识产权的保护力度也逐渐重视。我国对于AMF研究和应用的专利申请始于1990年代,随后逐年增加,截至2017年底,我国与AMF有关的专利数量超过500项,其中,发明专利占95.4%,主要分布于农业、林业、微生物学、肥料等领域,涉及AMF培养体系、菌种筛选、菌剂生产方法及装置等基础性技术,还有矿区、盐碱地、干旱区等的植被恢复,固体废弃物处理及资源化利用,土壤修复中的菌根应用技术,含AMF的复合生物菌肥和土壤改良剂,以及经济树种、花卉、设施蔬菜等高附加值农林植物菌根化苗的培育与应用,表明菌根技术在这些领域有较高的推广应用价值。

目前国内外研究者及企业主要采用接种寄主扩大培养方式,大量培养接种丛枝菌根菌的植物根,再以侵染了丛枝菌根菌的植物根段和含有大量孢子的根际土为接种剂接种作物,从而获得较好的增产效果。接种丛枝菌根菌剂在生产中已得到初步应用,包括小规模田间应用和接种名贵花卉、苗木、药材和经济作物。在中药材栽培方面,接种聚生球囊霉可以促进阿育魏实、胡荽、茴香中麝香草酚、香叶醇和芳樟醇、茴香脑合成;接种摩西球囊霉,可促进黄芪中类黄酮物质的合成;接种摩西球囊霉、地表球囊霉,可显著提高甘草中活性物质甘草酸的合成。在长春花根部接种球囊霉属后,可大幅提升其酚类物质含量。

四、植物根际促生细菌

植物根际是土壤细菌的良好生长环境,能够持续稳定地定殖于植物根际、受植物根系生命活动影响的细菌称为根际细菌(rhizobacteria)。大多数植物根系周围环境含有丰富的营养物质,如根系分泌物、裂解物等,为根际细菌的生长提供了良好的底物,因而其种群密度比非根际土壤高出约 100 倍,而且存在着丰富的遗传多样性,根际细菌对作物生长有着特殊的关系。1978 年 Klopper 首次提出了植物根际促生细菌(Plant growth promoting rhizobacteria,PGPR)的概念,指一群定殖于植物根际,与植物根密切相关的根际细菌,将其接种于植物种子、根系、块根、块茎或根际土壤时,表现出促进植物生长的功能。

1. PGPR 种群

植物根际促生细菌种类很多,已报道的包括醋杆菌(*Acetobacterium* spp.)、巴西固氮螺菌(*Azospirillum brasilense*)、巨大芽孢杆菌(*Bacillus megaterium*)、自生固氮菌(*Azotobacter* spp.)、枯草芽孢杆菌(*Bacillus subtilis*)、气单胞菌(*Aeromonas* spp.)、柠檬节杆菌(*Arthrobacter citreus*)、荧光假单胞菌(*Pseudomonas fluorescens*)、多黏芽孢杆菌(*Bacillus polymyxa*)、阴沟肠杆菌(*Enterobacter cloacae*)、恶臭假单胞菌(*Pseudomonas putida*)、沙雷氏菌(*Serratia* spp.)、根癌土壤杆菌(*Agrobacterium tumefaciens*)、豌豆根瘤菌(*Rhizobium leguminosarum*)、三叶草根瘤菌(*Rhizobium trifolii*)、苜蓿中华根瘤菌(*Sinorhizobium meliloti*)等,随着研究工作的不断深入,研究报道的 PGPR 类群不断增加。

2. PGPR 功能

PGPR 对植物生长具有显著的促进作用,其功能主要包括:①促进生长、提高产量,提高农产品品质,表现出生物肥料的功能;②防治病虫害,提高植物抗逆性,既具有生物农药功效,又诱导植物产生抗性;③改良土壤,改善环境,达成新的生态平衡,充当了土壤调理剂的作用;④促进豆科植物结瘤,提高共生固氮效率。

3. PGPR 的作用机制

(1)PGPR 促生长机制

提供植物营养物质　在贫瘠的土壤上,巴西固氮螺菌(*Azospirillum brasilense*)、自生固氮菌(*Azotobacter* spp.)、多黏芽孢杆菌(*Bacillus polymyxa*)等根际联合固氮菌可为植物提供氮素营养,促进根系发育、促进植物对水分和矿质营养吸收。在植物根际,普遍存在溶磷、解磷的 PGPR 菌株,具有溶解土壤中无机磷酸盐或分解有机磷化合物(植酸)的能力,释放出供植物吸收利用的有效磷。许多植物具有吸收 Fe^{3+}-铁载体复合物的能力,当土壤中有效铁缺乏时,某些 PGPR 菌株可产生铁载体(siderophores),与土壤中的 Fe^{3+} 螯合形成 Fe^{3+}-铁载体复合物供植物吸收利用。在石灰性土壤中,细菌铁载体螯合物对于改善植物铁元素营养至关重要。PGPR 菌株还具有促进豆科植物-根瘤菌间、植物-菌根间共生的作用。通过上述途径,PGPR 菌株可为植物提供氮素、磷素及其他养分,表现出促进植物生长发育的效果。

产生植物生长调节物质　维罗纳气单胞菌(*Aeromonas veronii*)、根癌土壤杆菌(*Agrobacterium tumefaciens*)、豌豆根瘤菌(*Rhizobium leguminosarum*)、阴沟肠杆菌(*Enterobacter cloacae*)等 PGPR 菌株可产生植物生长激素吲哚-3-乙酸(indole-3-acetic acid,即 IAA),能促进根生长,增加根长度及根表面积;多粘芽孢杆菌(*Bacillus polymyxa*)、荧光假单胞菌(*Pseudomonas fluorescens*)和豌豆根瘤菌等细菌还可以产生细胞分裂素,促进根细胞分裂及增大,增加根表面积;某些芽孢杆菌(*Bacillus* spp.),如短小芽孢杆菌(*Bacillus pumilus*),地衣芽孢杆菌(*Bacillus licheniformis*)等产生赤霉素;产碱杆菌(*Alcaligenes*)、短小芽孢杆菌、阴沟肠杆菌、洋葱伯克霍尔德氏菌(*Burkholderia cepacia*)、恶臭假单胞菌(*Pseudo-*

monas putida)等可产生 ACC 脱氢酶,提高植物抗逆性,促进植物生长。

(2)PGPR 生防机制

拮抗作用　许多 PGPR 菌株通过产生抗生素抑制或杀死植物病原菌而促进植物生长。在一些革兰氏阴性生防菌中已经鉴定出了系列抗生素如氢氰酸(HCN)、吩嗪(phenazine)、2,4-乙酰基间苯三酚(2,4-diacetyl phloroglucinol,DAPG)、藤黄绿脓菌素(pyoluteorin, PLT)、环脂肽(cyclic lipopeptide, CLP)等。研究证实,枯草芽孢杆菌可产生伊枯草菌素 A(iturin A)、杆菌霉素 D (bacillomycin D)、抗霉菌枯草杆菌素(mycosubtilin)等近十种抗生素。解淀粉芽孢杆菌可产生 surfactin、bacillomycin D、fengycin、bacillibactin、difficidin 等抗生素;蜡样芽孢杆菌产生 zwittermicin A 和卡糖胺(kanosamine);多粘类芽孢杆菌产生 fusarisardins、polymycin 等抗生素。

产生水解酶　许多 PGPR 菌株可分泌水解酶,破坏病原真菌的细胞壁,表现出生防特性。如 *Streptomyces plymuthica* C48 产生几丁质酶可抑制番茄灰霉病菌(*Botryti scinerea*)孢子萌发及牙管的延伸;黏质沙雷氏菌(*Serratia marcescens*)产生几丁质酶是抑制引起白绢病的病原菌——齐整小核菌(*Sclerotium rolfsii*)的关键;类芽孢杆菌 300 菌株和链霉菌 385 菌株产生的几丁质酶具有抑制尖孢镰刀菌生长的作用;斯氏假单胞菌产生的几丁质酶和昆布多糖酶能裂解枯萎病菌的菌丝,达到拮抗枯萎病的效果。

诱导系统抗性　某些 PGPR 菌株与植物根系相互作用,促使植物产生对病原菌、真菌和病毒的抗性,称为诱导系统性抗性(induced systemic resistance, ISR)。植物通过体内茉莉酸(jasmonic acid)和乙烯信号转导的许多细菌代谢物及其组分,如脂多糖、水杨酸、铁载体、环脂肽、2,4-乙酰基间苯三酚、酰基同型高丝氨酸内酯、某些挥发性物质以及鞭毛蛋白等诱导植物产生 ISR。具有该种模式的生防菌不需要具备根际竞争优势,也不需要生防细菌在根系广泛定殖。

PGPR 菌株的生防机制还包括信号干扰、竞争营养和生态位、竞争铁离子、解毒作用、捕食和寄生作用、干扰病原菌的活性、生存、萌发及孢子形成等多种方式。

现有研究中,PGPR 宿主植物主要集中于农作物,包括粮食作物、豆科作物和一些经济作物,如小麦、大麦、棉花、水稻、玉米、花生、菜豆、番茄、黄瓜、胡萝卜、芹菜、亚麻和油菜等。在应用上,PGPR 菌株可单独使用,也可与其他微生物肥料复合使用,将促生和肥效作用有效结合,可提高应用效果。

PGPR 研究和应用是当前十分活跃的领域,除了开展优良 PGPR 菌株筛选与应用外,高通量测序、蛋白组学技术已广泛应用于 PGPR-根际相互作用研究;从基因组学层面开展了荧光假单胞菌 Pf-5 抗真菌代谢物合成分析、解淀粉芽孢杆菌 FZB42 和多粘类芽孢杆菌基因组测序等系列工作,为 PGPR 菌株的发掘与应用机理解析奠定了基础。

第二节　微生物农药

利用微生物对有害生物进行防治是生物防治的重要手段之一,利用微生物对有害生物进行防治的农药制剂就称为微生物农药。微生物农药一般分为直接利用微生物活体制成的农药制剂和利用微生物代谢产物——即农用抗生素制成的农药制剂。根据防治对象,微生物农药可区分为杀虫剂、杀菌剂、除草剂等。

与其他农药制剂相比较，微生物农药具有以下几方面的优点：①选择性强，对人畜安全。它们一般只对病、虫有作用，对人、畜及各种有益生物比较安全。②对生态环境影响小。微生物农药主要是利用一些特殊微生物或其代谢产物所具有的杀虫、防病作用控制有害生物，它们源于自然生态系统，有效活性成分的最大特点是易被降解。因此，它们对自然生态环境的影响很小。③不易使害虫产生耐药性。微生物农药杀虫防病的作用机理不同于其他农药，并且常常是综合作用的结果，相对于其他农药来说，不易产生耐药性。④使用得当，可以诱发害虫流行病。害虫的病原微生物，在一定的条件下，具有定殖、扩散和发展流行的能力，不但可以对当年当代的有害生物发挥控制作用，而且对后代或者翌年的有害生物种群有一定的抑制，具有明显的后效作用。⑤生产设备通用性较好。微生物农药的工业生产一般采用固体培养或液体深层发酵生产，所用设备大多为通用设备。另外，微生物农药生产的主要原料是其他产业的副产品，如豆饼粉、麦麸、糖蜜等，来源十分广泛、有利于自然资源的保护利用。

生物农药虽然具有许多的优点，但是，生物农药也存在许多本身固有的弱点，主要包括以下几点：①药效一般较为缓慢。②易受到环境因素的影响。③产品有效期短、质量稳定性较差。

一、微生物杀虫剂

(一)细菌杀虫剂

一些细菌是昆虫的病原菌，目前已知的昆虫病原细菌有 100 多种。病原细菌可以侵染鳞翅目、膜翅目、双翅目、鞘翅目等昆虫，其中研究最多的是鳞翅目的昆虫。病原细菌引发的病害不仅可以发生在幼虫期，也可以发生在蛹或成虫中。

根据病原菌和病征的性质，昆虫病原细菌可以区分为专性寄生的昆虫病原菌、兼性昆虫病原菌、潜伏性昆虫病原菌和产伴孢晶体的昆虫病原菌。

专性寄生的昆虫病原菌有日本金龟子芽孢杆菌(*Bacillus popilliae*)和缓死芽孢杆菌(*B. lentimorbus*)等，它们都是金龟子幼虫(蛴螬)“乳状病”的病原菌。这类菌只能在被感染的幼虫体内生长，在人工培养基上不能生长或难以形成芽孢。兼性昆虫病原菌有蜡状芽孢杆菌(*B. cereus*)和黏质沙雷氏菌(*Serratia marcescens*)等。潜伏性昆虫病原菌包括有铜绿假单胞菌(*Pseudomonas aeruginosa*)、荧光假单胞菌(*P. fluorescens*)和变形杆菌(*Proteus vulgaris*)等，这类菌生活在寄主的肠道，只有在特殊的条件下才引起昆虫的疾病。产伴孢晶体的昆虫病原菌主要指苏云金芽孢杆菌(*Bacillus thuringiensis*)。

虽然昆虫病原细菌种类很多，但具有实用价值的主要是芽孢杆菌，其中研究最深入且应用最广泛的是苏云金芽孢杆菌(简称 Bt)。苏云金芽孢杆菌是 1911 年首先从地中海粉螟中分离得到的，对鳞翅目、双翅目、膜翅目、鞘翅目、直翅目和毛翅目等的 600 余种昆虫有不同程度的致病性。

苏云金芽孢杆菌的营养体为革兰氏阳性的杆菌，周生鞭毛运动或不运动，重要特征是在产生芽孢的同时形成伴孢晶体。苏云金芽孢杆菌通过口腔感染昆虫，它杀死昆虫可以由细菌本身的活动引起，但更重要的是菌体产生的毒素的作用。毒素不仅能帮助细菌侵入，而且可使昆虫在短时间内中毒死亡。苏云金芽孢杆菌产生多种具杀虫活性的毒素,如δ-内毒素、α-外毒素、β-外毒素等。苏云金芽孢杆菌不同亚种菌株产生不同种类和性质的毒素,其杀虫谱也不相同。

在苏云金芽孢杆菌产生的毒素中,δ-内毒素是最主要的杀虫毒素,它伴随着芽孢的形成而产生,所以也叫伴孢晶体,是一种由蛋白质构成的晶体结构,其形状分为菱形和非菱形两类。菱形伴孢晶体的大小为(0.71～1.75)μm×(0.44～1.00)μm,非菱形伴孢晶体的形状为方形、球形、近圆形、近六角形等,其大小为(0.79～1.24)μm×(0.63～0.99)μm。完整的伴孢晶体并不具毒性,只在被昆虫肠道消化或碱溶后才释放出有毒成分,它对人、畜无毒性。

苏云金芽孢杆菌制剂的生产有2种方法——液体深层通气发酵法和固体发酵法,大量培养苏云金芽孢杆菌,获取有效杀虫成分——伴孢晶体等和芽孢,然后调制成不同的剂型品种。目前,液体深层发酵法是主要的生产方法,产品有悬乳剂、粉剂和颗粒剂等。固体发酵法适用于中小规模的生产,产品为粉剂。制剂的质量标准是测定其毒效,目前生产苏云金芽孢杆菌的主要国家都使用昆虫生物测定来检测产品毒效,采用由法国巴斯德研究所制备的"E-61"标准品。这个标准品指定的毒力效价为1 000 IU/mg(国际毒力单位/mg),测定昆虫是地中海粉螟。美国制定的标准品"HD-1-S-1980",通过与E-61比较测定,毒力效价为16 000 IU/mg,测定昆虫是粉纹夜蛾。我国于1989年由农业部主持制定了"苏云金杆菌制剂毒效检测标准化技术",提出了由我国制备的两个参考标准品:一个是H3ab型菌株,另一个是H5ab型菌株生产的样品,用美国标准品HD-1-S-1980进行比较测定来标定它们的毒力效价,测定昆虫确定为小菜蛾和棉铃虫,并建立了毒力生物测定的程序和方法。

(二)真菌杀虫剂

自然界中的许多真菌可在昆虫上寄生,目前已知的虫生真菌约750种,寄主范围达5个目24个科的200余种昆虫。冬虫夏草是一种名贵的中草药,它是子囊菌中的虫草菌属(*Cordyceps*)真菌寄生于昆虫幼虫形成的。虫草菌属真菌侵入昆虫幼虫体内后,在幼虫体内生长并杀死寄主,在合适的条件下,从寄主头部长出子囊果,形成冬虫夏草。除虫草菌属外,重要的虫生真菌还有蚧生轮枝菌和汤普生多毛菌等,研究最多的是白僵菌和绿僵菌。

白僵菌属半知菌类白僵菌属(*Beauveria*),被白僵菌感染死亡的真菌,虫体僵硬,体表布满白色菌丝层,故称为白僵菌。该属有2个种:球孢白僵菌(*B. bassiana*),球形孢子占50%,卵孢白僵菌(*B. tenella*),卵形孢子占98%。作为昆虫病原菌,白僵菌是以分生孢子完成侵染循环的。昆虫的感染,始于分生孢子在寄主体壁上的附着,在湿度较高的环境条件下,孢子萌发长出芽管,穿透体壁进入血腔,利用寄主营养生长繁殖,而后在血腔中以芽殖的方式产生大量芽生孢子。寄主死亡后,在高湿条件下,菌丝自虫尸表面长出,产生分生孢子,开始新的侵染。有报道表明,白僵菌也可通过寄主取食被摄入后经肠壁感染,经此途径被感染的均为咀嚼式口器的昆虫。

白僵菌寄主范围广泛,最常见的寄主是鞘翅目、鳞翅目、膜翅目、同翅目和半翅目的昆虫。白僵菌菌剂主要用于防治松毛虫和玉米螟,尤其是防治松毛虫,白僵菌可作为环境因子,持续多年控制松毛虫的危害。

白僵菌易于培养,在以麦麸、黄豆饼粉或玉米粉为主要原料的半固体培养基中生长良好,并形成分生孢子,培养物干燥后制成白僵菌粉剂。白僵菌生产也可采用液体深层培养或先采用液体深层培养，使白僵菌在发酵罐中生长直到形成最大菌丝生物量，然后转移到固体营养基质上使其产生分生孢子。

(三)病毒杀虫剂

昆虫病毒与其他昆虫病原微生物一样也可被用于昆虫杀虫剂，目前已知的昆虫病毒有1 600多种，分布广，专一性强。常见的昆虫病毒有：核多角体病毒、质多角体病毒、颗粒体病毒和无包含体病毒。核多角体病毒(nuclear polyhedrosis virus，简称NPV)属于杆状病毒科、核多角体病毒属，是最主要的昆虫病毒。在我国已发现的290多种昆虫病毒中，NPV约占70%，对农林害虫具有85%以上杀虫效果的60多种杆状病毒中，NPV占50种。

昆虫病毒作为控制害虫的手段，具有一些独特的优点，如特异性高，杀灭害虫，不影响害虫的天敌，不污染环境和后效作用明显等。但昆虫病毒杀虫剂也存在一些问题，如只能通过寄主昆虫繁殖、杀虫谱窄及使昆虫致死的时间较长。利用昆虫病毒防治农作物害虫是国内外生物防治的一个重要发展方向。目前国际上已有多种NPV杀虫剂注册或商品化，我国有防治棉铃虫的NPV杀虫剂实行了商品化生产。

(四)农用杀虫抗生素

农用杀虫抗生素(简称杀虫抗生素)是指由微生物产生的对害虫有毒杀作用的次级代谢产物，它包括用于动物的杀虫抗生素，如防治鸡球虫病的莫能菌素、马杜霉素和用于防治植物害虫的杀虫抗生素。这里介绍的是用于防治植物害虫的杀虫抗生素。

有关抗生素杀虫的研究，在20世纪50年代初就有报道。1950年，kido等报道过抗霉素A(antimycin A)的杀虫、杀螨作用，此后又有多种杀虫抗生素被报道，如杀蝶素(piericidin)、日光霉素(nikkomycin，也称尼可霉素)、杀螨素(tetranactin)、密尔比菌素(milbemycin)等。

抗霉素A原来是一种抗真菌抗生素，可由多种链霉菌产生，有6种组分：A_1～A_6。它们均为白色结晶，在酸性条件下稳定，对光和热不太稳定。除对真菌有抑制作用外，抗霉素A对家蝇、红蜘蛛等有良好的杀虫效果。用50～100 mg/L的抗霉素A防治蚜虫，死亡率可达85%～98%，10 mg/L的抗霉素A处理红蜘蛛，24 h内可全部杀死。但抗霉素A对哺乳动物和鱼类的毒性很高，小白鼠皮下注射LD_{50}为25 mg/kg体重，对金鱼的LC_{50}为0.01 mg/L，因此抗霉素A并未被大面积推广使用。

20世纪70年代末，美国默克(Merck)公司开发成功了杀虫抗生素——阿维菌素(avermectins)，因为具有极好的杀虫活性，被大面积推广使用。从化学结构上看，阿维菌素是一组具有相似结构的十六元大环内酯类化合物，有8个组分：A1a/A1b、A2a/A2b、B1a/B1b和B2a/B2b，其中A1a、A2a、B1a、B2a为4个大量组分，含量在80%以上，A1b、A2b、B1b、B2b为4个少量组分，含量在20%以下，杀虫效果最好的是Bl组分。

阿维菌素几乎抗所有与农业有关的线虫和节肢动物，对螨类有很高的杀虫活性，LC_{90}为0.02～0.03 mg/L，并且对许多危害农作物的昆虫也有杀虫活性，杀虫范围包括鳞翅目、鞘翅目、半翅目、双翅目、膜翅目和同翅目的害虫。大田试验证实，阿维菌素B1对烟草天蛾的LC_{90}为0.02 mg/L，对马铃薯甲虫的LC_{90}为0.2 mg/L，对亚热带黏虫的LC_{90}为6.0 mg/L，对棉铃虫的LC_{90}为1.5 mg/L，对粉蚊夜蛾的LC_{90}为1.0 mg/L，对豆无网长管蚜的LC_{90}为0.4 mg/L。

通过对阿维菌素衍生物的杀虫活性研究，发现它的一些衍生物杀虫活性明显提高，如

4′-脱氧-4′-表甲氨基阿维菌素B1，该衍生物对粉蚊夜蛾的毒力提高了71.4倍，LC_{90}为0.014 mg/L，对烟草天蛾的毒力提高了6.6倍，LC_{90}为0.003 mg/L。除此之外，阿维菌素B1的22,23-C之间的双氢还原产物——伊维菌素(ivermectin)，具有与阿维菌素相同的杀虫活性，但毒性远远低于阿维菌素，因此被用于兽药，防治动物的体内外寄生虫病。

阿维菌素的作用机理也比较奇特：它是无脊椎动物抑制神经传导物质γ-氨基丁酸的激活剂，使寄生虫处于麻痹状态，终至死亡。

20世纪90年代末，又一种重要的杀虫抗生素——多杀菌素(spinosads)被成功开发，结构上多杀菌素也是一种大环内酯类化合物，与其他杀虫抗生素比较，多杀菌素兼具生物农药的安全性和化学合成农药的速效性特点，它对害虫高效，对哺乳动物低毒，对捕食性昆虫有选择性，是目前已发现的杀虫剂中选择性最高的化合物之一。它可生物降解，对环境安全，具有优越的低残留性能，因而获得了美国"总统绿色化学品挑战奖"。美国陶氏益农公司(Dow Agro-sciences Company)生产的2.5%悬浮剂(success)和48%悬浮剂(tracer)已获得我国农药临时登记，分别用于防治甘蓝的小菜蛾和棉花的棉铃虫。在美国，多杀菌素产品标签上标明可应用于100多种作物，同时它还在其他20多个国家进行了注册登记，在全世界范围内为广大种植者所接受。

二、微生物杀菌剂

(一)微生物活菌杀菌剂

植物病原菌引起植物的病害，但在病害生态系中，各种生物因子间的关系错综复杂，每一种病原菌都可以找到一种或几种对它有拮抗作用的微生物种类。利用这些拮抗微生物可对植物病害进行生物防治。

冠瘿病是一种世界性分布的土传病害，在我国北方严重为害桃树、葡萄等植物，其病原菌是土壤杆菌(*Agrobacterium* spp.)。许多研究报道，这一细菌性病害可用放射土壤杆菌(*A. radibacter*)进行生物防治。

在植物病理学上，细菌性冠瘿病被认为是一种特殊类型的病害。冠瘿(肿瘤)的发生是由于病原细菌细胞内质粒DNA的一个片段转移到植物中引起的。这一与致病性有关的质粒称为肿瘤诱发质粒(Ti质粒)，它是一个可转移的大质粒。病菌与植物受伤组织的细胞接触，质粒上的DNA片段转移到寄主细胞，并随植物细胞DNA复制而不断复制，引起组织膨大。

放射土壤杆菌K84菌株是冠瘿病病原菌的拮抗细菌，它对冠瘿病的防治作用主要是活菌的作用，而且无论在接种病菌前后使用都有一定效果。对病害的防治机制，开始认为是对侵染位点的竞争，但K84菌株也能在培养基平板上产生抑菌圈，说明K84菌株有可能产生细菌素。

除致病性外，放射土壤杆菌K84菌株其他性状与致病菌株无本质区别。K84菌株已在澳大利亚、新西兰、希腊、匈牙利、西班牙、美国、中国等多个国家使用，防治效果显著。浸种、蘸根或浸种加蘸根3种处理的效果都比较理想。

作为植物病害的生防真菌，木霉(*Trichoderma* spp.)研究得最多。木霉的作用机制是多方面的，包括①产生抗生素。木霉菌产生抗真菌代谢产物至少在30种以上，多数种类产生的抗生素不止一种，如哈茨木霉和绿色木霉可产生10多种，康氏木霉、钩状木霉等也产生数种，它们化学结构各不相同。②重寄生作用。目前已发现木霉菌至少可寄生于18个属的29种植物病原真菌。③溶菌作用。木霉菌有时不与寄主菌丝直接接触,同样可以引起它们的解体,这与木霉菌产生β-1,3-葡聚糖苷酶、几丁质酶和纤维素酶有关。④竞争作用。目前,应用最多的是绿色木霉和哈茨木霉,主要用于防治蔬菜灰霉病、小麦纹枯病、红豆根腐病和棉花立枯病。其作用机制主要是通过重寄生发挥防病作用,菌丝体制剂和孢子制剂均可用于病害防治,但菌丝体制剂较孢子制剂更为有效,这是因为重寄生主要是菌丝体的重寄生。

(二)农用杀菌抗生素

具有杀菌活性的农用抗生素种类很多,在我国正式登记的农用杀菌抗生素品种有:井冈霉素、公主岭霉素、农抗120、春雷霉素、多氧霉素、灭瘟素和农用链霉素。其中应用效果最好、面积最大的是井冈霉素。

井冈霉素是上海农药所1972年从一株链霉菌的发酵液中分离得到的,对水稻纹枯病有良好的防治效果。结构上井冈霉素属氨基糖苷类抗生素,共有6个组分,其主要活性物质是井冈霉素A和井冈霉素B,纯品为白色粉末,易溶于水,可溶于甲醇,微溶于乙醇,不溶于丙酮、氯仿、苯、石油醚等有机溶剂。

井冈霉素是内吸性很强的农用抗生素,当水稻纹枯病病菌的菌丝接触到井冈霉素后,能很快被菌体细胞吸收并在菌体内传导,干扰和抑制菌丝的正常生长发育,使其失去致病性而起到治疗作用。井冈霉素也可用于防治小麦纹枯病、稻曲病等。与其他农药相比,井冈霉素具有以下优点:①药效高,每亩施药折合有效成分3～5 g,即可达到90%以上的防治效果。②耐雨水冲刷,喷药不受阴雨天气影响。③使用安全,对作物不造成任何危害。④增产效果明显,大面积试验证明,水稻平均每亩可增产35 kg以上。⑤药效周期长,一次用药能保持14～28 d的防治效果。由于井冈霉素具有上述优点,自20世纪70年代用于农业生产以来,其施用面积逐年扩大,目前每年应用面积2亿～3亿亩。尤其在防治水稻纹枯病方面,已是首选农药品种。

三、微生物除草剂

微生物除草剂是指利用微生物或其代谢产物对杂草进行有效控制的农药制剂。微生物除草剂主要有两类,一类是将杂草的病原微生物作为除草剂,另一类是微生物产生的,对杂草具有毒性的代谢产物。

任何类型的杂草病原微生物,包括细菌、真菌或病毒,都可用于杂草的生物防治,其中真菌是研究最多且取得较好实际应用效果的病原微生物除草剂。鲁保一号是山东农科院分离的一种专性寄生于菟丝子的真菌,这种真菌对大豆菟丝子致病作用明显,且对大豆菟丝子专性寄生,对主要农作物安全可靠。自20世纪70年代以来,在20多个省推广应用1 000多万为亩,防效85%以上。

双丙氨膦(bialaphos)是吸水链霉菌发酵产生一种微生物的代谢产物,纯品为白色粉末,易溶于水,也溶于甲醇,不溶于乙醇、丙酮、乙醚等有机溶剂。双丙氨膦有强烈的杀草活性,能防除一年生和多年生的农田杂草,是一种速效和持效兼而有之的除草剂,作用浓度低,防治效果好。双丙氨膦已工业化生产,广泛应用于田间杂草的防治。

第三节 微生物饲料

微生物饲料是以微生物、复合酶为发酵剂,将饲料原料转化为微生物菌体蛋白、生物活性小肽类氨基酸、微生物活性益生菌、复合酶制剂为一体的生物发酵饲料。发酵后的产品不仅可以弥补常规饲料中容易缺乏的氨基酸,而且能使粗饲料原料营养成分迅速转化,达到增强吸收利用的效果,本节主要介绍应用较多的青贮、微贮、单细胞蛋白等。

一、青贮

将含水率65%～75%不易贮藏的青绿饲料原料经切碎后,在密闭缺氧的设施(窖、壕、塔、袋)中,直接或加入添加剂进行厌氧乳酸菌发酵,抑制各种杂菌的繁殖,发酵后的粗饲料不仅能够很好地保持原料青绿多汁的特性,而且具有特殊的酸香气味,质地柔软、营养丰富、适口性好、利于长期保存的过程称为青贮。青贮饲料具有饲料营养物质损失少、可长期保存、可充分利用饲料资源、适口性好、可消灭害虫和减少环境影响的优点。

青贮是在厌氧环境下,利用乳酸菌发酵材料中的可溶性碳水化合物而产生乳酸的特性,降低材料的pH,从而抑制好氧微生物和不耐酸的厌氧微生物的活性,使水分含量较高的材料长期保存。有些材料如全株玉米,一般表面附着有较多的乳酸菌,并且含有较高的可溶性碳水化合物,只要严格排气、密封。靠自然发酵容易得到优质青贮饲料,而像紫花苜蓿等豆科牧草,因表面附着的乳酸菌较少且碳水化合物含量不足,依靠自然发酵很难青贮成功,需人为添加优良乳酸菌或/和可溶性碳水化合物。

二、微贮

饲料的微贮就是在成熟的秸秆中加入活性微生物菌种,然后压实密封造成厌氧环境,经20～30 d厌氧发酵,改变秸秆适口性,提高消化率的方法。微贮的原理及操作和青贮相似,只是原料所处的生长阶段不同并需要人为地加入微生物菌种。

秸秆微贮中添加的微生物是以木质纤维分解菌和有机酸发酵菌按照一定比例通过生物工程技术制备的高效复合干菌剂,在适宜的温度和厌氧条件下,木质纤维素分解菌将秸秆中的纤维类物质转化为糖类,有机酸发酵菌将糖类转化为乳酸和挥发性脂肪酸,使pH降至4.5～5.0,加速了微贮饲料的生物化学作用,抑制腐败菌繁殖,使秸秆饲料可以长期保存。

微贮秸秆主要有以下几个特点:①适口性好,采食量高。微贮后秸秆具有酸香气味,质地柔软,适口性增强,牲畜采食量一般可提高20%。②改善了秸秆的营养价值。厌氧发酵中木质素与半纤维素聚合物的裂解,促进了瘤胃微生物与纤维素的接触,使秸秆的消化率提高。用微贮秸秆养牛,日增重率提高30%左右。③保存期长。微贮后的秸秆不易发霉腐败,能长期保存。④处理成本低,操作简单,易于被养殖户接受。

为生产和应用方便,通常把微贮中添加的微生物制成微生物制剂。中国目前已经开发了多种用于秸秆微贮的微生物制剂。但目前微贮饲料只能饲喂反刍动物,不可饲喂单胃动物。

从本质上讲，秸秆微贮中添加的微生物制剂是一种促进厌氧发酵的生物添加剂，它以乳酸菌为主，对秸秆营养价值的提高有限。

三、单细胞蛋白

单细胞蛋白（SCP）指在各种基质上通过大规模培养细菌、酵母菌、霉菌、藻类和担子菌获得的微生物蛋白（或菌体蛋白），为了区别于动植物的蛋白，称微生物蛋白质或单细胞蛋白。

德国研究者早在第一、第二次世界大战期间，就用糖蜜、木材水解液和造纸废液培养的酵母菌作为微生物来源的蛋白质添加到食品中。我国从 20 世纪 80 年代开始进行单细胞蛋白的研发，主要产品为酵母、饲料酵母。2000 年产量约 15 万 t。

生产单细胞蛋白的微生物类群极为广泛，包括酵母菌、细菌、真菌、藻类和某些原生动物。酵母菌由于其对营养的要求低、适应强、蛋白质含量高、无毒、不致病等特点，广泛应用于 SCP 的生产。细菌生产周期短，但细菌个体小，收获分离难，核酸含量高，同时消化性差。真菌菌丝生长慢，对操作的要求比较高。藻类的细胞壁不易被消化，食味不好，核酸含量高对人健康不利。目前生产 SCP 的原料主要来源于可再生资源，包括城市生活污水、农业废物废水（植物秸秆、蔗渣、木屑、牲畜粪尿）、工业废物废水（食品发酵工业的废弃物）、废气类（CO_2、H_2）和石油天然气及相关产品。

第四节　微生物源植物生长调节剂

植物生长物质（plant growth substance）是对植物生长发育起调控作用的化合物的统称，按其来源可分为植物自身产生的植物激素和化学合成或由微生物产生的植物生长调节剂。

一、植物激素

植物激素（plant hormones）是指植物体内源代谢产生的微量的天然有机物质。目前人们熟知的五大经典植物激素有：生长素（auxins）、赤霉素（gibberellin，GA）、细胞分裂素（cytokinins，CTK）、脱落酸（abscisic acid，ABA）、乙烯（ethylene）。此外，还有一些新型的植物激素：芸苔素（brassinolide，BR，又称芸苔素内脂或油菜素内脂）、水杨酸（salicylates，SA）、茉莉酸（jasmonates，JA）、多胺（ployamines，PAs）、独脚金内酯（strigolactones，SL）、寡糖素（oligosaccharides）、玉米赤霉烯酮（zearalenone，ZL）、三十烷醇（1-triacontanol）和系统素（systemin）等。

植物激素参与调控植物生长发育的各个生理阶段，例如细胞的分裂、分化和伸长，器官发育，种子休眠，果实生长发育及成熟，性别分化，衰老与死亡等。在植物生长发育的过程中，植物激素协调植物内在遗传发育机制的同时响应外界环境的变化，此消彼长，动态地调控植物的生长发育以适应环境的变化。

二、植物生长调节剂

植物生长调节剂(plant growth regulators,PGR)是指化学合成和微生物发酵生成的,具有与植物激素相似生理活性和生物学效应的,能调控植物生长发育的一类化合物。类比植物激素的分类主要可以分为以下几类:按照与植物激素作用的相似性主要分为以下几类:①生长素类物质,主要有吲哚类(如吲哚乙酸),萘酸类(如萘乙酸),苯氧羧酸类(如二氯苯氧乙酸)和对碘本氧乙酸(如增产灵);②赤霉素类物质,主要有九二零(GA3)和九二零改良型(GA4+GA7);③细胞分裂素类物质,主要有激动素(如6-糠基氨基嘌呤);④脱落酸类物质,主要有S-诱抗素;⑤乙烯类物质,主要有乙烯利(ETH)。此外还有生长延缓剂,主要有季铵类化合物(如矮壮素)、三唑类化合物(如多效唑)和嘧啶醇等。

植物生长调节剂类化合物在植物体内并不存在,而是根据植物激素的生理功能机制和化学结构特性人工合成的化合物,具有与天然植物激素同等甚至更为优越的调控效能。研究表明,植物生长调节剂可调控植物体内核酸、蛋白质和酶的合成,提高植物蛋白质和糖的含量。更重要的是,其可用于增强植物抗旱、抗寒、抗盐碱等抗逆性能以及抗病虫害能力。此外,植物生长调节剂能促进植物吸收营养,有效提高养分的利用率。

目前实际生产中使用的植物生长调节剂均来源于化学合成或微生物发酵。化学合成成本高、效率低且污染环境。微生物发酵经济可持续、生物活性高、环保无污染,已成为植物生长调节剂绿色可持续生产的必经之路。下面,拟以两个典型的微生物生产植物生长调节剂——赤霉素和水杨酸为例进行详细介绍。

1. 赤霉素类

赤霉素类(gibberellins,GAs)是微生物发酵生产植物生长调节剂的典型代表,是一种高效、广谱的植物生长调节剂,在植物生长调节剂中占有重要作用地位。GAs是五大经典激素中化学结构最复杂的,其本质是一类四环二萜类化合物,1934年由日本学者首次在引起水稻过度生长的病原菌——藤仓赤霉菌中发现,该菌的活性成分于1938年被正式命名为GA。GA大多发现于高等植物,一般分为游离态和结合态,结合态是GA和其他物质(如葡萄糖)结合形成的赤霉素葡萄糖酯和赤霉素葡萄糖苷,无生理活性,是GA的储藏和运输形式。在植物不同发育时期,结合态GA和游离态GA相互转化。一方面不同植物中分离得到的GA种类不同,另一方面微生物发酵时不同的发酵培养条件也产生不同种类的GA,至今已发现不同结构的GA共136种,实际应用中常用的有GA1、GA3、GA4、GA7等。

虽然高等植物与微生物能产生相同结构的GA,但它们的合成途径又是不同的。目前,在真核生物中GA的生物合成途径已研究得较为清楚。首先,GA的前体物质牻牛儿焦磷酸(GGPP)在真核生物中通过甲羟戊酸(MVA)途径生成;然后,GGPP在古巴焦磷酸合成酶(CPS)和内根-贝壳杉烯合成酶(KS)的催化下形成内根-贝壳杉烯,此步为GA合成的限速步骤;随后,内根-贝壳杉烯C-19位的甲基经细胞色素P450-4单氧化酶的一系列催化合成内根-贝壳杉烯酸,内根-贝壳杉烯酸再经过P450-1单氧化酶两步催化合成GA12-醛;最后GA12-醛经过羟基化合成GA14-醛,再经过一系列催化步骤合成GA3或其他种类的GA。

在我国,1958年俞大绂、李季伦等通过对赤霉素生产菌的选育和生物合成,首次实现了利用赤霉菌(*Fusarium moniliforme*)发酵生产赤霉素。目前,赤霉素的大规模生产主要依赖微生物发酵，主要发酵菌种有：有性型的藤仓赤霉菌（*Gibberella fujikuroi*）和无性型的藤仓镰孢菌（*Fusarium fujikuroi*），其中藤仓镰孢菌利用葡萄糖、米粉为底物进行深层液体发酵，GA3的产量最高可达 3.9 g/L。

2. 水杨酸类

水杨酸类（salicylic acid，SAs）作为新型植物生长调节剂的代表，它在激活植物防御系统，特别是植物系统获得性抗性（SAR）方面发挥关键作用。SA 是植物体内普遍存在的一种天然的小分子酚类化合物，最初从柳树皮中分离得到，其化学成分是邻羟基苯甲酸，可作为止痛药阿司匹林（乙酰水杨酸）的前体物质，SA 的发现对人类医学的进步也具有重要意义。

SA 的生物合成途径主要分为两种：异分支酸合成酶途径和苯丙氨酸解氨酶途径，两种途径都需要中间代谢物——分支酸的参与。异分支酸合成酶途径为分支酸在异分支酸合成酶的作用下形成异分支酸，异分支酸进一步在丙酮酸裂解酶作用下合成水杨酸。苯丙氨酸解氨酶途径为分支酸合成苯丙氨酸，苯丙氨酸在苯丙氨酸解氨酶的作用下形成苯甲酸酯中间体或对羟基肉桂酸，后经过系列酶促反应形成水杨酸。以萘为原料的微生物发酵法生产水杨酸的研究已有 60 多年的历史，常用的菌株是荧光假单胞菌（*Pseudomonas flurescens*）和肾炎棒状杆菌（*Corynebacterium renals*）。目前，利用大肠杆菌等工程菌株生产 SA 可达到 1.51 g/L。

除了本章提到的植物生长调节剂外，近年来，又一批新型的植物生长调节剂，如近期研究比较热的 5-氨基乙酰丙酸（ALA）和 γ-氨基丁酸（GABA）等也展现出越来越多的优势和应用前景。总体来讲，植物生长调节剂潜力的挖掘，尤其是利用微生物生产植物生长调节剂以及植物生长调节剂与有机农业的结合成为国内外研究者关注的发展方向。

微生物发酵生产植物生长调节剂是一种高效、低毒、廉价、应用广泛的前沿技术。然而，我国作为农业大国，目前自主研发的植物生长调节剂种类还很少。因此，积极开发和应用微生物发酵生产植物生长调节剂势必会为我国农业生产提供巨大的增产保障和可观的经济效益，对加快我国农业现代化和农业高质高效绿色可持续发展具有重大现实意义。

第五节　微生物能源

微生物技术在新能源开发领域中有广阔的应用潜力，对能源的可持续发展具有重要的理论和现实意义，本节简要介绍了微生物厌氧发酵生产沼气、燃料乙醇及生物柴油的原理及研究进展。

一、沼气发酵

沼气是由微生物产生的一种可燃性混合气体，主要成分是甲烷（CH_4），大约占 60%，其次是 CO_2，大约占 35%，此外还有少量其他气体，如水蒸气、硫化氢、一氧化碳、氮气等。不同条件下产生的沼气成分有一定的差异。作物秸秆直接燃烧，热能利用率只有 10%～20%，如果发酵成沼气，热能利用率可达 40%～60%。同时沼气发酵可把原本不易作为燃料的人畜粪便也作为原料，扩大了燃料来源，因此发展沼气不仅能解决当前的燃料短缺，也为开发未来可再生能源提供了可行性，具有战略意义。

1. 沼气发酵微生物

参与沼气发酵的微生物通常可分为3类。第一类是水解发酵细菌,包括各种有机物分解菌,能分泌胞外酶,主要作用是将复杂的有机物分解成较为简单的物质。第二类是产氢产乙酸菌。主要作用是将前一类细菌分解的产物进一步分解为乙酸和CO_2。第三类是产甲烷菌,可利用乙酸、氢气和CO_2产生甲烷。

2. 沼气发酵的生物化学过程

有机物质的厌氧消化过程十分复杂,1979年Bryant提出的三阶段理论被广泛采纳。第一阶段是由厌氧和兼性厌氧的水解性细菌或发酵性细菌将纤维素、淀粉等水解成单糖,并进一步形成丙酮;将蛋白质水解成氨基酸,并进一步形成有机酸和氨;将脂类水解为甘油和脂肪酸,进一步形成丙酸、乙酸、丁酸、乙醇等。第二阶段由产氢、产乙酸细菌群利用第一阶段产生的有机酸,氧化分解成乙酸和分子氢。第三阶段由严格厌氧的产甲烷菌群完成。在这个庞杂的混合发酵体系中,非产甲烷菌为产甲烷菌提供生长和产甲烷所需的基质,创造适宜的氧化还原条件,并清除有毒物质;产甲烷菌为非产甲烷菌的生化反应解除反馈抑制,创造热力学上的有利条件;并且两类菌共同维持环境中适宜的pH。沼气发酵的生化过程阶段如图12-1所示。

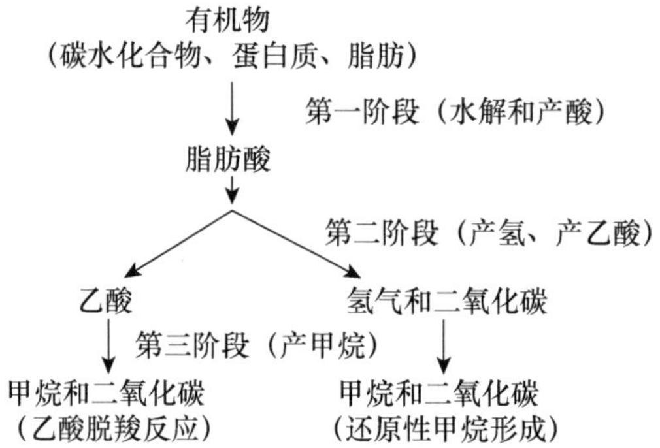

图12-1 沼气发酵简图

3. 沼气发酵工艺

根据不同的标准,沼气发酵可分成以下不同的工艺。①按温度分为常温发酵、中温发酵(35℃)、高温发酵(53℃);②按产酸和产甲烷是否在同一装置中进行,可分为两步发酵和一步发酵;③按进料方式可分为批量发酵、连续发酵和半连续发酵。批量发酵指发酵原料一次性装满沼气池,发酵过程中不再添加新料,产气结束后一次性出料。特点是初始产气少,以后逐渐增加并维持稳定,之后又逐渐减少直至出料。沼气池加满料正常出气后,每天分几次或连续不断加入预先设计的原料,同时也排走相同体积的发酵料液称为连续发酵。大中型沼气工程通常采用此工艺。半连续发酵介于两者之间,在沼气池启动时一次性加入较多原料,正常产气后不定期、不定量添加原料。

二、燃料乙醇

(一)发酵制备燃料乙醇的原料

发酵制取燃料乙醇的原料有三种:糖原料、淀粉原料和纤维原料。①糖原料包括甘蔗、甜菜、甜高粱和各种水果。制取乙醇的过程就是微生物发酵葡萄糖产生乙醇的过程。巴西1975年开始资助甘蔗生产乙醇的工业化项目，称为世界上燃料乙醇生产和利用最成功的典范。②淀粉原料主要包括玉米、小麦、土豆、红薯和木薯。淀粉分子经水解转化成葡萄糖，然后发酵成乙醇。美国主要以玉米为主要原料，但需政府补贴180美元/t。③纤维原料主要指木材、农业废弃物等。但乙醇转化率较低，为15%～22%。

由于糖类和淀粉类原料都可作为食物，用来生产燃料乙醇存在与人争粮的问题，目前乙醇汽油主要来自甘蔗和玉米。但玉米来源的燃料乙醇原料成本占生产成本的40%以上，生产厂家全部靠政府补贴维系，无长远生命力。而木质纤维素类生物质种类多，数量大，但木质纤维素结构复杂，因此研究开发经济可行的木质纤维素类生物质水解和发酵方法成为研究热点。以木质纤维素原料生产的燃料乙醇称为二代乙醇。

(二)木质纤维素发酵乙醇的工艺流程

木质纤维素类生物质发酵法制取乙醇的工艺流程一般由前处理、水解、发酵、产品的回收净化和废水废渣的处理5个工艺部分组成。水解和发酵是整个工艺的核心，其方式目前主要有分步水解糖化发酵、同步糖化发酵、五碳糖的乙醇发酵、直接微生物转化4种。

(三)木质纤维素发酵乙醇的微生物及发酵机理

葡萄糖($C_6H_{12}O_6$)和木糖($C_5H_{10}O_5$)通过微生物代谢生产乙醇(C_2H_5OH)的反应方程如下：

$$C_6H_{12}O_6 \xrightarrow{\text{微生物}} 2C_2H_5OH + 2CO_2$$

$$3C_5H_{10}O_5 \xrightarrow{\text{微生物}} 5C_2H_5OH + 5CO_2$$

理论上葡萄糖发酵乙醇转化率为0.51 g/g(乙醇/葡萄糖)；因木糖代谢途径比葡萄糖复杂得多，且在代谢过程中部分木糖转化为其他副产物，故木糖发酵的理论转化率为0.46 g/g(乙醇/木糖)。

迄今为止，工业生产上最常用的酿酒酵母仍是木质纤维素类生物质转化乙醇的首选菌种。20世纪80年代，能够发酵五碳糖为乙醇的微生物被发现，目前包括细菌、酵母和丝状真菌在内的100多种能代谢木糖为乙醇的微生物被报道，尤以管囊酵母(*Pachysolen tannophilus*)、树干毕赤酵母(*Pichia stipitis*)和休哈塔假丝酵母(*Candida shechatae*)研究最多，也最有工业应用前景。但由于天然菌株在应用存在一定缺陷，目前的研究主要关注于运用基因工程技术对其进行改造，提高菌株的发酵能力和对环境的抵抗能力。

(四)纤维素乙醇的产业化现状

近几十年，纤维素乙醇研发工作在全世界都受到高度重视。世界各国，特别是美国投入了巨额资金进行了大规模的研发。但由于木质纤维素生物降解转化过程的复杂性，其产业化尚未实现普及。2012年意大利建成了世界上第一座商业规模的秸秆类原料的纤维素乙醇工厂，并于2013年10月9日正式投产，该厂以麦秸和芦竹为主要原料，稳定年产4万～6万t纤维素乙醇。每加仑乙醇的直接生产成本仅1.5美元(0.4美元/L)，该公司已着手在巴西、美国和中国推广其技术。2014年巴西GranBio公司建成年产6.5万t燃料乙醇的工厂，主要原料为甘蔗叶等,使用的是诺维信公司的酶以及遗传改造后的酵母。我国纤维素乙醇生产目前处于中试或示范工厂建设阶段,但关键技术尚有待进一步提高。

三、生物柴油

生物柴油是一种清洁的可再生能源,而且由于生物柴油燃烧时排放的CO_2远低于该植物生长过程中固定的CO_2,从而改善由于CO_2排放而导致的全球变暖这一重大环境问题,因而生物柴油是真正的绿色能源。传统生物柴油生产原料主要是各种天然动物油(如鱼油、猪油、牛油、羊油等)、植物油脂(如菜籽油、大豆油、花生油、玉米油、棉籽油等)、餐饮及食品工业的废弃油脂等。但其存在着与人争粮、与粮争地、供应不足等缺陷,制约了其工业化发展。而以微藻为主要原料的生物柴油则具有不与人争粮,不与粮争地的优势,而且微藻是单细胞或简单多细胞的真核生物,生长速率快、适应性强、不受产量和地域条件的影响,因此微藻生物燃料作为化石燃料的替代品具有极大的潜力。

微藻可在淡水和海水中生长,一般微藻的含油量在5%~20%,部分微藻的含油量达50%~60%。微藻对太阳能利用效率高、个体小、生长繁殖迅速、对环境的适应能力强。微藻的产油率是油料作物如大豆的30~100倍(表12-5)。而且藻类生长不占用耕地资源,也不依靠土壤特性,可高密度大规模生产(如生物反应器)。除了可以利用光能和CO_2进行正常的光合自养生长外,很多微藻还可以在无光条件下利用有机碳源,进行异养生长。

表12-5 中国油料作物及林木与产油微藻生产力比较

原料	油脂产量/(L/亩)	土地需求/$\times10^6$亩[a]	中国现有种植面值的百分比/%
黄豆	29.7	4 377	243
油菜籽	79.3	1 639	91.1
麻疯树	126.1	1 031	57.3
椰子	179.3	725	40.1
油棕	396.7	328	18.2
微藻[b]	9 126.7	14.2	0.8
微藻[c]	3 913.3	33.2	1.8

a 满足中国运输燃料的50%;
b 油脂含量70%;
c 油脂含量30%。

1. 微藻的代谢及培养模式

微藻为自养型微生物,由于其细胞内存在光合作用系统PSⅡ又被称为微藻植物。在一定条件下,为了更好地生存和生长,它们也可以通过改变自己的代谢状况来进行异养生长,主要可分为以下三类:光合自养型(Photoautotrophically),异养型(Hetertrophically),混养型(Mixotrophically)。相应的微藻培养模式包括光照自养培养,异养培养,混合培养。光合异养和混合培养没有一个很明确的界限,一般在有机培养基中光照培养,两种代谢方式均有可能发生。

2. 影响微藻油脂积累的因素

研究表明,CO_2浓度对微藻的生长及油脂的积累有重要作用,在一定范围内,较高的CO_2浓度更有利于微藻的生长。部分微藻可以有机物为碳源进行异养生长,一般而言异养培养油脂含量显著高于自养培养。

氮元素的限制对微藻产油的影响已经在许多藻种中被报道，是研究最为广泛的增加微藻中性脂含量的方法。例如，缺氮条件会增加 *Auxenochlorella protothecoides*、*Chlorella vulgaris*、*Dunaliella tertiolecta*、*Neochloris oleoabundans*、*Phaeodactylum tricornutum* 和 *Scenedesmus acuminatus* 等多种微藻的油脂含量。然而氮元素的缺乏总是会伴随着微藻生物量的下降以及细胞分裂的停滞。

硅藻细胞外覆硅质的细胞壁，缺乏硅元素会影响硅藻的生长，与此同时伴随着油脂的积累。在硅藻 *Cyclotella cryptica* 中，硅的缺乏会导致中性脂含量的增加，同时胞内饱和脂肪酸和单不饱和脂肪酸占比也会增加。

磷元素也能够影响微藻的油脂代谢。培养基盐度、微量元素、温度、光照强度、重金属等物理因素也对微藻的生长及油脂积累具有明显的影响。

第六节　有机固废处理和土壤净化

有机固废的种类很多、包括农业固废、工业固废和市政垃圾。有机固废中含有大量的碳氢有机类物质，因此其是一种潜在资源，而不能简单地作为一种污染废弃物。有机固废处理方式很多，传统的有填埋、焚烧、露天堆放等，但易造成二次污染，而堆肥具有废弃物稳定化、无污染等优点受到人们的广泛关注。

一、堆肥

堆肥是指在人工控制和一定的水分、C/N 和通风条件下通过微生物的发酵作用，将废弃有机物转变为肥料的过程。通过堆肥，有机物由不稳定状态转变为稳定的腐殖质物质，其堆肥产品不含病原菌、不含杂草种子，而且无臭无蝇，可以安全处理和保存，是一种良好的土壤改良剂和有机肥料。为了缩短堆肥周期，早在 20 世纪 40 年代，美国就通过人为接种细菌使堆肥时间缩短 1～3 d，被称为人工接种堆肥。

1. 堆肥的特点

堆肥无论是从废物处理还是土地利用方面均有许多好处，但是堆肥往往需要时间，也面临风险，具体如表 12-6 所示。

表 12-6　堆肥的利与弊

堆肥的优点	堆肥的缺点	堆肥的优点	堆肥的缺点
优良的土壤改良剂	费时耗本	可杀灭病原菌	原料及其养分的异地转移
产品可销售	加工需要场地	作为养殖垫料	可能损失肥料中氮素
改变了原料性状	可能产生臭气	减轻土传病害	堆肥养分释放缓慢
改善了土壤利用	受天气影响大	获得政府补贴	作为商业企业有一定风险
降低了污染风险和臭味抱怨	需要市场销售		

2. 好氧堆肥的原理

好氧堆肥工艺由前处理、一次发酵、二次发酵、后处理及贮存等工序组成。好氧堆肥过程是有机物在有氧条件下,利用好氧微生物所分泌的胞外酶将有机固体废物分解为溶解性的有机物。根据堆制过程中温度变化和微生物生长情况,可人为地将堆制过程分为潜育期、中温期、高温期和成熟期4个时期。

潜育期:是有机物料刚堆制好的一段时期。由于从物料中带入的微生物刚刚进入一个新的环境,需要一段调整适应期。这一时期内,微生物基本不生长繁殖,堆温基本没变化。

中温期或升温期:以中温型好氧微生物为主的各类微生物开始大量繁殖,堆体温度逐步上升到45℃左右。最常见的微生物包括细菌、真菌和放线菌,分解底物以糖类和淀粉类为主,期间也有动物和原生动物参与分解。

高温期:堆温升至45℃以上即进入高温阶段。这一阶段是分解有机质和杀灭有害生物最有效的时期。除可溶性有机质继续分解外,纤维素、半纤维素、果胶、蛋白质等也开始迅速分解。嗜温微生物受到抑制或死亡,嗜热微生物成为优势种。通常在50℃左右时最活跃的是嗜热性真菌和放线菌,温度上升到60℃时真菌几乎完全停止活动,仅有嗜热性细菌和放线菌活动,温度升到70℃时大多数嗜热性微生物大批进入休眠和死亡阶段。现代化堆肥生产的最佳温度一般为55℃,这是因为大多数微生物在该温度范围内最活跃,最易降解有机物,而病原菌和寄生虫大多数可被杀死。一般认为50~60℃的堆温,持续6~7 d对虫卵和病原菌即可达到较好的致死效果。如果高温期过短则表明条件不够理想,植物性物质未充分分解,这时可以翻堆,将堆积的材料重新拌匀,再次封堆,使其产生第二轮升温。

成熟期:高温期之后,废物中的有机物包括较难分解的纤维素等已大部分被分解,剩下的是木质素等较难分解的有机物以及新形成的腐殖质。这时嗜热性微生物活动减弱,温度逐渐下降,当堆温回复到中温水平时,中温型微生物又成为优势微生物类型,堆肥处理进入成熟期。

在整个堆肥微生物群落中,每克堆肥中细菌数为10^8~10^9个,放线菌数为10^5~10^8个,真菌数为10^4~10^6个,藻类数<10^4个。细菌是中温阶段的主要菌群,对发酵升温起主要作用,放线菌是高温阶段的主要菌群,芽孢杆菌、链霉菌、小多孢菌和高温放线菌是堆肥中的优势种。成熟的堆肥表面呈白色或灰白色,内部黑褐色或棕黑色,秸秆和粪块等完全腐熟,质地松软,无粪臭,散发出泥土气味,不招蚊蝇,pH8~9,呈弱碱性。

3. 堆肥的基本方法

堆积发酵法:有机废弃物进行堆积,通过人力或者机械力量进行翻动使有机废弃物接触氧气进行发酵。部分堆积物处于不通气状态会产生臭气,为提高堆肥效率,堆积物的断面应尽可能最小化,翻动的机械要和堆积物的形状配套。堆肥的时间需要3~4周,然后再经过3~4周的后熟才可使用。

好氧发酵法:为增加堆积物的通气性,在排水设施上部堆积有机废弃物。为控制臭气和保温,通常在堆积物上方进行覆盖。为达到氧气充分和温度控制,需充分通风,以达到快速发酵的效果。堆肥的时间需要3~4周,后熟3~4周。

容器内发酵法:容器一般有垂直塔状、横放矩形、圆形罐状、圆形回转罐状等,主要是通过空气量、温度、氧气浓度、处理时间、臭气控制等对容器内的有机废弃物进行机械式搅拌,达到充分发酵的目的。堆肥需要1~2周完成,后熟4周以上。

4. 堆肥产业的发展前景

堆肥已成为世界范围内处理有机固体废弃物的一种普遍工艺。国外堆肥工艺种类繁多，欧美很多国家建立了堆肥产品认证制度，并形成了一系列控制体系。包括对堆肥产品理化指标如水分、容重、碳、N、P、K、pH、重金属、挥发性固体、腐熟度的全程检测，为控制质量奠定基础；尽量从原料及工艺角度出发保持堆肥中的养分（N、P、K）水平，以确保产品的肥效和竞争力；优化堆肥施用技术，如施肥时间、施肥方法和施肥量等；消除堆肥毒性；生产抗病性堆肥等。现代堆肥工艺的几个方向是密闭化、快速高效、环境友好和低成本。

我国由于长期忽视对固体废弃物的管理以及技术设备等的不足，堆肥产业仍处于发展初期，与发达国家相距较远。但中国堆肥及有机肥的发展具有独特的市场特点，包括自主技术和设备的开发，堆肥菌剂的应用，快速堆肥工艺的提出和有机-无机复混肥工艺和设备的建立等。

二、土壤修复

土壤是人类生存发展不可或缺的物质基础，是人类及其他生物赖以生存的场所，是人类文明发展的基石，是一切生产和一切存在的源泉。几千年来，土壤已经得到富有成效的利用，但过度的索取和人为的破坏导致土壤千疮百孔，岌岌可危。土壤污染是指污染物通过多种途径进入土壤，其数量和速度超过土壤的自净能力，导致土壤的组成、结构和功能发生变化，微生物活动受到抑制，有害物质或其分解产物在土壤中逐渐积累，通过“土壤-植物-人体”，或通过“土壤-水-人体”间接被人体吸收，危害人体健康的现象。2018 年 8 月 31 日，第十三届全国人大常委会第五次会议表决通过了《土壤污染防治法》，这是我国首部专门规范防治土壤污染的法律。

土壤污染修复是指利用物理、化学和生物的方法，转移、吸收、降解、转化或控制污染土壤中的污染物，使其浓度降低到安全水平，或将有毒有害的污染物转化为无害的物质。

1. 土壤污染修复技术

（1）按修复位置分类　根据修复位置的不同可分为原位修复和异位修复。土壤原位修复技术是指在不开挖土壤的条件下，进行土壤修复；异位土壤修复技术是指开挖土壤后，对开挖的污染土壤进行修复。其比较如表 12-7 所示。

表 12-7　原位与异位修复技术对比分析

特点	对比分析
处理对象	原位修复通常可同时处理土壤与地下水，异位修复一般只针对土壤或地下水
处理效果	原位修复工程的处理效果受场地本身水文地质特点，尤其是土壤质地的影响较大，不确定性较高，因此对于同样原理的处理技术，一般异位处理效果相对较好，修复达标可预测性高
二次污染风险	异位修复工程需要开挖转移污染土壤，因此，土壤、大气、水的二次污染风险相对较大，但是对于采用药剂修复的原位修复工程，药剂本身可能对非污染土壤和地下水造成二次污染
修复成本	异位修复工程需要大量的场地建设和土方工程施工成本，因此，对于同样原理的修复工程，一般异位修复成本更高，但某些修复工程受设备成本和能耗成本的影响更大，如原位热脱附工程，其每方土修复成本一般高于异位热脱附工程
其他	同位修复不需开挖土壤，所需的施工空间和区域小，因此可适用于施工空间有限的土壤修复工程

（2）按修复原理分类　按修复原理的不同可分为物理法、化学法和生物法。然而在工程实践中，土壤修复的原理是十分复杂的，一般只能根据其主要原理来进行分类。

(3)按功能分类　按功能可分为污染物的破坏或改变技术,指通过热力学、生物或化学处理改变污染物的化学结构从而去除污染物;污染物的提取或分类技术,指将污染物从环境介质中提取和分离出来;污染物固定化技术三种。

(4)按修复方式分类　可分为源处理技术和工程控制技术。大多数修复技术都是将污染物从土壤中彻底去除的源处理技术。工程控制是指切断污染物的迁移途径,从而降低风险的技术,主要包括固化/稳定化技术和阻隔填埋等。

2. 土壤污染修复技术的发展趋势

采用单纯的物理、化学、生物法修复污染严重的土壤具有一定的局限性,因此,各技术的连用已变成一种发展趋势。

(1)微生物-动物-植物联合修复技术　利用能促进植物生长的根际细菌或真菌,发展植物与降解菌群协同修复技术、动物与微生物协同修复技术以及根际强化技术,从而促进重金属和有机污染物的吸收、代谢和降解,是生物修复技术最有前景的研究方向。

(2)化学-物化-生物联合修复技术　化学淋洗与生物联合修复是基于化学淋溶作用,通过增加污染物的生物可利用性而提高生物修复效率。利用有机配合剂的配位溶出,增加土壤溶液中重金属浓度,提高植物有效性,从而实现强化诱导植物吸收修复。化学预氧化与生物降解联合及臭氧氧化与生物降解联合等技术已经应用于污染土壤中多环芳烃的修复。

(3)电动力学-微生物联合修复技术　该技术可克服单独的电动力学和微生物修复技术的缺点,在不破坏土壤质量的前提下,加快土壤修复的进程。此联合技术已用来去除污染黏土矿物中的菲。硫氧化细菌与电动综合修复技术可用于强化污染土壤中铜的去除效果。应用光降解与微生物联合修复技术可以提高石油中 PAHs 的去除效率。但目前这些技术多处于室内研究阶段。

(4)植物-微生物联合修复技术　应用植物、微生物联合修复 PAHs 的研究已有很多报道。一方面植物的生长为微生物的活动提供了更好的条件,特别是根际环境的各种生态因素能促进微生物的生长代谢,从而形成适合的根际微生物群落;另一方面植物本身与环境污染物产生直接作用(如根系的吸收)和间接作用(如体外酶等生物活性物质的分泌等)。研究表明,用苜蓿草修复多环芳烃和矿物油污染的土壤时,投加真菌可不同程度地提高土壤 PAHs 降解率。

(5)化学-生物(生态化学)联合修复技术　该技术大致可分为两类:一是利用土壤和蓄水层中的黏土,在现场注入季铵盐阳离子表面活性剂,使其形成有机黏土矿物用来吸附和固定主要污染物,然后利用现场的微生物降解、富集吸附区的污染物,实现化学与微生物的联合修复;二是利用表面活性剂的增溶作用,增大水中疏水性有机污染物的溶解度,有机物被分配到表面活性剂胶束相中,使有机物被微生物吸收代谢。该技术的优势在于生态影响小,费用低,市场风险小,应用范围广,工艺相对简单、容易操作、易于推广。

第七节　微生物在发酵工业中的应用

发酵一词最早来自拉丁文,指的是在酒的生产过程中产生气泡的现象,即“发泡”的意思。

巴斯德(Pasteur)根据微生物在分解有机化合物的过程中最终电子受体的不同，将发酵定义为：在产能代谢途径中最终电子受体是有机物的过程。在现代工业生产中，人们习惯于把利用某种微生物制造某种产品的过程称为“发酵”，并在发酵的前面冠以某种产品（或某类产品）的名称，如谷氨酸发酵（氨基酸发酵）、青霉素发酵（抗生素发酵）等。发酵工业则是借助微生物大量生产各种有用物质的现代工业，它必须具备 3 个条件：优良的生产菌种、合适的环境条件和先进的工艺设备。

发酵工业涉及的范围很广，酒类、醇类和溶剂类的制造，有机酸、氨基酸、抗生素、酶制剂的发酵生产，沼气发酵、污水处理、菌肥、微生物农药等，都涉及微生物的发酵技术，现选择一些重要内容在此做简要的介绍。

一、在有机酸生产中的应用

微生物可产生的有机酸很多，迄今已知有 70 多种。由细菌产生的有机酸有乙酸、丙酮酸、丙酸、乳酸等，由真菌产生的有机酸有柠檬酸、苹果酸、葡萄糖酸、曲酸、衣康酸等。虽然微生物可转化的有机酸很多，但工业化生产的品种主要是柠檬酸、苹果酸、乙酸、乳酸、葡萄糖酸等少数几种有机酸，这些有机酸 75％用于食品、饮料工业、15％用于医药，其他用于日用化学品、纺织、洗涤和有机合成等方面。虽然不少的有机酸可用化学合成法生产，并且成本低于发酵法，但作为食品添加剂、酸味剂的有机酸，人们倾向于使用发酵法生产的有机酸。

柠檬酸是以发酵法生产最多的有机酸，全世界每年生产量约 150 万 t，柠檬酸被广泛应用于食品和饮料的酸味剂。柠檬酸的酸味柔和，口味纯正。在食品中使用柠檬酸，不仅起到酸味清新、增香和改进风味、同时也有抑制微生物生长、防止食品腐败的作用。柠檬酸和柠檬酸钠盐也是一种很好的抗凝血剂，因此在医学上具有一定的应用价值，此外柠檬酸还可用于化妆品、洗涤剂等。

柠檬酸最初是从柑橘、菠萝、柠檬等果实中提取获得，1893 年，Wehmer 发现淡黄青霉、梨形毛霉等真菌可以积累柠檬酸。1917 年，Currie 用固体浅盘培养黑曲霉得到了柠檬酸，为柠檬酸的发酵法生产奠定了基础，逐渐形成了以黑曲霉为生产菌种的发酵法生产柠檬酸，至 20 世纪 50 年代，柠檬酸生产普遍采用了通气搅拌发酵技术。

柠檬酸发酵生产的主要原料是糖蜜或甘薯粉，我国以甘薯粉为主要原料，不添加其他氮源和微量元素，发酵周期 4～5 d，柠檬酸的发酵单位可达 150 g/L 左右，2005 年我国的柠檬酸产量为 63 万 t，占世界总产量的 44％，我国已连续多年柠檬酸产量世界第一。

二、在酶制剂生产中的应用

酶是生物体中含有的一种具有催化功能的蛋白质，从生物细胞中提取出这种蛋白质，经加工后制成具有催化功能的生物制品，就称为酶制剂。酶制剂在食品、酿造、纺织、制革、造纸、医学等方面有着广泛的用途，如 α-淀粉酶可用于织物退浆，蛋白酶可用于丝绸脱胶、软化皮革，微生物产生的溶血酶可用于治疗血栓、凝血酶可以止血等。

早期的酶制剂生产多数是从动物脏器或高等植物种子、果实中提取，规模小，产量低。随着酶制剂应用范围的日益扩大，单纯依靠动植物来源已不能满足需要，这促使人们逐渐转向利用微生物来生产酶制剂。目前已经能够大规模工业化生产的100多种酶制剂中,绝大部分是通过微生物发酵生产的。值得一提是,近20年来,酶制剂在饲料中的应用发展很快,已有20多种酶被应用于饲料工业,饲料中添加酶制剂可提高畜禽对饲料的消化吸收,促进生长,酶制剂作为饲料添加剂具有广阔的应用前景。

在酶制剂的生产中,最早实现了工业化生产的是淀粉酶,并且是迄今为止用途最广、产量最大的一个酶制剂品种,淀粉酶的生产几乎占了整个酶制剂生产的50%以上。按照淀粉酶水解淀粉的方式不同,淀粉酶可分为α-淀粉酶、β-淀粉酶、葡萄糖淀粉酶和异淀粉酶等,α-淀粉酶是生产量最大的淀粉酶,其次是葡萄糖淀粉酶。

α-淀粉酶的生产可采用细菌,也可采用霉菌,细菌生产主要以枯草芽孢杆菌为生产菌,霉菌生产主要以黑曲霉为生产菌。细菌的α-淀粉酶生产一般采用通气搅拌发酵技术,霉菌则多采用固体曲法生产。

通气搅拌发酵常以麸皮、玉米粉、豆饼粉、米糠、玉米浆等为原料,并适当补充铵盐、镁盐、磷酸盐、钙盐等,通气搅拌培养24~48 h,当酶活达最高时结束发酵。

固体发酵法以麸皮为主要原料,酌量添加米糠或豆饼的碱水浸出液以补充氮源,在相对湿度90%以上,培养36~48 h,然后在40℃以下烘干或风干,即成为工业用的粗酶。

三、在抗生素生产中的应用

青霉素是第一个被发现的抗生素,正是由于对青霉素工业化生产的研究才使得通气搅拌发酵技术得以建立。因此,我们也可以说抗生素工业化生产研究极大地促进了发酵技术的发展,直至目前,通气搅拌发酵技术仍然是发酵生产的主要形式。

虽然说某些抗生素已采用化学合成法,如氯霉素,但绝大多数的抗生素还是通过发酵法进行大规模生产的。现在很多的抗生素,经微生物发酵生产后,再经化学改造,使其具有更优良的性状,这一类抗生素我们称为半合成抗生素,如氨苄青霉素、丁胺卡那霉素等。

抗生素在医学上被广泛用于抗感染药物,如青霉素类抗生素,虽然在临床上已使用了50多年,但迄今仍为控制敏感金黄色葡萄球菌、肺炎双球菌等引起的严重感染(如败血症、肺炎、脑膜炎等疾病)的有效药物。

除医学领域外,抗生素在农业生产上也有其广泛的用途,这些在农业上使用的抗生素称之为农用抗生素。如杀稻瘟菌素、春日霉素可用于防治水稻稻瘟病,多氧霉素、有效霉素可防治水稻纹枯病,阿维菌素可以杀灭多种为害农作物的害虫等。与其他农药相比,使用这些抗生素的优点是半衰期短,不易在动植物体内积累,对环境的污染小,使用数量少,一般只有10~50 mg/L。

除农用抗生素外,在农业生产应用的其他微生物发酵产品还有微生物杀虫剂、菌肥、植物生长激素等。

赤霉素是一族结构上相似化合物的总称,目前已发现有90多种,赤霉素是一种植物生长刺激素,其中赤霉酸(GA_3)被广泛用于农业生产。杂交水稻制种应用赤霉酸,产量可提高100 kg/亩以上,用于黄瓜、韭菜、芹菜、大白菜等均有不同程度的增产效果。

赤霉素可由赤霉菌产生,可用固体发酵法生产也可用通气搅拌发酵法生产,但大规模的生产目前均采用通气搅拌发酵法。

赤霉菌可利用多种碳源物质，如淀粉、蔗糖、葡萄糖和多种氮源物质，如豆饼粉、花生饼粉、硫酸铵等产生赤霉素，发酵周期为5～7 d，前3 d为菌丝生长阶段，菌丝生长停止后开始大量合成赤霉素。

微生物发酵工业是近几十年迅速崛起的，并且不断开拓出新的领域，除上述介绍的内容外，微生物还有很多方面的应用。我们有理由相信，这是一个大有发展前途的学科，并将继续在国民经济的各个领域发挥巨大的作用。

第八节　微生物在食品加工中的应用

一、微生物在食品生产中的应用

早在古代，人们就采食野生菌类，利用微生物酿酒、制酱等。微生物用于食品生产及加工已有数千年的历史，利用微生物可生产出种类繁多的食品，如酒、面包、酱、酸奶、食用醋等。下面选择几种常见的食品举例说明微生物在食品生产过程中的应用。

(一)酒

“酒”是指含有酒精(乙醇)的饮料和饮品。推测大概在6 000年前，人类就已经开始酿酒，无论西方或东方，都有这样的记载或考证。酒的种类很多，如啤酒、葡萄酒、黄酒、白酒(蒸馏酒)等。但无论何种酒，都是以糖质为原料，经酵母菌的酒精发酵后制成的。酒的制造，可以是液体发酵，如啤酒，也可以是固体发酵，如大多数的中国白酒。

啤酒是一种世界性的酒饮品，至20世纪90年代，约有130个国家生产啤酒，全世界啤酒总产量为1.2亿t左右，世界人均年消费量为24 L。

啤酒生产的主要原料是麦芽和酒花，大多数的生产商加入25%～30%的谷物淀粉。麦芽和谷物淀粉经粉碎、调浆后，按一定的程序升温糖化，并在糖化过程中加入酒花，使酒花中的物质溶于糖化液中，赋予啤酒独特的芳香和口感，再经冷却、澄清得到麦芽汁。麦芽汁接种啤酒酵母，经过20多天的发酵，酿成一种含CO_2、起泡的、低酒精度的饮品。

(二)食用醋

醋是一种常用的食品酸性调味剂，它能增进食欲，帮助消化，在人们饮食生活中不可缺少。虽然醋酸可以用化学合成法生产，且成本低廉，但出于安全性的考虑，人们更喜爱食用微生物发酵生产的酿造醋。酿造醋的发酵过程由两个阶段组成，第一个阶段是酒精发酵，第二阶段是醋酸发酵。

我国食用醋的品类很多，各具特色，酿造方法也各不相同，可以是液体发酵，也可以采用固体发酵的方式。

可用于酿醋的原料很多，马铃薯、甘薯、大米、玉米、高粱等，甚至一些野生植物，如橡子等。食用醋酿造的大致过程是：制曲、淀粉液化、糖化、酒精发酵、醋酸发酵、淋醋、陈酿等过程。

在传统的酿醋工艺中，所涉及的微生物来自自然界，种类繁多。革新后的新工艺酿醋均采用人工选育的纯培养微生物菌种。

在制醋过程中,需要用到曲,曲从本质上说就是霉菌在谷物上生长后形成的一种生物制品,主要的作用是进行淀粉原料的糖化。

制醋原料,先要进行淀粉的液化和糖化。这个过程中用到的微生物主要是曲霉属真菌。糖化后要进行酒精发酵,即将糖发酵后形成酒精。参与酒精发酵的微生物一般是子囊菌亚门酵母属中的酵母。不同的酵母菌株,其发酵能力不同,产生的香气也不同。酒精发酵后,下一步参与的微生物主要是醋酸菌,它的作用是将酒精氧化生成醋酸。经醋酸发酵后,再经淋醋,陈醋等后加工过程成为成品醋。

(三)酱油

酱油起源于中国,以后发展到日本、东南亚地区,历史悠久。它不仅具有调味功能,而且含有18种氨基酸、丰富的维生素和矿物质,具有一定营养价值和保健功能。酱油是大豆或豆饼与麸皮、面粉、小麦等为原料,利用曲霉及其他微生物的共同发酵作用酿制而成的。其基本生产工艺是:大豆、小麦等原料分别浸泡、蒸煮,出锅后降温接种。入曲池或曲罐,通风保温发酵,期间根据需要翻曲。一般24 h后加入盐水,继续保温发酵。发酵成熟后,经浸出,过滤,高温灭菌等加工过程成为成品酱油。

(四)面包

面包是以面粉(小麦)为主要原料,以酵母菌、糖、油脂和鸡蛋为辅料生产的发酵食品,营养丰富,组织蓬松,易于消化吸收,食用方便,深受消费者喜爱。

面包生产中不可缺少的微生物是面包酵母(*Saccharmyces cerevisiae*,分类上是酿酒酵母)。面包酵母利用糖类进行发酵作用,产生 CO_2,在高温下烘烤时使面团体积膨大,结构疏松,呈海绵状结构,质地松软可口。发酵后的面包与其他各类主食品相比,其风味自有特异之处,产品中有发酵制品的特殊香味。另外,酵母中的各种酶对面团中的大分子有机物进行了一定程度的降解,变成结构简单的小分子有机物,这对人体消化吸收非常有利。而酵母本身蛋白质含量甚高,且含有多种维生素,使面包的营养价值增高。

生产上应用的面包酵母可以是鲜酵母,它可以来自其他发酵产业,如啤酒发酵后回收的酵母。鲜酵母价格低廉,但发酵活力相对较低,发酵速度慢,且不易贮存运输。现在面包生产上使用的酵母更倾向于使用高活性的干酵母,这种酵母是针对面包制作特殊选育的,经特殊工艺制成干酵母粉,发酵活力高,且易于贮存运输。

(五)发酵乳制品

发酵乳制品是指原料乳品经杀菌后,再接种特定的微生物进行发酵,产生具有特殊风味的食品。发酵乳制品通常具有良好的风味、较高的营养价值,深受消费者的欢迎。常见的发酵乳制品有酸奶、奶酪等。

发酵乳制品的生产菌种主要是乳酸菌,乳酸菌不是一个分类学名词,是指一类能利用可发酵碳水化合物产生乳酸的细菌的统称。这类细菌在自然界分布广泛,具有丰富的物种多样性,至少包含18个属,200多个种。常见的有乳酸乳杆菌(*Lactobacillus lactis*)、干酪乳杆菌(*L. casei*)、保加利亚乳杆菌(*L. bulgaricus*)、植物乳杆菌(*L. plantarum*)、嗜热链球菌(*Streptococcus thermophilus*)、双歧杆菌属(*Bifidobacterium*)等。

酸奶是日常生活中常见的发酵乳制品，营养丰富。以此为例，简要介绍一下酸奶的制作过程。酸奶制作的主要原料是牛奶，根据需要可以加入一定量的蔗糖。牛奶中含有大量的酪蛋白，约占全乳的2.9%。乳酸菌发酵牛奶中的乳糖产生乳酸，乳酸使牛奶中的酪蛋白变性凝固，从而使整个奶液呈凝乳状态。同时，在发酵过程中，酸奶还会形成其特有的香味。

牛乳（最好使用脱脂牛乳）在95℃杀菌15 min，冷却至42～47℃，接种2.5%～5%的发酵剂（即1∶1的保加利亚乳杆菌和嗜热链球菌），搅拌均匀后于42～45℃保温发酵，时间为2.5～4 h。发酵终止后，将酸乳置于2～6℃条件下存放12 h以上（即后发酵），以促进芳香物质产生，同时增加酸乳制品的黏稠度。最终产品应呈现出胶体状，白色不透明，组织光滑，具有柔软蛋奶羹状的硬度。

二、微生物与食品保藏

食品是含有丰富营养的基质，易腐败变质。食品腐败变质，是指食品受到各种内外因素的影响，造成其原有化学性质或物理性质发生变化，降低或失去其营养和商品价值的过程。如肉的腐臭、油脂的酸败、水果蔬菜的腐烂和粮食的霉变等。

食品保藏是指为了保持食品的营养价值，防止食品腐败变质，延长其食用期限，使食品能长期保存所采取的加工处理措施或方法。

食品保藏是食品生产和食品消费之间的重要中间环节，涉及生产、运输、销售和消费等各个步骤。食品保藏除应采取措施避免食品机械性损害、食品受物理和化学污染、虫害、鼠害外，最重要的还是预防和控制微生物对食品的污染。

（一）食品保藏的原理

食品在生产、运输、销售等环节中，都有可能受到污染，如物理性的放射性污染，农药、工业废弃物的化学污染和包括微生物在内的生物污染等。但食品腐败变质与生物污染关系最密切，因此防止食品腐败变质的重要方法和措施就是停止或抑制食品中一切生命活动和生化反应。常用的方法有低温保藏、高温杀菌保藏、干燥脱水保藏、提高食品的渗透压、加入防腐剂和抗氧化剂等保藏方法。

（二）常用食品保藏方法

1. 去除或降低食品中已有的微生物

许多食品，如水果、蔬菜、鱼、肉、禽蛋等，内部一般不含有微生物，但其外表往往带有大量的微生物，作为预防措施，可对这些食品原料进行清洗等处理，以减少或去除大部分所带的微生物。然后通过干燥、降温等使环境不适于微生物的生长繁殖，延长其食用期限。

2. 低温保藏

在低温条件下，食品中的酶活性及生化反应受到抑制，微生物生长繁殖速度大大降低或完全被抑制，因此可以防止或减缓食品的变质，在一定的期限内，可较好地保持食品的品质。

对于不同的食品或原料，冷藏的温度要求不一样。如马铃薯、苹果、大白菜等一般只需在低于15℃的低温保藏，并保持一定湿度以免脱水干枯。水产、肉类、禽蛋、奶制品、某些蔬菜等，如保藏的时间较短，可在4～8℃保藏。如需长时间保藏，则应在冰冻温度（10℃以下）进行保藏。

3. 高温杀菌保藏

这种方法是将食品经过加热杀菌后,再进行保藏。在日常食品加工过程中,如蒸煮、烘烤、油炸等,就是一个加热过程,在这个过程中,可以杀死绝大部分微生物(但不能完全杀死芽孢菌),因此可以延长食品的保质期。但这种食品加工过程的加热,并不是完全的杀菌,食品也没有被密封,所以食品不能被长期保藏。

如果采用高温杀菌的方法以长期保藏食品,食品需密封后进行杀菌,或者杀菌后在无菌条件下进行包装。杀菌的方法有高温杀菌、超高温瞬时杀菌、微波杀菌、远红外线加热杀菌等。各种罐头食品常采用这样的保藏方法。

4. 干燥保藏

任何微生物生长都需要适宜的水分,将食品进行干燥,减少食品中的水分,使微生物难以生长繁殖,使食品的食用时间得以延长。

干燥保藏是一个具有悠久历史的保藏方法,许多粮食,如水稻、小麦、玉米、大豆等的保藏都采用该方法。

5. 盐藏或糖藏

这种方式是在食品中加入较大量的盐或糖,通过提高渗透压来抑制微生物生长,使食品的食用时间得以延长。如我们常见的各种腌渍制品,蜜饯等。腌制品可以保藏相当长的时间而不变质。但某些耐高渗的酵母、霉菌和嗜盐细菌仍可生长,因此,仍需注意这些微生物对腌制品的腐败变质。

6. 加入防腐剂保藏

顾名思义,也就是通过加入一定量防腐剂,以延长食品的保藏期。防腐剂可以区分为生物防腐剂和化学防腐剂,生物防腐剂是由微生物代谢产生的抗菌物质,如乳酸链球菌素、纳他霉素等。化学防腐剂是指化学合成的防腐化合物,如苯甲酸及其钠盐、山梨酸及其钾盐和钠盐等。它们常被用于抑制糕点、干果、果酱、果汁等食品中的酵母菌和霉菌。对于防腐剂的安全性,人们总存在担心。我国针对食品防腐剂,制定了严格的使用标准,其中包括使用范围和安全剂量。因此,只要在国家规定的最大添加量范围内使用,防腐剂是安全的,但过量使用,对人体有害。

没有任何一种单一的保藏方法是完美无缺的,食品保藏须采用综合保藏技术。比如腊肉、香肠、火腿的保藏,是腌制与干燥保藏的结合,不仅使它们得以长时间地保藏,还可在保藏过程中产生特有的风味。

第九节　食用菌

食用菌(edible mushroom)是能够形成大型肉质或胶质的子实体或菌核类组织并能供人们食用或药用的一类大型真菌。子实体是着生孢子的器官,常见的食用菌如香菇、平菇、木耳、银耳、金针菇、草菇等,其被食用的部分都是子实体,而茯苓和猪苓则是菌核。多种大型真菌既是营养丰富、味道鲜美的食品,又是对某些疾病具有一定治疗或预防效果的药用菌,如猴头菇、银耳等。所以,食用菌和药用菌并无明显的界限和标志加以区别,只是各自在功能和用途上有些主次之分。

我国发展食用菌生产的历史悠久，菌类资源及用于食用菌人工栽培的工、农业副产品丰富，具有发展食用菌栽培业极为有利的条件。据中国食用菌协会统计，2015 年我国食用菌总产量达到 3 400 万 t(鲜重)，约占世界食用菌总产量的 70%，产值超过 2 500 亿元。平菇、香菇、双孢蘑菇、金针菇、黑木耳等食用菌的产量均居世界第一位，是真正的食用菌生产大国。我国食用菌产业产值已成为中国农业种植业中继粮、菜、果、油之后的第五大产业，高于棉、茶和桑，已成为农村经济中最具活力的新兴产业。

一、食用菌促进农业生态系统的良性循环

地球上已知能形成大型子实体的真菌约有 14 000 种，其中可以食用的 2 000 多种，有些学者的估计值还要高。我国已发现食用菌 981 种。其中能够进行人工栽培的有 92 种，商业化栽培的有 30 多种。食用菌在真菌分类中绝大部分属于担子菌，极少数属于子囊菌。

根据培养料的主要营养成分将食用菌分为草腐型与木腐型两大类。主要分解利用富含纤维素的秸秆类物质的食用菌叫草腐型食用菌，如双孢蘑菇、草菇；主要分解利用富含木质素的木材类物质的食用菌叫木腐型食用菌，如香菇、木耳。

木腐型食用菌以前采用段木栽培法，现已改用“代料”栽培，所谓“代料”，是指代替段木栽培木腐型食用菌的各种有机物。代料栽培食用菌，不仅可以保护林木，而且具有生产周期短、生物学效率高、便于工厂化生产等优点。生物学效率是指食用菌鲜重与所用的培养料干重之比，常用百分数表示。如 100 kg 干培养料生产了 80 kg 新鲜食用菌，则这种食用菌的生物学效率为 80%，生物学效率也被称为转化率。利用农林业的秸秆、枝杈及酿造工业的副产品栽培食用菌，还可以消除环境污染，因此，食用菌产业是一项利废为宝、化害为利的有机物转化途径。

食用菌同农作物相比，具有繁殖速度快、生物学效率高的特点。1 hm^2(15 亩)菇房若周年工厂化栽培双孢蘑菇一年可生产 22 t 蛋白质，相比而言，多数农作物每公顷每年的蛋白质产量仅为 1～2 t。食用菌不仅美味可口，而且有很高的营养价值和药用价值。2018 年全国食用菌产量为 3 800 万 t，按各种食用菌的平均生物学效率为 50%来计算，2018 年栽培食用菌所利用的农林业副产品达到 7 600 万 t，占全国农林业副产品总量的 10.9%，还有很大的发展潜力。

生产食用菌后的菌糠粗蛋白含量高于 10%，其他肥用指标(N、P_2O_5 和 K_2O)也达到或超过了人粪尿、猪粪和牛粪，是优质的有机肥料。栽培食用菌的同时就生产出了大量优质的有机肥。施用这种有机肥料，农作物中的硝酸盐和亚硝酸盐含量将会降低，消费者可得到更安全的农产品。所以，发展食用菌产业的同时还能减少农作物秸秆的剩余量和促进有机农业的发展。

2018 年，我国食用菌产量为 3 800 万 t，利用的工农业副产品总量约为 7 600 万 t，出菇后原料重量约减少一半，即产生 3 800 万 t 干菌糠，除少数菌糠被进一步加工利用外，绝大部分可作为优质有机肥料用于农业。菌糠的含氮量为 1.7%，3 800 万 t 菌糠的含氮量是 64.6 万 t，相当于 140.3 万 t 尿素的含氮量，能满足 374.0 万 hm^2(5 612 万亩)土地一个生长季节对氮的需求。

二、食用菌的营养价值与药用价值

食用菌不仅是一类味道鲜美、营养丰富的食品,而且可以用作保健品或药品。食用菌美味可口、营养丰富,美味可通过色、香、味的优劣来评判,而营养价值则需要采用科学的方法进行检测,如化学成分分析,包括氨基酸、脂肪酸、维生素、矿物质及核酸的光谱分析等。食用菌的营养成分取决于其遗传基础所导致的生物化学特性,此外,环境条件和培养基质对营养成分也有影响;食用菌和其他生物一样,收获后仍进行代谢,不同发育阶段的子实体及其采收后的贮存和加工方式,也导致化学成分的改变。

高等真菌被用作药物,在我国已有悠久的历史,它不但是我国天然药物资源的一个极为重要的组成部分,而且已成为当今探索和发掘抗癌药物的重要领域。两千多年前的东汉末,世界上第一部药物专著《神农本草经》中就记载了灵芝、茯苓、猪苓、雷丸等10余种真菌。至明代,著名医药学家李时珍的巨著《本草纲目》,收载药用真菌40多种。1974年刘波著的《中国药用真菌》介绍了78种真菌,再版时记载了117种。卯晓岚(1998,2000)在《中国经济真菌》和《中国大型真菌》中注明有食用价值的种类分别为876种和830种。2010年,戴玉成等报道我国食用菌966个分类单元,包括936种、23变种、3亚种和4变型。

1930年德国科学家发现担子菌有抗肿瘤的活性,特别是1969年日本科学家千原吴郎报道了香菇多糖具有抗肿瘤活性之后,全世界掀起了从真菌中寻找抗癌药物的热潮,并证明100多种真菌具有显著的抑瘤活性。我国真菌资源十分丰富,民间利用真菌入药有着悠久的历史,许多真菌已被用作生药或制成中成药。

三、常见食用菌简介

1. 香菇

香菇(*Lentinula edodes*)是一种木腐菌。子实体伞形,多为单生,也有丛生和簇生的。菌盖圆形似铜锣,一般直径为3~5 cm。菌盖表面多为浅褐色或深褐色。有的菌盖表面有鳞片,菌肉白色。菌褶和菌柄为白色或淡黄色,菌柄长3~5 cm。孢子印白色,孢子近椭圆形,其大小一般为(5~7)μm×(3.4~4)μm。香菇菌丝有锁状联合。菌丝细胞不能在活树上生长,只能在失去生命力的段木上生长,分解木材组织使木材腐朽。

香菇栽培经历了砍花法(公元1000年以前)、段木栽培法和代料栽培法三个主要发展阶段。1987年,中国香菇产量达17.88万t,第一次超过日本。从此,中国的香菇产量跃居世界第一。2018年,我国香菇产量1 043万t,占全国食用菌总产量的27%,按产量排序为第一大品种。传统段木栽培香菇的周期一般需要3~5年,生物学效率15%~20%。而代料栽培的周期缩短到6~8个月,平均生物学效率70%~80%,高产的生物学效率可达100%。

代料栽培香菇的技术要点是以阔叶树木屑为主要原料,并控制好含水量;在发菌阶段,最大限度地降低污染率,提高发菌成功率,培养出健壮的菌丝体;在生殖生长阶段,把握香菇的发育特点,如转色时机、光照强度、干湿交替和拉大温差等。

2. 平菇

平菇不是一个分类学的名称,而是侧耳属食用菌的俗称。侧耳属食用菌的总产量居各种栽培菇类的首位，最常见的为糙皮侧耳(*Pleurotus ostreatus*)。2018 年，我国平菇产量 642 万 t，按产量排序为第三大品种。

野生平菇多簇生或丛生于杨、柳、榆、栎等阔叶树种的枯木或活树的朽枝上。栽培侧耳原料广泛，除木屑外，还有禾谷类秸秆、棉籽皮、工业废棉绒、玉米芯、纸浆渣、葵花籽壳、油菜籽壳、蚕豆壳、酒糟、醋糠、甜菜渣、甘蔗渣、香蕉茎叶、梧桐树叶、大豆秸、葵花盘、花生壳、部分中药渣等，凡含有纤维素和木质素的有机物都可以作为生产侧耳的培养基。栽培侧耳主要有生料栽培、熟料栽培和发酵料栽培三种方式。

生料栽培是指将已确定的各种原料与水混匀直接装袋播种的培养过程。生料栽培省工时成本低。适于杂菌密度相对小的冬季栽培，而且产量高。在华北地区，一般在 11 月初至翌年 2 月底期间可生料栽培。生料栽培装袋播种后第 5 天开始升温直到第 22 天为自产热的最高时期，可以利用这一点适当码垛菌袋，靠自身产热提高发菌温度。

熟料是通过常压或高压灭菌的培养料。熟料栽培费工费时，成本相对较高。夏季杂菌密度大，繁殖率高。因此，需要将栽培料全部灭菌。一般采用在两端接种，也可在袋的中部打穴接种。接种后熟料自产热相对低，可避免烧料。

发酵料适于春秋季栽培。使用发酵料可省工时，适宜大面积生产。原料的堆制发酵是一种复杂的物理化学和生物化学的加工过程。若原料发酵不熟等于培养杂菌，它直接关系到发菌的成败及子实体的优质高产。发酵过度，培养料中的营养成分被破坏造成减产，甚至完全不能使用。

3. 金针菇

金针菇(*Flammulina velutipes*)的生产品种有两大类，一类是黄色的，其特点是质地脆嫩，成熟或见光后菌柄基部易变成褐色。另一类为白色的，菇体不易变色。2018 年，我国金针菇产量 258 万 t，按产量排序为第五大品种。

金针菇属于低温型菇类，适于秋末、冬季、早春较冷的季节栽培，也可工厂化周年栽培，生物学转化率 80%～120%。商品金针菇要求菌盖为半球形，直径 1.0～1.5 cm，菌柄长度 15～16 cm。

金针菇采用熟料栽培，栽培方式有瓶栽法和袋栽法。瓶栽时一般采用 750 mL、800 mL 或 1 000 mL 的玻璃瓶或聚丙烯塑料瓶，瓶口直径 7～8 cm 为宜，其口径直接影响菇蕾的发生。口径太小，通气差，菇蕾发生量就少。瓶栽的优点是污染率低、瓶子可重复使用。不足之处是占空间大，刷洗、装瓶费工时。袋栽法口径可任意选择，菇蕾能大量发生。因通气好，筒料的上端可用薄膜遮光和保湿，一般选用 17 cm×40 cm 或 18 cm×45 cm，厚度为 0.045～0.06 cm 的高压聚丙烯塑料袋。

4. 双孢蘑菇

双孢蘑菇(*Agaricus bisporus*)的人工栽培开始于法国路易十四时代，距今约 300 年。目前全世界已有 100 多个国家和地区栽培双孢蘑菇，其年产量超过 100 万 t。2018 年，我国双孢蘑菇产量 307 万 t，按产量排序为第四大品种。欧美国家如荷兰、美国等采用工厂化周年生产，在堆肥制作、菌丝培养和出菇管理全过程均采用自动化和机械化管理。我国双孢蘑菇栽培起始于 1930 年代，改革开放以来飞速发展，目前已在全国广泛种植，农业式和工厂化栽培模式并行，工厂化比例逐年升高。农业式栽培一般以农村家庭为单位，多利用废旧房屋或菇棚进行栽培，人工堆料、发酵和出菇管理，规模小、单产低，但成本低、效益较高，仍然是一项农村家庭副业,是精准扶贫的重要举措。

双孢蘑菇是一种草腐菌,主要碳源为麦秸、稻草、玉米芯等,主要氮源为牛粪、鸡粪等,还需要添加一定量石灰、尿素、磷肥等。双孢蘑菇菌丝不能直接利用秸秆原料,必须经过堆制发酵即利用其他微生物降解后才能利用。建堆时,控制原料碳氮比值(30～35)∶1、含水量70%左右,经过微生物的分解发酵,在堆肥结束时,培养料碳氮比(17～20)∶1、含氮量2.0～2.4%、含水量68%～72%,正适合双孢蘑菇的生长发育。

5. 草菇

草菇(*Volvariella volvacea*)属高温型食用菌,菌丝生长的最适温度为35～36℃。低于15℃或高于42℃菌丝生长都受到强烈抑制,长期在5℃以下或45℃以上菌丝会死亡。子实体生长的最适温度为28～33℃,21℃以下低温或45℃以上的高温,都会导致小菇蕾死亡。

废棉是栽培草菇的最好原料,因为废棉中含有大量的纤维素和适量的氮,保湿和吸湿性能好。废棉的处理方法是:用5%～6%的石灰水浸湿12～20 h,然后捞起,沥去多余的水分,运进菇床时,手握有7～8滴水下滴,即料的含水量在70%左右。废棉栽培草菇一般不需要再添加其他辅料。对培养料进行巴氏消毒,即培养料在58～62℃维持6～8 h,可以减少杂菌污染,生物学效率可提高10%左右。

另外,木腐菌(如杏鲍菇)菇渣、棉籽壳、稻草等都可作为栽培草菇的原料。草菇生长速度快,从接种到采收一般仅需要12～15 d。

6. 羊肚菌

羊肚菌(*Morchella* spp.)属于子囊菌,20世纪80年代美国人Ower报道了其人工栽培,但一直没有实现大规模生长。近年来,羊肚菌栽培在我国获得重大突破,实现大规模大田生产,在四川地区亩产达到100～150 kg,个别甚至超过250 kg(干重)。2017年全国栽培面积超过7万亩,产量超过300 t(干重)。

羊肚菌属于低温型真菌,菌丝在10～20℃均能快速生长、以不超过25℃为宜,田间播种时环境温度应低于20℃,10℃以上的昼夜温差有利于刺激子囊果形成,子囊果生长适宜温度为13～23℃。目前,羊肚菌的主栽品种主要是梯棱羊肚菌和六妹羊肚菌两个系列,整个栽培环节包括菌种制备、播种、外源营养袋补料、保育催菇、出菇管理和采收干制6个阶段。虽然羊肚菌栽培技术逐渐成熟,但由于生活史、生理学研究进展缓慢,其产量受菌种质量、自然环境影响较大,存在产量不稳定等问题,常造成严重经济损失。

思考题

1. 我国生物肥料主要有哪几种?
2. 用于生物肥料的菌种主要有哪些?
3. 微生物肥料的合理使用应注意哪些问题?
4. 什么是微生物农药?微生物农药有何优点?又有何缺点?
5. 微生物农药主要包括哪些种类?举例说明。
6. 青贮的特点及原理是什么?
7. 什么叫植物生长调节剂?与植物激素的区别是什么?

8.植物生长调节剂有什么功能？使用时应该注意什么？
9.微生物源植物生长调节剂有什么优点？举例说明。
10.堆肥的特点及原理是什么？
11.微生物能源的种类及产生的原理是什么？
12.什么是发酵生产？试述微生物在发酵生产中的作用。
13.举例说明哪些微生物可用于食品生产，并说明它们在食品生产中的作用。
14.哪些微生物会引起食品的腐败？如何防治食品腐败？
15.什么是食用菌？食用菌产业在生态系统中有何重要意义？
16.食用菌的营养价值和药用价值有哪些？
17.简述平菇的主要栽培方式。

第十三章

微生物的系统发育及分类

对微生物进行人为的区分，将其分成不同门类的科学称为**微生物分类学(microbial taxonomy)**。严格说来，微生物分类学是一门按微生物的亲缘关系把它们安排成条理清楚的各类单元、分类群(taxon)或**运筹分类单元(operational taxonomic unit,OTU)**的科学。微生物分类学具体任务有3个，即**分类(classification)**、**鉴定(identification)**和**命名(nomenclature)**。它们的研究内容如下：

分类：根据相似性或亲缘关系，将一个微生物有机体归入到一个分类单元中。

鉴定：确定一个新的微生物纯种分离物(isolate)是否归属于已经命名的分类单元的过程。

命名：根据国际命名法规，以双名法给微生物一个科学名称。

概括来说，微生物分类学是对各个微生物进行鉴定，按分类学准则排列成分类系统，并对已确定的分类单元进行科学命名的科学。

但值得注意的是分类和鉴定的概念是不同的。鉴定需要有一个预先制定好的分类系统，以确定未知的物种应归属于哪一类之中。分类则是把生物归类，即把赋有共同性状的生物排列成类群。而命名则是依据国际公认的命名规则，给予生物正确的科学名称。然而由于绝大多数的微生物尤其是原核微生物具有个体微小、形态结构简单、易发生变异并且缺少丰富的化石材料等特点，因此其分类相对于高等生物依据形态结构特征就可快速进行区分和分类来说，细菌和古菌的分类，需要采用先进的分子生物学手段才能解决。

由于生物种类和类群的多样性是在生物进化的历史过程中经过长期演化形成的，因此对于生物分类来说，仅仅依靠其简单的生理生化等表型特征进行分类，往往是不完全可靠的(尤其是对形态简单的细菌来说)，还需要根据其遗传型特征(即核酸序列或基因组序列)研究其系统发育的状况，以探索各类生物在长期进化历程中所形成的亲缘关系，并力求按照生物系统发育的自然历史，编制生物的多层次分类系统。生物间的系统发育关系常以被称为“进化时钟”的稳定大分子序列 small subunit(SSU) rRNA，进行衡量和比较。由于微生物所具有的特点，在对其进行理论分类学研究和制定物种分类检测系统时，更应尽可能地表明其系统发育关系。不过鉴于微生物世界的复杂性，我们对微生物系统发育历史的认识还需要加深。当前的生物分类学是一个十分活跃的、有生气的领域，特别是基因组测序技术和分析技术的发展，人们洞察微生物的分类和系统进化已进入一个全新的领域。

第一节　微生物的分类单元和命名

一、微生物的多层次分类单元

(一) 微生物的分类系统

和高等动植物一样，微生物在种以上的分类单元也是采用七级通用分类系统单元(taxonomic ranks)。目前全世界采用的最高分类单元是域(Domain)，相当于以前曾经使用过的界(Kingdom)。所有的原核生物属于细菌域(Bacteria)或古菌域(Archaea)。在每个域内，每个微生物被归入到由高到低的门、纲、目、科、属、种这七级分类系统中(表13-1)。

表13-1　微生物的七级分类系统

七级分类单元	七级分类单元举例1	七级分类单元举例2
域(Domain)	细菌域(Bacteria)	细菌域(Bacteria)
门(Phylum)	变形杆菌门(Proteobacteria)	厚壁菌门(Firmicutes)
纲(Class)	α-变形杆菌纲(Alphaproteobacteria)	芽孢杆菌纲(Bacilli)
目(Order)	根瘤菌目(Rhizobiales)	芽孢杆菌目(Bacillales)
科(Family)	根瘤菌科(Rhizobiaceae)	芽孢杆菌科(Bacillaceae)
属(Genus)	根瘤菌属(*Rhizobium*)	芽孢杆菌属(*Bacillus*)
种(Species)	中国农大根瘤菌(*Rhizobium cauense*)	枯草芽孢杆菌(*Bacillus subtilis*)

注：分类系统可在https://www.ncbi.nlm.nih.gov/taxonomy网站查询得到。

在这七级分类单元中，根据需要还可以在每一级之间再划分若干辅助单元，如亚门、超纲、亚纲、超目、亚目、超科、亚科；科与属之间还可以再加上族和亚族等。科以上各分类单元的名称是拉丁或希腊词源的名词、用作名词化的形容词(现代细菌命名中常用)或一个拉丁化的外来词，应为阴性、复数，并且首字母大写，例如根瘤菌科(Rhizobiaceae)和芽孢杆菌科(Bacillaceae)。在七级通用分类单元中，种(species)是最基本的分类单位，是一个客观存在的实体，也是分类与鉴定中最常用的单位。在表13-1的分类系统中，中国农大根瘤菌(*Rhizobium cauense*)和枯草芽孢杆菌(*Bacillus subtilis*)是最基本的分类单位，在分类、鉴定和其他相关的研究中，如果用到这些菌，则要拿这些种进行分析、对比和研究。

(二)微生物种和菌株的概念

在前面提到的七级分类单元中，最底层的为种，它是最基本和最重要的分类单元。

1986年，**Stanier基于表型特征，给细菌的“种”下了一个较为确切的定义**：“一个种是由一群具有高度表型相似性的个体组成，并与其他具有相似特征的类群存在明显的差异”。具体地讲，微生物的“种”就是一群表型特征高度相似、亲缘关系极其密切、与同属内其他种有明显差异的菌株的总称。

随着人类对细菌遗传物质认识的加深，**“种”的定义逐渐趋向于使用遗传物质(如DNA)来界定**。如1987年，国际细菌分类委员会颁布，DNA同源性≥70%，而$\Delta T_m \leqslant 5$℃的菌群为一个种，并且其表型特征应该与这一定义相一致。1994年,Embley和Stackebrandt认为当16S rRNA基因的序列同源性≥97%时可认为是一个种。但由于16S rRNA基因序列的保守性较高,不足以区分相似性高的原核生物的物种,因此,现在,人们更多地将16S rRNA基因序列用于划分属的范围,如果两个物种之间的16S rRNA基因序列相似性≥95%,则为一个属;而使用基因组平均核苷酸一致性(average nucleotide identity,ANI)≥95%来确定为一个种。

在微生物中,一个种内可以有许多**菌株(strain)**。菌株指的是由一个单细胞繁衍的克隆或无性繁殖中的一个微生物或微生物群体。上面提到的微生物的种是由一群遗传上和表型上高度相似的菌株组成的。因此,一种微生物可以有许许多多的菌株。这些许许多多的菌株每个都要给予一个相应的编号。在一个微生物种内,只能用该种内的某一个**典型菌株或模式菌株(type strain)**当作它的具体代表,此典型菌株就成为该种的**模式种(type species)**,或代表种,或模式活标本。例如表13-1中列出的中国农业大学根瘤菌有3个菌株,分别为:CCBAU 101002^{T}、CCBAU 101000和CCBAU 101001,其中带有大写上标"^{T}"的编号为CCBAU 101002的菌株是典型菌株,上标的^{T}代表type。需要说明的是,不同的菌种保藏中心可以对某个菌株编上符合自己要求的编号,如CCBAU 101002^{T}被不同国家的菌种保藏中心收录并确认其真实存在,是活的标本后,编上自己特征的菌号,即:CCBAU 101002^{T}=LMG 26832^{T}= HAMBI 3288^{T}。菌株交流时,通常要指明某个特定的编号,以明确所需要的菌株。

有两个网站可以查寻已有效发表的、合格的细菌名称、典型菌株信息等:原核生物合法名称列表网站(List of Prokaryotic names with Standing in Nomenclature,LPSN,http://www.bacterio.net/index.html)和德国微生物菌种保藏中心网站(DSMZ,http://www.dsmz.de)。

二、双名法和命名原则

微生物的名称有中文**俗名(common name)**和国际通用的**学名(scientific name)**之分。俗名简明扼要,大众化和口语化,但往往含义不够确切,易重复和混乱。如"金葡菌"为"金黄色葡萄球菌"的中文俗名;"绿脓杆菌"为"铜绿假单胞菌"的中文俗名。而学名则是指一个菌种的科学名称,它是按照国际公认的命名规则进行命名的,为国际学术界公认,并拥有通用的正式文字。学名对用词和词性的选择、排列和书写具有严格的规定。现行的国际细菌命名法规是1990年出版的修订本,1992年正式生效,随后又有若干修改和补充。该法规对细菌分类的等级分类、分类单位的命名、名称的优先权和发表等做了详细的阐述和规定。

对微生物的命名与高等生物一样,也是采用瑞典科学家林奈(Carl von Linne)于1753年提出的**"双名法"(binomial system)**来进行命名,即每种微生物的学名是由**属名(generic name)**和**种名加词(specific epithet)**所构成的。其词源由拉丁文、希腊或拉丁化的其他文字所组成,要求其印刷体为斜体,或在手写时在学名下加下划线以表示为斜体。

属名通常是描述微生物形态或科学家姓名、地区名称等名词,为单数主格名词,或用作名词的形容词表示。属名第一个字母要大写,并可缩写为大写单个字母,并在后面加一个点(.);如果同一篇文章内,多个不同的属名有相同的缩写,则可缩至两三个字母,以对不同的属进行区分。但在文章中首次出现时应按规定用全名。

种名加词一般表示一个种的次要特征,如该微生物的颜色、形状、来源、生理特征和病名等。种名加词通常为形容词,也可用人名、地名、病名、宿主名或其他名词来表示。种名第一个字母不允许大写，种名也不得缩写。另外，在首次出现在分类文献中的学名，在属名和种名加词之后往往加上首次定名人(用括号括住)、现名定名人和现名定名年份，但在一般使用时常省略掉。现将双名法举例如下：

学名 ＝ 属名 ＋ 种名的加词＋(首次定名人)＋ 现名定名人 ＋ 定名年限

全称：*Bacillus subtilis*(Ehrenberg) Cohn 1872，枯草芽孢杆菌(俗名枯草杆菌)

缩写形式：*B. subtilis* 或 *Bac. subtilis*。注意 *B.*(*Bac.*)和 *subtilis* 之间必须有空格。

当有某种微生物尚未定种名、或不具体指出哪一个种、或有新种发现并要发表文章或进行学术交流时，可将其种名的加词用“sp.”或“spp.”(它们是 species 的单、复数缩写形式，必须正体书写，必须在后面加点)予以替代，例如：*Pseudomonas* sp. 或 *Pseudomonas* spp. 等；当要发表新种时，还需在 sp. 后面加上 nov.(是 novel 的缩写，正体，后面加点)。如 *Mesorhizobium wenxiniae* sp. nov.，表示中慢生根瘤菌属的一个新种：文新中慢生根瘤菌。

在前述 LPSN 网站(http://www.bacterio.net)还可以查寻到细菌学名的词源、词根信息，方便读者理解学名的含义。杨瑞馥等编著的《细菌名称双解及分类词典》(2011 年，化学工业出版社)一书不仅给出了细菌学名的词源信息，还给出相应的中文翻译。

另外，国际上对新定名称的合法性、发表的优先权及有效发表均有严格的规定。一是新定分类单元的名称必须符合命名法规的规则。二是一个新细菌/古菌分类单元的名称或现存分类单元的新组合，必须发表在 International Journal of Systematic and Evolutionary Microbiology(缩写为 IJSEM，中文译为《国际系统与进化微生物学杂志》https://www.microbiologyresearch.org/content/journal/ijsem)上，并需附上该分类单元的描述或该单元过去有效发表的描述作为参考。除此之外，还需指定新分类单元的模式(模式种、模式菌株等)，并在国际上两个以上的公认菌种保藏机构存放，如 DSMZ(Deutsche Sammlung von Mikroorganismen und Zellkulturen，德国微生物菌种保藏中心，https://www.dsmz.de/)、BCM/LMG(Belgian Coordinated Collection of Microorganisms，比利时微生物保藏协管中心 http://www.cabri.org/CABRI/srs-doc/bccm_lmg.info.html)、JCM(Japan Collection of Microorganisms，日本微生物保藏中心，https://jcm.brc.riken.jp/en/)、CGMCC(China General Microbiological Culture Collection Center，中国普通微生物菌种保藏管理中心，http://www.cgmcc.net/)等，获得保藏号，写入新发表的论文中。新分类单元的确定日期以在 IJSEM 上正式发表的日期为准。三是对于新名称发表的优先权亦规定为，种以上至目(包含目)的各分类单元只能有一个正确的名称，即符合国际细菌命名法规最早的那个有效名称。

国际原核生物系统学委员会(International Committee on the Systematics of Prokaryotes，ICSP)负责监管细菌和古菌的分类和命名，也监管 IJSEM 杂志和国际细菌命名法规，并对 ICSP 下属的各分委员会对各个细菌分类单元的描述进行指导。

第二节 细菌的分类方法

目前的细菌分类学在分类方法和分类系统上与遗传学、生物化学、生物物理学、分子生物学、生物信息学、基因组学和计算机等相关学科的发展密切相关。在传统分类学方法的基础上，已初步形成了一套现代分类技术体系，包括数值分类、化学分析、遗传学分析、核酸序列分析等。细菌分类方法,尤其是一些新的、现代的分类技术和方法为人们更新分类观念、促使人们不断发现新的细菌类群以及促进细菌分类学的发展提供了新的途径和手段。

一、传统分类法

微生物的**传统分类法(classical taxonomy)**是指对微生物进行形态和生理生化等表型特征的观察和测定,然后对所得结果进行比较分析,以研究微生物之间相关关系的分类、鉴定方法。由于测定结果获得了研究菌株的大量表型特征,因此传统分类方法有时也称作微生物表型的鉴定。相比较而言,现代分类法(modern taxonomy)更侧重于研究核酸的序列,以此获得生物的系统发育地位、关系和历史。传统分类法所采用的分类方法包括以下几个方面:

①形态。个体形态包括细菌形态、大小、排列、运动性、特殊构造和染色反应。群体形态包括菌落形态、颜色,在半固体或液体培养基中的生长状态。

②生理、生化反应。能源、碳源、氮源、生长因子等营养要求。产酶种类和反应特性。代谢产物的种类、产量、颜色、透明圈和显色反应。对药物、抗生素、染料等化学制剂的敏感性。

③生态特性。生长温度、对氧的需求、对 pH、渗透压、氧化还原电位的要求、宿主种类、与宿主关系等。

④生活史。

⑤血清学反应。

⑥对噬菌体的敏感性。

⑦其他。

由于上述方法工作量大,技术熟练度要求高,因此一般微生物工作者视这样的菌种鉴定工作为畏途。为了普及菌种鉴定及分类技术,现在国内外已有系列化、标准化、商品化的鉴定系统出售,如"Biolog"鉴定系统 、"API"鉴定系统、"Enterotube Ⅱ"鉴定系统可进行全自动和手动测定待测微生物的特征,极大地加速了传统微生物的分类与鉴定工作,可以快速获得表型数据。

上述的**"Biolog"鉴定系统**的关键部件是一块 96 孔的细菌培养板,其中 95 孔内各加有氧化还原指示剂和不同的发酵性碳源的培养基干粉,另一孔为清水对照。鉴定前,先把待检纯培养菌种制成适当浓度的菌悬液,再吸入一个带有 8 个头的移液器("排枪")中,接着用移液器按 12 下即可完成接种 96 孔菌液,每个孔内加液量为 150 μL。于合适温度下培养一定时间后,把培养板放进检查室用分光光度计读取光密度值。孔内有显著颜色变化(变为蓝紫色)的记为阳性(+),没有任何颜色变化或颜色变化很弱的记为阴性(-),计算机将结果统计后,与数据库中的微生物进行比较,从而将待检微生物归属于已知的微生物,或将其归为与已知微生物的近缘微生物。96 孔培养板、控温培养系统、数据读取系统、数据库与检索比较系统是 Biolog 鉴定系统的重要组成部分。目前该系统除了用于分析碳源外,还可分析不同的氮源、pH、渗透压等,以及分析生态系统的 EcoPlate 培养板。

"API"鉴定系统能同时测定 20 项以上的生化指标,它是将不同的糖类和反应产物显色剂加到 20 个横向排列的塑料小管内。实验时,先制备适宜浓度的菌悬液,然后小心撕开 20 个小管上覆盖的盖膜,将菌液一一加入每个小管内(每管约加 100 μL),经过一段时间(如 24~48 h)保温后,即可观察每个小管是否发生显色反应。将结果记录到相应的表格中。API 自动鉴定系统已成为细菌鉴定的"黄金标准"之一,在国际上广泛应用,其产品涵盖 16 个鉴定系统,覆盖600余种临床环境常见的细菌。API 20E系统属于API系统的一个产品，仅用于革兰氏阴性的肠杆菌类或部分厌氧菌的鉴定。

"Enterotube Ⅱ"鉴定系统只适合于一些肠道细菌（肠杆菌科，Enterobacteriaceae）和氧化酶阴性的革兰氏阴性杆状细菌，一次可以对15个生化反应进行测定，包括对利用葡萄糖不产气，利用葡萄糖产气，赖氨酸脱羧酶，鸟氨酸脱羧酶，产硫化氢（H_2S），产吲哚，核糖醇利用，乳糖利用，阿拉伯糖利用，山梨醇利用，Voges Proskauer（VP）试验，酒石醇利用，苯丙氨酸脱氨酶（PA），尿素和柠檬酸盐利用。

二、化学分类法

运用化学和物理技术来研究细菌细胞的化学组成用于细菌的分类和鉴定，称为**化学分类法（chemical taxonomy）**。化学分类法可分析细胞的各类组分，如细胞壁组分、类脂、细胞色素、蛋白质、核酸、酯类等，从完整细胞到生物大分子甚至细胞的元素组成，几乎无所不包。其分析技术涉及无机化学、有机化学、分析化学、光谱学和色谱学、生物化学乃至分子遗传学分析技术。化学分类方法得益于现代分析技术的发展，是在传统分类方法基础上的一大进步。它不仅构成细菌系统分类的一个重要途径，而且对细菌类群的重新划分起到了关键性的作用。例如，细菌和古菌的划分之一就是依据类脂的不同而区别开的。由于化学分类方法很多，各方法均有优点和缺点，故在具体应用时要根据研究对象和研究目的进行选择。化学分类法在放线菌分类与系统学中广泛应用，徐丽华等编著的《放线菌系统学——原理、方法及实践》（2007年，科学出版社）一书是很好的参考书。下面择要介绍两种常用的化学分类内容即细胞壁的组成分析、磷酸类脂、脂肪酸组成分析。

（一）细胞壁的组成分析

在分类中有较重要价值的细胞壁组分是肽聚糖和脂多糖，依据细胞壁的结构和化学组分可将细菌分为革兰氏阳性菌和阴性菌，而它们的细胞壁中（尤其是革兰氏阳性菌）所含肽聚糖四肽链的氨基酸种类和顺序以及糖类的组分差异和变化，均可作为分类和鉴定的依据。肽聚糖组分的变化是革兰氏阳性菌分类的重要指标。而对脂多糖的分析则用于革兰氏阴性细菌。

细胞壁氨基酸组分和排列的变化可用于属的区分。而细胞壁水解液中糖组分的变化可用于种的区分。在放线菌分类中，按细胞壁中糖类及氨基酸的组成可划分为不同的化学型，并将其作为种属描述与区分的主要指标。例如，类诺卡氏菌属与诺卡氏菌属的形态相同，但前者细胞壁化学组分为Ⅰ型（主要含L-DAP和甘氨酸），而后者的为Ⅳ型（含*meso*-DAP），所以将类诺卡氏菌另立为一属——"拟诺卡氏菌属"（*Nocardiopsis*）。

细胞壁化学组分的分析技术主要有：用纸层析和薄层层析技术来分析细胞壁水解液中的肽聚糖组分，用薄层层析或气相色谱等技术来分析细胞壁脂多糖的组分。

（二）磷酸类脂组成分析

磷酸类脂（phospholipids）是细胞膜的主要组分。在原核生物中，细菌具有酰基酯（酯键连接），最常见的是磷脂和甘油酯。细菌与古菌的主要区别之一就是细菌具有与酯相连的酰基类脂，而古菌则含有与醚相连的类脂。

在某些革兰氏阳性菌如结核分枝杆菌(*Mycobacterium tuberculosis*)中有特异的磷脂，如磷脂酰肌醇甘露糖苷(phosphatidyl-myo-inositol marmoside，PIM)；而鞘磷脂(sphingolipids)则发现于拟杆菌(*Bacteroides*)等某些革兰氏阴性菌当中。不同属的放线菌其磷脂类组分有所不同，常作为鉴别放线菌属的重要指标之一。有人曾分析了48属好氧性放线菌所含的磷酸类脂组分，并将它们划分为5种磷酸类脂型。

(三)脂肪酸组成分析

脂肪酸的组成在某些细菌的分类中也很有用。收到细菌菌体后，经过皂化(裂解细胞以使脂肪酸从细胞中释放出来)、甲基化(形成脂肪酸甲酯)、提取(将脂肪酸甲酯从水相转移到有机相)、NaOH碱洗步骤，即可获得脂肪酸甲酯化产物，然后在高温条件形成气态化合物，通过气相色谱进行分离，这种方法称为**脂肪酸甲酯(fatty acid methyl ester，FAME)**分析法。不同的细菌拥有不同的脂肪酸，它们的差异体现在脂肪酸链的长度、饱和度、链上是否有分枝、是否被羟基化等；相同的菌株则拥有一样的FAME图谱。微生物鉴定有限公司(Microbial Identification Inc.，MIDI)已将脂肪酸甲酯化分析方法标准化，并建立了细菌和酵母菌的数据库，可以快速测定比较不同菌株的FAME图谱，确定待测菌株属于哪一个类群。某些特殊的脂肪酸组分只在特定的细菌中存在，如分枝菌酸(mycolic acid，又称多分枝脂肪酸)是分枝杆菌属(*Mycobacterium*)等细菌的特有组分，迄今只在分枝杆菌、棒状杆菌、小多孢菌和诺卡氏菌等菌中发现，其结构的差异是这些菌群的分类鉴定的重要指标。另外，多不饱和脂肪酸是蓝细菌的特有组分，甲基化的分枝脂肪酸为革兰氏阳性菌所特有，羟基化的脂肪酸为革兰氏阴性菌的特征等等。

除了上述分析外，还可对细胞膜上的醌(quinone)，包括泛醌(ubiquinone，辅酶Q)、甲基萘醌(menaquinone，MK)等进行分析，并应用于细菌的分类和鉴定。常用来分析醌的方法包括薄板层析法(TLC)和高压液相色谱法(HPLC)法。

三、数值分类法

数值分类(numerical taxonomy)是用统计学方法根据大量表型性状将有机体分群的方法。具体地讲，就是在对大量生物个体进行了大量性状测定观察的基础上，对研究数据进行收集整理和计算机处理，并计算出所有供试个体之间的相似性，继而在此基础上将它们排列成群。该方法于1956年被Sneath用于细菌分类。在数值分类中，首先需要收集和准备一批待测菌株和有关模式菌株或参比菌株，其中每一个菌株被视为一个运筹分类单位(OTU，operational taxonomic unit)。然后，对其50个以上甚至几百个特征进行测定和比较。所测特征越多，结果越准确。再后将这些特征及数据进行编码，以使数据符号化(正反应为1，负反应为0，不能确定的为n)并输入计算机。根据相似性公式，进行两两比较并计算各OTU之间的简单匹配系数(simple matching coefficient，S_{sm})或Jaccard相似系数(Jaccard similarity coefficient，S_j)(用%表示)。最后把相似性关系密切的OTU聚类成群，并按群间的连锁关系构成相似性聚阵图(图13-1)，或者将其转换为更为直观的树状图(图13-2)。S_{sm}和S_j可根据下列公式计算：

$$\text{匹配系数 } S_{sm}=\frac{a+b}{a+b+c+d}\times 100\%$$

$$\text{相似系数 } S_j=\frac{a}{a+b+c}\times 100\%$$

式中：a 表示两个 OTU 的性状编码皆为正反应（用“1”表示）的性状个数；b 表示一个 OTU 为正反应（用“1”表示），另一个 OTU 为负反应（用“0”表示）的性状个数；c 表示一个 OTU 为“0”，另一个 OTU 为“1”的性状个数；d 表示两个 OTU 皆为“0”的性状个数。

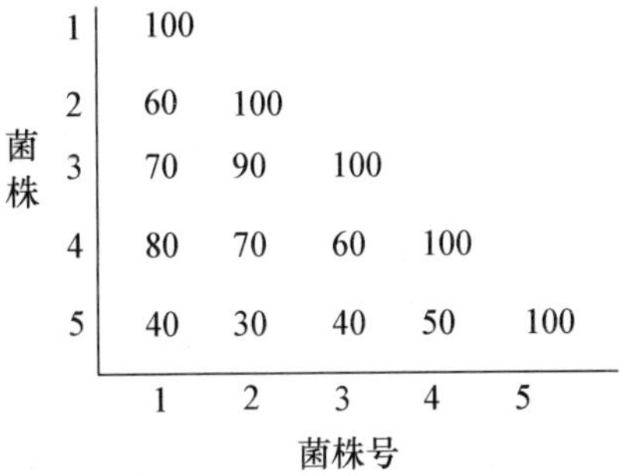

图 13-1 数值分类的相似性聚阵图

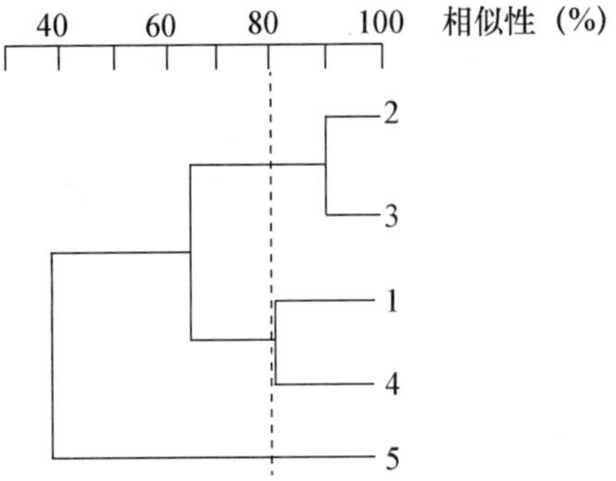

图 13-2 树状图

数值分类法与传统分类法明显不同：前者的特点是采用较多的分类特征（包括形态、生理生化、遗传、生态、免疫等），并根据“等权原则”对各分类特征不分主次进行同等对待地运用计算机进行运算；而后者所采用的分类特征往往较少，有主次之分，并且是用人工统计的方式进行实验结果的整理。数值分类法的最大优点在于它是以分析大量特征为基础，对类群的划分比较客观和稳定，对细菌类群的考察和观察也比较全面。

对于数值分类法所确定的**表观群**（phenon，如图 13-2 中的菌株 2 和 3 归为一个表观群，菌株 1 和 4 归为另一个表观群），根据 Sneath 的建议并总结有关研究结果后认为，一般相似性在 80%左右的表观群相当于种，但也有例外。对于属的划分来说还没有一个合适的统一标准。在实际工作中，表观群的确切分类地位还应与其他分类方法结合并依据 DNA-DNA 同源性分析或 ANI 值计算，以及 16S rRNA 基因、多个持家基因的同源性分析结果最终确定。

四、遗传分类法

细菌的传统分类法和数值分类法均主要以表型特征的相似性为基础，但它们还不足以区分表型特征类似的细菌和确定细菌类群之间的系统发育关系。随着分子生物学及遗传学的发展，细菌分类学中发展了一系列遗传物质分析方法，包括核酸分子杂交、DNA 的碱基组成测定、平均核苷酸一致性、各类基因的酶切片段多态性分析等，统称为**遗传分类法**（**genetic taxonomy**）。

（一）DNA 的碱基组成测定

细菌的基因组可以直接比较，获得相似性值，用于分类学。测定基因组间相似性值的方法很多，最简单的方法是计算基因组 DNA 的碱基组成（DNA base composition），它是指 DNA 的 G+C 含量（G+C content），这个值能够在一定程度上反映出碱基序列特征以及序列的变化。其计算公式如下：

$$G+C\text{ 含量}=\frac{G+C}{G+C+A+T}\times 100\%$$

测定 DNA 的碱基组成的方法有许多种，最直接的方法是根据全基因组序列直接计算出来。但许多微生物的全基因组还没有得到测序,因此,要通过其他方法来测定。其中测定**融链温度(melting temperature, T_m)**是获得DNA的碱基组成的相对简便的方法。双链DNA中,GC之间为三个氢键,AT之间为两个氢键,因此,G+C含量高的DNA,双链打开所需要的温度要高,也就需要更高的T_m值。如*Mycoplasma hominis*的(G+C)mol%为29,T_m值为65℃;*Micrococcus luteus*的(G+C)mol%为79,T_m值为85℃。

融链温度T_m很容易通过光密度法而测得,因为,波长为260nm时,双链DNA随着温度的增加而解开,这时光吸收值($A260$)也逐渐增加;当双链DNA完全打开变为单链时,光吸收值将不再升高;测得光密度值升高曲线的值的一半时对应的温度为T_m值,再推算出(G+C)mol%含量。

一个特定种内的DNA的碱基组成通常是恒定的,属内不同的种之间变化范围也很小。如果两个微生物的(G+C)mol%之差大于10%,它们的基因组序列也差异很大,则这两个微生物就是不同的种。但要注意,如果两个菌株拥有相同的(G+C)mol%含量,并不一定意味着它们就属于同一个物种,因为它们的序列可能完全不同。

(二)核酸分子杂交

核酸分子杂交可用于计算微生物间的基因组相似性,也称为**DNA-DNA杂交(DNA-DNA hybridization,DDH)**。如果两个微生物的基因组加热后,它们都将变成单链(ssDNA),当温度冷却至T_m值以下25℃时,ssDNA将根据碱基互补原则重新形成稳定的双链DNA(dsDNA)。但不互补配对的链将仍保持单链状态。因为相似的链,但不完全等同的链形成的杂交链对热不很稳定,在低于T_m值30~50℃以下的温度下混合杂交链时,所形成的ssDNA更多。而在低于T_m值10~30℃的温度下,只有几乎互补的链才能形成杂交链。如果两个菌株的DNAs在最适杂交条件下的杂交值在70%以上,并且它们的T_m值之差小于5%(并不都是如此),则这两个菌株就属于同一个物种。

自1960年代DDH技术发明以来,它曾经是细菌定种的重要指标,但它与基因组序列数据相比较而言,DDH方法烦琐,结果重复性差,而基因组序列准确,全世界范围内可以比较,因此,目前DDH技术已经过时,已逐渐被基因组的平均核苷酸一致性所取代。

(三)基因组的平均核苷酸一致性

基因组的**平均核苷酸一致性(average nucleotide identity,ANI)**是对已经全基因组测序的两种生物进行平行比对,然后计算出序列之间的相似性。如果两个菌株之间的ANI值大于95%以上,则可认为它们属于同一个物种。通常情况下,DDH杂交值为70%对应于ANI的95%~96%。许多网站(如https://www.ezbiocloud.net/tools/ani)提供ANI的在线比较,只需要将两个菌株的基因组(fasta格式)分别上传到网站上,然后经过计算,就可获得ANI值。

(四)DNA指纹图谱分析技术

DNA指纹图谱(DNA fingerprinting)主要是指各类DNA分子的限制性内切酶酶切片段的多态性图谱或引物扩增DNA片段的多态性图谱。所涉及的技术主要有聚合酶链式反应(PCR)技术、限制性内切酶酶切反应技术、凝胶电泳与图谱分析技术。这里所说的各类DNA分子指纹图谱可以分为三个层面:

(1)**建立在总基因组 DNA 分子上的指纹图谱**。如随机扩增 DNA 片段的多态性(RAPD)、扩增片段长度多态性(AFLP)和采用寡位点酶酶切的脉冲场凝胶电泳(PFGE)图谱等。

(2)**建立在进化上稳定 DNA 分子上的指纹图谱**。如 16S rRNA 基因、23S rRNA 基因、谷氨酰胺合成酶基因(*gs Ⅱ*)、结瘤基因(*nodABC*)、固氮酶基因(*nifH*)、RNA 聚合酶亚基基因(*rpoB*)、ATPase 基因等稳定基因的限制性内切酶酶切片段长度多态性(RFLP)。

(3)**建立在某些特定 DNA 区域上的指纹图谱**。如 16～23S rRNA 基因间隔区(IGS)和广泛存在于细菌基因组中的短重复序列之间的 DNA 片段多态性(如 REP、BOX、ERIC 等)。

在上述不同的指纹图谱分析技术中,可根据不同的需要选用不同的方法,如需要对大量待分类的细菌进行聚群分析,并进一步挑选代表菌株进行系统分析时,则首选 16S rRNA 的 PCR-RFLP 技术。如果想区分不同菌株之间的精细差异时,则可选用 IGS 基因或 BOX 指纹图谱。如果想对结瘤基因型进行比较,则选用 *nodABC* 等基因的指纹图谱更合适。

五、系统发育法

如前所述,**系统发育(phylogeny)**研究是指生物种族的进化历史,它偏重于动态研究生物之间的关系。系统发育法在细菌分类上的应用主要选用一些特定基因或其蛋白质序列进行比较,以确定细菌之间的关系、在进化上的地位等。沃斯(C. Woese)最早使用 SSU rRNA 寡核苷酸编目法研究生物之间的关系和系统发育,并因此而发现一类新的类群——古菌域。之后随着基因测序技术的发展,16S rRNA 基因、单个保守基因序列比较(如 *rpoB*)、多个基因序列分析,甚至全基因组分析都应用到系统发育研究中。下面分别进行介绍。

(一)16S rRNA 基因序列分析

长期以来人们对于某些信息大分子单体的系列研究表明,两个种间的进化距离可以用两个种同源大分子的核苷酸或氨基酸的序列差异进行衡量,因为不同的突变固定在不同的生物种群当中,从而导致了生物的差异与进化。而这些突变必然反映在某些生物大分子的基因序列中。因此,它们可以作为"进化时钟"来正确衡量生物进化的变化。作为进化时钟的生物大分子必须符合以下特征方能确定生物种间的真正进化关系:

①广泛分布于所研究的生物类群当中。

②在每种生物中必须在功能上是同源的和稳定的。

③在进化上是非常保守的,但又有可变区序列(如 16S rRNA 分子中的 V1～V9 区,见图 13-3),以反映不同生物之间的差异。

④易于实验操作和获得序列。

原核生物的 16S rRNA(二级结构见图 13-3;真核生物为 18S rRNA)基因因其具有以上特征而被认为是鉴别生物间进化关系的重要分子。伊利诺斯大学的沃斯(C. Woese)于 20 世纪 70 年代首先利用 16S rRNA 基因作为系统发育的分子,根据几百个细菌种的 16S rRNA 核苷酸序列分析的结果,提出了一个总的生物进化树,确定了细菌各大类群间的系统进化关系。进而于 1987 年在总结了动物、植物、微生物核糖体小亚基 rRNA(SSU rRNA, 16S rRNA 或 18S rRNA)序列分析的基础上,将生物分成三域,即细菌域(Bacteria)、古菌域(Archaea)和真核生物域(Eukarya),从系统进化的角度统一了细胞生物的分类(图 13-4)。后来的全基因组测序

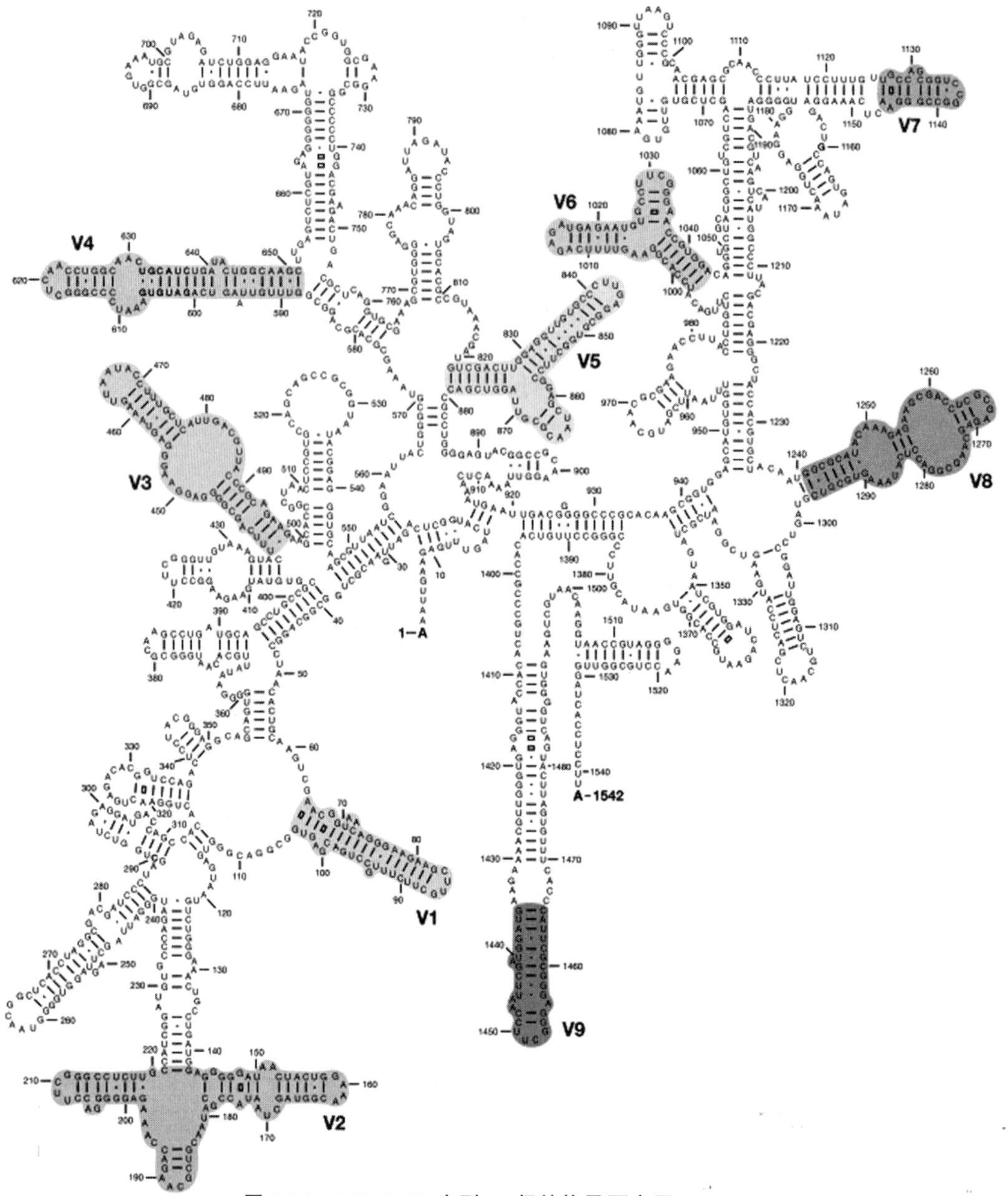

图 13-3　16S rRNA 序列、二级结构及可变区 V1～V9

比较,已证明这三个域的正确性,如前所述,域是生物界最高的分类单元。目前,三域学说已得到了广泛的认可。

在确定和描述细菌分类单元方面,16S rRNA 基因序列分析往往用于确定属、科或其他高级分类单元之间的关系。一般来说,如果两菌株之间的 16S rRNA 基因序列同源性低于 97%,DDH 值不会超过 70%,ANI 值也不会超过 95%,即属于不同的物种。如果两菌株之间的 16S rRNA 基因序列同源性高于 97%,则可能出现两种情况:一是基因组 DDH 值大于 70%,ANI≥95%,那么两菌株为同种;二是基因组 DDH 小于 70%,ANI<95%,那么根据规定两菌株则不为同种。因此,在确定细菌新种时,应慎重采用 16S rRNA 基因序列测定结果,

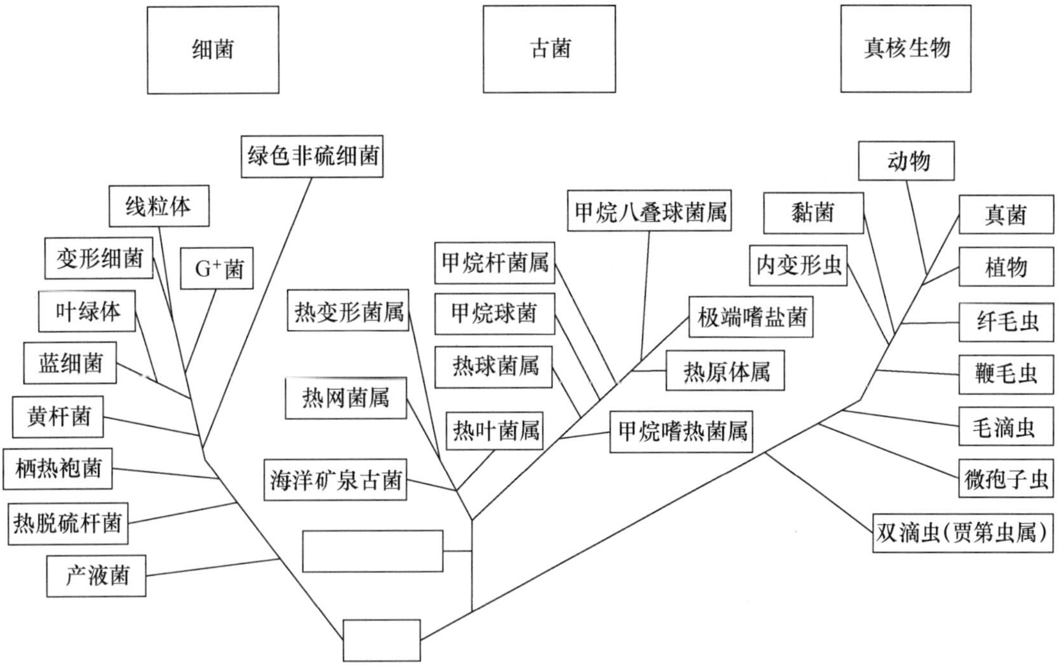

图 13-4 基于 SSU rRNA 序列比较构建的生物总系统发育树(引自李阜棣和胡正嘉,2000)

且应尽量与 DDH 结果、特别是近年已发展起来的全基因组 ANI 值相结合的方法,以对该新种的分类地位进行客观的确定。

沃斯最初采用寡核苷酸编目法分析 SSU rRNA,这种方法不仅费时费力、准确性差,而且仅能对 rRNA 分子的 60%左右的序列进行比较。自从 Sanger 双脱氧链终止法技术的出现、逆转录酶的应用以及聚合酶链式反应(PCR)技术的成熟,使得 16S rRNA 基因序列的测定更加方便、快速和准确(图 13-5)。

对于所测得的 16S rRNA 基因(即 16S rDNA)序列需要进行碱基的线性排列,并与 NCBI 的基因库(如 GenBank)中有关细菌的相应序列进行比较(Blastn),计算出它们相互之间的序列差异,同时计算出以碱基差异百分数表示的遗传距离(或进化距离)。然后,根据遗传距离采用比较能够反映系统发育关系的适当方法进行聚类分析,得到一个树状图(又称系统发育树状图)。系统发育树可以有两种展示方式:一种是扇形树状图,另一种为树状图(图 13-2),两者可根据要求进行展示。可以使用 MEGA 软件(https://megasoftware.net/)进行序列导入、序列比较、相似性计算、系统发育树构建,并选择使用扇形或树状图进行结果展示。由于 MEGA 软件界面友好,操作简单,结果美观,功能强大,推荐优先使用。

(二)单个和多个基因序列比较与分析

上述的 16S rRNA 基因序列分析虽然应用广泛,但也存在一些潜在的问题,就是序列保守性过强,不足以区分两个不同的种,这时就需要借助其他的某个基因或多个基因来比较两个种之间的差异。另外,16S rRNA 基因也存在着多拷贝的问题,不同拷贝之间序列不完全一样,这就造成了选用哪一个拷贝来做系统发育分析的问题。

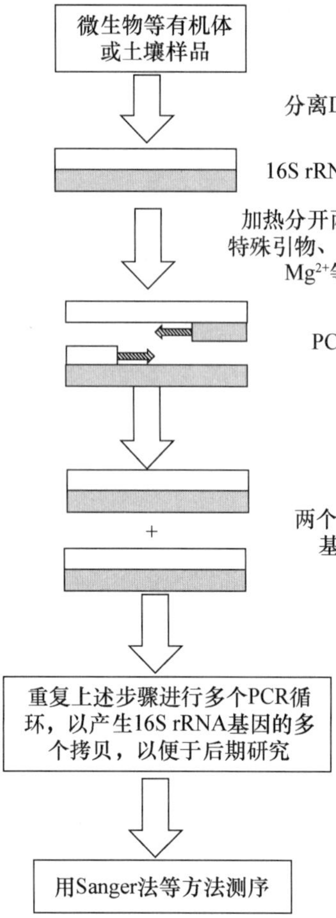

图 13-5　基于聚合酶链式反应(PCR)的 16S rRNA 基因序列测定策略

rpoB 基因编码 RNA 聚合酶的 β 亚基(beta subunit of RNA polymerase),在细菌和古菌中只有一个拷贝,且用该基因序列可以区分不同的种,分辨率高,因此,*rpoB* 常被选作除 16S rRNA 基因之外的基因来构建细菌的系统发育树。

随着基因测序技术的发展,更多的基因用于系统发育的分析,这就是**多基因序列分析(multilocus sequence analysis,MLSA)**,所使用的基因除了 *rpoB* 外,还有 *atpD*、*gln* Ⅱ、*recA* 等,以从不同基因角度研究细菌进化和系统发育的历史。

(三)全基因组测序和系统发育比较分析

使用多基因序列分析比较在一定程度上反映了细菌等微生物的关系及系统发育,但所分析的多为持家基因。对于非持家基因,它们的系统发育,以及两类基因之间的关系、起源等,需要开展全基因组测序和比较。随着第二代、第三代基因组测序技术的发展,基因组比较与分析越来越多地应用于细菌的系统发育当中。

通过全基因组比较,可以分析不同菌株中基因的有无、某个基因某个位点的**单核苷酸多态性(single nucleotide polymorphism,SNP)**、基因在不同菌株之间的**横向转移(horizontal gene transfer,HGT)**,还可以分析哪些基因是某个类群细菌或某个种的共有基因,即**核心基因组**

(**core genome**)，以及某个种内所有菌株的所有基因，即**泛基因组**(**pan genome**)，可以构建基于全基因组的系统发育树，比较供试菌株之间的进化关系。有了基因组序列，可以直接计算出G+C含量和不同菌株之间的ANI值，从而判断种或种间关系。

第三节 细菌的分类系统和常见细菌类群

一、细菌的分类系统

目前国际上公认和普遍采用的细菌分类系统是由美国细菌家协会(现为美国微生物学会)编写的《伯杰氏细菌鉴定手册》(*Bergey's Manual of Determinative Bacteriology*)和《伯杰氏系统细菌学手册》(*Bergey's Manual of Systematic Bacteriology*)。《伯杰氏细菌鉴定手册》最初由David H. Bergey任编委会主席，并于1923年出版了该手册的第1版。随着细菌分类学的深入和发展，相继又在1925年、1934年、1939年、1948年、1957年和1974年出版了第2至第8版。经过几十年的修订和补充，该手册被国际细菌学家普遍接受和采用。其中第8版与以前所有的版本不同，它没有从纲到种的分类系统，而主要着重于属、种的描述和比较，并根据细菌的形态、运动方式和营养类型等特征分为19部分，将细菌归属原核生物界，下分蓝细菌和细菌。

1984—1989年期间，又陆续出版了《伯杰氏细菌系统学手册》4卷。该手册在分类系统中增添了许多新的分类单元，并依据表型特征将细菌划分为35个群。在着重于表型特征描述的基础上，结合化学分类、数值分类特别是DNA相关性分析，以及16S rRNA寡核苷酸序列分析在生物种群间亲缘关系研究中的应用做了详细的阐述，体现了细菌分类研究从人为的表观分类体系向自然的系统发育体系过度所发生的变化。另外，该手册还附有每个菌群的生态、分离和保藏及鉴定方法。

1994年，《伯杰氏细菌鉴定手册》第9版面世。该手册是将《伯杰氏系统细菌学手册》4卷中有关细菌分类鉴定的资料和某些补充资料汇集成册。它是将细菌系统学和鉴定学结合起来，采用细菌系统学手册中的分类体系对已定名的细菌按鉴定学的要求来编排。另外该版手册除了对细菌各属(约500属)关键表观特征以35个群进行描述以外，属内各种的鉴定特征均以表格的形式出现，对于鉴定工作十分方便，实用性较强。

自2001年开始，又陆续出版了由George Garrity主编的《伯杰氏系统细菌学手册》第2版。该手册共分为5卷。其分类体系按照16S rRNA的系统发育关系进行编排，并同常规分类信息结合起来，这向自然的系统发育分类系统更加迈进了一步。另外，该版手册所采用的新系统分古菌(Archaea)和细菌(Bacteria)两个域(Domain)，下设25门、40纲、89目、203科，包括941个属和5 224个种，并将属安排到各表型群中，仍按《伯杰氏细菌鉴定手册》第9版中所划分的表型群进行属的详细描述。在5卷全部出齐时有微小的变动。

尽管伯杰氏手册认识到了分子系统发育对细菌进化的贡献，但它仍保留着许多传统的分类类群。这主要是因为人们对分子测序如何影响分类学的命名方面还不甚清楚。一部着重于强调系统发育的原核生物分类系统论著则是4卷的《原核生物》。该论著由Stanier(与Van Niel一起于1962年共同提出"原核生物"的概念)于1981年主编第1版，对于人们对原核生物界的全面认识起到了重要作用。1991年Balows主编了第2版,该版超过了4100页。它是在以Carl Woese的核糖体RNA序列同源性的基础上,完全按照原核生物系统发育的顺序描述了每个分支上细菌的属或更高的分类单元,并首次为单细胞的原核生物建立了真正的系统发育树。该论著是关于原核生物较全面的参考资料。

目前在LPSN网站(http://www.bacterio.net/index.html)上收录了已合格发表的原核生物的名称,包括名称的解释,模式菌株的编号,16S rRNA基因序列号,发表原始新种时的文献等信息,该网站定期更新,是一个十分好的参考网站。

在NCBI网站上(https://www.ncbi.nlm.nih.gov/genbank/),可以通过输入某菌株的16S rRNA基因编号(如HE978271),可以搜索到该菌株的16S rRNA基因序列信息,以及与该菌株相关的信息,如分离者、分离地、宿主、菌株编号等信息。下面的常见细菌类群中,都给出了模式菌株的16S rRNA基因序列号,以便查找使用。

对于分类纲要(lineage),可以查询NCBI的Taxonomy(分类)网站(https://www.ncbi.nlm.nih.gov/taxonomy),在搜索框内输入某个菌种的属名,或全部的学名,点击Search(搜索),即可找到该菌种的分类纲要。如搜索"Rhizobium cauense",可以获得的分类纲要信息为:细胞生物(cellular organisms),细菌域(Bacteria),变形杆菌门(Proteobacteria),α-变形杆菌纲(Alphaproteobacteria),根瘤菌目(Rhizobiales),根瘤菌科(Rhizobiaceae),根瘤菌/土壤杆菌群(*Rhizobium*/*Agrobacterium* group),根瘤菌属(*Rhizobium*)。

二、常见细菌类群

(一)革兰氏阴性、好氧的无芽孢杆菌——假单胞菌属

假单胞菌属(*Pseudomonas* Migula,1894)大而庞杂,种类繁多。在著名的LPSN网站,截止到2019年11月,收录到该属的种有225个(http://www.bacterio.net/pseudomonas.html)。该属细菌为单细胞、革兰氏阴性反应、直的或弯的杆菌,不呈螺旋状。大小一般为(0.5~1)μm×(1.5~4)μm。以一根或几根极生鞭毛运动。有些种也可形成侧生短波幅的鞭毛。许多种的细胞内积累多聚-β-羟基丁酸(PHB)颗粒。有机化能异养型。好氧,严格呼吸代谢类型,永不发酵。分子氧是普遍的电子最终受体。有些能进行反硝化而以硝酸盐作为另一电子受体在厌氧条件下生长。有些种为兼性化能无机营养型,可以利用H_2或CO作为能源。该属菌不固定氮素,可在4~43℃或4℃以下生长。能利用一碳化合物以外的碳水化合物作为唯一碳源。DNA的(G+C)mol%范围为58%~70%。模式种为铜绿假单胞菌(*Pseudomonas aeruginose*),16S rRNA基因在GenBank中的编号为HE978271。

假单胞菌属的成员是土壤、淡水和海水环境中常见的土著菌,有些还能从动物体表和含蛋白质的食品中分离到。它们在有机物质矿化方面具有重要意义。少数几种是致病菌,并显示出不同程度的寄主专化性。例如,青枯病单胞菌(*P. solanacearum*)是重要的植物病原菌。它有极其广泛的寄主范围,能引起许多属植物的枯萎病(如马铃薯、番茄、烟草、花生等);鼻疽假单胞菌(*P. mallei*)能引起马和驴的鼻疽病;类鼻疽假单胞菌(*P. pseudomallei*)则可引起人和动物的类鼻疽病。该属细菌的突出特点之一是广泛地以有机化合物作为碳源和产生能量的电子供体。有些种能利用100多种不同的有机化合物,只有少数几种利用不到20种的化合

物。常见的假单胞杆菌在大多数情况下只需要很简单的营养。最适生长 pH 为中性或微碱性(pH 7.0～8.5)。某些种(如荧光假单胞菌 *P. fluorescens*)因在缺铁的培养基中产生扩散性的荧光色素而成为初步鉴定这些菌种的特征之一。另外,有些菌种还能分解杀虫剂和石油废水等,在消除环境污染方面起到了重要作用。然而,假单胞菌一般不能分解多聚物成为单体组分。

该属的分类纲要为:细菌域(Bacteria)、变形杆菌门(Proteobacteria)、γ-变形杆菌纲(Gammaproteobacteria)、假单胞菌目(Pseudomonadales)、假单胞菌科(Pseudomonadaceae)。

(二)革兰氏阴性、好氧的无芽孢杆菌——根瘤菌

根瘤菌(rhizobia)是一类能与豆科植物形成根瘤并进行共生固氮的细菌的统称。细胞呈短杆状,大小为(0.5～0.9)μm×(1.2～3.0)μm,革兰氏阴性反应。通常细胞内含多聚-β-羟基丁酸(PHB)颗粒,使菌体染色不均匀而呈环节状。靠极生鞭毛或 2～6 根周生鞭毛运动。好氧。化能有机营养型,能利用多种碳水化合物,也可利用铵盐和硝酸盐或部分氨基酸类作为氮源。当生长在含碳水化合物多的培养基上时,通常产生大量的胞外黏液。根据其在酵母汁甘露醇琼脂(YMA)培养基上的生长速度,可将其分为快生型、慢生型和中慢生型 3 种类型。快生型根瘤菌(代时 2～4 h)在 YMA 上生长 3～5 d,其菌落直径可达 2～4 mm,并且产酸;慢生型根瘤菌(代时 6～8 h)在 YMA 上生长 5～7 d,菌落直径不超过 1 mm,并且产碱;而中慢生型根瘤菌在 YMA 上的生长速度介于快生和慢生菌之间,通常也是产酸的。其中快生型根瘤菌对碳源的利用比慢生根瘤菌广泛。根瘤是根瘤菌与豆科植物形成的特殊共生器官。根瘤菌在根瘤中以 T 形或 Y 形的类菌体形式存在,并在低氧压条件下固定和同化大气 N_2 以供植物所用。有些根瘤菌可在某些植物(如紫金牛科和茜草科)叶子上形成固氮叶瘤;有些可在某些植物(如具喙田菁)的茎上形成固氮茎瘤;还有些可与非豆科的榆科植物(*Parasponia*)共生结瘤固氮。另外,根瘤菌的某些菌株与土壤杆菌(*Agrobacterium*)在 DNA 的相关性上具有密切的关系。根瘤菌和豆科植物的共生,在所有共生固氮生物中是固氮能力最强的,对农业生产意义重大,可作为细菌肥料使用。根瘤菌的分离物,可从根瘤和土壤中得到,但往往从土壤分离时不易鉴别。对根瘤菌分离物的确定还尚需进行植物的结瘤实验。

当前的根瘤菌分属于细菌域(Bacteria)、变形杆菌门(Proteobacteria)、α-变形杆菌纲(Alphaproteobacteria)和 β-变形杆菌纲(Betaproteobacteria)。进一步归属于不同的目和科。代表属有:α-变形杆菌纲的中华根瘤菌属(*Sinorhizobium*)、根瘤菌属(*Rhizobium*)、中慢生根瘤菌属(*Mesorhizobium*)、慢生根瘤菌属(*Mesorhizobium*)、叶杆菌属(*Phyllobacterium*)、固氮根瘤菌属(*Azorhizobium*)、副根瘤菌属(*Pararhizobium*)、新根瘤菌属(*Neorhizobium*)等;以及 β-变形杆菌纲的伯克霍尔德菌属(*Burkholderia*)等。

(三)螺旋状或弧状的革兰氏阴性细菌——螺菌属

螺旋状或弧状的革兰氏阴性细菌是一群需氧或微需氧、能运动、革兰氏阴性反应、细胞呈螺旋状或弧状的细菌。细胞有不足一圈到多圈的螺旋,直径 0.2～1.7 μm,螺旋长 0.5～60 μm。其螺旋体没有外鞘和轴丝,而在其一端或两端有极生鞭毛,在液体中以螺旋转动的方式沿直线运动。好氧或微好氧。化能有机营养型,但有些种可以在无机混合气体($H_2+CO_2+O_2$)中自养生

长。该群菌大多数种利用有限的几种碳水化合物,却均不能发酵碳水化合物。该群细菌生活在土壤、淡水或海水中,或生长在植物根内,或存在于人和动物的器官中而致病。有些则能在微氧条件下固氮。

螺菌属(*Spirillum*)细菌的细胞坚韧,呈螺旋形,直径0.25～1.7 μm,长14～60 μm,是已知的最大细菌之一。大部分种的体内含有多聚-β-羟基丁酸(PHB)颗粒,并呈异染颗粒。除一种(柔弱螺菌*S. delicatum*)外,所有种均靠双极生大簇鞭毛运动。有机化能营养型。严格呼吸代谢,氧是最终电子受体,但少数可在有硝酸盐存在下营厌氧生长。最适生长温度30℃。不分解碳水化合物,糖通常不能作为唯一碳源,但能利用某些有机酸盐(如琥珀酸盐)。受低浓度的H_2O_2、NaCl和磷酸盐的抑制。DNA的(G+C) mol%范围较广,为38%～65%,并以此可将该属分为若干种群。该属细菌主要生存在静止的淡水环境。

螺菌属的模式种为迂回螺菌(*Sprillum volutans*),其16S rRNA基因在GenBank中的序列号为:GU585672。除模式种外,该属包含的另外一个种为维氏螺菌(*Spirillum winogradskyi*)。该属的系统发育纲要为:细菌域(*Bacteria*)、变形杆菌门(*Proteobacteria*)、β-变形杆菌纲(*Betaproteobacteria*)、亚硝化单胞菌目(*Nitrosomonadales*)、螺菌科(*Spirillaceae*)。

(四)螺旋状或弧状的革兰氏阴性细菌——固氮螺菌属

固氮螺菌属(*Azospirillum*)细菌近年来引起人们的浓厚兴趣,主要在于它们不仅能在土壤当中自生固氮,还能与热带禾本科谷类作物、草及块茎植物的根系形成松散的联合共生关系。它们生长在根系周围,靠根的分泌物生存,并同时固氮供植物利用。其中以巴西固氮螺菌(*A. brasilense*)较为著名。该属细菌细胞呈膨胀的弧状或直杆状,两端较尖,内含多聚-β-羟基丁酸(PHB)颗粒。在液体培养基中靠单极生鞭毛运动。有些种在半固体培养基中则形成大量波幅较短的侧生鞭毛。在微好氧条件下能固氮。当有结合态氮(如铵盐)存在时营好气生长,但却抑制固氮作用。而在严重缺氧条件下也可还原硝酸盐。最适生长温度35～37℃。

固氮螺菌属目前包括19个种,模式菌种为生脂固氮螺菌(*Azospirillum lipoferum*),其16S rRNA基因在GenBank中的编号为:Z29619。该属的分类纲要为:细菌域(Bacteria)、变形杆菌门(Proteobacteria)、α-变形杆菌纲(Alphaproteobacteria)、红螺菌目(Rhodospirillales)、红螺菌科(Rhodospirillaceae)。

(五)兼性厌氧革兰氏阴性杆菌——埃希氏菌属

埃希氏菌属(*Escherichia* Castellani and Chalmers, 1919)细菌的细胞呈直杆状,大小为(1.1～1.5)μm×(2.0～6.0)μm,以单个或成对存在。以周身鞭毛运动或不运动。许多菌株产荚膜或微荚膜。化能有机营养。兼性厌氧。具有呼吸和发酵代谢机制,发酵葡萄糖或其他糖类产生丙酮酸,再进一步转化为乳酸、乙酸和甲酸。野生型菌株可以在广泛的碳源能源中生长,几乎不需要任何生长因子。能利用醋酸盐,但不能利用柠檬酸盐作为唯一碳源。DNA的(G+C)mol%为48%～52%。该菌是一种存在于温血动物大肠内的细菌,最适生长温度37℃。其菌落在营养琼脂培养基上呈光滑、低凸面、湿润、表面光泽,边缘整齐,灰白颜色;易于分散于生理盐水之中,但干燥、粗糙菌落则不易在生理盐水中分散。也有产黏液或不产黏液的类型。大多数菌株的细胞表面可长出大量菌毛。埃希氏菌属的成员广泛分布于人类和温血动物的肠道，为肠道正常菌群。但它们在寄生地不一定是优势菌群。该属的菌株可以在肠道中合成维生素，特别是维生素 K。也可产生大肠杆菌素，为寄主提供营养。但当机体抵抗力下降或大肠杆菌入侵肠外组织或器官时则又是条件致病菌，并可引起肠外感染。例如肾炎、膀胱炎等泌尿道感染。作为兼性好氧菌，它们也会消耗氧气，这可以帮助维持一个无氧的肠道环境。有些菌株因能产生肠毒素(enterototin)而引起婴儿或幼畜严重腹泻。在大肠杆菌中的一些肠道病原菌，越来越频繁地引起类似痢疾感染和全身性高热等病状，而少数血清型菌株常含有使它们具有特殊毒力特征的质粒。如含 K1 抗原的血清型常引起新生儿的脑膜炎；有 3 个血清型的大肠杆菌可引起急性腹泻，它们分别是产肠毒型大肠杆菌、肠侵袭型大肠杆菌和肠致病型大肠杆菌。尽管如此，由于大肠杆菌一般是肠道正常寄生菌，所以环境中一旦出现大肠杆菌即表明可能被动物的粪便污染。这在卫生学上已被用于检测饮用水、饮料或食品安全的指示菌。另外，大肠杆菌是具有很长研究历史的一种菌，为微生物学基础研究的重要材料，并在现代分子生物学和基因工程等方面应用的极为广泛和深入。

该属的模式种为大肠埃希氏菌(*Escherichia coli*，简称大肠杆菌)，16S rRNA 基因在 GenBank 中的编号为：X80725。该属目前包括 8 个种。属的分类纲要为：细菌域(Bacteria)、变形杆菌门(Proteobacteria)、γ-变形杆菌纲(Gammaproteobacteria)、肠杆菌目(Enterobacterales)、肠杆菌科(Enterobacteriaceae)。

(六)革兰氏阳性球菌——链球菌属

链球菌属(*Streptococcus* Rosenback，1884)是一类链状的球菌类群。细胞通常为球形或卵球形，直径小于 2 μm。在液体培养基中生长时以成对或成链存在。依据不同的种和菌株或不同的培养基组分，链的长度发生变化，最长的链可达 50 个以上的细胞。通常情况下不运动。不产芽孢。革兰氏染色阳性。化能有机营养型。发酵糖类的主要产物是乳酸，不产气。大多数为兼性厌氧，有些生长时需要 CO_2，而有些是专性厌氧的。与微球菌不同，一般没有包括接触酶在内的含血红素的呼吸酶类。链球菌属大多数种可在牛肉汁培养基上生长。菌落圆形，边缘整齐，表面呈黏液状，光滑到粗糙。生长条件要求苛刻，需要氨基酸、生长素、嘌呤、嘧啶、维生素等。生长温度范围为 25～45℃，最适生长温度 37℃左右。DNA 的(G+C)mol%为 36%～46%。

该属目前包括 194 个种，模式种为酿脓链球菌(*S. pyogenes*)，16S rRNA 基因的序列号为 AB002521。该属的分类纲要为：细菌域(Bacteria)；陆生杆菌群(*Terrabacteria* group)、厚壁菌门(Firmicutes)、杆菌纲(Bacilli)、乳杆菌目(Lactobacillales)、链球菌科(Streptococcaceae)。

链球菌属包括了许多生活于不同环境的不同菌种。它们的活动对人类有很大的影响。一些菌株对人和动物是致病性的；而另一些菌株却在奶制品，青储饲料和其他发酵产品的生产中发挥着重要的作用。依据细胞壁的多糖抗原、血琼脂上的溶血现象和生态分布可将链球菌属分为 5 个类群：

①酿脓溶血链球菌类。为 A 抗原群链球菌，产生 β-溶血现象。可引起咽喉炎、脓疱病、猩红热等人类传染病。

②口腔链球菌类。产生 α-溶血现象。通常存在于人和其他动物的口腔及上呼吸道。有些菌种是人体其他部位重要的机会致病菌；而有些种则与龋齿有关。

③肠链球菌类。为D抗原群链球菌。存在于人和动物的肠道,偶有致病可引起尿道感染和亚急性心内膜炎。代表种是粪便链球菌。

④乳酸链球菌类。代表种是乳酸链球菌,为N抗原群链球菌。通常可作为生产脱脂牛奶、干酪和其他发酵乳制品的出发培养物,并可作为乳酸生产菌。

⑤厌氧链球菌类。其中有些种是致病菌并引起化脓。

(七)产芽孢的革兰氏阳性杆菌——芽孢杆菌属

芽孢杆菌属(*Bacillus* Cohn,1872)细菌的细胞呈杆状,(0.5～2.5)μm×(1.2～10)μm。每个细胞只形成一个芽孢,可强烈抵抗不良环境。芽孢通常呈圆柱形、椭圆形或球形,某些种的菌株产生肾形或香蕉形的芽孢。芽孢位于细胞的中央或一端,其直径大多数不超过细胞直径。革兰氏染色阳性,或仅在生长早期为阳性。大多数以周生鞭毛或退化的周生鞭毛运动。菌落的大小和形态多变。在某些培养基上可产色素。好氧或兼性厌氧。化能有机营养型。有一个种为化能无机营养型。能在以糖类、有机酸、醇类作为唯一碳源和以铵作为唯一氮源的合成培养基上生长良好。生理特征广泛多样,有些具有极端的特性,从嗜冷到嗜热,从嗜酸到嗜碱,表现出多样的生理活性。许多菌种可以产生胞外酶并分解多糖、蛋白质、核酸和脂类。该属所有成员可产生过氧化氢酶和超氧化物歧化酶。不少菌种能产生抗生素,例如杆菌肽、多黏菌素及短杆菌肽等。在通常情况下,抗生素的产生似乎与孢子的形成有关。当培养物进入静止生长期以及决定形成孢子之后释放出抗生素。分子分类学研究表明,该属细菌是一群不均一的细菌,遗传学关系不密切。各种芽孢杆菌DNA的(G+C)mol%在30%～70%之间变化,表现出相当大的遗传异质性。在《伯杰氏系统细菌学手册》中,将好氧或兼性厌氧的产芽孢细菌都列入芽孢杆菌属(*Bacillus*)。自20世纪90年代以来,应用16S rRNA基因序列分析、基因探针、类脂分析和醌类分析等技术,已由一个属发展到8个属。尽管如此,在生态学上所有形成芽孢的细菌都有关系,因为在自然界中这些细菌主要见之于土壤,甚至那些对人类或动物有致病性的芽孢杆菌种也主要是腐生性的土壤生物。这主要是因为土壤环境有利于芽孢的形成和萌发。

芽孢杆菌属内有几个种具有重要作用。枯草芽孢杆菌(*B. subtilis*)是一种重要的工业生产用菌,常用于生产蛋白酶和淀粉酶等。该菌常见于含枯枝落叶的土壤中,并对其生化和遗传机制已做了广泛的研究。巨大芽孢杆菌(*B. megaterium*)细胞个体大,直径为1.5～3.0 μm,常用于细胞学的许多研究。炭疽芽孢杆菌(*B. anthracis*)是人和动物的致病菌。日本甲虫芽孢杆菌(*B. popilliae*)可以引起日本甲虫幼虫和与之关系密切的金龟子科甲虫幼虫的腐败性致死疾病。苏云金芽孢杆菌(*B. thuringiensis*)能够引起多个不同类群昆虫的致死性疾病。其中有些菌株对鳞翅目昆虫有特异性,如家蚕、棉铃虫、卷心菜虫、舞毒蛾等,有些菌株可以杀死双翅目昆虫,如蚊等;还有些菌株可以杀死鞘翅目昆虫,如科罗拉多马铃薯甲虫。目前已发现对日本甲虫有毒性的苏云金芽孢杆菌株系。苏云金芽孢杆菌对昆虫的致病性主要是因其细胞内芽孢形成期间伴随合成一种被称为“伴孢晶体”的毒性蛋白(商业上称其为“Bt-毒素”)。该晶体原毒素蛋白在幼虫中肠蛋白酶水解作用下转变为毒素而使昆虫致死。从昆虫病原菌提取到的芽孢或伴胞晶体的制备物被广泛地用作生物杀虫剂,对降低化学杀虫剂的使用和环境保护起到了重要作用。目前Bt-毒素基因已经被导入植物,使植物对有害昆虫有天然的抗性。另外,蜡状芽孢杆菌(*B. cereus*)的某些菌株在食物传播的胃肠炎中起一定作用。

该属的模式种为枯草芽孢杆菌(*B. subtilis*),16S rRNA 基因编号为 AJ276351。该属目前包括 379 个种,属的分类纲要为:细菌域(Bacteria);陆生杆菌群(*Terrabacteria* group)、厚壁菌门(Firmicutes)、杆菌纲(Bacilli)、芽孢杆菌目(Bacillales)、芽孢杆菌科(Bacillaceae)。

(八)无芽孢的革兰氏阳性菌——乳酸杆菌属

乳酸杆菌属(*Lactobacillus* Beijerinck,1901)细菌的细胞为典型的杆状,(0.5~1.2)μm×(1.0~10.0)μm。从细长到短的弯曲杆状变化,也有短的球杆状。普遍生长成链。通常不运动,或依靠周生鞭毛运动。不生芽孢。厌氧或兼性厌氧。在提高厌氧程度或降低氧分压和 CO_2 含量达 5%~10%时,能促进其在固体表面生长。最适生长温度 30~40℃。最适 pH 范围为 5.5~6.2。一般在 pH 5.0 或更酸的环境中生长时比其他乳酸细菌对酸性条件的抗性更强,可根据此特点从天然材料中进行选择性菌种分离。营养要求复杂,生长需要氨基酸、多肽、核酸衍生物、盐类、维生素、脂肪酸以及可发酵的碳水化合物。代谢为发酵型,绝大多数种为同型发酵,少数为异型发酵。发酵最终产物至少有 50%为乳酸。DNA 的碱基组成差别较大(32%~53%)。乳酸杆菌是奶制品中的常见菌,也广泛分布在谷物、肉类、水、污泥、酒类、水果、泡菜等物中,以及存在于温血动物的口腔、胃肠道和阴道中,但很少致病。有些种被用于发酵奶品的制备上。例如,嗜酸乳杆菌(*L. acidophilus*)用于酸奶的生产;德氏乳酸杆菌用于保加利亚酸奶酪的制备;植物乳杆菌(*L. plantarum*)用于青储饲料的制备;其他一些种用于生产泡菜和酸菜。由于乳酸杆菌的强耐酸性,使得它们在天然乳酸发酵过程中能够连续生长而成为乳酸发酵最后阶段的承担者。

该属的模式菌种为德氏乳酸杆菌(*L. delbrueckii*),其 16S rRNA 基因序列编号为:AY773949。该属目前包括 241 个物种。属的分类纲要为:细菌域(Bacteria);陆生杆菌群(*Terrabacteria* group)、厚壁菌门(Firmicutes)、杆菌纲(Bacilli)、乳杆菌目(Lactobacillales)、乳杆菌科(Lactobacillaceae)。

第四节 真菌分类系统及常见的真菌类群

一、真菌分类方法及分类系统

(一)真菌分类方法简介

真菌曾经的分类方法与细菌不同,通常以无性或/和有性生殖时形成的生殖结构和孢子形态特征为主要分类依据,也参照菌落形态、菌丝形态、细胞结构以及生理生化和生态特征。此外,真菌一些细胞结构的化学组成和代谢方面的特征,也常常作为分类的辅助信息,如脂肪酸组分、细胞壁的组成成分、特定的酶活性、某些代谢途径的特点等。真菌的形态特征复杂,而且有些形态特征和生理生化指标随着环境的变化而不稳定。同时,以何种具体的特征作为真菌分类的主要依据,在真菌学家之间一直存在着不同意见,使得真菌分类存在多个并存的分类系统。分子生物学兴起后,核酸序列的信息逐渐成为一个主要且稳定的分类依据,真菌分类学研究呈现出非常活跃的状态,力求从遗传进化角度阐明真菌种群间的内在亲缘关系,尽可能客观地反映真菌的系统发育规律。目前,真菌分类学处在从形态分类向系统发育分类的过渡阶段。分子生物学方法虽然具有操作简便和准确性高等特点,但目前还没有最终形成一套完善、成熟的分类体系,对以哪些核酸序列的信息作为分类的主要依据,也还存在着一些争议。在当前的真菌分类学中,核糖体 rDNA(即 rRNA 基因)序列是最常用的分类依据。此外,常用的分子生物学方法还有关键持家基因序列的系统发育分析等,所有这些分析方法还常常组合使用,互相补充或印证。通过全基因组序列进行系统发育分析,是生物分类学发展的一个新的方向,不过对于真菌庞大的种类数量而言,目前得到的真菌基因组信息量还太少,而且对于绝大多数自然界的真菌,同一个体内不同细胞的基因组不完全相同,给这种设想造成了一定障碍。

总而言之,以核酸序列为基础的系统发育学分析和鉴定方法,已经成为真菌分类研究的主要手段,但由于真菌的复杂性和多样性较高,同时也兼顾到真菌分类的实用性,无法完全舍弃形态分类和化学分类方法,只是这些方法退居成了辅助方法而已。下面简要介绍几种在真菌分类研究中所用到的分子生物学方法。

1. 核糖体大、小亚基 rRNA 基因序列及其间隔区序列分析

大部分真核生物的核糖体定位于其胞质中,沉降系数为 80S。每个核糖体又由沉降系数为 40S 的小亚基和沉降系数为 60S 的大亚基组成。40S 亚基具有一条 18S RNA(约 1 900 个核苷酸)和 33 个蛋白质。60S 大亚基具有 5S RNA(约 120 个核苷酸)、5. 8S RNA(约 160 个核苷酸)、28S RNA(约 4700 个核苷酸)各一条,以及 46～49 个核糖体蛋白。在真核生物中,rDNA 序列通常以 18S rDNA、5. 8S rDNA 和 28S rDNA 的顺序形成一个单元,并串联成多个拷贝(5S rDNA 一般存在于染色体的其他部位)。每个单位中,18S、5. 8S 和 28S 三个 rDNA 基因的两个间隔区分别被称为转录间隔区(internal transcribed spacer, ITS) ITS1、ITS2。rDNA 经转录形成 RNA 进行剪切加工后产生 18S RNA、5. 8S RNA 和 28S RNA。ITS1 和 ITS2 在 RNA 修饰过程中被剪切掉,目前还不清楚它们的生理功能。由于 18S 和 28S 的 rDNA 序列非常保守,现已大量应用于各种生物的系统发育和分类学研究,并被人们公认为是生物进化的分子时钟,一般用于确定高阶的分类阶元。由于 5. 8S rDNA 序列、5S rDNA 和转录间隔区(ITS)序列在不同种间变化较大,其多态性常用于种间或种以下水平的比较。目前,人们已设计出一整套扩增 rDNA 的特异性引物,通过 PCR 技术扩增 rDNA 整个单元,或其中特定部位的基因片段,测序后,即可利用 rDNA 序列进行系统发育学研究,或鉴定未知菌株。

2. 随机引物扩增多态性 DNA 分析

随机引物扩增多态性 DNA(randomly amplified polymorphic DNA, RAPD)技术是一种从分子水平上研究不同物种 DNA 差异的手段。此技术建立在 PCR 基础上,以随机合成的单个寡核苷酸(通常为 10 bp)为引物,用 PCR 技术对目的基因组 DNA 进行扩增,扩增产物通过凝胶电泳显示 DNA 片段的数量及大小,可反映 DNA 片段的多态性,从而比较菌株之间基因的差异。RAPD 技术适合于遗传背景不清的靶基因的分析,适用种及种以下水平的分类。由于其操作简单,扩增产物多态性灵敏度高,目前广泛用于分类鉴定、基因定位、评估物种亲缘关系、分析杂交品种基因组和寻找特异性探针等分子生态学的研究。

(二)常用的真菌分类系统

自 Ainsworth 系统 1973 年发表后，在近 30 年中，又有 10 多个有较大影响的真菌分类系统相继发表。在这些分类系统中，还是以生态环境、形态特征、细胞结构、生殖特点为主要依据，同时结合系统发育的规律来分类。然而近年，以分子生物学方法研究真菌各类群之间的亲缘关系，揭示不同类群之间系统发育的本质和进化关系，成为真菌分类学发展的主要方向。不过，新的分类系统尚未完成，有不少以前描述过的真菌，尚未用分子生物学方法加以研究，也就没有确定其在新系统中的分类地位，它们的菌名和归属仍然在旧的分类体系之中。因此，我们依然摘录了国际真菌学研究的权威机构发布的几个旧分类系统(表 13-2)，其中主要包括《真菌字典》第八版(Ainsworth & Bisby's，1995)和《真菌学概论》(又译作"菌物学概论"，Alexopoulos & Mins，1996)中采用或列举的几个重要的分类系统。

表 13-2 几种真菌分类系统(邢来君等，1999)

Ainsworth 等 (1973)	V. Arx (1981)	真菌字典 (1983)	Kendrick (1992)	真菌字典 (1995)	Alexopoulox & Mins (1996)
真菌界	真菌界	真菌界	原生真菌	原生动物界	真菌界
黏菌门	黏菌门	黏菌门	(Protoctistan fungi)	(Protozoa)	壶菌门
集胞菌纲	集胞菌纲	鹅绒菌纲	黏菌纲	集胞菌门	接合菌门
[网黏菌纲]	根肿菌纲	网柄菌纲	(Myxostelida)	网柄菌门	接合菌纲
黏菌纲	网黏菌纲	集胞菌纲	网柄菌纲	黏菌门	毛菌纲
根肿菌纲	卵菌门	黏菌纲	(Dictyostelida)	黏菌纲	子囊菌门
真菌门	卵菌纲	根肿菌纲	网黏菌纲	原柄菌纲	半知菌(无性子囊菌)
鞭毛菌亚门	丝壶菌纲	网黏菌纲	(Labyrinthulida)	根肿菌门	古生子囊菌
壶菌纲	壶菌门	真菌门	根肿苗纲	藻界	丝状子囊菌
丝壶菌纲	壶菌纲	鞭毛菌亚门	(Plasmodiophorida)	(Chromista)	担子菌门
卵菌纲	真菌门	壶菌纲	壶菌门	丝壶菌门	腹菌类
接合菌亚门	接合菌纲	丝壶菌纲	丝壶菌门	网黏菌门	卵菌门
接合菌纲	内孢霉纲	卵菌纲	卵菌门	卵菌门	丝壶菌门
毛菌纲	黑粉菌纲	接合菌亚门	真菌	真菌界	网黏菌门
子囊菌亚门	子囊菌纲	接合菌纲	(Eumycotan fungi)	(Fungi)	根肿菌门
半子囊菌纲	担子菌纲	毛菌纲	双核菌门	子囊菌门	网柄菌门
不整囊菌纲	半知菌纲	子囊菌亚门	子囊菌亚门	担子菌门	集胞菌门
核菌纲		(不分纲)	担子菌亚门	担子菌纲	黏菌门
盘菌纲		担子菌亚门	接合菌门	冬孢菌纲	
腔菌纲		层菌纲		黑粉菌纲	
虫囊菌纲		腹菌纲		壶菌门	
担子菌亚门		锈菌纲		接合菌门	
冬孢菌纲		黑粉菌纲		毛菌纲	
层菌纲		半知菌亚门		接合菌纲	
腹菌纲		腔孢纲			
半知菌亚门		丝孢纲			
芽孢纲					
丝孢纲					
腔孢纲					

Ainsworth 提出的分类系统是多数学者普遍认可并沿用的重要的分类系统。此系统将真菌界分为黏菌门和真菌门，真菌门又划分为鞭毛菌亚门、接合菌亚门、子囊菌亚门、担子菌亚门

和半知菌亚门。随着研究的深入,《真菌字典》第八版则将原真菌界的卵菌、丝壶菌、网黏菌归入藻界,将黏菌和根肿菌划入原生动物界,并将它们独立成门,而真菌界仅包括壶菌门、接合菌门、子囊菌门和担子菌门。另外,当时还提出了一个有丝分裂孢子菌的概念,用来描述半知菌,半知菌不再是一个独立的分类阶元,其成员按照亲缘关系,被分别归入了它们本应属于的子囊菌和担子菌中相应的类群。目前国内主要的一些真菌学教材综合了上述情况,采用了一个折中的,或者说是过渡性的分类体系。

真菌界(Fungi)

壶菌门(Chytridiomycota)

附:卵菌纲(Oomycetes)

接合菌门(Zygomycota)

子囊菌门(Ascomycota)

担子菌门(Basidiomycota)

半知菌类(Fungi Imperfecti)

不过,目前学术界公认的真菌分类体系,则是最新的系统发育学分类体系,在正式的学术期刊上发表文章,一般都采用这一分类体系。不过,随着研究的深入和范围的扩大,这一体系会经常发生改动。总体上,新体系认为真菌的多样性更为丰富,物种间的亲缘关系也更远了。在这一体系中,原来的壶菌划分成4个门:芽枝霉门(Blastocladiomycota)、壶菌门(Chytridiomycota)、油壶菌门(Olpidiomycota)、隐秘菌门(Cryptomycota),以及一个待归类的科(Sanchytriaceae);原来的接合菌部分划分成了2个门:毛霉门(Mucoromycota)和捕虫霉门(Zoopagomycota),以及一个待归类的亚纲(Nephridiophagidae);由于子囊菌和担子菌都有双核阶段,新系统中,在真菌界下成立了双核亚界(Dikarya),该亚界包括子囊菌门(Ascomycota)、担子菌门(Basidiomycota)和待归类的根肿黑粉菌纲(Entorrhizomycetes);原属于原生动物的微孢子虫,由于亲缘关系和隐秘菌门比较接近,被划入真菌,并成立了微孢菌门(Microsporidia)。原属于真菌的卵菌、丝壶菌、网黏菌现归入不等鞭毛类,大部分黏菌现归入变形虫类,集胞菌现归入异叶足纲,根肿菌现归入有孔虫类。然而,需要注意的是,对于没有经过系统发育学分析的菌株,则仍然沿用旧的分类系统,也就是说目前仍处于一个新旧分类系统并存的过渡时期。

二、常见真菌类群的代表

(一)壶菌

壶菌(chytrids)包括芽枝霉门、壶菌门、油壶菌门、隐秘菌门(Cryptomycota),以及 anchytriaceae 科的真菌。它们的共同特点是能产生游动孢子,这些孢子具有单根后生尾鞭式鞭毛,主体部分横截面为9+2结构。有些壶菌寄生于藻类、蕨类、鱼类、原生动物及水生其他真菌上,有些则腐生于植物残体、鱼类或昆虫尸体残骸上。壶菌的许多种类腐生在潮湿的土壤和淡水中,少数两栖或陆生,可引起植物多种病害,如由内生集壶菌(*Synchydium graminis*)引起的马铃薯癌肿病,玉米节壶菌(*Physoderma maydis*)引起的玉米褐斑病等。壶菌门真菌细胞壁的成分主要为几丁质,无性繁殖形成游动孢子囊或孢子囊,有性繁殖则通过游动配子的配合、配子囊的配合或体细胞配合的方式产生合子。

油壶菌(Olpidium)是比较典型的壶菌,寄生在藻类体内、高等植物根部或真菌的孢子上。营养体为单细胞,具有营养、繁殖两种功能,几乎没有菌丝,整个菌体形成孢子囊,孢囊无囊盖。有性生殖为同配生殖,合子具有双鞭毛。通常形成薄壁孢子囊和厚壁休眠孢子囊。无性生殖产生的孢子囊光滑,埋生于寄主表皮下。孢子萌发时以牙管穿透寄主组织,然后顶端开裂释放游动孢子。有性生殖产生的休眠孢子囊常聚集在寄主表皮下,萌发时也可形成游动孢子(图13-6)。

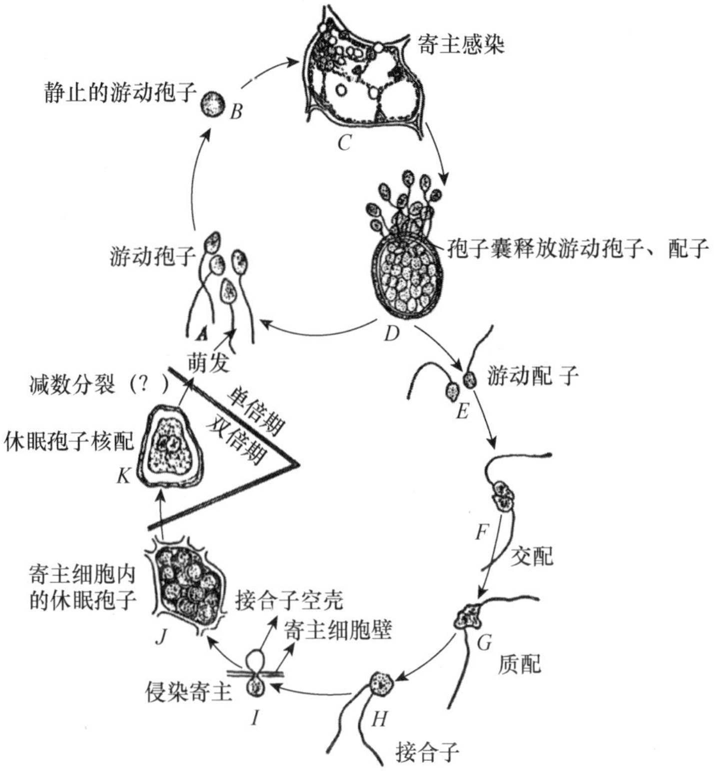

图 13-6　油壶菌属真菌生活史(邢来君等,1999)

(二)接合菌

接合菌包括毛霉门、捕虫霉门,以及待归类的 *Nephridiophagidae* 亚纲。多数腐生于土壤、植物残体、各种有机物,少数寄生在人体、动物植物和其他真菌上。菌丝发达,无隔多核,细胞壁主要成分之一为几丁质。无性繁殖产生孢囊孢子,有些种类产生厚垣孢子,少数种类产生节孢子、毛孢子或变形虫状孢子。有性生殖由两个同形或异形配子囊接合后发育成接合孢子,有些接合孢子具有附属丝。接合孢子萌发时长出孢囊梗,顶端膨大成孢子囊后释放孢囊孢子,或直接萌发菌丝。

1. 毛霉属

毛霉属(*Mucor*)真菌分布在土壤、肥料中,也见于蔬菜、水果和各种淀粉食品上,具有分解蛋白质和淀粉的能力,可供制造腐乳、豆豉。有些种常见于酒曲中,能糖化淀粉,有些菌还可转化甾族化合物和产生有机酸。常见的重要菌种有高大毛霉(*M. mucedo*)、总状毛霉(*M. race-*

mosus)和鲁氏毛霉(*M. rouxianus*)等。

毛霉菌丝无隔有分枝,在基物上或基物内广泛蔓延,无假根和匍匐丝。孢囊梗直接由菌丝体生出,单生或分枝,分枝顶端生球形孢子囊,囊壁常带有草酸钙结晶,孢囊有囊领和囊轴,囊轴形状不一,囊轴与囊柄连接处无囊托。孢子囊内含很多孢囊孢子,孢囊孢子球形或椭圆形。有性生殖多数异宗结合,接合孢子无附属丝(图 13-7)。

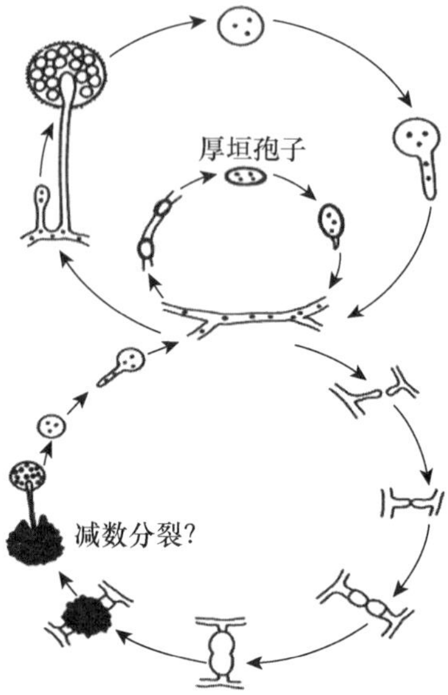

图 13-7　毛霉属真菌的生活史(邢来君等,1999)

2. 根霉属

根霉属(*Rhizopus*)真菌广泛分布于自然界,常出现在淀粉质食品上,引起面包、馒头等发霉变质。分解淀粉的能力强,在代谢过程中产生淀粉酶和糖化酶,是酿造业中著名的生产菌种,存在于酒药和酒曲中。根霉也能分解蛋白质供大豆加工用。有些菌种能转化甾族化合物,产生脂肪酶和有机酸,也是发酵工业重要的菌种。常见的有匍枝根霉(*R. stolonifer*)、米根霉(*R. orgzae*)和中华根霉(*R. chinensis*)等。

根霉菌丝发达,生长迅速,营养体上长弧形气生菌丝,称为匍匐丝。节点处生假根,假根上方长出孢囊梗,单生或丛生。孢囊有囊轴,基部有囊托。孢囊孢子球形或卵形。有性生殖为异宗结合,产生的接合孢子无附属丝。现以匍枝根霉为例说明根霉属的一般生活周期(图 13-8)。根霉与毛霉的主要区别在于根霉有匍匐丝和假根。

3. 梨头霉属

梨头霉属(*Absidia*)真菌广泛分布于土壤、有机质和酒曲中,空气中也有它们的孢子存在,是实验室中常见的污染菌之一,有些是人畜的病原菌。梨头霉对甾族化合物的转化作用很强,如蓝色梨头霉(*A. coerulea*)可以转化多种甾体。

梨头霉的菌丝体似根霉,产生弧形匍匐丝向四周蔓延,并在同基物接触点处生出具有分枝的假根。与根霉不同的是,梨头霉孢囊梗从匍匐丝中间长出,并不与假根对生。孢囊梗簇生,孢囊顶生,呈梨形,有囊领和囊托;囊轴锥形;孢囊孢子小。有性生殖产生接合孢子,并从一边或两边配囊柄上长出附属丝,并包裹接合孢子(图 13-9)。

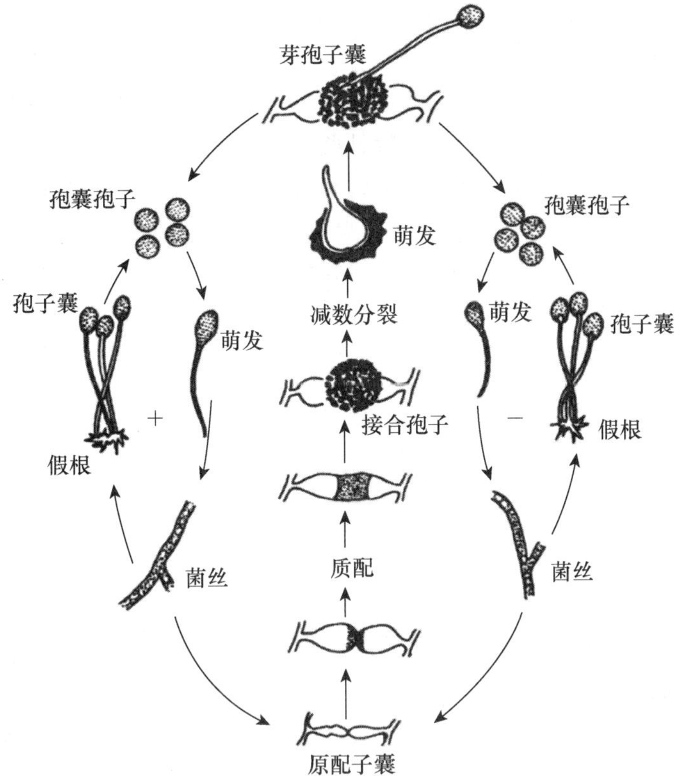

图 13-8　根霉属真菌的生活史(Alexopoulos,2002)

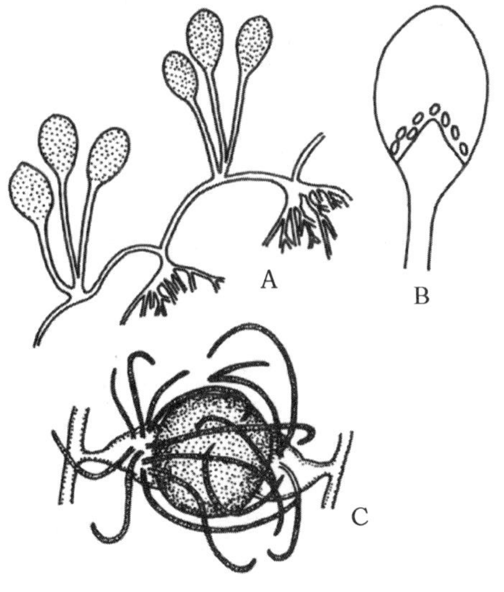

A.孢子囊、孢囊梗匍匐丝和假根　B.孢囊和囊轴　C.接合孢子

图 13-9　梨头霉属真菌的形态(邢来君等,1999)

(三)子囊菌

子囊菌(sac fungi)是迄今发现的真菌中数量最多的类群,现构成真菌界双核亚界的子囊菌门。子囊菌区别于其他真菌的一个显著特征是其形成有性孢子时,会产生子囊。子囊是一个含有一定数量子囊孢子的袋状结构,其中的子囊孢子是经过质配、核配和减数分裂后产生的。许多子囊菌是致病菌,植物致病的子囊菌可以毁坏粮食作物、果树、林木及花卉等;动物致病的子囊菌,则可感染人类和家畜。腐生的子囊菌可以引起食物、纤维、皮革等霉烂。另一方面,很多子囊菌对人是有益的,如酵母菌的发酵作用早已被用在面包制造和其他酿造工业中,有些子囊菌可产生有机酸、抗生素和维生素;大型子囊菌如羊肚菌和块菌则是味道鲜美而享誉世界的食用菌。

子囊菌分布广泛,大多数为陆生,营腐生或寄生生活。传统上认为,子囊菌在真菌中属于"高等真菌"。子囊菌多数菌丝有隔膜,且分枝繁茂(酵母菌除外)。菌丝细胞单核或多核,内含多种细胞器。细胞壁主要由几丁质骨架、少量蛋白质、氨基糖类组成。菌丝常集结疏丝组织和拟薄壁组织,用于构成子实体、菌核或子座。无性繁殖时,可以进行裂殖、芽殖、菌丝断裂增殖,也可以产生节孢子、各种分生孢子,类型多样。多数分生孢子长在一段特化的菌丝上,这段菌丝称为分生孢子梗。分生孢子梗可生于基物表面,或聚生在分生孢子盘、分生孢子器内。有性繁殖产生子囊和子囊孢子,其过程包括质配、双核体发生及核配、减数分裂形成子囊孢子。子囊菌的子囊通常生长在一定结构的子实体内。子实体类型包括子囊壳、闭囊壳、子囊盘、子囊腔等,还有少数类型子囊裸露。子囊孢子生长在子囊内,形态多样,一般圆形或椭圆形,单细胞或多细胞。由于它们的颜色、大小、表面纹饰等各不相同,均可作为分类的依据。

1. 酵母菌

酵母菌(yeast)现在也不是一个分类学上的概念,单细胞的子囊菌和除柄锈菌目以外的单细胞担子菌,习惯上称之为酵母。子囊菌门中酵母菌,主要分属于酵母菌亚门酵母菌纲和外囊菌亚门裂殖酵母纲。它们经常生长在含糖的基质上,如水果、蔬菜,花蜜,也可从土壤、牛奶和动物排泄物中分离到,还有的酵母菌可与昆虫共生。少数酵母的种可以寄生,引起人和植物的病害。酵母菌用途广泛,可用来发面做馒头、面包和酿酒。还可用来生产甘油、有机酸、核苷酸和维生素。若采用通气方式培养,能产生大量细胞。因其蛋白含量丰富,酵母细胞可作食用、药用和饲料用。最常见的酵母种类有酿酒酵母(*Saccharomyces cerevisiae*)、葡萄酒酵母(*S. cerevisiae* var. *ellipsoideus*)等。

酵母菌营养体一般为单细胞,球形、卵形或腊肠形。细胞宽 1～5 μm,长 3～5 μm,或更长。大多数酵母菌的菌落形态与细菌相似,表面湿润、黏稠,多数为乳白色,但比细菌菌落大。很多酵母菌可以在一定条件下形成假菌丝,有些种甚至能形成具有分枝的菌丝。细胞壁主要含有几丁质等葡聚糖和甘露聚糖。细胞内有多种细胞器及贮藏颗粒。

酵母菌无性繁殖有芽殖或裂殖两种方式。芽殖是主要方式,在一定条件下,芽细胞连续出芽而形成串生的细胞,即为假菌丝。常见的酿酒酵母是以芽殖方式进行无性繁殖的。尚有少数种类的酵母菌靠细胞横分裂方式进行无性繁殖,例如裂殖酵母属(*Schizosaccharomyces*)。另外,有些酵母菌除芽殖外,在适合的条件下,还能形成真正的菌丝体。酵母菌的有性生殖产生子囊孢子。当酵母菌发育到一定阶段,两个营养细胞起配子囊作用,互相接合,最后形成一个含子囊孢子的子囊。通常一个子囊有 4～8 个子囊孢子,子囊孢子有球形、卵圆形或针状,有些则呈帽形、半球形或土星形(图 13-10)。

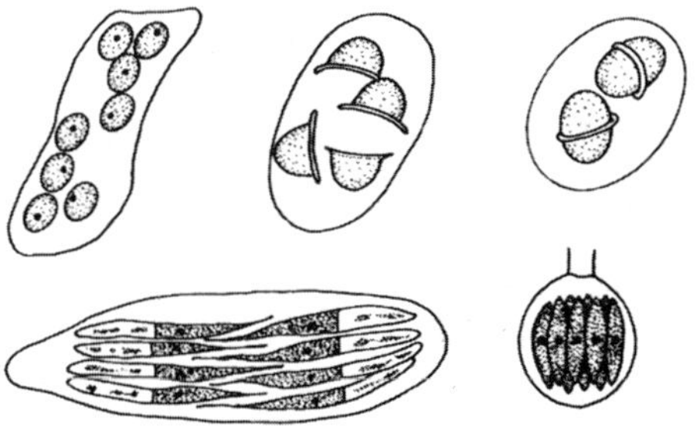

图 13-10 酵母菌子囊孢子类型(Alexopoulos,2002)

酵母菌的生活周期有 3 种类型。其一,单倍体型,以八孢裂殖酵母(*Schizosaccharomyces octosporus*)为代表(图 13-11A)。其单倍体营养阶段较长,营养细胞是长形的,靠裂殖繁殖。二倍体阶段很短,仅限于接合细胞,质配后立即核配,融合后的核连续进行一次减数分裂和一次有丝分裂,形成 8 个子囊孢子。其二,双倍体型,以路氏酵母(*Saccharomycodes ludwigii*)为代表(图 13-11B)。其二倍体营养期长,单倍体阶段很短。二倍体细胞是由子囊内相邻的单倍体子囊孢子接合形成。该细胞萌发时,芽管穿过子囊壁而成为芽生菌丝,酵母细胞从此处芽殖,呈柠檬形。这些二倍体细胞进行减数分裂,转变成子囊,每个子囊产生 4 个子囊孢子。其三,单、双倍体型,以酿酒酵母为代表(图 13-11C)。其单倍体时期和二倍体时期是同样重要的,因为它们都能以芽殖方式继续繁殖,使生活周期形成世代交替。

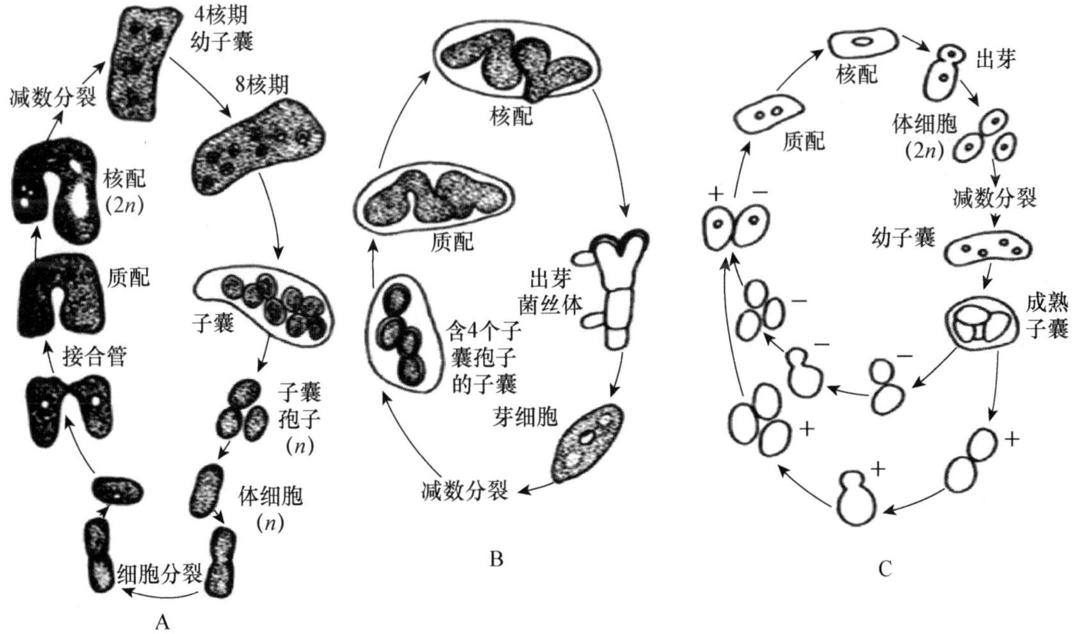

A. 八孢裂殖酵母　B. 路氏酵母　C. 酿酒酵母

图 13-11 酵母菌生活周期的 3 种类型(Alexopoulos,2002)

2. 脉孢菌

脉孢菌(Neurospora)俗称链孢霉,因其被广泛用于遗传学和代谢途径研究而著名。脉孢菌在自然界分布广泛,也是微生物实验室常见的污染菌。它们常在土壤、有机物或发霉的玉米轴上生存,分生孢子多呈橘红色。有些种体内富含蛋白质和维生素 B_{12},可供饲料用,也有些脉孢菌可造成食物腐败。常见的菌种有好食脉孢菌(*N. sitophila*)和粗糙脉孢菌(*N. crassa*)。

脉孢菌的生活周期见图 13-12。它们多为腐生菌,喜潮湿,易在谷物上生长为橘红色霉状物。其营养体有横隔,多核;菌丝分枝繁茂,蔓延迅速。无性繁殖产生分生孢子,孢子梗双叉分枝,顶部串生分生孢子;有些种还可产生小型分生孢子,也串生呈链状。有性生殖同宗或异宗配合,两个交配型的菌株都能形成原子囊壳,内含多核的产囊体。雄性结构是成串产生在小型分生孢子梗上的小型分生孢子,与雌性细胞交配后形成子囊和子囊孢子,并逐步发育成子囊壳,子囊壳深色。每个子囊内含有8个子囊孢子,子囊孢子具有纵向脉纹。有些种的菌丝也能与受精丝结合,产生子囊孢子。还有一些菌,在一般情况下,很少产生有性世代,只靠分生孢子繁殖。

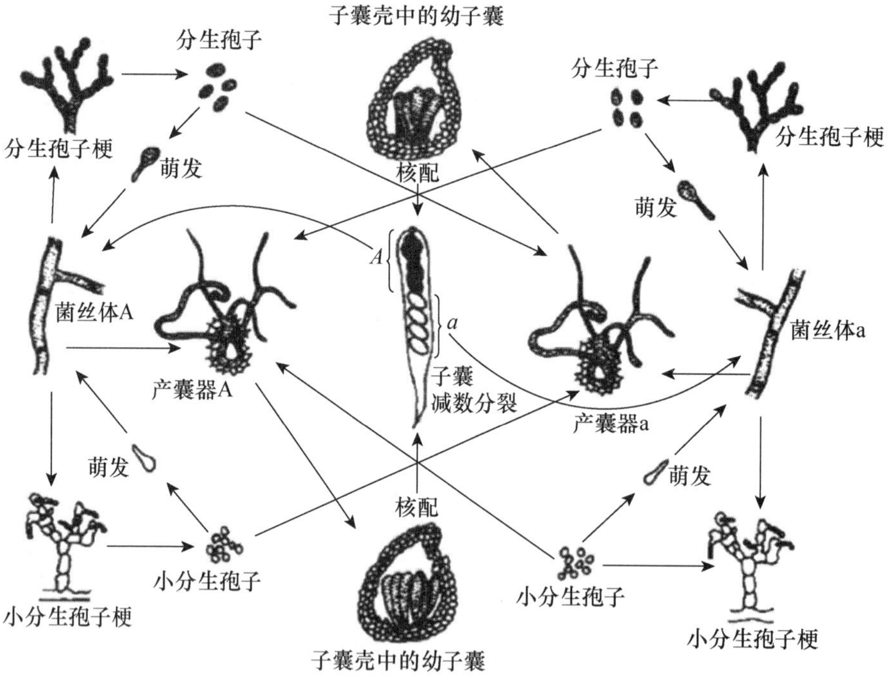

图 13-12 好食脉孢菌生活史(邢来君等,1999)

3. 红曲霉

红曲霉(*Monascus*)能产生多种酶、有机酸、醇和生理活性物质,如淀粉酶、麦芽糖酶、蛋白酶、柠檬酸、琥珀酸、乙醇、麦角固醇等。有些菌种产生红曲霉红素和红曲霉黄素,在培养过程中能产生红色素,常常将该菌繁殖于大米上而培制红曲,以此作为食品色素或调味剂。红曲还有药用价值,著名的降血脂药—洛伐他丁的产生菌即为红曲霉;酿制红酒、制醋和制红腐乳时,也常常需要红曲霉。

红曲霉菌丝有隔、多核、多分枝。分生孢子梗与菌丝无明显差别，分生孢子着生于菌丝及其分枝顶端，单生或形成短孢子链。有性生殖产生没有孔口的闭囊壳，是由菌丝缠绕形成。闭囊壳有柄，内部散生多个子囊，子囊球形，含有 8 个子囊孢子，成熟时子囊壁易消解，子囊孢子则留在闭囊壳内(图 13-13)。常见菌种为紫红曲霉(*M. purpureus*)，可用于生产红米、红腐乳和酶。

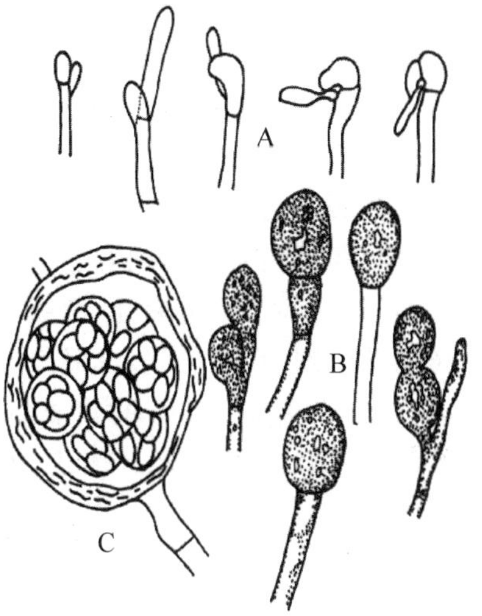

A. 产囊器形成　B. 分生孢子梗和分生孢子　C. 闭囊壳和子囊孢子

图 13-13　紫红曲霉(*Monascus purpureus*)(戴芳澜，1987)

(四)担子菌门

担子菌门(Basidiomycota)真菌分布广泛，腐生或寄生，与人类关系密切。85%以上的担子菌能与高等植物共生形成菌根，许多可食用，如伞菌、木耳、猴头、竹荪、灵芝和茯苓等；还有很多是名贵中药。许多担子菌的多糖，能提高人体抑制肿瘤细胞的能力，甚至有些担子菌还可产生抗生素，因此，担子菌已成为筛选药物的重要资源。担子菌中也包括有害菌，如危害人类的毒蘑菇；适应强的锈菌和黑粉菌可寄生在大田作物、蔬菜、果树和林木上从而给生产造成巨大损失；各类胶质菌和多孔菌能引起树木或木材的腐朽。

绝大多数担子菌菌丝发达，分枝繁茂，具有桶状隔膜，细胞壁主要成分之一为几丁质。菌丝当遇到不良环境，可形成菌核、菌索等结构。担子菌无性繁殖是通过芽殖、菌丝断裂，以及产生分生孢子、节孢子或粉孢子等方式：黑粉菌中普遍产生分生孢子，锈菌产生夏孢子；另有些担子菌菌丝常常断裂成单细胞的片段，成为节孢子；粉孢子是由特殊的、短的菌丝分枝，即粉孢子梗，逐个断裂产生的。

担子菌的有性结合方式为菌丝配合、性孢子与菌丝结合或两个单核的孢子结合，不产生明显生殖器官。90%以上的担子菌为异宗结合，所形成的产孢结构称为担子；担子上通常有 4 个担孢子，但也有 2 或 8 个的情况，最多不超过 12 个。产生担子和担孢子是担子菌最基本的特征。

1. 蘑菇

蘑菇(mushroom)这个名词不是分类学概念,其中包括的真菌种类归属于不同的科、属,大部分是担子菌,还有一些是子囊菌。其最基本的共同特征,是能形成类似雨伞状的大型子实体。这些真菌的营养体是菌丝体,由单核孢子萌发形成的菌丝称为初生菌丝,这种状态存在的时间通常较短,菌丝间通过联合而形成双核的菌丝,即为次生菌丝。次生菌丝可以靠锁状联合的方式进行延伸生长。在蘑菇生活史中,双核期占多数时间。它们生活在地下腐殖质内,或木材中,或潮湿的林地中;在一定条件下,长出担子果而露出地面。个别菌种形成菌索,再从菌索上长出担子果。无性繁殖只见于少数菌种,主要产生粉孢子和厚壁孢子。有性繁殖是在双核菌丝上产生囊状大担子,通常在担子上产生4个担孢子。蘑菇在有性繁殖时都形成担子果,初期称为菌蕾,然后逐渐发育成为完整的担子果,其显著的部分是菌柄和菌盖。菌盖的腹面有辐射状菌褶的蘑菇通常称为伞菌,菌褶的表层为子实层,子实层包含平行或交织的菌丝,其中有无数的担子、担孢子和囊状体。有些伞菌的担子果初期有内菌膜包裹菌盖和菌褶,有些菌种除内菌膜外,还有外菌膜。但担子果临近成熟时,菌褶展开,菌膜破裂,在菌柄上留下一个明显的环,称为菌环。有的菌种形成特殊的菌丝网,在菌盖边缘,称为菌幕。有些菌的外菌幕被撕断后,大部分留在菌柄的基部,形成菌托。在菌盖上留下的残余碎片,称为鳞片(图13-14)。

常见的蘑菇有双孢蘑菇(*Agaricus bisporus*)、草菇(*Volvariella volvacea*)和香菇(*Lentinula edodes*)等。

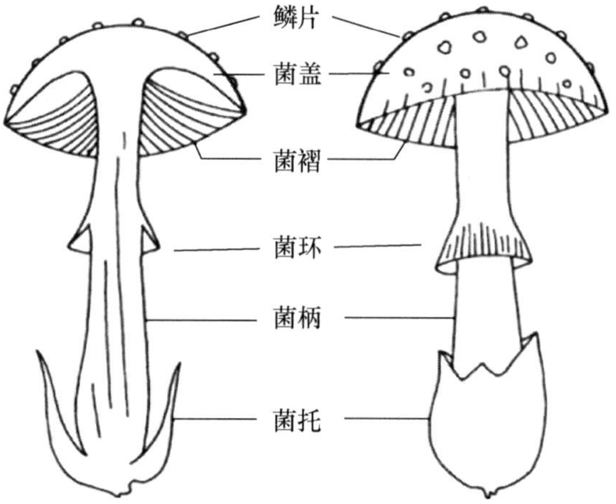

图 13-14　伞菌各部位名称(邢来君等,1999)

2. 黑粉菌

黑粉菌是指那些能够产生黑色、厚壁、灰尘状冬孢子的植物病原担子菌。黑粉菌属(*Ustilago*)真菌是其中的典型代表,也是禾谷类植物黑粉病的病原菌,所形成的菌瘿发生在感病植物的谷粒和子房部位,或其周围。常见的重要病原菌有裸黑粉菌(*U. nuda*),引起小麦、大麦、鹅冠草的散黑穗病;玉米黑粉菌(*U. maydis*)则引起玉米黑粉病等。

黑粉菌的孢子堆生于寄主的各部分,成为粉状或胶结状的孢子团,多呈深褐色或黑色。黑粉菌侵染寄主后,菌丝寄生于寄主细胞间,多数无吸器,有锁状联合,性结合范围广,但无性器官,任何具有亲和性的两菌丝细胞均可结合,形成次生菌丝。进入生长后期,部分细胞原生质浓缩，细胞壁增厚，形成厚垣孢子。厚垣孢子初为双核，后核配形成二倍体。次年春天萌发时产生芽管，称为先菌丝。双倍体核进入先菌丝后，经过减数分裂形成 4 个核，然后先菌丝形成 3 个隔膜将 4 个核分开，形成 4 个细胞。每个细胞内核进行有丝分裂，子核进入芽殖而形成的孢子内，所以先菌丝又被视为担子，芽殖孢子即为担孢子(图 13-15)。

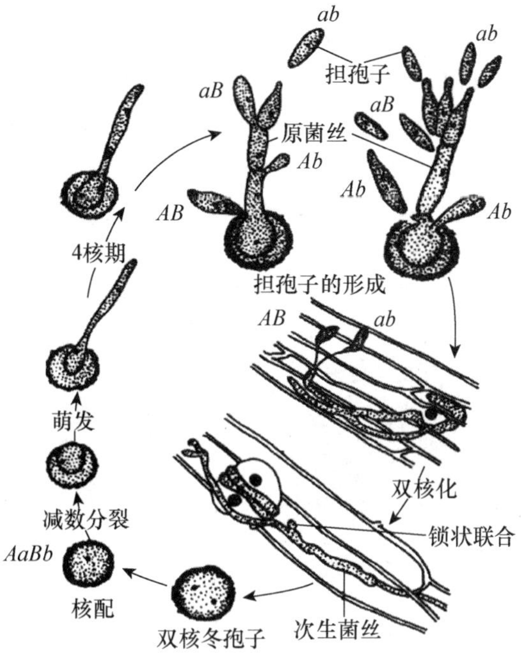

图 13-15 玉米黑粉菌生活史(邢来君等，1999)

(五)半知菌类

真菌形态分类主要的依据之一是有性孢子的特征，但许多子囊菌和担子菌在自然条件下尚未发现有性阶段，或是由于缺乏进行有性配合的菌系，而不能发生有性生殖并产生有性孢子。人们将这些只发现无性阶段而未发现有性阶段的真菌称为半知菌或不完全菌(imperfect fungi)。在理论上，如一旦发现它们有性生殖，通常会根据有性生殖的特点归属于相应的类群中，即子囊菌或担子菌，但这类菌的很多成员进行有性生殖的频率很低，人们因而主要关注其无性世代中表现出来特点，而且其中不少菌已经被人们习惯地称为半知菌，所以即使发现了其有性世代，仍然将其称为半知菌。

如前所述，随着分子生物学的发展，真菌分类学越来越强调物种之间的亲缘关系，形态特征的分类地位逐步下降。权威性的《真菌字典》第八版中将原来的真菌界仅分为 4 个门，将半知菌称为有丝分裂孢子真菌(mitosporic fungi)，并将其划归在子囊菌和担子菌中，从此半知菌不再作为一个分类学上的概念。然而，半知菌仍然存在着很多相似的特点，无论从实用性的角度，还是有利于初学者的理解和学习方面，半知菌这一概念仍然不会被人们彻底丢弃。

半知菌在自然界分布广泛，在土壤中有很多腐生菌，对有机物质的分解起重要作用。有很多菌可以产生抗生素、有机酸等次生代谢产物，在医药工业、食品工业、生物防治、环境保护等方面起着重要的作用。当然，也有很多菌是植物、动物和人的寄生菌。

半知菌的营养体通常为分枝繁茂的丝状体,菌丝有隔,分生孢子梗产生在菌丝体上或一定结构的分生孢子器内,形态多样,梗上着生分子孢子。分生孢子形态、颜色及其表面纹饰均可作为鉴别菌种和分类的重要依据。

1. 曲霉

曲霉属(*Aspergillus*)现属于真菌界、双核亚界、子囊菌门、盘菌亚门、散囊菌纲、散囊菌目、曲霉科。曲霉菌多为腐生菌,广泛分布在谷物、土壤和有机质上。一些曲霉是发酵工业和食品加工方面的重要菌种,可用于酿酒、制酱、酶制剂和有机酸的生产中。但也有些曲霉能产生对人体有害的致癌物质,如黄曲霉素。常见的重要菌种有黄曲霉(*A. flavus*)、米曲霉(*A. orgzae*)和黑曲霉(*A. niger*)等。

曲霉的菌丝有隔,分生孢子梗直立于由菌丝细胞分化形成的厚壁的足细胞上,不分枝。其顶端膨大,呈球形、椭球形或棍棒形,称为顶囊。在顶囊表面长满一层或两层小梗。下层小梗是初生小梗,柱状。上层小梗是次生小梗,瓶状。瓶状小梗顶端着生成串的球形分生孢子(图13-16)。

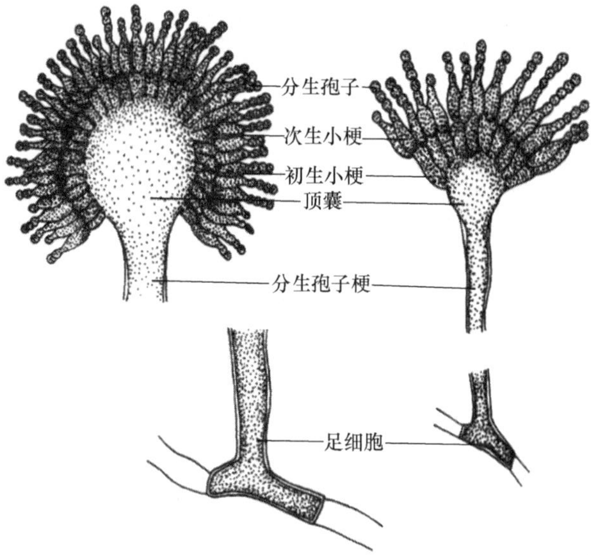

图13-16　曲霉属(邢来君等,1999)

2. 青霉

青霉属(*Penicillium*)与曲霉属一样,现也属于真菌界、双核亚界、子囊菌门、盘菌亚门、散囊菌纲、散囊菌目、曲霉科。青霉属的真菌广泛分布在土壤、空气、水果和粮食上,经常生长在腐烂的柑橘皮上,呈现青绿色。青霉菌能产生青霉素、灰黄霉素等抗生素,也能产生有机酸和制造干酪。但也有许多种青霉危害水果,还有的则与动物和人体的疾病有关。常见的重要菌种有产黄青霉(*P. chrysogenum*)和点青霉(*P. notatum*)等,它们都可以产生青霉素。

青霉的菌丝体产生长而直立的分生孢子梗,上半部分产生对称或不对称的扫帚状分枝,着生几轮小梗,小梗顶端着生成串的球形至卵球形的分生孢子。青霉没有足细胞,分生孢子梗顶端不膨大成顶囊(图13-17)。图13-17描述了几种青霉菌孢子穗的类型,它们是以扫帚状分枝是否对称和产生几层小梗来区分的。

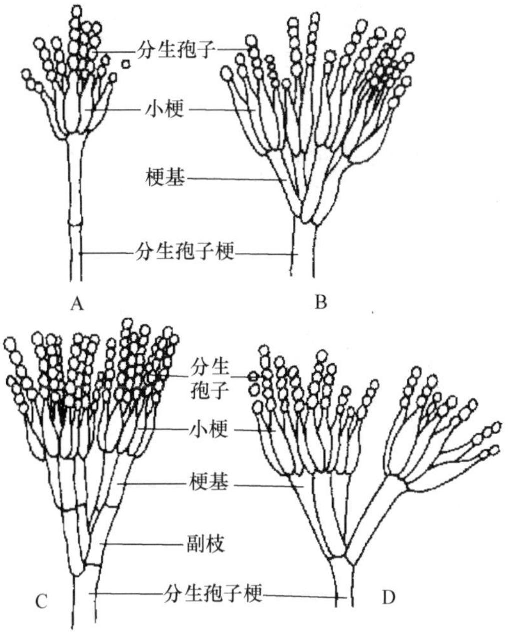

A. 单轮生 B. 对称二轮生 C. 多轮生 D. 不对称生

图 13-17 青霉属的不同类群(邢来君等,1999)

3. 镰刀菌

镰刀菌属(*Fusarium*)的真菌多分布在土壤,空气中也有其分生孢子存在。许多菌能引起植物病害,如尖孢镰刀菌(*F. oxysporum*)是多种植物枯萎病的病原菌,串珠镰刀菌(*F. moniliforme*,有性阶段称藤仓赤霉 *Gibberella fujikuroi*,现已更名,合称藤仓镰刀菌 *F. fujikuroi*)能导致水稻恶苗病和产生赤霉素。赤霉素是一种植物生长激素,能促进各种作物和蔬菜的生长,打破种子和块茎等器官休眠。在镰刀菌中,有的菌种还能产生真菌毒素。

镰刀菌的菌落呈绒毛状,白色、粉红色或紫红色,菌丝有隔并分枝。分生孢子梗分枝或不分枝,或产生辐射状排列的瓶状小梗。梗上产生大型分生孢子和小型分生孢子:小型分生孢子通常为单细胞,卵形或长圆形,单生、串生或聚生成头状;大型分生孢子呈镰刀状,多隔,单生或丛生,一般产生于分生孢子座上(图 13-18),但有些镰刀菌不易产生大型分生孢子,需要诱导才能生成。

镰刀菌的有性阶段曾称为赤霉属,目前有性世代与无性世代已合并,统称镰刀菌属,属于真菌界、双核亚界、子囊菌门、盘菌亚门、粪壳菌纲、肉座菌目、丛赤壳科。

4. 木霉

木霉属(*Trichoderma*)现归属于真菌界、双核亚界、子囊菌门、盘菌亚门、粪壳菌纲、肉座菌目。木霉菌腐生于土壤或木材等处,分布广泛。有些种能寄生于大型真菌,是食用菌栽培中时常出现的污染菌。有些木霉含有很强的纤维素酶,也能产生一些抗生素,如绿毛菌素和胶霉毒素。常见的重要菌种有绿色木霉(*T. viride*)和康宁木霉(*T. koningi*)。

木霉的菌落生长迅速,呈不定型棉絮状或致密丛束状,其表面的颜色多呈绿色。菌丝有隔分枝,厚垣孢子有或无。分生孢子梗是菌丝的短侧枝,侧枝上对生或互生分枝,分枝上又可继续分枝,形成二级和三级分枝;分枝角度为锐角或近于直角;在分枝末端形成瓶状小梗。分生孢子卵圆形,无色或淡绿色,簇生于小梗顶端(图13-19)。

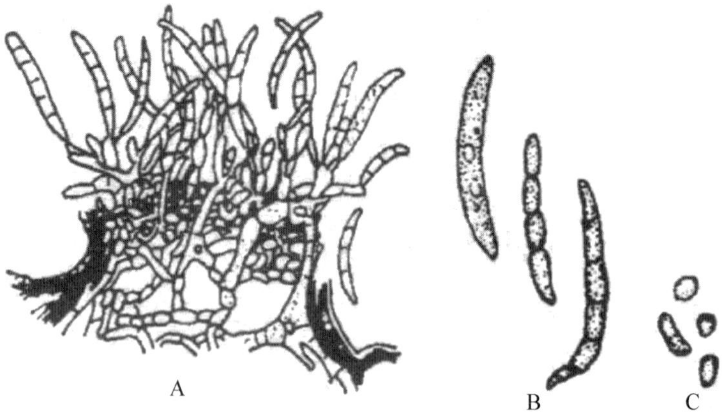

A. 分生孢子座　B. 大型分生孢子　C. 小型分生孢子

图13-18　镰刀菌属(Alexopoulos,2002)

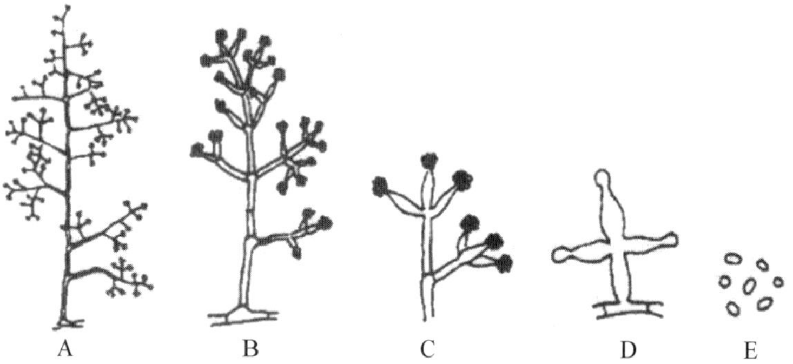

A、B. 大分生孢子梗显示扩展的分枝　C、D. 小梗及分生孢子的产生　E. 分生孢子

图13-19　绿色木霉(徐孝华,1992)

思考题

1. 什么是微生物分类学,其3个具体任务各是什么?
2. 举例说明微生物的七级分类单元。
3. 细菌的定种有哪些标准?
4. 什么是菌株、典型菌株、模式种?在哪些网站可以查到典型菌株的信息?
5. 什么是双名法?由哪两部分组成?各代表什么含义?
6. sp.、nov.、spp. 各是什么意思?
7. 国际上公认的菌种保藏机构有哪些?
8. 合格发表新的细菌分类单元的国际期刊是哪个?

9. ICSP 的职能有哪些？
10. 什么是传统分类法？
11. 在细菌分类中，Biolog、API、Enterotube Ⅱ各用来做什么工作？
12. 哪些化学组分常用于细菌的化学分类？
13. 什么是数值分类？数值分类与传统分类有差异有哪些？
14. 什么是 OTU？
15. 遗传分类法包括哪些方法？
16. 什么是融链温度(T_m)？它与 DNA 的 G + C 含量之间的关系是什么？
17. 什么是 DDH？原理是什么？
18. 什么是 ANI？
19. DNA 指纹图谱分析有哪些？
20. 什么是系统发育？研究对象有哪些？
21. 获得 16S rRNA 基因序列的步骤有哪些？
22. MLSA 和全基因组序列比较在系统发育中的应用如何？
23. 现在细菌的分类系统主要参考手册是什么？
24. 常见的细菌有哪些类群？举例说明。
25. 以蚕豆油壶菌为例，说明壶菌的主要形态和繁殖特点。
26. 试比较根霉、毛霉、梨头霉无性生殖结构的异同。
27. 试比较酵母菌与丝状真菌营养体和生殖结构的主要区别。
28. 所有的担子菌都能形成大型子实体吗？试举例说明其营养体和生殖结构的区别。
29. 举例描述半知菌无性生殖结构的特点。

第十四章
农业微生物学实验指导

农业微生物学实验课的目的和要求

农业微生物学是微生物学的一个重要分支学科，也是植物生产类各专业的专业基础课。微生物实验课是农业微生物学的重要组成部分，也是学习农业微生物学课程的一个重要环节。

开设农业微生物学实验课的目的在于培训学生掌握微生物的基本操作技能。实验内容包括显微镜的使用，各种微生物类群的个体和群体形态观察，微生物的制片及染色技术，培养基的制备及灭菌，以及微生物在农业生产中的应用，如根瘤菌和纤维素降解菌的分离筛选及其相关功能的测定、利用农作物秸秆制备酒精等。通过观察不同材料分析实验结果完成实验报告等各个环节，通过实验课学习，不仅认识微生物掌握研究微生物的基本方法，而且培养学生对科学实验的严谨态度和工作作风，提高独立思考问题和解决实际问题的能力；配合课堂讲授以验证和巩固所学微生物学的基本理论知识。根据微生物学的教学特点，为了实验的顺利进行对同学提出如下要求：

(1)课前预习实验内容，明确实验目的、原理、要求和方法，以保证实验进度和效果。

(2)实验时要听从教师的指导，保持实验室肃静整洁，严格按照实验指导所列步骤循序进行各项操作，爱护仪器用具，节约药品，如有损坏及故障应及时报告指导老师；实验操作中用过的材料、试剂等物归原位不得随处乱放；科学地分配和应用时间确保在预定时间内完成实验内容并及时做好数据记录。

(3)接种时应严格遵守无菌操作规程。

(4)实验完毕，应将仪器、用具等洗净放好，擦净桌面和地面，检查水电、门窗是否关好，然后用肥皂洗净手后方能离开实验室。

(5)按照作业要求如实写出实验报告，力求文字简明扼要，绘图精确如实，图表简洁醒目。

实验一　显微镜的使用及微生物的检测

微生物个体微小种类繁多，多数不能被肉眼所看到，人们常常借助显微镜来观察各种不同形态的微生物。显微镜是一种精密的光学仪器，学会正确使用和保养显微镜尤其是油镜的使用尤为重要。

微生物在自然界中的存在是非常广泛的，土壤、空气、水、动植物体表及内部都存在有大量的各种各样的微生物。当微生物细胞落到营养琼脂培养基的表面时即可大量地生长繁殖，形成人们肉眼可见的群体称为菌落。因此通过菌落可以了解微生物的存在。

一、实验目的

掌握显微镜的使用方法，观察细菌形态；熟悉无菌操作技术，检测微生物的存在并认识微生物的菌落。

二、实验材料

培养基：牛肉膏蛋白胨琼脂平板培养基。

示范片：大肠杆菌 *Escherichia coli*、枯草芽孢杆菌 *Bacillus subtilis*、金黄色葡萄球菌 *Staphylococcus aureus*、细菌三型玻片标本。

器皿及材料：记号笔、香柏油、擦镜液（酒精 70%＋乙醚 30%）、擦镜纸、75%酒精消毒瓶、无菌水、酒精灯等。

仪器：显微镜。

三、实验内容与方法

（一）微生物的检测

1. 培养皿的准备

领取 3 个已备好的牛肉膏蛋白胨琼脂培养基平板，培养皿上写上姓名、组别及日期等。然后选择下列方法进行处理。

2. 环境中微生物的检测

（1）打开培养皿盖，在空气中暴露 20 min，然后盖上皿盖。

（2）在酒精灯旁无菌条件下打开培养皿盖，用手指触摸牛肉膏蛋白胨琼脂平板，然后盖上皿盖。

（3）在酒精灯旁无菌条件下打开培养皿盖，取自己的头发放在牛肉膏蛋白胨琼脂平板表面，然后盖上皿盖。

3. 培养及观察

将处理好的培养皿翻转，放入 28℃恒温箱中培养 2～3 d，观察牛肉膏蛋白胨琼脂表面有无菌落长出，并注意观察不同微生物菌落之间的差别。

（二）显微镜的使用

显微镜是精密光学仪器，使用前首先要熟悉显微镜的结构和性能，检查各零部件是否完好，镜身有无尘土，镜头是否清洁，并做好必要的清洁和调整工作。

1. 调节光照

正确的照明是获得良好检查效果的前提。晴天对着窗户的散射阳光是很好的光源，但应避免强烈的直射光。在光线不足时，可用 8～30 W 的日光灯或特制的显微镜灯做光源。普通灯泡的光，因有黄色光而影响观察，需在聚光器下加放一块蓝色滤光片。

调节光照的一般步骤：

(1) 将低倍物镜旋到镜筒下方,旋转粗调螺旋,使镜头和载物台相距0.5 cm左右。

(2) 上升聚光器,使其与载物台相距约1 mm。

(3) 双眼看目镜,调节反光镜镜面角度(在天然的光线下观察,一般用平面反光镜,若以灯光为光源,一般多用凹面反光镜)。开闭光栅,调节光线强弱,直至视野内得到最均匀、最适宜的亮度为止。

一般使用油镜头时,光宜强,可将光栅开大,聚光器上升到最高处,并使用凹面反光镜。

2. 低倍镜观察

低倍物镜(4×或10×)视野面广,易于发现目标便于确定检查位置。先将标本玻片置于载物台上,并将标本部位置于物镜的正下方,转动粗调螺旋,使物镜距标本约0.5 cm处。眼睛看目镜,慢慢旋转粗调节螺旋至视野内出现物像后,改用细调节螺旋,上下微微转动,仔细调节焦距直至视野内获得清晰的物像,移动推动器,将所要观察的目标物置于视野中心,准备换高倍镜观察。

3. 高倍镜观察

将高倍镜(40×)转至镜筒下方(在转换物镜时,要从侧面注视,以防低倍镜未对好焦距而造成镜头与玻片摩擦)。调节光栅和聚光镜,使光线亮度适中,再仔细反复转动微调螺旋,调节焦距,直至获得清晰物像,仔细观察细菌染色标本,再移动推动器选择最满意的镜检部位,将该部位移至视野中央,待油镜观察。

4. 油镜观察

细菌或其他标本的微细结构,都需要用油镜(100×)观察。

由于物镜放大倍数与其焦距成反比,即物镜放大倍数越高,其工作距离(焦距)越短,一般油镜的工作距离在0.19 mm左右,故使用油镜必须特别小心。首先上升聚光器,光栅全部打开,在标本镜检部位滴上一滴香柏油,将油镜头转至镜筒正下方避免镜头与玻片磕碰。从侧面观察使油镜头浸入油滴中,直到几乎与标本接触时为止(注意切勿压到标本,以免压碎玻片,以至损坏油镜头)。双眼看目镜,用粗调慢慢调节焦距,当视野中有模糊的标本物像时,改用细螺旋调节,直至标本物像清晰为止。如果油镜头离开油滴应重新调节。

5. 镜检后显微镜的保养

(1) 油镜使用完毕后,先用擦镜纸擦去镜头上的香柏油,再取一张擦镜纸,滴上少量的擦镜液擦拭镜头,然后再取另一张新擦镜纸将镜头上残留的擦镜液擦净。

(2) 下降聚光器,打开光栅,反光镜垂直于镜座,物镜呈"八"字形置于载物台上,使显微镜的各部件恢复原位。

(3)用绸布将镜身擦拭干净(切不可用手擦拭),除去灰尘、油污、水汽,将显微镜放回镜箱中。

6. 注意事项

(1) 显微镜应存放在干燥阴凉的地方,不要在强烈的日光下暴晒,梅雨季节应在显微镜箱内放置干燥剂(硅胶),如长时间不用,则光学部分应卸下放在干燥器中,以免受潮生霉。

(2) 显微镜应严禁与挥发性药品或腐蚀性药品放在一起,如碘片、盐酸、硫酸等药品。

(3) 拿显微镜必须一只手拿着镜臂一只手托着镜座,切不可一只手提起,拿取过程应避免震动,轻轻放在实验台上。

(4) 使用前应先将显微镜擦拭一遍,用擦镜纸将镜头擦净,若遇到镜台或镜头上有香柏油,可用擦镜纸蘸上少量擦镜液将其擦去。

(5)使用时如发现显微镜操作不灵活或有损坏,不要擅自拆卸修理,应报告指导教师处理。

(6) 注意保护镜头,切不可压碎标本玻片损坏镜头。
(7) 显微镜使用完毕应登记显微镜使用卡,经指导教师检查签字后放回镜箱。

四、作业

(1)绘细菌三种基本形态图。
(2)描述所观察到的各类微生物的菌落特征。
(3)使用油镜时应注意哪些问题?
(4)镜检标本时,为什么先用低倍镜观察,而不是直接用高倍镜或油镜观察?

实验二　细菌的简单染色和革兰氏染色

细菌个体微小且无色透明,普通光学显微镜下不易直接观察,故常用染料使其着色。简单染色通常只用一种染色剂,主要用于观察细菌的形态、大小和排列方式等。革兰氏染色是细菌学中一个重要的鉴别染色,按照细菌对这种染色反应的不同,可以把细菌区分为革兰氏阳性菌和革兰氏阴性菌。革兰氏阳性菌能保留初染染色剂(结晶紫)于细胞中,不受脱色剂(酒精)的影响而被染成紫色或深蓝色;革兰氏阴性菌因脱色剂的作用而洗出结晶紫然后被另一种染色剂(番红或复红)染成红色。

一、实验目的

认识细菌的基本形态及排列方式,掌握细菌的染色制片技术。

二、实验材料

菌种:大肠杆菌 *Escherichia coli*、枯草芽孢杆菌 *Bacillus subtilis*、金黄色葡萄球菌 *Staphylococcus aureas*。

染色液:草酸铵结晶紫染液、Lugol 氏碘液、95%酒精、番红染液。

器皿及材料:香柏油、擦镜液、擦镜纸、酒精灯、接种环、镊子、无菌水、洗瓶、染色盘、载玻片架、记号笔、75%酒精消毒瓶、洁净的载玻片(浸入 75%酒精的玻片缸中)、5%石炭酸消毒缸(废玻片缸)、火柴等。

仪器:显微镜。

三、实验内容与方法

(一)简单染色

1. 涂片

取一干净载玻片,在玻片中央加一滴无菌水,然后以无菌操作方法用接种环从试管斜面上取少量菌体于无菌水中,并涂成一均匀薄层,自然干燥。

2. 固定

菌膜部位朝上将玻片置于酒精灯火焰上迅速通过三四次,杀死细菌并使其黏附在玻片上。

3. 染色

加一滴番红染液(或其他染液)于涂片部位染色 30～60 s。

4. 水洗

用洗瓶轻轻洗掉染液避免直接冲洗菌膜。

5. 干燥

用吸水纸吸去载玻片上多余水分,让其自然风干或在火焰上方微热烘干。

6. 镜检

(二)革兰氏染色

1. 涂片固定

如简单染色。

2. 初染

在涂片处加一滴草酸铵结晶紫染液染色 1 min,水洗。

3. 媒染

用 Lugol 氏碘液染色 1 min 水洗。

4. 脱色

将载玻片略倾斜,滴加 95%酒精脱色 20～30 s,洗至流下的酒精刚好无色为止,立即水洗。

5. 复染

用番红染色液染色 1～2 min,水洗后干燥。

6. 镜检

四、作业

(1)制片中固定的意义是什么?

(2)革兰氏染色的关键步骤是什么?哪些因素会影响染色的准确性?

(3)革兰氏染色反应不同的机理是什么?

(4)绘制显微镜下看到的细菌形态图,并说明革兰氏染色反应结果。

(5)当需要对一株未知菌进行革兰氏染色时,应从哪些方面控制条件,以保证结果的可靠性?

实验三　细菌的芽孢染色和荚膜染色

某些细菌在其发育的一定阶段可以形成一个内生孢子,即为芽孢,芽孢壁厚透性低,用一般染色法染色时很难着色。采用着色力强的染料和利用加热等手段促使芽孢着色,然后用复染的方法用另一种染料染菌体,结果形成菌体和芽孢不同颜色的对照。若用简单染色方法使菌体着色，而芽孢无色也可以衬托出芽孢的形状、大小和位置。

荚膜是存在于许多细菌细胞壁外的一层胶质黏性物质，其大小因菌种而异，亦可受培养基成分的影响而变化。荚膜不易着色，故常用衬托染色方法，其原理是将背景染成黑色而衬托出无色的荚膜。

一、实验目的

掌握细菌芽孢染色和荚膜染色的原理及方法。

二、实验材料

菌种：枯草芽孢杆菌 *Bacillus subtilis*、巨大芽孢杆菌 *Bacillus megaterium*、圆褐固氮菌 *Azotobacter chroococcum*、胶质芽孢杆菌 *Bacillus mucilaginosus*

染色液：孔雀绿染液、番红染液、绘图墨汁、0.5%番红水溶液、纯甲醇。

器皿及材料：香柏油、擦镜液、擦镜纸、吸水纸、酒精灯、接种环、镊子、无菌水、洗瓶、染色盘、载玻片架、75%消毒酒精瓶、洁净载玻片、废玻片缸等。

仪器：显微镜。

三、实验内容与方法

(一) 芽孢染色

1. 涂片

将培养 1～2 d 的枯草芽孢杆菌或巨大芽孢杆菌斜面，按常规方法涂片。

2. 染色

在涂菌部位用吸水纸盖住，然后向纸条上滴加孔雀绿染液，在酒精灯火焰上加热至有蒸汽产生，但不要沸腾，依据蒸发的情况，随时添加染色液，切不可使染色液干涸、维持 10 min，冷却后用水冲洗净孔雀绿染液。

3. 复染

用番红染色液复染 30～60 s，水洗后晾干。

4. 镜检

芽孢绿色，菌体红色。

(二)荚膜染色

1. 涂片

取培养 3～5 d 的胶质芽孢杆菌或圆褐固氮菌菌苔在载玻片一端，滴上一滴无菌水混匀。然后取一滴墨汁与菌悬液混合，并用另一载玻片之一端将此水滴在载玻片上刮成一层薄膜，风干。

2. 固定

滴加纯甲醇固定 1 min。

3. 染色

滴加0.5%番红染色液染色30~60 s。然后倾去染液,风干。

4. 镜检

背景黑色,荚膜无色,菌体红色。

四、作业

(1)绘制细菌芽孢、荚膜形态图。
(2)用革兰氏染色法能否看到芽孢,为什么?
(3)芽孢染色的原理是什么?
(4)荚膜染色的原理是什么?
(5)在荚膜染色中,是否可以加热固定,为什么?

实验四　细菌的运动性观察及鞭毛染色

鞭毛是着生于细菌细胞膜上伸出体外的细丝状结构,是细菌的运动器官。鞭毛非常细,直径一般在10~20 nm,在电镜下才能看到。用特殊的染色方法使鞭毛加粗着色后,则可以在光学显微镜下清楚地看到。也可以根据细菌的运动性推断鞭毛的存在。

一、实验目的

掌握用悬滴法观察细菌运动的方法,掌握鞭毛染色的原理和方法。

二、实验材料

菌种:普通变形杆菌 *Proteus vulgaris*、枯草芽孢杆菌 *Bacillus subtilis*。

染色液:新配制的鞭毛染色液A液和B液。

器皿及材料:特殊方法洗净的载玻片、凹玻片、盖玻片、凡士林、无菌长滴管、香柏油、擦镜液、擦镜纸、酒精灯、接种环、镊子、无菌水、洗瓶、染色盘、载玻片架、记号笔、75%酒精瓶、废玻片缸等。

仪器:显微镜。

三、实验内容与方法

(一)悬滴法观察细菌运动

(1)取一洁净的凹玻片,在凹窝四周涂少量凡士林。
(2)取一洁净的盖玻片,在其中央滴加一滴菌液,迅速翻转此盖玻片,使悬液朝下,放在凹玻片的凹窝上，并以凡士林固定。

(3)镜检：先用低倍镜找到菌液，再换用高倍镜和油镜观察，因为没有染色，光线要调得暗一些，便于观察。

(二)鞭毛染色

1. 菌悬液制备

供染色的细菌必须在培养基斜面上连续传代 2～3 次，最后一代培养时间在 12～18 h。将菌苔面朝下，用无菌吸管加入约 3 mL 的无菌水，使水自底部逐渐上升，淹没斜面菌苔，轻轻翻转试管，使菌苔朝上，置于 37℃温箱中 30～60 min，使细菌游入水中。

2. 载玻片准备

最好选用新的载玻片，先用洗衣粉水煮沸 20 min(洗衣粉用蒸馏水溶解，煮沸后用滤纸过滤去渣)，在煮的过程中不要让玻片互相摩擦留下伤痕。煮后稍冷取出，用清水洗净，再放入浓洗液中浸泡 24 h 左右，取出后用清水冲洗去残酸，再用蒸馏水洗净，沥干水并放入 95%乙醇中脱水。使用时，取出玻片，火焰上烧去酒精，立即使用。

3. 染色液制备

A 液：		B 液：	
单宁酸	5 g	$AgNO_3$	2 g
$FeCl_3 \cdot 6H_2O$	1.5 g	蒸馏水	100 mL
蒸馏水	100 mL		
混合后加入			
NaOH(1%)	1 mL		
甲醛(40%)	2 mL		

配好后的 A 液 pH 为 1.5～1.8。

配制 B 液时 $AgNO_3$ 溶解后，取出 10 mL 备用，向其余 90 mL $AgNO_3$ 溶液中滴加浓 NH_4OH，开始形成很浓的沉淀，继续滴加 NH_4OH 直到刚刚溶解沉淀成为澄清溶液为止。将留出备用的 $AgNO_3$ 溶液慢慢滴入，则出现薄雾，但轻轻摇动后，薄雾状的沉淀又消失，再滴入 $AgNO_3$ 直到摇动后，呈现轻微的稳定的薄雾状沉淀为止。如雾重，银盐沉淀出，则不能使用。核对 pH，应低于 10，如不够低，则多加保留的 $AgNO_3$ 溶液直到 pH 为 9.8～10(这个 pH 是关键性的)。

配好后的染液，必须在 4 h 内使用，否则 pH 改变，染色液将不可靠。

4. 染色操作步骤

(1)涂片　在干净的载玻片上，滴一滴菌悬液于一端，倾斜玻片，使菌液缓慢流向另一端，用吸水纸吸去多余菌液，空气下自然干燥。

(2)染色　菌膜干透后加 A 液染色 6～8 min，用蒸馏水充分冲净 A 液，然后用 B 液冲去残水，加 B 液染色，并用微火加热至有蒸气产生，但不能沸腾，维持 30～60 s，立即用蒸馏水冲洗去 B 液，在空气中自然干燥。

(3)镜检　菌体为深褐色，鞭毛为褐色。

四、作业

1. 观察细菌运动时,如何区别由鞭毛引起的运动与布朗运动?

2. 菌种的培养时间与鞭毛染色有什么关系,用于鞭毛染色的细菌为什么事先要连续传代几次?

3. 在显微镜下看到的鞭毛是否为原来大小?

4. 为提高鞭毛染色的效果,实验中应注意什么,为什么?

5. 绘制鞭毛形态图,并说明鞭毛的着生方式、数目。

实验五　培养基的制备及灭菌

培养基是按照微生物生长繁殖的需要人工配制的营养基质,其中含有微生物所需的碳源、氮源、无机盐、生长因子等。培养基种类繁多,按其物理性状,可分为液体、固体和半固体培养基;按其组成成分来源,可分为天然、合成和半合成培养基;按其用途又可分为选择、加富、鉴别培养基等。根据需求配制不同配方的培养基时,除需具备微生物所需的各种营养物质以外,还必须具有适宜的 pH,一定的氧化还原电位等。配制好的培养基须经过灭菌,杀死其中所有的微生物后才能使用。

一、实验目的

通过配制几类微生物常用的培养基,掌握培养基的配制方法和灭菌技术。

二、实验材料

药品试剂:牛肉膏、蛋白胨、葡萄糖(或蔗糖)、马铃薯、可溶性淀粉、K_2HPO_4、$(NH_4)_2SO_4$、$MgSO_4$、NaCl、$CaCO_3$、1.0 mol/L HCl 溶液和 1.0 mol/L NaOH 溶液。

器皿及材料:天平、称量纸、牛角勺、1 000 mL 搪瓷量杯、烧杯、1 000 mL 量筒、150～200 mL 三角瓶、试管(15 mm×150 mm 或 18 mm×180 mm)、漏斗、分装架、玻棒、纱布、棉花、试管架、铁丝筐、电炉、防潮纸、线绳、pH 试纸、剪刀、镊子等。

仪器设备:高压蒸汽灭菌锅。

几种培养基的配方如表 14-1 所示。

表 14-1　几种培养基的配方

培养基	牛肉膏蛋白胨琼脂培养基		马铃薯琼脂培养基		淀粉铵盐培养基	
组成	牛肉膏	3 g	去皮马铃薯	200 g	可溶性淀粉	10 g
成分	蛋白胨	10 g	葡萄糖		K_2HPO_4	10 g
	NaCl	5 g	(或蔗糖)	20 g	$(NH_4)_2SO_4$	2.0 g

续表 14-1

培养基	牛肉膏蛋白胨琼脂培养基		马铃薯琼脂培养基		淀粉铵盐培养基	
成分	琼脂	18～20 g	水	1 000 mL	$MgSO_4$	1.0 g
	水	1 000 mL	琼脂	18～20 g	NaCl	1.0 g
	pH 为 7.2～7.4		pH 为 7.0 左右		$CaCO_3$	3.0 g
					水	1 000 mL
					琼脂	18～20 g
					pH 为 7.0 左右	
适合于培养的微生物	一般腐生细菌		一般真菌		一般放线菌	

三、实验内容与方法

(一)培养基配制

1. 培养基

根据实验需求，选择培养基，本实验着重配制表 14-1 所列培养基。

2. 称量

根据配制培养基总量，准确称取各成分于烧杯中。

3. 配制

(1) 先从总量水中，取少量水溶解药品，遇不易溶药品可加热溶解。

(2) 对易发生沉淀的药品，如 K_2HPO_4 与 $MgSO_4$ 会产生絮状沉淀，应分开溶解，最后加入培养基。对非溶性药品如 $CaCO_3$ 等亦需最后加入。

(3) 马铃薯去皮后称重，切成 1 cm^3 左右的小块，加水煮沸 20～30 min，用 4 层纱布过滤后，取其清液供配制用。

(4)可溶性淀粉先用少量水搅匀，然后徐徐倒入煮沸的溶液中溶解。边倒入边迅速搅匀。

(5) 配固体培养基时，如果琼脂的质量较差，应先将琼脂加入一定量水后加热融化，琼脂在加热过程中要不断搅拌，以防沉淀糊底，然后用 4～6 层纱布趁热过滤，取清液备用。如果琼脂质量较好，也可直接按需要量加入，在培养基灭菌时自然融化。

(6) 因为加热溶解药品挥发水量最后需补足总量。

4. 调节 pH

根据培养菌的要求，用 1 mol/L HCl 溶液或 1 mol/L NaOH 溶液调节至要求的 pH。

5. 分装及包扎

(1) 配制好的培养基如分装于试管，量为试管高度的 1/5，分装于三角瓶，量不应超过瓶容量的 1/2。分装后试管口或瓶口用棉塞塞好，棉塞不易过紧或过松，棉塞长度约为管口或瓶口直径的 1.5～2.0 倍，其中棉塞总长度的 3/5 应在口内，2/5 在口外。

(2) 包扎：将试管包扎成捆，在棉塞上方包一层防潮纸或牛皮纸，用绳系好，用记号笔注明培养基的名称、配制日期等，然后进行湿热灭菌。

(二)培养基的灭菌

微生物的营养细胞在水中煮沸后即被杀死，但某些细菌的芽孢即使煮沸1～2 h仍能存活，因此彻底的灭菌需要更高的温度，根据蒸汽的温度随压力的增加而提高，压力越大，温度越高的原理，高压蒸汽灭菌是在密闭的高压蒸汽锅(灭菌锅)中进行的。

1. 灭菌锅的类型

灭菌锅有立式、卧式及手提式等不同类型，但基本构造大致相同。

(1)外锅　也称“夹层”，供装水发生蒸汽之用。

(2)内锅　是放置灭菌物品的空间。

(3)压力表 以示锅内温度，压力表上标有压力 MPa 和温度℃两种单位。

(4)排气阀　用于排除空气。

(5)安全阀　是一种利用弹簧控制活塞的阀门，超过额定压力自行放气、减压。

2. 灭菌锅的操作过程

(1)加水　加水至要求的水位刻度。

(2)装锅　将待灭物品装入锅内，不要装得太紧太满，留有空隙以利蒸汽流通。

(3)盖上锅盖，按对称位置拧紧螺栓，以不漏气为准。

(4)加热灭菌　接通电源加热，打开排气阀彻底排尽锅内冷空气，然后关闭排气阀继续加热至所要求的灭菌温度或压力一般为0.108 MPa温度为121.5℃维持20～30 min。

(5) 收尾　切断电源使其自然冷却，待压力退回到“0”位时，打开排气阀放气后方可打开灭菌锅盖取出锅内物品。若需放置斜面可立即摆好，如灭菌锅长期不使用，将夹层水放出，保持锅内清洁。

四、作业

(1)什么是选择培养基、加富培养基和鉴别培养基，各有何用途?

(2)培养基制备过程中应注意哪些问题?

(3)为什么加压的蒸汽能提高灭菌效果?

(4)使用高压蒸汽灭菌应注意哪些事项?

(5)如何检查灭菌后的培养基是否染菌?

实验六　细菌及放线菌培养特征观察

培养特征是指微生物在培养基上所表现出的群体形态和生长情况，主要有平板培养基上的菌落特征、斜面培养基上的菌苔特征和液体培养时的生长特征。

菌落是指少数几个微生物在平板固体培养基上生长繁殖形成的肉眼可见的、具有一定形状的、以母细胞为中心的子细胞群体；菌苔是指试管斜面上生长的微生物培养物；液体培养特征是指其在液体培养基中生长时所表现出的性状如混浊、环状、沉淀。不同种类的微生物，其培养特征各不相同，是微生物分类鉴定的重要依据。

细菌菌落较小、湿润、透明或半透明，颜色和质地比较均一，易挑取。而放线菌菌落初期和细菌菌落相似，但后期形成孢子后呈放射状同心圆，干燥，菌丝与培养基结合紧密，不易挑取，常产生各种色素，颜色质地不均一，多数有特殊气味。

一、实验目的

通过对几种细菌及放线菌菌落的观察，比较二者培养特征的异同；掌握放线菌的制片技术并观察放线菌的气生菌丝、孢子丝及孢子的形态。

二、实验材料

细菌菌落：八叠球菌 *Sarcina lutea*、大肠杆菌 *E. coli*、枯草芽孢杆菌 *Balicillus subtilis*、荧光假单胞菌 *Pseudomonas fluorescens*、蕈状芽孢杆菌 *Balicillus mycoides*。

放线菌菌落：丰加链霉菌 *Streptomyces toyocaensis*、紫色直丝链霉菌 *Streptomyces violaceorectus*. 黑化链霉菌 *Streptomyces nigrificans*、天蓝色链霉菌 *Streptomyces coelicolor*。

染色液：石炭酸复红染液

培养基：灭过菌的高氏 1 号培养基

器皿及其他材料：显微镜、擦镜液、香柏油、擦镜纸、吸水纸、载玻片、酒精灯、75%酒精、消毒瓶、玻片缸、废片缸、玻片架、洗盘、洗瓶、解剖针、记号笔、小刀。

三、实验内容与方法

(一)细菌菌落的观察

取细菌菌落观察其形状、大小、颜色、边缘、光泽、隆起度等，将观察结果记录在表中。

菌落特征	菌名				
	八叠球菌	大肠杆菌	荧光假单胞菌	枯草芽孢杆菌	蕈状芽孢杆菌
培养基					
形态					
大小					
边缘					
光泽					
颜色					
隆起					

(二)放线菌形态及其菌落特征观察

1. 放线菌菌落的观察

取放线菌菌落观察其形状、大小、颜色、气味及表面特征，将观察结果记录在表中。

菌落特征	菌名			
	丰加链霉素	紫色直丝链霉素	黑化链霉素	天蓝色链霉素
培养基				
形状				
大小				
颜色				
气味				
表面特征				
气生菌丝				
基内菌丝				
可溶性色素				

2. 插片法观察放线菌的气生菌丝、孢子丝及孢子形态

(1) 倒平板　用融化并冷却至50℃的高氏1号琼脂培养基倒平板(每皿约20 mL)。

(2) 接种及插片　用无菌接种环挑取少量斜面上的4种放线菌进行平板划线接种,然后用无菌镊子取无菌盖玻片在已接种平板上以45°角斜插入培养基内,深度约占盖玻片1/2长度,如下图。

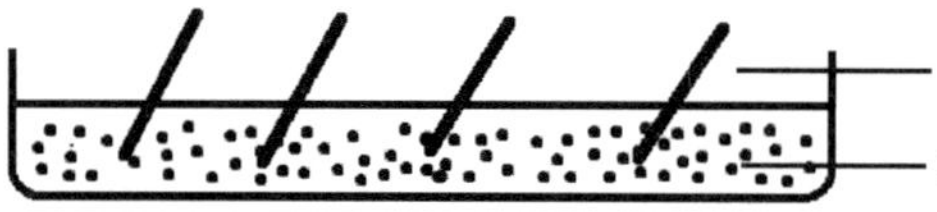

(3) 培养　将插片平板倒置,28°培养3～7 d。

(4)固定　用镊子小心取出一张盖玻片,擦去一面的菌丝,然后将另外一面向上,通过火焰固定。

(5) 染色　用石炭酸复红染色1 min,然后水洗,风干。

(6)镜检　将有菌的一面向上放在载玻片上,分别用低倍镜、高倍镜观察其基内菌丝、气生菌丝及孢子丝的形态并绘图。

四、作业

1. 描述细菌菌落特征。
2. 描述放线菌菌落特征。
3. 放线菌的3种菌丝在形态上有什么特点?如何在显微镜下加以区分?
4. 放线菌和细菌都是原核微生物,为什么培养和观察细菌和放线菌的方法不同?
5. 放线菌和细菌的菌体形态差异很大,为什么都属于原核微生物?

实验七　丝状真菌菌体形态及菌落特征观察

真菌的菌体除酵母菌为球形或椭圆单细胞外,其他都有分枝繁茂的丝状体;真菌菌丝可分为无隔菌丝和有隔菌丝，平均宽度为 3～10 μm；有些真菌的基内菌丝可特化形成假根、足细胞等特殊结构，气生菌丝可分化出各种不同的繁殖器官和孢子，孢子的形态、着生方式及颜色等是真菌分类鉴别的重要依据。

真菌菌落较大，多呈疏松的绒毛状、棉絮状、网状，扩展性强，颜色多变，质地不均一，有些菌丝可分泌某些色素扩散到培养基内。

一、实验目的

通过实验学会真菌制片方法并认识几种常见真菌的形态和菌落特征。

二、实验材料

菌种：黑根霉 *Rhizopus nigricans* 、产黄青霉 *Penicillium chrysogenum*、黑曲霉 *Aspergillus niger*、尖孢镰刀菌 *Fusarium oxysporum*。

染色液：乳酸酚棉蓝。

器皿及材料：接种针、载玻片、盖玻片、接种环、75%消毒酒精瓶、玻片缸、废玻片缸、无菌水、酒精灯、记号笔。

三、实验内容与方法

(一)根霉的形态观察

(1)取一干净的载玻片，滴一滴无菌水或乳酸酚棉蓝，用接种针挑取少量带有孢子囊的根霉菌菌丝放在悬滴液中，用解剖针将挑取的菌丝分散，加上盖玻片，注意不要使其产生气泡，置低倍镜下观察根霉的无隔菌丝、假根、孢囊梗、孢囊及孢囊孢子的形态和大小。

(2)取培养根霉接合孢子培养皿打开皿盖，用低倍镜直接观察接合孢子的形态。

(二)青霉的形态观察

取青霉菌标本玻片或自己挑取菌体制片，置于低倍镜下找到合适的观察部位，然后转用高倍镜，观察青霉菌的帚状枝结构及分生孢子梗、小梗、分生孢子的形态。

(三)曲霉的形态观察

取曲霉标本玻片或自己挑取菌体制片，先在低倍镜下找到合适的观察部位，然后转用高倍镜观察曲霉的足细胞、分生孢子梗、顶囊、小梗及分生孢子形态。

(四)镶刀菌的形态观察

取镰刀菌标本玻片或自己挑取菌体制片，先在低倍镜下找到合适的观察部位，然后用高倍镜观察认识镰刀菌大型分生孢子及小型分生孢子的形态，菌丝有无隔膜，当菌种老时可看到厚坦孢子。

(五)真菌菌落特征的观察

认真观察根霉、青霉、曲霉和镰刀菌的菌落特征,将观察结果记录于下表。

菌名	项目					
	大小	形状	孢子颜色	表面结构	松紧度	可溶性色素
根霉						
曲霉						
青霉						
镰刀菌						

四、作业

(1)绘出根霉、青霉、曲霉的形态图,并注明各部位的名称。
(2)绘出根霉结合孢子的形态。
(3)试比较细菌、放线菌、丝状真菌菌落的异同。
(4)制水压片时如何避免产生气泡?
(5)为避免真菌孢子污染实验室空气,应注意哪些事项?

实验八　酵母菌形态观察及大小的测量

酵母菌是单细胞真核微生物,细胞圆形、椭圆形或圆柱形等,有的酵母菌如热带假丝酵母在人为缺氧条件下细胞拉长出芽后再继续延长,形成似藕节状排列且具分支称为假菌丝。酵母菌无性繁殖以芽殖为主,也有些可进行裂殖,有性繁殖产生子囊孢子,在一个单细胞内含1～4个子囊孢子。

一、实验目的

观察酵母的菌落形态,观察酵母的菌体形态及出芽生殖,观察酵母假菌丝的形态,观察子囊及子囊孢子的形态,掌握测量微生物细胞大小的方法。

二、实验材料

菌种:啤酒酵母 *Saccharomyces cerevisiae*、热带假丝酵母 *Candiba tropicalis*。
染色液:美蓝染色液
示范片:啤酒酵母子囊孢子玻片标本。
器皿及材料:75%消毒酒精、载玻片、盖玻片、接种环、玻片缸、废片缸、酒精灯、无菌盖玻片。

仪器：显微镜、目镜测微尺、镜台测微尺。

三、实验内容与方法

（一）啤酒酵母细胞形态的观察

（1）制片观察：在干净的载玻片上，加一滴美蓝染液，用接种环从试管斜面上刮取少量啤酒酵母菌体，放在美蓝染液中搅匀，然后将盖玻片一边接触液体后再轻轻放下以避免产生气泡，先用低倍镜后转用高倍镜观察，仔细观察酵母细胞的形状、大小、出芽及死活细胞的情况。

（2）取玻片标本，观察啤酒酵母的子囊和子囊孢子。

（二）热带假丝酵母的假菌丝观察

在马铃薯琼脂平板上，用接种环蘸取少量菌种在平板上划两条相距 1 cm 左右的平行线，然后在划线处盖上无菌盖玻片，置于 28℃培养 2～3 d 后，在显微镜下直接观察划线两侧的假菌丝。

（三）酵母菌大小的测量

微生物细胞大小是微生物重要的特征之一，也是分类鉴定的依据之一。由于菌体很小，只能在显微镜下测量。用来测量微生物细胞大小的工具有目镜测微尺和镜台测微尺。

目镜测微尺是一个可放入目镜内的圆形玻片，在玻片中央把 5 mm 长度等分成 50 或 10 mm 等分成 100 格。测量时将其放在目镜的隔板上来测量经显微镜放大后的细胞物像。刻度的大小由于不同显微镜放大倍数而不同，同一显微镜在不同的目镜、物镜组合下，其放大倍数也不同，因此目镜测微尺每档实际表示的长度随显微镜放大倍数不同而变化，使用前必须用镜台测微尺标定，求出在某一放大倍数下，目镜测微尺每小格所代表的真实长度。

镜台测微尺为载玻片，上面贴一圆形玻片，中间是 1 mm 长度等分为 100 格，每格长度为 10 μm。因为此长度固定不变，所以用镜台测微尺可测出在一定放大倍数下，目镜测微尺每小格所代表的长度，然后用目镜测微尺去测定微生物的大小。

1. 目镜测微尺的校正

将目镜测微尺装入目镜中，刻度面朝下。将镜台测微尺置于载物台上，刻度面朝上，先用低倍镜观察看清镜台测微尺的刻度后，转动目镜，使目镜测微尺的刻度与镜台测微尺平行，并使两尺的“0”刻度完全重合，向右仔细寻找两测微尺第二个完全重合的刻度，记录两个重叠刻度间目镜测微尺和镜台测微尺的格数，由下列公式计算出目镜测微尺每小格的实际长度。

$$\text{目镜测微尺每小格的实际长度}(\mu\text{m})=\frac{\text{镜台测微尺格数}\times 10\ \mu\text{m}}{\text{目镜测微尺格数}}$$

同法可分别校正高倍镜下和油镜下目镜测微尺每格代表的长度。

2. 菌体大小测定

取下镜台测微尺，换上待测酵母制片，先用低倍镜找到目标物再在高倍镜下测量酵母菌的大小（宽×长）。

一般在测定微生物细胞大小时,在同一标本上随机测量10～20个菌体,求出平均值即可代表该菌的大小。

注意事项:因每个显微镜的放大倍数不同,因此校正后的目镜测微尺只针对该显微镜及附件(物镜和目镜)。当更换显微镜及附件时必须重新校正目镜测微尺。

四、作业

(1)绘制啤酒酵母营养细胞、出芽生殖的形态图。
(2)计算出所测酵母菌细胞的大小。
(3)绘制热带假丝酵母假菌丝的形态图。
(4)比较酵母菌和细菌在菌体形态及菌落特征方面的异同。
(5)酵母菌的假菌丝是如何形成的?与霉菌的菌丝有何区别?

实验九　显微镜直接计量微生物细胞的数量

一、实验目的

了解显微镜计数的原理;掌握使用血球计数板进行微生物计数的方法。

二、实验材料

菌种:酿酒酵母。
器材:血球计数板,盖玻片,无菌的移液器,显微镜,吸水纸等。

三、实验内容与方法

利用血球计数板在显微镜下直接计数是一种常用的微生物计数方法。具有简单、快速、直观的特点,此法所测得的结果是死菌与活菌的总和。

血球计数板构造如图14-1所示。该计数板是一块特制的载玻片,其上由四条纵槽形成三个平台,中间较宽的平台又被一短横槽隔成两半,每一边的平台上各刻有一个方格网,每个方格网共分成九个大方格,中间的大方格即为计数室。计数室的刻度一般有两种规格,一种是一个大方格分成16个中方格,每个中方格又分成25个小方格(即16×25型,称麦氏计数板);另一种是一个大方格分成25个中方格,每个中方格又分成16个小方格(即25×16型,称希里格计数板)。但无论是哪种规格的计数板,每一个大方格中的小方格都是400个。每一个大方格边长为1 mm,则每一个大方格的面积为1 mm^2,盖上盖玻片后盖玻片与载玻片之间的高度为0.1 mm,所以计数室容积为0.1 mm^3(万分之一毫升)。

计数时通常数4或者5个中方格的总菌数,然后求得每个中方格的平均值,再乘以16或者25就得出一个大方格的总菌数,然后换算成1 mL菌液中的总菌数。

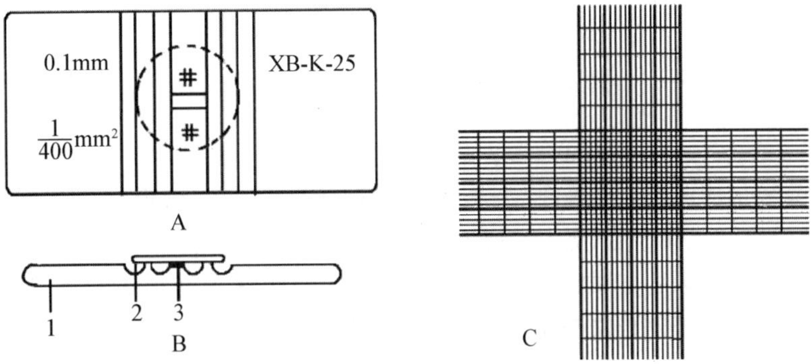

A. 正面图　B. 纵切面图　C. 计数室构造

图 14-1　血球计数板构造

实验方法如下：

1. 菌悬液制备

用无菌生理盐水将酿酒酵母制成一定浓度的菌悬液。

2. 镜检计数室

加样前先对计数板的计数室进行镜检。若有污物则需清洗后才能进行计数。

3. 加样品

将清洁干燥的血球计数板盖上盖玻片，摇匀酿酒酵母菌悬液，用无菌的移液器向盖玻片边缘滴加菌悬液，让菌液沿缝隙靠毛细渗透作用自行进入计数室(勿使菌液流到两边平台上，也不能使槽中菌液太多，否则抬高盖玻片)。

4. 显微镜计数

加样后静置 5 min，将血球计数板置于显微镜载物台上，先用低倍镜找到计数室所在位置，然后换成高倍镜进行计数。在计数前若发现菌液太浓或者太稀需要重新调整稀释度后再计数。一般样品稀释度要求每个小格内有 5～10 个菌体为宜。每个计数室选 5 个中格(可选 4 个角)或者 9 个中格(对角线位置)中的菌体进行计数。位于格线上的菌体一般只数上方和右边线上的。如遇酵母出芽芽体大小达到母细胞的一半时即作两个菌体计数。计数一个样品要从两个计数室中计得的平均值来计算样品含菌量。

5. 清洗血球计数板

使用完毕后将血球计数板在水龙头下冲洗干净切勿用硬物洗刷以免损坏小格刻度，干燥后妥善保存。

以计数室有 16 个中方格的计数板进行计算：设 5 个中方格的总菌数为 A，菌液的稀释度为 B，则菌液浓度＝$(A/5)\times16\times10\times1\,000\times B=32\,000A\times B$

以计数室有 25 个中方格的计数板进行计算：设 5 个中方格的总菌数为 A，菌液的稀释度为 B，则菌液浓度＝$(A/5)\times16\times10\times1\,000\times B=50\,000A\times B$

四、作业

(1)计算出酿酒酵母菌悬液的浓度。

(2)计数加样时为何不能使槽中菌液太多？

实验十　微生物细胞数量的平板培养计数法

微生物活菌数量的测定,如菌剂、土壤及植物种子活菌量的测定常用稀释平板培养计数法,其原理是通过将样品稀释制成一系列不同浓度的菌悬液,样品中的微生物细胞充分分散,成单个独立存在。然后取一定浓度一定量的稀释液均匀涂抹于特定的培养基上。经培养后,由单个微生物细胞生长繁殖形成肉眼可见的菌落,根据在平板上长出的菌落数,即可计算出样品中微生物活菌数量。

一、实验目的

通过实验,学习和掌握微生物细胞的平板计数方法,并了解样品中细菌、放线菌和真菌等微生物类群的数量。

二、实验材料

样品:土壤

培养基:牛肉膏蛋白胨琼脂培养基、马铃薯琼脂培养基、高氏一号琼脂培养基。

器皿及材料:90 mL无菌水、9 mL无菌水、链霉素、灭菌培养皿、1 mL无菌吸管、天平、灭菌称量纸、记号笔、铝盒、水浴锅、电炉。

三、实验内容与方法

(一)样品稀释液的制备

称取待测样品10 g,放入装有90 mL无菌水并放有小玻璃珠或石英砂的250 mL三角瓶中,用手或振荡器振荡20 min,使微生物细胞充分分散,静置20～30 s,即成10^{-1}稀释液。再用无菌移液管吸取10^{-1}稀释液1 mL放入装有9 mL无菌水的试管中,充分振荡摇匀,即成10^{-2}稀释液,如此类推,连续稀释,制成10^{-3},10^{-4},10^{-5},10^{-6}等一系列不同浓度的稀释液。

用平板培养计数时,选择待测菌液稀释度时,应根据样品菌量而定。一般情况样品中微生物数量越多,则稀释度也应越高。通常分析土壤中细菌、真菌和放线菌数量时,可参考下表:

微生物类群	培养基	接种方法	接种量/mL	稀释度	培养温度/℃	培养时间/d	计数时最适稀释度菌落数
细菌	牛肉膏蛋白胨琼脂	基内	1.0	10^{-8}～10^{-6}	25～28	1～2	40～200
真菌	马铃薯琼脂	基内	1.0	10^{-5}～10^{-3}	25～28	3～5	20～60
放线菌	高氏一号琼脂	表面	0.1	10^{-5}～10^{-3}	25～28	5～7	40～100

(二)平板接种培养

1. 细菌平板培养计数

选用过筛的新鲜潮湿土壤样品，并采用基内接种法。

(1)在无菌培养皿上做好 10^{-6}，10^{-7}，10^{-8} 稀释菌液的标记。

(2)每个稀释度设 3 个重复，用 1 mL 无菌移液管按无菌操作要求分别吸取 10^{-8}，10^{-7}，10^{-6} 稀释液各 1 mL 放入标记的 3 个无菌培养皿中(由高稀释度到低稀释度的顺序，可不更换吸管)。

(3)在 9 个培养皿中分别倒入已融化并冷却至 45～50℃的牛肉膏蛋白胨琼脂培养基，立即轻轻地在台面上沿一个方向摇动，使菌悬液和培养基充分混合均匀，等待凝固。

(4)培养基凝固后，倒置于 28～30℃温箱中培养 24～48 h 后观察计算菌落数，计数时每皿 40～200 个菌落为宜。

2. 真菌平板培养计数方法

选用过筛的新鲜潮湿土壤样品，并采用基内接种法。

(1)在无菌培养皿上做好 10^{-3}，10^{-4}，10^{-5} 稀释菌液的标记。

(2)每个稀释度设 3 个重复，用 1 mL 无菌移液管按无菌操作要求分别吸取 10^{-5}，10^{-4}，10^{-3} 稀释液各 1 mL 放入标记的 3 个无菌培养皿中。

(3)先在已融化并冷却至 45～50℃的马铃薯琼脂培养基中加入终浓度为 0.02 mg/mL 的链霉素溶液，摇匀，尽量避免产生过多的气泡。

(4)将马铃薯琼脂培养基分别倒入 9 个已加入菌悬液的培养皿中，立即轻轻地在台面上沿一个方向摇动，使菌悬液和培养基充分混合均匀，等待凝固。

(5)培养基凝固后，倒置于 28～30℃温箱中培养 3～4 d 后观察计算菌落数，计数时每皿 20～60 个菌落为宜。

3. 放线菌平板培养计数法

选用风干的过筛土壤样品，并采用表面接种法。

(1)先将高氏一号琼脂培养基融化后，待冷却至 45～50℃时，按 2 滴/100 mL 的量加入 1%重铬酸钾溶液，摇匀后尽量避免产生过多气泡，倒入无菌平皿中，待凝固后做好 10^{-5}～10^{-3} 标记。

(2)用无菌吸管吸取 0.1 mL 菌液对号接种在不同稀释度标记的琼脂平板上，每个稀释度设 3 个重复。

(3)将玻璃刮铲在酒精灯上进行火焰灭菌。

(4)打开平板，将灭菌刮铲在培养皿盖上冷却，然后用无菌刮铲将菌液在平板上轻轻涂布均匀。

(5)将涂布好的平板倒置于 25～28℃培养 6～7 d 后检查计数，每皿菌落以 40～100 个为宜。

(三)待测样品中微生物数量的计算

由于供试样品含有一定的水分，且各个样品中含水量又不同，因此每克样品中菌数就有差异。为了统一标准，便于比较，常在做实验的同时测定样品的含水量，然后计算出每克干样品含菌数。

计算公式:

每克干样品含菌数=[菌落平均数×稀释倍数]÷[接种量毫升数×(1-含水量)]

菌落平均值:为同一稀释度3个重复的平均数。

四、作业

(1)在真菌平板培养计数时,为什么要加入链霉素?

(2)计算各类微生物的总数,描述细菌和真菌优势种的菌落特征。

实验十一　根瘤菌的分离纯化及固氮酶活测定

一、实验目的

掌握微生物分离纯化的方法;熟悉固氮酶活测定原理及步骤。

二、实验材料

样品:新鲜的结瘤大豆根系

材料及器皿:刚果红甘露醇酵母汁琼脂培养基、70%酒精、0.1%升汞、无菌水(三角瓶装)、无菌培养皿、坩埚、小剪子、酒精灯、根瘤菌培养基、乙炔气(反应底物)、气相色谱仪、带橡皮塞的150 mL玻璃瓶若干、医用注射器、微量移液器等。

三、实验内容与方法

土壤中有大量的根瘤菌,根瘤菌侵染特定的豆科植物根系后形成根瘤,根瘤内有大量根瘤菌而无杂菌,但根瘤表面杂菌很多,分离培养的技术关键在于除去表面杂菌,所以要用酒精和升汞进行表面消毒,杀死杂菌。固氮酶活反映了根瘤菌固氮能力的强弱。微生物产生的固氮酶可以将乙炔还原为乙烯;利用气相色谱检测乙烯的生成量来间接测定出根瘤菌固氮酶活性,此方法操作简单灵敏度高。

(一)根瘤菌的分离纯化

(1)从大豆根部选择较大的、色泽红润、生长饱满的根瘤,用剪刀连一部分根组织取下(不要伤及根瘤的表皮),在清水中洗净。

(2)将根瘤浸于70%的酒精中2~3 s(在坩埚中进行)。

(3)从酒精中取出根瘤,再放入盛0.1%升汞液的坩埚中,浸2~3 min,以杀死根瘤外面附着的杂菌。

(4)将根瘤从升汞液中取出,在3个装有无菌水的坩埚中依次清洗,以洗去残留在根瘤上的升汞。

(5)将洗净的根瘤放在灭菌的培养皿中,用灭菌镊子或玻棒将根瘤压碎挤出根瘤汁液使成菌液,备用(根瘤菌液经革兰氏染色可观察类菌体形态)。

(6)向另外的无菌培养皿中倒入已融化的加刚果红甘露醇酵母汁琼脂培养基,冷却凝固成平板。

(7)用灭菌的接种环蘸根瘤汁液一环,在平板上划线分离。

(8)倒置培养皿于 28~30℃下培养 2~4 d 或更长。

(9)观察菌落形态:根瘤菌菌落不吸收刚果红,单个菌落呈现圆形、湿润、半透明、隆起、边缘整齐,而杂菌会吸收刚果红,使菌落变成红色。

(10)若不纯可进一步以划线法或稀释平板涂布法再纯化。

(二)固氮酶活的测定-乙炔还原法

(1)菌株活化　将所测菌株接种于试管斜面培养基上,置于 30℃恒温培养箱中培养活化。

(2)培养瓶准备　在 150 mL 玻璃瓶内装入 50 mL 根瘤菌液体培养基,高压灭菌后备用。

(3)接菌　在活化菌株试管内加入 10 mL 无菌水,充分振荡后,用移液枪移取菌悬液 1 mL 注入备好的培养瓶内,30℃摇床培养 48 h。

(4)注气　在无菌条件下用 10 mL 注射器抽出培养瓶内 10 mL 空气,同时注入 10 mL 乙炔气,使瓶内乙炔浓度约为 10%,继续在 30℃摇床培养 48 h。

(5)乙烯测定　用医用注射器抽出培养瓶内气体 1 mL,注入气相色谱仪检测乙烯生成量 A(平均值);同时采用平板菌落计数法测定该菌液中的活菌数 B(平均值)。

(三)固氮酶活计算

(每 10^8 CFU 菌体产生乙烯量)固氮酶活(μmoL/10^8 CFU)=$(A/B)\times10^8$

四、作 业

(1)描述根瘤菌的菌落特征。

(2)做涂片观察根瘤菌个体形态,并绘图。

(3)解释固氮酶活测定原理。

实验十二　木质纤维素降解菌的分离筛选及降解能力测定

纤维素降解菌通过分泌纤维素酶,将平板培养基中的纤维素水解成小分子的寡糖、纤维二糖和葡萄糖等。由于纤维素等多糖可以和刚果红形成红色复合物,而降解后的寡糖、纤维二糖或葡萄糖则无法发生该反应,因此在刚果红-纤维素钠培养基上,纤维素降解菌的菌落周围会形成透明的水解圈,水解圈的大小和纤维素酶活性呈现一定的相关性。

一、实验目的

掌握木质纤维素降解菌的分离、筛选,以及纤维素降解菌降解能力的测定方法。

二、实验材料

1. 分离样品

玉米秸秆/堆肥样品

2. 主要试剂

DNS(3,5-二硝基水杨酸)显色液:将酒石酸钠 182 g 溶于 500 mL 蒸馏水中,加热至 40℃左右,依次加入 DNS 6.3 g,氢氧化钠 21.0 g,无水硫酸钠 5.0 g,搅拌至完全溶解。冷却后,用蒸馏水定容至 1 000 mL,于棕色试剂瓶中室温保存。

羧甲基纤维素钠(CMC-Na)溶液:称取 CMC-Na 2.0 g,溶于 200 mL 蒸馏水中,加入 200 mmol/L 乙酸-乙酸钠缓冲溶液 100 mL(pH 5.6),混匀,置于冰箱内,隔天使用。

3. 培养基

富集培养基:$NaNO_3$ 0.5 g、KCl 0.5 g、K_2HPO_4 1.0 g、1% $Fe_2(SO_4)_3 \cdot 7H_2O$ 1 mL、$MgSO_4 \cdot 7H_2O$ 0.5 g,CMC-Na 5 g、蒸馏水 1 000 mL。

筛选培养基:采用刚果红-羧甲基纤维素钠筛选培养基:CMC-Na 20 g、Na_2HPO_4 2.5 g、KH_2PO_4 1.5 g、蛋白胨 2.5 g、酵母膏 0.5 g、蒸馏水 1 000 mL,pH 7.0～7.2。固体培养基配制时添加琼脂粉 20 g。

粗酶液:将筛选得到的纤维素降解菌株接入 100 mL 液体培养基中,28℃,150 r/min 振荡培养 3 d,取发酵液经 4 000 r/min 离心,取上清液作为粗酶液。

三、实验内容与方法

1. 样品采集

采集发霉的玉米秸秆或者堆肥样品用以富集降解菌。

2. 富集

取 1 g 玉米秸秆发霉部分或堆肥样品加入 99 mL 富集培养基中,30℃,120 r/min 条件下恒温振荡培养 24 h。

3. 初筛

无菌条件下取 1 mL 富集液进行稀释。将稀释度为 10^{-3}～10^{-7} 的稀释液,接种于筛选培养基上,每个稀释度接种 3 个平板。30℃倒置培养。待长出菌落后,用接种针挑取菌落于筛选培养基上进行纯化。

将纯化的单菌落在平板上进行刚果红染色,鉴别是否有纤维素降解菌。用 1 mg/mL 的刚果红染色 30 min,弃去染液。然后用 1 mol/L 的 NaCl 溶液脱色 30 min,弃去废液,观察透明圈的产生,根据透明圈的清晰程度以及与菌落直径大小的比值初步判断菌株的纤维素降解能力。

4. 复筛

将初筛获得的单个菌株接种到液体筛选培养基中，在 30℃、120 r/min 条件下振荡培养，取培养液进行 CMC 酶活的测定。由于酶活性往往随时间而变化，因此每 24 h 测定一次，连续测定 7 d。以纤维素降解菌的最大酶活作为复筛依据。

5. CMC 酶活力测定

（1）葡萄糖标准曲线绘制　取 25 mL 具塞刻度试管 7 支，加入 1.0 mg/mL 的葡萄糖标准溶液 0.0、0.2、0.4、0.8、1.2、1.6.2.0 mL，加蒸馏水至 2 mL，加 DNS 试剂 1.5 mL，混匀后沸水浴 5 min，取出，立即用冷水冷却，用水定容至 25 mL，摇匀，测吸光度 A，以吸光度为纵坐标，葡萄糖的含量为横坐标，绘制标准曲线。

葡萄糖体积/mL	0.0	0.2	0.4	0.8	1.2	1.6	2.0
葡萄糖浓度/mg/mL	0.000	0.010	0.020	0.030	0.040	0.050	0.060
吸光度 A	0	0.057	0.181	0.327	0.459	0.54	0.708

（2）酶活测定步骤

①吸取 0.5 mL 粗酶液于试管中，加入 1.5 mL CMC-Na 溶液，在 50℃水浴 30 min；

②立即加入定量的 DNS 试剂，沸水浴 5 min；

③迅速冷却试管，并滴加蒸馏水定容至 25 mL，在 540 nm 处测定还原糖吸光值 A；

④以灭活的粗酶液作为对照，测定吸光值 A_0；

⑤计算 $\Delta A = A - A_0$　根据 ΔA 从标准曲线上查得葡萄糖含量 P；

⑥$X = P \times K \times 1\,000/0.5 \times 30$

X：CMC 酶活力，单位 U/mL。

P：从葡萄糖标准曲线查得的葡萄糖浓度。

K：稀释倍数。

（3）记录试验结果

6. 降解能力测定

将确定有纤维素酶活力的菌株接种到含有滤纸的筛选培养基中（以 1 cm×3 cm 滤纸替换原筛选培养基中的 CMC-Na 作为唯一碳源），在 30℃、120 r/min 条件下振荡培养 3～4 d 后观察滤纸崩解情况，以不接种的培养基作为对照。

四、作业

（1）如何高效分离木质纤维素降解菌？

（2）纤维素降解菌降解能力的表示方法有哪些？

实验十三　微生物的 16S rRNA 基因分子鉴定

传统的微生物分类鉴定主要采用形态特征结合生理生化反应等方法。但这些传统方法存在耗时长、特异性差等问题，难以满足现代细菌学研究的需要。随着分子生物学技术的发展，原核生物16S rRNA基因(真核生物18S rRNA基因)序列分析技术已被广泛应用于微生物的分子鉴定。

16S rRNA基因在细菌及其他原核微生物的进化过程中高度保守,被称为细菌的“分子化石”。在16S rRNA基因中,有高度保守的序列区段,也有高度变化的序列区域,因此适合用于比较不同微生物的亲缘关系。通常以高度保守的序列为依据设计引物。

本实验以枯草芽孢杆菌为材料,采用16S rRNA基因序列分析技术进行微生物分子鉴定。

一、实验目的

了解微生物分子鉴定的原理,掌握利用16S rRNA基因进行分子鉴定的方法,学习系统进化树的构建方法。

二、实验材料

1. 菌种和载体

菌种:枯草芽孢杆菌 *B. subtilis*

大肠杆菌 *E. coli* DH5α 感受态细胞(用于后面质粒的转化)

载体:pMD18-T

2. 培养基

LB培养基:胰蛋白胨 10 g,酵母提取物 5 g,NaCl 10 g,蒸馏水 1 L,pH 7.2。

3. 试剂和溶液

琼脂糖、细菌基因组提取试剂盒、dNTP、DNA聚合酶、PCR产物纯化试剂盒、T_4 DNA连接酶、X-gal、IPTG、限制性内切酶 *Sph* Ⅰ和 *Pst* Ⅰ等。

4. 主要仪器设备

PCR仪、电泳仪、高速冷冻离心机、凝胶成像系统等。

三、实验内容和方法

1. 引物合成

使用16S rRNA基因全长通用引物。上游引物:27F:AGAGTTTGATCCTGGCTCAG;下游引物:1492R:TACGGTTACCTTGTTACGACTT,由基因合成公司合成引物。

2. PCR扩增16S rRNA基因片段

用基因组提取试剂盒,提取 *B. subtilis* 基因组DNA。以提取的基因组DNA为模板,使用高保真DNA聚合酶扩增16S rRNA基因。

反应体系:

模板	1 μL
引物1	0.5 μL
引物2	0.5 μL
dNTP(10mmol/L)	0.5 μL

Taq 酶(5U/mL)	0.5 μL
10×PCR buffer	2.5 μL
加无菌水	至 25 μL

PCR 反应：预变性(94℃,5 min),变性(94℃,30 s),退火(65℃,40 s),延伸(72℃,90 s),30 个循环。72℃ 10 min。4℃存放。

3. 琼脂糖凝胶电泳检测 PCR 产物

配制 1%琼脂糖凝胶,取 4 μL PCR 产物,混合 0.5 μL 16 ×上样缓冲液进行加样,DL2000 Marker 作为分子量标准,在 1×TAE ,110V 电泳 20 ～25 min,EB 染色,紫外凝胶成像仪观察。同时以不加模板的 PCR 产物作为对照(NC),以防止操作过程的污染。

16S rRNA 基因片段大约为 1.5 kb。

注意:PCR 产物可以直接测序,但由于仪器原因,测序开始时得到的一些碱基并不十分准确,可能影响后续比对结果,所以连到 T 载体后进行测序可以避免该现象。

4. 电泳回收 16S rRNA 基因片段

(1)电泳　配制 1%低熔点琼脂糖凝胶,将 PCR 获得的 16S rRNA 基因与上样缓冲液混合,加入胶孔中。4℃,115 V 恒压电泳 20 ～25 min。

(2)切胶　紫外灯下,用无菌刀片切下条带转移至干净的 1.5 mL 离心管中。

(3)胶回收

①准确称量凝胶的重量,按 1g≈1mL 计,加入 5 倍体积的 TE 缓冲液,盖上盖子,于 65℃保温 5 min 融化凝胶。

②待凝胶冷却至室温,加入等体积的 Tris 饱和酚(pH 8.0),剧烈振荡混匀 20 s。20℃,10 000 r/min 离心 10 min,回收水相。

③加入等体积的酚:氯仿(pH 8.0 的 Tris 饱和酚与氯仿等体积混合),剧烈振荡,20℃,10 000 r/min 离心 10 min,回收水相。

④用等体积的氯仿抽提上清,颠倒混匀,20℃,10 000 r/min 离心 10 min,回收水相。

⑤将水相转移至 1.5 mL 离心管中,加入 0.2 倍体积的 10 mol/L 乙酸铵和 2 倍体积的无水乙醇,混匀后在室温下放置 20 min。然后于 4℃,12 000 r/min 离心 10 min,弃上清,将沉淀溶解在一定量的无菌双蒸水中备用。

5. 16S rRNA 基因片段的克隆

(1)16S rRNA 基因片段与 pMD18-T 载体连接

在 0.5 mL 的微量离心管中分别加入以下溶液,16℃连接过夜(12～14 h)。

pMD18-T 载体	100 ng
回收的 16S rRNA 基因	50 ng
T_4 DNA 连接酶	1 μL
2×连接缓冲液	5 μL
无菌双蒸水	至 10 μL

(2)转化　将连接好的载体在冰上放置 5 min,然后全部加到装有 200 μL *E. coli* DH 5α 感受态细胞的微量离心管中,用预冷的移液枪头轻轻混匀,置于冰上 5 min。然后 42℃水浴热激 90 s,迅速将离心管转移至冰上,放置 5 min。

将转化细胞转移到 10 mL 无菌试管中,加入 1 mL 37℃预热的 LB 培养基,37℃,200 r/min

振荡培养1 h。

(3)重组子的筛选　将上述培养液涂布到含有氨苄青霉素、IPTG和X-gal的LB平板上，37℃恒温培养过夜，出现白色菌落一般是重组子。

(4)重组子的酶切鉴定　挑取几个白色菌落，分别接种到含有终浓度100 μg/mL氨苄青霉素的LB液体培养基中，37℃振荡培养过夜。碱法提取转化子质粒，用限制性内切酶*Sph* Ⅰ和*Pst* Ⅰ，37℃酶切2～3 h。酶切产物进行1%琼脂糖凝胶电泳，观察1.5 kb左右的酶切条带，验证重组子的正确性。

6. 16S rRNA基因的序列测定

验证正确的重组子由基因测序公司完成测序。

7. 序列分析及系统进化树的构建

用BLAST生物信息数据库进行在线相似性搜索，选择几个分类地位已知的相似序列。用Cluster软件对多个相似序列进行多重序列比对分析，用MEGA 6.0软件构建系统进化树，分析鉴定微生物与其他物种之间亲缘关系的远近。

通常，16S rRNA基因序列同源性小于97%，可以认为属于不同的种；同源性小于93%～95%，可以认为属于不同的属。

四、作业

(1)细菌的16S rRNA基因序列有什么特征？

(2)利用16S rRNA基因序列分析方法获得的鉴定结果与菌株已知的分类结果是否一致？若不一致，如何确定其准确的分类地位？

实验十四　农作物秸秆制备燃料乙醇

生物燃料乙醇具有较高的辛烷值和良好的抗爆性，是一种优良的可再生能源。我国作为农业大国，农作物秸秆资源十分丰富，如2016年农作物秸秆总量超过8亿t。农作物秸秆转化为乙醇的原理，是通过预处理，将秸秆中可作为糖源的纤维素、半纤维素与结构复杂且不能转化为乙醇的木质素分离，纤维素、半纤维素进一步酶解为可发酵性糖、葡萄糖等被微生物转化为乙醇(图14-2)。

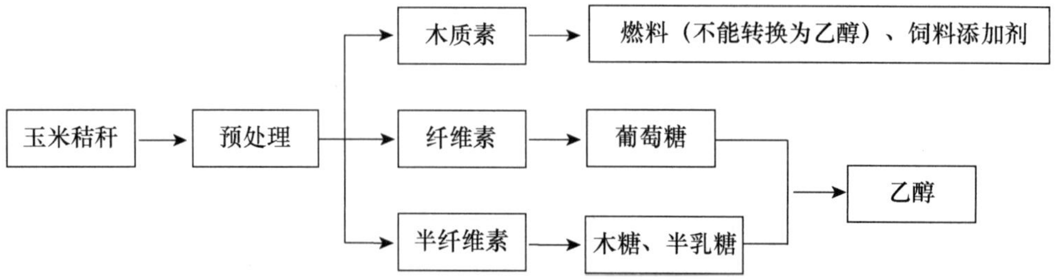

图14-2　农作物秸秆制备燃料乙醇的原理示意图

纤维素燃料乙醇生产工艺主要包括:秸秆预处理、酶水解糖化和微生物发酵等步骤。预处理过程主要通过物理或化学的方法破坏植物紧密的细胞壁结构,增加纤维素酶的可及性,提高后续酶解效率。经过预处理的秸秆在纤维素酶、半纤维素酶的共同作用下,水解为可发酵糖,进而通过酵母菌发酵转化为乙醇。纤维素燃料乙醇生产工艺中,原料种类、预处理方法、纤维素酶种类及发酵菌种均会对农作物秸秆转化乙醇的能力产生较大影响。

本实验以玉米秸秆为例,采用纤维素保留量较高,溶解较多木质素的氢氧化钠预处理、结合同步糖化发酵工艺生产燃料乙醇。

一、实验目的

了解农作物秸秆制备燃料乙醇的基本原理、工艺技术及条件控制。

二、实验材料

1. 原料

玉米秸秆,粉碎至 10 目。

2. 菌种

酿酒酵母 *S. cerevisiae*。

3. 培养基及菌种制备

木糖 10 g,葡萄糖 10 g,蛋白胨 5 g,酵母膏 3 g,水 1 000 mL,调节 pH 7.0。

取酿酒酵母 *S. cerevisiae* 斜面菌种一环,接入装有 50 mL 培养基的三角瓶中,于 30 ℃、180 r/min 条件下培养 24 h,制成一级种子。按 10%的接种量将一级液体种子接入培养基(装液量为 50 mL/250 mL 三角瓶),于 30 ℃、180 r/min 条件下培养 40 h,培养后的二级液体种子用于同步糖化乙醇发酵。

4. 主要试剂

商业纤维素酶(celluclast 1.5 L,Novozyme),β-葡萄糖苷酶(使寡糖充分水解)。

2% NaOH 溶液,现配现用。

三、实验内容和方法

1. 玉米秸秆预处理

称取经过粉碎的玉米秸秆 30 g 于 300 mL 三角瓶中,按照 1∶5 的固液比(W∶V)与 2% NaOH 溶液混合,121℃处理 1.5 h 后,冷却至室温,收集残渣。

2. 同步糖化发酵

将经过处理的秸秆残渣作为底物,水洗,调节 pH 为 5.0,添加纤维素酶(滤纸活力)20 FPIU/g(酶/底物),β-葡萄糖苷酶 15 pNPG IU/g(酶/底物),10 mL 二级液体种子,反应总体积为 100 mL,在 45℃,转速 150 r/min 下振荡水解,于 72 ～ 96 h 取样测定乙醇浓度。

乙醇浓度测定:采用安捷伦 7890A 高效气相色谱仪法。FID 检测器,检测器温度 250℃;

HP-FFAP 毛细管色谱柱(30 m×0.32 mm×0.25 μm);载气为氮气,流速为 1 mL/min;柱温 45℃,保持 1 min;进样口温度 200℃,分流比 20 : 1。

四、作业

(1)影响农作物秸秆制备燃料乙醇得率的因素有哪些?

(2)请分析秸秆燃料乙醇的市场前景。

参考文献

1.边银丙.食用菌栽培学.北京:高等教育出版社,2017.

2.曹志军,杨军香.青贮制作实用技术.北京:中国农业科学技术出版社,北京,2014.

3.陈保冬,于萌,郝志鹏,等.丛枝菌根真菌应用技术研究进展,应用生态学报,2019,30(3):1035-1046.

4.陈保冬,张莘,伍松林,等.丛枝菌根影响土壤——植物系统中重金属迁移转化和累积过程的机制及其生态应用.岩矿测试,2019,38(1):1-25.

5.陈洪章.纤维素生物技术.北京:化学工业出版社,2005.

6.陈雯莉.微生物学.北京:中国农业出版社,2019.

7.程功弼.土壤修复工程管理与实务.北京:科学技术文献出版社,2019.

8.崔龙哲,李社锋.污染土壤修复技术与应用.北京:化学工业出版社,2016.

9.戴芳澜.真菌的形态和分类.北京:科学出版社,1987.

10.戴玉成,周丽伟,杨祝良,等.中国食用菌名录.菌物学报,2010,29(01):1-21.

11.邓子新,陈峰.微生物学.北京:高等教育出版社,2017.

12.方中达.普通植物病理学.江苏:江苏人民出版社,1959.

13.顾福康.原生动物学概论.北京:高等教育出版社,1991.

14.李季,彭生平.堆肥工程实用手册.北京:化学工业出版社,2011.

15.李俊,沈德龙,林先贵.农业微生物研究与产业化进展.北京:科学出版社,2011.

16.李少朋,陈昢圳,刘惠芬,等.丛枝菌根提高滨海盐碱地植物耐盐性的作用机制及其生态效应,生态环境学报,2019,28(2):411-418.

17.李颖,李友国.微生物生物学.北京:科学出版社,2019.

18.李玉.中国大型菌物资源图鉴.郑州:中原农民出版社,2015.

19.刘燕明.原生生物的现代分类.生物学通报,2016,51(4):5-9.

20.马隆龙,王铁军,吴创之,等.木质纤维素化工技术及应用.北京:科学出版社,2010.

21.曲音波.非粮生物质炼制技术.北京:化学工业出版社,2016.

22.沈萍,陈向东.微生物学.北京:高等教育出版社,2016.

23.王贺祥,刘庆洪.食用菌栽培学.2版.北京:中国农业大学出版社,2014.

24.王希付,张雪,赵荣华,等.丛枝菌根真菌(AMF)在药用植物中的作用及机制研究进展.中国实验方剂学杂志,2020,26(11):217-226.

25.邢来君,李明春.普通真菌学.北京:高等教育出版社,1999.

26.徐春城.现代青贮理论与技术.北京:科学出版社,2013.

27.徐丽华,李文均,刘志恒,等.放线菌系统学——原理、方法及实践.北京:科学出版社,2007.

28.徐孝华.普通真菌学.北京:中国农业大学出版社,1992.

29.颜方贵.发酵微生物学.北京:中国农业大学出版社,1993.

30.喻子牛.微生物农药及其产业化.北京:科学出版社,2000.

31. 周德庆. 微生物学教程. 3 版. 北京：高等教育出版社，2011.

32. 周群英，王士芬. 环境工程微生物学，4 版. 北京：高等教育出版社，2015.

33. ALEXOPOULOS C J. 菌物学概论. 姚一建，李玉，主译. 北京：中国农业出版社，2002.

34. ASHWORTH J M. 黏菌生物学. 徐孝华，译. 北京：科学出版社，1985.

35. CASE R J, BOUCHER Y, DAHLLÖF I, et al. Use of 16S rRNA and *rpoB* genes as molecular markers for microbial ecology studies. Appl. Environ. Microbiol. 2007, 73: 278-288.

36. IWAMOTO M, HIRAOKA Y, HARAGUCHI T. Uniquely designed nuclear structures of lower eukaryotes. Curr Opin Cell Biol, 2016. 40:66-73.

37. MADIGAN M T, BENDER K S, BUCKLEY D H, et al. Brock Biology of Microorganisms. 15th ed. Pearson Education, 2019.

38. NICKLIN J. 微生物学. 2 版. 林稚兰，译. 北京：科学出版社，2004.

39. PEPPER L L, GERBA C P, GENTRY T J, Envirenmental microbiology. 3rd ed. Academic Press, 2015.

40. SCHAECHTER M. Eukaryotic microbes. Academic Press, 2011.

41. VERBRUGGEN E, DER HEIJDEN M G, RILLIG M C, et al. Mycorrhizal fungal establishment in agricultural soils: factors determining inoculation success. New Phytologist, 2013, 197(4): 1104-1109.

42. WEBSTER J. 真菌导论. 张素轩，译. 北京：中国林业出版社，1982.

43. WILLEY J M, SHERWOOD L M, WOOLVERTON C J. Prescott's microbiology. 10th ed. McGraw-Hill Education, 2017.

附　录

实验教学常用培养基

实验教学常用染色剂和封片剂

教学实验室常用消毒剂

实验教学常用菌种

关键词索引